HORST STROBEL

EXPERIMENTELLE SYSTEMANALYSE

ELEKTRONISCHES RECHNEN UND REGELN

Herausgegeben von

Prof. Dr. HANS FRÜHAUF · Prof. DR. WILHELM KÄMMERER
Prof. Dr. KURT SCHRÖDER · Prof. Dr. HELMUT THIELE
Prof. Dr. HORST VÖLZ

Band 8

EXPERIMENTELLE SYSTEMANALYSE

von

Prof. Dr. sc. techn. HORST STROBEL

AKADEMIE-VERLAG · BERLIN
1975

EXPERIMENTELLE SYSTEMANALYSE

von

Prof. Dr. sc. techn. HORST STROBEL

Dresden

Mit 184 Abbildungen und 10 Tabellen

AKADEMIE-VERLAG · BERLIN
1975

Erschienen im Akademie-Verlag, 108 Berlin, Leipziger Str. 3–4

Lizenznummer: 202 · 100/410/75
Gesamtherstellung: VEB Druckerei „Thomas Müntzer", 582 Bad Langensalza
Bestellnummer: 761 922 2 (6185) · LSV 1074
Printed in GDR
EVP 84,–

VORWORT

In vielen Fällen steht der Naturwissenschaftler oder der Ingenieur vor der Aufgabe, für ein vorgegebenes System eine geeignete Beschreibung zu finden, d. h., er muß ein mathematisches Modell ermitteln, das interessierende Eigenschaften des realen Objektes genügend genau widerspiegelt. Gesucht werden also z. B. die Parameter von Differential- oder Differenzengleichungen und diskrete Werte von Gewichtsfunktionen und Frequenzgängen. Dabei kann es sich bei dem zu analysierenden System sowohl um ein Gerät, eine Maschine oder eine industrielle Anlage als auch um einen betrieblichen Ablauf, einen ökonomischen Prozeß bzw. um ein biologisches Objekt handeln. Mit Problemen der Modellbildung hat es demzufolge nicht nur der Regelungstechniker oder der Nachrichteningenieur, sondern auch der Verkehrsingenieur, der Verfahrenstechniker, der Elektromaschinenbauer, der Fachmann der Ökonometrie und der Spezialist der biomedizinischen Kybernetik zu tun. Seit den grundlegenden Arbeiten von Wiener und Rosenblueth (vgl. Wiener, 1948) wird denn auch die Modellbildung als eine für die Kybernetik charakteristische Aufgabe angesehen.

Sie läßt sich für ausgewählte Systeme, z. B. für lineare elektrische Netzwerke (vgl. Wunsch, 1969), rationell auf theoretischem Wege unter Verwendung der geltenden physikalischen Gesetzmäßigkeiten lösen. Bei anderen Systemen, z. B. bei chemischen Anlagen, biologischen Objekten oder Verkehrsprozessen, ist eine theoretische Analyse nicht oder nicht mit ausreichender Genauigkeit durchführbar. Man versucht deshalb, das mathematische Modell mit experimentellen Methoden, d. h. durch Beobachtung bzw. Messung und Auswertung der Ein- und Ausgangssignale des Systems, zu ermitteln.

Zur Lösung der hierbei auftretenden Probleme wurden größere Anstrengungen erst seit Beginn der sechziger Jahre unternommen, nachdem sich gezeigt hatte, daß eine Anwendung des hochentwickelten Instrumentariums der Regelungstheorie in vielen Fällen an unzureichenden Kenntnissen über das Verhalten der zu regelnden Prozesse scheiterte. Das spiegelt sich deutlich in einem raschen Anstieg der Zahl einschlägiger Veröffentlichungen in den Jahren 1962—1966 wider (vgl. Abb. 10.4-1 im Kapitel 10). Diese Bemühungen führten zum Entstehen eines neuen Fachgebietes, das in der deutschsprachigen Literatur unter dem Namen „Kennwertermittlung" bekannt wurde und jetzt allgemein mit den Begriffen „Experimentelle Systemanalyse" oder „Systemidentifikation" gekennzeichnet wird. Seine Bedeutung kommt u. a. darin zum Ausdruck, daß der „Internationale Verband für Regelungstechnik" (IFAC) bereits drei Spezialsymposien unter der Bezeichnung „Identification" durchgeführt hat und dieser Problematik auf seinen Weltkongressen und übrigen Symposien einen breiten Raum zumißt (vgl. /—1/ bis /—11/ im Abschnitt 10.2).

Trotz dieser Bemühungen ist festzustellen, daß das Gebiet der Systemidentifikation gegenwärtig noch gekennzeichnet wird durch eine außerordentlich große Mannigfaltigkeit verschiedenster Methoden, die mehr das Bild einer zusammenhanglosen Sammlung von Einzelideen und Techniken als einer einheitlichen Methodologie oder Theorie vermittelt. Das spiegelt sich deutlich in den mehr als 800 Publikationen wider, die in der dieser Arbeit beigefügten Bibliographie zusammengestellt worden sind. Dabei haben die meisten Methoden aus der Sicht spezieller Bewertungskriterien und der sehr unterschiedlichen Anwendungsfälle durchaus ihre Berechtigung und praktische Bedeutung. Andererseits entstehen aber — auf Grund der Tatsache, daß die Literatur nicht mehr überschaubar ist — immer wieder sogenannte „neue Verfahren", die oft in Wirklichkeit lediglich Modifikationen längst bekannter Methoden darstellen.

Damit steht der Anwender von Identifikationsmethoden vor der schwierigen Aufgabe, aus dem in verwirrender Vielfalt vorliegenden Material eine für seine Problematik geeignete Auswahl zu treffen.

Dies wird ihm noch dadurch erschwert, daß zahlreiche Autoren die Anwendungsgrenzen ihrer Methoden nicht ausreichend genau kennzeichnen und zusammenfassende Darstellungen — vor allem im deutschsprachigen Schrifttum — nur für Teilgebiete existieren. Der Versuch einer solchen Auswahl endet denn auch nach vorliegenden Erfahrungen in vielen Fällen damit, daß Methoden herangezogen werden, deren Unbrauchbarkeit an anderer Stelle bereits schlüssig bewiesen wurde, oder daß die wirklich geeigneten Verfahren nicht auffindbar sind, da sie in schwer zugänglichen Periodica veröffentlicht wurden.

Dieser unbefriedigende Umstand wirkt sich nicht nur ungünstig auf die Anwendung der Methoden, sondern auch hemmend auf die Forschung und die Gestaltung der Hochschulausbildung aus. Es muß deshalb als eine vorrangige Aufgabe angesehen werden, eine systematisierte Darstellung der wesentlichen Prinzipien für eine Systemidentifikation zu schaffen, die eine leichte Überschaubarkeit des Gesamtgebietes gewährleistet.

In der vorliegenden Arbeit wird aus diesem Grunde — nach Kenntnis des Autors im deutschsprachigen Schrifttum erstmalig — der Versuch unternommen, zur Schaffung einer solchen einheitlichen Darstellung des Gebietes der Systemidentifikation und damit von Grundzügen einer allgemeinen „Theorie der Systemidentifikation" beizutragen.

Diesem Ziel ist der Teil I „Allgemeine theoretische Grundlagen" (Kapitel 2 bis 4) gewidmet, der sich auch darum bemüht, die Querverbindungen und Verwandtschaften zwischen bekannten Verfahren und den neueren, bisher in der Ingenieurpraxis nicht oder nur ungenügend berücksichtigten Methoden, sichtbar zu machen. Durch eine sachbezogene Gliederung des sehr umfangreichen Schrifttums im Teil III „Bibliographie" sollen eine bessere Überschaubarkeit der Literatur ermöglicht und günstigere Voraussetzungen für weitergehende

Detailuntersuchungen geschaffen werden. Ein zweites Grundanliegen dieser Arbeit betrifft die Aufbereitung der allgemeinen theoretischen Grundlagen für eine praktische Anwendung. Hierauf wird im Teil II „Ausgewählte Anwendungen“ eingegangen. Behandelt wird dabei

— die Ermittlung diskreter Frequenzgangwerte mit Hilfe aperiodischer und periodischer (optimaler) Test- und Antwortsignale (Kapitel 5),
— die Bestimmung der Parameter von Übertragungsfunktionen aus gemessenen Sprungantworten (Kapitel 6),
— die Ermittlung diskreter Werte der Gewichtsfunktion mit Hilfe pseudostochastischer Binärsignale (Kapitel 7),
— die Bestimmung und Strukturvereinfachung von gebrochen rationalen Übertragungsfunktionen anhand komplexer Frequenzgänge (Kapitel 8) und
— die rationale Approximation realer Frequenzfunktionen (z. B. von gemessenen Leistungsdichtespektren, Kapitel 9).

Sollte es mit der vorgelegten Arbeit gelingen,

(1) das Gesamtgebiet der Experimentellen Systemanalyse sowohl bezüglich der sogenannten klassischen Methoden (Frequenzgang- und Übergangsfunktionsanalyse) als auch hinsichtlich der neueren Verfahren (Zustandsbeschreibung, Echtzeitidentifikation) übersichtlicher und überschaubarer zu machen und
(2) einige ausgewählte, für die Ingenieurpraxis bedeutungsvoll erscheinende Methoden leichter und effektiver anwendbar zu gestalten,

so hätte sie die ihr zugedachte Aufgabe erfüllt.

Einige der im Teil II dieser Abhandlung angegebenen Resultate entstanden in Zusammenarbeit und mit Unterstützung des Dresdner Bereiches „Technische Kybernetik“ im „Zentralinstitut für Kybernetik und Informationsprozesse“ der Akademie der Wissenschaften der DDR. Der Verfasser betrachtet es als eine angenehme Pflicht, sich für diese Unterstützung vor allem bei Herrn Dr. sc. techn. H. H. WILFERT herzlich zu bedanken. Besonderen Dank möchte der Autor seinem langjährigen Lehrer, Herrn Prof. Dr. Dr. e. h. H. KINDLER, sagen, der die Arbeit durch zahlreiche Hinweise gefördert und die Herausgabe des Buches unterstützt hat. Den Herren Prof. Dr.-Ing. H. TÖPFER und Prof. Dr.-Ing. habil. G. WUNSCH sei für ihr Interesse an der Fertigstellung des Buches und für eine Reihe wertvoller Ratschläge ebenfalls sehr herzlich gedankt. Dank gebührt auch Herrn Dr.-Ing. H. B. KUNTZE für die sorgfältige Durchsicht der Korrekturfahnen und Herrn Dipl.-Ing. FERENC ROMAN für die Durchführung einer Reihe wichtiger Detailuntersuchungen zu den Kapiteln 5 und 7.

Schließlich möchte der Verfasser seine Freude darüber zum Ausdruck bringen, daß der Akademie-Verlag das Manuskript sehr bereitwillig in sein Programm aufgenommen und durch die Lektorin, Frau Dipl. Phys. LAGOWITZ, eine sehr verständnisvolle und konstruktive Zusammenarbeit ermöglicht hat.

Dresden, November 1973 H. STROBEL

INHALTSVERZEICHNIS

Teil III — Schrifttum

KAPITEL 1

BEDEUTUNG UND GEGENSTAND DER EXPERIMENTELLEN SYSTEMANALYSE

1.1. System-, Signal- und Prozeßanalyse

Behandelt wird in dieser Abhandlung die durch Abb. 1.1-1 veranschaulichte Aufgabenstellung:

Gegeben sei ein reales Objekt (*System*), das mit seiner Umwelt über zeitabhängige Größen in Wechselbeziehung steht. Hierbei sollen die unabhängig veränderlichen Größen bzw. die Ursachen „Eingangssignale", die abhängigen Variablen bzw. die Wirkungen „Ausgangssignale" und die nicht beeinflußbaren Einwirkungen „Störsignale" genannt werden.

Gesucht werden mathematische Zusammenhänge, die die Abhängigkeiten zwischen diesen „Ein-, Aus- und Störsignalen" genügend genau widerspiegeln, und *eine Simulation des realen Objektes* — zum Beispiel *mit Hilfe von Analog- oder Digitalrechnern — zulassen. Zu ermitteln ist also*

(1) ein *mathematisches* oder physikalisches *Systemmodell* und (oder)

(2) ein entsprechendes *Signalmodell* (Abb. 1.1-1).

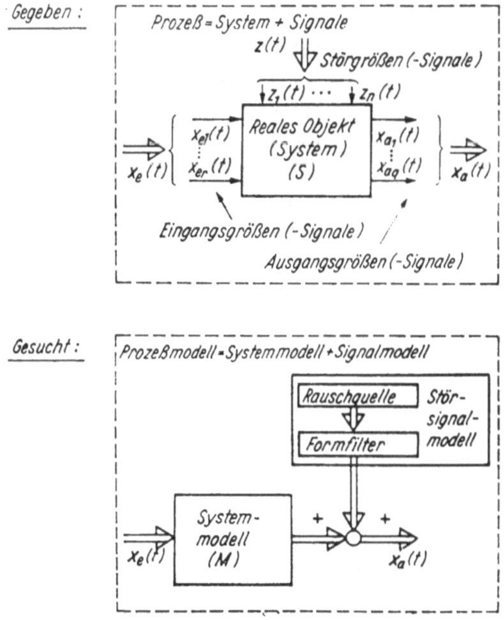

Abb. 1.1-1. Aufgabenstellung

Die wissenschaftliche Disziplin, die sich mit der Lösung dieser Aufgabe beschäftigt, wird heute allgemein mit dem Begriff „*Prozeßanalyse*“ gekennzeichnet, da die Eigenschaften von Signalen *und* Systemen durch zeitliche „Vorgänge“ oder „Verläufe“, d. h. durch „Prozesse“ (im eigentlichen Sinne dieses Wortes) charakterisiert werden können (vgl. STROBEL, 1968/*52*)*. Die Prozeßanalyse gliedert sich demzufolge in die Teilgebiete „Signalanalyse“ und „Systemanalyse“.

Als Aufgabe der *Signalanalyse* wird dabei die Ermittlung der Eigenschaften von (vor allem stochastischen) Signalen angesehen.

Die Aufgabe der *Systemanalyse* besteht dagegen in der Bestimmung der statischen und dynamischen Zusammenhänge zwischen den Ein- und Ausgangssignalen des Systems und der Darstellung dieser Zusammenhänge in Gestalt eines mathematischen oder physikalischen Modells.

Wird die Analyse auf theoretischem Wege, d. h., ausgehend von physikalischen und anderen Gesetzmäßigkeiten (z. B. von den MAXWELLschen Gleichungen und KIRCHHOFFschen Gesetzen oder von Massen-, Energie- und Impulsbilanzen) durchgeführt, so soll hier von „*Theoretischer Prozeß- bzw. System- und Signalanalyse*“ gesprochen werden (Abb. 1.1-2). Erfolgt dagegen die Modellbildung unter Verwendung experimenteller Methoden, d. h. durch Messung und Auswertung der Ein- und Ausgangssignale des Systems, so wird hierfür die Bezeichnung „*Experimentelle Prozeß- bzw. System- und Signalanalyse*“ oder der Begriff „Prozeß- bzw. System- und Signal*identifikation*“ verwendet (Abb. 1.1-2).

Die vorliegende Abhandlung ist der *experimentellen Systemanalyse*, d. h. den Problemen der *Systemidentifikation*, gewidmet. Sie untersucht also die folgende Fragestellung:

(1) *Gemessen werden die Ausgangssignale* des Systems für künstlich vorgegebene oder an der Anlage ohnehin vorhandene Eingangssignale, d. h. z. B. für
  - aperiodische (sprungförmige, rechteckimpulsförmige, trapezförmige),
  - periodische (sinusförmige, rechteckwellenförmige) oder
  - stochastische Testsignale.

(2) *Wie kann aus diesen Meßdaten ein* mathematischer Zusammenhang zwischen den Ein- und Ausgangssignalen (z. B. in Form eines Frequenzganges einer Übertragungsfunktion oder einer Differentialgleichung), d. h. ein mathematisches *Systemmodell, ermittelt werden?*

Die bei der Lösung dieser Aufgabenstellung auftretenden Probleme werden maßgeblich durch zwei Faktoren bestimmt:

(1) Durch die Form des gesuchten mathematischen Zusammenhanges, d. h. des Modells (z. B. der Gewichtsfunktion oder des Frequenzganges, der Differential- oder der Differenzengleichung) und

(2) durch die geforderte Modellgenauigkeit.

Dabei hängen beide Faktoren naturgemäß von dem für das Modell vorgesehenen Verwendungszweck ab. Das führt auf die Frage nach den Zielen, die mit der

---

*) 1968/*52* bedeutet: Literaturstelle *52* unter 1968.

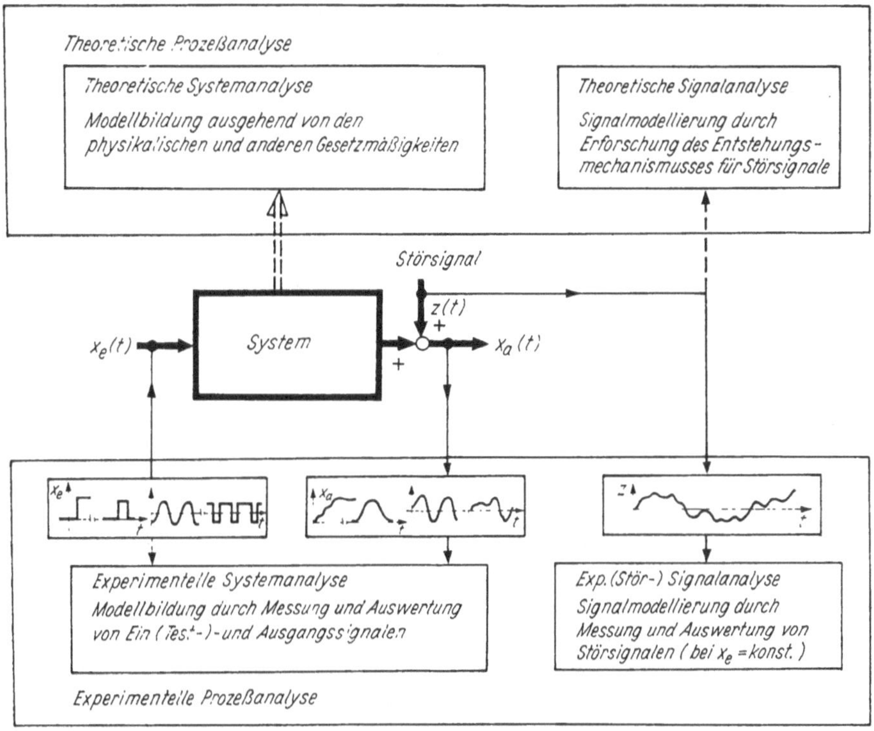

Abb. 1.1-2. Gliederung der Prozeßanalyse

Durchführung einer experimentellen Systemanalyse verfolgt werden. Zur Untersuchung dieser Frage wird im folgenden eine Übersicht über die derzeit erkennbaren Hauptanwendungsgebiete von Verfahren der experimentellen Systemanalyse vorgelegt. Diese Übersicht soll gleichzeitig die praktische Bedeutung des Identifikationsproblems sichtbar machen und die Anwendungsbreite der in dieser Arbeit behandelten theoretischen Grundlagen und praktischen Berechnungsvorschriften veranschaulichen.

1.2. Die praktische Bedeutung der experimentellen Systemanalyse

Wie aus der im Teil III angegebenen Bibliographie hervorgeht (vgl. 10.3.1.2), gibt es heute kaum noch ein Gebiet zwischen der Verfahrensindustrie, der Luft- und Raumfahrttechnik und dem „irdischen" Verkehrswesen einerseits und der Biologie, der Medizin und der Ökonometrie andererseits, in dem nicht Verfahren der experimentellen Systemanalyse bereits Eingang gefunden haben oder gegenwärtig Eingang finden (vgl. auch Eykhoff, 1974, Gustavsson, 1974, Rault,

1973, Young, 1973, Bekey, 1973). Fragt man nach dem für das Modell vorgesehenen Verwendungszweck, so gelangt man zu folgender Einteilung:

- Modelle als Hilfsmittel für den Entwurf von Regelungs- und Steuerungssystemen,
- Modelle als Entscheidungshilfen für die Leitung und Kontrolle betrieblicher, ökonomischer und ökologischer Prozesse,
- Modelle als Hilfsmittel für Entwicklung und Konstruktion sowie für die automatisierte Qualitätskontrolle in Fertigungsprozessen,
- Modelle für den Menschen als „Regler“ bzw. Operateur in technischen Anlagen,
- Modelle biologischer (biomedizinischer, biomechanischer) Objekte.

1.2.1. Modelle biologischer (biomedizinischer und biomechanischer) Prozesse

Das Ziel der Modellbildung besteht hier u. a. darin, ein besseres Verständnis für den Ablauf von Regelungsvorgängen in biologischen Objekten zu gewinnen und neue Wege für die Behandlung pathologischer Veränderungen zu suchen.

Beispiel 1.2-1: Modell für die Dynamik des Pupillenregelkreises (Abb. 1.2-1)

Gesucht wird ein mathematischer Zusammenhang zwischen dem zeitlichen Verlauf der Pupillenweite (als Ausgangssignal $x_a(t)$) und der Intensität des Lichteinfalls (als Eingangsgröße $x_e(t)$). Dazu wird mit einer Anordnung nach

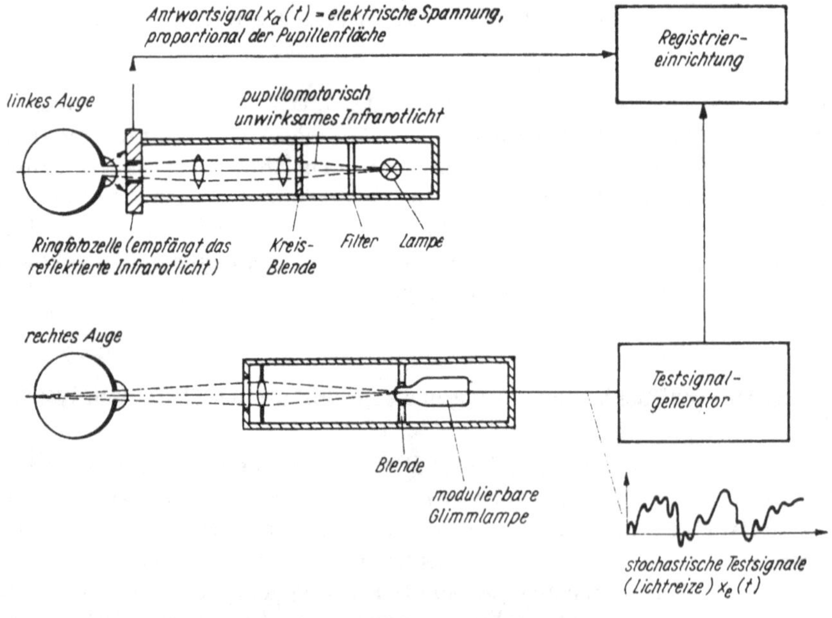

Abb. 1.2-1. Experimentelle Analyse des menschlichen Pupillensystems nach Stebel, 1965

Abb. 1.2-1 das eine Auge mit Licht-Testsignalen in Form von Sprungfunktionen, Lichtimpulsen bzw. -blitzen oder mit sinusförmig oder stochastisch schwankender Helligkeit beaufschlagt und an dem anderen Auge die Pupillenweite mit Hilfe einer Ringfotozelle gemessen. Durch Auswertung dieser Meßergebnisse konnten mathematische Modelle in Form von Übergangs- und Gewichtsfunktionen sowie Frequenzgängen, Übertragungsfunktionen und spezielle nichtlineare Zusammenhänge in Form der VOLTERRA-Entwicklung — vgl. hierzu 1.4 — ermittelt und auf Analogrechnern simuliert werden (vgl. u. a. DRISCHEL, 1970, 1971, STEBEL, 1965, 1966, STANTEN, STARK, 1966, STARK 1969 sowie 10.3.1.2).

Weitere interessante Beispiele betreffen u. a. die Modellierung

- der Augenfolgebewegung (VOSSIUS, 1970),
- der bioelektrischen Muskelsteuerung (MORECKI, 1970) sowie
- der Funktion des Herzens (LISTSCHUK, 1970, DONDERS u. a., 1973) und der Lunge (FERGUSON u. a., 1973).

Die Anwendung von Verfahren der experimentellen Systemanalyse zur Bestimmung der Bewegungsgleichungen für das biomechanische System „PKW-Fahrer“ bzw. „Pilot“ während der Beschleunigungs- oder Bremsphase oder in einer Unfallsituation wird von METZ, 1973 untersucht. Bedeutung haben derartige Studien für die Unfallverhütungsforschung.

Bezüglich weiterer Anwendungen wird auf die Übersichtsarbeit von BEKEY, 1973 und die Zusammenstellung wichtiger Arbeiten unter 10.3.1.2. verwiesen.

1.2.2. Verhaltensmodelle für den Regler „Mensch“

In vielen Fällen nimmt der Mensch (z. B. als Anlagenfahrer, als Kran- oder Fahrzeugführer) Aufgaben wahr, die mit der Funktion einer Regeleinrichtung vergleichbar sind. Das trifft insbesondere für den Führer schneller Flug- und Fahrzeuge zu, wie etwa für den Piloten eines Raumschiffes, eines Flugzeuges oder eines Hubschraubers, den Lokomotivführer schnell fahrender Züge ($v \gtrsim 120$ km/h) und den Fahrer eines Personenkraftwagens. Die wahrzunehmenden Regelaufgaben betreffen sowohl die Geschwindigkeitsregelung (Lokführer), die Abstandshaltung (Kraftfahrer) und die Kursführung (Kraftfahrer, Pilot) als auch die Stabilisierung der Roll-, Nick- und Gierbewegungen (Pilot).

Für eine optimale Anpassung des Fahrzeugführers an das Fahrzeug und die Durchführung von Eignungstests ist eine Kenntnis der dynamischen Eigenschaften des Menschen wünschenswert, d. h., es muß ein Modell für den Regler „Mensch“ gewonnen werden. Hierzu sind umfangreiche experimentelle Untersuchungen seit 1947 (TUSTIN, 1947) vor allem in der Luft- und Raumfahrttechnik durchgeführt worden. So wurden z. B. von SCHWEITZER, 1970 Modelle für den Piloten eines Senkrechtstarters ermittelt, während KRELL, 1966 entsprechende Untersuchungen für einen Hubschrauberpiloten durchgeführt hat.

Die experimentellen Untersuchungen wurden sowohl im Flug als auch mit Hilfe spezieller Simulatoren durchgeführt (vgl. MARIENFELD, 1970).

Beispiel 1.2-2: Experimentelle Analyse der Reglereigenschaften eines Piloten in einem Simulator (Abb. 1.2-2)

Zur Ermittlung eines mathematischen Modells für den Piloten haben z. B. TAYLOR und BALAKRISHNAN, 1967 eine Versuchsanordnung nach Abb. 1.2-2a verwendet. Der Pilot hat die Aufgabe, die Regelabweichung $\varepsilon^*(t)$, d. h. die Abweichung des geschwärzten Bildschirmteiles von einer vorgegebenen, durch Testsignale verschiebbaren Grenzlinie zu minimieren. Durch Messung und Aus-

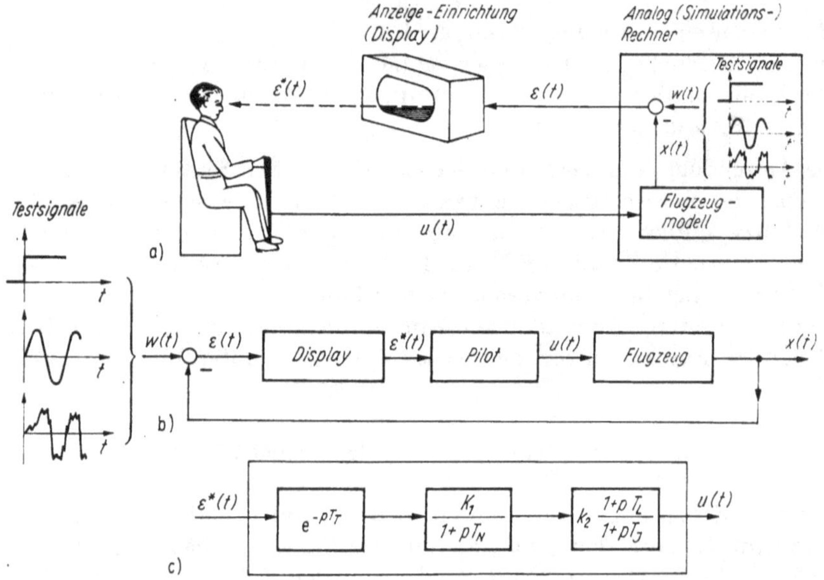

Abb. 1.2-2. Experimentelle Analyse des Reglers „Mensch"; Versuchsanordnung (a), Signalflußplan (b), Linearisiertes Modell des Reglers „Mensch" (c): T = Reaktionszeit, T_N = Verzögerungszeitkonstante (Muskeln, Nerven), T_J = Verzögerungszeitkonstante (Intellektuelle Ausstattung des Menschen), T_L = Vorhaltzeitkonstante (vom Trainingszustand abhängig)

wertung der Regelabweichung $\varepsilon(t)$ und des von dem Piloten erzeugten Stellsignals $u(t)$ wurden mit sprungförmigen, sinusförmigen und stochastischen Testsignalen verschiedene Modelle (in Form eines Frequenzganges, einer Übertragungsfunktion und der VOLTERRA-Entwicklung — vgl. 1.4.) gewonnen. Eine häufig angegebene Modellübertragungsfunktion zeigt Abb. 1.2-2c.

Mit der Ermittlung mathematischer Modelle für den Fahrer eines Personenkraftwagens haben sich FIALA, 1966, BRAUNSTEIN u. a., 1963, WEIR, 1969 und andere beschäftigt.

Auf weitere Beiträge wird unter 10.3.1.2. hingewiesen.

1.2.3. Modelle als Hilfsmittel für Konstruktion und Qualitätskontrolle

Eines der wichtigsten Anwendungsbereiche der experimentellen Systemanalyse ist die Modellermittlung zum Zwecke der Erforschung des Zusammenhanges zwischen den konstruktiven, energetischen und sonstigen Parametern eines Systems und seinem statischen und dynamischen Verhalten. Ziel der Untersuchung ist, aus den experimentellen Daten Hinweise für eine Verbesserung des konstruktiven Aufbaus zu erhalten und damit eine zweckmäßigere (u. a. automatisierungsgerechtere) Gestaltung der Objekte zu ermöglichen.

Diese Fragestellung hat für die chemische Verfahrenstechnik ebenso Bedeutung wie für den Bau von Raketen, Flugzeugen und Fahrzeugen (Schiffen, Kraftwagen, Eisenbahnwagen und Triebfahrzeugen) oder die Gestaltung von Wärmeaustauschern, Kernreaktoren, Werkzeugmaschinen und die Konstruktion trägheitsarmer Meßfühler und schneller Antriebe.

So wird z. B. von Broersen, 1973 ein Differentialgleichungsmodell für die Querschwingungen eines Eisenbahnfahrzeuges in Abhängigkeit von der Fahrgeschwindigkeit und bestimmten konstruktiven Abmessungen der Räder experimentell bestimmt. Aus der Fülle der sehr interessanten Anwendungen sollen außerdem die Arbeiten von Fiala, 1966, Oshima, 1965 und Weir, 1968, 1969 über die Untersuchung der Dynamik des Systems „Personenkraftwagen — Straße" genannt werden.

Bedeutung gewinnt die experimentelle Systemanalyse außerdem in der Qualitätskontrolle, wenn die interessierenden Parameter einer direkten Messung nicht zugänglich sind und aus den meßbaren Größen berechnet werden müssen. Das trifft z. B. für die Identifikation der Parameter von Glasoberflächen (vgl. Richalet, 1973) oder die Überwachung von Parametern bei der Herstellung von elektronischen Bauelementen (in integrierter Technik) zu (Wernstedt, Bergmann, 1973, Jahn, u. a., 1972).

1.2.4. Modelle für betriebliche, ökonomische und ökologische Prozesse

Für eine optimale Betriebsführung in größeren Bereichen, z. B. der Industrie, des Transportwesens oder des Handels, sind dispositive oder strategische Entscheidungen unter Berücksichtigung der diesen Systemen innewohnenden Dynamik zu treffen. Man muß also für solche großen Systeme Modelle ermitteln, die zumindest in grober Näherung deren Makroverhalten widerspiegeln und deshalb durch Berechnung oder Simulationsversuche eine Voraussage über die Auswirkungen von Entscheidungen zulassen.

Solche Fragen treten u. a. bei der Ermittlung optimaler Lagerhaltungsstrategien, bei der Festlegung einer optimalen Investitionsstrategie oder bei der zentralen Lenkung der Verkehrsströme in größeren Netzen auf. Zur zuletzt genannten Problematik sind Untersuchungen von List, 1971 unter Verwendung eines vom Verfasser entwickelten Verfahrens (vgl. 5.2.2.) durchgeführt worden:

Beispiel 1.2-3: Modell für einen betrieblichen Prozeß des Eisenbahngütertransportes (Abb. 1.2-3)

Gesucht wurde für ein Teilnetz der Deutschen Reichsbahn ein mathematischer Zusammenhang zwischen dem Bestand x_a an Weiterleitungsfrachten, d. h. der Zahl der beladenen Wagen nach Zielen außerhalb des Teilnetzes, und dem Aufkommen x_e an beladenen Wagen pro Stunde, das sich aus dem Eingang an beladenen Transitwagen und der Wagenbeladung für fremde Bezirke und Verwaltungen zusammensetzt. Aus stündlichen Aufschreibungen von $x_e(t)$ und $x_a(t)$ über einen Zeitraum von 60 Tagen konnte — mit einem Verfahren nach Kapitel 5 — ein Frequenzgang ermittelt und zur Rechtfertigung der Verwendbarkeit des Grobmodells gemäß Abb. 1.2-3b herangezogen werden. Mit Hilfe dieses Modells ließen sich nützliche Schlußfolgerungen bezüglich einer Vervollkommnung der operativen Betriebsleitung gewinnen, LIST, 1971.

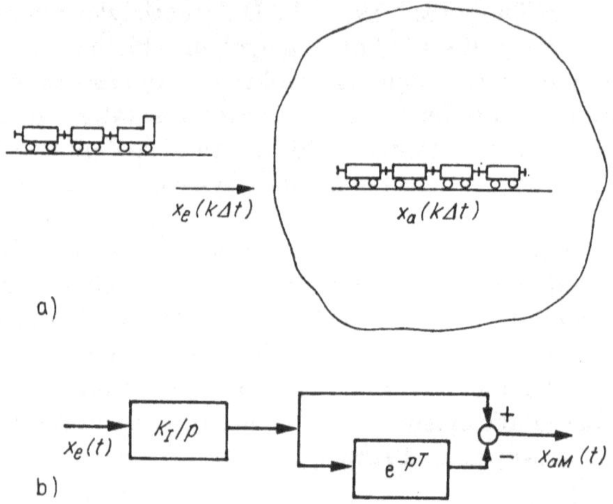

Abb. 1.2-3. Experimentelle Analyse eines technologischen Prozesses des Eisenbahngütertransportsystems (a) und zugehöriges Modell (b)

Die Ermittlung von Modellen für verkehrsökonomische Prozesse wird ausführlich von K. J. RICHTER, 1971 untersucht. Das Parameter-Schätzproblem der Ökonometrie behandeln KOOPMANS, 1937, MENGES, 1961, PAWLOWSKI, 1963, LÜDECKE, 1964, BRÜNECKE, 1965 und andere. Dabei gewinnen in letzter Zeit — wie von YOUNG, NAUGHTON, NEETHLING, SHELLSWELL, 1973 gezeigt wird — auch dynamische Makro-Modelle in Form von Differential- und Differenzengleichungen, Übertragungsfunktionen und Zustandsgleichungen (vgl. 1.4.) zur Nachbildung und Vorhersage des Verhaltens ökonomischer Prozesse an Bedeutung. Ein zunehmendes Interesse ist in letzter Zeit auch an der experimentellen Bestimmung von Modellen für Prozesse der Umwelt (Luft- und Wasserverschmutzung, Wasserstände großer Flüsse usw.) festzustellen. Das Hauptziel dieser Bemühungen besteht darin, eine bessere Vorhersage zukünftiger Entwicklungen, insbesondere das frühzeitige Erkennen gefährlicher Tendenzen, zu ermöglichen (vgl. z. B. BANDYOPADHYAY, DASGUPTA, 1969, WAGNER, 1973 und 10.3.1.2.).

1.2.5. Modelle für den Entwurf automatischer Systeme

Als Hauptanwendungsgebiet der Systemidentifikation ist die Ermittlung von mathematischen Modellen anzusehen, mit deren Hilfe selbsttätig wirkende Regelungs- und Steuerungssysteme entworfen werden können. Von der Notwendigkeit, Modelle für diese Aufgabenstellung zu bestimmen, ist denn auch die schnelle Entwicklung der Methoden im letzten Jahrzehnt entscheidend beeinflußt worden.

Da Modelle zum Entwurf automatischer Regelungs- und Steuerungssysteme in der Energiewirtschaft, der chemischen Industrie, der Metallurgie, dem Verkehrswesen und vielen anderen Bereichen Anwendung finden, ist es unmöglich, hier eine auch nur annähernd vollständige Aufzählung anzugeben (vgl. 10.3.). Eine zweckmäßige Gliederung der Modelle bezüglich ihres Anwendungszweckes und der daraus resultierenden Forderungen an die Modellgenauigkeit und -form erhält man dagegen, wenn vom Charakter des zu entwerfenden automatischen Systems ausgegangen wird. Folgende Einteilung erweist sich als zweckmäßig (vgl. auch EYKHOFF, 1974, BALAKRISHNAN, PETERKA, 1969):

1.2.5.1. (Optimale) Steuerungssysteme (offene Systeme)

Hier kommt es darauf an, die Eingangsgrößen $x_{e1}(t), \ldots, x_{er}(t)$ des zu steuernden Systems so zu bestimmen und durch eine entsprechende Einrichtung (z. B. durch einen Steuerungsrechner) zu realisieren, daß der Systemzustand von einem gegebenen Anfangszustand in einen geforderten Endzustand überführt wird (Abb. 1.2-4a). Dabei kann gefordert sein, diese Zustandsüberführung in kürzester Zeit oder mit minimalem Energieaufwand und vorgeschriebener Zeit unter Berücksichtigung von Beschränkungen für die Steuerungen, z. B. in der Form

$$|x_{ej}| \leq x_{lj\,\max} \quad \text{für} \quad i = 1, \ldots, r\,,$$

durchzuführen.

Beispiel 1.2-4: *Energieoptimale Zugsteuerung* (Abb. 1.2-5)

Betrachtet wird zum Beispiel die folgende durch Abb. 1.2-5 veranschaulichte Aufgabenstellung (vgl. STROBEL, HORN, 1972):

Ein Zug soll von einem Startpunkt (Bahnhof) A in vorgegebener Fahrzeit $T = t_B - t_A$ so in einen Zielpunkt B befördert werden, daß er bei Einhaltung von Beschränkungen für die Fahrgeschwindigkeit und die Eingangs-(Steuer-)

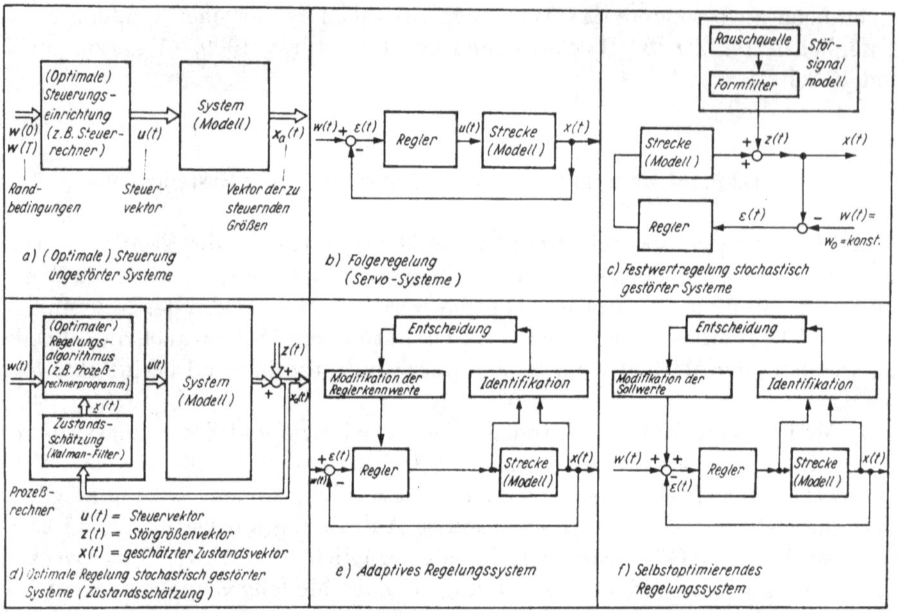

Abb. 1.2-4. Modelle zum Entwurf von Regelungs- und Steuerungssystemen

größe „Zug- bzw. Bremskraft" x_e die Strecke mit einem minimalen Verbrauch von Antriebsenergie durchfährt.

Der Zustand des Systems „Zug" wird dabei durch die Fahrgeschwindigkeit x_2 und den zurückgelegten Weg x_1 gekennzeichnet. Gesucht wird also der optimale Verlauf der Zug- bzw. Bremskraft $x_e = x_{e\,\mathrm{opt}}$, d. h. ein optimales Fahrprogramm, durch das der Zug aus dem Anfangszustand $x_1(t_A) = x_{10}$ km, $x_2(t)_A = 0$ km/h in den Endzustand $x_1(t_B) = x_2(t_B) = 0$ bei Einhaltung der genannten Optimierungsforderung überführt wird (vgl. Abb. 1.2-5).

Zur Lösung von Optimierungsaufgaben dieses Typs stehen mit dem Maximumprinzip von Pontrjagin und der Dynamischen Programmierung nach

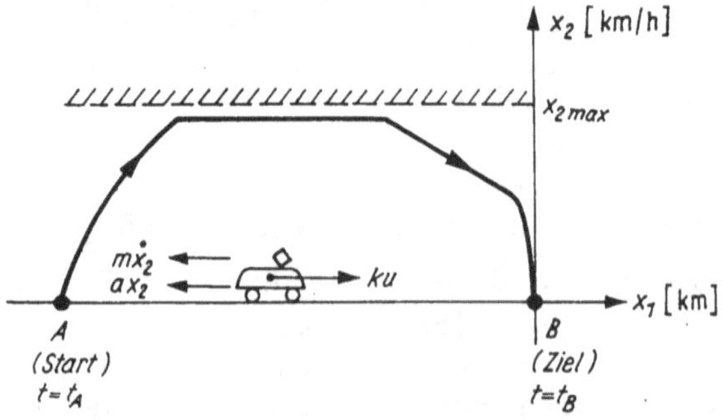

Abb. 1.2-5. Energieoptimale Zugsteuerung

BELLMANN leistungsfähige Hilfsmittel zur Verfügung (vgl. u. a. ELGERD, 1967). Für die experimentelle Systemanalyse ist dabei die Erkenntnis wichtig, daß zur Lösung des Optimierungsproblems eine mathematische Beschreibung des zu steuernden Prozesses in Form eines Systems von Differentialgleichungen 1. Ordnung, d. h. durch ein sogenanntes Zustandsmodell (vgl. 1.4.), vorliegen muß.

1.2.5.2. Folgeregelungssysteme

In diesem Falle handelt es sich um das klassische Problem der Regelungstechnik, einen Folgeregler (Abb. 1.2-4b) so zu entwerfen, daß die Regelgröße $x(t)$ einer Klasse von (im allgemeinen) determinierten Führungsgrößen $w(t)$ möglichst gut folgt. Zur Lösung dieser Aufgaben stehen praktisch bewährte Verfahren (vgl. Wurzelortskurvenverfahren, BODEdiagramm-Technik usw., ELGERD, 1967) zur Verfügung. Ihre Anwendung setzt die Kenntnis

— der Kurvenverläufe des Amplituden- und Phasenfrequenzganges oder
— einer gebrochen rationalen Übertragungsfunktion

der Regelstrecke voraus (vgl. 1.4.). Die Ermittlung dieser Funktionen ist eine Aufgabe der experimentellen Systemanalyse.

1.2.5.3. Regelung stochastisch gestörter Systeme

Die Aufgabe eines solchen Regelungssystems besteht darin, einen vorgegebenen (im allgemeinen festen) Sollwert entgegen den Einwirkungen stochastischer Störsignale konstant zu halten. Hier ergibt sich die Besonderheit, daß außer dem Systemmodell auch ein Modell für das stochastische Störsignal $z(t)$ ermittelt werden muß (vgl. Abschnitte 1.3. und 1.5.). Soll eine solche Regelung für mehrvariable Systeme eingesetzt werden, so wird im allgemeinen ein *Zustandsmodell* bevorzugt. Zusätzlich kann hier das Problem auftreten, aus den meßbaren (stochastisch gestörten) Ausgangssignalen $x_{a1}(t) \cdots x_{aq}(t)$ des Systems die Zustandsvariablen $x_1(t) \cdots x_n(t)$zu ermitteln (Abb. 1.2-4d). Diese Aufgabe, die allgemein mit dem Begriff „Zustandsschätzung" (state estimation) bezeichnet wird, hat in den letzten Jahren (durch den zunehmenden Einsatz von Prozeßrechnern für Regelungsaufgaben) Bedeutung erlangt. Besonders von KALMAN sind hierzu grundlegende Arbeiten veröffentlicht worden (KALMAN-Filter) (vgl. KALMAN, 1960, 1961, sowie 10.3.3.4. unter Zustandsschätzung).

1.2.5.4. Optimale Regelung (Lösung des Syntheseproblems)

Ein Zustandsmodell, d. h. eine Beschreibung des zu regelnden Objektes durch ein System von Differenzen- und Differentialgleichungen 1. Ordnung (vgl. 1.4.), wird auch dann notwendig, wenn eine optimale Steuerstrategie (vgl. Beispiel 1.2-4 unter 1.2.5.1.) durch einen geschlossenen Regelkreis realisiert werden soll.

Beispiel 1.2-5: Zeitoptimale Kransteuerung (Abb. 1.2-6)

Eine Laufkatze mit hängender, pendelfähiger Last soll in kürzester Zeit von einem Startpunkt A so in einen Zielpunkt B befördert werden, daß hier eine Pendelung nicht mehr auftritt. Gesucht wird eine Vorschrift, nach der der optimale Verlauf der Stell-(Steuer-)größe „Katzenantriebs- bzw. -bremskraft" unmittelbar aus den zu messenden Zustandsgrößen des Systems „Pendelwinkel",

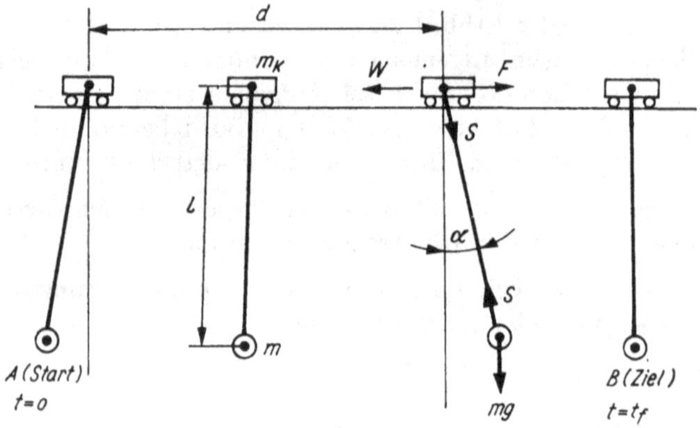

Abb. 1.2-6. Zeitoptimale Kransteuerung

„Pendelwinkelgeschwindigkeit", „Katzweg" und „Katzgeschwindigkeit" berechnet werden kann, wobei für diese Stellgröße Beschränkungen einzuhalten sind. Voraussetzung für die Lösbarkeit ist die Kenntnis des Zusammenhanges zwischen den 4 Zustandsgrößen und der Stellgröße. (Näheres vgl. Strobel, Kuntze, 1971 und 1975).

1.2.5.5. *Adaptive und selbstoptimierende Regelung*

In den vorangegangenen Beispielen war angenommen worden, daß die statischen und dynamischen Eigenschaften des Systems unveränderlich sind, d. h., daß das Modell nur einmal, nämlich vor dem Entwurf der Regelung, ermittelt zu werden braucht. Diese Voraussetzung ist jedoch in zahlreichen Fällen nicht erfüllt, da sich die Kennwerte des Systems auf Grund unbeeinflußbarer Schwankungen der Umweltbedingungen zum Teil erheblich ändern.

So verändern sich z. B. die für die Lageregelung eines Flugzeuges wesentlichen Parameter mit der Flughöhe und der Fluggeschwindigkeit. Diese Abhängigkeit von der Geschwindigkeit besteht im übrigen auch bei allen anderen Fahrzeugen (Schiffen, Landfahrzeugen) bezüglich der Kursregelung (vgl. Weber, 1971).

Hinzu kommt bei Landfahrzeugen (Kraftwagen, Eisenbahnzügen) eine erhebliche, durch die Witterungsverhältnisse bestimmte Abhängigkeit des Reibungskoeffizienten zwischen Rad und Fahrbahn, die nennenswerte Auswirkungen auf die Geschwindigkeits- und Beschleunigungsregelung besitzt (Becker, 1975). Die Reihe der Beispiele läßt sich beliebig für andere Bereiche (chemische Verfahrensindustrie, Grundstoffindustrie, Schwermaschinenbau) fortsetzen (Weber, 1971).

In allen diesen Fällen ist also eine vollständige Ermittlung des Modells nicht möglich. Man kann lediglich ein Modell für mittlere Betriebsbedingungen im voraus ermitteln und danach eine Voreinstellung der Reglerparameter vornehmen. Die Abweichungen von diesem mittleren Modell müssen während des Regelvorganges ermittelt und zu einer Verstellung der Sollwerte (selbst-optimierende Regelung) oder der Reglerparameter (adaptive Regelung) verwendet werden (vgl. Abb. 1.2-4 e, f). Das Problem der Systemidentifikation betrifft hier also die schnelle Bestimmung der schwankenden Parameter während des Regelvorganges, d. h. im Echtzeitbetrieb.

1.2.6. Schlußfolgerungen

Die in den Abschnitten 1.2.1. bis 1.2.5. skizzierte Übersicht macht deutlich, daß

(1) die Skala der möglichen Anwendungen für Methoden der experimentellen Systemanalyse außerordentlich weit gespannt ist und
(2) diese sehr unterschiedlichen Anwendungen den Einsatz verschiedener Modellbeschreibungsformen und Identifikationsmethoden erfordern.

Es kann deshalb nicht *die* oder *eine* geeignetste *Modellbeschreibungsform* und *Methode* geben. Andererseits wäre es sicher unzweckmäßig, jeder speziellen Anwendung spezielle Modelle und Methoden zuordnen zu wollen.

Vorgelegt werden soll vielmehr im folgenden eine einheitliche und allgemeine Darstellung der Möglichkeiten zur Beschreibung von Systemen, wobei allerdings eine Beschränkung auf solche Beschreibungsformen erfolgt, die sich auf Grund der hier durchgeführten Analyse der Anwendungsgebiete von Identifikationsmethoden als praktisch wichtig erwiesen haben. Trotz dieser Beschränkung wird mancher Leser, der sich bisher nur mit Kennwertermittlungsproblemen in bestimmten Gebieten — zum Beispiel im Zusammenhang mit dem Entwurf von Festwert- und Folgeregelungen gemäß Abb. 1.2-4 b, c — befaßt hat, überrascht und vielleicht auch verwirrt über die Vielgestaltigkeit der Systemmodelle sein. Diese Schwierigkeiten sollen dadurch gemindert werden, daß besonderer Wert darauf gelegt wird, die Bedeutung der verschiedenen Modellformen für die einzelnen Anwendungsgebiete sichtbar zu machen. Da eine Systembeschreibung immer in irgendeiner Form mit einer Signalkennzeichnung verbunden ist, soll der Behandlung der *Systemmodelle* (unter 1.4.) eine Betrachtung der *Signalmodelle* vorangestellt werden.

1.3. Signalmodelle

Unter einem Signal versteht man (vgl. Definition in TGL 14591) den zeitlichen Verlauf einer physikalischen Größe, wenn dieser Verlauf einen Parameter besitzt, der die zu signalisierende Größe abbildet. In Abhängigkeit davon, ob der zeitliche Vorgang sich reproduzieren läßt oder nicht, spricht man von determinierten und nichtdeterminierten (stochastischen) Signalen.

1.3.1. Nichtparametrische Modelle determinierter Signale

Determinierte Signale spielen in der experimentellen Systemanalyse eine wesentliche Rolle als Testsignale (vgl. Abb. 1.1-2) und Antwortsignale ungestörter Systeme.

Ein determiniertes Signal $x(t)$ läßt sich kennzeichnen

(1) durch seinen zeitlichen Verlauf

$$x = x(t) \quad \text{in} \quad -\infty < t < \infty \tag{1.3-1}$$

(*kontinuierliches Zeitfunktionsmodell*),

(2) durch den frequenzabhängigen Verlauf des zugehörigen komplexen Fourierspektrums

$$X(j\omega) = \int_{-\infty}^{\infty} x(t)\,\mathrm{e}^{-j\omega t}\,\mathrm{d}t = \mathcal{F}\{x(t)\} \tag{1.3-2}$$
$$\text{in} \quad -\infty < \omega < \infty$$

(*kontinuierliches Frequenzfunktionsmodell*),

(3) durch die diskreten (abgetasteten) Werte

$$x_s = x(s\,\Delta t) \quad \text{mit} \quad s = 0, \pm 1, \pm 2, \pm 3, \ldots \tag{1.3-3}$$

von $x(t)$ (*diskontinuierliches Zeitfunktionsmodell*) oder

(4) durch die diskreten Werte

$$X(jk\,\Delta\omega) = U_x(k\,\Delta\omega) + jV_x(k\,\Delta\omega) \quad \text{mit} \quad k = 0, \pm 1, \pm 2, \ldots \tag{1.3-4}$$

des Spektrums (*diskontinuierliches Frequenzfunktionsmodell*).

Ein nichtperiodisches (aperiodisches) determiniertes Signal wird dabei vollständig nur durch die kontinuierlichen Zeit- und Frequenzfunktionen (1.3-1 und 2) und nicht durch eine begrenzte Zahl von Parametern beschrieben. Diese Gleichungen (1.3-1 und 2) kennzeichnen deshalb ein sogenanntes *nichtparametrisches Signalmodell* (vgl. Abb. 1.3-1a, Anlage). Oft lassen sich jedoch nur die (parametrisierten) diskontinuierlichen Zeit- und Frequenzfunktionsmodelle nach Gln. (1.3-3 und 4) ermitteln. Von Bedeutung ist also die Frage nach den Bedingungen, unter denen sich das zu analysierende (Antwort-)Signal ausreichend genau durch die diskreten Werte der Zeit- und Frequenzfunktionen

(1.3-3 und 4) charakterisieren läßt. Diese Frage soll hier kurz unter Verwendung bekannter Resultate der *Systemtheorie* beantwortet werden (vgl. R. UNBEHAUEN, 1970 und ausführliche Diskussion in STROBEL, 1973).

1.3.1.1. Periodische und zeitbegrenzte aperiodische Signale (Abb. 1.3-1 b, c, s. Anlage)

Ein mit der Periodendauer T periodisches Signal

$$x(t) = x_p(t) = x_p(t + T) \tag{1.3-5}$$

wird bekanntlich vollständig durch ein diskretes Spektrum, d. h. durch die diskreten Werte $X(jk\,\Delta\omega)$ nach Gl. (1.3-4) charakterisiert, wobei

$$\Delta\omega = 2\pi/T \tag{1.3-6}$$

zu setzen ist (vgl. Abb. 1.3-1b).

Entsprechendes kann nachgewiesen werden für sogenannte zeitbegrenzte aperiodische Signale, die der Bedingung

$$x(t) = x_{zB}(t) = 0 \quad \text{für} \quad |t| > T_E \tag{1.3-7}$$

genügen.

Dieser Tatbestand ist für die Praxis der experimentellen Systemanalyse deshalb sehr bedeutungsvoll, da es fast immer gelingt, ein beliebiges aperiodisches Signal in der auf Abb. 1.3-2 gezeigten Vorgehensweise auf ein zeitbegrenztes Signal zurückzuführen. *Hieraus resultiert die wichtige Erkenntnis, daß auch aperiodische Signale (zumindest in guter Näherung) durch ein diskontinuierliches Frequenzfunktionsmodell darstellbar sind, sofern dieses Modell für die Frequenzen*

$$\omega_k = k\,\Delta\omega = k\pi/T_E \tag{1.3-8}$$

bestimmt wird.

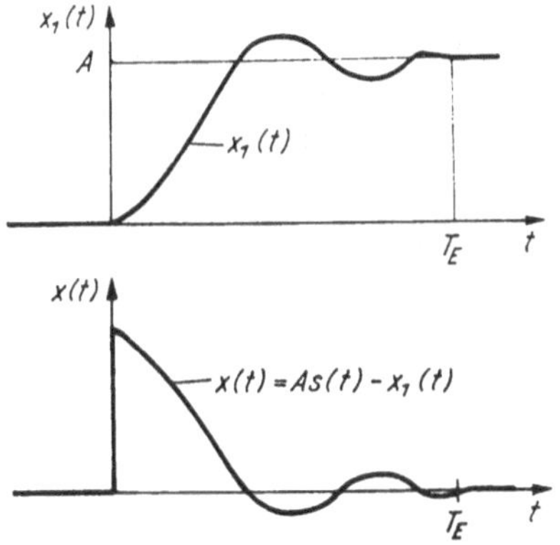

Abb. 1.3-2. Zerlegung eines determinierten Signals in ein zeitbegrenztes Signal und ein Standardsignal

1.3.1.2. Bandbegrenzte Signale (Abb. 1.3-1d, s. Anlage)

Durch eine Folge abgetasteter Werte gemäß Gl. (1.3-3) und Abb. 1.3-1d läßt sich ein bandbegrenztes Signal $x(t) = x_{BG}(t)$ mit der Eigenschaft

$$X_{BG}(j\omega) = 0 \quad \text{für} \quad |\omega| > \omega_g \tag{1.3-9}$$

vollständig beschreiben, wenn die Abtastfrequenz $\omega_0 = 2\pi/\Delta t$ zu

$$\omega_0 = 2\pi/\Delta t > 2\omega_g \tag{1.3-10}$$

gewählt wird (vgl. Abtasttheorem von SHANNON bzw. Satz von KOTELNIKOW, z. B. in WUNSCH, 1969 oder CHURKIN, u. a., 1966).

1.3.1.3. Band- und zeitbegrenzte Signale (Abb.1.3-1 e, s. Anlage)

Ein bandbegrenztes Signal kann bekanntlich — vgl. WUNSCH, 1969 — niemals zeitbegrenzt sein (und umgekehrt). Hieraus folgt, daß zu einem diskontinuierlichen Zeitfunktionsmodell immer ein kontinuierliches Frequenzfunktionsmodell und zu einem kontinuierlichen Zeitfunktionsmodell immer ein diskontinuierliches Frequenzfunktionsmodell gehört. Eine Signalbeschreibung sowohl durch die diskreten Werte nach Gl. (1.3-3) als auch nach Gl. (1.3-4) ist also nur näherungsweise dann möglich, wenn

— ein aperiodisches zeitbegrenztes Signal in Näherung auch als bandbegrenzt betrachtet werden kann oder
— wenn ein periodisches Signal abgetastet wird (Abb. 1.3-1 e, f).

1.3.2. Nichtparametrische Modelle stochastischer Signale

Stochastische Signale besitzen vor allem als Störsignale eine wesentliche Bedeutung für die experimentelle Systemanalyse. Sie können nur durch eine Vielzahl, d. h. ein Ensemble von Zeitfunktionen (Realisierungen) oder — bei ergodischen Vorgängen — durch eine im Intervall $-\infty < t < \infty$ gegebene Realisierung charakterisiert werden. Anstelle der Zeitfunktion $x(t)$ nach Gl. (1.3-1) wird deshalb (bei stationären und ergodischen Prozessen) ein Zeitmittelwert, nämlich der Erwartungswert des Produktes $x(t)\,x(t+\tau)$, d. h. die Autokorrelationsfunktion

$$\Psi_{xx}(\tau) = E\{x(t)\,x(t+\tau)\} = \lim_{T\to\infty} \frac{1}{2T} \int_{-T}^{T} x(t)\,x(t+\tau)\,\mathrm{d}t\,, \tag{1.3-11}$$

verwendet. Diese Funktion ist ein Maß dafür, wie ein Wert $x(t)$ des Zufallprozesses im Mittel von einen um τ zeitverschobenen Wert abhängt. Dabei ist

$\Psi_{xx}(0)$ gemäß

$$\Psi_{xx}(0) = E\{x^2(t)\} = \lim_{T\to\infty} \frac{1}{2T} \int_{-T}^{T} x^2(t)\mathrm{d}t \tag{1.3-12}$$

dem Erwartungswert von $x^2(t)$, d. h. dem Quadrat des Effektivwertes, gleich, und $\Psi_{xx}(\infty)$ kennzeichnet wegen

$$\begin{aligned}\Psi_{xx}(\infty) &= E\{x(t)\,x(\infty)\} = E\{x(t)\}\,E\{x(\infty)\} = [E\{x(t)\}]^2 \\ &= \left[\lim_{T\to\infty} \frac{1}{2T} \int_{-T}^{T} x(t)\,\mathrm{d}t\right]^2\end{aligned} \tag{1.3-13}$$

das Quadrat des Erwartungswertes von $x(t)$. Der Ausdruck

$$\sigma_x^2 = \Psi_{xx}(0) - \Psi_{xx}(\infty) = E\{x^2(t)\} - [E\{x(t)\}]^2 \tag{1.3-14}$$

ist dabei das Streuungsquadrat bzw. die Varianz und bildet ein Maß für die Schwankungsbreite des Zufallsprozesses (Abb. 1.3-3). Bei Gültigkeit der Nor-

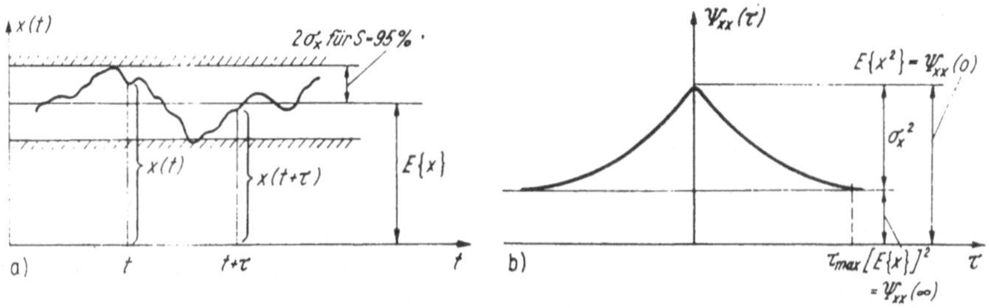

Abb. 1.3-3. Zusammenhang zwischen der Realisierung (a) und der Korrelationsfunktion (b) eines stationären und normalverteilten Zufallsprozesses

malverteilung können damit — für eine Sicherheit von 95% zum Beispiel — die Schranken

$$E\{x(t)\} - 2\sigma_x \leqq x(t) \leqq E\{x(t)\} + 2\sigma_x \tag{1.3-15}$$

angegeben werden. Diese Bedingung sagt also aus, daß die Realisierung $x(t)$ mit einer Wahrscheinlichkeit von 95% innerhalb des in Abb. 1.3-3 skizzierten Toleranzbandes verläuft.

Ein Maß für die in dem Signal (im Mittel) enthaltenen Frequenzen liefert das Leistungsdichtespektrum $\Phi_{xx}(\omega)$, das gemäß den bekannten WIENER-CHINTCHINschen Gleichungen

$$\Phi_{xx}(\omega) = \int_{-\infty}^{\infty} \Psi_{xx}(\tau)\,\mathrm{e}^{-j\omega\tau}\,\mathrm{d}\tau = \mathcal{F}\{\Psi_{xx}(\tau)\} \tag{1.3-16}$$

und

$$\Psi_{xx}(\tau) = \frac{1}{2\pi} \int_{-\infty}^{\infty} \Phi_{xx}(\omega)\, e^{j\omega\tau}\, d\omega = \mathcal{F}^{-1}\{\Phi_{xx}(\omega)\} \tag{1.3-17}$$

die FOURIERtransformierte der Autokorrelationsfunktion darstellt (vgl. WUNSCH, 1969).

Ein stochastisches Signal läßt sich damit — analog zum deterministischen Fall entsprechend Gln. (1.3-1 bis 4) — kennzeichnen

(1) durch den Verlauf der Korrelationsfunktion

$$\Psi_{xx} = \Psi_{xx}(\tau) \quad \text{in} \quad -\infty < \tau < \infty \tag{1.3-18}$$

(*kontinuierliches Zeitfunktionsmodell*),

(2) durch den Verlauf des Leistungsdichtespektrums

$$\Phi_{xx} = \Phi_{xx}(\omega) \quad \text{in} \quad -\infty < \omega < \infty \tag{1.3-19}$$

(*kontinuierliches Frequenzfunhtionsmodell*),

(3) durch diskrete Werte

$$\Psi_{xx}(s) = \Psi_{xx}(s\,\Delta t) \quad \text{mit} \quad s = 0, \pm 1, \pm 2, \ldots \tag{1.3-20}$$

der Korrelationsfunktion (*diskontinuierliches Zeitfunktionsmodell*) und

(4) durch diskrete Werte

$$\Phi_{xx}(k) = \Phi_{xx}(k\,\Delta\omega) \quad \text{mit} \quad k = 0, \pm 1, \pm 2, \ldots \tag{1.3-21}$$

des Leistungsdichtespektrums (*diskontinuierliches Frequenzfunktionsmodell*).

Zu den nichtparametrischen Modellen gelangt man dabei nur, wenn eine Realisierung des Zufallsprozesses in $-\infty < t < \infty$ zur Verfügung steht und eine analoge Signalverarbeitung gemäß Gl. (1.3-11) erfolgt.

1.3.2.1. Zeitbegrenzte Zufallsprozesse (Abb. 1.3-4b, s. Anlage)

Praktisch läßt sich eine Realisierung jedoch nur in einem begrenzten Zeitintervall, zum Beispiel für

$$x(t) = x_{zB}(t) \quad \text{in} \quad -\frac{T_n}{2} \leqq t \leqq \frac{T_n}{2} \tag{1.3-22}$$

bestimmen. Hieraus folgt, daß man die Korrelationsfunktion nach Gl. (1.3-11) nur für Zeitverschiebungen $\tau \leqq \tau_{max}$ mit $\tau_{max} \ll T_n$ (z. B. $\tau_{max} \approx 0{,}1 T_n$) näherungsweise ermitteln kann. Für $\tau > \tau_{max}$ ist eine verläßliche Aussage über die Korrelationsfunktion $\Psi_{xx}(\tau)$ somit nicht möglich. Hieraus folgt (vgl. GILOI, 1970, STROBEL, 1973), daß das Leistungsdichtespektrum $\Phi_{xx}(\omega)$ nur für die diskreten Frequenzen

$$\omega_k = k\,\Delta\omega \quad \text{mit} \quad \Delta\omega = \pi/\tau_{max} \quad \text{und} \quad k = 0, \pm 1, \pm 2, \ldots \tag{1.3-23}$$

bestimmbar ist. Diese diskreten Werte des Spektrums kennzeichnen das stochastische Signal nur dann vollständig, wenn die Korrelationsfunktion $\Psi_{xx}(\tau)$ selbst als ein auf das Intervall $|\tau| < \tau_{\max}$ zeitbegrenztes Signal (im Sinne von Abschnitt 1.3.1.1.) betrachtet werden kann. Im allgemeinen Fall führt jedoch die begrenzte Beobachtungsdauer T_n zu einer begrenzten Frequenzauflösung der Breite $\Delta\omega$, die $\tau_{\max}$ und damit T_n umgekehrt proportional ist (vgl. Abb. 1.3-4b).

1.3.2.2. Abtastung bandbegrenzter Zufallsprozesse (Abb. 1.3-4c)

Stehen nur diskrete Werte $x(s\,\Delta t)$ der Realisierung $x(t)$ zur Verfügung, so läßt sich gemäß

$$\Psi_{xx}(s\,\Delta t) \approx \frac{1}{N-s} \sum_{i=0}^{N-s} x(i\,\Delta t)\,x([i+s]\,\Delta t) \qquad (1.3\text{-}24)$$

die Korrelationsfunktion $\Psi_{xx}(\tau)$ ebenfalls nur für diskrete Zeitverschiebungen

$$\tau_s = s\,\Delta t \quad \text{mit} \quad s = 0, 1, 2, \ldots, \qquad (1.3\text{-}24\text{a})$$

d. h. in Form eines diskontinuierlichen Zeitfunktionsmodells gemäß Gl. (1.3-20) ermitteln. Dieses beschreibt den Zufallsprozeß nur dann vollständig, wenn das Leistungsdichtespektrum

$$\Phi_{xx}(\omega) = 0 \quad \text{für } |\omega| \geqq \omega_g\,, \qquad (1.3\text{-}25)$$

d. h. bandbegrenzt ist, und die Abtastfrequenz zu

$$\omega_0 = 2\pi/\Delta t > 2\omega_g \qquad (1.3\text{-}26)$$

gewählt wird (vgl. Kuo, 1963, Monroe, 1962, Strobel, 1973 und Abb. 1.3-4c).

1.3.2.3. Abtastung zeitbegrenzter Zufallsprozesse

Zu einer Signalcharakterisierung durch diskontinuierliche Modelle nach Gln. (1.3-20, 21) gelangt man, wenn eine im begrenzten Zeitintervall gemessene Realisierung des Zufallsprozesses mit Hilfe eines Digitalrechners ausgewertet werden soll und deshalb einem Abtastprozeß zu unterwerfen ist (vgl. Abb. 1.3-4d).

1.4. Systemmodelle

Für die Ermittlung der Modelldarstellung eines vorgegebenen Objektes bestehen grundsätzlich zwei Zugänge:

1. Modelldarstellung unter *alleiniger* Berücksichtigung der an den Ein- und Ausgangsklemmen des Systems meßbaren Signale (*Modelle für das Klemmenverhalten, Ein-Ausgangs-* oder *Black-Box-Modelle*).

2. Modelldarstellung unter Berücksichtigung des inneren Systemzustandes (*Zustandsmodelle*).

Zunächst soll auf eine Systembeschreibung durch Ein-Ausgangs-Modelle eingegangen werden.

1.4.1. Ein-Ausgangs-Modelle

Hierbei wird unter einem System ein Gebilde verstanden, das einen Zusammenhang zwischen unabhängigen Variablen (Ursachen, Eingangssignalen) und abhängigen Variablen (Wirkungen, Ausgangssignalen) herstellt. Dieses System gliedert sich im allgemeinen in Teilsysteme.

Das einfachste Teilsystem stellt dabei das *Übertragungsglied* dar, bei dem ein rückwirkungsfreier Zusammenhang zwischen einem Ein- und einem Ausgangssignal besteht. Zu unterscheiden ist deshalb zwischen *mehrdimensionalen* und *eindimensionalen* Modellen (Abb. 1.4-1 a, b).

Die unterschiedlichen Übertragungseigenschaften der Modelle lassen sich am einfachsten an einem eindimensionalen Modell verdeutlichen. Dazu wird angenommen, daß das Eingangssignal in der auf Abb. 1.4-1b gezeigten Form durch eine Stufenfunktion ausreichend genau approximiert werden kann. Das Ausgangssignal $x_{aM}(t)$ an der Stelle $t = k\,\Delta t$ hängt dann gemäß

$$x_{aM}(k\,\Delta t) \approx f\{x_e(k\,\Delta t), x_e([k-1]\,\Delta t), \ldots, x_e([k-n]\,\Delta t)\} \tag{1.4-1}$$

von dem zugehörigen Wert von $x_e(t)$ an der Stelle $t = k\,\Delta t$ und den weiter zurückliegenden Werten $x_e([k-1]\,\Delta t), \ldots, x_e([k-n]\,\Delta t)$ ab.

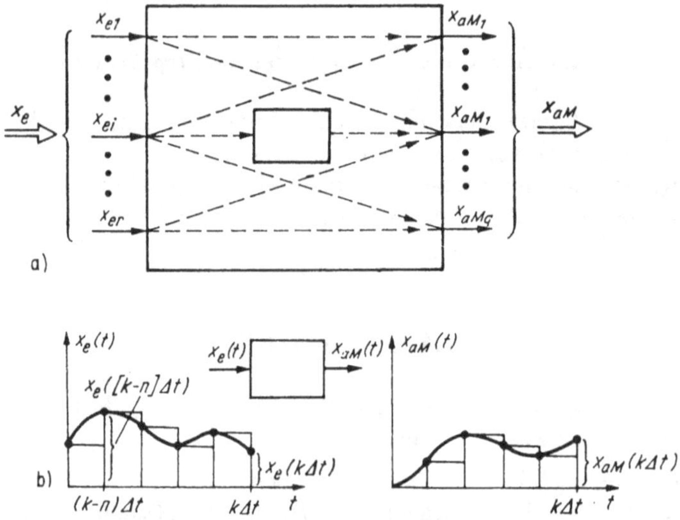

Abb. 1.4-1. Mehrdimensionales (a) und eindimensionales (b) Ein-Ausgangsmodell

Die Größe n kann hierbei als Maß für das Speichervermögen des Systems gelten, wobei — ohne wesentliche Einschränkung der Allgemeinheit — angenommen werden kann, daß das System nur eine begrenzte Speicherfähigkeit besitzt, d. h., daß das Ausgangssignal $x_{aM}(t)$ nicht mehr von den genügend weit zurückliegenden Werten $x_e(t - \tau_{\max})$ mit $\tau_{\max} > n\,\Delta t$ abhängt. Wird diese Speicherwirkung als vernachlässigbar klein vorausgesetzt, d. h., gilt der Zusammenhang

$$x_{aM}(k\,\Delta t) \approx f\{x_e(k\,\Delta t)\}\ , \tag{1.4-2}$$

so handelt es sich um ein *statisches Modell.* Ist die Speicherwirkung nicht vernachlässigbar, dann muß ein *dynamisches Modell* Verwendung finden.

1.4.1.1. Modelle für das statische Verhalten

1.4.1.1.1. Eindimensionale lineare und nichtlineare Modelle

Um zu einer möglichst allgemeingültigen Darstellungsform zu gelangen, wird die Gl. (1.4-2) in eine TAYLOR-Reihe, z. B. um $x_e = 0$, entwickelt. Mit

$$x_{aM}(t) = f(0) + \frac{1}{1!}\frac{\mathrm{d}f(0)}{\mathrm{d}x_e}x_e(t) + \frac{1}{2!}\frac{d^2f(0)}{\mathrm{d}x_e^2}x_e^2(t) + \cdots + \frac{1}{n!}\frac{\mathrm{d}^nf(0)}{\mathrm{d}x_e^n}x_e^n(t)$$

und

$$b_i = \frac{1}{i!}\frac{\mathrm{d}^if(0)}{\mathrm{d}x_e^i}$$

ergibt sich die Beziehung

$$x_{aM}(t) = b_0 + b_1x_e(t) + b_2x_e^2(t) + \cdots + b_nx_e^n(t) \tag{1.4-3}$$

und für $n = 1$ der lineare Zusammenhang

$$x_{aM}(t) = b_0 + b_1x_e(t)\,. \tag{1.4-3a}$$

Gl. (1.4-3) kennzeichnet ein *nichtlineares* und Gl. (1.4-3a) ein *lineares eindimensionales statisches Systemmodell.* Dieses Modell wird durch einen *Satz von Parametern* $b_0, \ldots, b_n$ und die Modellordnung n, d. h. die *Modellstruktur*, gekennzeichnet. Es handelt sich deshalb um ein sogenanntes *parametrisches Modell.*

1.4.1.1.2. Mehrdimensionale Modelle

Bei einem mehrdimensionalen statischen Modell nach Abb. 1.4-1a ist Gl. (1.4-2) durch die Beziehung

$$x_{aMl}(t) = f_l\{x_{e1}(t), \ldots, x_{er}(t)\} \quad \text{mit} \quad l = 1, \ldots, q \tag{1.4-4}$$

zu ersetzen, da jedes der q Ausgangssignale $x_{aMl}(t), \ldots, x_{aM_q}(t)$ von allen r Eingangssignalen $x_{e1}(t), \ldots, x_{er}(t)$ abhängen kann.

Für das l-te Ausgangssignal $x_{aMl}(t)$ gelangt man durch die mehrdimensionale TAYLOR-Reihen-Entwicklung (z. B. um den Punkt $x_{e1} = x_{e2} = \cdots = x_{er} = 0$)

$$x_{aMl}(t) = f(0) + \frac{1}{1!}\left\{\frac{\partial f_l(0)}{\partial x_{e1}}\, x_{e1}(t) + \cdots + \frac{\partial f_l(0)}{\partial x_{er}}\, x_{er}(t)\right\}$$
$$+ \frac{1}{2!}\left\{\frac{\partial^2 f_l(0)}{\partial x_{e1}^2}\, x_{e1}^2(t) + \frac{\partial^2 f_l(0)}{\partial x_{e1}\,\partial x_{e2}}\, x_{e1}(t)\, x_{e2}(t) + \cdots \right.$$
$$\left. \cdots + \frac{\partial^2 f_l(0)}{\partial x_{er}^2}\, x_{er}^2(t)\right\}$$
$$+ \{\text{Glieder höherer Ordnung}\}$$

mit $f_l(0, \ldots, 0) = f_l(0)$

zu einer nichtlinearen Modellgleichung der Form

$$\begin{aligned} x_{aMl}\,(t) &= a_{10} + x_{e1}(t)\, a_{l1} + x_{e2}(t)\, a_{l2} + \cdots + x_{er}(t)\, a_{lr} \\ &\quad + \{x_{e1}^2(t)\, a_{l11} + x_{e1}(t)\, x_{e2}(t)\, a_{l12} + \cdots + x_{er}^2(t)\, a_{lrr}\} \\ &\quad + \{x_{e1}^3(t)\, a_{l111} + x_{e1}x_{e2}x_{e3}a_{l123} + \cdots + x_{er}^3(t)\, a_{lrrr}\} \\ &\quad + \{\text{Glieder höherer Ordnung}\} \\ &= a_{l0} + \underbrace{\sum_{s=1}^{r} a_{ls}x_{es}(t)}_{\text{linearer Teil}} + \underbrace{\sum_{s1=1}^{r}\sum_{s2=1}^{r} a_{ls1s2}x_{es1}(t)\, x_{es2}(t)}_{\text{quadratischer Teil}} \\ &\quad \underbrace{+ \sum_{s1=1}^{r}\sum_{s2=1}^{r}\sum_{s3=1}^{r} a_{l,s1,s2,s3}\, x_{es1}(t)\, x_{es2}(t)\, x_{es3}(t) + \cdots}_{\text{kubischer Teil}} \end{aligned} \tag{1.4-5}$$

für $l = 1, \ldots, q$.

Bei Vernachlässigung der nichtlinearen Terme folgt hieraus das lineare Gleichungssystem

$$\begin{bmatrix} x_{aM_1}(t) \\ \vdots \\ \vdots \\ x_{aM_q}(t) \end{bmatrix} = \begin{bmatrix} a_{10} & a_{11} \cdots & a_{1r} \\ \vdots & \vdots & \vdots \\ \vdots & \vdots & \vdots \\ a_{q_0} & a_{q_r} \cdots & a_{q_r} \end{bmatrix} \cdot \begin{bmatrix} 1 \\ x_{e1}(t) \\ \vdots \\ x_{er}(t) \end{bmatrix}, \tag{1.4-6}$$

das ein *lineares mehrdimensionales statisches Modell* kennzeichnet. Dieses lineare Modell kann dabei durch eine Simulationsschaltung in Form der sogenannten p-kanonischen Struktur gemäß Abb. 1.4-2 nachgebildet werden.

Die Aufgabe der Systemanalyse besteht hierbei also in der Ermittlung der Parameter a_{10}, a_{1s}, $a_{ls1,s2}$ usw.

Die hier angegebenen Modellgleichungen für das statische Verhalten der Systeme haben praktische Bedeutung für nahezu alle der im Abschnitt 1.2. *genannten Anwendungen.*

1.4.1.2. Nichtparametrische Modelle für das dynamische Verhalten

1.4.1.2.1. Das allgemeine (nichtlineare) Modell — Die VOLTERRA-Entwicklung

Vorausgesetzt wird jetzt, daß das System ein gewisses Speichervermögen besitzt. Bei einem eindimensionalen Modell ist also von Gl. (1.4-1) auszugehen. Mit der abkürzenden Schreibweise

$$x_e(k\, \Delta t) = x_e(k) \tag{1.4-7}$$

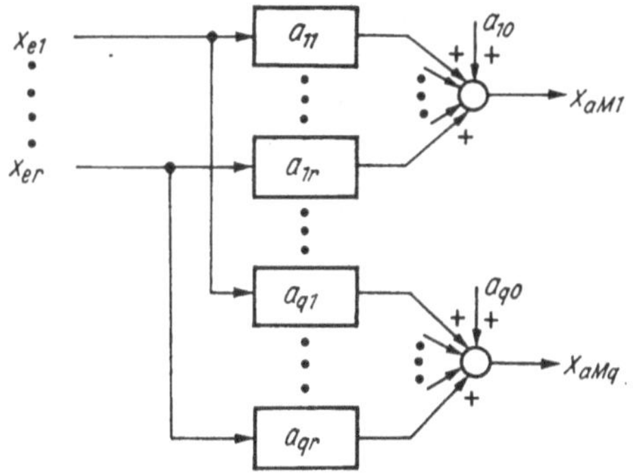

Abb. 1.4-2. Mehrdimensionales lineares statisches Modell in Form einer P-kanonischen Struktur

läßt sich für Gl. (1.4-1) die TAYLOR-Reihe (für den Entwicklungspunkt $x_e(k) = x_e(k-1) = \cdots = x_e(k-n) = 0$)

$$\begin{aligned} x_{aM}(k\, \Delta t) \approx \tilde{x}_{aM}(k\, \Delta t) &= f(0) + \left\{ x_e(k) \frac{\partial f(0)}{\partial x_e(k)} + \cdots + x_e(k-n) \frac{\partial f(0)}{\partial x(k-n)} \right\} \\ &+ \frac{1}{2} \left\{ x_e^2(k) \frac{\partial^2 f(0)}{\partial x_e^2(k)} + x_e(k)\, x_e(k-1) \frac{\partial^2 f(0)}{\partial x_e(k)\, \partial x_e(k-1)} + \cdots \right. \\ &\left. + x_e^2(k-n) \frac{\partial^2 f(0)}{\partial x_e^2(k-n)} \right\} \\ &+ \{\text{Glieder höherer Ordnung}\} \end{aligned}$$

gewinnen.

Mit der ohne Einschränkung der Allgemeinheit zu treffenden Annahme

$$f(0) = f(0, 0, \ldots, 0) = 0$$

folgt hieraus die Beziehung

$$\begin{aligned}\tilde{x}_{aM}(k\,\Delta t) &= \{x_e(k)\,a_0 + x_e(k-1)\,a_1 + \cdots + x_e(k-n)\,a_n\}\\ &\quad + \{x_e^2(k)\,a_{00} + x_e(k)\,x_e(k-1)\,a_{01} + \cdots + x_e^2(k-n)\,a_{nn}\}\\ &\quad + \{x_e^3(k)\,a_{000} + x_e(k)\,x_e(k-1)\,x_e(k-2)\,a_{012} + \cdots + x_e^3(k-n)\,a_{nnn}\}\\ &\quad + \{\text{Glieder 4. und höherer Ordnung}\}\\ &= \underbrace{\sum_{s1=0}^{n} a_{s1}x_e(k-s1)}_{\text{lineares Teilmodell } x_{aM_{lin}}} + \underbrace{\sum_{s1=0}^{n}\sum_{s2=0}^{n} a_{s1s2}x_e(k-s1)\,x_e(k-s2)}_{\text{quadratisches Teilmodell } x_{aM_{qu}}}\\ &\quad + \underbrace{\sum_{s1=0}^{n}\sum_{s2=0}^{n}\sum_{s3=0}^{n} a_{s1s2s3}\,x_e(k-s1)\,x_e(k-s2)\,x_e(k-s3) + \cdots}_{\text{kubisches Teilmodell } x_{aM_{ku}}}, \end{aligned} \tag{1.4-8}$$

deren Terme $x_{aM_{lin}}$, $x_{aM_{qu}}$ und $x_{aM_{ku}}$ als Ausgangssignale eines linearen, eines quadratischen und eines kubischen Teilmodells betrachtet werden können (vgl. Abb. 1.4-3). Berücksichtigt man als kompliziertesten Fall ein Teilmodell M-ter Ordnung, so folgt aus Gl. (1.4-8) die Gleichung

$$\tilde{x}_{aM}(k\,\Delta t) = \sum_{i=1}^{M}\left\{\sum_{s1=0}^{n}\cdots\sum_{s_i=0}^{n}\bar{g}_i(s_1,\ldots,s_i)\,x_e(k-s_1),\ldots,x_e(k-s_i)\right\}, \tag{1.4-8a}$$

wenn noch die Modellparameter a_{s1}, a_{s1s2}, usw. ohne Einschränkung der Allgemeinheit durch

$$\begin{aligned} a_{s1} &= \bar{g}_1(s_1) = g_1(s_1\,\Delta t)\,\Delta t\\ a_{s1s2} &= \bar{g}_2(s_1, s_2) = g_2(s_1\,\Delta t, s_2\,\Delta t)\,\Delta t\,\Delta t\\ &\;\vdots\\ a_{s1\ldots si} &= \bar{g}_i(s_1,\ldots,s_i) = g_i(s_1\,\Delta t,\ldots,s_i\,\Delta t)\,\Delta t\cdots\Delta t \end{aligned} \tag{1.4-8b}$$

ersetzt werden.

Die hier für $\tilde{x}_{aM}(k\,\Delta t)$ angegebene Gl. (1.4-8a) kann um so besser ein allgemeines nichtlineares Modell beschreiben, je kleiner in Abb. 1.4-1b die Schrittweite Δt gewählt wird und je größer n und M sind. Für $M \to \infty$, $n \to \infty$, $\triangle t \to 0$ und mit

$$g_i(s_1\,\Delta t,\ldots,s_i\,\Delta t) = g_i(\tau_1,\ldots,\tau_i) \tag{1.4-8c}$$

erhält man für das exakte Modellausgangssignal $x_{aM}(k\,\Delta t) = x_{aM}(t)$ die Beziehung

$$\begin{aligned} x_{aM}(t) &= \sum_{i=0}^{\infty}\left\{\int_0^{\infty}\cdots\int_0^{\infty} g_i(\tau_1\cdots\tau_i)\,[x_e(t-\tau_1)\cdots x_e(t-\tau_i)]\,[\mathrm{d}\tau_1\cdots\mathrm{d}\tau_i]\right\}\\ &= \int_0^{\infty} g_1(\tau_1)\,x_e(t-\tau_1)\,\mathrm{d}\tau_1 + \int_0^{\infty}\int_0^{\infty} g_2(\tau_1,\tau_2)\,x_e(t-\tau_1)\,x_e(t-\tau_2)\,\mathrm{d}\tau_1\,\mathrm{d}\tau_2 \end{aligned}$$

$$+ \int_0^\infty \int_0^\infty \int_0^\infty g_3(\tau_1, \tau_2, \tau_3)\, x_e(t-\tau_1)\, x_e(t-\tau_2)\, x_e(t-\tau_3)\, \mathrm{d}\tau_1\, \mathrm{d}\tau_2\, \mathrm{d}\tau_3 + \cdots$$

$$= x_{aM_{lin}}(t) + x_{aM_{qu}}(t) + x_{aM_{ku}}(t) + \cdots, \tag{1.4-9}$$

die als VOLTERRA-Entwicklung bezeichnet wird.

Damit ist eine allgemeingültige Beschreibungsform für ein (nichtlineares) dynamisches Modell gefunden worden, bei dem der Zusammenhang zwischen dem Aus- und Eingangssignal durch spezielle *Zeitfunktionen*

$$g_1(\tau_1),\ g_2(\tau_1, \tau_2),\ g_3(\tau_1, \tau_2, \tau_3),\ \ldots,$$

den sogenannten *Kernen der* VOLTERRA-*Entwicklung,* beschrieben wird.

Diese Zeitfunktionen bilden in ihrer Gesamtheit das nichtparametrische Modell eines (nichtlinearen) dynamischen Systems mit einem Ein- und einem Ausgang.

Dieses allgemeine Modell läßt sich, — wie Abb. 1.4-3 veranschaulicht — in ein lineares Teilmodell und in nichtlineare Teilmodelle 2., 3. bis M-ter Ordnung gliedern, wobei jedes dieser Teilmodelle durch eine Zeitfunktion $g_i(\tau_1, \ldots, \tau_i)$ gekennzeichnet ist.

Das Ziel einer Identifikation muß also in der Ermittlung dieser Zeitfunktionen, d. h. in der Bestimmung nichtparametrischer Zeitfunktionsmodelle, bestehen.

Praktische Bedeutung hat die experimentelle Ermittlung der VOLTERRA-*Entwicklung in Zusammenhang mit der Modellbestimmung für biologische Prozesse* (die in der Regel nichtlineares Verhalten zeigen) *und für den Regler „Mensch“* (vgl. 1.2.1. und 1.2.2.) erlangt. Die hier angegebene Modelldarstellung besitzt den Vorteil, eine allgemeingültige Beschreibungsform für eindimensionale Modelle zu sein.

Diesem Vorteil steht eine sehr große Zahl von zu identifizierenden Kennwerten gegenüber. Eine Erweiterung dieser Darstellungsform auf mehrdimensionale

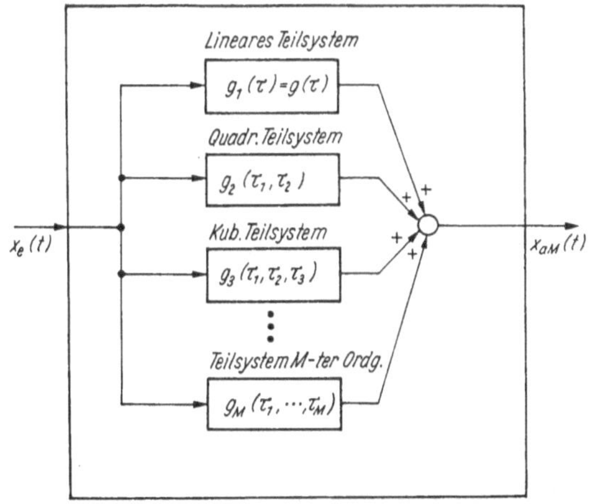

Abb. 1.4-3. Nichtlineares dynamisches VOLTERRA-Modell

Modelle, die prinzipiell möglich ist, stößt deshalb auf außerordentlich große praktische Schwierigkeiten.

Dies bleibt deshalb im folgenden dem linearen Modell vorbehalten, das in Gl. (1.4-8a) und in der schematischen Darstellung nach Abb. 1.4-3 als Sonderfall für $M = 1$ enthalten ist.

1.4.1.2.2. Lineare Zeitfunktionsmodelle — Das DUHAMELsche Integral

1.4.1.2.2.1. Eindimensionale Modelle

Für $M = 1$ geht die VOLTERRA-Entwicklung (1.4-9) (vgl. auch Gl. (1.4-8a)) in das bekannte DUHAMELsche (Faltungs-)Integral (vgl. z. B. WUNSCH, 1969)

$$x_{aM}(t) = \int_0^\infty g(\tau)\, x_e(t - \tau)\, d\tau = g(t) * x_e(t) \tag{1.4-10}$$

(mit $g_l(t) = g(t)$) als allgemeine Beschreibungsform eines linearen eindimensionalen Modells über. Die Zeitfunktion $g(t)$ stellt hierbei bekanntlich die Gewichtsfunktion, d. h. die Antwort des Modells auf ein DIRAC-impulsförmiges Eingangssignal $\delta(t)$ mit den Eigenschaften

$$\delta(t) = \begin{cases} 0 & \text{für } t \neq 0 \\ \infty & \text{für } t = 0 \end{cases} \tag{1.4-10a}$$

und

$$\int_{-\infty}^{\infty} \delta(t - t_0)\, f(t)\, dt = f(t_0) \tag{1.4-10b}$$

dar (vgl. Abb. 1.4-4a).

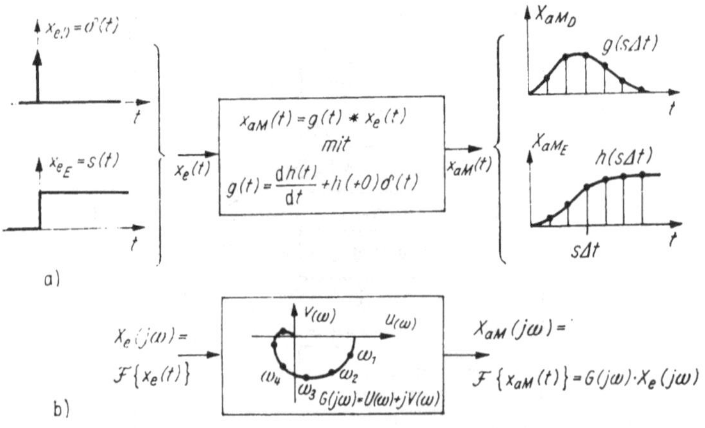

Abb. 1.4-4a, b. Lineares dynamisches Modell; beschrieben durch die Übertragungsfunktion oder die Gewichtsfunktion (a) und durch den Frequenzgang (b)

Dabei besteht zwischen der Gewichtsfunktion $g(t)$ und der Übergangsfunktion $h(t)$, d. h. der Antwortfunktion auf den Einheitssprung

$$x_{eE}(t) = s(t) = \begin{cases} 0 & \text{für } t < 0 \\ 1 & \text{für } t \geqq 0 \end{cases}, \tag{1.4-10c}$$

der Zusammenhang

$$g(t) = \frac{\mathrm{d}h(t)}{\mathrm{d}t} + h(+0)\,\delta(t)\,, \tag{1.4-11}$$

was durch Einsetzen von Gl. (1.4-10c) in Gl. (1.4-10) leicht nachgeprüft werden kann.

Das Verhalten des Systems wird hierbei vollständig durch die speziellen Zeitfunktionen $g(t)$ bzw. $h(t)$, d. h. durch *kontinuierliche Zeitfunktionsmodelle*, gekennzeichnet (Abb. 1.4-4a). Wird angenommen, daß $x_e(t)$ ein stochastisches Signal ist, so gilt Gl. (1.4-10) nur für eine einzelne Realisierung. Multipliziert man Gl. (1.4-10) mit $x_e(t - \vartheta)$ und bildet den Erwartungswert

$$E\{x_{aM}(t)\, x_e(t-\vartheta)\} = E\left\{\int_0^\infty g(\tau)\, x_e(t-\tau)\, x_e(t-\vartheta)\, \mathrm{d}\tau\right\}$$

$$= \int_0^\infty g(\tau)\, E\{x_e(t-\tau)\, x_e(t-\vartheta)\}\, \mathrm{d}\tau\,,$$

so gewinnt man mit

$$E\{x_{aM}(t)\, x_e(t-\vartheta)\} = \Psi_{x_{aM}x_e}(-\vartheta) = \Psi_{x_e x_{aM}}(\vartheta)$$

und

$$E\{x_e(t-\tau)\, x_e(t-\vartheta)\} = \Psi_{x_e x_e}(\vartheta - \tau)$$

die WIENER-HOPF*sche Integralgleichung*

$$\Psi_{x_e x_{aM}}(\vartheta) = \int_0^\infty g(\tau)\, \Psi_{x_e x_e}(\vartheta - \tau)\, \mathrm{d}\tau = g(\vartheta) * \Psi_{x_e x_e}(\vartheta) \tag{1.4-12}$$

(mit $g(\vartheta) = 0$ für $\vartheta < 0$),
die einen (der Gl. (1.4-10) sehr ähnlichen) Zusammenhang zwischen der Autokorrelationsfunktion $\Psi_{x_e x_e}(\vartheta)$ des Eingangssignals $x_e(t)$ (vgl. hierzu Gl. (1.3-11)) und der Kreuzkorrelationsfunktion

$$\Psi_{x_e x_{aM}}(\tau) = \lim_{T\to\infty} \frac{1}{2T} \int_{-T}^{T} x_e(t)\, x_{aM}(t+\tau)\, \mathrm{d}t \tag{1.4-13}$$

zwischen dem Eingangs$\{x_e(t)\}$- und dem Ausgangs$\{x_{aM}(t)\}$-signal herstellt.

Die Ermittlung der Gewichtsfunktion $g(t)$ bzw. der zugehörigen diskreten Werte $g(s\,\Delta t)$ besitzt große praktische Bedeutung für den Entwurf von Regelungssystemen, insbesondere für Regelkreise die einen Digitalrechner als Regler enthalten.

1.4.1.2.2.2. Mehrdimensionale Modelle

Für ein lineares mehrdimensionales Modell mit r Ein- und q Ausgangssignalen nach Abb. 1.4-1a tritt an die Stelle der Gl. (1.4-10) die Beziehung

$$\begin{bmatrix} x_{aM_1}(t) \\ \vdots \\ x_{aM_q}(t) \end{bmatrix} = \begin{bmatrix} g_{11}(t) & \cdots & g_{1r}(t) \\ \vdots & & \vdots \\ g_{q1}(t) & \cdots & g_{qr}(t) \end{bmatrix} * \begin{bmatrix} x_{e1}(t) \\ \vdots \\ x_{er}(t) \end{bmatrix} \tag{1.4-14}$$

bzw. der Zusammenhang

$$x_{aMl}(t) = \sum_{i=1}^{r} \int_0^\infty g_{li}(\tau)\, x_{ei}(t-\tau)\, d\tau \tag{1.4-15}$$

mit $l = 1, 2, \ldots, q$.
Das l-te Ausgangssignal $x_{aMl}(t)$ setzt sich also — wie Abb. 1.4-4c veranschaulicht — aus den Ausgangssignalen von r Übertragungsgliedern mit den Gewichtsfunktionen $g_{l1}(t), \ldots, g_{lr}(t)$ zusammen. Zur Herleitung der bei stochastischen Eingangssignalen anzuwendenden Bestimmungsgleichungen wird $x_{aMl}(t+\vartheta)$ nach Gl. (1.4-15) mit $x_{ep}(t)$ multipliziert und der Erwartungswert

$$\begin{aligned} E\{x_{ep}(t)\, x_{aMl}(t+\vartheta)\} &= E\left\{\sum_{i=1}^{r} \int_0^\infty g_{li}(\tau)\, x_{ep}(t)\, x_{ei}(t+\vartheta-\tau)\, d\tau\right\} \\ &= \sum_{i=1}^{r} \int_0^\infty g_{li}(\tau)\, E\{x_{ep}(t)\, x_{ei}(t+\vartheta-\tau)\, d\tau\} \end{aligned}$$

gebildet.

Wegen

$$E\{x_{ep}(t)\, x_{aMl}(t+\vartheta)\} = \Psi_{x_{ep}x_{aMl}}(\vartheta) \tag{1.4-16a}$$

und

$$E\{x_{ep}(t)\, x_{ei}(t+\vartheta-\tau)\} = \Psi_{x_{ep}x_{ei}}(\vartheta-\tau) \tag{1.4-16b}$$

folgt hieraus der Zusammenhang

$$\Psi_{x_{ep}x_{aMl}}(\vartheta) = \sum_{i=1}^{r} \int_0^\infty g_{li}(\tau)\, \Psi_{x_{ep}x_{ei}}(\vartheta-\tau)\, d\tau = \sum_{i=1}^{r} g_{li}(\vartheta) * \Psi_{x_{ep}x_{ei}}(\vartheta) \tag{1.4-16c}$$

für die Kreuzkorrelationsfunktion $\Psi_{x_{ep}x_{aMl}}(\vartheta)$ zwischen dem Ausgang x_{aMl} und den Eingangssignalen $x_{e1}, \ldots, x_{er}$ und den Korrelationsfunktionen $\Psi_{x_{ep}x_{ei}}(\vartheta)$ zwischen den verschiedenen Eingangssignalen.

1.4.1.2.3. Lineare Frequenzfunktionsmodelle

1.4.1.2.3.1. Eindimensionale Modelle

Von einer System- bzw. Modellbeschreibung im Zeitbereich, d. h. auf der Grundlage des DUHAMELschen Integrals (1.4-10), gelangt man durch Anwendung der FOURIER-Transformation zu der Beziehung

$$X_{aM}(j\omega) = G(j\omega)\, X_e(j\omega)\,, \tag{1.4-17}$$

die über den komplexen Frequenzgang

$$G(j\omega) = \mathcal{F}\{g(t)\} = \int_{-\infty}^{\infty} g(t)\, e^{-j\omega t}\, \mathrm{d}t$$
$$= U(\omega) + jV(\omega) = |G(j\omega)| \cdot e^{j\arg(G(j\omega))} \tag{1.4-17a}$$

den Zusammenhang zwischen den transformierten Ein- und Ausgangssignalen herstellt und zu einer Beschreibung des dynamischen Verhaltens im *Bild- oder Frequenzbereich führt.* Der frequenzabhängige Verlauf von $G(j\omega)$ kann dabei als *kontinuierliches Frequenzfunktionsmodell* bezeichnet werden (vgl. Abb. 1.4-4b). Ist $x_e(t)$ ein stochastisches Testsignal, so muß von der FOURIER-Transformierten von Gl. (1.4-12), d. h. von der Beziehung

$$\Phi_{x_e x_{aM}}(j\omega) = G(j\omega)\, \Phi_{x_e x_e}(j\omega)\,, \tag{1.4-18}$$

ausgegangen werden, die einen Zusammenhang zwischen dem Leistungsdichtespektrum $\Phi_{x_e x_e}(j\omega)$ des Testsignals und dem Kreuzleistungsdichtespektrum $\Phi_{x_e x_{aM}}(j\omega)$ herstellt.

Beschränkt man sich auf die Ermittlung des Frequenzgangbetrages, so läßt sich die einfacher auswertbare Relation

$$\Phi_{x_{aM} x_{aM}}(j\omega) = |G(j\omega)|^2\, \Phi_{x_e x_e}(j\omega) \tag{1.4-19}$$

verwenden (vgl. u. a. WUNSCH, 1969).

Der Frequenzgang $G(j\omega)$ bildet insbesondere in Form des sogenannten BODE-*Diagrammes, d. h. des logarithmischen Amplitudenfrequenzganges*

$$L(\omega) = 20 \log |G(j\omega)|$$

und des zugehörigen Phasenfrequenzganges

$$\varphi(\omega) = \arg G(j\omega)\,,$$

eine der wichtigsten Entwurfsgrundlagen für konventionelle Folge- und Festwertregelkreise. Der Ermittlung des Frequenzganges $G(j\omega)$ kommt deshalb nach wie vor erstrangige Bedeutung für die praktische Regelungstechnik zu. Die Tatsache, daß in der neueren Literatur /—2a/ die Zahl der theoretischen Arbeiten zur Frequenzgangermittlung zurückgegangen ist, vermittelt bezüglich der praktischen Bedeutung der Frequenzgangbestimmung sicher ein falsches Bild (vgl. hierzu auch GUSTAVSON, 1973).

1.4.1.2.3.2. Mehrdimensionale Modelle

An die Stelle der Gl. (1.4-17) treten hier die FOURIER-Transformierten der Gln. (1.4-14, 15), d. h. die Beziehung

$$\begin{bmatrix} X_{aM_1}(j\omega) \\ \vdots \\ X_{aM_q}(j\omega) \end{bmatrix} = \begin{bmatrix} G_{11}(j\omega) & \cdots & G_{1r}(j\omega) \\ \vdots & & \vdots \\ G_{q1}(j\omega) & \cdots & G_{qr}(j\omega) \end{bmatrix} \cdot \begin{bmatrix} X_{e1}(j\omega) \\ \vdots \\ X_{er}(j\omega) \end{bmatrix} \tag{1.4-20a}$$

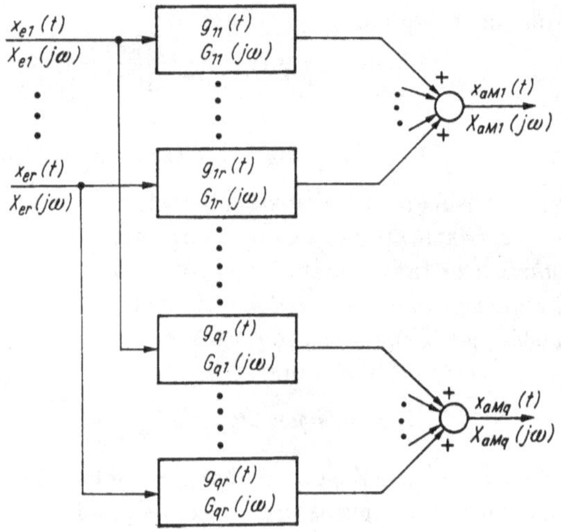

Abb. 1.4-4c Mehrdimensionales lineares dynamisches Modell in Form einer *P*-kanonische Struktur

und der Zusammenhang

$$X_{aMl}(j\omega) = \sum_{i=1}^{r} G_{li}(j\omega)\, X_{ei}(j\omega) \qquad (1.4\text{-}20\text{b})$$

$$\text{mit } l = 1, 2, \ldots, q$$

(vgl. Abb. 1.4-4c). Das Ziel der Systemanalyse besteht also hier in der Ermittlung von $q \times r$ Frequenzgängen $G_{li}(j\omega)$ (vgl. Abb. 1.4-4c).

1.4.1.3. Parametrische Modelle für das dynamische Verhalten

Ein parametrisches Modell wird gekennzeichnet durch

— eine Struktur, die Angaben über die Form der Modellgleichung und die Zahl der Parameter umfaßt und

— einen Satz von Kennwerten, deren Zahl wesentlich kleiner als bei einem nichtparametrischen Zeit- oder Frequenzfunktionsmodell nach 1.4.1.2. ist.

Zur Ermittlung derartiger Modelle bestehen zwei Zugänge:

1. Approximation eines nichtparametrischen Modells nach 1.4.1.2., d. h. zum Beispiel der Gewichtsfunktion $g(t)$ nach Gl. (1.4-10), oder des Frequenzganges $G(j\omega)$ nach Gl. (1.4-17) durch ein parametrisches Modell.
2. Anstelle der allgemeinen *expliziten Beziehung* (1.4-1) zwischen dem diskreten Wert $x_{aM}(k\,\Delta t)$ des Ausgangssignals und den diskreten Werten $x_e(k\,\Delta t)$, ..., $x_e([k-n]\,\Delta t)$ des Eingangssignals wird die Gültigkeit der *impliziten Beziehung*

$$\tilde{f}\{x_e(k\,\Delta t), \ldots, x_e([k-n]\,\Delta t); x_a(k\,\Delta t), \ldots, x_a([k-n]\,\Delta t)\} = 0 \qquad (1.4\text{-}21)$$

(im Falle *diskontinuierlich wirkender Systeme*) bzw. des Zusammenhanges

$$f\{x_e(t), \dot{x}_e(t), \ldots, x_e^{(m)}(t); x_{aM}(t), \dot{x}_{aM}(t), \ldots, x_{aM}^{(n)}(t)\} = 0 \tag{1.4-22}$$

(für *kontinuierlich wirkende Systeme*)
vorausgesetzt. Auf diese Beziehungen wird — wie unter 1.4.1.1. und 1.4.1.2. — die TAYLOR-Reihen-Entwicklung angewendet.

Beide Möglichkeiten sollen zunächst für Modelle kontinuierlich wirkender Systeme untersucht werden.

1.4.1.3.1. Lineare Modelle kontinuierlich wirkender Systeme

1.4.1.3.1.1. Approximation nichtparametrischer Modelle durch parametrische Modelle

Ersetzt man in Gl. (1.4-10) die Gewichtsfunktion durch den empirisch gewählten Ansatz

$$g(t) = \sum_{i=0}^{n} c_i g_i(t) \tag{1.4-23}$$

mit den unbekannten Kennwerten c_i und den gegebenen Zeitfunktionen $g_i(t)$, so ergibt sich mit

$$x_{aM}(t) = \int_0^\infty \left\{\sum_{i=0}^{n} c_i g_i(\tau)\right\} x_e(t-\tau)\,\mathrm{d}\tau$$

$$= \sum_{i=0}^{n} c_i \left\{\int_0^\infty g_i(\tau)\, x_e(t-\tau)\,\mathrm{d}\tau\right\}$$

der Zusammenhang

$$x_{aM}(t) = \sum_{i=0}^{n} c_i u_i(t)\,. \tag{1.4-24}$$

Die $g_i(t)$ lassen sich dabei wegen

$$u_i(t) = \int_0^\infty g_i(\tau)\, x_e(t-\tau)\,\mathrm{d}\tau \tag{1.4-25}$$

als Gewichtsfunktionen linearer Übertragungsglieder auffassen, was in Abb. 1.4-5 veranschaulicht wird.

Die Übertragungsfunktion des Modells folgt durch Anwendung der LAPLACE-Transformation von Gl. (1.4-23) zu

$$G(p) = \sum_{i=0}^{n} c_i G_i(p)\,. \tag{1.4-26}$$

Da die $g_i(t)$ bzw. $G_i(p)$ als vorgegeben betrachtet werden (vgl. hierzu Kapitel 3), besteht die Aufgabe der Systemanalyse lediglich in der Ermittlung der Parameter $c_0, \ldots, c_n$ und der Modellordnung n.

1.4.1.3.1.2. Differentialgleichungen und Übertragungsfunktionen

Entwickelt man die Gl. (1.4-22) in eine TAYLORreihe um den Punkt

$$x_e = \dot{x}_e =, \ldots, = x_e^{(m)} = x_{aM} = \dot{x}_{aM} =, \ldots, = x_{aM}^{(n)} = 0\,,$$

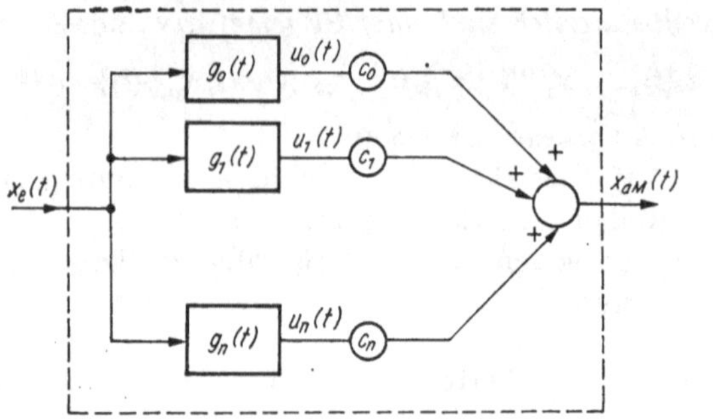

Abb. 1.4-5. Parametrisches dynamisches Modell

so erhält man mit der ohne Einschränkung der Allgemeinheit zutreffenden Annahme

$$f(0) = f(0, 0, ..., 0; 0, ..., 0) = 0$$

den Zusammenhang

$$f(x_e, ..., x_e^{(m)}; x_{aM}, ..., x_{aM}^{(n)}) = \left\{ \frac{\partial f(0)}{\partial x_e} x_e + \frac{\partial f(0)}{\partial \dot{x}_e} \dot{x}_e + \cdots + \frac{\partial f(0)}{\partial x_e^{(m)}} x_e^{(m)} + \right.$$
$$\left. + \frac{\partial f(0)}{\partial x_{aM}} x_{aM} + \frac{\partial f(0)}{\partial \dot{x}_{aM}} \dot{x}_{aM} + \cdots + \frac{\partial f(0)}{\partial x_{aM}^{(n)}} x_{aM}^{(n)} \right\}$$
$$+ \{(\text{nichtlineare) Glieder höherer Ordnung}\} = 0 \,. \qquad (1.4\text{-}27)$$

Mit

$$\frac{\partial f(0)}{\partial x_e^{(i)}} = -\, b_i \qquad \text{und} \qquad \frac{\partial f(0)}{\partial x_{aM}^{(i)}} = a_i$$

folgt hieraus bei Vernachlässigung der Glieder höherer Ordnung die *lineare gewöhnliche Differentialgleichung*

$$a_0 x_{aM}(t) + a_1 \dot{x}_{aM}(t) + \cdots + a_n x_{aM}^{(n)}(t)$$
$$= b_0 x_e(t) + b_1 \dot{x}_e(t) + \cdots + b_m x_e^{(m)}(t) \,, \qquad (1.4\text{-}28)$$

die durch Anwendung der LAPLACE-Transformation die *gebrochen rationale Übertragungsfunktion*

$$G(p) = \frac{\mathcal{L}\{x_{aM}(t)\}}{\mathcal{L}\{x_e(t)\}} = \frac{X_{aM}(p)}{X_e(p)} = \frac{b_0 + b_1 p + \cdots + b_m p^m}{a_0 + a_1 p + \cdots + a_n p^n} \qquad (1.4\text{-}29)$$

liefert.

Eine Systembeschreibung durch diese beiden Gleichungen (1.4-28, 29) *besitzt hervorragende Bedeutung, besonders im Zusammenhang mit dem Entwurf von konventionellen Folge- und Festwertregelungen und darüber hinaus ganz allgemein für die Simulation dynamischer Modelle* — z. B. für biologische, ökonomische und betriebliche Prozesse (vgl. 1.2.) — *auf Analogrechnern.* In Abb. 1.4-6 (s. Anlage) ist der Signalflußplan für eine solche Simulationsschaltung angegeben, zu der man unmittelbar durch Programmierung der Differentialgleichung (1.4-28) mit Hilfe von Integratoren gelangt. Für verschiedene regelungstechnische Anwendungen kann es dabei vorteilhaft sein, anstelle der gebrochen rationalen Übertragungsfunktion (1.4-29)

— *die faktorisierte Darstellung*

$$G(p) = K\,\frac{(p - p_{D1}) \cdots (p - p_{Dm})}{(p - p_1) \cdots (p - p_n)}, \qquad (1.4\text{-}29\,\text{a})$$

gekennzeichnet durch die Pole $\{p_i\}$ und Nullstellen $\{p_{Di}\}$ bzw. (für reelle Pole und Nullstellen)

— *das Zeitkonstantenmodell*

$$G(p) = G(0)\,\frac{(1 + pT_{D1}) \cdots)1 + pT_{Dm})}{(1 + pT_1) \cdots (1 + pT_n)} \qquad (1.4\text{-}29\,\text{b})$$

mit den Vorhaltzeitkonstanten $T_{Di} = -1/p_{Di}$ und den Verzögerungszeitkonstanten $T_i = -1/p_i$ oder aber auch

— *die Partialbruchentwicklung*

$$G(p) = \frac{c_1}{p - p_1} + \cdots + \frac{c_n}{p - p_n} \qquad (1.4\text{-}29\,\text{c})$$

bzw.

— *die Kettenbruchentwicklung*

$$G(p) = \cfrac{1}{A_1 + \cfrac{1}{B_1/p + \cfrac{1}{A_2 + \cdots \atop \vdots \; \cdots + \cfrac{1}{B_n/p}}}} \qquad (1.4\text{-}29\,\text{d})$$

und die zugehörigen Simulationsschaltungen nach Abb. 1.4-6 zu verwenden. Die Aufgabe der experimentellen Systemanalyse besteht also in diesen Fällen in der Ermittlung der Kennwerte a_i, b_i, p_{Di}, p_i, T_{Di}, T_i, c_i oder A_i, B_i.

1.4.1.3.2. Lineare Modelle diskontinuierlich wirkender Systeme

Die Verwendung eines diskontinuierlichen Modells macht sich notwendig, wenn

— *das zu untersuchende Objekt mit Meßgeräten ausgerüstet ist, die nur zu diskreten Zeitpunkten Meßwerte liefern können* (z. B. Analysemeßgeräte),

— *verschiedene Meßstellen zeitgeteilt abgefragt werden,*

— *ein Prozeßrechner zur Analyse oder Führung der Prozesse eingesetzt wird* oder

— *der Prozeß von vornherein eine diskontinuierliche Arbeitsweise besitzt* (z. B. Verkehrsprozesse; Goodnuff, 1967).

Die Ein- und Ausgangssignale eines derartigen Systems liegen also in Form diskreter Wertefolgen, z. B. der Gestalt

$$x_e(1),\, x_e(2),\, x_e(3),\, x_e(4),\, \ldots \tag{1.4-30a}$$

und

$$x_a(1),\, x_a(2),\, x_a(3),\, x_a(4),\, \ldots \tag{1.4-30b}$$

mit $x_e(k) = x_e(k\Delta t)$ und $x_a(k) = x_a(k\Delta t)$ vor. Eine Modelldarstellung läßt sich damit entweder

1. durch die *implizite* Beziehung (1.4-21) oder
2. den *expliziten* Zusammenhang (1.4-1)

gewinnen. Dabei führt der explizite Zusammenhang (1.4-1) – wie bereits unter 1.4.1.2. gezeigt wurde – auf nichtparametrische Modelle, die in dem hier interessierenden Fall diskontinuierlich wirkender Systeme ebenfalls anwendbar sind. Dagegen ergeben sich bei Verwendung der impliziten Beziehung (1.4-21) Modellgleichungen, die wesentliche Besonderheiten aufweisen.

Entwickelt man Gl. (1.4-21) in eine TAYLOR-Reihe um den Punkt

$$x_e(k) = ,\, \ldots,\, x_e(k-n) = x_{aM}(k) = ,\, \ldots,\, x_{aM}(k-n) = 0\,,$$

so erhält man mit

$$\tilde{f}(0) = \tilde{f}\{0, 0, \ldots, 0; 0, 0, \ldots, 0\} = 0$$

den Zusammenhang

$$\begin{aligned} &\tilde{f}\{x_e(k), \ldots, x_e(k-n); x_{aM}(k), \ldots, x_{aM}(k-n)\} = \\ &\quad \frac{\partial\tilde{f}(0)}{\partial x_e(k)}\, x_e(k) + \frac{\partial\tilde{f}(0)}{\partial x_e(k-1)}\, x_e(k-1) + \cdots + \frac{\partial\tilde{f}(0)}{\partial x_e(k-n)}\, x_e(k-n) \\ &+ \frac{\partial\tilde{f}(0)}{\partial x_{aM}(k)}\, x_{aM}(k) + \frac{\partial\tilde{f}(0)}{\partial x_{aM}(k-1)}\, x_{aM}(k-1) + \cdots + \frac{\partial\tilde{f}(0)}{\partial x_{aM}(k-n)}\, x_{aM}(k-n) \\ &+ \{\text{(nichtlineare) Glieder höherer Ordnung}\}\,, \end{aligned} \tag{1.4-31}$$

der mit

$$\frac{\partial\tilde{f}(0)}{\partial x_e(k-i)} = -\,\tilde{b}_i \quad \text{und} \quad \frac{\partial\tilde{f}(0)}{\partial x_{aM}(k-i)} = \tilde{a}_i \tag{1.4-31a}$$

die lineare Differenzengleichung

$$\begin{aligned} &\tilde{a}_0 x_{aM}(t) + \tilde{a}_1 x_{aM}(k-1) + \cdots + \tilde{a}_n x_{aM}(k-n) \\ &= \tilde{b}_0 x_e(k) + \tilde{b}_1 x_e(k-1) + \cdots + \tilde{b}_n x_e(k-n) \end{aligned} \tag{1.4-32}$$

liefert, wenn man die nichtlinearen Glieder vernachlässigt. Durch Z-Transformation (vgl. z. B. ELGERD, 1967) der Gl. (1.4-32) ergibt sich die sogenannte diskrete Übertragungsfunktion

$$\tilde{G}(z^{-1}) = \frac{Z\{x_{aM}(k)\}}{Z\{x_e(k)\}} = \frac{\tilde{X}_{aM}(z^{-1})}{\tilde{X}_e(z^{-1})} = \frac{\tilde{b}_0 + \tilde{b}_1 z^{-1} + \cdots + \tilde{b}_n z^{-n}}{\tilde{a}_0 + \tilde{a}_1 z^{-1} + \cdots + \tilde{a}_n z^{-n}}, \tag{1.4-33}$$

die gemäß

$$\tilde{G}(z^{-1}) = Z\{g(k)\} = g(0) + g(1)\,z^{-1} + g(2)\,z^{-2} + \cdots \qquad (1.4\text{-}33\text{a})$$

als Z-Transformierte der diskreten Werte $g(k) = g(k\,\Delta t)$ der Gewichtsfunktion zu betrachten ist.

Die Aufgabe der Systemanalyse besteht also in diesem Falle in der Ermittlung der Kennwerte $\tilde{a}_0, \ldots, \tilde{a}_n, \tilde{b}_0, \ldots, \tilde{b}_n$ und der Modellordnung n.

1.4.1.3.3. Parametrische Modelle nichtlinearer Systeme

Zu Modellgleichungen mit nichtlinearem Übertragungsverhalten gelangt man, wenn in den TAYLOR-Entwicklungen (1.4-27 und 31) die Glieder höherer Ordnung Berücksichtigung finden. Hierbei kann jedoch die Zahl der zu bestimmenden Kennwerte sehr groß und der Rechenaufwand beträchtlich werden. Man beschränkt sich deshalb häufig auf folgende Spezialfälle:

— *Das* HAMMERSTEIN-*Modell* besteht — wie Abb. 1.4-7a veranschaulicht — aus der Reihenschaltung eines nichtlinearen statischen und eines linearen dynamischen Modells. Das genannte Modell kann damit bei

$$f\{x_e(k)\} = d_1 x_e(k) + d_2 x_e^2(k) + \cdots + d_M x_e^M(k) \qquad (1.4\text{-}34)$$

durch die nichtlineare Differenzengleichung

$$\sum_{i=0}^{n} \tilde{a}_i x_{aM}(k-i) = \sum_{i=0}^{n} \tilde{b}_i f\{x_e(k-i)\} = \sum_{l=1}^{M} \sum_{i=0}^{n} \tilde{b}_{li} x_e^l(k-i) \qquad (1.4\text{-}35)$$

beschrieben werden, wenn man

$$\tilde{b}_i d_l = \tilde{b}_{li} \qquad (1.4\text{-}35\text{a})$$

setzt (vgl. OZA, JURY, 1969, BÁNYASZ, HABER, KEVICZKY, 1973, KREMPL, 1973, ŠUTEK, VARGA, 1973).

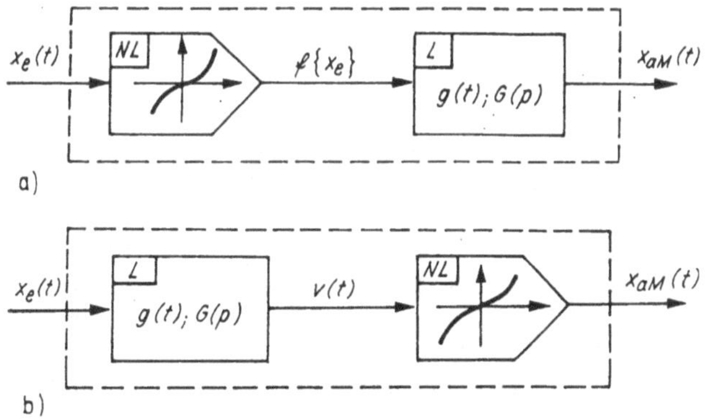

Abb. 1.4-7. Spezielle nichtlineare Modelle; HAMMERSTEIN-Modell (a), (vereinfachtes) WIENERsches Modell (b)

Die Ermittlung der Parameter $\tilde{b}_{li}$ und der Modellstruktur $\{M, n\}$ ist Gegenstand einer Systemanalyse.

— *Das (vereinfachte)* WIENER*sche Modell* setzt sich aus einem linearen dynamischen Teilmodell und einem nachgeschalteten nichtlinearen Teilmodell zusammen (Abb. 1.4-7b).

1.4.2. Zustandsmodelle

In den vorangegangenen Abschnitten wurde eine System- bzw. Modellbeschreibung verwendet, die von den an den Ein- und Ausgangsklemmen meßbaren Funktionen ausging. Die Gültigkeit einer solchen Beschreibungsform ist offenbar an die Voraussetzung geknüpft, daß

— aus den Verläufen der Ein- und Ausgangssignale eindeutige Rückschlüsse auf die Systemeigenschaften gezogen werden können und

— durch die Eingangssignale die Ausgangssignale beeinflußbar sind.

Können diese Voraussetzungen nicht als von vornherein erfüllt angesehen werden, so muß an die Stelle dieser Ein-Ausgangsbeschreibung eine allgemeinere Beschreibungsweise treten, die den inneren *Zustand* des Systems mit berücksichtigt. Ein solches Verfahren ist die *Methode des Zustandsraumes* bzw. der *Zustandsbeschreibung von Systemen*, die in den letzten zehn Jahren — gefördert vor allem durch Arbeiten von KALMAN, 1960 bis 1969 sowie u. u. von ZADEH, DESOER, 1963, TOU, 1964 und ELGERD, 1967 — *große Bedeutung für die moderne Regelungstheorie erlangt hat und die Voraussetzung für die Behandlung von Problemen der optimalen Steuerung* (z. B. unter Verwendung des Maximumprinzips von PONTRJAGIN, 1964) bildet.

1.4.2.1. *Lineare Modelle*

Bei dieser Methode wird das Verhalten eines (linearen) und zeitinvarianten Systems mit r Eingangssignalen $x_{e1}, \ldots, x_{er}$ und q Ausgangssignalen $x_{a1}, \ldots, x_{aq}$ beschrieben durch

— die *Vektordifferential-* bzw. die *Zustandsgleichung*

$$\begin{bmatrix} \frac{\mathrm{d}x_1(t)}{\mathrm{d}t} \\ \vdots \\ \frac{\mathrm{d}x_n(t)}{\mathrm{d}t} \end{bmatrix} = \begin{bmatrix} a_{11} & \cdots & a_{1n} \\ \vdots & & \vdots \\ a_{n1} & \cdots & a_{nn} \end{bmatrix} \cdot \begin{bmatrix} x_1(t) \\ \vdots \\ x_n(t) \end{bmatrix} + \begin{bmatrix} b_{11} & \cdots & b_{1r} \\ \vdots & & \vdots \\ b_{n1} & \cdots & b_{nr} \end{bmatrix} \cdot \begin{bmatrix} x_{e1}(t) \\ \vdots \\ x_{er}(t) \end{bmatrix} =$$

$$\dot{\boldsymbol{x}}(t) = (A) \cdot \boldsymbol{x}(t) + (B) \cdot \boldsymbol{x}_e(t)\,, \qquad (1.4\text{-}36)$$

die einen Zusammenhang zwischen dem *Eingangs- oder Steuervektor* $\boldsymbol{x}_e$ und dem sogenannten *Zustandsvektor* $\boldsymbol{x}$ über die *Systemmatrix* (A) und die *Ein-*

gangs- oder *Stellmatrix* (B) herstellt, sowie durch
— die *Ausgangsgleichung*

$$\begin{bmatrix} x_{a1}(t) \\ \vdots \\ x_{aq}(t) \end{bmatrix} = \begin{bmatrix} c_{11} & \cdots & c_{1n} \\ \vdots & & \vdots \\ c_{q1} & \cdots & c_{qn} \end{bmatrix} \cdot \begin{bmatrix} x_1(t) \\ \vdots \\ x_n(t) \end{bmatrix} + \begin{bmatrix} d_{11} & \cdots & d_{1r} \\ \vdots & & \vdots \\ d_{q1} & \cdots & d_{qr} \end{bmatrix} \cdot \begin{bmatrix} x_{e1}(t) \\ \vdots \\ x_{er}(t) \end{bmatrix} =$$

$$\boldsymbol{x}_a(t) = (C) \cdot \boldsymbol{x}(t) + (D) \cdot \boldsymbol{x}_e(t) \tag{1.4-37}$$

mit der Meßmatrix (C) und der Ein-Ausgangsmatrix (D).

Die in den *Zustandsvektoren* $\boldsymbol{x} = \boldsymbol{x}(t)$ zusammengefaßten Variablen $x_i(t)$ werden *Zustandsgrößen* oder *Zustandsvariable* genannt.

Zu derartigen Zustandsvariablen gelangt man in der Regel zwangsläufig bei einer theoretischen Systemanalyse, wenn die Differential- oder Differenzengleichungen des Systems mit Hilfe der KIRCHHOFFschen Sätze oder durch Aufstellen von Massen-, Energie- oder Impulsbilanzen zu ermitteln sind (vgl. SCHMIDT, K. H., 1969, UNBEHAUEN, R., 1970).

Beispiel 1.4.1: Zustandsmodell des Systems „Zug“ (Abb. 1.2-5)

Für die Behandlung des im Beispiel 1.2-4 formulierten Problems der energieoptimalen Zugsteuerung (bei Elektrotraktion) werden Zustandsgleichungen der Form (1.4-36, 37) benötigt. Zu ihrer Bestimmung wird die Näherungsbeziehung

$$m\dot{x}_2 + ax_2 = kx_e$$

für das Kräftegleichgewicht (vgl. Abb. 1.2-5) aufgestellt. Hierbei bezeichnen

— kx_e die Zug- bzw. die Bremskraft,
— ax_2 den (linearisierten) geschwindigkeitsproportionalen Fahrwiderstand,
— m die Zugmasse und
— x_2 die Fahrgeschwindigkeit.

Da als zweite Zustandsgröße der zurückgelegte Weg x_1 mit $\dot{x}_1 = x_2$ zu betrachten ist, gewinnt man die der Gl. (1.4-36) entsprechende Beziehung

$$\begin{bmatrix} \dot{x}_1 \\ \dot{x}_2 \end{bmatrix} = \begin{bmatrix} 0 & 1 \\ 0 & -\dfrac{a}{m} \end{bmatrix} \cdot \begin{bmatrix} x_1 \\ x_2 \end{bmatrix} + \begin{bmatrix} 0 \\ \dfrac{k}{m} \end{bmatrix} \cdot x_e$$

$$\triangleq \dot{\boldsymbol{x}} = (A) \cdot \boldsymbol{x} + (B) \cdot x_e\,. \tag{1.4-36a}$$

Kann nur die Fahrgeschwindigkeit x_2 gemessen werden, so nimmt Gl. (1.4-37) die Gestalt

$$x_a = x_2 = (0 \;\; 1) \cdot \begin{bmatrix} x_1 \\ x_2 \end{bmatrix} + 0 \cdot x_e$$

$$\triangleq \boldsymbol{x}_a = (C) \cdot \boldsymbol{x} + (D) \cdot \boldsymbol{x}_e \tag{1.4-37a}$$

an.

Die Aufgabe der experimentellen Systemanalyse betrifft hier also die Bestimmung der Parameter $a_{22} = -a/m$ und $b_{21} = k/m$ (STROBEL, HORN, 1972).

Beispiel 1.4-2: *Zustandsmodell eines Laufkranes* (Abb. 1.2-6)

Auch für das zeitoptimale Regelungsproblem gemäß Beispiel 1.2-5 werden Zustandsgleichungen der Form (1.4-36) benötigt. Ausgehend vom Kräftegleichgewicht an der Last- bzw. Seilaufhängung, ergeben sich bei kleinen Pendelwinkeln α die Differentialgleichungen (Abb. 1.2-6)

$$F - W - m_k\ddot{d} - S\alpha = 0\,,$$
$$mg + ml\alpha\ddot{\alpha} + ml\,\dot{\alpha}^2 - S = 0\,,$$
$$-m\ddot{d} + ml\ddot{\alpha} - ml\alpha\dot{\alpha}^2 + S\alpha = 0$$

für den Katzweg d und den Pendelwinkel α, wenn F die Antriebs(Brems-)kraft, S die Seilkraft, m_k die Katzmasse, m die Lastmasse, l die Seillänge und g die Erdbeschleunigung kennzeichnen.

Definiert man als Zustandsgrößen

- den Pendelwinkel $x_1 = \alpha$,
- die Winkelgeschwindigkeit $x_2 = \dot{x}_1$,
- den normierten Katzfahrweg $x_3 = d/l$ und
- die normierte Katzgeschwindigkeit $x_4 = \dot{x}_3$

sowie als Steuer-(Stell-)Größe die normierte Antriebs-(Brems-)Kraft $x_e = (F - W)/|F - W|_{\max}$, so läßt sich bei Gültigkeit der Bedingungen $\ddot{\alpha} \gg \alpha\dot{\alpha}^2$ und $g \gg l\dot{\alpha}^2$ das Zustandsgleichungssystem

$$\begin{bmatrix}\dot{x}_1\\ \dot{x}_2\\ \dot{x}_3\\ \dot{x}_4\end{bmatrix} = \begin{bmatrix}0 & 1 & 0 & 0\\ -\omega^2\mu^2 & 0 & 0 & 0\\ 0 & 0 & 0 & 1\\ -\omega^2(\mu^2-1) & 0 & 0 & 0\end{bmatrix} \cdot \begin{bmatrix}x_1\\ x_2\\ x_3\\ x_4\end{bmatrix} + \begin{bmatrix}0\\ \psi\\ 0\\ \psi\end{bmatrix} x_e \qquad (1.4\text{-}36\,b)$$
$$\mathrel{\hat{=}}\ \dot{\boldsymbol{x}} = (A) \cdot \boldsymbol{x} + (B)\,\boldsymbol{x}_e$$

mit der Pendelfrequenz $\omega = \sqrt{g/l}$,
dem Massenfaktor $\mu^2 = (1 + m/m_k)$
und
dem Beschleunigungsfaktor $\psi = |F - W|_{\max}/(lm)_k$
bestimmen.

Sind einer direkten Messung nur der Pendelwinkel $\alpha = x_1 = x_{a1}$ und der Fahrweg $d = x_3 \cdot l = x_{a2}$ zugänglich, so ist Gl. (1.4-37) in der Form

$$\begin{bmatrix}x_{a1}\\ x_{a2}\end{bmatrix} = \begin{bmatrix}x_1\\ x_3 l\end{bmatrix} = \begin{bmatrix}1 & 0 & 0 & 0\\ 0 & 0 & l & 0\end{bmatrix} \cdot \begin{bmatrix}x_1\\ x_2\\ x_3\\ x_4\end{bmatrix} + \begin{bmatrix}0\\ 0\end{bmatrix} \cdot x_e$$
$$\mathrel{\hat{=}}\ \boldsymbol{x}_a = (C) \cdot \boldsymbol{x} + (D) \,.\, \boldsymbol{x}_e \qquad (1.4\text{-}37\,b)$$

darzustellen.

Die Lösung des Optimierungsproblems nach Beispiel 1.2-5 erfordert also die Identifikation der Kennwerte a_{21}, a_{41} und $b_{21} = b_{41}$ (vgl. STROBEL, KUNTZE, 1971).

Handelt es sich um ein diskontinuierlich wirkendes System, so tritt an die Stelle der Vektordifferentialgleichung (1.4-36) die *Vektordifferenzengleichung*

$$\begin{bmatrix} x_1(k+1) \\ \vdots \\ x_n(k+1) \end{bmatrix} = \begin{bmatrix} \tilde{a}_{11} & \cdots & \tilde{a}_{1n} \\ \vdots & & \vdots \\ \tilde{a}_{n1} & \cdots & \tilde{a}_{nn} \end{bmatrix} \cdot \begin{bmatrix} x_1(k) \\ \vdots \\ x_n(k) \end{bmatrix} + \begin{bmatrix} \tilde{b}_{11} & \cdots & \tilde{b}_{1r} \\ \vdots & & \vdots \\ \tilde{b}_{n1} & \cdots & \tilde{b}_{nr} \end{bmatrix} \cdot \begin{bmatrix} x_{e1}(k) \\ \vdots \\ x_{er}(k) \end{bmatrix} =$$

$$\tilde{\boldsymbol{x}}(k+1) = (\tilde{A}) \cdot \boldsymbol{x}(k) + (\tilde{B}) \cdot \boldsymbol{x}_e(k) \qquad (1.4\text{-}38)$$

und an die Stelle von Gl. (1.4-37) die (diskrete) *Ausgangsgleichung*

$$\begin{bmatrix} x_{a1}(k) \\ \vdots \\ x_{aq}(k) \end{bmatrix} = \begin{bmatrix} \tilde{c}_{11} & \cdots & \tilde{c}_{1n} \\ \vdots & & \vdots \\ \tilde{c}_{q1} & \cdots & \tilde{c}_{qn} \end{bmatrix} \cdot \begin{bmatrix} x_1(k) \\ \vdots \\ x_n(k) \end{bmatrix} + \begin{bmatrix} \tilde{d}_{11} & \cdots & \tilde{d}_{1r} \\ \vdots & & \vdots \\ \tilde{d}_{q1} & \cdots & \tilde{d}_{qr} \end{bmatrix} \cdot \begin{bmatrix} x_{e1}(k) \\ \vdots \\ x_{er}(k) \end{bmatrix} =$$

$$\boldsymbol{x}_a(k) = (\tilde{C}) \cdot \boldsymbol{x}(k) + (\tilde{D}) \cdot \boldsymbol{x}_e(k)\,, \qquad (1.4\text{-}39)$$

wobei die $x_i(k)$, $x_{ei}(k)$ und $x_{ai}(k)$ jetzt die zu den Zeitpunkten t_k mit $k = 0, 1, 2, \ldots$ abgetasteten Werte darstellen.

Beispiel 1.4-3: Zustandsmodell eines Systems übersättigter Straßenkreuzungen (Abb. 1.4-8)

Betrachtet wird ein System von Straßenkreuzungen nach Abb. 1.4-8. Als Zustandsvariable $x_i(k)$ werden die Zahlen der wartenden Fahrzeuge und damit die Längen der Warteschlangen in den Straßenabschnitten i während des Zeitintervalls k definiert.

Die Eingangs- oder Steuergrößen $x_{ei}(k)$ sind durch die Längen der Grünzeiten gegeben. Zweckmäßig ist, für die $x_{ei}(k)$ die Zahlen der Fahrzeuge einzusetzen, die während der k-ten Umlaufzeit die Abschnitte $i = 1(1)\,n$ räumen können. Die Zahl der wartenden Fahrzeuge im $(k+1)$-ten Signalumlauf, d. h. die Zustandsvariable $x_i(k+1)$, läßt sich damit zusammensetzen aus dem Wert der Zustandsgröße im k-ten Intervall $x_i(k)$ abzüglich der Steuergröße $x_{ei}(k)$, d. h. der Fahrzeuge, die während dieses Zeitintervalls den Abschnitt i räumen. Zu dieser Differenz $x_i(k) - x_{ei}(k)$ sind noch die in den Abschnitt i einfließenden

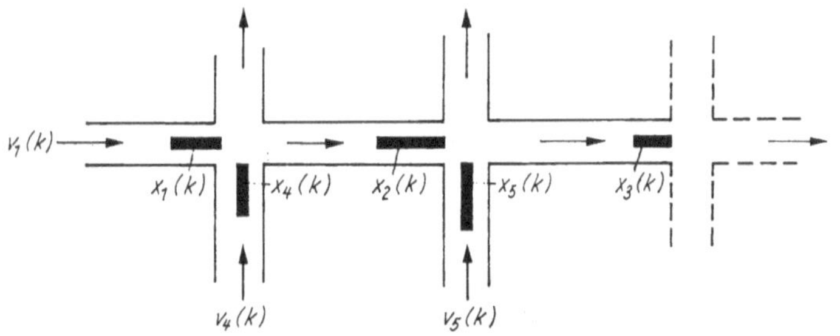

Abb. 1.4-8. Zur Herleitung eines Zustandsmodells für ein System von Einbahnstraßen

Fahrzeuge zu addieren, die sich aus den Steuergrößen der angrenzenden Straßenabschnitte oder den Zuflüssen v_i aus den nichtgeregelten Abschnitten unter Berücksichtigung der Abbiege $\{r_i\}$- und Geradeausfahr $\{s_i\}$-Koeffizienten zusammensetzen (Abb. 1.4-8).

Die v_i sind hierbei als Störgrößen zu betrachten. Unter Anwendung dieser Betrachtungsweise erhält man das Zustandsgleichungssystem

$$\begin{bmatrix} x_1(k+1) \\ x_2(k+1) \\ x_3(k+1) \\ x_4(k+1) \\ x_5(k+1) \end{bmatrix} = \begin{bmatrix} 1&0&0&0&0 \\ 0&1&0&0&0 \\ 0&0&1&0&0 \\ 0&0&0&1&0 \\ 0&0&0&0&1 \end{bmatrix} \cdot \begin{bmatrix} x_1(k) \\ x_2(k) \\ x_3(k) \\ x_4(k) \\ x_5(k) \end{bmatrix} + \begin{bmatrix} -1 & 0 & 0 & 0 & 0 \\ s_1 & -1 & 0 & r_4 & 0 \\ 0 & s_2 & -1 & 0 & r_5 \\ 0 & 0 & 0 & -1 & 0 \\ 0 & 0 & 0 & 0 & -1 \end{bmatrix} \cdot \begin{bmatrix} x_{e_1}(k) \\ x_{e_2}(k) \\ x_{e_3}(k) \\ x_{e_4}(k) \\ x_{e_5}(k) \end{bmatrix} + \begin{bmatrix} v_1(k) \\ 0 \\ 0 \\ v_4(k) \\ v_5(k) \end{bmatrix}$$

$$\triangleq \boldsymbol{x}(k+1) = (\tilde{A}) \cdot \boldsymbol{x}(k) + (\tilde{B}) \cdot \boldsymbol{x}_e(k) + \boldsymbol{v}(k) \tag{1.4-38a}$$

Gesucht wird nun eine solche Folge der Grünzeiten (Steuergrößen $x_{ei}(k)$, die in möglichst kurzer Zeit, d. h. in einer minimalen Zahl von Signalumläufen, die Warteschlangenlängen $x_i(0)$, d. h. einen Verkehrsstau, abbaut (Näheres vgl. STROBEL, LOHSE, 1973).

Für die experimentelle Systemanalyse entsteht dabei die Aufgabe, die Koeffizienten s_1, s_2, r_4, r_5 der Matrix $(\tilde{B})$

— im voraus zu ermitteln oder

— im Echtzeitbetrieb laufend zu identifizieren.

Der in den Beispielen 1.4-1 bis 3 empirisch eingeführte Begriff des Systemzustandes läßt sich wie folgt definieren (vgl. ELGERD, 1967):

Zur Zeit $t = t_0$ ist der *Zustand* eines Systems die kleinste Menge von Daten — gewöhnlich von Zahlen $x_1(t_0), \ldots, x_n(t_0)$ —, aus der man das Verhalten des Systems für alle $t \geqq t_0$ eindeutig bestimmen kann, vorausgesetzt, daß alle äußeren Einflüsse (Eingangssignale $x_{e1}, \ldots, x_{er}$), die auf das System einwirken, für alle $t \geqq t_0$ sowie die Funktionalgleichungen (z. B. die Differentialgleichungen) des Systems bekannt sind.

Die in dieser Definition ausgedrückte Eigenschaft wird deutlich, wenn man die Lösung der Vektordifferentialgleichung (1.4-36) ermittelt. Durch LAPLACE-Transformation dieser Beziehung erhält man den Zusammenhang (vgl. Abb. 1.4-9, s. Anlage)

$$\begin{aligned} \mathcal{L}\{\dot{\boldsymbol{x}}(t)\} &= \mathcal{L}\{(A)\,\boldsymbol{x}(t) + (B)\,\boldsymbol{x}_e(t)\} \\ &= p\boldsymbol{X}(p) - \boldsymbol{x}(0) = (A)\,\boldsymbol{X}(p) + (B)\,\boldsymbol{X}_e(p)\,, \end{aligned} \tag{1.4-40}$$

der für den transformierten Zustandsvektor $\boldsymbol{X}^T(p) = (X_1(p), \ldots, X_n(p))$ das Ergebnis

$$\boldsymbol{X}(p) = [p(I) - (A)]^{-1}\,\boldsymbol{x}(0) + [p(I) - (A)]^{-1}\,(B)\,\boldsymbol{X}_e(p) \tag{1.4-41}$$

liefert, wenn (I) die Einheitsmatrix bezeichnet. Mit den Korrespondenzen

$$\mathcal{L}\{e^{(A)t}\} = \mathcal{L}\{(\Phi(t))\} = [p(I) - (A)]^{-1} \tag{1.4-42}$$

und

$$\mathscr{L}\{e^{(A)t} * (B)\,\boldsymbol{x}_e(t)\} = [p(I) - (A)]^{-1}\,(B)\,\boldsymbol{X}_e(p) \qquad (1.4\text{-}43)$$

folgt hieraus für den Zustandsvektor $\boldsymbol{x}(t)$ das Resultat

$$\boldsymbol{x}(t) = \underbrace{(\Phi(t))\,\boldsymbol{x}(0)}_{\substack{\text{allgemeine Lösung}\\ \text{— freie Bewegung}\\ \text{des Systems}}} + \underbrace{\int_0^t (\Phi(t-\tau))\,(B)\,\boldsymbol{x}_e(\tau)\,\mathrm{d}\tau}_{\substack{\text{partikuläre Lösung}\\ \text{— erzwungene Bewe-}\\ \text{gung des Systems}}}, \qquad (1.4\text{-}44)$$

wobei

$$(\Phi(t)) = e^{(A)t} \qquad (1.4\text{-}45)$$

die sogenannte *Fundamental- oder Übergangsmatrix* darstellt (vgl. Abb. 1.4-9).

Bei verschwindenden Eingangssignalen $\boldsymbol{x}_e(t) \equiv \boldsymbol{0}$ für $t > t_0 = 0$ ist also der durch den Zustandsvektor $\boldsymbol{x}$ beschriebene *Systemzustand* bei bekannter System-$\{(A)\}$- bzw. Übergangs$\{(\Phi)\}$-matrix bereits vollständig aus $\boldsymbol{x}(0) = \boldsymbol{x}_0$ berechenbar.

Die Übergangsmatrix $(\Phi(t))$ kann dabei — wie auf Abb. 1.4-9 (s. Anlage) an einem einfachen Beispiel veranschaulicht — mit Hilfe der LAPLACE-Rücktransformation von Gl. (1.4-42) durch Berechnung der Inversen von $[p(I) - (A)]$ gemäß

$$[p(I) - (A)]^{-1} = \frac{adj\,[p(I) - (A)]}{\det\,[p(I) - (A)]} \qquad (1.4\text{-}46)$$

oder (näherungsweise) über die Reihenentwicklung

$$(\Phi(t)) = e^{(A)t} = (I) + (A)\,t + (A)^2\,\frac{t^2}{2!} + (A)^3\,\frac{t^3}{3!} + \cdots \qquad (1.4\text{-}47)$$

ermittelt werden. Abb. 1.4-9 zeigt darüberhinaus, wie ein Zustandsmodell in ein Ein-Ausgangs-Modell umgewandelt werden kann (vgl. hierzu auch Kapitel 3).

Die der Gl. (1.4-44) entsprechende Lösung der Vektordifferenzengleichung (1.4-38) läßt sich mit Hilfe der Z-Transformation (vgl. Abb. 1.4-10, s. Anlage) oder aber — wesentlich einfacher — durch Berechnung gemäß

$$\begin{aligned}
\boldsymbol{x}(1) &= (\tilde{A})\,\boldsymbol{x}(0) + (\tilde{B})\,\boldsymbol{x}_e(0)\\
\boldsymbol{x}(2) &= (\tilde{A})\,\boldsymbol{x}(1) + (\tilde{B})\,\boldsymbol{x}_e(1)\\
&= (\tilde{A})^2\,\boldsymbol{x}(0) + (\tilde{A})\,(\tilde{B})\,\boldsymbol{x}_e(0) + (\tilde{B})\,\boldsymbol{x}_e(1)\\
\boldsymbol{x}(3) &= (\tilde{A})\,\boldsymbol{x}(2) + (\tilde{B})\,\boldsymbol{x}_e(2)\\
&= (\tilde{A})^3\,\boldsymbol{x}(0) + (\tilde{A})^2\,(\tilde{B})\,\boldsymbol{x}_e(0) + (\tilde{A})\,(\tilde{B})\,\boldsymbol{x}_e(1) + (\tilde{B})\,\boldsymbol{x}_e(2)\\
&\ \ \vdots \qquad\qquad \vdots
\end{aligned}$$

d. h. mit Hilfe der Beziehung

$$\boldsymbol{x}(k) = \underbrace{(\tilde{A})^k \boldsymbol{x}(0)}_{\substack{\text{freie Bewegung}\\ \text{— allgemeine}\\ \text{Lösung}}} + \underbrace{\sum_{s=0}^{k-1} (\tilde{A})^{k-1-s} (\tilde{B}) \boldsymbol{x}_e(s)}_{\substack{\text{erzwungene Bewegung}\\ \text{— partikuläre Lösung}}} \tag{1.4-48}$$

bzw.

$$\boldsymbol{x}(k) = (\tilde{\Phi}(k))\, \boldsymbol{x}(0) + \sum_{s=0}^{k-1} (\tilde{\Phi}(k-1-s))\, (\tilde{B})\, \boldsymbol{x}_e(s) \tag{1.4-49}$$

gewinnen, wobei die *Übergangsmatrix*$(\tilde{\Phi})$ jetzt offenbar die Gestalt

$$(\tilde{\Phi}(k)) = (\tilde{A})^k \tag{1.4-49a}$$

annimmt. Die Berechnung dieser Übergangsmatrix wird auf Abb. 1.4-10 an einem einfachen Beispiel demonstriert (Näheres vgl. Elgerd, 1967, Gupta, 1966, R. Unbehauen, 1970).

Bezüglich der praktischen Bedeutung der hier kurz dargestellten Modellbeschreibungsform läßt sich zusammenfassend folgendes feststellen:

1) Sie bildet die Grundlage für die Behandlung der meisten „nichtklassischen" Regelungsprobleme, insbesondere für
   - die Lösung von Optimierungsproblemen der unter 1.2.5.1. und 1.2.5.4. skizzierten Form und
   - die Behandlung von Regelkreisen mit einer größeren Zahl von Regel- und Stellgrößen.

(2) Die Zustandsbeschreibung gewinnt dabei auch Bedeutung für die Modellierung nicht nur technischer, sondern auch ökonomischer, biomedizinischer und anderer Systeme (vgl. 1.2. sowie Young, u. a., 1973, Cohen, 1973, Bekey, 1973, Ferguson, u. a., 1973, Wilson, u. a., 1973).

1.5. Prozeß-(Signal-System-)Modelle

In vielen Fällen erweist es sich als notwendig oder zweckmäßig, ein Modell für den gesamten Prozeß, d. h. sowohl für das System als auch für das am Systemausgang wirksame (stochastische) Störsignal zu ermitteln (vgl. Abb. 1.1-1).

Hierbei wird das Störsignalmodell aufgebaut aus einer Rauschquelle, die ein (annähernd) weißes Rauschen liefert, und einem Formfilter, d. h. einem speziellen Systemmodell.

Für kontinuierlich wirkende Systeme geht es dabei darum, das Leistungsdichtespektrum $\Phi_{zz}(\omega)$ der Störung $z(t)$ oder wegen

$$\Phi_{zz}(\omega) = |G_F(j\omega)|^2\, \Phi_0 \tag{1.5-1}$$

mit Φ_0 = konstant

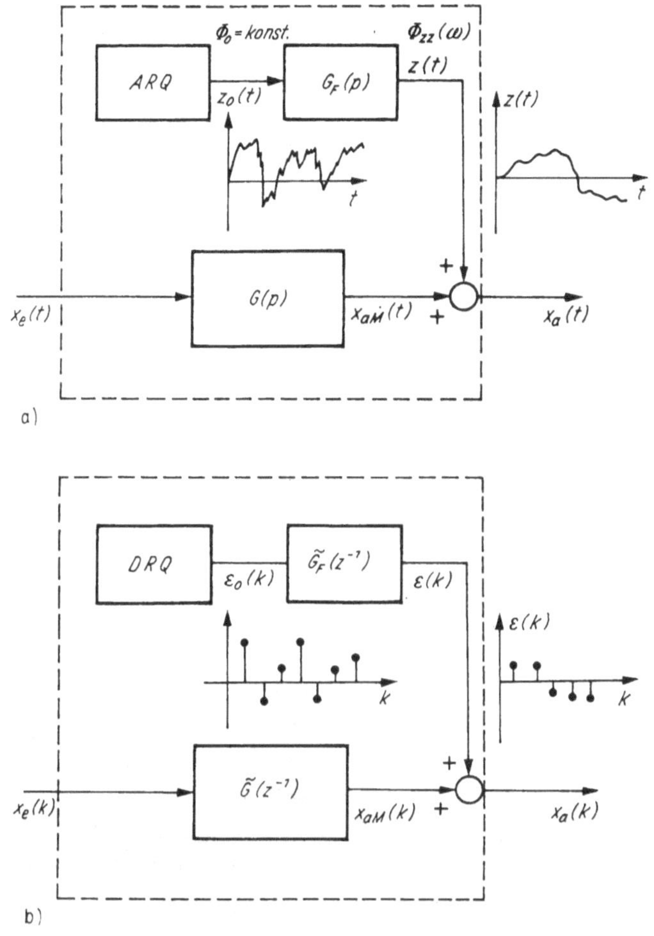

Abb. 1.5-1. Prozeßmodelle (Signal-System-Modelle); Kontinuierlich wirkend (ARQ = Analoge Rauschquelle) (a), diskontinuierlich wirkend (ÅSTRÖM-Modell) (DRQ = Digitale Rauschquelle) (b)

den Betrag des Formfilterfrequenzganges $G_F(j\omega)$ bzw. die zugehörige Übertragungsfunktion $G_F(p)$ zu bestimmen (vgl. Abb. 1.5-1a).

Bei diskontinuierlich wirkenden Systemen hat sich dagegen die Verwendung des ÅSTRÖM-*Modells* bewährt (ÅSTRÖM, 1965, 1967, EYKHOFF, ÅSTRÖM, 1970).

Für das Systemmodell wird eine diskrete Übertragungsfunktion gemäß Gl. (1.4-33), d. h. in der Form

$$\tilde{G}(z^{-1}) = \frac{\tilde{B}(z^{-1})}{\tilde{A}(z^{-1})} = \frac{\tilde{b}_0 + \tilde{b}_1 z^{-1} + \cdots + \tilde{b}_n z^{-n}}{\tilde{a}_0 + \tilde{a}_1 z^{-1} + \cdots + \tilde{a}_n z^{-n}} \; (\tilde{a}_0 \equiv 1) \qquad (1.5\text{-}2)$$

angesetzt. Das Formfilter, an dessen Eingang ein diskretes weißes Rauschen (bestehend aus diskreten, miteinander unkorrelierten Werten $\varepsilon_0(k)$) auftreten soll, läßt sich durch die Übertragungsfunktion

$$\tilde{G}_F(z^{-1}) = \frac{\tilde{C}(z^{-1})}{\tilde{A}(z^{-1})} = \frac{1 + \tilde{c}_1 z^{-1} + \cdots + \tilde{c}_n z^{-n}}{1 + \tilde{a}_1 z^{-1} + \cdots + \tilde{a}_n z^{-n}} \tag{1.5-3}$$

charakterisieren.

Die Z-Transformierte des Ausgangs läßt sich damit (vgl. Abb. 1.5-1) durch den Zusammenhang

$$\tilde{X}_a(z^{-1}) = \frac{\tilde{B}(z^{-1})}{\tilde{A}(z^{-1})} \tilde{X}_e(z^{-1}) + \frac{\tilde{C}(z^{-1})}{\tilde{A}(z^{-1})} \varepsilon_0(z^{-1}) \tag{1.5-4}$$

und der gesamte Prozeß durch die Differenzengleichung

$$\begin{aligned} x_a(k) + \tilde{a}_1 x_a(k-1) + \cdots + \tilde{a}_n x_a(k-n) &= \tilde{b}_0 x_e(k) + \cdots + \tilde{b}_n x_e(k-n) \\ &\quad + \varepsilon_0(k) + \tilde{c}_1 \varepsilon_0(k-1) + \cdots + \tilde{c}_n \varepsilon_0(k-n) \end{aligned} \tag{1.5-5}$$

beschreiben.

Bei Kenntnis der Parameter $\tilde{a}_i$, $\tilde{b}_i$ und $\tilde{c}_i$ läßt sich also $x_a(k)$ einfach aus den diskreten Werten $x_e(k), \ldots, x_e(k-n)$ und $\varepsilon_0(k), \ldots, \varepsilon_0(k-n)$ des Eingangs und des diskreten weißen Rauschens sowie der zurückliegenden Werte $x_a(k-1), \ldots, x_a(k-n)$ des Ausgangs berechnen.

Dieses Åström-*Modell*, das sich auch auf nichtlineare (Hammerstein-)Modelle gemäß 1.4.1.3.3. (vgl. Banyasz, u. a., 1973) und mehrere Eingangssignale (vgl. Young, u. a., 1973) erweitern läßt, *hat aus folgenden Gründen in den letzten Jahren eine bemerkenswerte praktische Bedeutung erlangt*:

(1) Es eignet sich zum Entwurf einer digitalen Regelung für ein stochastisch gestörtes System und läßt sich zu diesem Zweck leicht auf einem Digitalrechner nachbilden.

(2) Es wird auch zur Modellierung nichttechnischer Systeme, zum Beispiel von ökonomischen Prozessen (Young, u. a., 1973) und des Reglers „Mensch“ (Stankovič, u. a., 1973) verwendet.

(3) Die Verwendung der Modellgleichung (1.5-5) bringt bestimmte Vorteile für die Anwendung bestimmter Identifikationsmethoden (vgl. Kapitel 3).

1.6. Konzeption für eine einheitliche Darstellung der experimentellen Systemanalyse

Die in den Abschnitten 1.2. bis 1.5. dargestellten, sehr unterschiedlichen Anwendungsbereiche und mannigfaltigen Modellbeschreibungsformen machen die Situation verständlich, in der sich das Gebiet der experimentellen Systemanalyse gegenwärtig befindet. Sie ist — wie bereits im Vorwort charakterisiert — dadurch gekennzeichnet, daß eine verwirrende Vielfalt von verschiedensten Verfahren existiert, die nicht mehr überschaubar ist.

Vorgelegt werden soll deshalb im folgenden Teil I „Allgemeine theoretische Grundlagen der experimentellen Systemanalyse" der Versuch zu einer einheitlichen Darstellung des Gebietes.

Mit dieser einheitlichen Darstellung sollen dabei folgende Ziele angestrebt werden:

(1) Die vorhandene Vielfalt und Unübersichtlichkeit soll auf eine überschaubare Zahl wesentlicher Grundprinzipien zurückgeführt werden, um dadurch eine sicherere Beurteilung der Leistungsfähigkeit und Anwendungsgrenzen spezieller Methoden zu ermöglichen.
(2) Eine einheitliche Darstellung, die Wesentliches betont und Unwesentliches zurückdrängt, stellt offensichtlich eine wichtige Voraussetzung für die schnelle Einarbeitung in das Gebiet und damit für die effektive Gestaltung der Hochschulausbildung oder die rationelle Organisation des Selbststudiums dar.
(3) Den Anwender von Identifikationsmethoden kann sie befähigen, die von ihm benutzten Kennwertermittlungsverfahren sicherer zu beurteilen und ggf. selbst neue Wege zu ihrer Verbesserung zu suchen.
(4) Der Verfasser glaubt schließlich, daß die beabsichtigte einheitliche Darstellung auch einer Reihe von in der Forschung auf dem Gebiet der Systemidentifikation tätigen Fachleuten, die sich ja häufig auf die Untersuchung spezieller Methoden und Modelle zu konzentrieren haben, bei der Einordnung der eigenen Beiträge in das Gesamtgebiet und bei dem Auffinden „Weißer Flächen" von Nutzen sein kann.

Entscheidend für das Erreichen der hier genannten Ziele ist offenbar das Vorhandensein einer entsprechend tragfähigen Konzeption. Diese soll durch eine Präzisierung des Gegenstandes der experimentellen Systemanalyse gewonnen werden.

Ausgegangen wird von einer Definition der Identifikationsaufgabe, die auf einen Vorschlag von ZADEH, 1956 zurückgeht:

Gegeben sind (Abb. 1.1-1, S. 1):

1. *Ein System S*, für das die Beziehungen zwischen den Ein- und Ausgangssignalen nicht bekannt sind.
2. *Ein Eingangssignalbereich für S*, d. h. eine Klasse von Zeitfunktionen $x_{ei}(t)$, für die die Arbeitsweise des Systems S definiert ist.
3. *Eine Klasse von System-Modellen M* (z. B. der in den Abschnitten 1.4. und 1.5. beschriebenen Formen), von der — auf Grund bereits verfügbarer (a-priori-)Kenntnisse über S — bekannt ist, daß sie S einschließt.
   Diese a-priori-Kenntnisse lassen sich dabei — wie durch die Beispiele 1.4-1 bis 3 veranschaulicht wird (vgl. Seiten 37 bis 40) — durch eine theoretische Systemanalyse gewinnen.

Zu bestimmen bzw. zu „identifizieren" ist
(durch Beobachtung der Antwortsignale von S für verschiedene Eingangssignale) das Mitglied der zugelassenen Klasse von Modellen M, das in dem Sinne dem System S (annähernd) gleich ist, daß seine Antwortsignale für alle Zeitfunktionen des zugelassenen Eingangssignalbereiches von S möglichst wenig von den entsprechenden Antwortsignalen von S abweichen.

Nach dieser Definition sind für die Lösung des Identifikationsproblems, also gewissermaßen für die Beantwortung der Frage „*Was* soll *wie* unter welchen *Bedingungen* ermittelt werden?" die folgenden drei Faktoren von Bedeutung:

1. Die Form des zu identifizierenden Modells (vgl. Abschnitte 1.4., 1.5.), d. h. die Klasse der zur Konkurrenz zugelassenen Modelle (das „Was"),
2. der Charakter der anzuwendenden Auswerteverfahren bzw. die Form der für die Auswertung anzuwendenden Optimierungskriterien (das „Wie") und
3. die Klasse der zugelassenen Testsignale (die „Bedingungen").

Eine Theorie der Systemidentifikation müßte demnach die folgenden drei Bestandteile aufweisen (vgl. Abb. 1.6-1):

1. Eine *Theorie der Modelle*, d. h. eine auf die Aufgabe der Identifikation zugeschnittene einheitliche Beschreibung und Darstellung (mathematischer) Modelle.

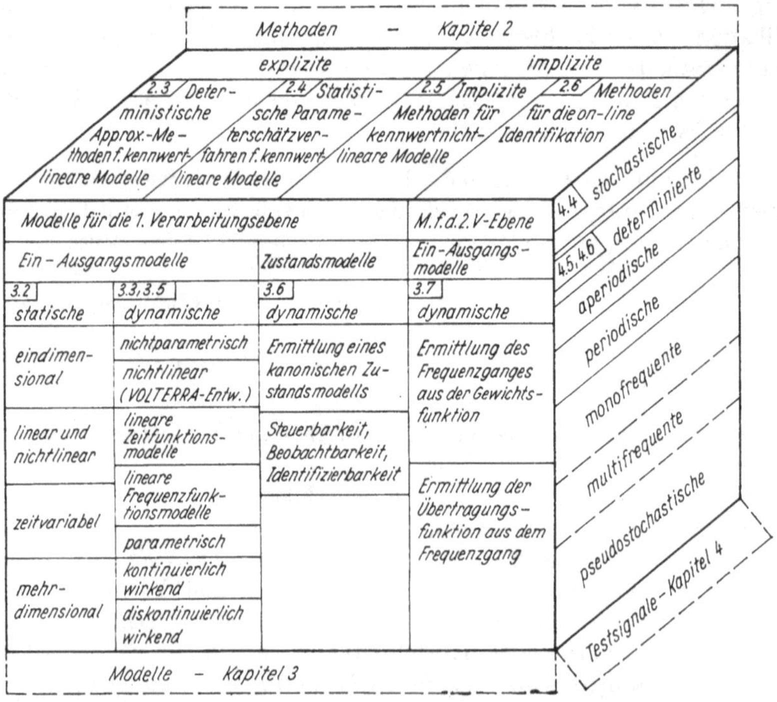

Abb. 1.6-1. Bestandteile der Experimentellen Systemanalyse

2. Eine *Theorie der Parameterschätzung* (bzw. -ermittlung), d. h. eine verallgemeinerungsfähige Darstellung und logische Begründung der deterministischen und statistischen *Auswerteverfahren.*
3. Eine *Theorie der Experimentenplanung*, d. h. allgemeingültige und theoretisch begründbare Vorschriften für die Planung und Durchführung von Experimenten, insbesondere für die Wahl optimaler *Testsignale.*

Auf diesen drei Säulen soll im folgenden — erstmals im einschlägigen Schrifttum — die angestrebte einheitliche Darstellung des Gebietes der experimentellen Systemanalyse aufgebaut werden (vgl. Kapitel 2, 3 und 4).

Bei der Abfassung der einzelnen Abschnitte hat der Verfasser großen Nutzen aus den bereits vorliegenden Buchveröffentlichungen, vor allem von Eykhoff, 1974 sowie (zu Teilgebieten) von Strobel, 1968, Wilfert, 1969, Speedy, Brown, Goodwin, 1970, Isermann, 1971, 1974 und Peschel, 1972 sowie aus den Übersichtsarbeiten von Eykhoff, van der Grinten, Kwakernaak, Veltman, 1966, Cuenod, Sage, 1967, Balakrishnan, Peterka, 1969, Eykhoff, Åström, 1970, Nieman, Fischer, Seborg, 1971, Gustavson, 1973 (vgl. auch 10.3.) ziehen können.

1.7. Theorie und Praxis der experimentellen Systemanalyse

Für die experimentelle Systemanalyse gilt gegenwärtig das, was für die Regelungstechnik ganz allgemein festgestellt werden kann:

Einer sehr weitentwickelten Theorie steht eine Praxis gegenüber, die sich der modernen und leistungsfähigen Hilfsmittel nur ungenügend bedient.

Die Ursachen hierfür sind sehr vielgestaltig. Sie mögen sicher zum Teil daraus resultieren, daß einige Theoretiker die Entwicklung ihrer Identifikationsmethoden auf einer akademischen Stufe abbrechen und so auf die zwar wissenschaftlich uninteressant *erscheinende*, aber praktisch überaus wichtige Erprobung und Anpassung an einen realen (z. B. industriellen) Prozeß verzichten. Andererseits fehlen aber oft dem in der Praxis tätigen Ingenieur die notwendigen Vorkenntnisse, um sich mit den doch meist mathematisch anspruchsvollen Theorien mit erträglichem Zeitaufwand erfolgreich auseinandersetzen zu können.

Diese — viel beklagte — *Kluft zwischen Theorie und Anwendung verringern zu helfen, ist ein erklärtes Ziel der vorliegenden Abhandlung.* Versucht werden soll, es in zwei Richtungen anzustreben:

(1) In dem Teil I „Allgemeine theoretische Grundlagen“ soll das wissenschaftliche Fundament vermittelt werden, das für ein Verständnis sowohl der klassischen als auch der modernen Identifikationsmethoden notwendig ist.

(2) Im Teil II „Ausgewählte Anwendungen“ sollen dagegen praktisch wichtig erscheinende Methoden im Sinne einer Anleitung zum praktischen Handeln dargestellt werden, wobei ihre Handhabung und Leistungsfähigkeit teilweise an einem industriellen Prozeß demonstriert wird.

Teil I — Allgemeine theoretische Grundlagen

KAPITEL 2

METHODEN

Das Ziel der folgenden Untersuchung besteht darin, eine logisch begründete Ordnung für Identifikationsmethoden zu schaffen, die

(1) anwendungsgerecht und leicht überschaubar ist,

(2) eine Einordnung und Bewertung der bereits in großer Zahl vorhandenen Verfahren zuläßt und

(3) eine Behandlung der Methoden unabhängig von den mannigfaltigen Modellbeschreibungsformen gemäß Abschnitt 1.4. und den verschiedenen Testsignalen (Abb. 1.1-2) gestattet.

Zur Erfüllung der zuletzt genannten, für eine überschaubare Darstellung überaus wichtigen Bedingung wird ein sogenanntes *verallgemeinertes Modell* eingeführt, auf das sich alle vorkommenden Modellbeschreibungsformen zurückführen lassen sollen. Die Frage, inwieweit dies für die System- oder Prozeßmodelle nach 1.4. und 1.5. möglich oder anzustreben ist, wird der Gegenstand der Untersuchungen des Kapitels 3 „Modelle“ sein.

2.1. Das verallgemeinerte Modell

Die vorzunehmende Verallgemeinerung bezieht sich dabei zunächst auf die Art und Weise in der die Abweichungen zwischen Modell und System gemessen werden. Wie Abb. 2.1-1c veranschaulicht, soll bei einem verallgemeinerten Modell der Modellfehler $\varepsilon = \varepsilon(t)$ aus der Differenz

$$\varepsilon(t) = \varepsilon_v(t) = x_{M2}(t) - x_{M1}(t) \tag{2.1-1}$$

zwischen den Ausgangssignalen zweier Teilmodelle gebildet werden. Hat das inverse Teilmodell den Übertragungsfaktor 1, so erfolgt ein Vergleich der Ausgangssignale von Modell und System (vgl. Abb. 2.1-1a). In diesem Falle heißt das Modell „*Vorwärtsmodell*“ und der Fehler $\varepsilon = \varepsilon_a(t)$ „*Ausgangsfehler*“. Ist das Teilmodell 1 nicht vorhanden (Abb. 2.1-1b), so wird das Systemeingangssignal $x_e(t)$ mit dem Ausgangssignal des sogenannten „*inversen Modells*“ verglichen.

Die zweite wesentliche Verallgemeinerung betrifft die Form, in der die zu identifizierenden Kennwerte des Modells, die hier allgemein mit $b_1, \ldots, b_n$ bezeichnet werden sollen, in den Modellfehler ε eingehen. Hierbei sind zwei Fälle zu unter-

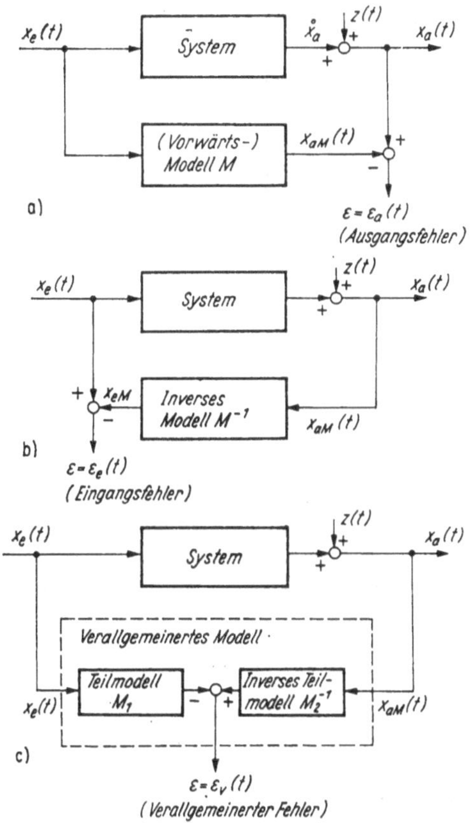

Abb. 2.1-1. Vorwärts-, inverses und verallgemeinertes Modell

scheiden:

(1) *Kennwertlineare Modelle und Fehlergleichungen*

Ein besonders ausgezeichneter Fall liegt vor, wenn die unbekannten Parameter gemäß

$$\begin{aligned}\varepsilon(t) = \varepsilon_v(t) &= \{x_{M2}(t)\} - \{x_{M1}(t)\} \\ &= \{x_a(t) - [u_1(t)\, b_1 + \cdots + u_m(t)\, b_m]\} \\ &\quad - \{u_{m+1}(t)\, b_{m+1} + \cdots + u_n(t) b_n\}\end{aligned} \tag{2.1-2}$$

bzw. entsprechend

$$\varepsilon(t) = \varepsilon_v(t) = x_a(t) - \sum_{i=1}^{n} u_i(t)\, b_i \tag{2.1-3}$$

mit dem Fehler $\varepsilon(t)$ einen linearen Zusammenhang bilden, wobei die $u_i(t)$ — wie die Abbn. 2.1-2 a, b veranschaulichen — über lineare oder nichtlineare Glieder $G_1, \ldots, G_n$, die durch das spezielle Modell (vgl. Abschnitt 1.4.) bestimmt werden, von $x_a(t)$ und $x_e(t)$ abhängen. *Das Kapitel 3 wird deutlich machen, was für die Modellbeschreibungsformen nach Abschnitt 1.4. unter den gesuchten Kennwerten $b_1, \ldots, b_n$ und den gegebenen Funktionen $u_i(t)$ zu verstehen ist.* Aus Abb. 2.1-2c geht hervor, daß man mit dem Zusammenhang

$$\varepsilon(t) = x_a(t) - \sum_{i=1}^{n} b_i u_i(t) - \sum_{i=0}^{m} c_i \varphi_i(t) \tag{2.1-4}$$

auch für System-Signal-Modelle eine kennwertlineare Fehlerbeziehung ansetzen kann, die sich mit

$$c_i = b_{n+i+1} \quad \text{und} \quad \varphi_i(t) = u_{n+i+1}(t) \tag{2.1-4a}$$

$$\text{für } i = 1, \ldots, n$$

in eine Gleichung des durch (Gl. (2.1-3) gegebenen Typs überführen läßt. Der einzige Unterschied zu Gl. (2.1-3) besteht darin, daß die Funktionen $\varphi_i(t)$ nicht von x_e oder x_a abhängen (vgl. Abb. 2.1-2c mit Abb. 2.1-2a).

(2) *Kennwertnichtlineare Modelle und Fehlergleichungen*

Gelingt es nicht, einen linearen Zusammenhang zwischen den gesuchten Kennwerten b_i und dem Modellfehler ε herzustellen, so muß die kennwertnichtlineare Fehlergleichung

$$\varepsilon(t) = f\{x_a(t), b_1, \ldots, b_n\}\ , \tag{2.1-5}$$

d. h. ein *kennwertnichtlineares Modell,* Verwendung finden. Als Beispiel hierfür seien die Beziehung

$$\varepsilon(t) = x_a(t) - b_1 u_1(t) - b_1^2 u_2(t) - b_1^3 u_3(t) - b_1 b_2 u_4(t) \tag{2.1-5a}$$

oder der Zusammenhang

$$\varepsilon(t) = x_a(t) - u_1(t)^{b_1}\, e^{b_2 u_2(t)}\, b_3 \tag{2.1-5b}$$

angeführt.

Damit ist die Mannigfaltigkeit der in den Abschnitten 1.4. und 1.5. behandelten Modelldarstellungsformen auf diese zwei Modelle (2.1-3, 5) zurückgeführt.

Die folgenden Untersuchungen können sich deshalb darauf beschränken, Methoden zur Ermittlung der Parameter $b_1, \ldots, b_n$ für diese beiden Modelle bereitzustellen. Dabei läßt sich die Identifikationsaufgabe wie folgt präzisieren:

Gegeben sind

(1) das Ein- und das Ausgangssignal
  a) als kontinuierliche Zeitverläufe $x_e = x_e(t)$, $x_a = x_a(t)$ oder
  b) als abgetastete Wertefolgen

$$\begin{aligned} &x_e(t_1), x_e(t_2), \ldots, x_e(t_N) \\ &x_a(t_1), x_a(t_2), \ldots, x_a(t_N)\ , \end{aligned} \tag{2.1-6}$$

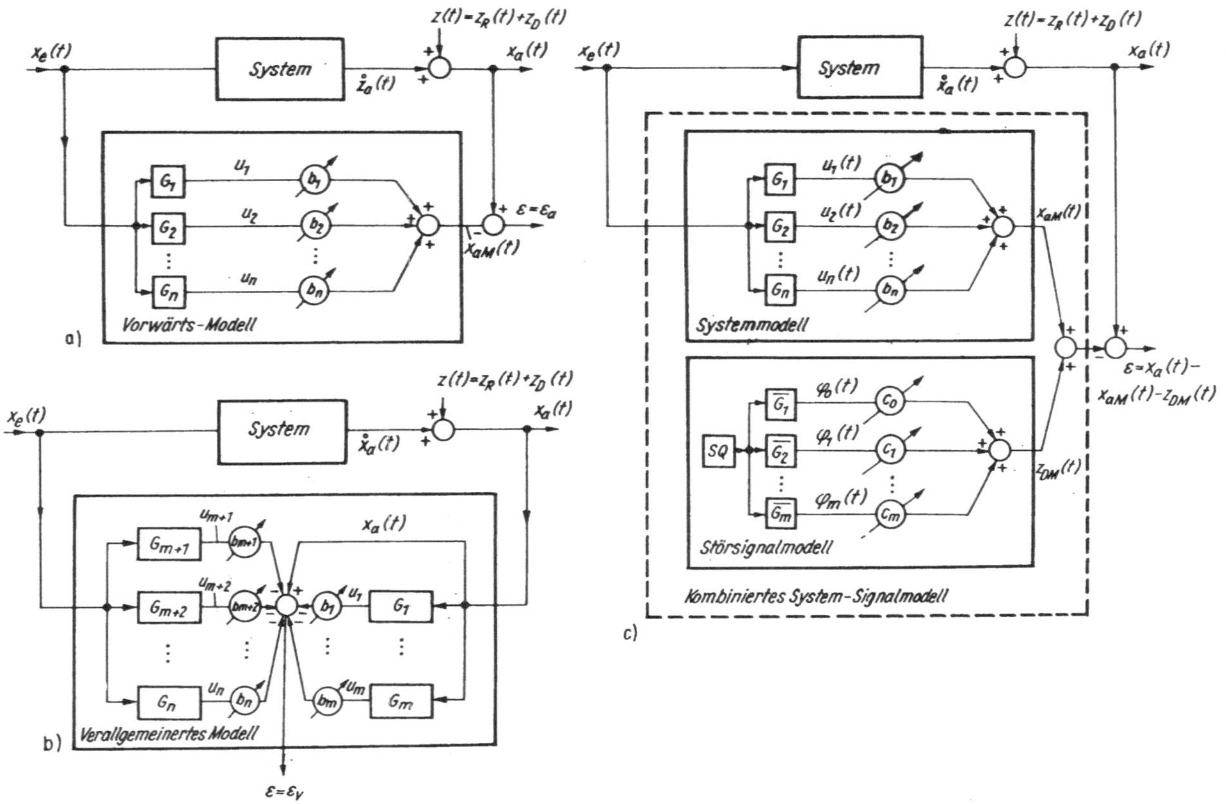

Abb. 2.1-2. Kennwertlineare Vorwärts- {a} und verallgemeinerte {b} Systemmodelle und Prozeßmodelle {c} (SQ = Signalquelle)

(2) die von der speziellen Modellform nach 1.4. abhängenden Funktionen $u_i(t)$ bzw. deren diskrete Werte

$$u_i(k\,\Delta t) = u_{ki} \tag{2.1-6a}$$

und

(3) ein Gütekriterium

$$Q(\varepsilon) = Q(x_e, x_a, b_1, \ldots, b_n)\,, \tag{2.1-7}$$

durch das die Abweichungen zwischen System und Modell bewertet werden.

Zu bestimmen sind die Parameter $b_1, \ldots, b_n$ so, daß das Gütekriterium Q minimiert oder maximiert wird.

Sind die Ein- und Ausgangssignale gemäß Gl. (2.1-6) als Wertefolgen gegeben, so erweist es sich als günstig, aus der Fehlergleichung (2.1-3) mit $t = t_1, t_2, \ldots, t_N$ das sogenannte Fehlergleichungssystem

$$\begin{bmatrix} \varepsilon(t_1) \\ \vdots \\ \varepsilon(t_N) \end{bmatrix} = \begin{bmatrix} x_a(t_1) \\ \vdots \\ x(t_N) \end{bmatrix} - \begin{bmatrix} u_{11} & \cdots & u_{1n} \\ \vdots & & \vdots \\ u_{N1} & \cdots & u_{Nn} \end{bmatrix} \cdot \begin{bmatrix} b_1 \\ \vdots \\ b_n \end{bmatrix} \tag{2.1-8}$$

zu gewinnen und dieses im folgenden in der kürzeren Schreibweise

$$\boldsymbol{\varepsilon} = \boldsymbol{x}_a - (U)\,\boldsymbol{b} \tag{2.1-9}$$

zu benutzen.

Hierbei werden

$$\boldsymbol{\varepsilon}^T = (\varepsilon(t_1) \cdots \varepsilon(t_n)) \tag{2.1-9a}$$

als (transponierter) *Fehlervektor,*

$$\boldsymbol{x}_a^T = (x_a(t_1) \cdots x_a(t_N)) \tag{2.1-9b}$$

als (transponierter) *Meßwertvektor* und

$$\boldsymbol{b}^T = (b_1 \cdots b_n) \tag{2.1-9c}$$

als (transponierter) *Kennwertvektor* bezeichnet.

Man kann feststellen, daß die so präzisierte Identifikationsaufgabe ein Optimierungsproblem darstellt, das offenbar durch die

— *Form des Gütekriteriums* (2.1-7) und
— *die Art und Weise der Minimierung (oder Maximierung) von Q*

bestimmt wird.

Diese beiden Aspekte bilden eine brauchbare Grundlage für *eine allgemeingültige Klassifizierung der Identifikationsmethoden.*

2.2. Klassifizierung der Identifikationsmethoden

Die Form des Gütekriteriums (2.1-7) wird entscheidend durch die am Systemausgang auftretenden Störungen bestimmt.

Bei ungestörten oder nur schwach gestörten Systemen sind die Modellparameter $b_1, \ldots, b_n$ so zu ermitteln, daß das Modellausgangssignal $x_{aM}(t)$ bei gleichem (determinierten) Eingangssignal $x_e(t)$ für System und Modell das Systemausgangssignal $x_a(t)$ möglichst genau annähert (vgl. Abb. 2.1-2 für $z = 0$). Man hat es demzufolge mit einem *deterministischen Approximationsproblem* zu tun.

Treten dagegen am Systemausgang nicht vernachlässigbare stochastische Störsignale auf, so kann es nicht darum gehen, den gestörten, d. h. durch zufällige Fehler verfälschten, Verlauf des Systemausgangssignals möglichst genau zu approximieren. Es muß vielmehr versucht werden, durch Auswertung der durch das stochastische Störsignal $z(t)$ verfälschten Meßwerte des Ausgangssignals $x_a(t)$ solche Schätzwerte $\hat{b}_1, \ldots, \hat{b}_n$ für die Modellparameter $b_1, \ldots, b_n$ zu ermitteln, die den wahren Werten $\mathring{b}_1, \ldots, \mathring{b}_n$ dieser Parameter möglichst nahekommen. Hier handelt es sich also nicht mehr um ein Approximationsproblem, sondern um eine *Aufgabe* der Ausgleichsrechnung bzw. der *Theorie der Parameterschätzung der mathematischen Statistik* (vgl. Bibliographie, Abschnitt 10.3.).

Das zur Ermittlung des Extremums von Q nach Gl. (2.1-7) einsetzbare Verfahren wird wesentlich bestimmt

- durch rechentechnische Gesichtspunkte und Fragen der Instrumentierung (analoge oder digitale Meßwertverarbeitung) sowie
- durch die Form des zu identifizierenden Modells.

Liefert das Verfahren für die Unbekannten $b_1, \ldots, b_n$ explizite gelöste Beziehungen, so wird von *expliziten* oder *direkten* Methoden gesprochen. Die Unbekannten $b_1, \ldots, b_n$ können hier also durch eine begrenzte Zahl von Operationen (z. B. durch Lösung eines linearen Gleichungssystems) bestimmt werden. Dieser Vorteil wird allerdings häufig durch folgende Nachteile erkauft:

- Die Genauigkeit der Parameterermittlung kann nicht durch laufende Hinzunahme von Meßwerten verbessert werden.
- Da die zur Berechnung der Parameter benötigten Meßwerte gleichzeitig im Rechner vorliegen müssen, kann ein großer Speicherplatzbedarf für den verwendeten Digitalrechner entstehen.
- Ein explizites Verfahren läßt sich im allgemeinen *nicht für kennwertnichtlineare* Modellformen anwenden.

Diese Nachteile vermeiden die sogenannten *impliziten* oder *iterativen* Verfahren, die eine schrittweise Ermittlung der Kennwerte — u. a. durch numerische Suche des Extremums von Q — ermöglichen. Die gesuchten Parameter liegen also erst nach einer (theoretisch unendlich) großen Zahl von Rechenoperationen vor.

Der Vorteil der impliziten Methoden besteht darin, daß

- auch kennwertnichtlineare Modelle identifiziert werden können und
- eine Identifikation im prozeßgekoppelten, d. h. im on line-Betrieb, möglich ist, wobei sich unter bestimmten Bedingungen auch eine selbsttätige Nachführung der Modellkennwerte an sich ändernde Systemkennwerte realisieren läßt.

Damit lassen sich die *folgenden 4 Identifikationsprinzipien* angeben (vgl. Abb. 1.6-1):

- (Explizite) deterministische Approximationsverfahren (vorwiegend für kennwertlineare Modelle),
- (Explizite) statistische Parameterschätzverfahren (vorwiegend für kennwertlineare Modelle),
- Implizite (deterministische und statistische) Verfahren für kennwertnichtlineare Modelle,
- (Implizite) Verfahren für eine Ermittlung kennwertlinearer Modelle im prozeßgekoppelten (on-line-) Betrieb.

Zu diesen vier Prinzipien sollen im folgenden die zugehörigen Verfahren vorgestellt werden.

2.3. Deterministische Approximationsmethoden

Für die Beurteilung eines deterministischen Approximationsverfahrens sind die Besonderheiten des Approximationsfehlerverlaufes $\varepsilon(t)$ nach den Gln. (2.1-3 und 5) maßgebend. Danach läßt sich folgende Einteilung vornehmen (Abb. 2.3-1, s. Anlage):

- Interpolation,
- Methode der kleinsten Quadrate,
- maximalgeebnete Approximation,
- Approximation im TSCHEBYSCHEFFschen Sinne und
- empirische Methoden.

2.3.1. Interpolation (Abb. 2.3-1a, s. Anlage)

Bei der Interpolation werden die n unbekannten Modellparameter $b_1, \ldots, b_n$ so bestimmt, daß der Fehler $\varepsilon(t)$ nach Gl. (2.1-3) an n ausgewählten Zeitpunkten $t_1, \ldots, t_n$ verschwindet:

$$\varepsilon(t_k) = x_a(t_k) - \sum_{i=1}^{n} b_i u_i(t_k) = 0 \qquad \text{für} \qquad k = 1, 2, \ldots, n\,. \tag{2.3-1}$$

Die Gl. (2.3-1) stellt ein System von n simultanen Gleichungen für die n Unbekannten dar, das mit Gl. (2.1-9) und

$$\boldsymbol{\varepsilon} = \boldsymbol{x}_a - (U)\,\boldsymbol{b} = 0 \tag{2.3-2}$$

die Lösung

$$\boldsymbol{b} = (U)^{-1}\,\boldsymbol{x}_a \tag{2.3-3}$$

besitzt. Die Matrix (U) ist hier also wegen $N = n$ (vgl. Gl. (2.1-8)) quadratisch.

Der Vorteil bei der Anwendung *eines Interpolationsverfahrens besteht in einem verhältnismäßig geringen*, mit einem Digitalrechner leicht zu bewältigenden *Rechenaufwand* und *der leichten Verständlichkeit* für den Ingenieur.

Dem steht gegenüber, daß

- zwischen den Interpolationspunkten $t_1, \ldots, t_n$ große Fehler auftreten können und
- schon kleine Meß- und Rundungsfehler der Ausgangsdaten $x_a(t_1), \ldots, x_a(t_n)$ zu erheblichen Fehlern für die $b_1, \ldots, b_n$ führen können.

Aus diesen Gründen wird man nur in Ausnahmefällen (z. B. bei recht genau vorliegenden Werten $x_a(t_1), \ldots, x_a(t_n)$) auf *die Verwendung eines Interpolationsverfahrens zurückgreifen.*

2.3.2. Approximation abgetasteter Funktionswerte im quadratischen Mittel (Abb. 2.3-1b, s. Anlage)

Die Mängel des Interpolationsverfahrens lassen sich vermeiden, wenn man entweder

- eine große Zahl N von Stützwerten $t_1, \ldots, t_N$ oder
- den gesamten Kurvenverlauf $x_a = x_a(t)$

bei der Approximation berücksichtigt.

Das führt auf eine *Approximation im quadratischen Mittel* unter Verwendung getasteter oder ungetasteter Signale.

2.3.2.1. Allgemeiner Lösungsansatz

Durch Verwendung von N Stützwerten mit $N > n$ gelangt man zu dem überbestimmten und widerspruchsvollen Gleichungssystem (2.1-8, 9). Die Modellparameter b_i können jetzt so ermittelt werden, daß die Summe der Fehlerquadrate minimal wird:

$$Q = \sum_{k=1}^{N} \varepsilon^2(t_k) = \boldsymbol{\varepsilon}^T\boldsymbol{\varepsilon} = \text{Min}\,. \tag{2.3-4}$$

Die notwendigen Bedingungen für das Maximum

$$\frac{\partial Q}{\partial b_i} = 0 \qquad \text{für} \qquad i = 1, 2, \ldots, n \tag{2.3-5}$$

führen auf ein lineares Gleichungssystem, was anhand von Gl. (2.1-3) gezeigt werden soll. Durch Einsetzen von Gl. (2.1-3) in Gl. (2.3-4) erhält man die Minimierungsforderung

$$Q = \sum_{k=1}^{N} \{x_a(t_k) - [b_1 u_{k1} + b_2 u_{k2} + \cdots + b_n u_{kn}]\}^2 = \text{Min} \tag{2.3-6}$$

und damit die notwendigen Bedingungen für das Minimum

$$\begin{aligned}
\frac{\partial Q}{\partial b_1} &= \sum_{k=1}^{N} 2\,\{\cdots\}\,(-u_{k1}) = 0\\
\frac{\partial Q}{\partial b_2} &= \sum_{k=1}^{N} 2\,\{\cdots\}\,(-u_{k2}) = 0\\
&\vdots\\
\frac{\partial Q}{\partial b_n} &= \sum_{k=1}^{N} 2\,\{\cdots\}\,(-u_{kn}) = 0\,.
\end{aligned} \tag{2.3-7}$$

Hieraus ergibt sich — wie leicht nachgerechnet werden kann — ein lineares Gleichungssystem der Form

$$\begin{bmatrix} \sum_{k=1}^{N} u_{k1}u_{k1} \cdots \sum_{k=1}^{N} u_{k1}u_{kn} \\ \vdots \qquad\qquad \vdots \\ \sum_{k=1}^{N} u_{kn}u_{k1} \cdots \sum_{k=1}^{N} u_{kn}u_{kn} \end{bmatrix} \cdot \begin{bmatrix} b_1 \\ \vdots \\ b_n \end{bmatrix} = \begin{bmatrix} \sum_{k=1}^{N} u_{k1}x_a(t_k) \\ \vdots \\ \sum_{k=1}^{N} u_{kn}x_a(t_k) \end{bmatrix} \tag{2.3-8}$$

bzw.

$$(A) \cdot \boldsymbol{b} = \boldsymbol{a}\,, \tag{2.3-9}$$

das als *Normalgleichungssystem* bezeichnet wird. Zu diesem Normalgleichungssystem kann man (ohne diese elementare Ableitung) einfacher durch die sogenannte GAUSSsche Transformation gelangen. Man erhält nämlich die Normalgleichungen (2.3-9) dadurch, daß man die Fehlergleichungen (2.1-9) linksseitig mit der transponierten Matrix $(U)^T$ des Fehlergleichungssystems multipliziert, vgl. ZURMÜHL, 1931. Man gewinnt in dieser Weise den Zusammenhang

$$(U)^T\,\boldsymbol{\varepsilon} = (U)^T\,\boldsymbol{x}_a - (U)^T\,(U)\,\boldsymbol{b} = 0\,, \tag{2.3-10a}$$

der mit

$$(U)^T\,(U)\,\boldsymbol{b} = (U)^T\,\boldsymbol{x}_a \tag{2.3-10b}$$

eine Beziehung liefert, die mit Gl. (2.3-9) übereinstimmt. Hiervon kann man sich durch Berechnung der Matrix $(A) = (U)^T\,(U)$ und des Vektors $\boldsymbol{a} = (U)^T\,\boldsymbol{x}_a$ leicht überzeugen.

Für den gesuchten Kennwertvektor $\boldsymbol{b}$ ergibt sich also durch Lösung des Gleichungssystems (2.3-10b) das Resultat

$$\boldsymbol{b} = \{(U)^T\,(U)\}^{-1}\,(U)^T\,\boldsymbol{x}_a\,. \tag{2.3-11}$$

Zur Berechnung der Fehlerquadratsumme nach Gl. (2.3-4) wird $\boldsymbol{\varepsilon}^T$ gemäß Gl. (2.1-9), d. h.

$$\boldsymbol{\varepsilon}^T = \{\boldsymbol{x}_a - (U)\,\boldsymbol{b}\}^T = \boldsymbol{x}_a^T - \boldsymbol{b}^T(U)^T$$

in Gl. (2.3-4) eingesetzt, wodurch man die Beziehung

$$Q = \boldsymbol{x}_a^T\boldsymbol{\varepsilon} - \boldsymbol{b}^T(U)^T\,\boldsymbol{\varepsilon} = \boldsymbol{x}_a^T\boldsymbol{\varepsilon}$$

bzw.

$$Q = \boldsymbol{x}_a^T \boldsymbol{x}_a - \boldsymbol{x}_a^T (U)\, \boldsymbol{b} \tag{2.3-11a}$$

gewinnt, weil wegen Gl. (2.3-10a) $\boldsymbol{b}^T (U)^T \boldsymbol{\varepsilon} = \boldsymbol{0}$ ist. Da der Ausdruck $\boldsymbol{x}_a^T (U)\, \boldsymbol{b}$ eine skalare Größe ist, kann er durch seine Transponierte $\boldsymbol{b}^T (U)^T \boldsymbol{x}_a$ ersetzt werden. Wird dann noch $(U)^T \boldsymbol{x}_a$ durch Gl. (2.3-11) substituiert, so gewinnt man den Ausdruck

$$Q = \boldsymbol{x}_a^T \boldsymbol{x}_a - \boldsymbol{b}^T (U)^T (U)\, \boldsymbol{b} \tag{2.3-11b}$$

mit

$$\boldsymbol{x}_a^T \boldsymbol{x}_a = x_a^2(t_1) + x_a^2(t_2) + \cdots + x_a^2(t_N)\,.$$

Diese Beziehungen (2.3-11 a, b) lassen sich ohne nennenswerten Mehraufwand auswerten, da nach den Gln. (2.3-10b und 11) die Matrix $(A) = (U)^T (U)$ ohnehin berechnet werden muß.

Der Vorteil der hier angegebenen Vorgehensweise für die Ermittlung des Kennwertvektors $\boldsymbol{b}$ besteht darin, daß man

- durch Verwendung einer großen Stützstellenzahl N das — bei der Interpolation bestehende — Risiko des Entstehens großer Fehler zwischen den Stützstellen klein halten kann und
- zufällige Meßfehler ausgeglichen werden können (vgl. hierzu Abschnitt 2.4.).

Numerische Schwierigkeiten (Fortpflanzung von Rundungsfehlern) bei der Lösung des Gleichungssystems lassen sich auch bei sogenannten schlecht konditionierten Gleichungssystemen (mit kleiner Koeffizientendeterminante det (A)) reduzieren, da die Matrix $(A) = (U)^T (U)$ symmetrisch und positiv definite ist, so daß das für derartige Gleichungssysteme günstige Cholesky-Verfahren angewendet werden kann (vgl. Zurmühl, 1961).

Bei dem Cholesky-Verfahren wird die Matrix (A) bzw. die um den Spaltenvektor $\boldsymbol{a}$ erweiterte Matrix $((A) \mid +\boldsymbol{a})$ des Normalgleichungssystems (2.3-9)

$$(A)\, \boldsymbol{b} - \boldsymbol{a} = ((A) \mid \boldsymbol{a}) \begin{bmatrix} \boldsymbol{b} \\ \hline -1 \end{bmatrix} = 0$$

in das Produkt zweier Dreiecksmatrizen, d. h. in

$$(A) = (R)^T (R) \quad \text{bzw.} \quad ((A) \mid \boldsymbol{a}) = (R)^T ((R) \mid \boldsymbol{r}) \tag{2.3-11c}$$

mit

$$(R) = \begin{bmatrix} r_{11} & r_{12} & \cdots & r_{1n} \\ 0 & r_{22} & \cdots & r_{2n} \\ \vdots & \vdots & & \vdots \\ 0 & 0 & \cdots & r_{nn} \end{bmatrix} \quad \text{und} \quad \boldsymbol{r} = \begin{bmatrix} r_{10} \\ r_{20} \\ \vdots \\ r_{n0} \end{bmatrix}$$

zerlegt. Dadurch ergibt sich aus Gl. (2.3-9) ein Gleichungssystem der Form

$$(R)^T ((R) \mid \boldsymbol{r}) \begin{bmatrix} \boldsymbol{b} \\ \hline -1 \end{bmatrix} = (R)^T \{(R)\, \boldsymbol{b} - \boldsymbol{r}\} = \boldsymbol{0}$$

bzw. wegen det $(R)^T \neq 0$ die Beziehung

$$(R)\, \boldsymbol{b} = \boldsymbol{r}\,,$$

die für $n = 3$ zum Beispiel die Gestalt

$$\begin{aligned} r_{11}b_1 + r_{12}b_2 + r_{13}b_3 &= r_{10}\,, \\ r_{22}b_2 + r_{23}b_3 &= r_{20}\,, \\ r_{33}b_3 &= r_{30} \end{aligned} \tag{2.3-11d}$$

annimmt und aus der sich, beginnend mit der letzten Gleichung, nacheinander die Unbekannten b_3, b_2 und b_1 berechnen lassen. Die Koeffizienten $r_{\mu\eta}$ der Matrix (R) und des Vektors $\boldsymbol{r}$ erhält man durch Bildung des Produktes (2.3-11c) aus den Elementen $a_{\mu\eta}$ und $a_{\mu 0}$ der Matrix (A) und des Vektors $\boldsymbol{a}$ zu:

$$\begin{aligned} r_{\mu\mu}^2 &= a_{\mu\mu} - r_{1\mu}^2 - r_{2\mu}^2 - \cdots - r_{\mu-1,\mu}^2\,, \\ r_{\mu\eta} &= [a_{\mu\eta} - r_{1\mu}r_{1\eta} - \cdots - r_{\mu-1,\mu}r_{\mu-1,\eta}] : r_{\mu\mu}\,. \end{aligned} \tag{2.3-11e}$$

Diese Rekursionsformeln lassen sich sehr einfach in einer problemorientierten Programmiersprache, z. B. als ALGOL-Programm, niederschreiben.

Den hier genannten Vorteilen der Approximation im quadratischen Mittel steht ein — gegenüber der Interpolation — erhöhter Rechenaufwand gegenüber, der sich allerdings auch für $n \leqq 20$ und $N \leqq 100$ auf einer Datenverarbeitungsanlage der zweiten oder dritten Generation ohne Schwierigkeiten bewältigen läßt. Immerhin ist es angebracht, sich um eine vereinfachte Berechnung des Kennwertvektors $\boldsymbol{b}$ nach Gl. (2.3-11) und der Approximationsfehler, d. h. der Fehlerquadratsumme Q nach Gl. (2.3-11a), zu bemühen. Dies gelingt durch Einführung orthogonaler bzw. orthonormaler Funktionen, mit deren Hilfe die Matrix $(A) = (U)^T\,(U)$ in eine Diagonalmatrix umgewandelt werden kann.

2.3.2.2. Orthogonalisierung

Hierzu wird unter Verwendung einer noch zu bestimmenden Transformationsmatrix (T) vom Format $n \times n$ ein transformierter Kennwertvektor $\boldsymbol{b}^*$ in der Gestalt

$$\boldsymbol{b} = (T)\,\boldsymbol{b}^* \tag{2.3-12}$$

eingeführt, der zunächst mit Hilfe der Minimierungsforderung (2.3-4) zu bestimmen ist. Damit ist also von der Fehlergleichung

$$\boldsymbol{\varepsilon} = \boldsymbol{x}_a - (U)\,\boldsymbol{b} = \boldsymbol{x}_a - (U)\,(T)\,\boldsymbol{b}^* = \boldsymbol{x}_a - (U)^*\,\boldsymbol{b}^* \tag{2.3-12a}$$

auszugehen, für die die Gausssche Transformation

$$(U)^{*T}\,\boldsymbol{\varepsilon} = (U)^{*T}\,\boldsymbol{x}_a - (U)^{*T}\,(U)^*\,\boldsymbol{b}^* = 0 \tag{2.3-13}$$

jetzt das Normalgleichungssystem

$$(U)^{*T}\,(U)^*\,\boldsymbol{b} = (U)^{*T}\,\boldsymbol{x}_a \tag{2.3-14}$$

liefert.

Die Transformationsmatrix (T) ist nun gerade so zu wählen, daß das Produkt

$$(U)^{*T}\,(U)^* = (I)\,, \tag{2.3-15}$$

d. h. gleich der Einheitsmatrix (I) und damit

$$\{(U)^*\}^{-1} = (U)^{*T} \tag{2.3-16}$$

ist. Man gewinnt somit — unter Berücksichtigung der Regel

$$(U)^{*T} = \{(U)\,(T)\}^T = (T)^T\,(U)^T \tag{2.3-17}$$

— das explizite gelöste Normalgleichungssystem

$$\boldsymbol{b}^* = (U)^{*T}\,\boldsymbol{x}_a = (T)^T\,(U)^T\,\boldsymbol{x}_a\,, \tag{2.3-18}$$

das für die zu bestimmenden transformierten Kennwerte $\boldsymbol{b}^{*T} = (b_1^*, \ldots, b_n^*)$ die voneinander unabhängigen, getrennt

$$\text{für } i = 1, 2, \ldots, n \tag{2.3-19}$$

auswertbaren Bestimmungsgleichungen

$$b_i^* = u_{1i}^* x_a(t_1) + u_{2i}^* x_a(t_2) + \cdots + u_{Ni}^* x_a(t_N) \tag{2.3-20}$$

liefert, wobei die u_{ki}^* die Elemente der Matrix $(U)^{*T}$ bezeichnen. Die eigentlich gesuchten Kennwerte $\boldsymbol{b}^T = (b_1, \ldots, b_n)$ erhält man einfach durch Multiplikation von (T) mit $\boldsymbol{b}^*$ gemäß Gl. (2.3-12).

Zur Berechnung der Fehlerquadratsumme Q nach Gl. (2.3-4) wird $\boldsymbol{\varepsilon}^T$ nach Gl. (2.3-12) in der Form

$$\boldsymbol{\varepsilon}^T = \{\boldsymbol{x}_a - (U)^*\,\boldsymbol{b}^*\}^T = \boldsymbol{x}_a^T - \boldsymbol{b}^{*T}(U)^{*T} \tag{2.3-21}$$

in Gl. (2.3-4) eingesetzt:

$$Q = \boldsymbol{\varepsilon}^T\boldsymbol{\varepsilon} = \boldsymbol{x}_a^T\boldsymbol{\varepsilon} - \boldsymbol{b}^{*T}(U)^{*T}\,\boldsymbol{\varepsilon}\,. \tag{2.3-22}$$

Wegen Gl. (2.3-13) verschwindet der zweite Term $\boldsymbol{b}^{*T}(U)^{*T}$ in dieser Gleichung, so daß

$$Q = \boldsymbol{x}_a^T\boldsymbol{\varepsilon} = \boldsymbol{x}_a^T\boldsymbol{x}_a - \boldsymbol{x}_a^T(U)^*\,\boldsymbol{b}^* \tag{2.3-23}$$

ist. Mit den Gln. (2.3-15 und 18) gewinnt man schließlich aufgrund der Beziehungen

$$\boldsymbol{b}^{*T} = \boldsymbol{x}_a^T(U)^* \quad \text{und} \quad \boldsymbol{b}^{*T}(U)^{*T} = \boldsymbol{x}_a^T(U)^*\,(U)^{*T} = \boldsymbol{x}_a^T \tag{2.3-24}$$

das Resultat

$$Q = \boldsymbol{x}_a^T\boldsymbol{x}_a - \boldsymbol{b}^{*T}(U)^{*T}\,(U)^*\,\boldsymbol{b}^* = \boldsymbol{x}_a^T\boldsymbol{x}_a - \boldsymbol{b}^{*T}\boldsymbol{b}^* \tag{2.3-25}$$

und damit die einfach auswertbare Gleichung

$$Q = \sum_{k=1}^{N} x_a^2(t_k) - b_1^{*2} - b_2^{*2} - \cdots - b_n^{*2}\,. \tag{2.3-26}$$

Da $Q \geqq 0$ sein muß, folgt hieraus die Ungleichung

$$\sum_{k=1}^{N} x_a^2(t_k) \geqq b_1^{*2} + b_2^{*2} + b_3^{*2} + b_4^{*2} + \cdots + b_n^{*2}\,. \tag{2.3-26a}$$

In dieser Beziehung gilt das Gleichheitszeichen dann, wenn die Ordnung n der Stützstellenzahl N gleich ist. In diesem Falle geht nämlich die Approximation im quadratischen Mittel in die Interpolation über, für die $\varepsilon(t_1) = (\varepsilon t_2) = \cdots = \varepsilon(t_n) = 0$ gefordert wird.

Ein wichtiger Vorteil der hier dargestellten Bestimmungsgleichungen (2.3-20 und 26) ***besteht darin, daß man, nachdem ein Parameter b_i^* berechnet worden ist, die zugehörige Approximationsgenauigkeit gemäß Gl. (2.3-26) einfach abschätzen*** kann, wobei zweckmäßigerweise von der unmittelbar aus Gl. (2.3-26) folgenden Rekursionsformel

$$Q(i) = Q(i-1) - b_i^{*2} \tag{2.3-27}$$

mit $i = 1, 2, 3, \ldots$ und

$$Q(0) = \sum_{k=1}^{N} x_a^2(t_k) \tag{2.3-27a}$$

ausgegangen wird. Durch eine solche Vorgehensweise kann einfach festgestellt werden, welchen Einfluß eine Erhöhung der Ordnung n auf die Verbesserung der Approximationsgenauigkeit besitzt. Damit besteht die Möglichkeit, sukzessive eine geeignete Ordnung n der Modellgleichung zu ermitteln, wenn man davon ausgeht, daß lediglich eine Approximation im Rahmen der Meßgenauigkeit physikalisch sinnvoll ist. Man kann damit diejenige Ordnung n als geeignet ansehen, für die der mittlere Approximationsfehler

$$\Delta x_{am} = \sqrt{\frac{1}{N} Q} = \sqrt{\frac{1}{N} \sum_{k=1}^{N} \varepsilon^2(t_k)} \tag{2.3-28}$$

eine aus Betrachtungen über die Meßgenauigkeit folgende Schranke unterschreitet.

Bei der Durchführung der hier benutzten Orthogonalisierung können folgende Wege beschritten werden:

1. Ermittlung der Transformationsmatrix (T) gemäß Gl. (2.3-12) aus der Matrix (U) so, daß die Bedingung (2.3-15) mit

   $$(U)^* = (U)\,(T)$$

   gilt. Hierzu werden in Standardwerken der Mathematik (vgl. Zurmühl, 1961) geeignete Verfahren bereitgestellt. Der notwendige Aufwand lohnt sich besonders dann, wenn

   – die Matrix (U) nur von dem Eingangssignal $x_e(t)$ abhängt und
   – das gleiche Testsignal $x_e(t)$ mehrere Male zur Identifikation verwendet werden kann bzw. soll.

2. Konstruktion eines Testsignals $x_e(t)$ so, daß bereits ohne die Transformation (2.3-12) die Orthogonalitätsbedingung erfüllt ist, d. h., daß bereits die Matrix

   $$(A) = (U)^T\,(U) = (Di) \tag{2.3-28a}$$

eine Diagonalmatrix (Di) oder sogar eine Einheitsmatrix (I) ist. Nach Gl. (2.3-8) ist dies offenbar dann der Fall, wenn

$$\sum_{k=1}^{N} u_{kr} u_{ki} = \begin{cases} \neq 0 & \text{für } r = i \\ = 0 & \text{für } r \neq i \end{cases} \tag{2.3-29}$$

ist. In Kapitel 4 werden Vorschriften zur Konstruktion von Testsignalen angegeben, für die diese Bedingung (zumindest annähernd) erfüllt werden kann.

2.3.2.3. *Approximation im gewogenen quadratischen Mittel*

Für verschiedene Anwendungen ist es zweckmäßig oder notwendig, anstelle des Ansatzes (2.3-4) die Minimierungsforderung

$$Q = \sum_{k=1}^{N} \varepsilon^2(t_k)\, w_k^2 = \text{Min} \tag{2.3-30}$$

zu verwenden. Durch den sogenannten *Gewichtsfaktor* w_k wird hierbei bewirkt, daß bestimmte (z. B. relativ genaue) Werte der zu approximierenden Funktion $x_a(t)$ stärker in das Ergebnis eingehen als andere (z. B. ungenauere). Eine sinnvolle Festlegung — die sich allerdings nur bei zufälligen Fehlern theoretisch exakt begründen läßt (vgl. 2.4.) — besteht darin, den Gewichtsfaktor

$$w_k = \frac{\Delta x_{a1}}{\Delta x_{ak}} \sim \frac{1}{\Delta x_{ak}} \tag{2.3-31}$$

zu setzen, d. h. ihn so zu wählen, daß er dem Meßfehler Δx_{ak} der diskreten Werte $x_a(t_k)$ umgekehrt proportional ist. Wie leicht nachzuprüfen ist, läßt sich Q nach Gl. (2.3-30) in der Form

$$Q = \boldsymbol{\varepsilon}^T (w)\, \boldsymbol{\varepsilon} = \boldsymbol{\varepsilon}^T (w_D)^T\, (w_D)\, \boldsymbol{\varepsilon} = \tilde{\boldsymbol{\varepsilon}}^T \tilde{\boldsymbol{\varepsilon}} = \text{Min} \tag{2.3-32}$$

darstellen, wenn (w_D) die Diagonalmatrix

$$(w_D) = \begin{bmatrix} w_1 & 0 & \cdots & 0 \\ 0 & w_2 & \cdots & 0 \\ \vdots & \vdots & & \vdots \\ 0 & 0 & \cdots & w_N \end{bmatrix} \tag{2.3-33}$$

bezeichnet und der gewichtete Fehlervektor $\tilde{\boldsymbol{\varepsilon}} = (w_D)\, \boldsymbol{\varepsilon}$ eingeführt wird, für den man mit Gl. (2.1-9) die Beziehung

$$\begin{aligned} \tilde{\boldsymbol{\varepsilon}} &= (w_D)\, \boldsymbol{\varepsilon} = (w_D)\, \boldsymbol{x}_a - (w_D)\, (U)\, \boldsymbol{b} \\ &= \tilde{\boldsymbol{x}}_a - (\tilde{U})\, \boldsymbol{b} \end{aligned} \tag{2.3-34}$$

erhält. Die GAUSSsche Transformation

$$(\tilde{U})^T\, \tilde{\boldsymbol{\varepsilon}} = (\tilde{U})^T\, \tilde{\boldsymbol{x}}_a - (\tilde{U})^T\, (\tilde{U})\, \boldsymbol{b} = 0 \tag{2.3-35}$$

führt jetzt auf die Normalgleichung

$$(\tilde{U})^T (\tilde{U})\, \boldsymbol{b} = (\tilde{U})^T \tilde{\boldsymbol{x}}_a\,, \tag{2.3-36}$$

die mit $(\tilde{U}) = (w_D)\,(U)$, $(\tilde{U})^T = (U)^T\,(w_D)^T$ und $\tilde{\boldsymbol{x}}_a = (w_D)\,\boldsymbol{x}_a$
die Form

$$(U)^T\,(w_D)^T\,(w_D)\,(U)\,\boldsymbol{b} = (U)^T\,(w_D)^T\,(w_D)\,\boldsymbol{x}_a \tag{2.3-37}$$

annimmt und unter Berücksichtigung von $(w) = (w_D)^T\,(w_D)$ (vgl. Gl. (2.3-32)) das Ergebnis

$$(U)^T\,(w)\,(U)\,\boldsymbol{b} = (U)^T\,(w)\,\boldsymbol{x}_a \tag{2.3-38}$$

bzw.

$$\boldsymbol{b} = \left\{(U)^T\,(w)\,(U)\right\}^{-1}\,(U)^T\,(w)\,\boldsymbol{x}_a \tag{2.3-39}$$

liefert. Diese Bestimmungsgleichung enthält Gl. (2.3-11) für den Sonderfall $(w) = (I)$.

Die gewogene Fehlerquadratsumme Q nach Gl. (2.3-32) läßt sich aus Gl. (2.3-11b) einfach dadurch bestimmen, daß man $\boldsymbol{x}_a$ durch $\tilde{\boldsymbol{x}}_a$ und (U) durch $(\tilde{U})$ ersetzt:

$$Q = \boldsymbol{\varepsilon}^T\boldsymbol{\varepsilon} = \tilde{\boldsymbol{x}}_a^T\tilde{\boldsymbol{x}}_a - \boldsymbol{b}^T(\tilde{U})^T\,(\tilde{U})\,\boldsymbol{b}\,.$$

Unter Berücksichtigung von Gl. (2.3-34 und 39) folgt hieraus der Zusammenhang

$$\begin{aligned} Q &= \boldsymbol{x}_a^T(w)\,\boldsymbol{x}_a - \boldsymbol{b}^T(U)^T\,(w)\,(U)\,\boldsymbol{b} \\ &= \boldsymbol{x}_a^T(w)\,\boldsymbol{x}_a - \boldsymbol{b}^T(U)^T\,(w)\,\boldsymbol{x}_a \end{aligned} \tag{2.3-40}$$

mit

$$\boldsymbol{x}_a^T(w)\,\boldsymbol{x}_a = x_a^2(t_1)\,w_1^2 + \cdots + x_a^2(t_N)\,w_N^2\,. \tag{2.3-40a}$$

Für die hier dargestellte Approximation im gewogenen quadratischen Mittel läßt sich eine Orthogonalisierung durch eine Vorgehensweise durchführen, die völlig analog zu der unter 2.3.2.2. angegebenen ist. Man hat lediglich $(\tilde{U})$ durch (U) und $\boldsymbol{x}_a$ durch $\tilde{\boldsymbol{x}}_a$ zu ersetzen (vgl. Gl. (2.3-32 und 34) mit Gl. (2.3-4 und 2.1-9)).

2.3.3. Approximation kontinuierlicher Zeitverläufe im quadratischen Mittel

2.3.3.1. Allgemeiner Lösungsansatz

Für eine Kennwertermittlung mittels analoger Rechenmethoden oder -einrichtungen ist es notwendig, den gesamten Verlauf des Ausgangssignals $x_a(t)$ in einem vorgegebenen Intervall $a \leqq t \leqq b$ zu approximieren. An die Stelle der Gln. (2.3-4 und 30) müssen dann Integralkriterien der Form

$$Q = \int_a^b \varepsilon^2(t)\,\mathrm{d}t = \mathrm{Min} \tag{2.3-41}$$

oder

$$Q = \int_a^b \varepsilon^2(t)\, w^2(t)\, \mathrm{d}t = \mathrm{Min} \tag{2.3-42}$$

treten. Im folgenden soll die Betrachtung unter Verwendung von Gl. (2.3-42) durchgeführt werden, die Gl. (2.3-41) für eine *Wichtungs-* oder *Belegungsfunktion* $w^2(t) = 1$ als Sonderfall einschließt. Mit Gl. (2.1-3) erhält man für Q den Ausdruck

$$Q = \int_a^b \{x_a(t) - [b_1 u_1(t) + b_2 u_2(t) + \cdots + b_n u_n(t)]\}^2\, w^2(t)\, \mathrm{d}t \tag{2.3-43}$$

und die notwendigen Bedingungen für das Minimum Q nehmen die Gestalt

$$\begin{aligned} \frac{\partial Q}{\partial b_1} &= \int_a^b 2\{\cdots\}\,(-\,u_1(t))\, w^2(t)\, \mathrm{d}t = 0 \\ &\;\vdots \qquad\qquad \vdots \\ \frac{\partial Q}{\partial b_n} &= \int_a^b 2\{\cdots\}\,(-\,u_n(t))\, w^2(t)\, \mathrm{d}t = 0 \end{aligned} \tag{2.3-44}$$

an (vgl. Gl. (2.3-7)).

Hieraus folgt für die unbekannten Kennwerte $b_1, \ldots, b_n$ das lineare Normalgleichungssystem (2.3-45)

$$\begin{bmatrix} \int_a^b u_1(t)\, u_1(t)\, w^2(t)\, \mathrm{d}t & \cdots & \int_a^b u_1(t)\, u_n(t)\, w^2(t)\, \mathrm{d}t \\ \vdots & & \vdots \\ \int_a^b u_n(t)\, u_1(t)\, w^2(t)\, \mathrm{d}t & \cdots & \int_a^b u_n(t)\, u_n(t)\, w^2(t)\, \mathrm{d}t \end{bmatrix} \cdot \begin{bmatrix} b_1 \\ \vdots \\ b_n \end{bmatrix} = \begin{bmatrix} \int_a^b u_1(t)\, x_a(t)\, w^2(t)\, \mathrm{d}t \\ \vdots \\ \int_a^b u_n(t)\, x_a(t)\, w^2(t)\, \mathrm{d}t \end{bmatrix}$$

bzw.

$$(A) \cdot \boldsymbol{b} = \boldsymbol{a}\,.$$

Die Elemente

$$a_{rs} = \int_a^b u_r(t)\, u_s(t)\, w^2(t)\, \mathrm{d}t \tag{2.3-45a}$$

und

$$a_r = \int_a^b u_r(t)\, x_a(t)\, w^2(t)\, \mathrm{d}t \tag{2.3-45b}$$

der Matrix (A) und des Vektors $\boldsymbol{a}$ sind analytisch oder unter Verwendung analoger Recheneinrichtungen zu bestimmen.

Hierbei läßt sich eine erhebliche Vereinfachung dadurch erzielen, daß man — wie bereits unter 2.3.2.2. — eine Orthogonalisierung vornimmt.

2.3.3.2. Orthogonalisierung

Durch geeignete Wahl des Modells (vgl. Kapitel 3) und entsprechende Wahl der Testsignale (vgl. Kapitel 3 und 4) können die $u_i(t)$ so festgelegt werden, daß die Orthogonalitätsbedingung

$$a_{rs} = \int_b^a u_r(t)\, u_s(t)\, w^2(t)\, \mathrm{d}t = \begin{cases} d_r \neq 0 & \text{für } r = s \\ 0 & \text{für } r \neq s \end{cases} \tag{2.3-46}$$

erfüllt ist. Damit geht die Matrix (A) in Gl. (2.3-45) in eine Diagonalmatrix über. Für die Kennwerte b_r erhält man die aufgelösten Gleichungen

$$b_r = \frac{1}{d_r} \int_a^b u_r(t)\, x_a(t)\, w^2(t)\, \mathrm{d}t \tag{2.3-47}$$

$$\text{mit } r = 1, 2, \ldots, n\,,$$

die gestatten, die b_r nacheinander und unabhängig voneinander zu ermitteln.

In Abhängigkeit vom Approximationsintervall $a \leqq t \leqq b$ und der Belegungsfunktion $w^2(t)$ kann man Orthogonalfunktionen ermitteln, die der Bedingung (2.3-46) genügen. Eine Übersicht über wichtige und häufig verwendete Orthogonalfunktionen und -polynome, nämlich über die LEGENDREschen, die TSCHEBYSCHEFFschen, die JACOBIschen, die HERMITEschen und die LAGUERREschen Polynome und Funktionen vermittelt Abb. 2.3-2 (s. Anlage). Von diesen haben insbesondere die LAGUERREschen sowie die JACOBIschen und HERMITEschen Orthogonalfunktionen praktische Bedeutung für die Identifikationsaufgabe erlangt (vgl. SACHAROVA, 1967, ALEXANDROVSKIJ, 1971, MÜLLER, 1968, SOLODOWNIKOW, u. a., 1968, WILFERT, u. a., 1968, LEE, 1932, KAUTZ, 1954).

2.3.4. Approximation im Tschebyscheffschen Sinne (Abb. 2.3-1d, s. Anlage)

Eine Approximation im TSCHEBYSCHEFFschen Sinne liegt vor, wenn im vorgegebenen Approximationsintervall $a \leqq t \leqq b$ der größte Approximationsfehler minimiert wird, d. h., wenn

$$Q = \max \left\{ |\varepsilon(t)| \right\} = \mathrm{Min} \quad \text{in } a \leqq t \leqq b$$

ist (vgl. STIEFEL, 1959, 1960). Man erreicht durch eine derartige Approximation, daß eine Annäherung mit gegebenem Maximalfehler durch eine möglichst kleine Ordnung n des Modells erreicht wird. Für die Approximation exakt vorgegebener Funktionen ist eine derartige Approximation wünschenswert. Bei der experimentellen Systemanalyse muß jedoch immer mit dem Auftreten gewisser Meßfehler für $x_a(t)$ gerechnet werden. *Aus diesem Grunde spielt die* TSCHEBYSCHEFF-*Approximation für die Identifikationsaufgabe nur eine untergeordnete Rolle.*

2.3.5. Maximal geebnete Approximation (Abb. 2.3-1c, s. Anlage)

Für eine maximal geebnete Approximation ist ein Approximationsfehlerverlauf nach Abb. 2.3-1c kennzeichnend. Die Modellparameter können hierbei aus der Forderung bestimmt werden, daß für einen wählbaren Entwicklungspunkt $t = t_0$ der Approximationsfehler $\varepsilon(t_0)$ und eine gewisse Anzahl seiner Ableitungen $\varepsilon'(t_0)$, $\varepsilon''(t_0)$, usw. verschwinden sollen.

Für die kennwertlineare Modellgleichung (2.1-3) erhält man hierbei das lineare Gleichungssystem

$$\lim_{t \to t_0} \frac{\mathrm{d}^s \varepsilon(t)}{\mathrm{d}t^s} = \frac{\mathrm{d}^s x_a(t_0)}{\mathrm{d}t^s} - \sum_{i=1}^{n} b_i \frac{\mathrm{d}^s u_i(t_0)}{\mathrm{d}t^s} = 0 \quad \text{mit } s = 0, 1, \ldots, n-1 \tag{2.3-48}$$

für die Unbekannten $b_1, \ldots, b_n$, das für den Sonderfall

$$u_i(t) = t^{i-1}\,, \tag{2.3-49}$$

d. h. für eine Modellgleichung in Form der TAYLOR-Reihe

$$x_{aM}(t) = b_1 + b_2 t + b_3 t^2 + \cdots + b_n t^{n-1} \tag{2.3-50}$$

die explizite gelösten Beziehungen

$$b_i = \frac{1}{(i-1)!} \lim_{t \to t_0 = 0} \frac{\mathrm{d}^{i-1} x_a(t)}{\mathrm{d}t^{i-1}} \quad \text{für } i = 1, \ldots, n \tag{2.3-51}$$

liefert. Ein Fehlerverlauf gemäß Abb. 2.3-1c ergibt sich in der Regel immer dann, wenn die Kennwerte durch Grenzübergänge für $t \to 0$ oder $t \to \infty$ bestimmt werden.

Die hier angegebenen Prinzipien für eine maximal geebnete Approximation *lassen sich auf einfach anwendbare und damit für die Ingenieurpraxis geeignete Handrechenverfahren zurückführen* (vgl. z. B. Ermittlung der Übergangsfunktion aus der Sprungantwort durch *sukzessive Polkompensation* im Abschnitt 6.2.1.).

Diesem Vorteil steht eine erhebliche Fehlerempfindlichkeit insbesondere bei der Bildung der Ableitungen in den Gln. (2.3-48, 51) oder von (kleinen) Differenzen (aus großen Zahlen) *gegenüber*. Hinzu kommt — auch bei fehlerfrei gegebenem Verlauf $x_a(t)$ —, daß im Entwicklungspunkt $t = t_0$ die Genauigkeit der Approximation zwar (übertrieben) hoch ist, aber schon in geringer Entfernung von diesem Punkt sehr unbefriedigend sein kann (Abb. 2.3-1c), wenn man nicht die Ordnung n des Modells sehr groß wählen will.

2.3.6. Empirische Methoden

Die Literatur enthält eine große Zahl von Identifikationsmethoden, die eine Parameterbestimmung gestatten, ohne daß eine Optimierung unter Verwendung eines analytisch erfaßbaren Approximationskriteriums Q nach Gl. (2.1-7) erfolgt (vgl. Kapitel 6). Der Bearbeiter muß durch Vergleich der approximierenden Funktion $x_{aM}(t)$ (oder spezieller Kenndaten dieser Funktion) mit dem gemessenen Verlauf $x_a(t)$ ein ihm günstig erscheinendes Modell auswählen.

Die in großer Vielzahl und Mannigfaltigkeit vorhandenen Methoden lassen sich dabei auf die folgenden zwei Grundprinzipien zurückführen.

1. Anfertigung sogenannter *Zeitfunktionsatlanten* für normierte Systemantwortfunktionen auf spezielle (meist sprung- oder DIRAC-impulsförmige) Testsignale. Durch Beschränkung der Zahl der zu identifizierenden Modellparameter auf maximal 2 bis 3 versucht man hierbei die Zahl der darzustellenden Kurven in Grenzen zu halten. Die gemessene Kurve $x_a(t)$ wird normiert, auf Transparentpapier aufgetragen und auf die in Frage kommenden Diagramme des Atlasses gelegt. Auf diese Weise „identifiziert" man sehr einfach ein geeignet erscheinendes Modell.
2. Der gemessenen Systemantwortfunktion $x_a(t)$ werden spezielle Kennwerte wie zum Beispiel
   - Wendepunkte,
   - diskrete Werte $x_a(t_k)$ bei vorgeschriebenen Zeitpunkten t_k oder
   - bestimmte Zeiten bei vorgegebenen Amplitudenwerten $x_a(t)/x_a(\infty)$ usw.

   entnommen.

Für bestimmte Modellstrukturen mit nicht mehr als 2 bis 3 freien Parametern berechnet man im voraus diese Kennwerte und stellt sie in Tabellen oder Kurven dar. Durch Vergleich dieser Kennwerte mit den aus der gemessenen Funktion $x_a(t)$ abgelesenen läßt sich nun — offenbar wieder sehr einfach — ein günstig erscheinendes Modell gewinnen.

Die praktische Bedeutung der hier skizzierten Methoden beruht auf der außerordentlich einfachen Anwendbarkeit. Dieser Vorteil muß naturgemäß durch Beschränkung auf spezielle Modellstrukturen und Testsignale sowie auf Antwortsignale ohne wesentliche Meßfehler erkauft werden (Näheres vgl. Kapitel 6).

2.3.7. Zusammenfassende Einschätzung

Für eine Anwendung in der Ingenieurpraxis besitzen beim gegenwärtigen Stand der Rechentechnik nur noch zwei Arten von Verfahren praktische Bedeutung:

1. Manuell anwendbare Methoden, die möglichst ohne jede Rechnung schnell und einfach (unter Verzicht auf hohe Genauigkeit und universelle Verwendbarkeit) eine Modellermittlung gestatten.
2. Methoden für Digital- oder Analogrechner, die bezüglich der möglichen Modellstrukturen und Testsignale sehr universell einsetzbar sind und eine automatisierte Kennwertermittlung ermöglichen.

Die zuerst genannte Forderung wird am besten durch die unter 2.3.6. behandelten empirischen Methoden, sowie — teilweise — durch die Verfahren nach 2.3.5. erfüllt.

Der zweiten Forderung genügt dabei voll nur die unter 2.3.2. und 2.3.3 behandelte Approximation im quadratischen Mittel, die — wie unter 2.4. zu zeigen sein wird — *auch bei Anwesenheit stochastischer Störsignale mit Erfolg angewendet werden kann.*

2.4. Statistische Parameterschätzverfahren

2.4.1. Aufgabenstellung

Bei den statistischen Parameterschätzverfahren läßt sich eine einheitliche Darstellung für den Fall verwirklichen, daß eine diskontinuierliche Signalverarbeitung (mit Hilfe eines Digitalrechners) erfolgt, d. h., daß eine Folge diskreter Werte des Ein- und Ausgangssignales gemäß Gl. (2.1-6) gegeben ist. Dieser Fall wird hier deshalb zunächst angenommen.

Dabei wird vorausgesetzt, daß sich das Ausgangssignal $x_a(t)$ des Systems zusammensetzt aus dem exakten Verlauf $\mathring{x}_a(t)$ und einem zufälligen Störsignal $z(t)$:

$$x_a(t) = \mathring{x}_a(t) + z(t) . \tag{2.4-1}$$

Durch Auswertung einer Stichprobe von abgetasteten Werten

$$\boldsymbol{x}_a^T = \big(x_a(t_1) \cdots x_a(t_N)\big) \tag{2.4-2}$$

(vgl. Abb. 1.4-1) sollen für die Modellparameter $\boldsymbol{b}^T = (b_1, ..., b_n)$ in Gl. (2.1-3) solche Schätzwerte $\hat{\boldsymbol{b}}^T = (\hat{b}_1, ..., \hat{b}_n)$ ermittelt werden, die den wahren Werten $\mathring{\boldsymbol{b}}^T = (\mathring{b}_1, ..., \mathring{b}_n)$ möglichst nahekommen.

Dieses „möglichst nahe" läßt sich nach R. A. Fisher (vgl. u. a. Linnik, 1961, Smirnow, 1963, Storm, 1967, Deutsch, 1965) wie folgt präzisieren:

1. Eine Schätzung $\boldsymbol{b} = \hat{\boldsymbol{b}}$ soll *passend* oder *konsistent* sein, d. h. mit wachsendem Stichprobenumfang N (vgl. Gl. (2.4-2)) soll die Wahrscheinlichkeit dafür, daß die ermittelten Schätzwerte $\hat{\boldsymbol{b}}^T = (\hat{b}_1, ..., \hat{b}_n)$ von den zu schätzenden (wahren) Parametern $\mathring{\boldsymbol{b}}^T = (\mathring{b}_1, ..., \mathring{b}_n)$ abweichen, gegen Null streben:
$$\lim_{N \to \infty} P\{|\mathring{\boldsymbol{b}} - \hat{\boldsymbol{b}}| > \Delta\} = 0 \tag{2.4-3}$$
(Δ = beliebig kleine Größe > 0)
2. Die Schätzung soll *erwartungsgetreu* oder *unverzerrt* (unbiased) sein, d. h. der Erwartungswert $E\{\boldsymbol{b}\}$, soll dem wahren Kennwertvektor $\mathring{\boldsymbol{b}}$ gleich sein
$$E\{\hat{\boldsymbol{b}}\} = \mathring{\boldsymbol{b}} . \tag{2.4-4}$$
3. Gibt es mehrere konsistente Schätzungen für einen Parameter b_i, so wählt man diejenige mit der kleinsten Varianz
$$\sigma_{bi}^2 = E\{[\hat{b}_i - E\{\hat{b}_i\}]^2\} = E\{\hat{b}_i^2\} - [E\{b_i\}]^2 . \tag{2.4-5}$$
Die beste Schätzung eines Parameters ist jene mit der kleinsten Varianz überhaupt. Diese Schätzung heißt *höchstwirksam* oder *effektiv*.

Bei einem Satz von zu schätzenden Parametern spricht man von einer effektiven Schätzung dann, wenn die Ungleichung

$$(D) = \operatorname{cov}\{\hat{\boldsymbol{b}}\} \leqq \operatorname{cov}\{\tilde{\boldsymbol{b}}\} \tag{2.4-6}$$

für die Kovarianzmatrizen $\operatorname{cov}\{\hat{\boldsymbol{b}}\}$ und $\operatorname{cov}\{\tilde{\boldsymbol{b}}\}$ gilt, wobei der Vektor $\tilde{\boldsymbol{b}}$ eine beliebige andere (unverzerrte) Schätzung für $\boldsymbol{b}$ ist. Die Kovarianzmatrix $\operatorname{cov}(\hat{\boldsymbol{b}})$ ergibt sich hierbei zu

$$(D) = \operatorname{cov}\{\hat{\boldsymbol{b}}\} = E\{(\hat{\boldsymbol{b}} - \mathring{\boldsymbol{b}})(\hat{\boldsymbol{b}} - \mathring{\boldsymbol{b}})^T\} = E\{\Delta\boldsymbol{b}\,\Delta\boldsymbol{b}^T\}$$

$$= E\left\{\begin{bmatrix} \Delta b_1\,\Delta b_1 \cdots \Delta b_1\,\Delta b_n \\ \vdots \qquad\qquad \vdots \\ \Delta b_n\,\Delta b_1 \cdots \Delta b_n\,\Delta b_n \end{bmatrix}\right\} = \begin{bmatrix} E\{\Delta b_1\,\Delta b_1\} \cdots E\{\Delta b_1\,\Delta b_n\} \\ \vdots \qquad\qquad \vdots \\ E\{\Delta b_n\,\Delta b_1\} \cdots E\{\Delta b_n\,\Delta b_n\} \end{bmatrix}. \tag{2.4-7}$$

Die Streuungsquadrate $\sigma_{bi}^2 = E\{\Delta b_i^2\}$ der geschätzten Parameter $\hat{b}_i$ erhält man offensichtlich aus der Hauptdiagonalen dieser Matrix.

4. Die Schätzung wird schließlich *erschöpfend* oder *hinreichend* genannt, wenn sie die gesamte in der Stichprobe (2.4-2) über $\mathring{\boldsymbol{b}}$ enthaltene Information ausnutzt und keine andere Schätzung einen zusätzlichen Aufschluß über $\mathring{\boldsymbol{b}}$ liefert.

Gelten die Forderung 2. und 3. nur für $N \to \infty$, so spricht man von *asymptotisch unverzerrten und asymptotisch effektiven Schätzungen.*

Klar ist, daß die hier aufgestellten Forderungen nur erfüllbar sind, wenn über die statistischen Eigenschaften der Störung, die dem Modellfehler ε bzw. dem Systemausgangssignal x_a überlagert ist (vgl. Abb. 2.1-1 und Gl. (2.1-3)) Kenntnisse vorliegen. In Abhängigkeit von dem Grad der Nutzung dieser sogenannten a-priori-Kenntnisse kann zwischen folgenden Parameterschätzverfahren unterschieden werden:

(1) Die Gausssche Methode der kleinsten Quadrate,
(2) die Markov-Schätzung,
(3) die Maximum-Likelihood-Methode nach R. A. Fisher und
(4) die Bayes-Schätzung

(vgl. Übersicht in Abb. 2.4-1 und Literaturangaben unter 10.3.).

2.4.2. Die Methode der kleinsten Quadrate (Regressionsanalyse)

Ist a-priori bekannt, daß der Modellfehler $\varepsilon(t_k)$ gemäß Gl. (2.1-3 oder 5) durch *unkorrelierte* und *normalverteilte* stochastische Störungen verfälscht wird, so liefert — wie in der Theorie der Parameterschätzung der mathematischen Statistik gezeigt wird — die Gausssche Methode der kleinsten Quadrate die besten Resultate im Sinne der unter 2.1.4. angegebenen Forderungen 1. bis 3. Dieser

Schätz-verfahren	BAYES-Schätzung	Maximum-Likelihood Methode (Methode der größten Dichte)	MARKOV-Schätzung (Methode der kleinsten Varianz)	Methode der kleinsten Fehler-quadrate
a-priori Kenntnisse	*Verteilungsdichtefunktion von* $x_a(t)$ *und* $\boldsymbol{b}$ $P\{\boldsymbol{x}_a/\boldsymbol{b}\}$, $q\{\boldsymbol{b}\}$ Kostenfunktion $\hat{C}(\hat{\boldsymbol{b}}, \boldsymbol{b})$	*Verteilungsdichtefunktion von* $z(t)$ *bzw.* $x_a(t)$ $P\{\boldsymbol{x}_a, \mathring{\boldsymbol{b}}\} =$ $P_{t_1, \ldots, t_N}\{\boldsymbol{x}_{a_1}, \ldots, \boldsymbol{x}_{a_N}, \boldsymbol{b}\}$	*Kovarianzmatrix* (bzw. Korrelationsfunktion) $(Z) = E\{\boldsymbol{z}\boldsymbol{z}^T\}$	*nichts* (außer daß das Störsignal einem stationären Zufallsprozeß angehört)
Ansatz/ Lösung für $\varepsilon = \boldsymbol{x}_a - (U)\boldsymbol{b}$	$\int_{m+1} C(\hat{\boldsymbol{b}}, \boldsymbol{b})\, P\{\boldsymbol{x}_a/\boldsymbol{b}\}\, d^{m+1}\boldsymbol{b} = \text{Min}$	$L\{\boldsymbol{x}_a; \boldsymbol{b}\} = P\{\boldsymbol{x}_a; \mathring{\boldsymbol{b}}\}$ für $x_a(t_k) := x_{ak}$ $b_i := \mathring{b}_i$ $Q = L\{\boldsymbol{x}_a, \boldsymbol{b}\} = \text{Max}$	$Q = \boldsymbol{\varepsilon}^T(Z)^{-1}\boldsymbol{\varepsilon} = \text{Min}$ $\hat{\boldsymbol{b}} = \{(U)^T(Z)^{-1}(U)\}^{-1}$ $\times (U)^T(Z)^{-1}\boldsymbol{x}_a$	$Q = \varepsilon^T\varepsilon = \text{Min}$ $\hat{\boldsymbol{b}} = \{(U)^T(U)\}^{-1}$ $\times (U)^T\boldsymbol{x}_a$
Eigen-schaften	minimale Kosten, minimales Risiko	konsistent asymptotisch normal asymptotisch effektiv asymptotisch unverzerrt, invariant	linear unverzerrt minimale Varianz	linear unverzerrt konsistent
„Beste“ Schätzung bei	(vergleiche Text)	Störung beliebiger Verteilung	normalverteilte korrelierte Störung (Gauß-sches Rauschen)	normalverteilte unkorrelierte Störung (Weißes Gauß-sches Rauschen)
Beziehungen		↑———↑ Gauß-sches Rauschen d. h. $L\{\boldsymbol{x}_a, \boldsymbol{b}\} = [(2\pi)^N \det(Z)]^{-\frac{1}{2}} \exp\left\{-\frac{1}{2}\varepsilon^T(Z)^{-1}\varepsilon\right\}$		↑———↑ Weißes Rauschen, d. h. $(Z) = (I)$

Abb. 2.4-1. Statistische Parameterschätzverfahren

Fall liegt vor, wenn

- (bei einem Vorwärtsmodell nach Abb. 2.1-1a) das Störsignal am Systemausgang oder
- (bei einem verallgemeinerten Modell nach Abb. 2.1-1c) das auf den Ausgang des inversen Teilmodells transformierte Störsignal

als ein weißes und normalverteiltes (GAUSSsches-)Rauschen $z(t)$ angesehen werden kann, d. h. wenn für die Korrelationsfunktion $\Psi_{zz}(\tau)$ dieser Störung $z(t)$, die Bedingung

$$\Psi_{zz}(t_i, t_k) = E\{z(t_i)\, z(t_k)\} = \begin{cases} \sigma_z^2 & \text{für } i = k \\ 0 & \text{für } i \neq k \end{cases} \tag{2.4-8}$$

gilt.

Hier kann also die Minimierungsforderung (2.3-4) als die günstigste Parameterermittlungsvorschrift und damit die Lösung (2.3-11) angewendet werden.

Man erhält also die optimale Schätzung $\hat{\boldsymbol{b}}$ für den gesuchten Parametervektor $\boldsymbol{b}$ in Form der Gleichung

$$\hat{\boldsymbol{b}} = \{(U)^T (U)\}^{-1} (U)^T \boldsymbol{x}_a = (T)\, \boldsymbol{x}_a\,, \tag{2.4-9}$$

wobei die Matrix

$$(T) = (C)\,(U)^T \tag{2.4-10}$$

auch als *Regressionsmatrix* bezeichnet wird und die Matrix

$$(C) = \{(U)^T (U)\}^{-1} = \begin{bmatrix} c_{11} & \cdots & c_{1n} \\ c_{n1} & \cdots & c_{nn} \end{bmatrix} \tag{2.4-11}$$

Präzisionsmatrix heißt, da sich mit ihrer Hilfe die Kovarianzmatrix $\operatorname{cov}\{\hat{\boldsymbol{b}}\}$ nach Gl. (2.4-7) in der Form

$$(D) = \operatorname{cov}\{\hat{\boldsymbol{b}}\} = \sigma_z^2 (C) \tag{2.4-12}$$

darstellen läßt und sich für die Streuungsquadrate σ_{bi}^2 die Schätzwerte

$$\sigma_{bi}^2 = c_{ii}\sigma_z^2 \tag{2.4-13}$$

ergeben.

Ein unverzerrter Schätzwert $\hat{\sigma}_z$ für σ_z kann dabei mit Hilfe der Beziehung

$$\hat{\sigma}_z^2 = \frac{1}{N-n} \sum_{k=1}^{N} \varepsilon^2(t_k) = \frac{1}{N-n} \boldsymbol{\varepsilon}^T \boldsymbol{\varepsilon} \tag{2.4-14}$$

ermittelt werden, wobei $Q = \boldsymbol{\varepsilon}^T\boldsymbol{\varepsilon}$ durch Gl. (2.3-11a) zu ersetzen ist:

$$\hat{\sigma}_z^2 = \frac{1}{N-n} \{\boldsymbol{x}_a^T \boldsymbol{x}_a - \hat{\boldsymbol{b}}^T (U)^T (U)\, \hat{\boldsymbol{b}}\}\,. \tag{2.4-15}$$

Muß man die Voraussetzung fallen lassen, daß es sich bei der dem Modellfehler ε überlagerten Störung z um ein weißes Rauschen handelt, d. h., besteht zwischen den diskreten Werten

$$\boldsymbol{z}^T = \big(z(t_1), \ldots, z(t_n)\big) \tag{2.4-16}$$

eine Korrelation, so muß diese

(1) für eine optimale Parameterschätzung in dem Ansatz (2.3-4) und
(2) für eine Fehlerabschätzung bei Anwendung der Methode der kleinsten Quadrate in der Beziehung für (D) (vgl. Gl. (2.4-12))

Berücksichtigung finden.

Dies erfolgt durch die sogenannte Kovarianzmatrix (Z) der Störung, die sich bei einem zentrierten Zufallsprozeß (mit verschwindendem Mittelwert $E\{z(t_i)\} = 0$) aus den Werten der Korrelationsfunktion aufbaut:

$$(Z) = E\{\boldsymbol{z}\boldsymbol{z}^T\} = \begin{bmatrix} E\{z(t_1)\,z(t_1)\} & \cdots & E\{z(t_1)\,z(t_N)\} \\ \vdots & & \vdots \\ E\{z(t_N)\,z(t_1)\} & \cdots & E\{z(t_N)\,z(t_N)\} \end{bmatrix}$$

$$= \begin{bmatrix} \Psi_{zz}(0) & \cdots & \Psi_{zz}(t_1 - t_N) \\ \vdots & & \vdots \\ \Psi_{zz}(t_N - t_1) & \cdots & \Psi_{zz}(0) \end{bmatrix}. \qquad (2.4\text{-}17)$$

An die Stelle der Beziehung (2.4-12) tritt nun hiermit die allgemeine Fehlergleichung

$$(D) = (C)\,(U)^T\,(Z)\,(U)\,(C) \qquad (2.4\text{-}18)$$

(vgl. Grenander, 1957).

2.4.3. Die MARKOV-Schätzung

Bei einem normalverteilten aber korrelierten stochastischen Störsignal $z(t_i)$ muß — für eine optimale Parameterschätzung — im Ansatz (2.3-4) die Kovarianzmatrix (Z) nach Gl. (2.4-17) Berücksichtigung finden. Dies geschieht in der Minimierungsforderung

$$Q = \boldsymbol{\varepsilon}^T (Z)^{-1}\,\boldsymbol{\varepsilon} = \text{Min} \qquad (2.4\text{-}19)$$

der Markov-Schätzung.

Bezeichnet man gemäß

$$(w) = (Z)^{-1} = \begin{bmatrix} w_{11} & \cdots & w_{1N} \\ \vdots & & \vdots \\ w_{N1} & \cdots & w_{NN} \end{bmatrix} \qquad (2.4\text{-}20)$$

die Elemente der inversen Kovarianzmatrix $(w) = (Z)^{-1}$ mit w_{rs}, so geht die Minimierungsforderung (2.4-19) in den Ansatz

$$\begin{aligned} Q = \boldsymbol{\varepsilon}^T (w)\,\boldsymbol{\varepsilon} &= w_{11}\varepsilon^2(t_1) + w_{12}\varepsilon(t_1)\,\varepsilon(t_2) + \cdots + w_{1N}\varepsilon(t_1)\,\varepsilon(t_N) \\ &+ w_{21}\varepsilon(t_2)\,\varepsilon(t_1) + w_{22}\varepsilon^2(t_2) + \cdots + w_{2N}\varepsilon(t_2)\,\varepsilon(t_N) \\ &+ \cdots\cdots\cdots\cdots\cdots\cdots \\ &+ w_{N1}\varepsilon(t_N)\,\varepsilon(t_1) + w_{N2}\varepsilon(t_N)\,\varepsilon(t_2) + \cdots + w_{NN}\varepsilon^2(t_N) \\ &= \sum_{r=1}^{N}\sum_{s=1}^{N} w_{rs}\varepsilon(t_s)\,\varepsilon(t_r) = \text{Min} \end{aligned} \qquad (2.4\text{-}21)$$

über. Für den Fall, daß die inverse Kovarianzmatrix

$$(w) = (Z)^{-1} = \begin{bmatrix} w_{11} & 0 & \cdots & 0 \\ 0 & w_{22} & \cdots & 0 \\ \vdots & \vdots & & \vdots \\ 0 & 0 & \cdots & w_{NN} \end{bmatrix} = \begin{bmatrix} w_1^2 & 0 & \cdots & 0 \\ 0 & w_2^2 & \cdots & 0 \\ \vdots & \vdots & & \vdots \\ 0 & 0 & \cdots & w_N \end{bmatrix} \quad (2.4\text{-}22)$$

ist, d. h. eine Diagonalmatrix, darstellt, folgt hieraus der bereits unter 2.3.2.3. bei der Approximation im gewogenen quadratischen Mittel verwendete Ansatz (2.3-30)

$$Q = \sum_{k=1}^{N} \varepsilon^2(t_k)\, w_{kk} = \sum_{k=1}^{N} \varepsilon^2(t_k)\, w_k^2 = \text{Min}\,. \quad (2.4\text{-}23)$$

Die MARKOV-Schätzung wird deshalb auch als *verallgemeinerte Methode der kleinsten Quadrate* bezeichnet.

Die Schätzwerte $\boldsymbol{b} = \hat{\boldsymbol{b}}$ lassen sich denn auch ganz analog zu der unter 2.3.2.3. durchgeführten Herleitung ermitteln. Man erhält das Normalgleichungssystem

$$(U)^T\,(Z)^{-1}\,(U)\,\hat{\boldsymbol{b}} = (U)^T\,(Z)^{-1}\,\boldsymbol{x}_a \quad (2.4\text{-}24)$$

(vgl. Gl. (2.3-37)) für $(Z)^{-1} = (w) = (w_D)^T\,(w_D)$ und damit das Resultat

$$\hat{\boldsymbol{b}} = \{(U)^T\,(Z)^{-1}\,(U)\}^{-1}\,(U)^T\,(Z)^{-1}\,\boldsymbol{x}_a \quad (2.4\text{-}25)$$

(vgl. Gl. (2.3-39)).

Diese Schätzwerte $\hat{\boldsymbol{b}}$ besitzen bei Gültigkeit der Normalverteilung die unter 2.4.1. geforderten Eigenschaften. Sie sind bei nichtnormalverteilten Störgrößen noch

- *linear*, d. h. zwischen $\hat{\boldsymbol{b}}$ und $\boldsymbol{x}_a$ besteht gemäß Gl. (2.4-25) ein linearer Zusammenhang, und
- *unverzerrt* (vgl. Gl. (2.4-4)) und
- weisen von allen möglichen *linearen* und *unverzerrten* Schätzungen die kleinsten Varianzen

  $$\sigma_{bi}^2 = E\{(\hat{b}_i - \mathring{b}_i)^2\} = E\{\Delta b_i^2\} \quad \text{für } i = 1, \ldots, N$$

  auf, weshalb die MARKOV-Schätzung auch den Namen *Methode der kleinsten Varianz* (*minimum variance estimation*) trägt. Die σ_{bi}^2 erhält man als Elemente der Hauptdiagonalen der Kovarianzmatrix (2.4-7), die sich mit Hilfe der Beziehung

  $$(D) = \text{cov}\,\{\hat{\boldsymbol{b}}\} = \{(U)^T\,(Z)^{-1}\,(U)\}^{-1} \quad (2.4\text{-}26)$$

  abschätzen läßt.

2.4.4. Die Maximum-Likelihood-Methode

Muß man die Voraussetzung fallen lassen, daß die zufälligen Störgrößen $z(t_1), \ldots, z(t_N)$ normalverteilt sind, so erfordert naturgemäß eine optimale Parameterschätzung Kenntnisse über die geltende Verteilung, d. h. über die Gestalt der N-dimensionalen Verteilungsdichtefunktion

$$p(\boldsymbol{z}) = p_{t1, \ldots, tN}(z_1, \ldots, z_N) \tag{2.4-27}$$

des Störgrößenvektors (2.4-16).

Wegen Gl. (2.4-1) müssen die statistischen Eigenschaften des Meßwertvektors (2.4-2) durch eine Verteilungsdichte der gleichen Form

$$p(\boldsymbol{x}_a) = p_{t1,\ldots,tN}(x_{a1}, \ldots, x_{aN}, \mathring{b}_1, \ldots, \mathring{b}_n) \tag{2.4-28}$$

beschrieben werden können, die allerdings auch von den wahren Parametern abhängt. Diese Funktion gibt die Wahrscheinlichkeit dafür an, daß die Meßwerte $x_a(t_k)$ in dem Intervall $x_{ak} < x_a(t_k) < x_{ak} + \mathrm{d}x_{ak}$ mit $k = 1, 2, \ldots, N$ liegen. Die Wahrscheinlichkeit hierfür ist offenbar für die Werte der Variablen $x_{ak} = x_{ak}$ am größten, für die die Verteilungsdichtefunktion (2.4-28) ihren größten Wert erreicht, was in Abb. 2.4-2a an einem eindimensionalen Fall veranschaulicht wird.

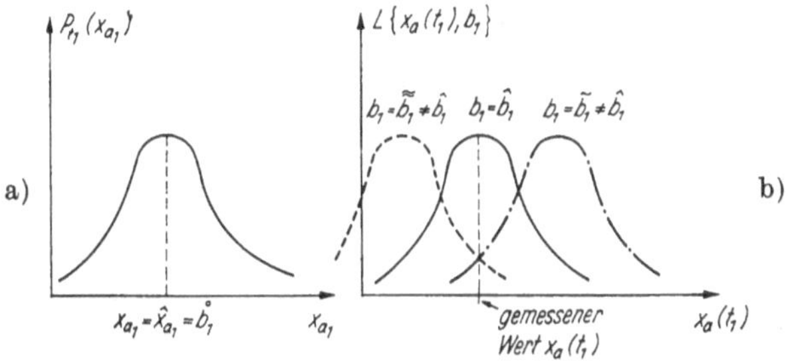

Abb. 2.4-2. Zur Definition der Likelihood-Funktion

Die Maximum-Likelihood-Methode kehrt nun diesen Sachverhalt zum Zwecke der Parameterschätzung um:

Es werden die Kennwerte $b_1, \ldots, b_n$ als die besten Schätzwerte $\hat{b}_1, \ldots, \hat{b}_n$ angesehen, die den beobachteten Meßwerten $x_a(t_1), \ldots, x_a(t_N)$ die größte Wahrscheinlichkeit verleihen. Dazu sind in Gl. (2.4-28) anstelle der Variablen $x_{a1}, \ldots, x_{aN}$ die Meßwerte $x_a(t_1), \ldots, x_a(t_N)$ und anstelle der wahren Parameter $\mathring{b}_1, \ldots, \mathring{b}_n$ die Modellparameter $b_1, \ldots, b_n$ einzusetzen, und es sind die Parameter $b_1, \ldots, b_n$ so zu bestimmen, daß diese Funktion ihren Maximalwert annimmt.

Die so gebildete Funktion kann allerdings nicht mehr als Wahrscheinlichkeitsverteilungsdichtefunktion bezeichnet werden. Man nennt sie *Likelihood-Funktion* und verwendet die Schreibweise

$$L\{\boldsymbol{x}_a, \boldsymbol{b}\} = L\{x_a(t_1), \ldots, x_a(t_N), b_1, \ldots, b_n\} \,. \tag{2.4-29}$$

Man gewinnt also die optimalen Schätzwerte $\boldsymbol{b} = \hat{\boldsymbol{b}}$ aus der Forderung

$$L\{\boldsymbol{x}_a, \boldsymbol{b}\} = \mathrm{Max} \quad \text{für } \boldsymbol{b} = \hat{\boldsymbol{b}} \tag{2.4-30}$$

(vgl. Abb. 2.4-2b) und den daraus folgenden notwendigen Bedingungen

$$\frac{\partial}{\partial \boldsymbol{b}} L\{\boldsymbol{x}_a, \boldsymbol{b}\} = \begin{bmatrix} \dfrac{\partial L\{\boldsymbol{x}_a, \boldsymbol{b}\}}{\partial b_1} \\ \vdots \\ \dfrac{\partial L\{\boldsymbol{x}_a, \boldsymbol{b}\}}{\partial b_n} \end{bmatrix} = 0 \quad \text{für } \boldsymbol{b} = \hat{\boldsymbol{b}} \tag{2.4-31}$$

für das Maximum von $L\{\boldsymbol{x}_a, \boldsymbol{b}\}$. In vielen Fällen bringt es dabei Vorteile, anstelle von (2.4-31) die Bedingung

$$\frac{\partial}{\partial \boldsymbol{b}} \ln L\{\boldsymbol{x}_a, \boldsymbol{b}\} = 0 \quad \text{für} \quad \boldsymbol{b} = \hat{\boldsymbol{b}} \tag{2.4-32}$$

zu verwenden, was zulässig ist, da der Logarithmus eine monoton anwachsende Funktion ist, so daß die Maxima von $L\{\boldsymbol{x}_a, \boldsymbol{b}\}$ und $\ln L\{\boldsymbol{x}_a, \boldsymbol{b}\}$ an der gleichen Stelle liegen.

Die aus diesen Gleichungen (2.4-31, 32) ermittelten Schätzwerte $\hat{\boldsymbol{b}}^T = (\hat{b}_1, \ldots, \hat{b}_n)$ besitzen u. a. folgende Eigenschaften: Sie sind (vgl. 2.4.1.)

— *konsistent,*
— *asymptotisch unverzerrt,*
— *asymptotisch effektiv,*
— *invariant,* d. h., wenn $\boldsymbol{b} = \hat{\boldsymbol{b}}$ eine Maximum-Likelihood-Schätzung von $\mathring{\boldsymbol{b}}$ ist, so ist auch $f(\boldsymbol{b}) = f(\hat{\boldsymbol{b}})$ eine Maximum-Likelihood-Schätzung von $f(\hat{\boldsymbol{b}})$ und
— *asymptotisch normal,* d. h., die Verteilung der ermittelten Schätzwerte $\hat{b}_i$ nähert sich mit $N \to \infty$ der Normalverteilung

$$p(\hat{\boldsymbol{b}}, \boldsymbol{b}) = \frac{1}{(\sqrt{2\pi})^n \sqrt{\det (D)}} \exp \left\{ -\frac{1}{2} (\hat{\boldsymbol{b}} - \boldsymbol{b})^T (D)^{-1} (\hat{\boldsymbol{b}} - \boldsymbol{b}) \right\}. \tag{2.4-32a}$$

Dabei stellt (D) die Kovarianzmatrix der Schätzung $\hat{\boldsymbol{b}}$ gemäß Gl. (2.4-7) dar. Die Elemente D_{ik} von (D) erhält man (vgl. Kendall, Stuart, 1961, Fedorov, Pázman, 1968) aus der Likelihood-Funktion (2.4-29) zu

$$D_{ik}^{-1} = (E\{\Delta b_i \, \Delta b_k\})^{-1} = -\frac{\partial^2 \log L}{\partial b_i \, \partial b_k} \text{ für } \boldsymbol{b} = \hat{\boldsymbol{b}}\,. \tag{2.4-32b}$$

2.4.5. Zusammenfassende Einschätzung hinsichtlich der praktischen Anwendung

Für den praktisch wichtigen Sonderfall eines weißen und normalverteilten Rauschens $z(t)$ liefern die Maximum-Likelihood-Methode, die Markov-Schätzung und die Methode der kleinsten Quadrate identische Resultate. Das wird deutlich, wenn man die Maximum-Likelihood-Funktion (2.4-29) für einen normalverteilten Störgrößenvektor (2.4-16) aufstellt, die sich zu

$$L\{\boldsymbol{b}, \boldsymbol{x}\} = \frac{1}{(\sqrt{2\pi})^N \sqrt{\det (Z)}} \cdot \exp \left\{ -\frac{1}{2} \boldsymbol{\varepsilon}^T (Z)^{-1} \boldsymbol{\varepsilon} \right\} \tag{2.4-33}$$

ergibt. Man erkennt hieraus, daß die Maximierungsforderung (2.4-30) der Maximum-Likelihood-Methode bei Gültigkeit der Normalverteilung mit der Minimierungsforderung (2.4-19) der MARKOV-Schätzung übereinstimmt. Sind überdies die diskreten Werte $z(t_1), ..., z(t_N)$ nicht miteinander korreliert, d. h., gilt die für ein weißes Rauschen charakteristische Beziehung (2.4-8), so geht die Kovarianzmatrix (2.4-17) gemäß

$$(Z) = \Psi_{zz}(0)\,(I) = \sigma_z^2 (I) \tag{2.4-34}$$

in eine Diagonalmatrix über, wodurch aus dem Ansatz (2.4-19) der MARKOV-Schätzung die Forderung (2.3-4) der GAUSSschen Methode der kleinsten Quadrate entsteht.

Die hier angegebenen Schätzmethoden unterscheiden sich ganz wesentlich bezüglich des mit ihrer Anwendung verbundenen Rechenaufwandes. Dabei ist verständlich, daß der Aufwand um so größer sein wird, je mehr a-priori-Kenntnisse berücksichtigt werden sollen.

Für die praktische Anwendung ist deshalb ein Kompromiß zu schließen zwischen

- dem zu treibenden rechnerischen (oder gerätetechnischen) Aufwand und
- dem Umfang an a-priori-Kenntnissen, die für eine optimale Parameterschätzung verwendet werden sollen und deshalb vorher ermittelt werden müssen.

Die Methode der kleinsten Quadrate, die unter 2.3.2. zunächst als deterministisches Approximationsverfahren eingeführt worden war, erweist sich aus dieser Sicht als die wohl praktisch wichtigste Identifikationsmethode, da sie

- zu ihrer Anwendung a-priori Kenntnisse über $z(t)$ nicht voraussetzt,
- mit dem geringsten Rechenaufwand (im Vergleich zur MARKOV- und Maximum-Likelihood-Schätzung) auskommt und
- häufig (vor allem wegen des zentralen Grenzwertsatzes der mathematischen Statistik) auch die besten Schätzwerte (im Sinne der Maximum-Likelihood-Schätzung) liefert.

Von einer Anwendung dieser Methode wird man also nur dann Abstand nehmen, wenn entweder

(1) die diskreten Werte $z(t_1), ..., z(t_N)$ der dem Modellfehler $\varepsilon(t_1), ..., \varepsilon(t_N)$ überlagerten Störung stark korreliert sind und
(bzw. oder)
(2) normalverteilte Störungen nicht vorausgesetzt werden dürfen.

Der Fall (1) kann dabei auch dann auftreten, wenn die am Systemausgang auftretende Störung zwar ein weißes Rauschen darstellt, aber ein verallgemeinertes Modell nach Abb. 2.1-1c zu verwenden ist. In diesem Falle ist nämlich das dem Modellfehler überlagerte, d. h. das auf den Ausgang des inversen Teilmodells transformierte Signal nicht mehr als weißes Rauschen zu betrachten. Gerade diese Problematik hat — wie Kapitel 3 noch verdeutlichen wird — dazu geführt, daß die Maximum-Likelihood-Schätzung trotz des bemerkenswerten Rechenaufwandes, den sie erfordert, eine gewisse praktische Bedeutung in den letzten Jahren erlangt hat.

2.4.6. Analyse ungetasteter Antwortsignale

Soll eine Identifikation mit Hilfe analoger Recheneinrichtungen erfolgen, so ist von dem kontinuierlichen Zeitverlauf $x_a = x_a(t)$ auszugehen.

In diesem Falle läßt sich die Einführung eines optimalen Parameterschätzverfahrens nicht mit der Allgemeinheit verwirklichen, wie dies unter 2.4.2. bis 2.4.4. möglich war. Man kann allerdings davon ausgehen, daß sich der kontinuierliche Verlauf $x_a = x_a(t)$ des Systemantwortsignals ausreichend genau durch eine Stichprobe $x_a(t_1), ..., x_a(t_N)$ mit angemessen groß gewählten Umfang N annähern läßt.

Hieraus kann die Berechtigung abgeleitet werden, zumindest die Methode der kleinsten Fehlerquadrate und die MARKOV-Schätzung in entsprechend modifizierter Form mit der gleichen Begründung wie unter 2.4.2. bis 2.4.4. für die Parameterschätzung anhand kontinuierlicher Zeitfunktionen einzusetzen.

2.4.6.1. Methode der kleinsten Quadrate (Korrelationsanalyse)

An die Stelle des Ansatzes (2.3-4) tritt jetzt die Minimierungsforderung (2.3-41), die auf das Normalgleichungssystem (2.3-45) führt, wobei jetzt $w(t) \equiv 1$ sein möge.

Die Elemente a_{rs} und a_r der Matrix (A) und des Vektors $\boldsymbol{a}$ lassen sich nun für spezielle Funktionen $u_i(t)$, nämlich für die zeitverschobenen oder verzögerten Funktionen

$$u_i(t) = u(t - \tau_i) \quad \text{mit } i = 1, ..., n \tag{2.4-35}$$

und für das Integrationsintervall

$$a = -T \leqq t \leqq +T = b \tag{2.4-36}$$

in der Form

$$\Psi_{uu}(\tau_r - \tau_s) \approx \frac{1}{2T} a_{rs} = \frac{1}{2T} \int_{-T}^{T} u(t + [-\tau_r]) \, u(t + [-\tau_s]) \, dt \tag{2.4-37}$$

und

$$\Psi_{xau}(-\tau_r) = \Psi_{uxa}(\tau_r) \approx \frac{1}{2T} a_r = \frac{1}{2T} \int_{-T}^{T} x_a(t)\, u(t + [-\tau_r])\, dt \quad (2.4\text{-}38)$$

$$\text{mit } r = 1, \ldots, n \quad \text{und} \quad s = 1, \ldots, n$$

(vgl. Gln. (2.3-45 a, b) für $w(t) \equiv 1$) darstellen.

Durch Vergleich dieser Beziehungen mit den Gln. (1.3-11 und 1.4-13) wird deutlich, daß die Terme $\frac{1}{2T} a_{rs}$ und $\frac{1}{2T} a_r$ bei einer genügend großen Beobachtungszeit T (annähernd) Auto- bzw. Kreuzkorrelationsfunktionen von $u(t)$ und $x_a(t)$ bezeichnen. Das Normalgleichungssystem (2.3-45) kann demzufolge durch die Beziehung

$$\begin{bmatrix} \Psi_{uu}(0) & \Psi_{uu}(\tau_1 - \tau_2) & \cdots & \Psi_{uu}(\tau_1 - \tau_n) \\ \Psi_{uu}(\tau_2 - \tau_1) & \Psi_{uu}(0) & \cdots & \Psi_{uu}(\tau_2 - \tau_n) \\ \vdots & \vdots & & \vdots \\ \Psi_{uu}(\tau_n - \tau_1) & \Psi_{uu}(\tau_n - \tau_2) & \cdots & \Psi_{uu}(0) \end{bmatrix} \cdot \begin{bmatrix} \hat{b}_1 \\ \hat{b}_2 \\ \vdots \\ \hat{b}_n \end{bmatrix} = \begin{bmatrix} \Psi_{uxa}(\tau_1) \\ \Psi_{uxa}(\tau_2) \\ \vdots \\ \Psi_{uxa}(\tau_n) \end{bmatrix} \quad (2.4\text{-}39)$$

ersetzt werden. Dieser Zusammenhang ist aber gerade kennzeichnend für eine Parameterschätzung mit Hilfe der sogenannten *Korrelationsanalyse.*

Hieraus folgt, daß die Korrelationsanalyse als Sonderfall der Methode der kleinsten Fehlerquadrate für die speziellen Funktionen $u_i(t)$ gemäß Gl. (2.4-35) zu betrachten ist.

Man erkennt weiterhin, daß die unter 2.3.3.2. behandelte Orthogonalisierung (vgl. Gln. (2.3-46, 47)) gleichbedeutend damit ist, daß $u(t)$ nach Gl. (2.4-35) ein (annähernd) weißes Rauschen oder eine entsprechende determinierte Funktion darstellt, für die

$$\Psi_{uu}(\tau_r - \tau_s) = \begin{cases} \neq 0 \text{ für } \tau_r = \tau_s \\ 0 \text{ für } \tau_r \neq \tau_s \end{cases} \quad (2.4\text{-}40)$$

gilt. Man gewinnt damit die aufgelösten Beziehungen

$$\hat{b}_i = \frac{1}{\Psi_{uu}(0)} \Psi_{uxa}(\tau_i) \text{ mit } i = 1, \ldots n \quad (2.4\text{-}41)$$

für die zu schätzenden Parameter.

2.4.6.2. Markov-Schätzung

An die Stelle der Forderung (2.4-21) muß jetzt das Gütekriterium

$$Q = \int_{t_r=a}^{b} \int_{t_s=a}^{b} w(t_r, t_s)\, \varepsilon(t_s)\, \varepsilon(t_r)\, dt_s\, dt_r = \text{Min}$$

treten, wobei die t_r und t_s jetzt kontinuierliche Variable darstellen und $w(t_r, t_s)$ dem Kehrwert der Kovarianzfunktion gleich ist. Die Verwendung dieses Ansatzes zur Parameterschätzung führt nur in besonderen Fällen zu praktikablen Lösungen. Derartige Fälle werden u. a. von LEVIN, 1959, diskutiert. In dieser Arbeit wird auf eine weitergehende Behandlung verzichtet.

2.5. Implizite Methoden für kennwertnichtlineare Modelle

Die Notwendigkeit zur Anwendung eines impliziten Identifikationsverfahrens kann bei folgenden Aufgaben bestehen:

1. Das zu identifizierende Modell ist *kennwertnichtlinear* (vgl. Gl. (2.1-5)).
2. *Ein* kennwertlineares oder -nichtlineares *Modell soll* durch laufende Hinzunahme neuer Meßwerte $x_a(t_{N+1})$, $x_a(t_{N+2})$, ... usw. (vgl. Gl. (2.1-6)) *ständig verbessert bzw. den sich ändernden Systemeigenschaften angeglichen werden.*

Diese Aufgabe wird unter 2.6. behandelt. Hier soll zunächst auf Methoden zur Lösung der zuerst genannten Aufgabenstellung eingegangen werden:

Die dazu zu verwendenden Methoden lassen sich in

— Extremumsuchverfahren und
— Verfahren zur iterativen Lösung der kennwertlinearisierten Normalgleichungen (Kennwertlinearisierung)

einteilen (vgl. Abb. 2.5-1).

2.5.1. Das Verfahren der Kennwertlinearisierung (Abb. 2.5-1a)

Besitzt die kennwertnichtlineare Fehlergleichung (2.1-5) eine spezielle Gestalt, zum Beispiel die Form

$$\begin{aligned}\varepsilon_a(t) &= x_a(t) - x_{aM}(t)\\ &= x_a(t) - \frac{\tilde{B}_1\tilde{u}_1(t) + \cdots + \tilde{B}_m\tilde{u}_m(t)}{1 + \tilde{\tilde{B}}_1\tilde{\tilde{u}}_1(t) + \cdots + \tilde{\tilde{B}}_p\tilde{\tilde{u}}_p(t)},\end{aligned} \qquad (2.5\text{-}1)$$

so bringt es gelegentlich Vorteile, diese Gleichung zunächst zu linearisieren und dann mehrmals iterativ zu lösen.

Will man die unbekannten Kennwerte $\tilde{\tilde{B}}_1, \ldots, \tilde{\tilde{B}}_p$ und $\tilde{B}_1, \ldots, \tilde{B}_m$ mit Hilfe des Ansatzes

$$Q = \sum_{k=1}^{N} \varepsilon_a^2(t_k) = \boldsymbol{\varepsilon}_a^T \boldsymbol{\varepsilon}_a = \text{Min} \qquad (2.5\text{-}2)$$

lösen, so führt dies auf ein schwierig zu behandelndes nichtlineares Gleichungssystem.

Zur Überwindung dieser Schwierigkeiten wird der Ansatz (2.5-2) mit

$$\varepsilon_a(t) = w(t)\,\varepsilon(t) \qquad (2.5\text{-}3)$$

	a) Kennwertlinearisierung	b) Extremumsuchverfahren
Form der Fehler-gleichungen/ Lösungsansatz	$\varepsilon(t) = x(t) - \dfrac{\tilde{B}_1\tilde{u}_1(t) + \cdots + \tilde{B}_m\tilde{u}_m(t)}{1 + \tilde{\tilde{B}}_1\tilde{\tilde{u}}_1(t) + \cdots + \tilde{\tilde{B}}_p\tilde{\tilde{u}}_p(t)}$ $= w(t)\,\{x_a(t) - b_1u_1(t) - \cdots - b_nu_n(t)\}$ mit $1/w(t) = 1 + \tilde{\tilde{B}}_1\tilde{\tilde{u}}_1(t) + \cdots + \tilde{\tilde{B}}_p u_p(t)$ und b_i, u_i gemäß Gln. (2.5 – 7.8) $Q = \sum_{k=1}^{N} \varepsilon^2(t_k) = \text{Min}$	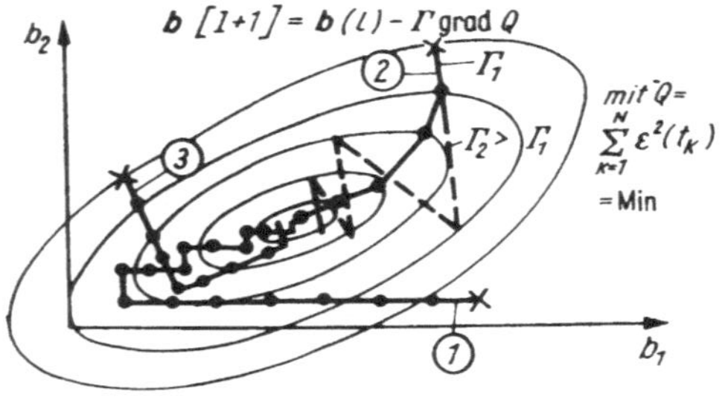
Lösungstechnik	(1) Linearisierung $\tilde{\varepsilon}(t) = \varepsilon(t)/w(t) = x_a(t) - \sum_{i=1}^{n} b_iu_i(t) \rightarrow \tilde{\varepsilon} = \boldsymbol{x}_a - (U)\,\boldsymbol{b}$ (2) 1. Näherung mit $w(t) \equiv 1 \rightarrow \hat{\boldsymbol{b}}^{(1)} = \{(U)^T (U)\}^{-1} (U)^T \boldsymbol{x}_a$ (3) 2. Näherung mit $w(t) = \{1 + \tilde{\tilde{B}}_1^{(1)}\tilde{\tilde{u}}_1(t) + \cdots\}$ $\hat{\boldsymbol{b}}^{(2)} = \{(U)^T (w) (U)\}^{-1} (U)^T (w)\, \boldsymbol{x}_a$, usw.	(1) GAUSS-SEIDEL-Verfahren (2) Gradienten-Verfahren $\Gamma > 0$ (3) Methode des steilsten Abfalls $\Gamma = \Gamma(l) > 0$ – stochastische Approximation: $\Gamma(l) > 0$, mit $\sum_{l=1}^{\infty} \Gamma^2(l) > \infty$, $\lim_{l \to \infty} \sum_{l=1}^{L} \Gamma(l) = \infty$ z. B. $\Gamma(l) = \dfrac{1}{1+l}$
Bewertung	– schneller als b) – Realisierbarkeit der Lösung nicht garantiert	– universell anwendbar – Realisierbarkeit der Lösung garantiert – Konvergenz hängt von der Topographie ab

Abb. 2.5-1. Implizite Verfahren für kennwertnichtlineare Modelle

und (vgl. Gl. (2.5-1))

$$\varepsilon(t) = x_a(t) - [-\overset{\approx}{B}_1\overset{\approx}{u}_1(t)\, x_a(t) - \cdots - \overset{\approx}{B}_p\overset{\approx}{u}_p(t) + \tilde{B}_1\tilde{u}_1(t) + \cdots + \tilde{B}_m\tilde{u}_m(t)] \tag{2.5-4}$$

sowie

$$w_k = w(t_k) = \frac{1}{1 + \overset{\approx}{B}_1\overset{\approx}{u}_1(t_k) + \cdots + \overset{\approx}{B}_p\overset{\approx}{u}_p(t_k)} \tag{2.5-5}$$

auf die Minimierungsforderung

$$Q = \sum_{k=1}^{N} \varepsilon_a^2(t_k) = \sum_{k=1}^{N} \varepsilon^2(t_k)\, w_k^2 = \boldsymbol{\varepsilon}_a^T \boldsymbol{\varepsilon}_a = \boldsymbol{\varepsilon}^T(w)\, \boldsymbol{\varepsilon} = \text{Min} \tag{2.5-6}$$

der Approximation im gewogenen quadratischen Mittel gemäß 2.3.2.3. (vgl. Gln. (2.3-30, 32, 33)) zurückgeführt.

Für den durch Gl. (2.5-4) definierten Fehler $\varepsilon(t)$ läßt sich dabei mit

$$b_i = \begin{cases} \overset{\approx}{B}_i & \text{für } i = 1, \ldots, p \\ \tilde{B}_{i-p} & \text{für } i = p + 1, \ldots, p + m = n \end{cases} \tag{2.5-7}$$

und

$$u_i(t) = \begin{cases} -\overset{\approx}{u}_i(t)\, x_a(t) & \text{für } i = 1, \ldots, p \\ \tilde{u}_{i-p}(t) & \text{für } i = p + 1, \ldots, p + m = n \end{cases} \tag{2.5-8}$$

wieder eine kennwertlineare Beziehung der unter 2.3. und 2.4. verwendeten Form

$$\varepsilon(t) = x_a(t) - \sum_{i=1}^{n} b_i u_i(t) \tag{2.5-9}$$

bzw.

$$\boldsymbol{\varepsilon} = \boldsymbol{x}_a - (U)\, \boldsymbol{b} \tag{2.5-10}$$

gewinnen (vgl. Gln. (2.1-3, 9)).

Man kann demzufolge auf die unter 2.3.2.3. angegebenen Gln. (2.3-11, 11a) zur Bestimmung der Kennwerte b_i nach Gl. (2.5-7) zurückgreifen.

Die sich hierbei daraus ergebende Schwierigkeit, daß der Gewichtsfaktor w_k nach Gl. (2.5-5) selbst von den unbekannten Parametern $\overset{\approx}{B}_1, \ldots, \overset{\approx}{B}_p$ abhängt, läßt sich durch folgende Vorgehensweise beseitigen:

1. In Gl. (2.5-6) wird zunächst der Gewichtsfaktor $w_k \equiv 1$ und damit die Matrix $(w) = (I)$ gesetzt (vgl. Gln. (2.3-32, 33)). Nach Gl. (2.3-39) gewinnt man dadurch als neue erste Näherung $\hat{\boldsymbol{b}} = \hat{\boldsymbol{b}}^{(1)}$ die Schätzung

$$\hat{\boldsymbol{b}} = \hat{\boldsymbol{b}}^{(1)} = \{(U^T)\,(U)\}^{-1}\,(U^T)\, \boldsymbol{x}_a \tag{2.5-11}$$

für die Parameter b_i und damit auch für die Kennwerte $\tilde{\tilde{B}}_i = \tilde{\tilde{B}}_i^{(1)}$.

2. Mit dieser ersten Näherung $\tilde{\tilde{B}}_i = \tilde{\tilde{B}}_i^{(1)}$ berechnet man nach Gl. (2.5-5) eine erste Näherung für den Gewichtsfaktor w_k und somit auch für die Matrix (w) nach den Gln. (2.3-32, 33). Der Ansatz (2.5-6) führt jetzt nach (2.3-39) auf die Lösung

$$\hat{\boldsymbol{b}} = \hat{\boldsymbol{b}}^{(2)} = \{(U)^T (w) (U)\}^{-1} (U)^T (w) \boldsymbol{x}_a , \tag{2.5-12}$$

die eine zweite Näherung für die b_i und die $\tilde{\tilde{B}}_i = \tilde{\tilde{B}}_i^{(2)}$ darstellt.

3. Diese zweite Näherung $\tilde{\tilde{B}}_i^{(2)}$ wird nun zur Berechnung einer zweiten Näherung für w_k nach Gl. (2.5-5) und zur Bestimmung einer dritten Näherung $\hat{\boldsymbol{b}} = \hat{\boldsymbol{b}}^{(3)}$ bzw. $\tilde{\tilde{B}}_i = \tilde{\tilde{B}}_i^{(3)}$ für die Kennwerte verwendet (vgl. Gl. (2.5-12)).
4. In dieser Weise ist fortzufahren, bis sich die L-te und die $(L - 1)$-te Näherung $\hat{\boldsymbol{b}}^{(L)}$ und $\hat{\boldsymbol{b}}^{(L-1)}$ nur noch geringfügig unterscheiden.

In den Kapiteln 7 und 8 wird gezeigt werden, daß in vielen Fällen schon nach wenigen Iterationen ($L \lesssim 3$ bis 5) eine zufriedenstellende Konvergenz festzustellen ist. Allgemeingültige Bedingungen für die Konvergenz konnten allerdings bisher nicht angegeben werden.

Beiträge zur Anwendung des hier angegebenen Verfahrens haben u. a. Clarke, 1967, Steiglitz, McBride, 1965, Strobel, 1966, 1967/57, 1968, 1969, Sanathanan, Koerner, 1963 und Gerdin, 1970 geleistet.

2.5.2. Extremumsuchverfahren (Abb. 2.5-1b)

Kann das zu identifizierende kennwertnichtlineare Modell nicht in der oben beschriebenen Form linearisiert werden, so sind die Kennwerte $b_1, ..., b_n$ durch numerische Suche des Extremums der Optimierungsfunktion Q nach Gl. (2.1-7) zu ermitteln.

Diese Aufgabe stimmt formal mit dem Problem der Optimierung des statischen Verhaltens automatisierter (z. B. durch Prozeßrechner geführter) Systeme überein, bei dem — anstelle von Kennwerten — optimale Führungs- oder Stellgrößen zu berechnen sind. Da die zugehörige Spezialliteratur (vgl. Bibliographie unter 10.3) eine Vielzahl verschiedenster Techniken und Methoden enthält, muß sich die folgende Darstellung auf die Vermittlung einer Übersicht über wesentlich erscheinende Prinzipien beschränken.

Allen Verfahren ist gemeinsam, daß sie von einer — möglichst günstig gewählten — Schätzung für den Parametervektor $\boldsymbol{b}$ ausgehen und diese nach einer bestimmten Strategie so verändern, daß das Gütekriterium

$$Q = Q(\boldsymbol{b}) = Q(b_1, ..., b_n) \tag{2.5-13}$$

in einer möglichst kleinen Zahl von Suchschritten dem Minimum (oder Maximum) ausreichend nahekommt.

Die notwendige Zahl der Suchschritte und damit die Konvergenz des Verfahrens hängt entscheidend von der Topographie des Gütekriteriums Q, d. h. von der Gestalt der *Isokriteriumkurven*

$$Q = Q(b_1, ..., b_n) = \text{konstant} \tag{2.5-14}$$

im n-dimensionalen Raum der Parameter $b_1, ..., b_n$, ab (vgl. Abb. 2.5-1b für $n = 2$).

Die Frage nach einer optimalen Suchstrategie kann deshalb nur beantwortet werden, wenn der Charakter der Topographie im voraus bekannt ist, wovon man aber nur selten ausgehen kann. Hieraus folgt, daß man kein ,,bestes" Verfahren angeben kann, sondern aus mehreren Prinzipien das jeweils *geeignet erscheinende* auswählen muß.

2.5.2.1. Das Gauss-Seidel-Verfahren

Wie Abb. 2.5-1 für einen zweidimensionalen Fall ($n = 2$) veranschaulicht, wird zunächst b_1 bei konstant gehaltenem b_2 solange verändert, bis das relative Minimum von Q erreicht ist. Danach ist entsprechend mit b_2 zu verfahren, dann wieder mit b_1 usw. (vgl. Abb. 2.5-1b, Suchvorgang (1)).

Die gleiche Vorgehensweise wird zweckmäßigerweise beginnend bei einem neuen Startpunkt wiederholt, um die Wahrscheinlichkeit dafür herabzusetzen, daß der erste Suchvorgang in einem Nebenminimum endet.

2.5.2.2. Das Gradientenverfahren

Die Suchstrategie wird hier durch die Beziehung

$$\boldsymbol{b}(l + 1) = \boldsymbol{b}(l) - \Gamma \operatorname{grad} Q(\boldsymbol{b}(l)) \quad \text{mit } \Gamma > 0 \tag{2.5-15}$$

festgelegt, wobei der Gradient $\operatorname{grad} Q(\boldsymbol{b}(l))$ an der Stelle der l-ten Annäherung $\boldsymbol{b}(l)$ für $\boldsymbol{b}$ durch

$$\operatorname{grad} Q(\boldsymbol{b}) = \begin{bmatrix} \dfrac{\partial Q(\boldsymbol{b})}{\partial b_1} \\ \vdots \\ \dfrac{\partial Q(\boldsymbol{b})}{\partial b_n} \end{bmatrix} \tag{2.5-16}$$

definiert ist und Γ eine Konstante bezeichnet, mit deren Hilfe die Konvergenzeigenschaften des Verfahrens beeinflußt werden können.

In dem (trivialen, aber leicht überschaubaren) eindimensionalen Fall ist also

$$b_1(l + 1) = b_1(l) - \Gamma \frac{\mathrm{d}Q(b_1(l))}{\mathrm{d}b_1} = b_1(l) - \Delta b_1(l) \, , \tag{2.5-17}$$

d. h., die Schrittweite $\Delta b_1(l)$ hängt von dem Anstieg $\tan\alpha = \mathrm{d}Q/\mathrm{d}b_1$ der Kurve $Q = Q(b_1)$ im Punkte $b_1 = b_1(l)$ und dem empirisch festzulegenden Faktor Γ ab.

Ein zu klein gewähltes $\Gamma = \Gamma_1$ kann zu einem schlecht konvergierenden Suchvorgang führen. Ein zu großes $\Gamma = \Gamma_2$ zieht dagegen häufig eine oszillierende Suchbewegung nach sich (vgl. Abb. 2.5-1b, Suchvorgang 2). Es muß demzufolge ein optimaler (von der Topographie abhängender) Wert für Γ existieren, den man u. U. durch orientierende Versuche festlegen kann.

Läßt sich der Gradient grad Q nicht analytisch ermitteln, so müssen die partiellen Ableitungen in Gl. (2.5-16) näherungsweise durch Differenzenquotienten ermittelt werden.

2.5.2.3. Methode des steilsten Abfalls

An die Stelle der Gl. (2.5-15) tritt jetzt die Suchvorschrift

$$\boldsymbol{b}(l+1) = \boldsymbol{b}(l) - \Gamma(l)\,\mathrm{grad}\,Q(\boldsymbol{b}(l)) \quad \text{mit} \quad \Gamma(l) > 0\,. \tag{2.5-18}$$

Der Faktor $\Gamma = \Gamma(l)$ wird hier so gewählt, daß bei jedem Suchschritt das in Richtung des Gradienten liegende Minimum erreicht wird (vgl. Suchvorgang 3 auf Abb. 2.5-1).

2.5.2.4. Methode der konjugierten Gradienten

Dieses Verfahren verwendet die Vorschrift

$$\boldsymbol{b}(l+1) = \boldsymbol{b}(l) - \Gamma(l)\,\mathbf{s}(l) \tag{2.5-19}$$

mit

$$\mathbf{s}(l) = \mathrm{grad}\,Q\,(\boldsymbol{b}(l)) - \frac{||\mathrm{grad}\,Q(\boldsymbol{b}(l))||^2}{||\mathrm{grad}\,Q(\boldsymbol{b}(l-1))||^2}\cdot \mathbf{s}(l-1)\,, \tag{2.5-19a}$$

wobei $\Gamma(l) > 0$ den Ausdruck $Q\{\boldsymbol{b}(l) - \Gamma\mathbf{s}(l)\}$ minimiert.

Durch zusätzliche Berücksichtigung des Gradienten grad $Q(\boldsymbol{b}(l-1))$ werden hier — unter Hinnahme eines erhöhten Rechenaufwandes — günstigere Konvergenzeigenschaften erzielt.

2.5.2.5. Methode der stochastischen Approximation

Bei den bisher behandelten Methoden war nicht berücksichtigt worden, daß durch stochastische Störsignale die Genauigkeit der Gradientenbestimmung beeinträchtigt werden kann.

Diesem Umstand trägt die Methode der stochastischen Approximation Rechnung, die die Vorschrift

$$\boldsymbol{b}(l+1) = \boldsymbol{b}(l) - \Gamma(l)\,\mathrm{grad}\,Q(\boldsymbol{b}(l)) \tag{2.5-20}$$

verwendet, wobei der Faktor $\Gamma(l)$ den Bedingungen

$$\Gamma(l) > 0\,, \quad \sum_{l=1}^{\infty} \Gamma^2(l) < \infty \quad \text{und} \quad \lim_{L\to\infty} \sum_{l=1}^{L} \Gamma(l) = \infty \tag{2.5-21}$$

genügen muß, was u. a. für

$$\Gamma(l) = 1/l \tag{2.5-22}$$

der Fall ist.

Hinsichtlich weitergehender Informationen üben die hier dargestellten und andere Verfahren, wie zum Beispiel über das Newton-Verfahren und dessen Modifikation durch Powell, 1965, das Verfahren der direkten Suche nach F. Schneider (vgl. Drenick, 1967), die Fibonacci-Suche und die Box-Wilson-Methode, muß auf die Spezialliteratur verwiesen werden (vgl. 10.3.).

2.6. Verfahren für eine on-line-Identifikation (kennwertlinearer Modelle)

Die Verfahren der vierten Gruppe, die Methoden zur Ermittlung kennwertlinearer Modelle im prozeßgekoppelten (on-line) Betrieb umfaßt, läßt sich in
(1) digitale Methoden (für Prozeßrechner) und
(2) analoge (Modellangleichungs-)Verfahren
gliedern (vgl. Abb. 2.6-1, s. Anlage).

2.6.1. Digitale Methoden für Prozeßrechner

Die unter 2.3. und 2.4. behandelten expliziten Methoden besitzen für eine Meßwertverarbeitung im prozeßgekoppelten Betrieb den Nachteil, daß

- die Ermittlung der Parameter erst beginnen kann, wenn alle N-Werte der Stichprobe (2.1-6) vorliegen, wodurch
- ein erheblicher Speicherplatzbedarf zur Bildung der Matrix (U), des Produktes $(U)^T\,(U)$ und zur Inversion von $(U)^T\,(U)$ (vgl. Gln. (2.3-11, 2.4-9) notwendig wird.

Diese Schwierigkeiten lassen sich durch eine *kontinuierliche oder gruppenweise Verarbeitung* der Meßwerte überwinden.

2.6.1.1. Gruppenweise Meßwertverarbeitung

Gegeben sei eine Stichprobe der Form

$$\begin{aligned} \boldsymbol{x}_a^T &= (x_a(t_1) \cdots x_a(t_N) \,|\, x_a(t_{N+1}) \cdots x_a(t_{2N}) \,|\, \cdots \,|\, x_a(t_{[s-1]\,N+1}) \cdots x_a(t_{sN})) \\ &= (\quad \boldsymbol{x}_a[1] \quad | \quad \boldsymbol{x}_a[2] \quad | \cdots | \quad \boldsymbol{x}_a[s] \quad) \end{aligned} \tag{2.6-1}$$

Die insgesamt sN-Meßwerte $x_a(t_k)$ werden also zu s-Meßwertgruppen, bzw. zu den s-Meßwertvektoren $\boldsymbol{x}_a[1], \ldots, \boldsymbol{x}_a[s]$ zusammengefaßt. Hierbei wird angenommen, daß immer nur einer dieser Meßwertvektoren $\boldsymbol{x}_a[k]$ im Rechner zur Verfügung steht und nach seiner Auswertung der durch ihn belegte Speicherplatz durch den folgenden Meßwertvektor $\boldsymbol{x}_a[k+1]$ in Anspruch genommen wird. Aus diesen Meßwertvektoren lassen sich nun nach der Methode der kleinsten Quadrate, d. h. nach Gl. (2.4-9), nacheinander die s-Schätzungen

$$\hat{\boldsymbol{b}}[1], \ldots, \hat{\boldsymbol{b}}[s] \tag{2.6-2}$$

für den Kennwertvektor $\boldsymbol{b}$ ermitteln.

Aus diesen Schätzungen gewinnt man die im Sinne der Methode der kleinsten Quadrate optimale Schätzung durch eine Mittelbildung gemäß

$$\hat{\boldsymbol{b}} = \frac{1}{s} \sum_{k=1}^{s} \hat{\boldsymbol{b}}\,[k] \quad \text{bzw.} \quad \hat{b}_i = \frac{1}{s} \sum_{k=1}^{s} \hat{b}_i\,[k]\,. \tag{2.6-3}$$

Die Berechnung dieser Mittelwerte kann auch für ein variables s, d. h. rekursiv, erfolgen.

Mit den Gleichungen

$$\hat{\boldsymbol{b}}_s = \frac{1}{s} \sum_{k=1}^{s} \hat{\boldsymbol{b}}\,[k]$$

und

$$\hat{\boldsymbol{b}}_{s+1} = \frac{1}{s+1} \sum_{k=1}^{s+1} \boldsymbol{b}[k] = \hat{\boldsymbol{b}}\,[s] - \left[\hat{\boldsymbol{b}}\,[s] - \frac{1}{s+1}\left\{s\hat{\boldsymbol{b}}_s - \hat{\boldsymbol{b}}\,[s+1]\right\}\right]$$

gewinnt man die Beziehung

$$\hat{\boldsymbol{b}}_{s+1} = \hat{\boldsymbol{b}}_s + \frac{1}{s+1}\left[\hat{\boldsymbol{b}}_s - \hat{\boldsymbol{b}}\,[s+1]\right] \tag{2.6-3a}$$

für $s = 1, 2, 3, \ldots$, wobei $\hat{\boldsymbol{b}}_1 = \hat{\boldsymbol{b}}[1]$ zu setzen ist.

Das gleiche Resultat würde man gewinnen, wenn man gleich alle Meßwerte der Stichprobe (2.6-1) nach der Methode der kleinsten Quadrate, d. h. nach Gl. (2.4-9), auswerten würde. Für die Streuungsquadrate σ_{bi}^2 der so bestimmten Parameter $\hat{b}_i$ lassen sich Schätzwerte in der Form

$$\hat{\sigma}_{bi}^2 = \frac{1}{s(s-1)} \sum_{k=1}^{s} \left(\hat{b}_i - \hat{b}_i\,(k)\right)^2 \tag{2.6-4}$$

bzw.

$$\hat{\sigma}_{bi}^2 = \frac{1}{s-1}\left\{\frac{1}{s} \sum_{k=1}^{s} \hat{b}_i^2\,(k) - \hat{b}_i\right\} \tag{2.6-5}$$

ermitteln.

Die nach diesen Gln. (2.6-3 und 4) ermittelten Schätzungen sind (zumindest annähernd) unverzerrt, wenn die Fehler der Schätzwerte $\hat{b}_i(1), \hat{b}_i(2), \ldots$ (annähernd) unkorreliert sind, was bei ausreichend groß gewähltem N angenommen werden darf.

Man hat bei dieser Vorgehensweise s-mal nacheinander ein lineares Normalgleichungssystem der Form (2.4-9) zu lösen. Der hierzu notwendige Speicherplatzbedarf wird durch den Umfang N der einzelnen Meßwertgruppen nach Gl. (2.6-1) bestimmt. Hierbei muß $N \geqq n$ sein, damit aus einer Gruppe von N-Meßwerten sich die n Unbekannten $b_1, \ldots, b_n$ überhaupt bestimmen lassen. Der kleinste für N zulässige Wert ist also $N = n$. In diesem Falle werden die Parameter demzufolge durch Interpolation bestimmt (vgl. Gl. (2.3-3) und Abschn. 2.3.1.)).

2.6.1.2. Kontinuierliche Meßwertverarbeitung mit der rekursiven Methode der kleinsten Quadrate (rekursive Regression)

Untersucht wird hier folgende Aufgabenstellung: Gegeben sei eine Stichprobe vom Umfange N gemäß Gl. (2.4-2) und eine daraus nach der Methode der kleinsten Quadrate ermittelte Schätzung $\hat{\boldsymbol{b}}$, die hier mit

$$\hat{\boldsymbol{b}} = \hat{\boldsymbol{b}}[N] \tag{2.6-6}$$

gekennzeichnet werden soll.

Zu bestimmen ist durch Hinzunahme eines weiteren Meßwertes $x_a(t_{N+1})$ eine verbesserte Schätzung

$$\hat{\boldsymbol{b}} = \hat{\boldsymbol{b}}[N+1]\,, \tag{2.6-6a}$$

die wieder optimal im Sinne der Methode der kleinsten Quadrate sein soll.

Zur Lösung dieser Aufgabe muß die Methode der kleinsten Quadrate in rekursiver Form dargestellt werden. Dazu wird das zur Stichprobe (2.4-2) gehörende Fehlergleichungssystem (2.1-3) in der Gestalt

$$\boldsymbol{\varepsilon}[N] = \boldsymbol{x}_a[N] - (U[N])\,\boldsymbol{b}[N] \tag{2.6-7}$$

geschrieben. Der neu hinzukommende Meßwert $x_a(t_{N+1})$ ergibt mit Gl. (2.1-3) die zusätzliche Fehlergleichung

$$\begin{aligned}\varepsilon(t_{N+1}) &= x_a(t_{N+1}) - [u_1(t_{N+1})\,b_1 + \cdots + u_n(t_{N+1})\,b_n] \\ &= x_a(t_{N+1}) - \boldsymbol{u}^T[N+1]\,\boldsymbol{b}\end{aligned} \tag{2.6-8}$$

mit dem Vektor

$$\boldsymbol{u}^T[N+1] = \big(u_1(t_{N+1}) \cdots u_n(t_{N+1})\big)\,. \tag{2.6-9}$$

Die verbesserte Schätzung $\hat{\boldsymbol{b}}[N+1]$ nach Gl. (2.6-6a) erhält man nun offenbar dadurch, daß man das Fehlergleichungssystem (2.6-7) durch die Gl. (2.6-8) zu dem aus $N + 1$ Gleichungen bestehenden System

$$\boldsymbol{\varepsilon}[N+1] = \begin{bmatrix} \boldsymbol{\varepsilon}\,[N] \\ \varepsilon(t_{N+1}) \end{bmatrix} = \begin{bmatrix} \boldsymbol{x}_a\,[N] \\ x_a(t_{N+1}) \end{bmatrix} - \begin{bmatrix} (U[N]) \\ \boldsymbol{u}^T\,[N+1] \end{bmatrix} \cdot \boldsymbol{b}[N+1]$$

$$= \boldsymbol{x}_a[N+1] - (U[N+1])\quad \boldsymbol{b}[N+1] \qquad (2.6\text{-}10)$$

ergänzt.

Die Fehlergleichungssysteme (2.6-7) und (2.6-10) führen nun mit Gl. (2.4-9) zu den Schätzungen

$$\hat{\boldsymbol{b}}[N] = \{(U[N])^T\,(U[N])\}^{-1}\,(U[N])^T\,\boldsymbol{x}_a[N] = (C[N])\,(U[N])^T\,\boldsymbol{x}_a[N] \qquad (2.6\text{-}11\text{a})$$

und

$$\hat{\boldsymbol{b}}[N+1] = \{(U[N+1])^T\,(U[N+1])\}^{-1}\,(U[N+1])^T\,\boldsymbol{x}_a[N+1]$$
$$= (C[N+1])\,(U[N+1])^T\,\boldsymbol{x}_a[N+1]\,. \qquad (2.6\text{-}11\text{b})$$

Die Matrix $(C[N+1])$ läßt sich dabei mit

$$(C[N+1]) = \{(U[N+1])^T\,(U[N+1])\}^{-1} = \left\{\begin{bmatrix} (U[N]) \\ \boldsymbol{u}^T[N+1] \end{bmatrix}^T \begin{bmatrix} (U[N]) \\ \boldsymbol{u}^T[N+1] \end{bmatrix}\right\}^{-1}$$
$$= \{(U[N])^T\,(U[N]) + \boldsymbol{u}[N+1]\,\boldsymbol{u}^T[N+1]\}^{-1}$$
$$= \{(C[N])^{-1} + \boldsymbol{u}[N+1]\,\boldsymbol{u}^T[N+1]\}^{-1} \qquad (2.6\text{-}12)$$

rekursiv aus der bereits vorliegenden Matrix $(C[N])$ (vgl. Gl. (2.4-11)) unter Hinzunahme der neuen Daten (2.6-9) berechnen. Die nach Gl. (2.6-12) notwendige Matrix-Inversion kann man umgehen, wenn man von der bekannten Beziehung

$$\{(C)^{-1} + \boldsymbol{u}\boldsymbol{u}^T\}^{-1} = (C) - (C)\,\boldsymbol{u}[1 + \boldsymbol{u}^T(C)\,\boldsymbol{u}]^{-1}\,\boldsymbol{u}^T(C) \qquad (2.6\text{-}12\text{a})$$

Gebrauch macht.

Diese Beziehung folgt aus dem Inversionslemma der Matrizenrechnung

$$\{(A) + (B)\,(C)\,(B)^T\}^{-1}$$
$$= (A)^{-1} - (A)^{-1}\,(B)\,\{(C)^{-1} + (B)^T\,(A)^{-1}\,(B)\}^{-1}\,(B)^T\,(A)^{-1}$$

von dessen Gültigkeit man sich durch Multiplikation mit $\{(A) + (B)\,(C)\,(B)^T\}$ überzeugen kann:

$$(I) = \{(A) + (B)\,(C)\,(B)^T\}\,\{(A)^{-1} - (A)^{-1}\,(B)\,[(C)^{-1} + (B)^T\,(A)^{-1}\,(B)]^{-1}\,(B)^T\,(A)^{-1}\}$$
$$= (I) - (B)\,\{(C)^{-1} + (B)^T\,(A)^{-1}\,(B)\}^{-1}\,(B)^T\,(A)^{-1}$$
$$+ (B)\,(C) \cdot (B)^T\,(A)^{-1}$$
$$- (B)\,(C)\,(B)^T\,(A)^{-1}\,(B)\,\{(C)^{-1} + (B)^T\,(A)^{-1}\,(B)\}^{-1}\,(B)^T(A)^{-1}$$
$$= (I) + (B)\,\{(C) - [(C)^{-1} + (B)^T\,(A)^{-1}\,(B)]^{-1}\,[(I) + (C)\,(B)^T\,(A)^{-1}\,(B)]\}\,(B)^T\,(A)^{-1}$$
$$= (I) + (B)\,(C)\,[(I) - (I)]\,(B)^T\,(A)^{-1} = (I)\,.$$

q.e.d.

Man erhält somit die Rekursionsformel

$$(C[N+1]) = (C[N]) - \frac{(C[N])\,\boldsymbol{u}[N+1]\,\boldsymbol{u}^T[N+1]\,(C[N])}{1 + \boldsymbol{u}^T[N+1]\,(C[N])\,\boldsymbol{u}[N+1]}, \tag{2.6-13}$$

die sich ohne Matrixinversion auswerten läßt, da die quadratische Form $\boldsymbol{u}^T[N+1]\,(C[N])\,\boldsymbol{u}[N+1]$ eine skalare Größe darstellt (vgl. ZURMÜHL, 1961/*23*).

Für $\hat{\boldsymbol{b}}[N+1]$ nach Gl. (2.6-11b) gelangt man unter Berücksichtigung der Gln. (2.6-10 und 12) mit

$$\begin{aligned}\hat{\boldsymbol{b}}[N+1] &= (C[N+1])\,(U[N+1])^T\,\boldsymbol{x}_a[N+1]\\ &= (C[N+1])\,\left((U[N])^T \,\middle|\, \boldsymbol{u}[N+1]\right)\cdot\begin{bmatrix}\boldsymbol{x}_a[N]\\ \hline x_a(t_{N+1})\end{bmatrix}\\ &= (C[N+1])\,\{(U[N])^T\,\boldsymbol{x}_a[N] + \boldsymbol{u}[N+1]\,x_a(t_{N+1})\}\\ &= (C[N+1])\,\{(C[N])^{-1}\,\hat{\boldsymbol{b}}[N] + \boldsymbol{u}[N+1]\,x_a(t_{N+1})\}\end{aligned} \tag{2.6-14}$$

sowie (vgl. Gl. (2.6-12)

$$\begin{aligned}&(C[N+1])\,(C[\hat{N}])^{-1}\,\hat{\boldsymbol{b}}[N]\\ &= \hat{\boldsymbol{b}}[N] + (C[N+1])\,(C[N])^{-1}\,\hat{\boldsymbol{b}}[N] - (C[N+1])\,(C[N+1])^{-1}\,\hat{\boldsymbol{b}}[N]\\ &= \hat{\boldsymbol{b}}[N] + (C[N+1])\,\{(C[N])^{-1} - (C[N+1])^{-1}\}\,\hat{\boldsymbol{b}}[N]\\ &= \hat{\boldsymbol{b}}[N] - (C[N+1])\,\boldsymbol{u}[N+1]\,\boldsymbol{u}^T[N+1]\,\hat{\boldsymbol{b}}[N]\end{aligned} \tag{2.6-15}$$

zu dem Zusammenhang

$$\begin{aligned}\hat{\boldsymbol{b}}[N+1] = \hat{\boldsymbol{b}}[N] + (C[N+1])\,\{&\boldsymbol{u}[N+1]\,x_a(t_{N+1}) -\\ &- \boldsymbol{u}[N+1]\,\boldsymbol{u}^T[N+1]\,\hat{\boldsymbol{b}}[N]\},\end{aligned} \tag{2.6-16}$$

der schließlich als Ergebnis die Rekursionsformel

$$\hat{\boldsymbol{b}}[N+1] = \hat{\boldsymbol{b}}[N] + \boldsymbol{\Gamma}[N]\,\hat{\varepsilon}(t_{N+1}) \tag{2.6-17a}$$

mit (vgl. Gl. (2.6-8))

$$\begin{aligned}\hat{\varepsilon}(t_{N+1}) &= x_a(t_{N+1}) - \boldsymbol{u}^T[N+1]\,\hat{\boldsymbol{b}}[N]\\ &= x_a(t_{N+1}) - [u_1(t_{N+1})\,\hat{b}_1(N) + \cdots + u_n(t_{N+1})\,\hat{b}_n(N)]\end{aligned} \tag{2.6-17b}$$

und (vgl. Gl. (2.4-9))

$$\begin{aligned}\boldsymbol{\Gamma}[N] &= (C[N+1])\cdot\boldsymbol{u}[N+1]\\ &= \begin{bmatrix} c_{11}(N+1)\cdots c_{1n}(N+1)\\ \vdots \qquad\qquad \vdots\\ c_{n1}(N+1)\cdots c_{nn}(N+1)\end{bmatrix}\cdot\begin{bmatrix}u_1(t_{N+1})\\ \vdots\\ u_n(t_{N+1})\end{bmatrix} = \begin{bmatrix}\Gamma_1(N)\\ \vdots\\ \Gamma_n(N)\end{bmatrix}\end{aligned} \tag{2.6-17c}$$

liefert.

Die gesuchte Schätzung $\hat{\boldsymbol{b}}[N+1]$ erhält man also dadurch, daß man zu der vorliegenden Schätzung $\hat{\boldsymbol{b}}[N]$ einen Korrekturvektor $\Delta\hat{\boldsymbol{b}} = \boldsymbol{\Gamma}[N]\,\hat{\varepsilon}(t_{N+1})$ addiert, der

- von der Abweichung $\hat{\varepsilon}(t_{N+1})$ des hinzukommenden Meßwertes $x_a(t_{N+1})$ von dem für diesen aus der Schätzung $\hat{\boldsymbol{b}}[N]$ *vorausgesagten* Wert $\boldsymbol{u}^T[N+1]\,\hat{\boldsymbol{b}}[N]$ (vgl. Gl. (2.6-8)) und
- den Elementen $\Gamma_i(N)$ des Vektors $\boldsymbol{\Gamma}[N]$

abhängt. Diese $\Gamma_i(N)$ kann man als Gewichtsfaktoren interpretieren, die den Einfluß des Modellfehlers $\hat{\varepsilon}(t_{N+1})$ auf die verbesserte Schätzung bestimmen.

Da $\hat{\boldsymbol{b}}[N+1]$ wieder eine Schätzung nach der Methode der kleinsten Quadrate ist, ist der Konvergenzbeweis für die oben angegebenen Rekursionsformeln (2.6-17 a, b, c) identisch mit dem Nachweis, daß die Methode der kleinsten Quadrate auf konsistente Schätzungen führt.

Bei der Festlegung der Anfangsnäherungen $\hat{\boldsymbol{b}} = \hat{\boldsymbol{b}}[N]$ nach Gl. (2.6-17a) und $C[N]$ nach Gl. (2.6-13) bestehen zwei Möglichkeiten:

- Für $N = N_0$ Meßwerte berechnet man mit Hilfe eines expliziten Verfahrens unter Verwendung der Beziehungen (2.4-9, 11) die Anfangsnäherungen

$$(C[N_0]) = \{(U[N_0])^T\,(U[N_0])\}^{-1} \tag{2.6-18a}$$

und

$$\hat{\boldsymbol{b}}[N_0] = (C[N_0])\,(U[N_0])^T\,\boldsymbol{x}_a[N_0]\,. \tag{2.6-18b}$$

- Man beginnt die rekursive Berechnung bei $N = 0$ mit

$$(C[0]) = c^2(I) \quad \text{mit } c^2 \to \infty \tag{2.6-19a}$$

und

$$\hat{\boldsymbol{b}}[0] = \boldsymbol{0}\,. \tag{2.6-19b}$$

Beispiel 2.6-1: Digitale Meßwertglättung

Diese Vorgehensweise soll an dem sehr einfach gewählten (statischen) Modell

$$\varepsilon(t) = x_a(t) - u_1(t)\,b_1 \quad \text{mit} \quad u_1(t) = x_e(t) = 1 \tag{2.6-20}$$

veranschaulicht werden (vgl. Abb. 2.6-2a).

$x_e(t)\,\mathring{b}_1$ möge hierbei ein stationärer Meßwert sein, der aber durch das stochastische Störsignal $z(t)$ verfälscht wird und nur als $x_a(t)$ gemessen werden kann. Bei $x_e(t) = 1$ kennzeichnet also b_1 die wahre Meßgröße selbst. Gesucht wird ein im Sinne der Methode der kleinsten Quadrate optimaler Schätzwert $\hat{b}_1$ für b_1. Dabei soll durch laufende Hinzunahme neuer Meßdaten $x_a(t_{N+1})$ die Genauigkeit der Schätzung verbessert und so der Meßwert geglättet werden.

Für $n = 1$ und $u_1 = x_e = 1$ folgen aus den Beziehungen (2.6-17 a, b, c und 13) die einfachen Zusammenhänge

$$\begin{aligned}\hat{b}_1(N+1) &= \hat{b}_1(N) + \Gamma_1(N)\,\{x_a(t_{N+1}) - \hat{b}_1(N)\}\\ &= \hat{b}_1(N) + c_{11}(N+1)\,\{x_a(t_{N+1}) - \hat{b}_1(N)\}\end{aligned} \tag{2.6-21a}$$

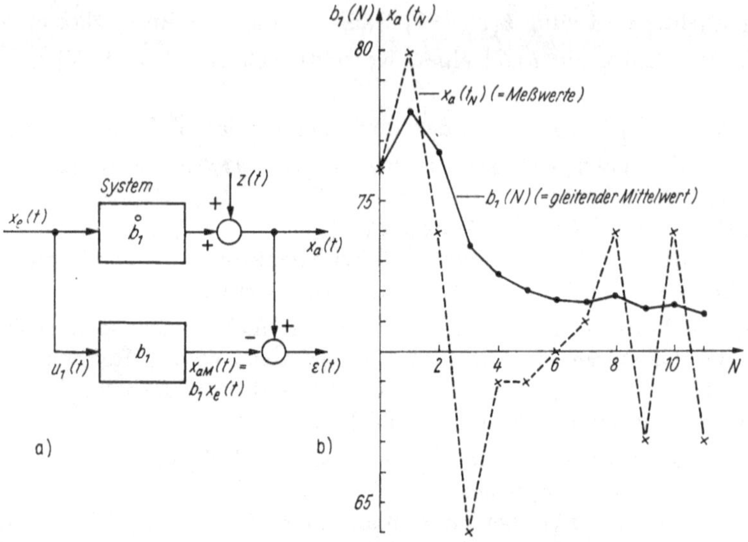

Abb. 2.6-2a, b. Ditigale Meßwertglättung

und

$$c_{11}(N+1) = \frac{1}{1 + 1/c_{11}(N)} . \tag{2.6-21b}$$

Unter Verwendung dieser Formeln, der Anfangswerte $c_{11}(0) = \infty$ und $b_1(0) = 0$ sowie zufällig verfälschter Werte $x_a(t_k)$ des Ausgangssignals erhält man die in Abb. 2.6-2b zusammengestellten Resultate.

Man erkennt, daß trotz der relativ großen Fehler von $x_a(t_k)$ die Schätzwerte $b_1(N)$ recht schnell mit wachsendem N gegen den wahren Wert konvergieren. Der Wichtungsfaktor $\Gamma_1(N)$ nimmt dabei ständig ab.

Weitere Möglichkeiten zur Darstellung der Methode der kleinsten Quadrate in einer für eine on-line-Verarbeitung geeigneten Form geben Peterka, Šmuk, 1969 sowie Šmuk, 1970 an.

2.6.1.3. Stochastische Approximation und weitere (empirische) Techniken zur kontinuierlichen Meßwertverarbeitung

Verwendung findet hier die gleiche Beziehung wie bei der rekursiven Regression, nämlich (vgl. Gl. (2.6-17a))

$$\hat{\boldsymbol{b}}[N+1] = \hat{\boldsymbol{b}}[N] + \boldsymbol{\Gamma}[N] \{x_a(t_{N+1}) - \boldsymbol{u}^T[N+1] \hat{\boldsymbol{b}}[N]\} . \tag{2.6-22}$$

Allerdings wird jetzt $\boldsymbol{\Gamma}[N]$ nicht mehr nach den Gln. (2.6-17c und 13), sondern nach der Beziehung

$$\boldsymbol{\Gamma}[N] = \frac{1}{N+1} (\tilde{C}) \boldsymbol{u}[N+1] \tag{2.6-23}$$

berechnet. Die Matrix $(\tilde{C})$ ist dabei so zu wählen, daß die Schätzung $\hat{\boldsymbol{b}}[N+1]$ mit $N \to \infty$ in Wahrscheinlichkeit gegen den wahren Parametervektor $\overset{\circ}{\boldsymbol{b}}$ konvergiert.

In der Theorie der stochastischen Approximation wird gezeigt, daß die Bedingung für die Konsistenz der Parameterschätzung (vgl. Gl. (2.4-3)) und damit für die Konvergenz der Gl. (2.6-22) erfüllt ist, wenn $(\tilde{C})$ eine symmetrische und positiv definite Matrix darstellt (vgl. u. a. ALBERT, GARDENER, 1967). Besonders einfach ist dabei die Festlegung $(\tilde{C}) = (I)$, d. h. also die Vorschrift

$$\Gamma_i(N) = \frac{1}{N+1} u_i(t_{N+1}) \,. \tag{2.6-24}$$

Diese Vereinfachung wird naturgemäß mit einer schlechteren Konvergenz gegenüber der rekursiven Regression erkauft. Die ermittelten Schätzwerte besitzen also bei gleichem N eine größere Streuung als die nach der Methode der kleinsten Quadrate bestimmten.

Der wesentliche Vorteil des Verfahrens besteht jedoch darin, auch noch bei recht komplizierten (z. B. kennwertnichtlinearen) Modellen anwendbar zu sein, wobei allerdings anstelle von Gl. (2.6-22) die Beziehung (2.5-20) zu verwenden ist. Nicht zuletzt diesem Umstand verdankt die Methode das große Interesse, das ihr in den letzten Jahren entgegengebracht wurde (vgl. vor allem ZYPKIN, 1970, ALBERT, GARDENER, 1967 sowie SAKRISON, 1967, SARIDIS, STEIN, 1968, HOLMES, 1968, ELLIOTT, SWORDER, 1969 und NEAL, BEKEY, 1969).

Das Bemühen, den Rechenaufwand der rekursiven Regression zu verringern, hat zur Verwendung weiterer (empirischer) Beziehungen für $\boldsymbol{\Gamma}[N]$ geführt.

Tabelle 2.6-1. Verfahren für eine kontinuierliche Meßwertverarbeitung unter Verwendung der Rekursionsformel

$$\hat{\boldsymbol{b}}[N+1] = \hat{\boldsymbol{b}}[N] + \boldsymbol{\Gamma}[N]\,\{x_a(t_{N+1}) - \boldsymbol{u}^T[N+1]\,\hat{\boldsymbol{b}}[N]\}$$

Verfahren	$\boldsymbol{\Gamma}[N] =$	Bezogene Rechenzeit für einen Iterationsschritt
Rekursive Regression	$(C[N+1])\,\boldsymbol{u}[N+1]$ nach den Gln. (2.6-17c, 13)	8
„quick and dirty" Regression	$c\left\{\sum_{r=1}^{N+1} \boldsymbol{u}^T[r]\,\boldsymbol{u}[r]\right\}^{-1} \boldsymbol{u}[N+1]$ $(c \approx 3)$	2,5
Relaxation	$\{\boldsymbol{u}^T[N+1]\,\boldsymbol{u}[N+1]\}^{-1}\,\boldsymbol{u}[N+1]$	1,5
stochastische Approximation	$\frac{1}{N+1}\,\boldsymbol{u}[N+1]$	1

So wird bei der sogenannten „quick and dirty"-Regression

$$\Gamma[N] = \frac{c\boldsymbol{u}[N+1]}{\sum\limits_{r=1}^{N+1} \boldsymbol{u}^T[r]\,\boldsymbol{u}[r]} \qquad (2.6\text{-}25)$$

(mit c = konstant) gesetzt, während die Relaxations-Methode die Beziehung

$$\Gamma[N] = \frac{\boldsymbol{u}[N+1]}{\boldsymbol{u}^T[N+1]\,\boldsymbol{u}[N+1]} \qquad (2.6\text{-}26)$$

verwendet. Tab. 2.6-1 stellt die hier angegebenen Ansätze noch einmal zusammen. Die bezogenen Rechenzeiten sind der Arbeit BENDEL, u. a., 1971 entnommen worden.

2.6.1.4. Adaptive (Echtzeit-)Verfahren

Angenommen wird jetzt, daß sich die Systemparameter (langsam) ändern und die Modellparameter entsprechend nachzuführen sind. Diese Nachführung muß zeitgerecht, d. h. im *Echtzeitbetrieb*, erfolgen. Zur Lösung dieser Aufgabe lassen sich prinzipiell die unter 2.6.1.2. und 3. behandelten Methoden verwenden.

Dabei kann jedoch folgende Schwierigkeit entstehen: Die unter 2.6.1.2. und 3. gemachten Aussagen über die Konvergenz der Rekursionsformeln (2.6-17a und 22) und damit die Konsistenz der Parameterschätzung waren unter der Voraussetzung gemacht worden, daß sich die Parameter des Systems nicht bzw. nicht während der Zeit ändern, die für eine zufriedenstellende Konvergenz benötigt wird. Trifft diese Annahme nicht mehr zu, so können sich unbrauchbare Resultate ergeben.

Diese Schwierigkeit läßt sich dadurch mindern, daß nur das Zeitintervall stärker berücksichtigt wird, in dem die Parameter (im Mittel) konstant sind. Der Auswertealgorithmus soll also die weiter zurückliegenden Meßwerte „*vergessen*". Man unterscheidet hierbei ein *exponentielles*, *lineares*, *blockweises* oder *kombiniertes Vergessen* (vgl. u. a. PETERKA, 1970, GYÜRKI, 1970).

1. *Exponentielles Vergessen* (Abb. 2.6-3a)
   Man geht aus von dem bei der Approximation im gewogenen quadratischen Mittel verwendeten Ansatz (vgl. Gl. (2.3-30))

$$Q = Q(N) = \sum_{k=1}^{N} \varepsilon^2(t_k)\, w_k^2$$
$$= w_N^2\,\varepsilon^2(t_N) + w_{N-1}^2\,\varepsilon^2(t_{N-1}) + \cdots + w_1^2\,\varepsilon^2(t_1) \qquad (2.6\text{-}27)$$

und wählt die Gewichtsfaktoren w_k so, daß

$$w_N^2 = w^0 = 1\,, \quad w_{N-1}^2 = w^2, \ldots, w_1^2 = w^{2(N-1)} \qquad (2.6\text{-}27\text{a})$$

bei

$$w < 1 \qquad (2.6\text{-}27\text{b})$$

ist.

Durch diese Festlegung der Gewichtsfaktoren wird erreicht, daß weiter zurückliegende Meßwerte $x_a(t_k)$ einen geringeren Einfluß auf die Schätzung $\hat{\boldsymbol{b}}(N)$ ausüben als die in der Nähe von $x_a(t_N)$ liegenden (vgl. Abb. 2.6-3).

2. *Gleichmäßiges Vergessen* (Abb. 2.6-3b)
Hier werden die Gewichtsfaktoren so gewählt, daß sich ein linearer Zusammenhang gemäß Abb. 2.6-3b ergibt. Bei diesem Verfahren werden die weiter zurückliegenden Meßwerte also stärker gewichtet als bei dem Vorgehen nach 1.

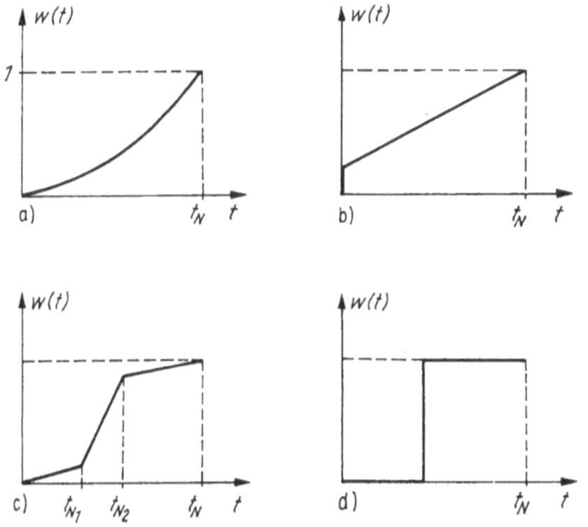

Abb. 2.6-3. Verlauf der Wichtungsfaktoren; $w_k = w(t_k)$ für exponentielles (a), lineares (b), stückweise lineares (c) und blockweises (d) Vergessen

3. *Stückweise linearer Verlauf der Gewichtsfaktoren* (Abb. 2.6-3c)
Eine größere Flexibilität ermöglicht die Wahl der w_k nach Abb. 2.6-3c, durch die der Tatsache Rechnung getragen werden kann, daß die in unmittelbarer Nähe des Zeitpunktes t_N liegenden Daten etwa mit gleichem Gewicht eingehen sollten.
4. *Blockweises Vergessen* (Abb. 2.6-3d)
Hier wird angenommen, daß die im Zeitintervall $t_N \geqq t \geqq t_{N-N_1}$ mit gleichem (vollem) Gewicht und die weiter zurückliegenden (für $t < t_{N-N_1}$) mit dem Gewicht Null, d. h. nicht zu berücksichtigen sind.
Diese Analyseprinzipien führen offensichtlich (vgl. Gln. (2.6-27 mit 2.3-30)) auf eine Approximation im gewogenen quadratischen Mittel (vgl. 2.3.2.3.) unter Verwendung rekursiver Bestimmungsgleichungen.
Zur Ermittlung derartiger Beziehungen wird $Q = Q(N)$ nach Gl. (2.6-27) in der Form (vgl. Gln. (2.3-32, 33))

$$Q(N) = \boldsymbol{\varepsilon}^T[N]\,(\boldsymbol{w}_D[N])\,(\boldsymbol{w}_D[N])^T\,\boldsymbol{\varepsilon}[N] = \tilde{\boldsymbol{\varepsilon}}^T[N]\,\tilde{\boldsymbol{\varepsilon}}[N] = \text{Min}$$

dargestellt, wobei $(w_D[N])$ nach Gl. (2.3-33) jetzt die Gestalt

$$(w_D[N]) = \begin{bmatrix} w_1 & 0 & \cdots & 0 & 0 \\ 0 & w_2 & \cdots & 0 & 0 \\ \vdots & \vdots & & \vdots & \vdots \\ 0 & 0 & \cdots & w_{N-1} & 0 \\ 0 & 0 & \cdots & 0 & 1 \end{bmatrix} = \begin{bmatrix} w^{N-1} & 0 & \cdots & 0 & 0 \\ 0 & w^{N-2} & \cdots & 0 & 0 \\ \vdots & \vdots & & \vdots & \vdots \\ 0 & 0 & \cdots & w & 0 \\ 0 & 0 & \cdots & 0 & 1 \end{bmatrix} \tag{2.6-28}$$

annehmen soll („Exponentielles Vergessen" — vgl. Gl. (2.6-27a)), und

$$\begin{aligned} \tilde{\boldsymbol{\varepsilon}}[N] = (w_D[N])\,\boldsymbol{\varepsilon}[N] &= (w_D[N])\,\boldsymbol{x}_a[N] - (w_D[N])\,(U[N])\,\boldsymbol{b}[N] \\ &= \tilde{\boldsymbol{x}}_a[N] - (\tilde{U}[N])\,\boldsymbol{b}[N] \end{aligned} \tag{2.6-29}$$

ist (vgl. Gl. (2.6-7)). Mit der für t_{N+1} neu hinzukommenden Fehlergleichung (vgl. Gl. (2.6-8))

$$\begin{aligned} \tilde{\varepsilon}(t_{N+1}) &= w_{N+1}\,x_a(t_{N+1}) - w_{N+1}\,\boldsymbol{u}^T\,[N+1]\,\boldsymbol{b} \\ &= x_a(t_{N+1}) - \boldsymbol{u}^T[N+1]\,\boldsymbol{b} = \varepsilon(t_{N+1}) \end{aligned} \tag{2.6-30}$$

(wegen $w_{N+1} = 1$)
erhält man das um eine Gleichung erweiterte Fehlergleichungssystem

$$\begin{aligned} \tilde{\boldsymbol{\varepsilon}}[N+1] = \left[\frac{\tilde{\boldsymbol{\varepsilon}}[N]}{\tilde{\varepsilon}(t_{N+1})}\right] &= \left[\frac{\tilde{\boldsymbol{x}}_a[N]}{\tilde{x}_a(t_{N+1})}\right] - \left[\frac{(U[N])}{\boldsymbol{u}^T[N+1]}\right]\cdot \boldsymbol{b}[N+1] \\ &= \tilde{\boldsymbol{x}}_a[N+1] - (\tilde{U}[N+1])\,\boldsymbol{b}[N+1] \\ &= (w_D[N+1])\,\boldsymbol{\varepsilon}(N+1) \end{aligned} \tag{2.6-31}$$

(vgl. Gl. (2.6-10)), das für $\boldsymbol{b}[N+1]$ die Schätzung

$$\begin{aligned} \hat{\boldsymbol{b}}[N+1] &= \{(\tilde{U}[N+1])^T\,(\tilde{U}[N+1])\}^{-1}\,(\tilde{U}[N+1])^T\,\tilde{\boldsymbol{x}}_a[N+1] \\ &= \{\qquad (\tilde{C}[N+1]) \qquad\}\ \ (U[N+1])^T\,(w_D[N+1])\,\boldsymbol{x}_a[N+1] \end{aligned} \tag{2.6-32}$$

liefert (vgl. Gl. (2.6-11b)).

Die um eine Zeile und Spalte erweiterte Matrix $(w_D[N+1])$ läßt sich hierbei nach der Rekursionsformel

$$(w_D[N+1]) = \left[\begin{array}{cccc|c} w^N & 0 & \cdots & 0 & 0 \\ 0 & w^{N-1} & \cdots & 0 & 0 \\ \vdots & \vdots & & \vdots & \vdots \\ 0 & 0 & \cdots & w & 0 \\ \hline 0 & 0 & \cdots & 0 & 1 \end{array}\right] = \left[\begin{array}{c|c} w(w_D[N]) & \mathbf{0} \\ \hline \mathbf{0}^T & 1 \end{array}\right] \tag{2.6-32a}$$

berechnen (vgl. Gl. (2.6-28)).

Damit gewinnt man für die Matrix $(\widetilde{C}[N+1])$ in Gl. (2.6-32) bei Berücksichtigung der Gln. (2.6-29, 30) den Zusammenhang

$$\begin{aligned}(C[N+1]) &= \{(U[N+1])^T\,(U[N+1])\}^{-1}\\ &= \{(U[N+1])^T\,(w_D[N+1])^T\,(w_D[N+1])\,(U[N+1])\}^{-1}\\ &= \left\{\left[(U[N])^T \;\middle|\; \boldsymbol{u}[N+1]\right]\left[\begin{array}{c|c} w^2(w_D[N])^T(w_D[N]) & \boldsymbol{0}\\ \hline \boldsymbol{0}^T & 1\end{array}\right]\left[\begin{array}{c}(U[N])\\ \hline \boldsymbol{u}^T[N+1]\end{array}\right]\right\}^{-1}\\ &= \{w^2(U[N])^T\,(w_D[N])^T\,(w_D[N])\,(U[N]) + \boldsymbol{u}[N+1]\,\boldsymbol{u}^T[N+1]\}^{-1}\\ &= \{w^2(\widetilde{C}[N])^{-1} + \boldsymbol{u}[N+1]\,\boldsymbol{u}^T[N+1]\}^{-1} \qquad (2.6\text{-}33)\end{aligned}$$

mit

$$(\widetilde{C}[N])^{-1} = (\widetilde{U}[N])^T\,(\widetilde{U}[N]) \qquad (2.6\text{-}33\,\text{a})$$

und

$$(\widetilde{U}[N]) = (w_D[N])\,(U[N])\,. \qquad (2.6\text{-}33\,\text{b})$$

Durch Anwendung des bekannten Inversionslemmas (vgl. Gl. (2.6-12a)) folgt hieraus die Rekursionsformel

$$(\widetilde{C}[N+1]) = \frac{1}{w^2}\left\{(\widetilde{C}[N]) - \frac{(\widetilde{C}[N])\,\boldsymbol{u}[N+1]\,\boldsymbol{u}^T[N+1]\,(C[N])}{w^2 + \boldsymbol{u}^T[N+1]\,(\widetilde{C}[N])\,\boldsymbol{u}[N+1]}\right\} \qquad (2.6\text{-}34)$$

(vgl. Gl. (2.6-13)). Für $\hat{\boldsymbol{b}}[N+1]$ erhält man aus Gl. (2.6-32) mit

$$\begin{aligned}\{(U[N+1])^T\,(w_D[N+1])\,\boldsymbol{x}_a[N+1] &=\\ &= \{(U[N+1])^T\,(w_D[N+1])^T\,(w_D[N+1])\,\boldsymbol{x}_a[N+1]\}\\ &= \left[(U[N])^T \;\middle|\; \boldsymbol{u}[N+1]\right]\left[\begin{array}{c|c} w^2(w_D[N])^T\,(w_D[N]) & \boldsymbol{0}\\ \hline \boldsymbol{0}^{\prime T} & 1\end{array}\right]\left[\begin{array}{c}\boldsymbol{x}_a[N]\\ \hline x_a(t_{N+1})\end{array}\right]\\ &= w^2(\widetilde{U}[N])^T\,\tilde{x}_a[N] + \boldsymbol{u}[N+1]\,x_a(t_{N+1})\\ &= w^2(\widetilde{C}[N])^{-1}\,\hat{\boldsymbol{b}}[N] + \boldsymbol{u}[N+1]\,x_a(t_{N+1}) \qquad (2.6\text{-}35)\end{aligned}$$

(wegen $\hat{\boldsymbol{b}}[N] = (\widetilde{C}[N])\,(\widetilde{U}[N])^T\,\boldsymbol{x}_a[N])$ den Zusammenhang

$$\begin{aligned}\hat{\boldsymbol{b}}[N+1] &= (\widetilde{C}[N+1])\,\{w^2(C[N])^{-1}\,\hat{\boldsymbol{b}}[N] + \boldsymbol{u}[N+1]\,x_a(t_{N+1})\}\\ &= \hat{\boldsymbol{b}}[N] + (\widetilde{C}[N+1])\,\{\boldsymbol{u}[N+1]\,x_a(t_{N+1}) - [(\widetilde{C}[N+1])^{-1}\\ &\quad - w^2(\widetilde{C}[N])^{-1}]\,\hat{\boldsymbol{b}}[N]\}\,, \qquad (2.6\text{-}36)\end{aligned}$$

der mit Gl. (2.6-33) die Beziehung

$$\begin{aligned}\hat{\boldsymbol{b}}[N+1] = \hat{\boldsymbol{b}}[N] + (\widetilde{C}[N+1])\,\{&\boldsymbol{u}[N+1]\,x_a(t_{N+1})\\ &- \boldsymbol{u}[N+1]\,\boldsymbol{u}^T[N+1]\,\hat{\boldsymbol{b}}[N]\} \qquad (2.6\text{-}37)\end{aligned}$$

und damit die gesuchten Rekursionsformeln

$$\hat{\boldsymbol{b}}[N+1] = \hat{\boldsymbol{b}}[N] + \tilde{\boldsymbol{\Gamma}}[N]\,\{x_a(t_{N+1}) - \boldsymbol{u}^T[N+1]\,\hat{\boldsymbol{b}}[N]\}\,, \tag{2.6-38a}$$

$$\tilde{\boldsymbol{\Gamma}}[N] = (\tilde{C}[N+1])\,\boldsymbol{u}[N+1]$$

$$= (\tilde{C}[N])\,\boldsymbol{u}[N+1]\,\{w^2 + \boldsymbol{u}^T[N+1]\,(\tilde{C}[N])\,\boldsymbol{u}[N+1]\}^{-1} \tag{2.6-38b}$$

und

$$(\tilde{C}[N+1]) = \frac{1}{w^2}\left\{(I) - \tilde{\boldsymbol{\Gamma}}[N]\,\boldsymbol{u}^T[N+1]\right\}(\tilde{C}[N]) \tag{2.6-38c}$$

liefert (vgl. Gln. (2.6-13, 17 a, b, c)).

Im Gegensatz zu der rekursiven Regression nach 2.6.1.2. ist es hier nicht unbedingt erforderlich, die Anfangsschätzung für $(C[0])$ gemäß Gl. (2.6-19a) zu wählen, da der Einfluß der Matrix $(C[0])$ wegen der Eigenschaft des exponentiellen Vergessens mit wachsendem N abnimmt. Die Wahl eines geeigneten Wertes für w wird wesentlich durch die Änderungsgeschwindigkeit der Parameter bestimmt. Wie aus Untersuchungen von PETERKA, 1970 hervorgeht, ist eine Festlegung in der Form $w \approx 0{,}98 \cdots 0{,}999$ für eine Reihe von Fällen angemessen.

Beispiel 2.6-2: Digitale Meßwertglättung bei zeitveränderlichem Mittelwert

Betrachtet werden soll das gleiche Problem wie im Beispiel 2.6-1 (vgl. Abb. 2.6-2 a, b).

Im Gegensatz zu dem dort diskutierten Fall soll hier jedoch angenommen werden, daß der Mittelwert $\mathring{b}_1$ der Meßgröße sich in der auf Abb. 2.6-4 gezeigten, durch Kreuze gekennzeichneten Form, mit der Zeit verändert. Der Glättungsalgorithmus soll jetzt zwar

(1) den Einfluß der stochastischen Störung weitgehend ausschalten, aber

(2) andererseits eine gute Nachführung des geschätzten Mittelwertes $\hat{b}_1$ an den sich ändernden wahren Mittelwert gestatten.

Dazu werden jetzt die Gln. (2.6-38 a, b, c) herangezogen, die mit den Annahmen des Beispiels 2.6-1 ($x_e = u_1 = 1$, $n = 1$; vgl. S. 89) die Gestalt

$$\hat{b}_1(N+1) = \hat{b}_1(N) + \tilde{c}_{11}(N+1)\,\{x_a(t_{N+1}) - \hat{b}_1(N)\} \tag{2.6-39}$$

mit

$$\tilde{c}_{11}(N+1) = \frac{1}{1 + w^2/\tilde{c}_{11}(N)} \tag{2.6-40}$$

annehmen und für $w = 1$ mit den Beziehungen (2.6-21 a, b) der rekursiven Regression übereinstimmen.

Man erkennt aus Abb. 2.6-4, daß der Algorithmus bei Anwendung der rekursiven Regression $w = 1$ ein zu träges Folgen des Parameters b_1 ergibt. Andererseits liefert ein zu klein gewählter Vergessensfaktor w einen zu unruhig, d. h. zu wenig geglätteten, Verlauf (vgl. Kurve für $w^2 = 0{,}8$). Man muß also bei der Festlegung von w einen Kompromiß schließen, der durch die Änderungs-

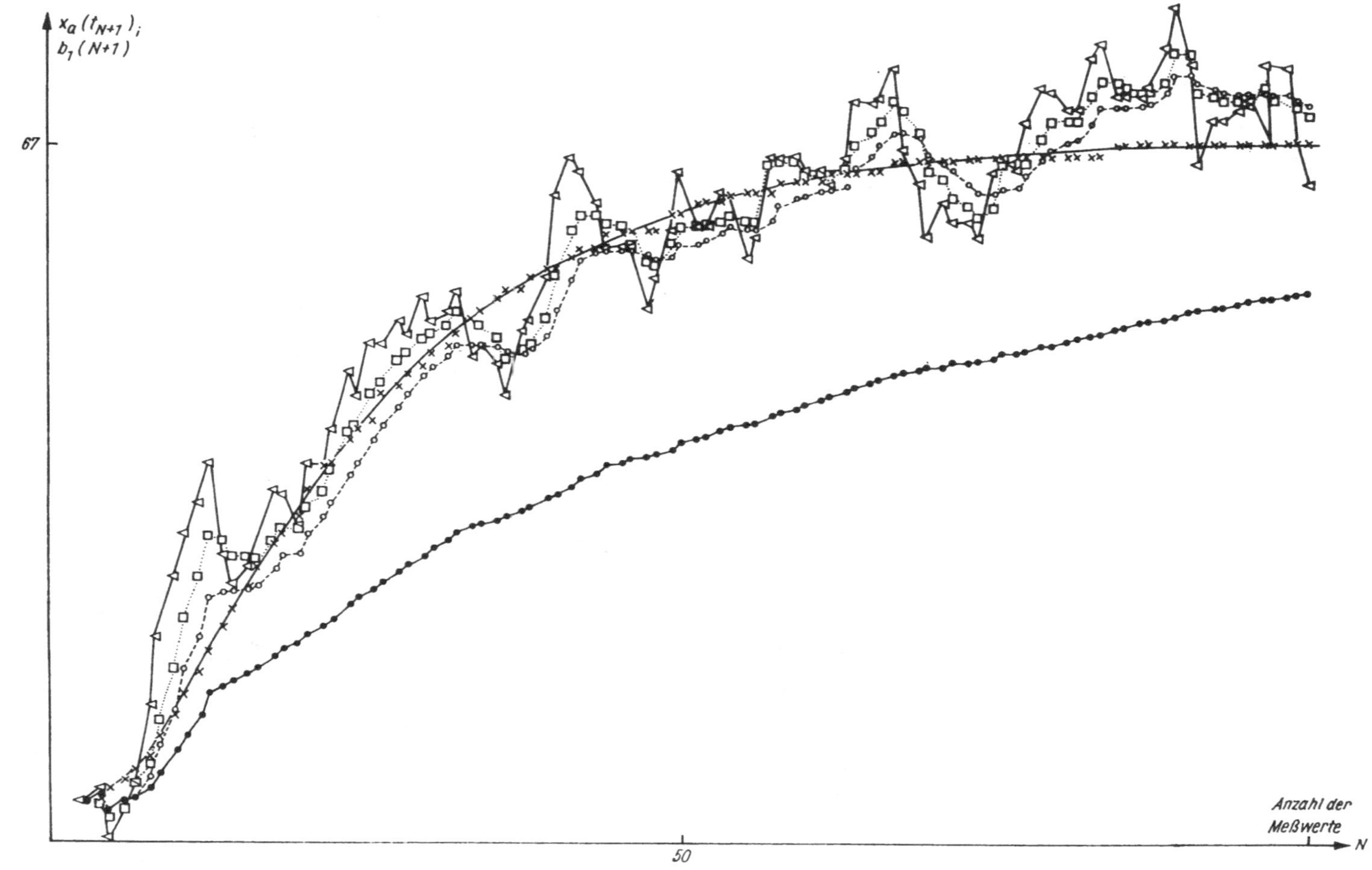

Abb. 2.6-4. Digitale Meßwertglättung bei zeitveränderlichem Mittelwert ($\times$ = wahrer, Mittelwert $\mathring{b}_1$, Δ Meßwerte $x_a(t_{N+1})$, geschätzte (geglättete) Werte für $w = 1$ [–●–●–●–] $w = 0{,}9$ [– – – –] und $w = 0{,}8$ [· · · · ·]

geschwindigkeit des Parameters $\mathring{b}_1$ bestimmt ist und durch einige Vorversuche (empirisch) gefunden werden kann.

Bei sich schnell ändernden System-Parametern kann auch das hier auf der Methode der kleinsten Quadrate gegründete Verfahren nicht zufriedenstellende Ergebnisse bringen. Versucht wurde deshalb in den letzten Jahren die KALMANschen Rekursionsformeln für die Zustandsschätzung, die man als rekursive Darstellung der MARKOV-Schätzung ansehen kann (vgl. hierzu STROBEL, 1973 und BRAMMER, 1971), auf die Echtzeitidentifikation von Systemparametern anzuwenden.

2.6.1.5. Echtzeitidentifikation unter Verwendung von Zustandsschätzverfahren

2.6.1.5.1. Die KALMANschen Rekursionsformeln

Ein Zustandsmodell der durch die Gln. (1.4-38, 39) gegebenen Form läßt sich durch ein Matrix-Signalflußbild gemäß Abb. 2.6-5a und (für $r = q = 2$) durch einen detaillierten Signalflußplan nach Abb. 2.6-5b kennzeichnen. Bei Anwesenheit stochastischer Störsignale (vgl. Abb. 2.6-5)

$$\boldsymbol{v}(k)^T = \big(v_1(k) \cdots v_n(k)\big) \tag{2.6-41}$$

im Inneren des Systems (*Systemstörungen*) und

$$\tilde{\boldsymbol{z}}(k)^T = \big(z_1(k) \cdots z_q(k)\big) \tag{2.6-42}$$

am Ausgang des Systems (*Meßrauschen*)
treten an die Stelle der Beziehungen (1.4-38, 39) die Zusammenhänge

$$\tilde{\boldsymbol{x}}(k+1) = (\tilde{A})\,\tilde{\boldsymbol{x}}(k) + (\tilde{B})\,\boldsymbol{x}_e(k) + \boldsymbol{v}(k) \tag{2.6-43a}$$

und

$$\tilde{\boldsymbol{x}}_a(k) = (\tilde{C})\,\tilde{\boldsymbol{x}}(k) + (\tilde{D})\,\boldsymbol{x}_e(k) + \tilde{\boldsymbol{z}}(k)\,. \tag{2.6-43b}$$

Mit den wahren Vektoren $\mathring{x}(k)$ und $\mathring{x}_a(k)$, die gemäß

$$\mathring{\boldsymbol{x}}(k+1) = (\tilde{A})\,\mathring{\boldsymbol{x}}(k) + (\tilde{B})\,\boldsymbol{x}_e(k)$$

und

$$\mathring{\boldsymbol{x}}_a(k) = (\tilde{C})\,\mathring{\boldsymbol{x}}(k) + (\tilde{D})\,\boldsymbol{x}_e(k)$$

die Gln. (1.4-38, 39) exakt erfüllen müssen, gewinnt man für die Differenzen

$$\boldsymbol{x}(k) = \tilde{\boldsymbol{x}}(k) - \mathring{\boldsymbol{x}}(k) \quad \text{und} \quad \boldsymbol{x}_a(k) = \tilde{\boldsymbol{x}}_a(k) - \mathring{\boldsymbol{x}}_a(k)$$

zwischen den wahren $\{\mathring{\boldsymbol{x}}, \mathring{\boldsymbol{x}}_a\}$ und gestörten $\{\tilde{\ }, \tilde{\boldsymbol{x}}_a\}$ Vektoren die vereinfachten Gleichungen

$$\boldsymbol{x}(k+1) = (\tilde{A})\,\boldsymbol{x}(k) + \boldsymbol{v}(k) \tag{2.6-44a}$$

und

$$\boldsymbol{x}_a(k) = (\tilde{C})\,\boldsymbol{x}(k) + \tilde{\boldsymbol{z}}(k)\,. \tag{2.6-44b}$$

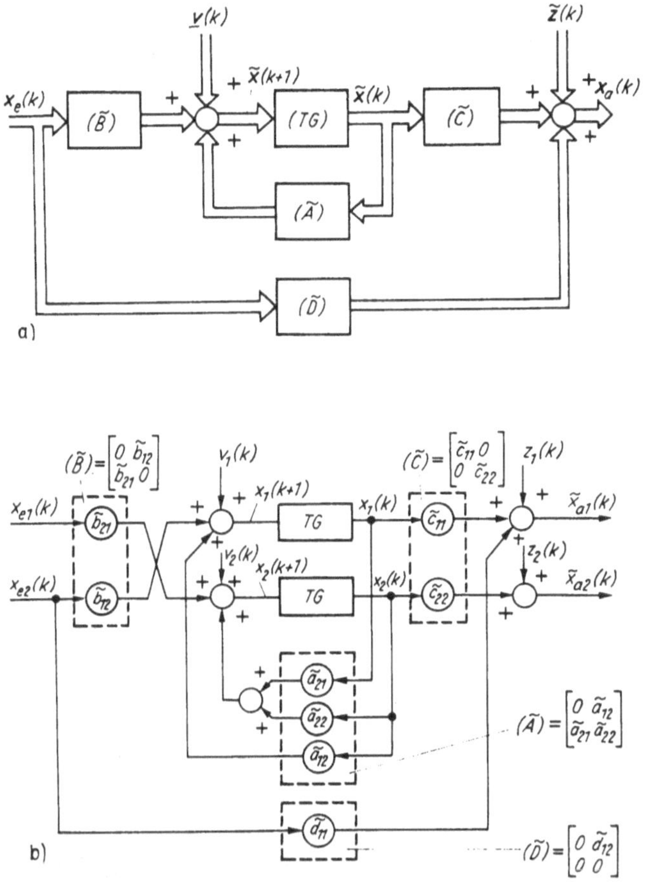

Abb. 2.6-5. Zustandsmodelle eines stochastisch gestörten Systems; Matrix-Signalflußbild (a), Beispiel für $r = q = n = 2$ (TG = Totzeitglied) (b)
(Für x_a, x_1 und x_2 lies $\tilde{x}_a$, $\tilde{x}_1$ und $\tilde{x}_2$)

Sind die Zustandsgrößen $x_1, \ldots, x_n$ nicht direkt meßbar, so steht man vor der Aufgabe, sie aus den meßbaren Ausgangssignalen $x_{a1}, \ldots, x_{aq}$ zu berechnen. Die Matrizen $(\tilde{A})$ und $(\tilde{B})$ werden dabei als gegeben betrachtet. Auf Grund der vorhandenen Störungen kann es bei der Zustandsberechnung nur um eine Schätzung gehen.

Die Aufgabe der Zustandsschätzung besteht somit darin, durch laufende Hinzunahme neuer Meßwerte $\boldsymbol{x}_a(k)$, d. h. rekursiv optimale Schätzwerte $\hat{\boldsymbol{x}}(k)$, für den Zustandsvektor zu gewinnen. Soll dies auf der Basis der Markov-Schätzung (vgl. 2.4.3.) erfolgen, so sind Kenntnisse über die Kovarianzmatrix der Störung vorauszusetzen.

Angenommen wird, daß *zwischen* den einzelnen Abtastwerten von $v_i(k)$, $v_i(k-1)$, $v_i(k-2) \ldots$ und $z_l(k)$, $z_l(k-1) \ldots$ gemäß

$$E\{z_l(k)\, z_l(k-s)\} = 0 \quad \text{für } s = 1, 2, 3, \ldots \quad \text{und} \quad l = 1, \ldots, q \qquad (2.6\text{-}45\text{a})$$

und

$$E\{v_i(k)\, v_i(k-s)\} = 0 \quad \text{für } s = 1, 2, 3 \quad \text{und} \quad i = 1, \ldots, n \qquad (2.6\text{-}45\,\text{b})$$

eine Korrelation nicht bestehen möge. Dagegen werden zwischen den einzelnen Störgrößen $v_1(k), \ldots, v_n(k)$ und $z_i(k), \ldots, z_q(k)$ zum Zeitpunkt $t = k\,\Delta t$ statistische Abhängigkeiten zugelassen. Diese sind durch die Kovarianzmatrizen

$$(V) = \big(V(k)\big) = E\{\boldsymbol{v}(k)\,\boldsymbol{v}^T(k)\} = E\left\{\begin{bmatrix} v_1(k)\, v_1(k) \cdots v_1(k)\, v_n(k) \\ \vdots \qquad\qquad \vdots \\ v_n(k)\, v_1(k) \cdots v_n(k)\, v_n(k) \end{bmatrix}\right\}$$

und (2.6-46a)

$$(\widetilde{Z}) = \big(\widetilde{Z}(k)\big) = E\{\tilde{\boldsymbol{z}}(k)\,\tilde{\boldsymbol{z}}^T(k)\} = E\left\{\begin{bmatrix} z_1(k)\, z_1(k) \cdots z_1(k)\, z_q(k) \\ \vdots \qquad\qquad \vdots \\ z_p(k)\, z_1(k) \cdots z_p(k)\, z_q(k) \end{bmatrix}\right\}, \qquad (2.6\text{-}46\,\text{b})$$

d. h. durch die Kreuzkorrelationsfunktionen,

$$\Psi_{v_p v_l}(0) = E\{v_p(k)\, v_l(k)\} \quad \text{und} \quad \Psi_{z_p z_l}(0) = E\{z_p(k)\, z_l(k)\} \qquad (\text{bei } \tau = 0)$$

zu kennzeichnen. Im allgemeinen kann man jedoch für (V) und $(\widetilde{Z})$ Diagonalmatrizen verwenden.

Mit diesen Annahmen gewinnt man mit dem Ansatz (2.4-19) der MARKOV-Schätzung nach einer längeren Ableitung, die in verständlicher Form bei BRAMMER, 1971 oder STROBEL, 1973 nachgelesen werden kann, die bekannten KALMANschen Rekursionsformeln

$$\hat{\boldsymbol{x}}(k) = \big(\widetilde{A}(k-1)\big)\,\hat{\boldsymbol{x}}(k-1) + \big(\Gamma(k)\big)\left\{\boldsymbol{x}_a(k) - \big(\widetilde{C}(k)\big)\big(\widetilde{A}(k-1)\big)\,\hat{\boldsymbol{x}}(k-1)\right\} \qquad (2.6\text{-}47)$$

mit

$$\big(\Gamma(k)\big) = \big(P(k)\big)\big(\widetilde{C}(k)\big)^T\left[\big(\widetilde{C}(k)\big)\big(P(k)\big)\big(\widetilde{C}(k)\big)^T + \big(\widetilde{Z}(k)\big)\right]^{-1} \qquad (2.6\text{-}48)$$

und

$$\big(P(k)\big) = \big(\widetilde{A}(k-1)\big)\big(\widetilde{P}(k-1)\big)\big(\widetilde{A}(k-1)\big)^T + \big(V(k-1)\big)\,. \qquad (2.6\text{-}49)$$

Die Kovarianzmatrix der nach Gl. (2.6-47) bestimmten Schätzung $\hat{\boldsymbol{x}}(k)$ des Zustandsvektors $\boldsymbol{x}(k)$ läßt sich ebenfalls rekursiv mit Hilfe der Beziehung

$$\big(\widetilde{P}(k)\big) = \big(P(k)\big) - \big(\Gamma(k)\big)\big(\widetilde{C}(k)\big)\big(P(k)\big) \qquad (2.6\text{-}50)$$

gewinnen.

Liegen Anfangsschätzungen für $\hat{\boldsymbol{x}}(0)$ und $\big(\widetilde{P}(0)\big)$ nicht vor, so beginnt man die Berechnung bei

$$\hat{\boldsymbol{x}}(0) = 0 \quad \text{und} \quad \big(\widetilde{P}(0)\big) = g^2(I) \quad \text{und} \quad g^2 \to \infty\,. \qquad (2.6\text{-}51)$$

Die Gl. (2.6-47) stellt ein recht einleuchtendes Ergebnis dar: Die k-te Schätzung $\hat{\boldsymbol{x}}(k)$ wird nämlich durch Korrektur der aus der $(k-1)$-ten Schätzung $\hat{\boldsymbol{x}}(k-1)$ vorausberechneten Näherung $\boldsymbol{x}(k) \approx \boldsymbol{x}^*(k) = (\tilde{A}(k-1))\,\hat{\boldsymbol{x}}(k-1)$ ermittelt. Die Größe des Korrekturvektors hängt dabei ab

1. von der Abweichung zwischen dem Ausgangsvektor $\boldsymbol{x}_a(k)$ im k-ten Tastzeitpunkt und dem für diesen Zeitpunkt aus der $(k-1)$-Schätzung $\hat{\boldsymbol{x}}(k-1)$ vorausgesagten Ausgangsvektor $\boldsymbol{x}_a(k) \approx (\tilde{C}(k))\,(\tilde{A}(k-1))\,\hat{\boldsymbol{x}}(k-1)$ und
2. von einer zeitabhängigen Gewichtsfaktorenmatrix $(\Gamma(k))$, die von den Systemparametern, d. h. von $(\tilde{A})$ und $(\tilde{C})$ und den statistischen Eigenschaften der Störgrößen $\boldsymbol{v}$ und $\tilde{\boldsymbol{z}}$ und der Schätzung $\hat{\boldsymbol{x}}(k-1)$, d. h. von den Kovarianzmatrizen $(V(k-1))$, $(\tilde{Z}(k))$ und $(\tilde{P}(k-1))$ abhängt.

Weitere Einzelheiten sind der recht umfangreichen Literatur (vgl. 10.3.3.3 4. unter Zustandsidentifikation) zu entnehmen.

2.6.1.5.2. Anwendung der KALMANschen Rekursionsformeln zur Echtzeitidentifikation kennwertlinearer Modelle

Am Beispiel der eindimensionalen kennwertlinearen Fehlergleichung (2.1-3) soll die Anwendung der KALMANschen Formeln zur Echtzeitidentifikation veranschaulicht werden:

Die Modellparameter b_i sind dabei den Zustandsvariablen $x_i(k)$ gleichzusetzen:

$$x_i(k) = b_i(k) \quad \text{für } i = 1, \ldots, n\,.$$

Da die Kennwerte b_i Konstanten darstellen, vereinfacht sich die Gl. (2.6-44a) mit

$$\boldsymbol{v}(k) = \boldsymbol{0} \tag{2.6-52}$$

zu

$$\boldsymbol{x}(k+1) = \boldsymbol{x}(k) \quad \text{bzw.} \quad \boldsymbol{b}(k+1) = \boldsymbol{b}(k)\,, \tag{2.6-53}$$

d. h., es gilt

$$(\tilde{A}) = (I)\,. \tag{2.6-54}$$

Da nur ein eindimensionaler Fall betrachtet werden soll, erhält man unter Berücksichtigung von Gl. (2.1-3) anstelle der Ausgangsgleichung (2.6-44b) die Beziehung

$$\begin{aligned} x_{a1}(k) &= (C)\,\boldsymbol{x}(k) + z_1(k) \\ &= \sum_{i=1}^{n} b_i u_{ki} + \varepsilon(k) = \boldsymbol{u}^T(k)\,\boldsymbol{b} + \varepsilon(k) \end{aligned} \tag{2.6-55}$$

(vgl. Gl. (2.1-3)). Die Matrix $(\tilde{C})$ ist also durch den Vektor

$$(\tilde{C}(k)) = (u_{k1} \cdots u_{kn}) = \boldsymbol{u}^T(k) \tag{2.6-56}$$

zu ersetzen (vgl. auch Gl. (2.1-8)).

Die Rekursionsformel (2.6-47) geht damit in die Beziehung

$$\hat{\boldsymbol{x}}(k) = \hat{\boldsymbol{x}}(k-1) + \boldsymbol{\Gamma}(k)\left\{x_{a1}(k) - (\tilde{C}(k))\,\hat{\boldsymbol{x}}(k-1)\right\} \qquad (2.6\text{-}56\,\mathrm{a})$$

über, die mit den Gln. (2.6-52, 55, 56) den Zusammenhang

$$\hat{\boldsymbol{b}}(k) = \hat{\boldsymbol{b}}(k-1) + \boldsymbol{\Gamma}(k)\left\{x_{a1}(k) - \boldsymbol{u}^T(k)\,\hat{\boldsymbol{b}}(k-1)\right\} \qquad (2.6\text{-}57)$$

zur rekursiven Berechnung von $\hat{\boldsymbol{b}}(k)$ liefert.

Die Matrix $(\Gamma(k))$ der Gewichtsfaktoren entartet hier also zu einem Vektor $\boldsymbol{\Gamma}(k)$, der sich mit den Gln. (2.6-52, 54) und wegen

$$(\tilde{Z}(k)) = E\{z_1(k)\,z_1(k)\} = \sigma_z^2$$

(vgl. Gl. (2.6-46b) für $q = 1$) aus den Gln. (2.6-48, 49) zu

$$\begin{aligned}\boldsymbol{\Gamma}(k) &= (\tilde{P}(k-1))\,\boldsymbol{u}(k)\left[\boldsymbol{u}^T(k)\,(\tilde{P}(k-1))\,\boldsymbol{u}(k) + \sigma_z^2\right]^{-1} \\ &= (P(k))\,\boldsymbol{u}(k)\,\sigma_z^{-2}\end{aligned} \qquad (2.6\text{-}57\,\mathrm{a})$$

berechnet.

Die Kovarianzmatrix $(\tilde{P}(k))$ der k-ten Schätzung $\hat{\boldsymbol{x}}(k) = \hat{\boldsymbol{b}}(k)$ ergibt sich dabei wegen

$$(P(k)) = (\tilde{P}(k-1))$$

(vgl. Gl. (2.6-49)) für $(\hat{A}) = (I)$ und $(V) = (0)$) in der Form

$$\begin{aligned}(\tilde{P}(k)) &= (\tilde{P}(k-1)) - \boldsymbol{\Gamma}(k)\,\boldsymbol{u}^T(k)\,(\tilde{P}(k-1)) = (\tilde{P}(k-1)) \\ &\quad - (\tilde{P}(k-1))\,\boldsymbol{u}(k)\left[\boldsymbol{u}^T(k)^T\,(\tilde{P}(k-1))\,\boldsymbol{u}(k) + \sigma_z^2\right]^{-1}\boldsymbol{u}^T(k)\,(\tilde{P}(k-1))\,.\end{aligned} \qquad (2.6\text{-}57\,\mathrm{b})$$

Vergleicht man die hier angegebenen Beziehungen (2.6-57, 57 a, b) mit dem unter 2.6.1.4. gewonnenen Rekursionsalgorithmus (Gln. (2.6-38 a, b, c)), so erkennt man, daß beide Ergebnisse für $w^2 = 1$ übereinstimmen, wenn man

$$N + 1 = k\,, \qquad (2.6\text{-}58\,\mathrm{a})$$

$$\tilde{\boldsymbol{\Gamma}}(N) = \tilde{\boldsymbol{\Gamma}}(k-1) = \boldsymbol{\Gamma}(k) \qquad (2.6\text{-}58\,\mathrm{b})$$

und

$$(\tilde{C}(N+1)) = (\tilde{C}(k)) = (\tilde{P}(k))\,\sigma_z^{-2} \qquad (2.6\text{-}58\,\mathrm{c})$$

setzt. Entsprechendes gilt für die unter 2.6.1.2. hergeleiteten Beziehungen (vgl. Gln. (2.6-57, 57 a, b) mit Gln. (2.6-17 a, b, c und 13)).

Das Verfahren der rekursiven Regression, d. h. die rekursive Methode der kleinsten Quadrate, kann damit als Sonderfall (für $\boldsymbol{v} = \boldsymbol{0}$ — vgl. Gl. (2.6-52)) aus den KALMANschen Gleichungen (2.6-47, 48, 49) für die Zustandsschätzung gewonnen werden. Das hat eine wichtige Konsequenz für die Identifikation von Systemen mit sich schnell und zufällig ändernden Parametern. Setzt man nämlich in Gl. (2.6-52) $\boldsymbol{v}(k)$ nicht gleich $\mathbf{0}$, so erhält man anstelle von Gl. (2.6-53) die Beziehungen

$$\boldsymbol{x}(k+1) = \boldsymbol{x}(k) + \boldsymbol{v}(k) \tag{2.6-59a}$$

bzw.

$$\boldsymbol{b}(k+1) = \boldsymbol{b}(k) + \boldsymbol{v}(k)\ , \tag{2.6-59b}$$

die als Beschreibung eines Kennwertvektors $\boldsymbol{b}(k+1)$ mit stochastisch veränderlichen Elementen $b_i(k+1) = b_i(k) + v_i(k)$ angesehen werden können. Nimmt man an, daß die Kovarianzmatrix (V) nach Gl. (2.6-46a), die die stochastischen Änderungen der einzelnen Parameter kennzeichnet, bekannt ist oder näherungsweise abgeschätzt werden kann, so lassen sich also die KALMANschen Gleichungen (2.6-47, 48, 49) anwenden.

Auf diese Weise gelingt es, Identifikationsmethoden für Systeme mit sich schnell ändernden Parametern zu entwickeln (vgl. BOHLIN, 1968, 1969 und WIESLANDER, 1969, 1970).

Bezüglich einer weiterführenden Behandlung des hier angeschnittenen Problems wird auf die Arbeiten u. a. von EYKHOFF, 1974, 1970, SEGERSTÅL, 1969, MEHRA, 1969 verwiesen.

2.6.2. Analoge (Modellangleichungs-)Verfahren

Die im folgenden zu behandelnden analogen Verfahren erlangen praktische Bedeutung, wenn

— von vornherein eine analoge Instrumentierung vorliegt oder
— das zu identifizierende System so „schnell" ist, daß eine analoge Meßwertverarbeitung unumgänglich ist. (Ob ein System in diesem Sinne als zu „schnell" für eine Digitalrechneranwendung zu betrachten ist, hängt naturgemäß entscheidend von dessen Rechengeschwindigkeit ab).

Sie werden vor allem durch folgende Faktoren charakterisiert:

1. Durch die Art der Parameternachführung (kontinuierlich oder diskontinuierlich, manuell oder automatisch) und
2. durch das verwendete Gütekriterium Q.

Hier soll einer Gliederung in Verfahren mit *kontinuierlicher und diskontinuierlicher Parameternachführung* der Vorzug gegeben werden.

2.6.2.1. Zyklische Parameterverstellung

Eine diskontinuierliche Parameternachführung kann

1. durch zyklische Verstellung der einzelnen Kennwerte $b_1, \ldots, b_n$ oder
2. durch gleichzeitige Veränderung aller Parameter

erfolgen.

Bei einer zyklischen Parameternachführung wird jeweils nur ein Kennwert solange variiert, bis das Gütekriterium Q ein Minimum oder einen vorgegebenen Wert erreicht. Dabei kann diese Nachführung sowohl manuell als auch automatisch erfolgen. Voraussetzung für den Erfolg einer solchen Strategie ist naturgemäß, daß die einzelnen Parameter $b_1, \ldots, b_n$ bezüglich ihres Einflusses auf das Gütekriterium entkoppelbar sind. Dies gelingt für folgende Methoden:

2.6.2.1.1. Verfahren mit Nullabgleich des Differenzsignals

Hier wird

$$Q = \varepsilon(t) = x_a(t) - x_{aM}(t)$$

gesetzt (vgl. Abb. 2.1-1a) und gefordert, daß bei speziellen Testsignalen (meist Sprungfunktionen) die Modellparameter so nacheinander verstellt werden, daß

$$Q = \varepsilon(t) \approx 0 \quad \text{für} \quad 0 \leqq t \leqq \infty$$

ist. Die hierbei einzusetzenden Techniken entsprechen dabei meist den unter 2.3.5. angegebenen (oder ähnlichen) deterministischen Approximationsmethoden. Beiträge zur Entwicklung derartiger Methoden sind vor allem von Reinisch, 1962, 1965, 1966 geleistet worden (vgl. auch Wernstedt, 1966, 1968, Schmidt, H., 1966, Levinge, 1961). Ihre Anwendbarkeit beschränkt sich naturgemäß auf nur schwach gestörte Systeme und spezielle aperiodische Testsignale.

2.6.2.1.2. Verwendung orthogonaler Filter

Wählt man als Gütekriterium Q die Minimierungsforderung nach Gl. (2.3-41), so gelangt man — wie unter 2.3.3.2. gezeigt wurde — zu den entkoppelten Bestimmungsgleichungen (2.3-47) für die Kennwerte $b_1, \ldots, b_n$, wenn die Orthogonalitätsbedingung (2.6-46) gilt. Dieses Resultat läßt sich nun in der auf Abb. 2.6-6 gezeigten Form für eine zyklische Parameternachführung ausnutzen. Dazu wird (manuell oder durch eine selbsttätig wirkende Einrichtung) zunächst der Parameter b_1 solange variiert, bis das Gütekriterium Q sein Minimum (bezüglich b_1) erreicht. Danach wiederholt man dieses Verfahren für $b_2, \ldots, b_n$.

Besonders einfach wird diese Vorgehensweise bei „schnellen" Systemen mit kleinen Zeitkonstanten, da hier die Integration in guter Näherung durch eine Tiefpass-Mittelung ersetzt und dadurch die Änderung des Gütekriteriums Q bei (langsamer) Verstellung des Modellparameters b_i gut beobachtet werden kann.

Das hier skizzierte Verfahren besitzt deshalb praktische Bedeutung besonders für derartige schnelle Systeme (mit Zeitkonstanten im Bereich weniger Sekunden). Als vorteilhaft erweist sich dabei die Tatsache, daß es eine gerätetechnische Realisierung der Methode der kleinsten Fehlerquadrate darstellt und somit — unter Beachtung der im Abschnitt 2.4. genannten Einschränkungen — günstigste Schätzwerte für die Parameter b_i bei Anwesenheit stochastischer Störungen liefert.

Probleme ergeben sich allerdings bei der Auswahl geeigneter Testsignale und Modellstrukturen (als Voraussetzung für die Gültigkeit der Orthogonalitätsbedingung (2.3-46)), worauf ausführlich in den Kapiteln 3 und 4 eingegangen wird. (Näheres vgl. u. a. Kitamori, 1960, Müller, 1968, Barker, Hawley, 1966).

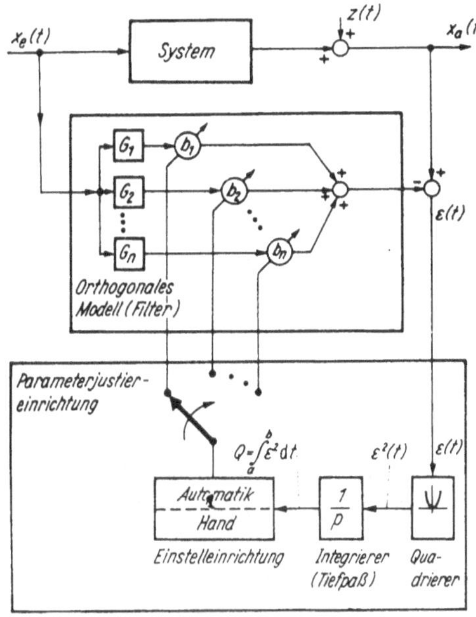

Abb. 2.6-6. Selbsteinstellendes Modell mit orthogonalen Filtern

2.6.2.1.3. Gleichzeitige Parameterverstellung

Verwendung findet hier folgende Vorschrift: Ermittlung von Korrekturwerten Δb_i bei konstant gehaltenen Kennwerten b_i, Korrektur der Kennwerte, erneute Ermittlung von Korrekturen usw., bis das Minimum von Q erreicht ist.

Eine solche Vorgehensweise setzt offensichtlich die gerätetechnische Realisierung eines der unter 2.5.2. vorgestellten Extremumsuchverfahren, zum Beispiel der Suchstrategie

$$\boldsymbol{b}(l+1) = \boldsymbol{b}(l) - \Gamma \operatorname{grad} Q(\boldsymbol{b}(l)) \tag{2.6-60}$$

des Gradientenverfahrens voraus (vgl. Gln. (2.5-15 bis 22)). Der hierzu notwendige Aufwand kann allerdings beträchtlich werden (vgl. u. a. Skákala, Šutek, 1966 und Eykhoff, 1962, 1968).

2.6.2.2. Kontinuierliche Parameternachführung (adaptive Modelle)

Soll ein analoges Modell den sich ändernden Systemeigenschaften angeglichen werden, so sind die Modellparameter möglichst schnell den Systemparametern anzugleichen. Hierzu verwendet man im allgemeinen sogenannte (analoge) *adaptive Modelle* mit kontinuierlicher Parameternachführung.

Zu einer geeigneten Nachführungsstrategie kann man dabei gelangen, wenn man von der Vorschrift des Gradientenverfahrens ausgeht und den zeitlichen

Abstand zwischen zwei Parameterverstellungen gegen Null streben läßt. An die Stelle der Differenz $\boldsymbol{b}(l+1) - \boldsymbol{b}(l)$ tritt dann in Gl. (2.6-60) der Differentialquotient $\mathrm{d}\boldsymbol{b}(t)/\mathrm{d}t$. Die Gl. (2.6-60) läßt sich damit durch die Beziehung

$$\dot{\boldsymbol{b}}(t) = -\Gamma \operatorname{grad} Q(\boldsymbol{b}(t)) \tag{2.6-61}$$

mit

$$\dot{\boldsymbol{b}}(t) = \frac{\mathrm{d}\boldsymbol{b}(t)}{\mathrm{d}t} = \begin{bmatrix} \frac{\mathrm{d}b_1}{\mathrm{d}t} \\ \vdots \\ \frac{\mathrm{d}b_n}{\mathrm{d}t} \end{bmatrix} \tag{2.6-62}$$

ersetzen.

Die Verstellgeschwindigkeit $\mathrm{d}b_i(t)/\mathrm{d}t$ der Kennwerte b_i ist also den partiellen Ableitungen $\partial Q/\partial b_i$ des Gütekriteriums proportional.

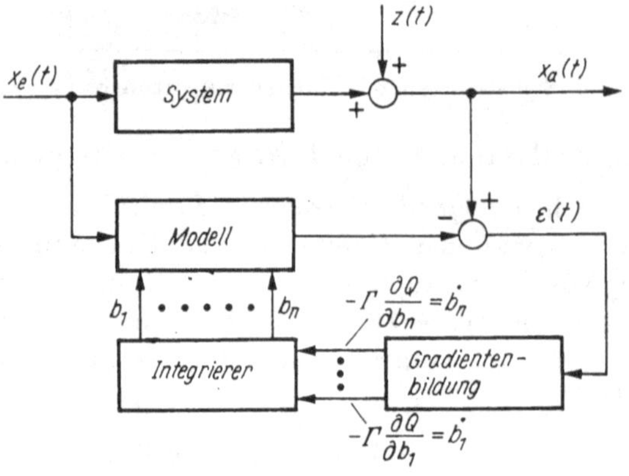

Abb. 2.6-7. Adaptives Modell, realisiert nach Gl. (2.6-61)

Die Größe Γ kann hierbei als Verstärkungsfaktor des Nachführregelkreises (vgl. Abb. 2.6-7) aufgefaßt werden, durch den dessen Schnelligkeit und Stabilität beeinflußbar ist.

Abb. 2.6-7 zeigt das allgemeine Schema eines auf der Grundlage von Gl. (2.6-61) zu realisierenden adaptiven Modells. Eine wesentliche Schwierigkeit besteht hierbei offensichtlich in der Bildung des Gradienten

$$(\operatorname{grad} Q(\boldsymbol{b}(t))^T = \frac{\partial Q}{\partial b_1} \cdots \frac{\partial Q}{\partial b_n}, \tag{2.6-63}$$

d. h. der partiellen Ableitungen $\partial Q/\partial b_i$. Sie wird im wesentlichen bestimmt durch das verwendete Gütekriterium Q und die gewählte Modellstruktur.

Verwendet man ein Q nach Gl. (2.3-41), so erhält man für die $\partial Q/\partial b_i$ Beziehungen der Form

$$\partial Q/\partial b_i = 2\int_a^b \varepsilon(t)\,\frac{\partial \varepsilon(t)}{\partial b_i}\,\mathrm{d}t \qquad \text{für} \quad i = 1, \dots, n\,. \tag{2.6-64}$$

Fordert man dagegen nur, daß

$$Q = Q_I = \varepsilon^2(t) = \text{Min} \tag{2.6-65}$$

ist, d. h., daß der quadrierte Modellfehler $\varepsilon(t)$ in jedem Zeitpunkt möglichst klein sein soll, dann ergibt sich der einfacher auszuwertende Zusammenhang

$$\partial Q/\partial b_i = 2\varepsilon(t)\,\{\partial \varepsilon(t)/\partial b_i\} \quad \text{für} \quad i = 1, \dots, n\,. \tag{2.6-66}$$

In beiden Fällen sind also die partiellen Ableitungen des Modellfehlers $\varepsilon(t)$ nach den Parametern zu bilden. *Hierbei erweist sich erneut die Verwendung einer kennwertlinearen Fehlergleichung* gemäß Gl. (2.1-3) mit

$$\varepsilon(t) = x_a(t) - [u_1(t)\,b_1 + \cdots + u_n(t)\,b_n] \tag{2.6-67}$$

als vorteilhaft, da hier

$$\partial \varepsilon(t)/\partial b_i = -\,u_i(t) \tag{2.6-68}$$

ist. Für Gl. (2.6-64) folgt hieraus die Beziehung

$$\frac{\partial Q}{\partial b_i} = 2\sum_{r=1}^{n} b_r \int_a^b u_i(t)\,u_r(t)\,\mathrm{d}t - 2\int_a^b x_a(t)\,u_i(t)\,\mathrm{d}t\,, \tag{2.6-69}$$

die bei Gültigkeit der Orthonormalitätsbedingung (2.3-46) (mit $d_i \equiv 1$) die Zusammenhänge

$$\frac{\mathrm{d}b_i(t)}{\mathrm{d}t} = -\,\Gamma\,\frac{\partial Q}{\partial b_i} = 2\Gamma\int_a^b x_a(t)\,u_i(t)\,\mathrm{d}t - 2\Gamma b_i \qquad \text{für } i = 1, \dots, n \tag{2.6-70}$$

liefert.

Wesentlich einfachere Beziehungen gewinnt man allerdings für ein Gütekriterium Q nach Gl. (2.6-65). Hier gilt die Vorschrift

$$\frac{\mathrm{d}b_i(t)}{\mathrm{d}t} = -\,\Gamma\,\frac{\partial Q_I}{\partial b_i} = +\,\Gamma\,2\varepsilon(t)\,u_i(t) \quad \text{für } i = 1, \dots, n\,, \tag{2.6-71}$$

die sich — wie für das verallgemeinerte Modell nach Abb. (2.1-2b) mit $m = 1$ und $n = 3$ auf Abb. 2.6-8 veranschaulicht wird — mit relativ geringem Aufwand durch eine Analogrechnerschaltung realisieren läßt.

Wie Abb. 2.6-8 und die Gln. (2.6-68 und 71) zeigen, besteht der wesentliche Vorteil eines *kennwertlinearen Modells* gemäß Abb. 2.1-2 a, b darin, daß man die partiellen Ableitungen $\partial\varepsilon/\partial b_i$ nach Gl. (2.6-68) unmittelbar (ohne zusätz-

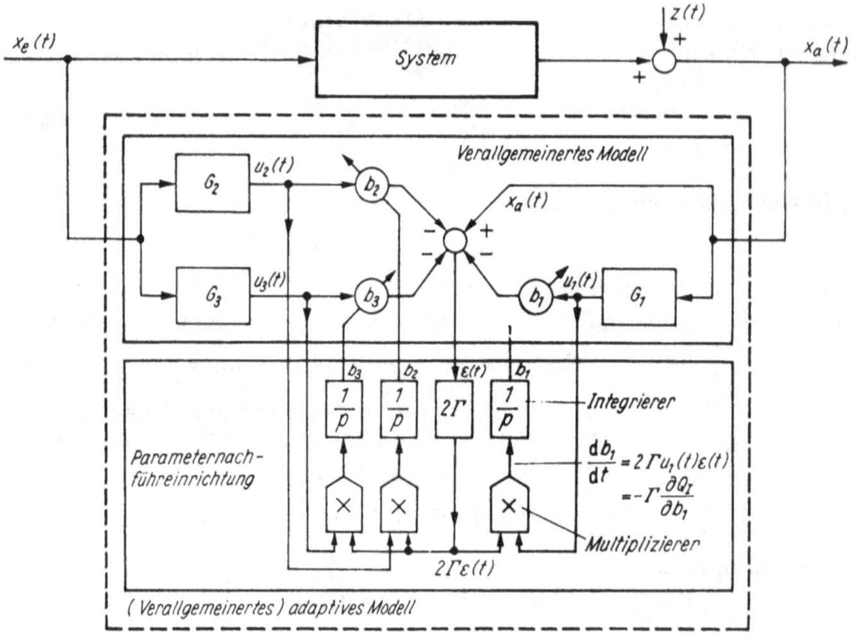

Abb. 2.6-8. Analogrechnerschaltung einer Parameternachführeinrichtung für ein verallgemeinertes Modell nach Abb. 2.1-2b bei $m = 1$ und $n = 3$

lichen Rechenaufwand) dem Modell entnehmen kann. Auf das hier angegebene Prinzip eines adaptiven Modells lassen sich zahlreiche Realisierungsvorschläge zurückführen (vgl. u. a. MARŠIK, 1966, RAKE, 1966).

Bei der Anwendung und Realisierung derartiger adaptiver Modelle stößt man auf eine Reihe von Schwierigkeiten, die bis heute noch nicht vollständig überwunden werden konnten:

1. Eine theoretische Analyse des Einflusses stochastischer Störsignale führt auf komplizierte Probleme.
2. Da die Parameternachführregelkreise in den Bildern 2.6-7 und 8 Verzögerungen (in Form von Integratoren) enthalten, können die Parameter nicht beliebig schnell den Systemkennwerten nachgeführt werden. Das adaptive Modell kann demzufolge nur bis zu einer bestimmten Änderungsgeschwindigkeit der Systemkennwerte zufriedenstellend arbeiten. Eine Verbesserung der Reaktionsschnelligkeit der Nachführregelkreise, z. B. durch Vergrößerung des Verstärkungsfaktors Γ, führt dabei schnell auf Stabilitätsprobleme.
3. Da diese Nachführregelkreise in höchstem Maße nichtlinear sind, ist eine Stabilitätsuntersuchung sehr problematisch. Gerade zur letzten Frage sind in den letzten Jahren zahlreiche Untersuchungen mit dem Ziel durchgeführt worden, unter Verwendung der LJAPUNOWschen Methode und des POPOVschen Stabilitätstestes stabile Parameternachführeinrichtungen zu entwerfen (Näheres hierzu vgl. 10.3.2.3.).

KAPITEL 3

MODELLE

3.1. Aufgabenstellung

In diesem Kapitel ist zu untersuchen, wie sich die im Kapitel 2 zusammengestellten allgemeinen Kennwertermittlungsverfahren zur Bestimmung der in den Abschnitten 1.4. und 1.5. angegebenen Kenngrößen und Kennfunktionen von System- und Prozeßmodellen heranziehen lassen. Diese Untersuchung wird entscheidend erleichtert durch die unter 2.1. vorgenommene *Einführung des verallgemeinerten Modells.*

Da im Kapitel 2 gezeigt wurde, daß sich die meisten Kennwertermittlungsmethoden auf verallgemeinerte kennwertlineare Modelle anwenden lassen, können sich die folgenden Betrachtungen darauf beschränken zu zeigen

(1) unter welchen Bedingungen sich die in den Abschnitten 1.4. und 1.5. behandelten Modellbeschreibungsformen auf kennwertlineare Fehlergleichungen der Form (2.1-3, 4 oder 8) bzw. der in Abb. 2.1-2 angegebenen Gestalt zurückführen lassen und

(2) welche Konsequenzen dies für die Genauigkeit, den Rechenaufwand usw. hat.

Gegeben sind also die unter 1.4. und 1.5. angegebenen Kenngrößen und -funktionen.

Gesucht werden

a) bei einer digitalen Meßwertverarbeitung die Matrix (U), der Meßwertvektor $\boldsymbol{x}_a$ und die Form des Kennwertvektors $\boldsymbol{b}$ (vgl. Gln. (2.1-8, 9) oder

b) bei einer analogen Meßwertverarbeitung die Form der Funktionen $u_i(t)$ in Gl. (2.1-3).

Diese Untersuchungen sind dabei für zwei Aufgabenkategorien durchzuführen (vgl. Abb. 3.1-1):

(1) *Aufgaben und Modelle der 1. Verarbeitungsebene*, d. h. Bestimmung der Kennwerte unmittelbar aus den gemessenen Ein- und Ausgangssignalen (vgl. hierzu Abschnitte 3.2. bis 3.6.).

(2) *Aufgaben und Modelle der 2. Verarbeitungsebene*, d. h. Bestimmung eines Modells aus einem bereits vorliegenden anderen Modell (vgl. Abschnitt 3.7.). Eine ganz wichtige Aufgabe ist hierbei u. a. die Ermittlung der Parameter $b_0, \ldots, b_m$ und $a_0, \ldots, a_n$ aus diskreten Werten des Frequenzganges (Abb. 3.1-1).

Zum Abschluß dieses Kapitels soll (im Abschnitt 3.8.) die praktisch bedeutungsvolle Frage nach den Möglichkeiten zur Beurteilung der Genauigkeit von Modellen für das dynamische Verhalten erörtert werden.

Zunächst werden Modelle für Aufgaben der 1. Verarbeitungsebene behandelt:

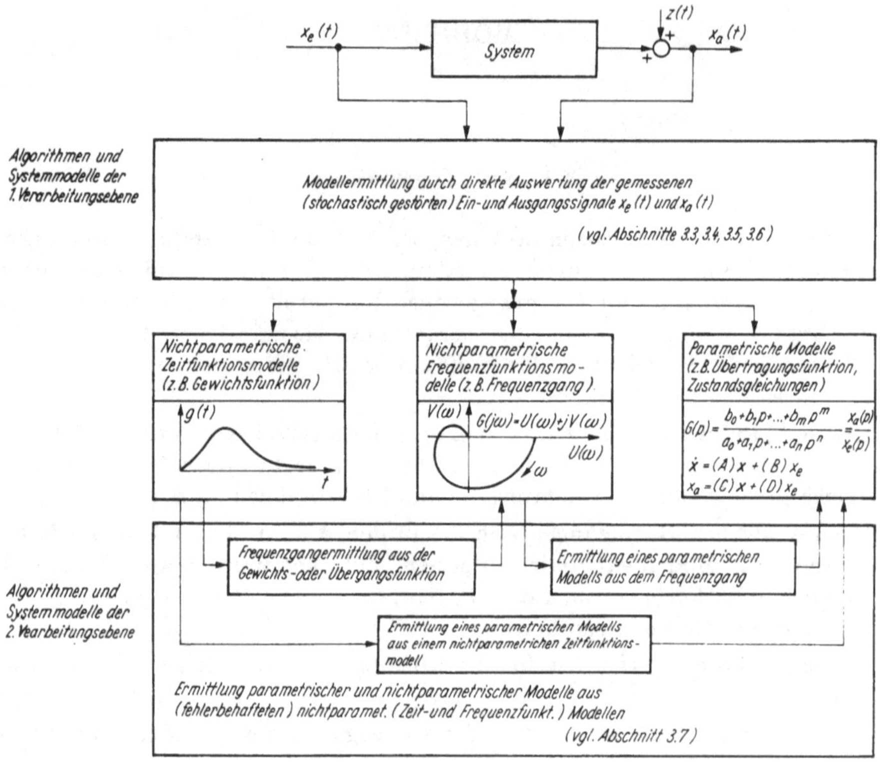

Abb. 3.1-1. Aufgaben der ersten und zweiten Verarbeitungsebene

3.2. Statische Modelle

Für die Ermittlung statischer Modelle hat praktische Bedeutung vor allem die digitale Meßwertverarbeitung. Gefragt werden soll hier deshalb nach der Gestalt der Matrix (U) im Fehlergleichungssystem (2.1-8, 9).

3.2.1. Eindimensionale Modelle

Aus der Gleichung (1.4-3) eines eindimensionalen statischen Modells folgt, daß *diese Beziehung auf eine kennwertlineare Fehlergleichung der Form (2.1-3) führt, wenn man den Modellfehler als Ausgangsfehler* $\varepsilon = \varepsilon_a = x_a - x_{aM}$ (vgl. Abb. 2.1-1a und 2a) *definiert.*

Die Matrix (U) in Gl. (2.1-9) nimmt die Gestalt

$$(U) = \begin{bmatrix} 1 & x_e(t_1) & x_e^2(t_1) & \cdots & x_e^n(t_1) \\ \vdots & \vdots & \vdots & & \vdots \\ 1 & x_e(t_N) & x_e^2(t_N) & \cdots & x_e^n(t_N) \end{bmatrix} \qquad (3.2\text{-}1)$$

an und der Kennwertvektor $\boldsymbol{b}$ ist in der Form

$$\boldsymbol{b}^T = (b_0 b_1 \cdots b_n)$$

zu verwenden.

3.2.2. Mehrdimensionale Modelle

Hier ist von Gl. (1.4-5) auszugehen und für das l-te Ausgangssignal der Ausgangsfehler

$$\varepsilon_l(t) = x_{a_l}(t) - x_{aM_l}(t) \tag{3.2-2}$$

zu bilden. Für dieses erhält man mit $t = t_1, \ldots, t_N$ das kennwertlineare Fehlergleichungssystem

$$\boldsymbol{\varepsilon}_l = \boldsymbol{x}_{al} - (U)\, \boldsymbol{b}_l \quad \text{für } l = 1, \ldots, q\,, \tag{3.2-2a}$$

wobei der Fehler- und der Meßwertvektor die Gestalt

$$\boldsymbol{\varepsilon}^T{}_l = (\varepsilon_l(t_1), \ldots, \varepsilon_l(t_N)) \tag{3.2-3}$$

und

$$\boldsymbol{x}^T{}_{a_l} = (x_{a_l}(t_1), \ldots, x_{a_l}(t_N))$$

annehmen und der Kennwertvektor durch den Zusammenhang

$$\boldsymbol{b}_l^T = (a_{l0} a_{l1} \cdots a_{lr} \mid a_{l11} \cdots a_{lrr} \mid a_{l111} \cdots a_{lrrr} \mid \ldots) \tag{3.2-4}$$

definiert wird.

Für die Matrix (U) gewinnt man den Ausdruck

$$(U) = ((U)_\text{I} \mid (U)_\text{II} \mid (U)_\text{III} \mid \ldots) \tag{3.2-5}$$

mit

$$(U)_\text{I} = \begin{bmatrix} 1 & x_{e1}(t_1) \cdots x_{er}(t_1) \\ \vdots & \vdots \qquad \vdots \\ 1 & x_{e1}(t_N) \cdots x_{er}(t_N) \end{bmatrix}. \tag{3.2-6}$$

$$(U)_\text{II} = \begin{bmatrix} x_{e1}^2(t_1) & x_{e1}(t_1)\, x_{e2}(t_1) \cdots x_{er}^2(t_1) \\ \vdots & \vdots \qquad \vdots \\ x_{e1}^2(t_N) & x_{e1}(t_N)\, x_{e2}(t_N) \cdots x_{er}^2(t_N) \end{bmatrix} \tag{3.2-7}$$

$$(U)_\text{III} = \begin{bmatrix} x_{e1}^3(t_1) & x_{e1}(t_1)\, x_{e2}(t_1)\, x_{e3}(t_1) & \cdots x_{er}^3(t_1) \\ \vdots & \vdots & \vdots \\ x_{e1}^3(t_N) & x_{e1}(t_N)\, x_{e2}(t_N)\, x_{e3}(t_N) & \cdots x_{er}^3(t_N) \end{bmatrix} \tag{3.2-8}$$

usw.

Der Kennwertvektor $\boldsymbol{b}_l$ ist also für $l = 1, \ldots, q$ unter Verwendung der im Kapitel 2 angegebenen Methoden zu bestimmen. Hierbei erweist es sich als vorteilhaft, daß die Matrix (U) nicht von l abhängt (vgl. Gln. (3.2-6 bis 8)). Bei der Anwendung der Methode der kleinsten Quadrate zum Beispiel, d. h. der Bestimmungsgleichung

$$\hat{\boldsymbol{b}}_l = \{(U)^T\, (U)\}^{-1}\, (U)^T\, \boldsymbol{x}_{a_l}\,, \tag{3.2-9}$$

(vgl. Abschnitt 2.4.) braucht also die Regressionsmatrix $(T) = \{(U)^T (U)\}^{-1} (U)^T$ nur einmal berechnet zu werden.

Da trotzdem der Rechenaufwand beträchtlich ansteigen kann, versucht man möglichst mit einem *linearen, d. h. lokalen mehrdimensionalen Modell*, auszukommen, das in den Gln. (3.2-2 bis 8) als Sonderfall enthalten ist. An die Stelle der Gln. (3.2-4, 5) treten die Beziehungen

$$\boldsymbol{b}^T = (a_{l0}\, a_{l1}\, a_{l2} \cdots a_{lr}) \tag{3.2-10}$$

und

$$(U) = (U)_{\mathrm{I}} \, . \tag{3.2-11}$$

3.3. Nichtparametrische dynamische Ein-Ausgangs-Modelle

3.3.1. Das nichtlineare (Volterra-)Modell

Das Ziel der Kennwertermittlung besteht hier in der Ermittlung der Kerne $g_i(\tau_1, \ldots, \tau_i)$ der Volterra-Entwicklung (1.4-9) (vgl. Abb. 1.4-3).
Dabei ist es allerdings nicht möglich, die Kerne der Volterra-Entwicklung als kontinuierliche Zeitfunktionen zu bestimmen. Man muß sich vielmehr damit begnügen, diskrete Werte dieser Kennfunktionen zu identifizieren.

Hierbei wird zweckmäßigerweise von der Näherung (1.4-8a) ausgegangen und der Ausgangsfehler $\varepsilon(t) = \varepsilon_a(t)$ gebildet. Für $M = 3$ zum Beispiel erhält man so die kennwertlineare Fehlergleichung

$$\begin{aligned}\varepsilon(k\,\Delta t) = x_a(k\,\Delta t) - &\underbrace{\{x_e(k)\,\bar{g}_1(0) + x_e(k-1)\,\bar{g}_1(1) + \cdots + x_e(k-n)\,\bar{g}_1(n)\}}_{\text{(linearer Term)}} \\ + &\underbrace{\{x_e^2(k)\,\bar{g}_2(0,0) + x_e(k)\,x_e(k-1)\,\bar{g}_2(0,1) + \cdots + x_e^2(k-n)\,\bar{g}_2(n,n)\}}_{\text{(quadratischer Term)}} \\ + &\underbrace{\{x_e^3(k)\,\bar{g}_3(0,0,0) + x_e(k)\,x_e(k)\,x_e(k-1)\,\bar{g}_3(0,0,1) + \cdots + x_e^3(k-n)\,\bar{g}_3(n,n,n)\}}_{\text{(kubischer Term)}}\end{aligned} \tag{3.3-1}$$

Man erkennt, daß die Zahl der zu identifizierenden Kenngrößen $\bar{g}_1(0), \ldots, \bar{g}_1(n)$, $\bar{g}_2(0,0), \ldots, \bar{g}_2(n,n)$, $\bar{g}_3(0,0,0), \ldots, \bar{g}_3(n,n,n)$ schon bei kleinen Werten M beträchtlich werden kann. Zu versuchen ist deshalb, durch Verwendung von Apriori-Kenntnissen über das System, diese Zahl der Unbekannten soweit wie möglich zu reduzieren. Das kann u. a. dadurch geschehen, daß in Gl. (3.3-1) nur der lineare und der kubische Term Berücksichtigung finden. Wählt man jetzt die $n + N + 1$ Werte $x_e(0), \ldots, x_e(n + N)$ des Eingangssignals und die $N + 1$ Werte $x_a(n), \ldots, x_a(n + N)$ des Ausgangssignals, so liefert Gl. (3.3-1) für $k = n$, $n + 1, \ldots, n + N$ das kennwertlineare Fehlergleichungssystem

$$\boldsymbol{\varepsilon} = \boldsymbol{x}_a - (U)\,\boldsymbol{b} \tag{3.3-2}$$

(vgl. Gl. (2.1-9)) mit dem Kennwertvektor

$$\boldsymbol{b}^T = \left(\bar{g}_1(0) \cdots \bar{g}_1(n) \,\vdots\, \bar{g}_3(0, 0, 0) \cdots \bar{g}_3(0, 0, n) \,\vdots\, \bar{g}_3(0, 1, 1) \cdot \,\vdots\, \cdot\cdot \,\vdots\, \cdots \bar{g}_3(n, n, n)\right), \tag{3.3-3}$$

dem Meßvertwektor

$$\boldsymbol{x}_a^T = \left(x_a(n\,\Delta t) \cdots x_a([n + N]\,\Delta t)\right) \tag{3.3-4}$$

und der Matrix

$$(U) = \left[\begin{array}{cc|cc|c} x_e(n) & \cdots x_e(0) & x_e^3(n) \cdots & x_e^2(n)\, x_e(0) & \\ \vdots & \vdots & \vdots & \vdots & \cdots \\ x_e(n+N) & \cdots x_e(N) & x_e^3(n+N) \cdots & x_e^2(n+N)\, x_e(N) & \end{array}\right.$$

$$\left.\begin{array}{c|cc|c} & x_e(n)\, x_e^2(n-1) & \cdots & \cdots x_e^3(0) \\ \cdots & & & \vdots \\ & x_e(n+N)\, x_2^2(n-1+N) & \cdots & \cdots x_e^3(N) \end{array}\right]. \tag{3.3-5}$$

Die VOLTERRA-*Entwicklung besitzt also den Vorteil, bei Verwendung des Ausgangsfehlers auf ein kennwertlineares Modell zu führen.* Da das Störsignal am Systemausgang oft durch ein weißes normalverteiltes Rauschen angenähert werden kann, ist somit die einfach auf Gl. (3.3-2) anwendbare Methode der kleinsten Quadrate ein (annähernd) optimales Parameterschätzverfahren (vgl. Abschnitt 2.4.).

Diesem Vorteil steht eine sehr große Zahl von zu identifizierenden Kennwerten gegenüber, was zu einem erheblichen Speicherplatzbedarf für den einzusetzenden Digitalrechner führen kann. Eine Erweiterung der hier angegebenen Darstellungsform auf mehrdimensionale Modelle, die prinzipiell möglich ist, stößt deshalb auf außerordentlich große praktische Schwierigkeiten. Dies wird dem linearen Modell vorbehalten.

3.3.2. Das lineare Zeit-(Gewichts-)funktionsmodell

3.3.2.1. Eindimensionale Modelle

Zu untersuchen sind hier die Wege zur Bestimmung der Gewichtsfunktion $g(t)$, die nach Gl. (1.4-10) ein lineares System vollständig kennzeichnet. Da sich jedoch $g(t)$ mit den Methoden nach Kapitel 2. nicht als kontinuierlicher Zeitverlauf bestimmen läßt, wird das DUHAMELsche Integral (1.4-10) gemäß

$$x_{aM}(t) = \sum_{s=0}^{\infty} \int_{s\Delta t}^{(s+1)\Delta t} g(\tau)\, x_e(t - \tau)\, \mathrm{d}\tau \tag{3.3-6}$$

in eine Summe von Teilintegralen zerlegt und für diese — wie auf Abb. 3.3-1 veranschaulicht — die Näherung

$$\int_{s\Delta t}^{(s+1)\Delta t} g(\tau)\, x_e(t - \tau)\, \mathrm{d}\tau \approx g(s\,\Delta t)\, x_e(t - s\,\Delta t)\, \Delta t = \bar{g}(s\,\Delta t)\, x_e(t - s\,\Delta t) \tag{3.3-7}$$

verwendet.

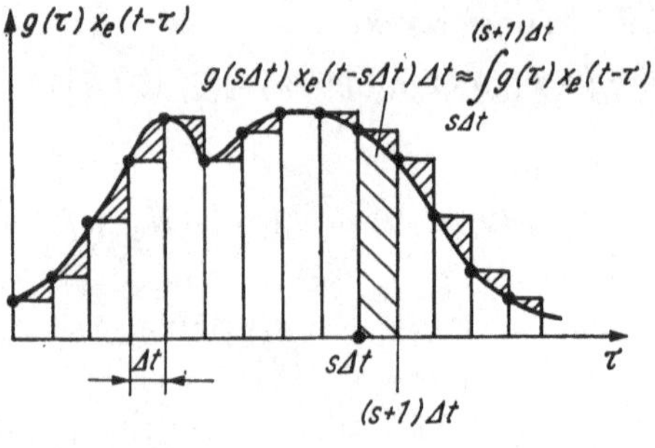

Abb. 3.3-1. Zur Erläuterung der Näherung (3.3-7)

Mit der ohne wesentliche Einschränkung der Allgemeinheit zu treffenden Annahme

$$g(s\,\Delta t) \approx 0 \quad \text{für} \quad s > n \tag{3.3-8}$$

gelangt man damit zu der Beziehung

$$x_{aM}(k\,\Delta t) = \sum_{s=0}^{n} \bar{g}(s\,\Delta t)\, x_e([k - s]\,\Delta t) = \sum_{s=0}^{n} b_s\, u_s\,(t_k)\,. \tag{3.3-9}$$

Diese Gleichung kennzeichnet ein kennwertlineares Modell nach Gl. (2.1-3) und Abb. 2.1-2a, wobei die unbekannten Kennwerte $b_s = \bar{g}(s\,\Delta t)$ und die gegebenen Zeitfunktionen $u_s(t) = x_e(t - s\,\Delta t)$ zu setzen sind. Die $u_s(t)$ in Abb. 2.1-2a kann man sich dabei durch Zeitverschiebung des Eingangssignals unter Verwendung der Totzeitglieder $G_1, ..., G_n$ erzeugt denken (vgl. Simulationsschaltung in Abb. 3.3-2a, s. Anlage).

3.3.2.1.1. Digitale Meßwertverarbeitung

Für $k = 0, 1, 2, ..., N - 1$ gewinnt man aus Gl. (3.3-9) mit den Abkürzungen

$$\bar{g}(s\,\Delta t) = \bar{g}(s)\,, \quad x_e(k\,\Delta t) = x_e(k) \quad \text{und} \quad x_a(k\,\Delta t) = x_a(k) \tag{3.3-10}$$

bei Verwendung des Ausgangsfehlers das kennwertlineare Fehlergleichungssystem

$$\begin{bmatrix} \varepsilon(0) \\ \vdots \\ \varepsilon(n\,\Delta t) \\ \vdots \\ \varepsilon([N-1]\,\Delta t) \end{bmatrix} = \begin{bmatrix} x_a(0) \\ \vdots \\ x_a(n) \\ \vdots \\ x_a(N-1) \end{bmatrix} - \begin{bmatrix} x_e(0) & \cdots & x_e(-n) \\ \vdots & & \vdots \\ x_e(n) & \cdots & x_e(0) \\ \vdots & & \vdots \\ x_e(N-1) & \cdots & x_e(N-1-n) \end{bmatrix} \begin{bmatrix} \bar{g}(0) \\ \cdot \\ \cdot \\ \cdot \\ \bar{g}(n) \end{bmatrix}$$

$$\boldsymbol{\varepsilon} \quad = \quad \boldsymbol{x}_a \quad - \quad (\boldsymbol{U}) \quad \cdot \quad \boldsymbol{b}\,, \tag{3.3-11}$$

das mit den im Kapitel 2 angegebenen Identifikationsmethoden weiter behandelt werden kann (vgl. auch vergleichende Übersicht in Abb. 3.3-2).

Bei einem annähernd weißen und normalverteilten Störsignal am Systemausgang ist dabei die Methode der kleinsten Quadrate als das (annähernd) optimale Verfahren anzusehen.

Das bei ihrer Anwendung sich ergebende Gleichungssystem (vgl. Gl. (2.3-10b), das in Hinblick auf die folgenden Untersuchungen in der Form

$$\frac{1}{N}(U)^T(U)\,\hat{\boldsymbol{b}} = \frac{1}{N}(U)^T\,\boldsymbol{x}_a \tag{3.3-12}$$

verwendet wird, nimmt die Gestalt

$$\begin{bmatrix} \tilde{\Psi}(0,0) & \cdots & \tilde{\Psi}(0,n) \\ \vdots & & \vdots \\ \tilde{\Psi}(n,0) & \cdots & \tilde{\Psi}(n,n) \end{bmatrix} \cdot \begin{bmatrix} \hat{\tilde{g}}(0) \\ \vdots \\ \hat{\tilde{g}}(n) \end{bmatrix} = \begin{bmatrix} \tilde{\Psi}_a(0) \\ \vdots \\ \tilde{\Psi}_a(n) \end{bmatrix} \tag{3.3-12a}$$

mit

$$\tilde{\Psi}(s, m) = \tilde{\Psi}(m, s) = \frac{1}{N}\sum_{k=0}^{N-1} x_e(k-s)\,x_e(k-m) \tag{3.3-12b}$$

und

$$\tilde{\Psi}_a(s) = \frac{1}{N}\sum_{k=0}^{N-1} x_a(k)\,x_e(k-s) \tag{3.3-12c}$$

an. Die Fehler der Schätzwerte $\hat{\tilde{g}}(s)$ sind dabei durch Ermittlung der Kovarianzmatrix cov $\{\hat{\boldsymbol{b}}\}$ nach Gl. (2.4-12) zu berechnen. Kann das stochastische Störsignal als ein (annäherend) weißes Rauschen mit der endlichen Varianz σ_z^2 betrachtet werden, so ergibt sich mit Gl. (2.4-12) die einfache Beziehung

$$\operatorname{cov}\{\hat{\boldsymbol{b}}\} = \sigma_z^2\{(U)^T\,(U)\}^{-1} = \sigma_z^2 \cdot (C)\,. \tag{3.3-13}$$

Besitzt darüber hinaus das Testsignal $x_e(t)$ die Eigenschaft

$$\tilde{\Psi}(s, m) = \begin{cases} = 0 & \text{für } s \neq m \\ = \tilde{\Psi}(0) = \text{konstant} \neq 0 & \text{für } s = m\,, \end{cases} \tag{3.3-14a}$$

dann erhält man für die Schätzwerte $\hat{\tilde{g}}(s)$ die aufgelösten Beziehungen

$$\hat{b}_s = \hat{\tilde{g}}(s) = \frac{1}{\tilde{\Psi}(0)}\,\tilde{\Psi}_a(s) = \frac{1}{\tilde{\Psi}(0)}\,\frac{1}{N}\sum_{k=0}^{N-1} x_a(k)\,x_e(k-s) \tag{3.3-14b}$$

$(s = 0, \ldots, n)$ und mit

$$(U)^T\,(U) = N\tilde{\Psi}(0)\,(I) \tag{3.3-14c}$$

(vgl. Gl. (3.3-12)) folgt für die Kovarianzmatrix cov $\{\hat{\boldsymbol{b}}\}$ die Diagonalmatrix

$$\operatorname{cov}\{\hat{\boldsymbol{b}}\} = \frac{\sigma_z^2}{N\tilde{\Psi}(0)}\,(I)\,, \tag{3.3-14d}$$

die die sehr einfach auswertbare Formel

$$\sigma_{bs}^2 = \sigma_{\hat{\tilde{g}}(s)}^2 = \frac{\sigma_z^2}{N\tilde{\Psi}(0)} \tag{3.3-14e}$$

für die Streuungsquadrate der geschätzten Gewichtsfunktionswerte liefert.

Für σ_z läßt sich eine unverzerrte Schätzung $\hat{\sigma}_z$ durch Einsetzen von Gl. (3.3-14c) in Gl. (2.4-15) ermitteln. Unter Berücksichtigung der Tatsache, daß die Zahl der Kennwerte $\bar{g}(0), \ldots, \bar{g}(n)$ hier $n + 1$ beträgt, erhält man die Beziehung

$$\hat{\sigma}_z^2 = \frac{1}{N - (n+1)} \{\boldsymbol{x}_a^T \boldsymbol{x}_a - N\tilde{\Psi}(0)\, \boldsymbol{b}^T \boldsymbol{b}\}$$
$$= \frac{1}{N - (n+1)} \left\{\sum_{k=0}^{N-1} x_a^2(k) - N\tilde{\Psi}(0) \sum_{s=0}^{n} \hat{\bar{g}}^2(s)\right\} \qquad (3.3\text{-}14\text{f})$$

3.3.2.1.2. Analoge Meßwertverarbeitung (Korrelationsanalyse)

Bei einer Anwendung der Methode der kleinsten Quadrate ist jetzt ein Ansatz gemäß Gl. (2.3-41) zu verwenden. Wegen der speziellen Form

$$u_s(t) = x_e(t - s\,\Delta t) \mathrel{\hat{=}} u(t - \tau_s) \qquad (3.3\text{-}15)$$

der Funktion $u_s(t)$ (vgl. Gln. (2.4-35 und 2.1-3)), gelangt man hier — wie bereits unter 2.4.6.1. gezeigt wurde — auf ein Normalgleichungssystem der Form (2.4-39). Im vorliegenden Falle nehmen dabei die Funktionen $\Psi_{uu}(\tau_r - \tau_s)$ und $\Psi_{ux_a}(\tau_r)$ wegen Gl. (3.3-15) sowie mit $T \to \infty$ und $\tau_r = r\,\Delta t$ und $\tau_s = s\,\Delta t$ die Gestalt

$$\Psi_{uu}([r - s]\,\Delta t) = \lim_{T\to\infty} \frac{1}{2T} \int_{-T}^{T} x_e(t - s\,\Delta t)\, x_e(t - r\,\Delta t)\, \mathrm{d}t$$
$$= \Psi_{x_e x_e}([r - s]\,\Delta t) = \Psi_{x_e x_e}(r - s) \qquad (3.3\text{-}15\text{a})$$

und

$$\Psi_{ux_a}(r\,\Delta t) = \lim_{T\to\infty} \frac{1}{2T} \int_{-T}^{T} x_a(t)\, x_e(t - r\,\Delta t)\, \mathrm{d}t$$
$$= \Psi_{x_e x_a}(r\,\Delta t) = \Psi_{x_e x_a}(r) \qquad (3.3\text{-}15\text{b})$$

an.

Aus Gl. (2.4-39) folgt damit das Normalgleichungssystem

$$\begin{bmatrix} \Psi_{x_e x_e}(0) & \Psi_{x_e x_e}(-1) & \cdots & \Psi_{x_e x_e}(-n) \\ \Psi_{x_e x_e}(1) & \Psi_{x_e x_e}(0) & \cdots & \Psi_{x_e x_e}(-n+1) \\ \vdots & \vdots & & \vdots \\ \Psi_{x_e x_e}(n) & \Psi_{x_e x_e}(n-1) & \cdots & \Psi_{x_e x_e}(0) \end{bmatrix} \cdot \begin{bmatrix} \hat{\bar{g}}(0) \\ \hat{\bar{g}}(1) \\ \vdots \\ \hat{\bar{g}}(n) \end{bmatrix} = \begin{bmatrix} \Psi_{x_e x_a}(0) \\ \Psi_{x_e x_a}(1) \\ \vdots \\ \Psi_{x_e x_a}(n) \end{bmatrix} \qquad (3.3\text{-}16)$$

bzw. der Zusammenhang

$$\Psi_{x_e x_a}(k) = \sum_{s=0}^{n} \hat{\bar{g}}(s)\, \Psi_{x_e x_e}(k - s) \qquad (3.3\text{-}17)$$
$$k = 0, 1, \ldots, n\,.$$

Diese Beziehung läßt sich aber auch aus der WIENER-HOPFschen Integralgleichung (1.4-12) gewinnen. Ersetzt man nämlich das Integral (1.4-12) näherungsweise durch eine Summe, so folgt mit $\Psi_{x_e x_{aM}}(\vartheta) = \Psi_{x_e x_a}(\vartheta)$ unmittelbar die Beziehung (3.3-16b).

Man kann damit feststellen, daß die im Rahmen der Korrelationsanlayse notwendige Lösung der WIENER-HOPFschen Integralgleichung (1.4-12) *zu gleichen Ergebnissen führt, wie die Gewichtsfunktionsbestimmung nach der Methode der kleinsten Quadrate*! Die Korrelationsfunktionen in Gl. (3.3-16a), d. h.

$$\Psi_{x_e x_a}(k\,\Delta t) = \lim_{T\to\infty} \frac{1}{2T} \int_{-T}^{T} x_e(t)\, x_a(t + k\,\Delta t)\, dt \qquad (3.3\text{-}18)$$

und

$$\Psi_{x_e x_e}(k\,\Delta t) = \lim_{T\to\infty} \frac{1}{2T} \int_{-T}^{T} x_e(t)\, x_e(t + k\,\Delta t)\, dt \qquad (3.3\text{-}19)$$

sind dabei mit analogen Methoden, z. B. mit Anordnungen nach Abb. 3.3-3, zu ermitteln.

Hierzu existiert eine sehr umfangreiche Literatur (vgl. u. a. WILFERT, 1969, SOLODOWNIKOW, 1963, SOLODOWNIKOW, USKOW, 1963, LANGE, 1962). Meßgeräte (Korrelatoren), die auf einer Prinzipschaltung nach Abb. 3.3-3c beruhen, sind handelsüblich (vgl. NORATOM, 1964).

Mit der Abschätzung der Fehler, die bei der Korrelationsfunktionsbestimmung aus einer Registrierung endlicher Länge $2T$ entstehen, haben sich ebenfalls zahlreiche Autoren (vgl. u. a. BUCHTA, 1967, 1969, PESCHEL, 1965) beschäftigt.

Berechnet man die Korrelationsfunktionen $\Psi_{x_e x_a}(k\,\Delta t)$ und $\Psi_{x_e x_e}(k\,\Delta t)$ näherungsweise aus diskreten Werten von $x_e(t)$ und $x_a(t)$, so gelangt man zu dem Gleichungssystem (3.3-12a).

3.3.2.2. Mehrdimensionale Modelle

Auszugehen ist hier von den Gln. 1.4-14, 15, die die $q \times r$ Gewichtsfunktionen $g_{lr}(t)$ enthalten und deren diskrete Werte $g_{li}(s\,\Delta t)$ zu bestimmen sind. Zunächst wird dazu die Gl. (1.4-15) mit der Näherung (3.3-7) und der Voraussetzung (vgl. Gl. (3.3-8))

$$g_{li}(s\,\Delta t) \approx 0 \quad \text{für} \quad s > n \qquad (3.3\text{-}20\text{b})$$

in die der Gl. (3.3-9) entsprechende Beziehung

$$x_{aM\,l}(k\,\Delta t) = \sum_{i=1}^{r} \sum_{s=0}^{n} \bar{g}_{li}(s\,\Delta t)\, x_{ei}([k - s]\,\Delta t) \qquad (3.3\text{-}20\text{c})$$

umgewandelt.

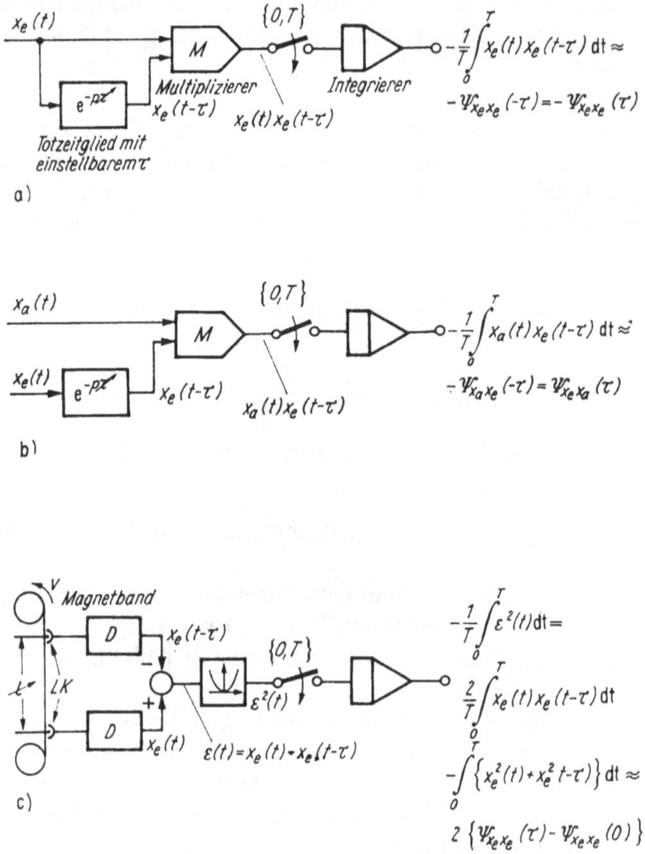

Abb. 3.3-3. Prinzipschaltungen zur Ermittlung der Auto- {a} und der Kreuzkorrelations-Funktion {b} und Beispiel einer gerätetechnischen Ausführung {c} (D = Dekodiereinrichtungen, LK = Leseköpfe, $\tau = L/v$ wird durch Veränderung des Abstandes L zwischen den Leseköpfen variiert)

3.3.2.2.1. Digitale Meßwertverarbeitung

Mit den Abkürzungen (3.3-10) und

$$\bar{g}_{li}(s\,\Delta t) = \bar{g}_{li}(s) \quad \text{sowie} \quad x_{al}(k\,\Delta t) = x_{al}(k) \tag{3.3-21}$$

geht Gl. (3.3-20c) in den Zusammenhang

$$\begin{aligned} x_{aM_l}(k) = {} & \{\bar{g}_{l1}(0)\,x_{e1}(k) + \bar{g}_{l1}(k)\,x_{e1}(k-1) + \cdots + \bar{g}_{l1}(n)\,x_{e1}(k-n)\} \\ & + \cdots + \{\bar{g}_{lr}(0)\,x_{er}(k) + \cdots + \bar{g}_{lr}(n)\,x_{er}(k-n)\} \end{aligned} \tag{3.3-21a}$$

über. Für $k = 0, 1, \ldots, N-1$ folgt hieraus das kennwertlineare Fehlergleichungssystem

$$\boldsymbol{\varepsilon}_l = \boldsymbol{x}_{al} - (U)\,\boldsymbol{b}_l \tag{3.3-21b}$$

bzw.

$$\begin{bmatrix} \varepsilon_l(0) \\ \vdots \\ \varepsilon_l([N-1]\,\Delta t) \end{bmatrix} = \begin{bmatrix} x_{al}(0) \\ \vdots \\ x_{al}(N-1) \end{bmatrix} - \begin{bmatrix} (U)_1 \,\vdots\, (U)_2 \,\vdots\, \cdots \,\vdots\, (U)_r \end{bmatrix} \cdot \begin{bmatrix} \boldsymbol{b}_{l1} \\ \boldsymbol{b}_{l2} \\ \vdots \\ \boldsymbol{b}_{lr} \end{bmatrix}$$

$$(l = 1, 2, \ldots, q)$$

mit (vgl. Gl. (3.3-11))

$$(U)_i = \begin{bmatrix} x_{ei}(0) & \cdots & x_{ei}(-n) \\ \vdots & & \vdots \\ x_{ei}(n) & \cdots & x_{ei}(0) \\ \vdots & & \vdots \\ x_{ei}(N-1) & \cdots & x_{ei}(N-1-n) \end{bmatrix} \qquad (3.3\text{-}21\,\text{c})$$

und

$$\boldsymbol{b}_{li}^T = \left(\bar{g}_{li}(0)\; \bar{g}_{li}(1) \cdots \bar{g}_{li}(n)\right) . \qquad (3.3\text{-}21\,\text{d})$$

Das Normalgleichungssystem (2.3-10b) nimmt damit die Gestalt

$$(U)^T\,(U) \cdot \hat{\boldsymbol{b}}_l = (U)^T\,\boldsymbol{x}_{al} \qquad (3.3\text{-}22)$$

bzw. die Form

$$\begin{bmatrix} (U)_1^T\,(U)_1 & (U)_1^T\,(U)_2 & \cdots & (U)_1^T\,(U)_r \\ (U)_2^T\,(U)_1 & (U)_2^T\,(U)_2 & \cdots & (U)_2^T\,(U)_r \\ \vdots & \vdots & & \vdots \\ (U)_r^T\,(U)_1 & (U)_r^T\,(U)_2 & \cdots & (U)_r^T\,(U)_r \end{bmatrix} \cdot \begin{bmatrix} \boldsymbol{b}_{l1} \\ \boldsymbol{b}_{l2} \\ \vdots \\ \boldsymbol{b}_{lr} \end{bmatrix} = \begin{bmatrix} (U)_1^T \\ (U)_2^T \\ \vdots \\ (U)_r^T \end{bmatrix} \cdot \boldsymbol{x}_{al}$$

an. (3.3-22a)

Hierbei ist bemerkenswert, daß die Matrix (U) in Gl. (3.3-21b) und damit das Produkt $(U)^T\,(U)$ in Gl. (3.3-22a) nicht vom Ausgang l abhängt und deshalb nur einmal berechnet werden muß. Man erkennt, daß sich der dazu notwendige Aufwand erheblich reduzieren läßt, wenn es gelingt, die Testsignale so zu wählen, daß die Bedingung

$$(U)_p^T\,(U)_i = \begin{cases} = (0) & \text{für} \quad p \neq i \\ \neq (0) & \text{für} \quad p = i \end{cases} \qquad (3.3\text{-}22\,\text{b})$$

gilt.

Wegen

$$\frac{1}{N}\,(U)_p^T\,(U)_i = \begin{bmatrix} \tilde{\Psi}_{pi}(0, 0) & \cdots & \tilde{\Psi}_{pi}(0, n) \\ \vdots & & \vdots \\ \tilde{\Psi}_{pi}(n, 0) & \cdots & \tilde{\Psi}_{pi}(n, n) \end{bmatrix} = \frac{1}{N}\,(U)_i^T\,(U)_p \qquad (3.3\text{-}22\,\text{c})$$

und mit

$$\tilde{\Psi}_{pi}(s, m) = \tilde{\Psi}_{pi}(m, s) = \frac{1}{N} \sum_{k=0}^{N-1} x_{ep}(k-s)\, x_{ei}(k-m) \qquad (3.3\text{-}22\,\text{d})$$

(vgl. Gln. (3.3-12a, 12b)) ist dies offenbar gerade dann der Fall, wenn

$$\frac{1}{N} \sum_{k=0}^{N-1} x_{ep}(k-s)\, x_{ei}(k-m) = \begin{cases} 0 & \text{für} \quad p \neq i \\ \neq 0 & \text{für} \quad p = i \end{cases} \qquad (3.3\text{-}22\,\text{e})$$

ist. Das aus $r \times n$ Gleichungen bestehende Gleichungssystem zerfällt durch diese Maßnahme in die einfacher zu lösenden r Gleichungssysteme mit jeweils nur $n + 1$ Unbekannten und Gleichungen

$$(U)_i^T \, (U)_i \, \hat{\boldsymbol{b}}_{li} = (U)_i^T \, \boldsymbol{x}_{al} \qquad (3.3\text{-}23)$$

$$(i = 1, \ldots, r \quad \text{und} \quad l = 1, \ldots, q) \,.$$

Eine weitere erhebliche Vereinfachung gelingt, wenn zusätzlich zu Gl. (3.3-22e) die Orthogonalitätsbedingung

$$\tilde{\Psi}_{pp}(s, m) = \frac{1}{N} \sum_{k=0}^{N-1} x_{ep}(k - s) \, x_{ep}(k - m) = \begin{cases} \tilde{\Psi}(0) \neq 0 & \text{für} \quad s = m \\ 0 & \text{für} \quad s \neq m \end{cases} \qquad (3.3\text{-}24)$$

eingehalten werden kann. In diesem Falle gewinnt man für die Kennwertvektoren $\boldsymbol{b}_{li}$ die aufgelösten Beziehungen

$$\hat{\boldsymbol{b}}_{li} = \frac{1}{\tilde{\Psi}(0)} \cdot \frac{1}{N} (U)_i^T \, \boldsymbol{x}_{al} = \frac{1}{\tilde{\Psi}(0)} \begin{bmatrix} \tilde{\Psi}_{li}(0) \\ \vdots \\ \tilde{\Psi}_{li}(n) \end{bmatrix} \qquad (3.3\text{-}24\text{a})$$

mit

$$\Psi_{li}(s) = \frac{1}{N} \sum_{k=0}^{N-1} x_{al}(k) \, x_{ei}(k - s) \,. \qquad (3.3\text{-}24\text{b})$$

Die diskreten Werte $\bar{g}_{li}(s) = \bar{g}_{li}(s \, \Delta t)$ der Gewichtsfunktionen $\bar{g}_{li}(t) = g_{li}(t) \, \Delta t$ berechnen sich also sehr einfach unter Verwendung der hieraus folgenden Bestimmungsgleichungen

$$\hat{\bar{g}}_{li}(s) = \frac{1}{\tilde{\Psi}(0)} \cdot \frac{1}{N} \sum_{k=0}^{N-1} x_{al}(k) \, x_{ei}(k - s) \qquad (3.3\text{-}25)$$

$$\text{für } l = 1, \ldots, q, \quad i = l, \ldots, r \quad \text{und } s = 0, \ldots, n \,.$$

Die in Form der Bedingungen (3.3-22e) und (3.3-24) eingeführten Vereinfachungen machen eine Bestimmung der $(n + 1) \times r \times q$ Kennwerte $\bar{g}_{li}(s)$ überhaupt erst mit vertretbarem Aufwand möglich. Der Ermittlung von Testsignalen mit den Eigenschaften (3.3-22e und 24) kommt deshalb große Bedeutung zu. Hierauf wird ausführlich bei der Behandlung von Anwendungen im Kapitel 7 eingegangen.

3.3.2.2.2. Analoge Meßwertverarbeitung

Ersetzt man analog zu Gl. (3.3-7) das Faltungsintegral in Gl. (1.4-16e) durch eine Summe und $\Psi_{x_{ep}x_{aMl}}(\vartheta)$ durch $\Psi_{x_{ep}x_{al}}(\vartheta)$, so geht Gl. (1.4-16c) in das der

Gl. (3.3-16b) entsprechende Normalgleichungssystem

$$\Psi_{x_{ep}x_{al}}(k\,\Delta t) = \sum_{i=1}^{r} \sum_{s=0}^{n} \hat{\bar{g}}_{li}(s)\, \Psi_{x_{ep}x_{ei}}\left([k-s]\,\Delta t\right) \tag{3.3-26}$$

$$\text{für } k = 0, 1, \ldots, n \quad \text{und} \quad p = 1, \ldots, r$$

über. Diese $(n+1) \times r$ Gleichungen lassen sich auf r Gleichungssysteme mit nur $n+1$ Gleichungen zurückführen, wenn in Analogie zu den Gln. (3.3-22 d, e) die Bedingung

$$\Psi_{x_{ep}x_{ei}}(\vartheta) = \begin{cases} = 0 & \text{für} \quad p \neq i \\ \neq 0 & \text{für} \quad p = i \end{cases} \tag{3.3-27}$$

gilt, d. h., wenn die einzelnen Eingangssignale nicht miteinander korreliert sind.

Die Gl. (1.4-16c) vereinfacht sich dadurch zu

$$\Psi_{x_{ep}x_{aMl}}(\vartheta) = g_{lp}(\vartheta) * \Psi_{x_{ep}x_{ep}}(\vartheta) \tag{3.3-28}$$

und die Gl. (3.3-26) liefert den Zusammenhang

$$\Psi_{x_{ep}x_{al}}(k\,\Delta t) = \sum_{s=0}^{n} \hat{\bar{g}}_{lp}(s)\, \Psi_{x_{ep}x_{ep}}([k-s]\,\Delta t)\,, \tag{3.3-28a}$$

der mit $k = 0, \ldots, n$ und $p = 1, \ldots, r$ auf r Gleichungssysteme mit ähnlichem Aufbau wie Gl. (3.3-16a) führt.

Kann weiterhin analog zu Gl. (3.3-24)

$$\Psi_{x_{ep}x_{ep}}(\vartheta) = \Phi_{x_{ep}x_{ep}}(0)\,\delta(\vartheta) = \begin{cases} \neq 0 & \text{für} \quad \vartheta = 0 \\ = 0 & \text{für} \quad \vartheta \neq 0 \end{cases} \tag{3.3-29}$$

gesetzt, d. h. ein „weißes" Testsignal x_{ep} angenommen werden, so folgen aus Gl. (3.3-28) die aufgelösten Beziehungen

$$\hat{g}_{lp}(\vartheta) = \frac{1}{\Phi_{x_{ep}x_{ep}}(0)}\, \Psi_{x_{ep}x_{al}}(\vartheta) \tag{3.3-30}$$

$$\text{für} \quad l = 1, \ldots, q \quad \text{und} \quad p = 1, \ldots, r\,.$$

Die Aufgabe, die Gewichtsfunktionen $g_{lp}(\vartheta)$ zu bestimmen, ist damit auf die Ermittlung der Kreuzkorrelationsfunktion $\Psi_{x_{ep}x_{al}}(\vartheta)$ (z. B. mit Anordnungen nach Abb. 3.3-3) zurückgeführt.

3.3.3. Ermittlung diskreter Werte des Frequenzganges (Lineare Frequenzfunktionsmodelle)

3.3.3.1. Eindimensionale Modelle

Diskutiert werden sollen jetzt die Wege zur Ermittlung diskreter Werte

$$G(js\,\Delta\omega) = U(s) + jV(s) \tag{3.3-31}$$

des Frequenzganges nach Gl. (1.4-17) und Abb. 1.4-4b. Dabei wird deutlich werden, daß sich diese „klassische“ Aufgabe der experimentellen Systemanalyse ohne Schwierigkeiten mit den gleichen allgemeinen Grundlagen behandeln läßt wie die sogenannten „modernen“ Verfahren. Dabei ist im Gegensatz zur vorangegangenen Untersuchung allerdings eine Annahme über das anzuwendende Testsignal zu treffen.

3.3.3.1.1. Periodische Testsignale

3.3.3.1.1.1. Digitale Meßwertverarbeitung (Frequenzgangberechnung)

Angenommen wird zunächst, daß $x_e(t)$ ein cosinusförmiges Signal der Form

$$x_e(t) = a_{e1} \cos \omega_1 t \qquad (3.3\text{-}32)$$

sei. Dann läßt sich das Modellausgangssignal durch die Beziehung

$$\begin{aligned} x_{aM}(t) &= a_{e1} |G(j\omega_1)| \cos \{\omega_1 t + \arg G(j\omega_1)\} \\ &= U(\omega_1)\, a_{e1} \cos \omega_1 t - V(\omega_1)\, a_{e1} \sin \omega_1 t \end{aligned} \qquad (3.3\text{-}32\text{a})$$

beschreiben. Mit den Abkürzungen

$$\overline{U}(\omega_1) = U(\omega_1)\, a_{e1} \quad \text{und} \quad \overline{V}(\omega_1) = -\, V(\omega_1)\, a_{e1} \qquad (3.3\text{-}32\text{b})$$

und

$$t = 0, \Delta t, \ldots, (N-1)\,\Delta t \qquad (3.3\text{-}32\text{c})$$

gewinnt man hieraus bei Verwendung des Ausgangsfehlers das kennwertlineare Fehlergleichungssystem

$$\begin{bmatrix} \varepsilon(0) \\ \varepsilon(\Delta t) \\ \vdots \\ \varepsilon([N-1]\Delta t) \end{bmatrix} = \begin{bmatrix} x_a(0) \\ x_a(\Delta t) \\ \vdots \\ x_a([N-1]\,\Delta t) \end{bmatrix} - \left[\begin{array}{c|c} 1 & 0 \\ \cos \omega_1 t & \sin \omega_1 t \\ \vdots & \vdots \\ \cos \omega_1 (N-1)\,\Delta t & \sin \omega_1 (N-1)\,\Delta t \end{array}\right] \cdot \begin{bmatrix} \overline{U}(\omega_1) \\ \hline \overline{V}(\omega_1) \end{bmatrix}$$

$$\triangleq \boldsymbol{\varepsilon} \quad = \quad \boldsymbol{x}_a \quad - \quad (U) \quad \cdot \; \boldsymbol{b} \qquad (3.3\text{-}32\text{d})$$

Bei Anwendung der Methode der kleinsten Quadrate ergibt sich das Normalgleichungssystem

$$(U)^T (U)\, \boldsymbol{b} = (U)^T \boldsymbol{x}_a =$$

$$\left[\begin{array}{c|c} \sum_{k=0}^{N-1} \cos^2 \omega_1 k\,\Delta t & \sum_{k=0}^{N-1} \cos \omega_1 k\,\Delta t \sin \omega_1 k\,\Delta t \\ \sum_{k=0}^{N-1} \sin \omega_1 k\,\Delta t \cos \omega_1 k\,\Delta t & \sum_{k=0}^{N-1} \sin^2 \omega_1 k\,\Delta t \end{array}\right] \cdot \begin{bmatrix} \hat{\overline{U}}(\omega_1) \\ \hline \hat{\overline{V}}(\omega_1) \end{bmatrix}$$

$$= \begin{bmatrix} \sum_{k=0}^{N-1} x_a(k\,\Delta t) \cos \omega_1 k\,\Delta t \\ \sum_{k=0}^{N-1} x_a(k\,\Delta t) \sin \omega_1 k\,\Delta t \end{bmatrix}, \qquad (3.3\text{-}33)$$

das sich einfach lösen läßt, wenn

1. die Abtastperiode Δt so gewählt wird, daß die Periodendauer $T_p = 2\pi/\omega_1 = R\,\Delta t$ ein ganzzahliges Vielfaches R (mit $R > 2$) von Δt darstellt und
2. die Messung über ein ganzzahliges Vielfaches M der Periodendauer T_p erstreckt wird, d. h., daß die Gesamtzeit der Messung $N\,\Delta t = M T_p$ und somit $N = RM$ ist.

In diesem Falle geht nämlich die Matrix $(U)^T\,(U)$ in Gl. (3.3-33) in die Diagonalmatrix

$$(U)^T\,(U) = \begin{bmatrix} N/2 & 0 \\ 0 & N/2 \end{bmatrix} = \frac{N}{2}\,(I) \tag{3.3-33c}$$

über, und man erhält die im Sinne der Methode der kleinsten Quadrate optimalen Schätzwerte

$$\hat{U}(\omega_1) = \frac{1}{a_{e1}}\,\hat{\hat{U}}(\omega_1) = \frac{2}{a_{e1}N}\sum_{k=0}^{N-1} x_a(k\,\Delta t)\cos\omega_1 k\,\Delta t \tag{3.3-34a}$$

und

$$\hat{V}(\omega_1) = -\frac{1}{a_{e1}}\,\hat{\hat{V}}(\omega_1) = -\frac{2}{a_{e1}N}\sum_{k=0}^{N-1} x_a(k\,\Delta t)\sin\omega_1 k\,\Delta t\,. \tag{3.3-34b}$$

Die Fehler dieser Schätzwerte sind unter Verwendung der Gln. (2.4-13) und (2.4-18) abzuschätzen.

Für ein Störsignal in Form eines annähernd weißen Rauschens mit der endlichen Varianz σ_z^2 erhält man wegen

$$(C) = \{(U)^T\,(U)\}^{-1} = \frac{2}{N}\,(I) \tag{3.3-34c}$$

(vgl. Gln. (2.4-12) und (3.3-33c)) die Kovarianzmatrix

$$\operatorname{cov}\{\hat{\boldsymbol{b}}\} = \operatorname{cov}\left\{\begin{bmatrix}\hat{U}(\omega_1)\\ \hat{V}(\omega_1)\end{bmatrix}\right\} = \frac{2}{N}\frac{\sigma_z^2}{a_{e1}^2}\,(I) \tag{3.3-34d}$$

und damit die Streuungsquadrate

$$\sigma_{bi}^2 = \sigma_{\hat{U}(\omega_1)}^2 = \sigma_{\hat{V}(\omega_1)}^2 = \frac{2}{N}\frac{\sigma_z^2}{a_{e1}^2}\,. \tag{3.3-35}$$

Für σ_z^2 läßt sich dabei ein unverzerrter Schätzwert nach Gl. (2.4-15), d. h. in der Form

$$\sigma_z^2 = \frac{1}{N-2}\left\{\sum_{k=0}^{N-1} x_a^2(k\,\Delta t) - [\hat{U}^2(\omega_1) + \hat{V}^2(\omega_1)]\,a_{e1}^2\,N/2\right\} \tag{3.3-35a}$$

bestimmen.

Kann das Störsignal $z(t)$ nicht durch ein weißes Rauschen angenähert werden, so erhält man unter Verwendung der Gln. (2.4-18 und 3.3-34c) die schwieriger auszuwertende Beziehung

$$\operatorname{cov}\{\hat{\boldsymbol{b}}\} = \operatorname{cov}\begin{Bmatrix} \hat{U}(\omega_1) \\ \hat{V}(\omega_1) \end{Bmatrix} = \left[\frac{2}{N a_{e1}^2}\right]^2 (U)^T (Z) (U) . \tag{3.3-35 b}$$

Hieraus folgt, daß die Fehler von Real- und Imaginärteil nicht gleich zu sein brauchen und im allgemeinen Fall auch eine Korrelation zwischen diesen Fehlern besteht.

Die abgeleiteten Beziehungen ändern sich nicht wesentlich, wenn ein Testsignal der allgemeinen Form

$$x_e(t) = \sum_{s=1}^{n} a_{es} \cos s \frac{2\pi}{T_p} t \tag{3.3-36}$$

verwendet wird. Da jetzt das Ausgangssignal die Gestalt

$$x_{aM}(t) = \sum_{s=1}^{n} \bar{U}\left(s \frac{2\pi}{T_p}\right) \cos\left(s \frac{2\pi}{T_p} t\right) + \sum_{s=1}^{n} \bar{V}\left(s \frac{2\pi}{T_p}\right) \sin\left(2 \frac{2\pi}{T_p} t\right) \tag{3.3-36 a}$$

mit

$$\bar{U}(s) = \bar{U}\left(s \frac{2\pi}{T_p}\right) = U\left(s \frac{2\pi}{T_p}\right) a_{es} \quad \text{und} \quad \bar{V}(s) = V\left(s \frac{2\pi}{T_p}\right) a_{es} \tag{3.3-36 b}$$

annimmt, tritt an die Stelle von Gl. (3.3-32d) das Fehlergleichungssystem

$$\boldsymbol{\varepsilon} \quad = \quad \boldsymbol{x}_a \quad \pi - (U)\,\boldsymbol{b} =$$

$$= \begin{bmatrix} \varepsilon(0) \\ \varepsilon(\Delta t) \\ \vdots \\ \varepsilon[N-1]\,\Delta t \end{bmatrix} = \begin{bmatrix} x_a(0) \\ x_a(\Delta t) \\ \vdots \\ x_a([N-1]\,\Delta t) \end{bmatrix}$$

$$- \left[\begin{array}{ccc|ccc} 1 & \cdots & 1 & 0 & \cdots & 0 \\ \cos \frac{2\pi}{T_p} \Delta t & \cdots & \cos n \frac{2\pi}{T_p} \Delta t & \sin \frac{2\pi}{T_p} \Delta t & \cdots & \sin n \frac{2\pi}{T_p} \Delta t \\ \vdots & & \vdots & \vdots & & \vdots \\ \cos \frac{2\pi}{T_p} (N-1)\,\Delta t & \cdots & \cos n \frac{2\pi}{T_p} (N-1)\,\Delta t & \sin \frac{2\pi}{T_p} (N-1)\,\Delta t & \cdots & \sin n \frac{2\pi}{T_p} (N-1\,\Delta t) \end{array}\right] \cdot \begin{bmatrix} \bar{U}(1) \\ \vdots \\ \bar{U}(n) \\ \hline \bar{V}(1) \\ \vdots \\ \bar{V}(n) \end{bmatrix}$$

(3.3-36

(vgl. vergleichende Übersicht in Abb. 3.3-2).

Man kann sich leicht davon überzeugen, daß bei Bildung des Produktes $(U)^T\,(U)$ (vgl. Gl. (3.3-33)) hier wieder eine Diagonalmatrix entsteht, wenn die oben bezüglich N und Δt getroffenen Festlegungen beibehalten werden:

$$(U)^T\,(U) = \begin{bmatrix} N/2 & 0 & \cdots & 0 \\ 0 & N/2 & \cdots & 0 \\ \vdots & \vdots & & \vdots \\ 0 & 0 & \cdots & N/2 \end{bmatrix} = \frac{N}{2}\,(I)\,. \tag{3.3-36d}$$

Hiermit gelangt man unter Beachtung von Gl. (3.3-36b) zu den aufgelösten Bestimmungsgleichungen

$$\hat{U}(s2\pi/T_p) = \frac{2}{a_{es}N} \sum_{k=0}^{N-1} x_a(k\,\Delta t)\,\cos\left(s\,\frac{2\pi}{T_p}\,k\,\Delta t\right) \tag{3.3-37a}$$

und

$$\hat{V}(s2\pi/T_p) = -\,\frac{2}{a_{es}N} \sum_{k=0}^{N-1} x_a(k\,\Delta t)\,\sin\left(s\,\frac{2\pi}{T_p}\,k\,\Delta t\right) \tag{3.3-37b}$$

$$\text{für } s = 1, 2, \ldots, n\,.$$

Die Streuungsquadrate dieser Schätzwerte berechnen sich damit bei einem Störsignal in Form eines annähernd weißen Rauschens nach der Beziehung

$$\sigma^2_{\hat{U}(s)} = \sigma^2_{\hat{V}(s)} = \frac{2\sigma_z^2}{N a_{es}^2} \qquad (s = 1, 2, \ldots, n) \tag{3.3-37c}$$

(vgl. Gl. (3.3-35)).

3.3.3.1.1.2. Analoge Meßwertverarbeitung (Frequenzgangmessung)

Schätzwerte für Real- und Imaginärteil des komplexen Frequenzganges (3.3-31), die bei analoger Meßwertverarbeitung optimal im Sinne der Methode der kleinsten Quadrate sind, kann man aus den Gln. (3.3-34 a, b) oder (3.3-37 a, b) durch den Grenzübergang $\Delta t \to 0$ und $N \to \infty$ gewinnen (vgl. Mann, Moranda, 1953, Levin, 1959).

Für ein cosinusförmiges Testsignal nach Gl. (3.3-32) ergeben sich somit die Beziehungen

$$\hat{U}(\omega_1) = \frac{2}{a_{e1} M T_p} \int_0^{MT_p} x_a(t)\,\cos\omega_1 t\,\mathrm{d}t \tag{3.3-38a}$$

und

$$\hat{V}(\omega_1) = -\,\frac{2}{a_{e1} M T_p} \int_0^{MT_p} x_a(t)\,\sin\omega_1 t\,\mathrm{d}t\,, \tag{3.3-38b}$$

wenn die Beobachtungszeit MT_p ein ganzzahliges Vielfaches M der Periodendauer $T_p = 2\pi/\omega_1$ beträgt.

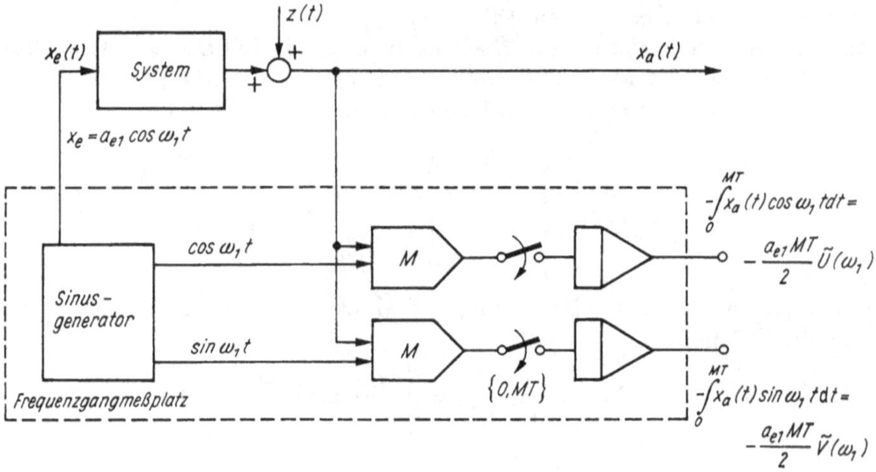

Abb. 3.3-4. Frequenzgangmeßplatz nach dem Komponenten- oder Kreuzkorrelationsverfahren

Diese Beziehungen stellen die bekannten Gleichungen für die FOURIER-*Koeffizienten* $\bar{U}(s2/T_p)$ *und* $\bar{V}(s2\pi/T_p)$ *der* FOURIER-*Reihe* (3.3-36a) *dar, die also aus der Anwendung der Methode der kleinsten Quadrate resultieren.* Sie lassen sich mit einer Anordnung nach Abb. 3.3-4 auswerten, die mehreren handelsüblichen Frequenzgangmeßplätzen zugrunde liegt.

Das durch Abb. 3.3-4 veranschaulichte Meßprinzip hat wegen seiner großen praktischen Bedeutung in der Literatur starke Beachtung gefunden (vgl. u. a. SCHÄFER, 1955, BREUGEL, RADEMAKERS, VERHAEGEN, 1960, WILFERT, 1968, 1969, STROBEL, 1968/*52*, ELSDEN, LEY, 1969).

Die durch ein stationäres stochastisches Störsignal $z(t)$ hervorgerufenen mittleren Fehler ergeben sich offenbar — z. B. für den Imaginärteil — aus dem Erwartungswert (vgl. Abb. 3.3-4 und Gl. (3.3-38b))

$$\sigma^2_{\hat{V}(\omega_1)} = E\{[\Delta V(\omega_1)]^2\} = E\left\{\left[\frac{2}{a_{e1} M T_p} \int_0^{MT_p} z(t) \sin \omega_1 t \, \mathrm{d}t\right]^2\right\}$$

$$= \frac{4}{a_{e1}^2 M^2 T_p^2} E\left\{\left[\int_0^{MT_p} z(t_1) \sin \omega_1 t_1 \, \mathrm{d}t_1\right]\left[\int_0^{MT_p} z(t_2) \sin \omega_1 t_2 \, \mathrm{d}t_2\right]\right\}$$

$$= \frac{4}{a_{e1}^2 M^2 T_p^2} E\left\{\int_0^{MT_p}\int_0^{MT_p} z(t_1)\, z(t_2) \sin \omega_1 t_1 \sin \omega_1 t_2 \, \mathrm{d}t_1 \, \mathrm{d}t_2\right\}$$

$$= \frac{4}{a_{e1}^2 M^2 T_p^2} \int_0^{MT_p}\int_0^{MT_p} E\,\{z(t_1)\, z(t_2)\} \sin \omega_1 t_1 \sin \omega_1 t_2 \, \mathrm{d}t_1 \, \mathrm{d}t_2 \,. \quad (3.3\text{-}39)$$

Für einen stationären Zufallsprozeß kann

$$E\{z(t_1)\, z(t_2)\} = \Psi_{zz}(t_2 - t_1) = \Psi_{zz}(\tau) \tag{3.3-39a}$$

gesetzt werden, so daß

$$\sigma^2_{\hat{V}(\omega_1)} = \frac{4}{a_{e1}^2 M^2 T_p^2} \int\limits_0^{MT_p} \int\limits_0^{MT_p} \Psi_{zz}(\tau) \sin \omega_1 t_1 \sin \omega_1 t_2 \, dt_1 \, dt_2 \tag{3.3-39b}$$

ist. Mit $t_2 - t_1 = \tau$ folgt hieraus (vgl. u. a. PAPOULIS, 1965) die Beziehung

$$\sigma^2_{\hat{V}(\omega_1)} = \frac{4}{a_{e1}^2 M T_p} \int\limits_0^{MT_p} \Psi_{zz}(\tau) \left[\left(1 - \frac{\tau}{MT_p}\right) \cos \omega_1 \tau - \frac{\sin \omega_1 \tau}{2\pi M}\right] d\tau \,. \tag{3.3-40a}$$

Durch eine analoge Betrachtung ergibt sich für den Fehler des Realteiles der Zusammenhang

$$\sigma^2_{\hat{U}(\omega_1)} = \frac{4}{a_{e1}^2 M T_p} \int\limits_0^{MT_p} \Psi_{zz}(\tau) \left[\left(1 - \frac{\tau}{MT_p}\right) \cos \omega_1 \tau + \frac{\sin \omega_1 \tau}{2\pi M}\right] d\tau \,. \tag{3.3-40b}$$

Interessiert man sich nur für die Summe $\sigma^2_{\hat{U}(\omega_1)} + \sigma^2_{\hat{V}(\omega_1)}$, d. h. für das Streuungsquadrat des komplexen Fehlers $\Delta G(j\omega_1) = \Delta U(\omega_1) + j\, \Delta V(\omega_1)$, so ergeben die Gln. (3.3-40 a, b) den einfacheren Zusammenhang

$$\sigma^2_{\hat{G}} = E\{|\Delta G(j\omega_1)|^2\} = \frac{8}{a_{e1}^2 M T_p} \int\limits_0^{MT_p} \Psi_{zz}(\tau) \left[1 - \frac{|\tau|}{MT_p}\right] \cos \omega_1 \tau \; d\tau \,,$$

der sich in die Gleichung

$$\sigma^2_{\hat{G}} = \frac{4}{a_{e1}^2 M T_p} \int\limits_{-MT_p}^{MT_p} \Psi_{zz}(\tau)\, e^{-j\omega_1 \tau} \left[1 - \frac{|\tau|}{MT_p}\right] d\tau \tag{3.3-40c}$$

überführen läßt, da $\Psi_{zz}(\tau) \left[1 - \frac{|\tau|}{MT_p}\right]$ eine gerade Funktion von τ ist.

Für ein weißes Rauschen mit der Korrelationsfunktion

$$\Psi_{zz}(\tau) = \Phi_{zz}(0)\, \delta(\tau) \tag{3.3-40d}$$

erhält man aus den Gln. (3.3-40 a, b) den einfachen Ausdruck

$$\sigma^2_{\hat{U}(\omega_1)} = \sigma^2_{\hat{V}(\omega_1)} = \frac{2}{MT_p} \frac{\Phi_{zz}(0)}{a_{e1}^2} \,. \tag{3.3-41}$$

Weicht das Störsignal nicht erheblich von einem weißen Rauschen ab, d. h. strebt die Korrelationsfunktion $\Psi_{zz}(\tau)$ gemäß

$$\Psi_{zz}(\tau) \approx 0 \quad \text{für } |\tau| > \tau_{\max} \tag{3.3-41a}$$

schon für kleine Werte von $\tau_{\max}$ gegen Null, so kann zumindest der Term $\pm \frac{\sin \omega_1 \tau}{2\pi M}$ in den Gln. (3.3-40 a, b) vernachlässigt werden.

Dies ist sicher dann gerechtfertigt, wenn

$$\left| \frac{\sin \omega_1 \tau}{2\pi M} \right| \leqq 0{,}1 = 10\% \tag{3.3-41b}$$

bzw. wenn

$$\tau_{\max} \leqq \frac{1}{\omega} \operatorname{arc\,sin} \left[(0{,}1)\ 2\pi M\right] \approx \frac{0{,}1}{\omega} 2\pi M = 0{,}1 M T_p \tag{3.3-41c}$$

ist, d. h., wenn die Gesamtmeßzeit MT_p etwa 10mal größer als die Abklingzeit $\tau_{\max}$ der Korrelationsfunktion $\Psi_{zz}(\tau)$ ist. In diesem Falle sind also die mittleren Fehler von Real- und Imaginärteil annähernd einander gleich.

Berücksichtigt man weiterhin, daß auch der Einfluß des Terms $\frac{\tau}{MT_p} \cos \omega_1 \tau$ mit wachsender Meßzeit MT_p zurückgeht, so findet man mit den Gln. (3.3-41 a, b) und mit

$$\sigma^2_{\hat{V}(\omega_1)} = \sigma^2_{\hat{U}(\omega_1)} \approx \frac{4}{a_{e1}^2 M T_p} \int_0^{MT_p} \Psi_{zz}(\tau) \cos \omega_1 \tau \, d\tau = \frac{2}{a_{e1}^2 M T_p} \int_{-MT_p}^{MT_p} \Psi_{zz}(\tau) \cos \omega_1 \tau \, d\tau$$

$$= \frac{2}{a_{e1}^2 M T_p} \int_{-\infty}^{\infty} \Psi_{zz}(\tau)\, e^{-j\omega_1 \tau} \, d\tau$$

die sehr nützliche Faustformel

$$\sigma_{\hat{V}(\omega_1)} = \sigma_{\hat{U}(\omega_1)} \approx \frac{1}{a_{e1}} \sqrt{\frac{2\Phi_{zz}(\omega_1)}{MT_p}}\ . \tag{3.3-42}$$

Hierbei stellt $\Phi_{zz}(\omega)$ die FOURIER-Transformierte

$$\Phi_{zz}(\omega) = \mathcal{F}\{\Psi_{zz}(\tau)\} = \int_{-\infty}^{\infty} \Psi_{zz}(\tau)\, e^{-j\omega t} \, d\tau \tag{3.3-42a}$$

der Korrelationsfunktion, d. h. das sogenannte *Leistungsdichtespektrum*, dar.

Mit einer Fehlerabschätzung für das hier angegebene Frequenzgangmeßverfahren haben sich sehr ausführlich WILFERT, 1968, 1969 und BUCHTA, RIEGER, 1969 sowie LEVIN, 1959 und MESCH, 1964 beschäftigt.

Man kann sich leicht davon überzeugen, daß bei Verwendung eines allgemeinen periodischen Signals nach Gl. (3.3-36) anstelle der Gln. (3.3-38 a, b) die Beziehungen

$$\hat{U}\left(s\frac{2\pi}{T}\right) = \frac{2}{a_{es}MT_p}\int_0^{MT_p} x_a(t)\cos s\frac{2\pi}{T_p}t\,dt \tag{3.3-43a}$$

und

$$\hat{V}\left(s\frac{2\pi}{T_p}\right) = -\frac{2}{a_{es}MT_p}\int_0^{MT_p} x_a(t)\sin s\frac{2\pi}{T_p}t\,dt \tag{3.3-43b}$$

zu verwenden sind. Die zugehörigen Fehlergleichungen ergeben sich aus den Gln. (3.3-40 a, b, c, 41, 42) einfach dadurch, daß man a_{e1} durch a_{es} und ω_1 durch $\omega_s = s2\pi/T_p$ ersetzt.

3.3.3.1.2. Nichtperiodische Testsignale

Nimmt man an, daß sich das Ein- und Ausgangssignal des Modells gemäß

$$x_e(t) \approx 0 \quad \text{und} \quad x_{aM}(t) \approx 0 \quad \text{für} \quad |t| > T_E \tag{3.3-44a}$$

auf ein zeitbegrenztes Signal zurückführen läßt (vgl. hierzu Abschnitt 1.3.1.1. und Abb. 1.3-2), so kann man $x_e(t)$ und $x_{aM}(t)$ in eine Fourier-Reihe entwickeln und damit den aperiodischen Fall auf den periodischen zurückführen. Die Gleichungen für die Fourier-Transformierten $X_e(j\omega)$ und $X_a(j\omega)$ entsprechen dann mit

$$\begin{aligned} X_a(j\omega) &= \int_{-\infty}^{\infty} x_a(t)\,e^{-j\omega t}\,dt \approx \int_{-T_E}^{T_E} x_a(t)\,e^{-j\omega t}\,dt \\ &= \int_{-T_E}^{T_E} x_a(t)\cos\omega t\,dt - j\int_{-T_E}^{T_E} x_a(t)\sin\omega t\,dt \end{aligned} \tag{3.3-44b}$$

den Beziehungen (3.3-43 a, b) für die Fourier-Koeffizienten der Fourier-Reihe (3.3-36a).

Hieraus folgt, daß die Frequenzgangbestimmung nach der Beziehung

$$G(j\omega) = U(\omega) + jV(\omega) = \frac{1}{X_e(j\omega)}X_a(j\omega)\ , \tag{3.3-44c}$$

d. h. durch Ermittlung der Fourier-Transformierten $X_e(j\omega)$ und $X_a(j\omega)$, Schätzwerte $\hat{U}(\omega)$ und $\hat{V}(\omega)$ liefert, die — ebenso wie die durch Fourier-Analyse bestimmten — optimal im Sinne der Methode der kleinsten Quadrate sind.

Die Berechnung der Fourier-Transformierten kann hierbei wieder sowohl mit digitalen [vgl. Kapitel 5.] oder analogen [vgl. Seamans, Blasingame, 1950, Reynolds, 1955, Unbehauen, 1966] Methoden erfolgen.

Setzt man $x_e(t)$ und damit $X_e(j\omega)$ als genau bekannt voraus, so berechnen sich die Streuungsquadrate von $X_a(j\omega) = U_a(\omega) + jV_a(\omega)$ ganz analog zu der in den Gln. (3.3-39 bis 42) wiedergegebenen Herleitung.

Beschränkt man sich von vornherein auf die Ermittlung des Fehlers $\sigma_{\hat{G}}$ (vgl. Gl. (3.3-40c)), der ein Maß sowohl für den mittleren Realteilfehler als auch für den Imaginärteilfehler ist, so gewinnt man mit

$$\sigma_{\hat{G}}^2 = E\{|\Delta G(j\omega)|^2\} = E\left\{\left|\frac{X_a(j\omega)}{X_e(j\omega)}\right|^2\right\} = \frac{1}{|X_e(j\omega)|^2} E\{|\Delta X_a(j\omega)|^2\} \quad (3.3\text{-}45)$$

und

$$x_a(t) = 0 \quad \text{für} \quad t < 0 \text{ und } \quad t > T_E \quad (3.3\text{-}45\text{a})$$

(vgl. Gl. (3.3-44a)) sowie

$$\begin{aligned} E\{|\Delta X_a(j\omega)|^2\} &= E\left\{\left|\int_0^{T_E} z(t)\,e^{j\omega t}\,dt\right|^2\right\} \\ &= E\left\{\left[\int_0^{T_E} z(t_1)\,e^{-j\omega t_1}\,dt_1\right]\left[\int_0^{T_E} z(t_2)\,e^{+j\omega t_2}\,dt_2\right]\right\} \\ &= E\left\{\int_0^{T_E}\int_0^{T_E} z(t_1)\,z(t_2)\,e^{-j\omega(t_1-t_2)}\,dt_1\,dt_2\right\} \\ &= \int_0^{T_E}\int_0^{T_E} E\left\{z(t_1)\;z(t_2)\right\} e^{-j\omega(t_1-t_2)}\,dt_1\,dt_2 \\ &= \int_0^{T_E}\int_0^{T_E} \Psi_{zz}(\tau)\,e^{-j\omega\tau}\,dt_1\,dt_2 \end{aligned} \quad (3.3\text{-}45\text{b})$$

und (vgl. Gln. (3.3-39b und 40a))

$$E\{|\Delta X_a(j\omega)|^2\} = T_E \int_{-T_E}^{T_E} \Psi_{zz}(\tau)\left[1 - \frac{|\tau|}{T_E}\right] e^{-j\omega\tau}\,d\tau \quad (3.3\text{-}45\text{c})$$

(vgl. Papoulis, 1965) die Fehlergleichung

$$\sigma_{\hat{G}}^2 = E\{|\Delta G(j\omega)|^2\} = \frac{T_E}{|X_e(j\omega)|^2} \int_{-T_E}^{T_E} \Psi_{zz}(\tau)\left[1 - \frac{|\tau|}{T_E}\right] e^{-j\omega\tau}\,d\tau \quad (3.3\text{-}46)$$

(vgl. Strobel, 1968).

Strebt das Antwortsignal $x_a(t)$ für $t \to \infty$ nicht gegen Null, d. h. gilt Gl. (3.3-45a) nicht, so muß der Fehler des Endwertes $x_a(\infty)$ mit berücksichtigt werden.

Hierauf sowie auf Möglichkeiten zur Verringerung des Fehlers $\sigma_{\hat{G}}$ wird ausführlich in Teil II (Kapitel 5.) eingegangen.

3.3.3.1.3. Stochastische Testsignale (Spektralanalyse)

Ist $x_e(t)$ ein stochastisches Testsignal, so ist von den Beziehungen (1.4-18, 19) auszugehen. Man erkennt, daß der Betrag des Frequenzganges gemäß

$$|G(j\omega)|^2 = \frac{1}{\Phi_{x_e x_e}(\omega)} \Phi_{x_a x_a}(\omega) \tag{3.3-46a}$$

durch Ermittlung der Leistungsdichtespektren von x_e und x_a ermittelt werden kann.

Hierzu kann eine Anordnung nach Abb. 3.3-5 Verwendung finden, die in handelsüblichen Geräten realisiert worden ist (NORATOM, 1964). Der Fehler bei der Spektraldichtemessung ist dabei um so kleiner, je schmaler die Band-

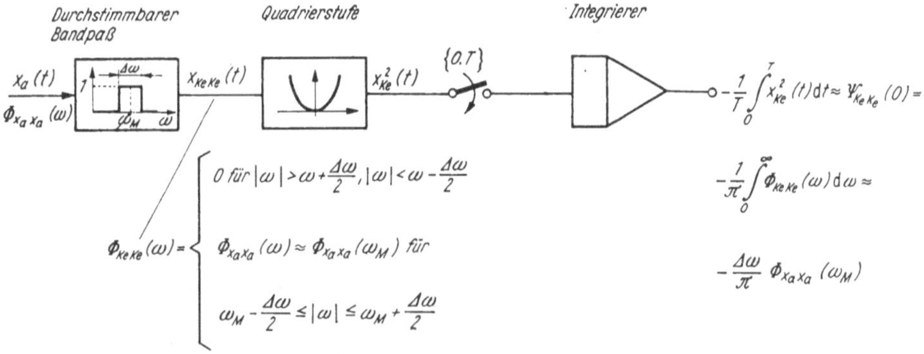

Abb. 3.3-5. Anordnung zur Messung des Leistungsdichtespektrums

breite des durchstimmbaren Bandfilters ist und je länger die Mittelungszeit T gewählt werden kann. Da für träge Systeme mit Zeitkonstanten im Bereich von Minuten oder gar Stunden die notwendige Meßzeit unvertretbar groß wird, läßt sich das hier skizzierte Verfahren nur für „schnelle" Systeme erfolgreich anwenden.

Bezüglich weiterer Meßprinzipien für sogenannte Spektralanalysatoren sei auf die einschlägige Spezialliteratur (vgl. WILFERT, 1969, SOLODOWNIKOW, 1963, SOLODOWNIKOW, USKOW 1963) verwiesen.

3.4. Parametrische dynamische Ein-Ausgangs-Modelle

Zu untersuchen ist in diesem Abschnitt, wie sich für die unter 1.4.1.3. zusammengestellten Modellbeschreibungsformen der Anschluß an die Kennwertermittlungsverfahren des Kapitels 2 herstellen läßt.

3.4.1. Modelle kontinuierlich wirkender Systeme

3.4.1.1. Kennwertlineare Vorwärtsmodelle

Zunächst sei eine Modellbeschreibung nach den Gln. (1.4-23 und 24) und Abb. 1.4-5 zugrundgelegt. Man erkennt leicht aus Gl. (1.4-24), daß sich in diesem Falle bei Verwendung des Ausgangsfehleres kennwertlineare (Vorwärts-)Modelle gemäß Abb. 2.1-1a ergeben.

Wird für $u_i(t)$ nach Gl. (1.4-25) die Näherung

$$u_i(k\,\Delta t) = u_{ki} \approx \sum_{s=0}^{m} \bar{g}_i(s\,\Delta t)\, x_e([k-s]\,\Delta t) \tag{3.4-1}$$

mit $\bar{g}_i(s) = \bar{g}_i(s\,\Delta t) = g_i(s\,\Delta t)\,\Delta t \approx 0$ für $s > m$ verwendet, so gelangt man mit $k = m, m+1, \ldots, m+N$ zu dem Fehlergleichungssystem

$$\begin{bmatrix} \varepsilon(m\,\Delta t) \\ \vdots \\ \varepsilon([m+N]\,\Delta t) \end{bmatrix} = \begin{bmatrix} x_a(m) \\ \vdots \\ x_a(m+N) \end{bmatrix} - \begin{bmatrix} u_{m0} & \cdots & u_{mn} \\ \vdots & & \vdots \\ u_{m+N,0} & \cdots & u_{m+N,n} \end{bmatrix} \cdot \begin{bmatrix} c_0 \\ \vdots \\ c_n \end{bmatrix}$$

$$\hat{=}\ \boldsymbol{\varepsilon} \quad = \quad \boldsymbol{x}_a \quad - \quad (U) \quad \cdot\ \boldsymbol{b}\,, \tag{3.4-2}$$

aus dem sich bei Anwendung der Methode der kleinsten Quadrate das Normalgleichungssystem

$$\begin{bmatrix} \sum\limits_{k=m}^{m+N} u_{k0}u_{k0} & \cdots & \sum\limits_{k=m}^{m+N} u_{k0}u_{kn} \\ \vdots & & \vdots \\ \sum\limits_{k=m}^{m+N} u_{kn}u_{k0} & \cdots & \sum\limits_{k=m}^{m+N} u_{kn}u_{kn} \end{bmatrix} \cdot \begin{bmatrix} \hat{c}_0 \\ \vdots \\ \hat{c}_n \end{bmatrix} = \begin{bmatrix} \sum\limits_{k=m}^{n+N} u_{k0}x_a(k) \\ \vdots \\ \sum\limits_{k=m}^{m+N} u_{kn}x_a(k) \end{bmatrix} \tag{3.4-3}$$

ergibt (vgl. auch vergleichende Übersicht auf Abb. 3.3-2).

Die Leistungsfähigkeit des hier skizzierten Verfahrens hängt wesentlich von einer geeigneten Wahl der Gewichtsfunktionen $g_i(t)$ nach Gl. (1.4-23) und Abb. 1.4-5 ab.

Verwendung finden u. a. der Polynomansatz

$$g(t) = \sum_{i=0}^{n} c_i t^i\,, \quad \text{d. h.} \quad g_i(t) = t^i \tag{3.4-4a}$$

und das „gedämpfte" Polynom

$$g(t) = \sum_{i=0}^{n} c_i t^i\, \mathrm{e}^{-bt}\,, \quad \text{d. h.} \quad g_i(t) = t^i\, \mathrm{e}^{-bt}\,. \tag{3.4-4b}$$

Wie MÜLLER, 1967 an mehreren Beispielen feststellen konnte, führt der Ansatz (3.4-4b) im allgemeinen zu den günstigeren Resultaten, wobei allerdings die erzielbare Genauigkeit von einer „zweckmäßigen" Wahl des Koeffizienten b abhängt.

Durch diesen Nachteil wird allerdings der Vorzug gewonnen, daß das Modell nach Abb. 1.4-5 kennwertlinear bei Verwendung des Ausgangsfehlers ist. Dieser Vorzug geht bei den übrigen parametrischen Modellen nach Abschnitt 1.4.1.3.1. nämlich verloren. Diese sind kennwertlinear nur bei Verwendung des verallgemeinerten Fehlers gemäß Abb. 2.1-1c und 2b.

3.4.1.2. Kennwertlineare verallgemeinerte Modelle

Zu bestimmen seien jetzt die Parameter der Differentialgleichung (1.4-28) bzw. der gebrochenen rationalen Übertragungsfunktion (1.4-29). Man kann sich anhand von Gl. (1.4-28) überzeugen, daß sich hier unter Verwendung des Ausgangsfehlers eine kennwertlineare Beziehung nicht bestimmen läßt. Dies gelingt für einen verallgemeinerten Fehler gemäß Abb. 2.1-1c, wenn man in Gl. (1.4-28) das Modellausgangssignal $x_{aM}(t)$ durch das Systemausgangssignal $x_a(t)$ ersetzt und den dadurch entstehenden *Gleichungsfehler* verwendet:

$$\begin{aligned}
\varepsilon_v(t) &= \{x_{M2}(t)\} - \{x_{M1}(t)\} \\
&= \{a_0 x_a(t) + a_1 \dot{x}_a(t) + \cdots + a_n x_a^{(n)}(t)\} \\
&\quad - \{b_0 x_e(t) + b_1 \dot{x}_e(t) + \cdots + b_m x_e^{(m)}(t)\} \\
&= x_a(t) - [- a_1 \dot{x}_a(t) - \cdots - a_n x_a^{(n)}(t) \\
&\quad + b_0 x_e(t) + b_1 \dot{x}_e(t) + \cdots + b_m x_e(t)] \qquad (3.4\text{-}5) \\
&\triangleq x_a(t) - \sum_{i=1}^{n+m+1} u_i(t)\, b_i \quad (\text{mit } a_0 \equiv 1)\,.
\end{aligned}$$

Die Gl. (3.4-5) läßt sich dabei durch eine Struktur nach Abb. 3.4-1 veranschaulichen.

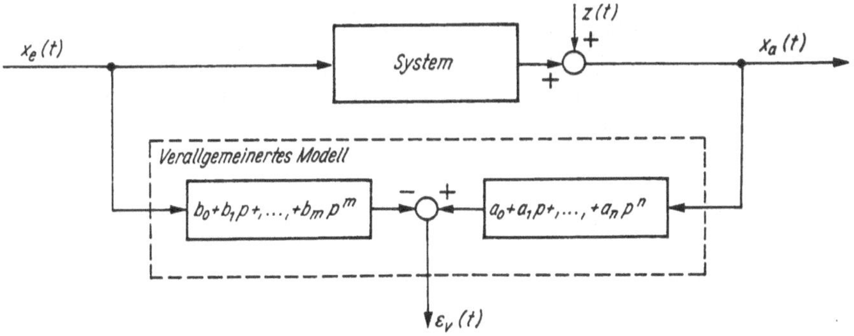

Abb. 3.4-1. Kennwertlineares verallgemeinertes Modell eines kontinuierlich wirkenden Systems gemäß Gl. (3.4-5)

3.4.1.2.1. Digitale Meßwertverarbeitung

Für $t = k\,\Delta t$ mit $k = 0, 1, 2, \ldots, N$ folgt aus Gl. (3.4-5) das kennwertlineare Fehlergleichungssystem

$$\begin{bmatrix} \varepsilon_v(0) \\ \vdots \\ \varepsilon_v(N\,\Delta t) \end{bmatrix} = \begin{bmatrix} x_a(0) \\ \vdots \\ x_a(N) \end{bmatrix} - \left[\begin{array}{ccc|cccc} -\dot{x}_a(0) & \cdots & -x_a^{(n)}(0) & x_e(0) & \dot{x}_e(0) & \cdots & x_e^{(m)}(0) \\ \vdots & & \vdots & \vdots & \vdots & & \\ -\dot{x}_a(N) & \cdots & -x_a^{(n)}(N) & x_e(N) & \dot{x}_e(N) & \cdots & x_e^{(m)}(N) \end{array}\right] \cdot \begin{bmatrix} a_1 \\ \vdots \\ a_n \\ \hline b_0 \\ b_1 \\ \vdots \\ b_m \end{bmatrix} \tag{3.4-6}$$

$$\boldsymbol{\varepsilon} \quad = \quad \boldsymbol{x}_a \quad - \quad (\boldsymbol{U}) \quad \cdot \quad \boldsymbol{b}$$

(vgl. Abb. 3.3-2, Spalte 4).

Eine Weiterverarbeitung dieser Fehlergleichungen mit den Methoden nach Kapitel 2 ist problematisch, da bei der Bildung der Ableitungen $x_e^{(i)}$ und $x_a^{(i)}$ aus fehlerbehafteten Kurven $x_e(t)$ und $x_a(t)$ bekanntlich beträchtliche Fehler entstehen können. Nur von wenigen Autoren (vgl. Karnjuschin, Paljuch, 1960) sind denn auch derartige Fehlergleichungen (z. B. zur Anwendung eines Interpolationsverfahrens) verwendet worden.

Generell kann festgestellt werden, daß die Fehlergleichungen (3.4-6) weniger für eine digitale, sondern vorzugsweise für eine analoge Meßwertverarbeitung bei Beschränkung auf den linearen und eindimensionalen Fall geeignet sind.

3.4.1.2.2. Analoge Meßwertverarbeitung

Hierbei spielt eine besondere Rolle die Verwirklichung adaptiver analoger Modelle nach 2.6.2.2.

Wegen

$$u_i(t) = \begin{cases} -x_a^{(i)}(t) & \text{für } i = 1, 2, \ldots, n \\ x_e^{(i-[n+1])} & \text{für } i = n+1, \ldots, n+m+1 \end{cases} \tag{3.4-7}$$

(vgl. Gln. (3.4-5)) würde allerdings der Aufbau eines verallgemeinerten Modells gemäß Abb. 3.4-1 den Einsatz von Differenziergliedern erfordern (vgl. Glieder $G_1 \cdots G_n$ in den Abb. 2.1—2b) was bekanntlich Schwierigkeiten bereitet. Diese Schwierigkeiten lassen sich durch folgende Vorgehensweise umgehen:

Die Laplace-Transformierte von Gl. (3.4-5), d. h.

$$\varepsilon_v(p) = X_a(p)\,[1 + a_1 p + \cdots + a_n p^n] - X_e(p)\,[b_0 + b_1 p + \cdots + b_m p^m] \tag{3.4-8}$$

wird gemäß

$$\begin{aligned} \varepsilon_v^*(p) = \frac{\varepsilon_v(p)}{A^*(p)} &= X_a(p)\,\frac{1 + a_1 p + \cdots + a_n p^n}{A^*(p)} - X_e(p)\,\frac{b_0 + b_1 p + \cdots + b_m p^m}{A^*(p)} \\ &= \widetilde{X}_a(p)\,[1 + a_1 p + \cdots + a_n p^n] - \widetilde{X}_e(p)\,[b_0 + b_1 p + \cdots + b_m p^m] \end{aligned} \tag{3.4-8a}$$

durch das Polynom

$$A^*(p) = a_0^* + a_1^* p + \cdots + a_n^* p^n \tag{3.4-8b}$$

dividiert, wobei die Koeffizienten $a_0^*, \ldots, a_n^*$ dieses Polynoms so klein gewählt werden, daß sie den Fehler $\varepsilon_v(t)$ lediglich im nicht mehr interessierenden Bereich hoher Frequenzen verfälschen. Man gewinnt damit die realisierbaren Übertragungsfunktionen

$$M_2^{-1}(p) = \frac{a_0 + a_1 p + \cdots + a_n p^n}{a_0^* + a_1^* p + \cdots + a_n^* p^n} \quad (\text{mit } a_0 = 1) \tag{3.4-9a}$$

und

$$M_1(p) = \frac{b_0 + b_1 p + \cdots + b_m p^m}{a_0^* + a_1^* p + \cdots + a_n^* p^n} \tag{3.4-9b}$$

der Teilmodelle nach den Abbn. 2.1-1b und 3.4-2.

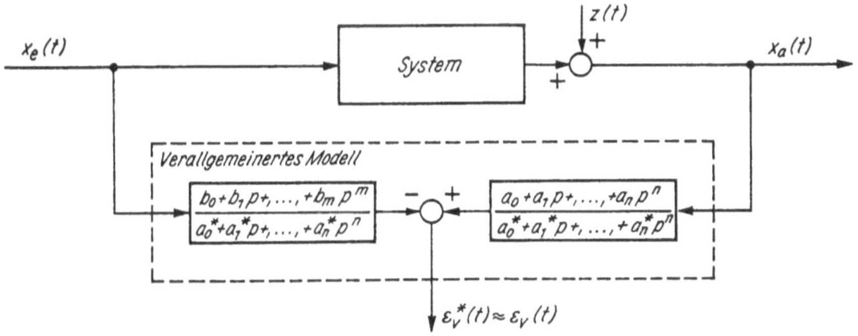

Abb. 3.4-2. Verallgemeinertes kennwertlineares Modell eines kontinuierlich wirkenden Systems

Diese Übergangsfunktionen lassen sich mit bekannten Methoden der Analogrechentechnik in einer Simulationsschaltung nachbilden. Die Übersichttabelle in Abb. 3.3-2 zeigt hierzu den Signalflußplan (vgl. Spalte 4b und Zeile „Simulationsschaltung").

Da diese Simulationsschaltung bei hinreichend kleinen Parametern a_i^* ein kennwertlineares Modell mit der Fehlergleichung (3.4-5) darstellt, kann sie zum Entwurf eines adaptiven Modells unter Verwendung der im Abschnitt 2.6.2.2. behandelten Methoden benutzt werden.

Beispiel 3.4-1: Adaptives Modell zur selbsttätigen Ermittlung und Nachführung der Parameter eines Verzögerungsgliedes 3. Ordnung

Zu ermitteln sind die Parameter a_1, a_2 und a_3 der Modellübertragungsfunktion

$$G(p) = \frac{1}{1 + a_1 p + a_2 p^2 + a_3 p^3}. \tag{3.4-10}$$

Für den verallgemeinerten Modellfehler $\varepsilon_v(t)$ erhält man in diesem Falle — wie

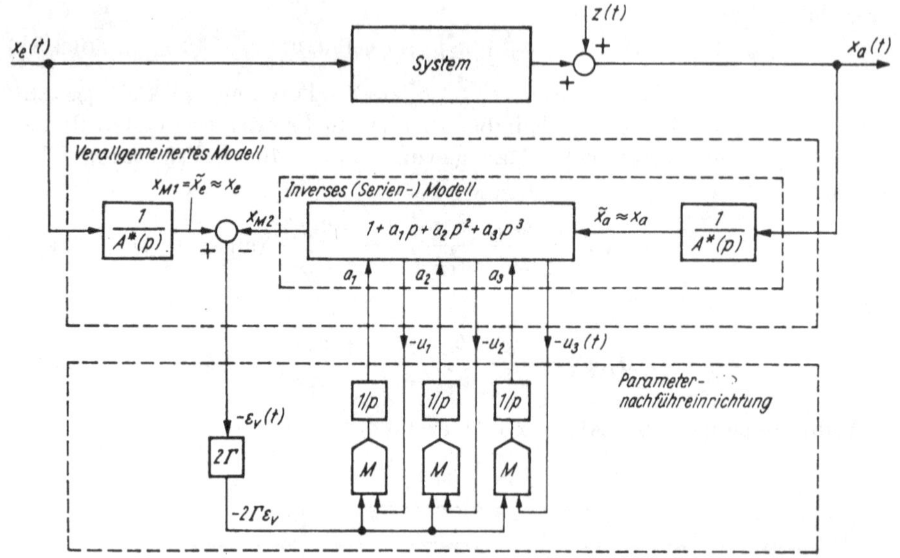

Abb. 3.4-3. Adaptives Modell für eine Modellübertragungsfunktion nach Gl. (3.4-10)

aus Gl. (3.4-8a) folgt (vgl. auch Abb. 3.4-3) — einen Ausdruck der Form

$$\varepsilon_v(t) = x_{M2}(t) - x_{M1}(t) \approx \tilde{x}_a(t) - \{a_1(-\dot{\tilde{x}}_a(t)) + a_2(-\ddot{\tilde{x}}_a(t)) + a_3(-\dddot{\tilde{x}}(t)) + \tilde{x}_e(t)\}$$

$$= \tilde{x}_a(t) - [b_1 u_1(t) + b_2 u_2(t) + b_3 u_3(t) + b_4 u_4(t)] \qquad (3.4\text{-}10\text{a})$$

mit

$$b_i = a_i \quad \text{für } i = 1, 2, 3 \quad \text{und} \quad b_4 = -1$$

sowie

$$u_i(t) = \tilde{x}_a^{(i)}(t) \quad \text{für } i = 1, 2, 3\,.$$

Hieraus folgt mit

$$x_a(t) \approx \tilde{x}_a(t)$$

(bei $a_0^* = 1$) aus Abb. 2.6-8 unmittelbar der grundsätzliche Aufbau des adaptiven Modells nach Abb. 3.4-3.

Unter Verwendung der Simulationsschaltung nach Abb. 3.3-2 erhält man für das Teilmodell mit der Übertragungsfunktion $M_2^{-1}(p)$, das man als inverses oder Serien-Modell bezeichnen kann (vgl. Abb. 2.1-1b), den ausführlichen Signalflußplan nach Abb. 3.4-4a und die Analogrechnerschaltung nach Abb. 3.4-4b. Dabei wurde vorgesehen, die Parameterverstellung mit Hilfe von Multiplizieren vorzunehmen. Aus den Abb. 3.4-4 a, b geht hervor, daß schon bei relativ einfachen Modellstrukturen die Zahl der notwendigen Rechenelemente groß werden kann.

Bei komplizierteren Modellstrukturen empfiehlt sich deshalb der Einsatz digitaler Recheneinrichtungen und damit von diskontinuierlichen Modellen.

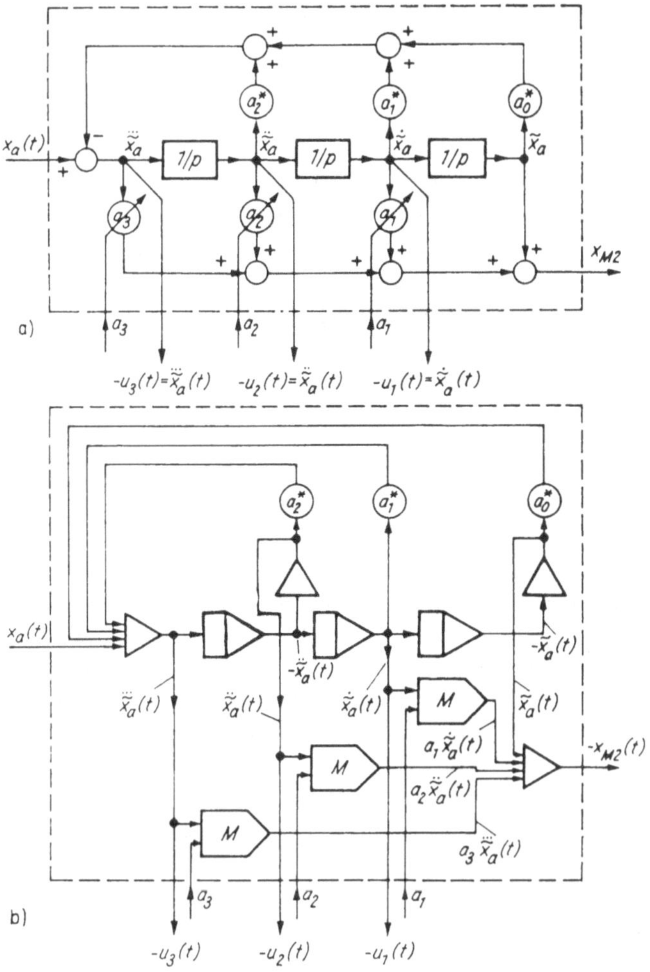

Abb. 3.4-4. Signalflußplan {a} und Analogrechnerschaltung {b} des Serienmodells nach Abb. 3.4-3

3.4.2. Modelle diskontinuierlich wirkender Systeme

Gesucht werden die Parameter der Differenzengleichungen (1.4-32, 35) bzw. der diskreten Übertragungsfunktion (1.4-33). Aus Gl. (1.4-32) kann man dabei, wenn $x_{aM}(k)$ durch $x_a(k)$ ersetzt wird, die kennwertlineare Gleichung

$$\varepsilon_v(k) = x_a(k) - \{-\tilde{a}_1 x_a(k-1) - \cdots - \tilde{a}_n x_a(k-n)\}$$
$$- \{\tilde{b}_0 x_e(k) + \tilde{b}_1 x_e(k-1) + \cdots \tilde{+} b_n x_e(k-n)\} \qquad (3.4\text{-}11)$$

(mit $\tilde{a}_0 \equiv 1$)

für den *verallgemeinerten (Gleichungs-)fehler* gewinnen, die ein verallgemeinertes

Modell gemäß Abb. 3.4-5 mit einer Simulationsschaltung nach Abb. 3.3-2 kennzeichnet.

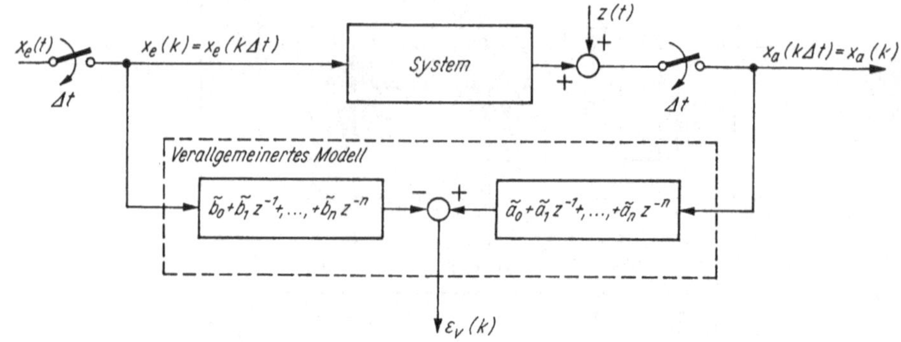

Abb. 3.4-5. Verallgemeinertes kennwertlineares Modell eines diskontinuierlich wirkenden Systems

Eine Modelldarstellung der hier angegebenen Form ist naturgemäß für eine digitale Meßwertverarbeitung zugeschnitten. Hier soll deshalb lediglich die Anwendung derartiger Methoden zunächst für das durch Gl. (3.4-11) gekennzeichnete lineare und eindimensionale Modell behandelt werden, wobei ohne wesentliche Einschränkung der Allgemeinheit $b_0 \equiv 0$ gesetzt werden kann. (Der Wert $x_e(k)$ kann im allgemeinen nicht sofort $x_{aM}(k)$ beeinflussen.)

3.4.2.1. Das lineare Modell

Für $k = n + 1, \ldots, n + N$ erhält man aus Gl. (3.4-11) das kennwertlineare Fehlergleichungssystem

$$\begin{bmatrix} \varepsilon_v(n+1) \\ \vdots \\ \varepsilon_v(n+N) \end{bmatrix} = \begin{bmatrix} x_a(n+1) \\ \vdots \\ x_a(n+N) \end{bmatrix} - \left[\begin{array}{ccc|ccc} -x_a(n) & \cdots & -x_a(1) & x_e(n) & \cdots & x_e(1) \\ \vdots & & \vdots & \vdots & & \vdots \\ -x_a(n+N-1) & \cdots & -x_a(N) & x_e(n+N-1) & \cdots & x_e(N) \end{array}\right] \cdot \begin{bmatrix} \tilde{a}_1 \\ \vdots \\ \tilde{a}_n \\ \hline \tilde{b}_1 \\ \vdots \\ \hat{b}_n \end{bmatrix}$$

$$\hat{=} \quad \boldsymbol{\varepsilon} = \boldsymbol{x}_a - [(U)_1 \mid (U)_2] \cdot \begin{bmatrix} \boldsymbol{b}_1 \\ \hline \boldsymbol{b}_2 \end{bmatrix} \qquad (3.4\text{-}12)$$

Wird z. B. die Methode der kleinsten Quadrate auf diese Gleichung angewendet, so erhält man mit Gl. (2.3-10b) das Normalgleichungssystem

$$\begin{bmatrix} (U)_1^T (U)_1 & (U)_1^T (U)_2 \\ \hline (U)_2^T (U)_1 & (U)_2^T (U)_2 \end{bmatrix} \begin{bmatrix} \hat{\boldsymbol{b}}_1 \\ \hline \hat{\boldsymbol{b}}_2 \end{bmatrix} = \begin{bmatrix} (U)_1^T \\ \hline (U)_2^T \end{bmatrix} \boldsymbol{x}_a$$

$$(U)^T (U) \quad \cdot \quad \hat{\boldsymbol{b}} \quad = \quad (U)^T \quad \boldsymbol{x}_a \tag{3.4-13}$$

mit

$$(U)_1^T (U)_1 = \begin{bmatrix} \sum\limits_{k=n}^{N+n-1} x_a(k)\, x_a(k) & \cdots & \sum\limits_{k=n}^{N+n-1} x_a(k)\, x_a(k-n+1) \\ \sum\limits_{k=n-1}^{N+n-2} x_a(k+1)\, x_a(k) & \cdots & \sum\limits_{k=n-1}^{N+n-2} x_a(k)\, x_a(k-n+2) \\ \vdots & & \vdots \\ \sum\limits_{k=1}^{N} x_a(k+n-1)\, x_a(k) & \cdots & \sum\limits_{k=1}^{N} x_a(k)\, x_a(k) \end{bmatrix} \tag{3.4-14a}$$

$$(U)_1^T (U)_2 = \{(U)_2^T (U)_1\}^T$$

$$= \begin{bmatrix} -\sum\limits_{k=n}^{N+n-1} x_a(k)\, x_e(k) & -\sum\limits_{k=n}^{N+n-1} x_a(k)\, x_e(k-1) & \cdots & -\sum\limits_{k=n}^{N+n-1} x_a(k)\, x_e(k-n+1) \\ \vdots & \vdots & & \\ -\sum\limits_{k=1}^{N} x_a(k)\, x_e(k+n-1) & -\sum\limits_{k=1}^{N} x_a(k)\, x_e(k+n-2) & \cdots & -\sum\limits_{k=1}^{N} x_a(k)\, x_e(k) \end{bmatrix} \tag{3.4-14b}$$

$$(U)_2^T (U)_2 = \begin{bmatrix} \sum\limits_{k=n}^{N+n-1} x_e(k)\, x_e(k) & \cdots & \sum\limits_{k=n}^{N+n-1} x_e(k)\, x_e(k-n+1) \\ \sum\limits_{k=n-1}^{N+n-2} x_e(k)\, x_e(k+1) & \cdots & \sum\limits_{k=n-1}^{N+n-2} x_e(k)\, x_e(k-n+2) \\ \vdots & & \vdots \\ \sum\limits_{k=n}^{N} x_e(k)\, x_e(k+n-1) & \cdots & \sum\limits_{k=n}^{N} x_e(k)\, x_e(k) \end{bmatrix} \tag{3.4-14c}$$

und

$$\begin{bmatrix} (U)_1^T \\ \hline (U)_2^T \end{bmatrix} \boldsymbol{x}_a = \begin{bmatrix} -\sum\limits_{k=n+1}^{N+n} x_a(k)\, x_a(k-1) \\ \vdots \\ -\sum\limits_{k=n+1}^{N+n} x_a(k)\, x_a(k-n) \\ \hline \sum\limits_{k=n+1}^{N+n} x_a(k)\, x_e(k-1) \\ \vdots \\ \sum\limits_{k=n+1}^{N+n} x_a(k)\, x_e(k-n) \end{bmatrix}. \tag{3.4-14d}$$

Die Tatsache, daß die Fehlergleichungen (3.4-12) nur bei Verwendung der Gleichungsfehler linear sind, bringt bei Anwendung der Methode der kleinsten Quadrate (und anderer Verfahren) zwei Probleme mit sich:

1. *Genauigkeit der Parameterschätzung*: Die Methode der kleinsten Quadrate liefert nach 2.4.2. die günstigsten Schätzwerte, wenn der Modellfehler durch unkorrelierte normalverteilte Störungen verfälscht wird. Für den praktisch wichtigen Fall eines (diskreten) weißen Rauschens am *Systemausgang* ist diese Voraussetzung jedoch nicht mehr erfüllt, da durch das inverse Teilmodell (vgl. Abb. 3.4-5) das weiße Rauschen gefiltert wird und somit dem Modellfehler korrelierte Störgrößen überlagert sind.
2. *Versuchsplanung*: Wie aus den Gln. (3.4-12 bis 14c) hervorgeht, hängt die Matrix $(U)^T\,(U)$ vom Ausgangssignal $x_a(k)$ ab. Sie kann also durch geeignete Wahl des Eingangssignales nicht oder nur teilweise beeinflußt (z. B. diagonaliziert) werden.

3.4.2.2. Das nichtlineare HAMMERSTEIN-Modell

Für die nichtlineare Differentialgleichung (1.4-35) erhält durch Bildung des Gleichungsfehlers ebenfalls eine kennwertlineare Fehlergleichung:

$$\begin{aligned}\varepsilon = \varepsilon_v(k) = x_a(k) - \{&- \tilde{a}_1 x_a\,(k-1) - \cdots - \tilde{a}_n x_a\,(k-n)\\ &+ [\tilde{b}_{10} x_e(k) + \cdots + \tilde{b}_{1n} x_e\,(k-n)]\\ &\quad\text{(linearer Term)}\\ &+ [\tilde{b}_{20} x_e^2(k) + \cdots + \tilde{b}_{2n} x_e^2\,(k-n)]\\ &\quad\text{(quadratischer Term)}\\ &+ \cdots + [\tilde{b}_{M0} x_e^M(k) + \cdots + \tilde{b}_{Mn} x_e^M\,(k-n)]\}\\ &\quad\text{(Term } M\text{-ter Ordnung)}\end{aligned} \tag{3.4-15}$$

(mit $\tilde{a}_0 \equiv 1$) .

Definiert man den zu identifizierenden Kennwertvektor $\boldsymbol{b}$ in der Form

$$\boldsymbol{b}^T = (\tilde{a}_1 \cdots \tilde{a}_n \,\vert\, \tilde{b}_{10} \cdots \tilde{b}_{1n} \,\vert\, \tilde{b}_{20} \cdots \tilde{b}_{2n} \,\vert\, \cdots \,\vert\, \tilde{b}_{M0} \cdots \tilde{b}_{Mn})\,, \tag{3.4-16}$$

so läßt sich mit einem Meßwertvektor $\boldsymbol{x}_a$ nach Gl. (3.4-12) eine kennwertlineare Fehlergleichung mit der Matrix

$$(U) = \left((U)_{xa} \,\vert\, (U)_{xe1} \,\vert\, (U)_{xe2} \,\vert\, \cdots \,\vert\, (U)_{xeM}\right) \tag{3.4-17}$$

bestimmen, wobei

$$(U)_{xel} = \begin{bmatrix} x_e^l(n+1) \cdots x_e^l(1) \\ \vdots \qquad\qquad \vdots \\ x_e^l(n+N) \cdots x_e^l(N) \end{bmatrix} \tag{3.4-18}$$

und

$$(U)_{x_a} = \begin{bmatrix} -x_a(n) & \cdots & -x_a(1) \\ \vdots & & \vdots \\ -x_a(n+N-1) & \cdots & -x_a(N) \end{bmatrix} \quad (3.4\text{-}19)$$

zu setzen ist (Näheres vgl. OZA, JURY, 1966).

Ein Vergleich mit Gl. (3.4-12) zeigt, daß in diesen Gln. (3.4-17, 18, 19) das lineare Modell als Sonderfall (für $M = 1$) mit enthalten ist.

Aus den hier angegebenen Beziehungen geht hervor, daß sich auch nichtlineare parametrische Modelle durch kennwertlineare Fehlergleichungen beschreiben lassen. Die Ermittlung derartiger Modelle mit den Methoden nach Kapitel 2 bringt demzufolge im Vergleich zum linearen Fall keine prinzipiell neuen Probleme mit sich. Schwierigkeiten können freilich durch die wesentlich größere Zahl der Parameter entstehen, die hier jedoch erheblich kleiner als bei nichtlinearen nichtparametrischen Modellen (in Form der VOLTERRA-Entwicklung — vgl. 3.3.1.) ist.

3.5. Prozeß (Signal-System-)Modelle

Ein Motiv zur Verwendung eines kombinierten Signal-System-Modells, zum Beispiel des ASTRÖM-Modells nach den Gln. (1.5-4, 5) und Abb. 1.5-1 ergibt sich, wenn der verallgemeinerte Modellfehler ε_v nach Gl. (3.4-11) durch korrelierte Störungen entsteht. Diese Korrelation würde bei der Anwendung der Methode der kleinsten Quadrate zu verzerrten Schätzwerten führen. Will man also eine solche Verzerrung vermeiden, so müßte die MARKOV-Schätzung oder die Maximum-Likelihood Methode (vgl. 2.4.3. und 4.) angewendet werden. Das setzt jedoch Kenntnisse über die Korrelationsfunktion bzw. die Verteilungsdichtefunktion der dem *verallgemeinerten Fehler überlagerten Störung* voraus. Entsprechende Angaben liegen im praktischen Fall jedoch im allgemeinen nicht vor.

Von ASTRÖM, 1965, 1967 ist deshalb die folgende Vorgehensweise vorgeschlagen und mit Erfolg praktisch angewendet worden: Man denkt sich den verallgemeinerten Fehler $\varepsilon_v(k)$ in Gl. (3.4-11) gemäß

$$\varepsilon_v(k) = \varepsilon_0(k) + \tilde{c}_1 \varepsilon_0\,(k-1) + \cdots + \tilde{c}_n \varepsilon_0\,(k-n) \quad (3.5\text{-}1)$$

entstanden durch digitale Filterung einer Folge $\varepsilon_0(k)$, $\varepsilon_0(k-1)$ von voneinander unabhängigen und normalverteilten Zufallszahlen.

Man erkennt leicht, daß damit aus der Gl. (3.4-11) die Beziehung (1.5-5) entsteht. Diese Beziehung ist jetzt aber *kennwertnichtlinear*, da der Fehler $\varepsilon_0(k)$ selbst eine Funktion der zurückliegenden Werte $\varepsilon_0(k-1)$, $\varepsilon_0(k-2)$, ... ist. Dieser Nachteil wird aber dadurch aufgewogen, daß für die $\varepsilon_0(k)$ die Verteilungsdichtefunktion angebbar und somit die Maximum-Likelihood-Schätzung nach 2.4.4. anwendbar ist. Wegen der vorausgesetzten Normalverteilung

$$p_k(\varepsilon_{0k}) = \frac{1}{\sqrt{2\pi}\sigma}\, \mathrm{e}^{-1/2\varepsilon_0^2\sigma^{-2}} \quad (3.5\text{-}2)$$

für die $\varepsilon_0(k)$, so ergibt sich bei einer Stichprobe von N Werten $\varepsilon_0(1), \ldots, \varepsilon_0(N)$ die zugehörige n-dimensionale Dichtefunktion (wegen der vorausgesetzten statistischen Unabhängigkeit zwischen diesen Werten) in Form des Produktes

$$p_{1\ldots N}(\varepsilon_{01}, \ldots, \varepsilon_{0N}) = \frac{1}{\sqrt{2\pi}^N \sigma^N} \exp\left\{-\frac{1}{2\sigma^2} \sum_{k=1}^{N} \varepsilon_{0k}^2\right\}. \tag{3.5-3}$$

Die Maximum-Likelihood-Funktion (2.4-29) gewinnt man hieraus nun dadurch, daß die Variablen ε_{0_k} durch die tatsächlichen Fehler $\varepsilon_0(k)$ ersetzt werden:

$$L\{\varepsilon_0(1), \ldots, \varepsilon_0(N)\} = \frac{1}{\sqrt{2\pi}^N \sigma^N} \exp\left\{-\frac{1}{2\sigma^2} \sum_{k=1}^{N} \varepsilon_{0k}^2\right\} \tag{3.5-4}$$

Hieraus folgt $\ln L$ zu

$$-\ln L = +\frac{N}{2} \ln 2\pi + N \ln \sigma + \frac{1}{2\sigma^2} \sum_{k=1}^{N} \varepsilon_0^2(k)\,. \tag{3.5-5}$$

Die Funktion $L\{\boldsymbol{x}_a, \boldsymbol{b}\}$ erreicht offenbar ihr Maximum für

$$Q(\hat{\boldsymbol{b}}) = \sum_{k=1}^{N} \varepsilon_0^2(k) = \text{Min}\,. \tag{3.5-6}$$

Die Schätzung $\hat{\boldsymbol{b}}$ muß dabei allerdings mit einem Verfahren nach 2.5. bestimmt werden, da Gl. (3.5-1) kennwertnichtlinear ist. Dafür gewinnt man jedoch den Vorteil, daß die Schätzwerte $\hat{\boldsymbol{b}}$ nach Gl. (3.5-6) nicht verzerrt sind und alle weiteren vorteilhaften Eigenschaften einer Maximum-Likelihood-Schätzung besitzen (vgl. 2.4.4.1.).

Ein Schätzwert $\hat{\sigma}$ für die Standardabweichung σ läßt analytisch aus der Bedingung $\frac{\partial \ln L}{\partial \sigma} = 0$ zu

$$\hat{\sigma}^2 = \frac{1}{N} \min Q(\hat{\boldsymbol{b}})$$

bestimmen.

Die hier skizzierte Vorgehensweise läßt sich auch zusammen mit einem nichtlinearen (Hammerstein-)Modell anwenden, in dem man in Gl. (3.4-15), ε_v durch Gl. (3.5-1) ersetzt (vgl. hierzu Banyasz, u. a., 1973, Krempl, 1973 sowie Eykhoff, Aström, 1970, Rogers, Steiglitz, 1967, Panuska, 1968, Bohlin, 1968, Woo, 1970, Gustavsson, 1969, Zettenberg, 1968).

3.6. Zustandsmodelle

Zu untersuchen sind im folgenden die Probleme, die bei der Ermittlung von Zustandsmodellen, d. h. der Elemente der Matrizen (A) bis (D) und $(\tilde{A})$ bis $(\tilde{D})$ entsprechend den Gln. (1.4-36 bis 39) entstehen.

3.6.1. Die Zahl der zu ermittelnden Parameter — Die kanonische Normalform

Aus den Beziehungen (1.4-36 bis 39) ist ablesbar, daß die Zahl der unbekannten Kennwerte

$$z_1 = n^2 + nr + nq + qr \tag{3.6-1}$$

beträgt. Für die Identifikationsaufgabe ist nun offenbar von Bedeutung, die Zahl der Parameter so klein wie möglich zu halten.

Das führt auf das Problem der Ermittlung sogenannter *kanonischer Darstellungen* für die Zustandsgleichungen: Schreibt man den Zustandsvektor $\boldsymbol{x}$ gemäß

$$\boldsymbol{x} = (R)\, \boldsymbol{x}^* \tag{3.6-1a}$$

als Produkt einer — noch näher zu definierenden, zeitunabhängigen — $(n \times n)$ Matrix (R) und des Vektors $\boldsymbol{x}^{*T} = (x_1^*, \ldots, x_n^*)$, so folgen offensichtlich mit

$$\dot{\boldsymbol{x}} = (R)\, \dot{\boldsymbol{x}}^* \tag{3.6-1b}$$

aus den Gln. (1.4-36 und 37) die Beziehungen

$$\dot{\boldsymbol{x}}^* = (R)^{-1}\, (A)\, (R)\, \boldsymbol{x}^* + (R)^{-1}\, (B)\, \boldsymbol{x}_e \tag{3.6-1c}$$

und

$$\boldsymbol{x}_a = (C)\, (R)\, \boldsymbol{x}^* + (D)\, \boldsymbol{x}_e\,. \tag{3.6-1d}$$

Die Transformation (3.6-1a) verändert den Zusammenhang zwischen den Ein$\{\boldsymbol{x}_e\}$- und Aus$\{\boldsymbol{x}_a\}$-gangsvektoren des Systems nicht.

Die Matrix (R) wird nun so gewählt, daß das Produkt

$$(R)^{-1}\, (A)\, (R) = (\Lambda) = \begin{bmatrix} \lambda_1 & 0 & \cdots & 0 \\ 0 & \lambda_2 & \cdots & 0 \\ \vdots & \vdots & & \vdots \\ 0 & 0 & \cdots & \lambda_n \end{bmatrix}, \tag{3.6-1e}$$

d. h. gleich einer Diagonalmatrix ist.

Wie in der Matrizenrechnung gezeigt wird, lassen sich Matrizen (R) mit diesen Eigenschaften aus den sogenannten ***Eigenvektoren*** $\boldsymbol{r}_i$ durch eine Anordnung gemäß

$$(R) = (\boldsymbol{r}_1 \mid \boldsymbol{r}_2 \mid \cdots \mid \boldsymbol{r}_n) \tag{3.6-2}$$

bilden, wobei diese Eigenvektoren über die Beziehung

$$[(A) - \lambda_i (I)]\, \boldsymbol{r}_i = 0 \quad \text{für } i = 1, \ldots, n \tag{3.6-2a}$$

aus den (voneinander verschiedenen) ***Eigenwerten*** $\lambda_1, \ldots, \lambda_n$ der Systemmatrix (A) zu bestimmen sind. Die Eigenwerte λ_i werden dabei bekanntlich aus der Bedingung

$$\det\, [(A) - \lambda (I)] = 0 \tag{3.6-2b}$$

ermittelt (vgl. Zurmühl, 1961).

Mit den Gln. (3.6-1a bis 1d) erhält man jetzt für die neuen, d. h. die sogenannten *kanonischen Zustandsvariablen* $x_1^*, \ldots, x_n^*$ anstelle der Gln. (1.4-36, 37) die Darstellungsform

$$\begin{bmatrix} \dot{x}_1^*(t) \\ \dot{x}_2^*(t) \\ \vdots \\ \dot{x}_n^*(t) \end{bmatrix} = \begin{bmatrix} \lambda_1 & 0 & \cdots & 0 \\ 0 & \lambda_2 & \cdots & 0 \\ \vdots & \vdots & & \vdots \\ 0 & 0 & \cdots & \lambda_n \end{bmatrix} \cdot \begin{bmatrix} x_1^*(t) \\ x_2^*(t) \\ \vdots \\ x_n^*(t) \end{bmatrix} + \begin{bmatrix} \beta_{11} & \cdots & \beta_{1r} \\ \vdots & & \vdots \\ \vdots & & \vdots \\ \beta_{n1} & \cdots & \beta_{nr} \end{bmatrix} \cdot \begin{bmatrix} x_{e1}(t) \\ \vdots \\ \vdots \\ x_{er}(t) \end{bmatrix} \tag{3.6-3}$$

$$\mathrel{\hat{=}} \dot{\boldsymbol{x}}^*(t) = (\Lambda) \cdot \boldsymbol{x}^*(t) + (B^*) \cdot \boldsymbol{x}_a(t) \tag{3.6-3a}$$

und

$$\begin{bmatrix} x_{a1}(t) \\ \vdots \\ x_{aq}(t) \end{bmatrix} = \begin{bmatrix} \gamma_{11} & \cdots & \gamma_{1n} \\ \vdots & & \vdots \\ \gamma_{q1} & \cdots & \gamma_{qn} \end{bmatrix} \cdot \begin{bmatrix} x_1^*(t) \\ \vdots \\ x_n^*(t) \end{bmatrix} + \begin{bmatrix} \Delta_{11} & \cdots & \Delta_{1r} \\ \vdots & & \vdots \\ \Delta_{q1} & \cdots & \Delta_{qr} \end{bmatrix} \cdot \begin{bmatrix} x_{e1}(t) \\ \vdots \\ x_{er}(t) \end{bmatrix} \tag{3.6-4}$$

$$\mathrel{\hat{=}} \boldsymbol{x}_a(t) = (C^*) \cdot \boldsymbol{x}^*(t) + (D^*) \quad \boldsymbol{x}_e(t), \tag{3.6-4a}$$

die als *kanonische Normalform* bezeichnet wird und die einfach aufgebaute Übergangsmatrix

$$\left(\Phi^*(t)\right) = e^{(\Lambda)t} = \begin{bmatrix} e^{\lambda_1 t} & 0 & \cdots & 0 \\ 0 & e^{\lambda_2 t} & \cdots & 0 \\ \vdots & \vdots & & \vdots \\ 0 & 0 & & e^{\lambda n t} \end{bmatrix} \tag{3.6-5}$$

besitzt. Zu analogen Beziehungen kann man bei entsprechender Vorgehensweise für die diskontinuierlichen Systeme gelangen, wie auf Abb. 3.6-1 (s. Anlage) anhand eines einfachen Beispiels veranschaulicht wird. Die kanonische Normalform besitzt offenbar nur noch

$$z_2 = n + nr + qn + qr \tag{3.6-6}$$

Parameter. Da man ohne Beeinträchtigung des Zusammenhanges zwischen $\boldsymbol{x}_e(t)$ und $\boldsymbol{x}_a(t)$ noch die kanonischen Zustandsvariablen $x_i^*(t)$ auf die Eigenwerte λ_i normieren kann, läßt sich die Zahl der Parameter weiter um n, nämlich auf

$$z_3 = n(r + q) + qr \tag{3.6-6a}$$

reduzieren.

Bei Verwendung der kanonischen Normalform (3.6-3, 4) hat man demzufolge

$$z_1 - z_3 = n^2 \tag{3.6-6b}$$

Parameter weniger zu identifizieren als bei Zugrundelegung einer Systembeschreibung nach den Gln. (1.4-36, 37). Dabei läßt sich eine noch weitergehende Verringerung der Unbekannten dadurch ermöglichen, daß man ohne Einschränkung der Allgemeinheit einige Parameter β_{is}, zum Beispiel $\beta_{i1} = 1$, für $i = 1, 2, \ldots, n$ setzt.

Bei der Ermittlung eines Zustandsmodells wird also zweckmäßigerweise von einer kanonischen Darstellung der Zustandsgleichungen ausgegangen.

Die Tatsache, daß das Zustandsmodell mit experimentellen Methoden aus den gemessenen Ein- und Ausgangssignalen zu bestimmen ist, führt nun auf die folgenden zwei Fragestellungen, die grundsätzliche Bedeutung für die Identifikationsaufgabe besitzen:

1. Welcher Zusammenhang besteht zwischen Zustandsmodellen und Modellen für das Klemmenverhalten?
2. Unter welchen Bedingungen kann das Zustandsmodell durch alleinige Beobachtung der Ein- und Ausgangssignale bestimmt werden, und unter welchen Bedingungen läßt sich die Ermittlung eines Zustandsmodells auf die Bestimmung eines Ein-Ausgangs-Modells zurückführen?

Zunächst wird die zuerst genannte Frage behandelt:

3.6.2. Ermittlung von Zustandsmodellen durch Analyse der Ein- und Ausgangssignale

Soll ein Zustandsmodell auf experimentellem Wege, d. h. durch Analyse der Ein- und Ausgangssignale, ermittelt werden, so ist offenbar zunächst der Zusammenhang zwischen einem Zustands- und einem Ein-Ausgangs-Modell zu untersuchen.

3.6.2.1. Kontinuierlich wirkende Systeme

Mit $\boldsymbol{X}(p)$ nach Gl. (1.4-41) erhält man für $\boldsymbol{X}_a(p)$ aus Gl. (1.4-37) bei

$$\boldsymbol{x}(0) = 0 \tag{3.6-7}$$

den Zusammenhang

$$\begin{aligned}\boldsymbol{X}_a(p) &= \{(C)\,[p(I) - (A)]^{-1}\,(B) + (D)\}\,\boldsymbol{X}_e(p)\\ &= \{\qquad (G(p)) \qquad\} \cdot \boldsymbol{X}_e(p)\end{aligned} \tag{3.6-8}$$

und damit die Beziehung

$$\begin{bmatrix} X_{a1}(p) \\ \vdots \\ X_{aq}(p) \end{bmatrix} = \begin{bmatrix} G_{11}(p) \cdots G_{1r}(p) \\ \vdots \qquad\quad \vdots \\ G_{q1}(p) \cdots G_{qr}(p) \end{bmatrix} \cdot \begin{bmatrix} X_{e1}(p) \\ \vdots \\ X_{er}(p) \end{bmatrix}, \tag{3.6-9}$$

wobei die Elemente $G_{li}(p)$ der Matrix $(G(p))$ gebrochen rationale Übertragungsfunktionen der Form

$$G_{li}(p) = \frac{b_{li0} + b_{li1}p + \cdots + b_{lin}p^n}{a_0 + a_1 p + \cdots + a_{n-1}p^{n-1} + p^n} = \frac{X_{al}(p)}{X_{ei}(p)} \tag{3.6-10}$$

darstellen (vgl. Beispiel in Abb. 1.4-9 in der Anlage). Alle $r \times q$ Übertragungsfunktionen besitzen also wegen

$$\mathcal{L}\{(\Phi(t))\} = [p(I) - (A)]^{-1} = \frac{\operatorname{adj}\,[p(I) - (A)]}{\det\,[p(I) - (A)]} \tag{3.6-11}$$

(adj $[p(I) - (A)]$ = Matrix der Adjunkten) das gleiche Nennerpolynom

$$\det [p(I) - (A)] = a_0 + a_1 p + \cdots + a_{n-1} p^{n-1} + p^n . \tag{3.6-12}$$

Die Parameter $b_{li0}, \ldots, b_{lin}$ setzen sich dagegen aus den Elementen der Matrizen (C), (B) und (D) zusammen (vgl. Gl. (3.6-8)).

Für die LAPLACE-Transformierte des l-ten Ausgangssignals $x_{al}(t)$ folgt aus Gl. (3.6-9) die Beziehung

$$X_{al}(p) = \sum_{i=1}^{r} G_{li}(p)\, X_{ei}(p) , \qquad (l = 1, \ldots, q) \tag{3.6-13}$$

die mit Gl. (3.6-10) die q Differentialgleichungen

$$a_0 x_{al}(t) + a_1 \dot{x}_{al}(t) + \cdots + a_{n-1} x_{al}^{(n-1)}(t) + x_{al}^{(n)}(t) = \sum_{i=1}^{r} \{b_{li0} x_{ei}(t) + b_{li1} \dot{x}_{ei}(t) + \cdots + b_{lin} x_{ei}^{(n)}(t)\} \tag{3.6-14}$$

für $l = 1, \ldots, q$ liefert (vgl. Gl. (1.4-28)).

Damit ist das Zustandsmodell nach den Gln. (1.4-36, 37) auf ein Modell für das Klemmenverhalten zurückgeführt. Die im Abschnitt 3.4.1.2. angestellten Überlegungen sind (im Falle $q = 1$) vollständig übertragbar, wenn $x_{al}(t)$ durch das Modellausgangssignal x_{aM_l} ersetzt wird.

Besonders einfach wird der Zusammenhang zwischen einem Zustands- und einem Ein-Ausgangsmodell für spezielle kanonische Darstellungsformen der Zustandsgleichungen.

So ergibt sich aus der kanonischen Zustandsgleichung

$$\dot{x} = \begin{bmatrix} -a_{n-1} & 1 & 0 & \cdots & 0 \\ -a_{n-2} & 0 & 1 & \cdots & 0 \\ \vdots & \vdots & \vdots & & \vdots \\ -a_1 & 0 & 0 & \cdots & 1 \\ -a_0 & 0 & 0 & \cdots & 0 \end{bmatrix} \cdot \begin{bmatrix} x_1 \\ x_2 \\ x_3 \\ \vdots \\ x_n \end{bmatrix} + \begin{bmatrix} b_{11} & \cdots & b_{1r} \\ \cdot & & \cdot \\ \cdot & & \cdot \\ \cdot & & \cdot \\ b_{n1} & \cdots & b_{nr} \end{bmatrix} \cdot \begin{bmatrix} x_{e1} \\ \cdot \\ \cdot \\ \cdot \\ x_{er} \end{bmatrix} \tag{3.6-15}$$

und der zugehörigen Ausgangsgleichung

$$x_{a1}(t) = (1 \quad 0 \; \cdots \; 0) \begin{bmatrix} x_1 \\ x_2 \\ \vdots \\ x_n \end{bmatrix} + (d_{11} \cdots d_{1r}) \cdot \begin{bmatrix} x_{e1} \\ \cdot \\ \cdot \\ \cdot \\ x_{er} \end{bmatrix} \tag{3.6-15a}$$

eines Systems mit einem Ausgang und r Eingängen für $X_{a1}(p)$ der Zusammenhang

$$X_{a1}(p) = \left\{ d_{11} + \frac{b_{11} p^{n-1} + b_{21} p^{n-2} + \cdots + b_{n1}}{a_0 + a_1 p + \cdots + a_{n-1} p^{n-1} + p^n} \right\} X_{e1}(p) + \cdots + \left\{ d_{1r} + \frac{b_{1r} p^{n-1} + b_{2r} p^{n-2} + \cdots + b_{nr}}{a_0 + a_1 p + \cdots + a_{n-1} p^{n-1} + p^n} \right\} X_{er}(p) , \tag{3.6-15b}$$

der offenbar die gleichen Parameter wie das Zustandsmodell nach den Gln. (3.6-15, 15a) enthält. Man erkennt aus dieser Gl. (3.6-15b) weiterhin, daß nur dann zwischen den Ein- und Ausgangssignalen eine direkte Kopplung besteht, d. h., daß nur dann das System „sprungfähig" ist, wenn die Elemente der Matrix (D) von Null verschieden sind (vgl. Matrix-Signalflußbild in Abb. 1.4-9, s. Anlage). Da in vielen Fällen vorausgesetzt werden darf, daß das System nicht sprungfähig ist, braucht im allgemeinen eine Identifikation der Kennwerte d_{li} nicht vorgenommen zu werden.

Über Zusammenhänge zwischen anderen Zustandsmodellen und den zugegehörigen Ein-Ausgangs-Modellen informiert Abb. 1.4-6, s. Anlage). Dabei werden für die verschiedenen Darstellungsformen Simulationsschaltungen angegeben, die auch Aufschluß darüber vermitteln, wie die Zustandsvariablen zu definieren sind, wenn man von einem Ein-Ausgangs-Modell zu einem Zustandsmodell übergehen will.

3.6.2.2. Diskontinuierlich wirkende Systeme

Hier ist — wie Abb. 1.4-10 (s. Anlage) veranschaulicht — von der Z-Transformierten der Gl. (1.4-38), d. h. von

$$Z\{\boldsymbol{x}(k+1)\} = z\tilde{\boldsymbol{X}}(z) - z\boldsymbol{x}(0) = (\tilde{A})\,\tilde{\boldsymbol{X}}(z) + (\tilde{B})\,\tilde{\boldsymbol{X}}_e(z) \tag{3.6-16}$$

auszugehen und hieraus

$$\tilde{\boldsymbol{X}}(z) = z[z(\mathrm{I}) - (\tilde{A})]^{-1}\,\boldsymbol{x}(0) + [z(I) - (\tilde{A})]^{-1}\,(\tilde{B})\,\tilde{\boldsymbol{X}}_e(z) \tag{3.6-16a}$$

zu bestimmen. Mit

$$\tilde{\boldsymbol{X}}_a(z) = (\tilde{C})\,\tilde{\boldsymbol{X}}(z) + (\tilde{D})\,\tilde{\boldsymbol{X}}_e(z) \tag{3.6-16b}$$

(vgl. Gl. (1.4-39)) und der Annahme

$$\boldsymbol{x}(0) = \boldsymbol{0} \tag{3.6-16c}$$

folgt hieraus der Zusammenhang

$$\begin{aligned}\tilde{\boldsymbol{X}}_a(z) &= \{(\tilde{C})\,[z(I) - (\tilde{A})]^{-1}\,(\tilde{B}) + (\tilde{D})\}\,\tilde{\boldsymbol{X}}_e(z)\\ &= \{\qquad (\tilde{G}(z)) \qquad\}\,\tilde{\boldsymbol{X}}_e(z)\end{aligned} \tag{3.6-16d}$$

bzw. die Beziehung

$$\begin{bmatrix}\tilde{X}_{a1}(z)\\ \vdots\\ \tilde{X}_{aq}(z)\end{bmatrix} = \begin{bmatrix}\tilde{G}_{11}(z) & \cdots & \tilde{G}_{1r}(z)\\ \vdots & & \vdots\\ \tilde{G}_{q1}(z) & \cdots & \tilde{G}_{qr}(z)\end{bmatrix} \begin{bmatrix}\tilde{X}_{e1}(z)\\ \vdots\\ \tilde{X}_{er}(z)\end{bmatrix} \tag{3.6-16e}$$

mit

$$(\tilde{G}(z)) = (\tilde{C})\,[z(I) - (\tilde{A})]^{-1}\,(\tilde{B}) + (\tilde{D}) \tag{3.6-16f}$$

und

$$[z(I) - (\tilde{A})]^{-1} = \frac{\operatorname{adj}\,[z(I) - (\tilde{A})]}{\det\,[z(I) - (\tilde{A})]} \tag{3.6-16g}$$

sowie

$$\det[z(I) - (\tilde{A})] = z^n + \tilde{a}_1 z^{n-1} + \tilde{a}_2 z^{n-2} + \cdots + \tilde{a}_{n-1} z + \tilde{a}_n$$
$$= z^n[1 + \tilde{a}_1 z^{-1} + \tilde{a}_2 z^{-2} + \cdots + \tilde{a}_n z^{-n}] . \qquad (3.6\text{-}16\,\text{i})$$

Für die diskreten Übergangsfunktionen $\tilde{G}_{li}(z)$ nach Gl. (3.6-16e) erhält man auf diese Weise — wie in Abb. 1.4-10 an einem Beispiel veranschaulicht wird — Beziehungen der Form

$$\tilde{G}_{li}(z) = \frac{\tilde{X}_{al}(z)}{\tilde{X}_{ei}(z)} = \tilde{d}_{li} + \frac{\tilde{b}_{li1} z^{n-1} + \tilde{b}_{li2} z^{n-2} + \cdots + \tilde{b}_{lin} z_0}{z^n(1 + \tilde{a}_1 z^{-1} + \cdots + \tilde{a}_n z^{-n})}$$

bzw.

$$\tilde{G}_{li}(z^{-1}) = \tilde{d}_{li} + \frac{\tilde{b}_{li1} z^{-1} + \tilde{b}_{li2} z^{-2} + \cdots \tilde{b}_{lin} z^{-n}}{1 + \tilde{a}_1 z^{-1} + \cdots + \tilde{a}_n z^{-n}} . \qquad (3.6\text{-}17)$$

Beschränkt man sich auf nicht sprungfähige Systeme mit $\tilde{d}_{li} \equiv 0$, so erhält man aus Gl. (3.6-17) die q Differenzengleichungen

$$x_{al}(k) + \tilde{a}_1 x_{al}(k-1) + \cdots + \tilde{a}_n x_{al}(k-n)$$
$$= \{\tilde{b}_{l11} x_{e1}(k-1) + \tilde{b}_{l12} x_{e1}(k-2) + \cdots + \tilde{b}_{l1n} x_{e1}(k-n)\} + \cdots +$$
$$\{\tilde{b}_{lr1} x_{er}(k-1) + \tilde{b}_{lr2} x_{er}(k-2) + \cdots + \tilde{b}_{lrn} x_{er}(k-n)\} \qquad (3.6\text{-}17\,\text{a})$$
$$(l = 1, \ldots, q) .$$

Diese Gleichungen enthalten mit $n + nrq = n(1 + rq)$ für $q > 1$ oder $r > 1$ mehr Parameter als das Zustandsmodell in kanonischer Form, das bei verschwindender Matrix (D) nur $n(r + q)$ Unbekannte mit

$$n(r + q) < n(1 + rq) \quad \text{für } q > 1 \text{ oder } r > 1$$

aufweist (vgl. (3.6-6a)). Dieser Unterschied erklärt sich daraus, daß beim Übergang von einem kanonischen Zustandsmodell zu einem Ein-Ausgangsmodell unter Verwendung der Gln. (3.6-16 bis 17a) einige Parameter $\tilde{b}_{lis}$ von vornherein verschwinden und deshalb nicht identifiziert zu werden brauchen. Die Struktur des Ein-Ausgangsmodells kann deshalb nur festgelegt werden, wenn man von einer speziellen kanonischen Darstellungsform des Zustandsmodells ausgeht und daraus — vor Beginn der Parameteridentifikation — bestimmt, welche Kennwerte $\tilde{b}_{lis}$ in Gl. (3.6-17a) nicht berücksichtigt zu werden brauchen. Von Ackermann, 1971 wird hierzu eine aussichtsreich erscheinende Vorgehensweise empfohlen (vgl. auch Bucy, Ackermann, 1970).

Ersetzt man in Gl. (3.6-17a) die Systemausgangssignale $x_{al}(k)$ durch die zugehörigen Modellausgangssignale $x_{aMl}(k)$ und Modellfehler, so erhält man als

Verallgemeinerung der Gl. (3.4-11) die q Fehlergleichungen

$$\varepsilon_{vl}(k) = x_{al}(k) - [- \tilde{a}_1 x_{al}(k-1) - \cdots - \tilde{a}_n x_{al}(k-n)$$

$$+ \sum_{i=1}^{r} \{\tilde{b}_{li1} x_{ei}(k-1) + \cdots + \tilde{b}_{lin} x_{ei}(k-n)\}] \tag{3.6-18}$$

für $l = 1, \ldots, q$, die sich mit $k = n + 1, \ldots, N + n$ offenbar in Form eines kennwertlinearen Gleichungssystems darstellen lassen. Man erkennt allerdings die Besonderheit, daß alle q Fehlergleichungen die gleichen Parameter $\tilde{a}_1, \ldots, \tilde{a}_n$ enthalten.

Eine Parameterermittlung mit Hilfe der q separaten Ansätze

$$Q_l = \sum_{k=n+1}^{N+n} \varepsilon_{vl}^2(k) = \text{Min} \quad (\text{für } l = 1, \ldots, q) \tag{3.6-18a}$$

kann deshalb für den Ausgang l nicht unabhängig von einem anderen Ausgang (z. B. $l + 1$) erfolgen. Will man trotzdem die Minimierungsforderungen (3.6-18a) verwenden, so sind die Fehlergleichungen (3.6-18) als kennwertnichtlinear zu betrachten und mit den Verfahren nach Abschnitt 2.5. zu behandeln. Dies läßt sich vermeiden, wenn eine Minimierungsforderung der Form

$$Q = \sum_{l=1}^{q} Q_l = \sum_{l=1}^{q} \sum_{k=n+1}^{N+n} \varepsilon_{vl}^2(k) = \text{Min}$$

Verwendung findet, die jedoch nicht auf die gleichen Ergebnisse zu führen braucht wie die q Ansätze (3.6-18a).

Zusammenfassend läßt sich feststellen, daß die Ermittlung eines Zustandsmodells durch Analyse der Ein- und Ausgangssignale zwangsläufig auf die Bestimmung von Modellen für das Klemmenverhalten führt. Dabei muß allerdings noch untersucht werden, unter welchen Bedingungen das Ein-Ausgangsmodell das Verhalten des Systems vollständig widerspiegeln kann. Die Untersuchung dieser Frage ist eng gekoppelt mit den Konzepten *Steuerbarkeit, Beobachtbarkeit und Identifizierbarkeit.*

3.6.3. Steuerbarkeit, Beobachtbarkeit, Identifizierbarkeit

Die Konzepte der *Steuerbarkeit* und *Beobachtbarkeit* sind erst zu Beginn der sechziger Jahre von KALMAN, 1960, 1963 gefunden und in die neuere regelungstechnische Literatur eingeführt worden (vgl. auch GILBERT, 1963 und LEE, 1964). Die späte Entdeckung dieser Prinzipien ist bemerkenswert, da sie einige grundsätzliche Fragen zu beantworten gestatten, die bis dahin in der bereits recht hoch entwickelten Regelungs- und Systemtheorie unberücksichtigt geblieben sind.

3.6.3.1. Steuerbarkeit linearer Systeme

Ein System wird steuerbar genannt, wenn es möglich ist, einen (unbeschränkten) *Steuervektor* $\boldsymbol{x}_e(t)$ zu finden, der in endlicher Zeit t_f den *Zustandsvektor* $\boldsymbol{x}(t)$ aus einem beliebigen *Anfangszustand* $\boldsymbol{x}(0) = \boldsymbol{x}_0$ in einen beliebigen *Endzustand* $\boldsymbol{x}(t_f)$ überführen kann.

Eine Bedingung für die Steuerbarkeit kann man aus der kanonischen Normalform gemäß Gl. (3.6-3) ablesen, die sich auch in der Form

$$\dot{x}_i^* = \lambda_i x_i^* + \{i\text{-tes Element von } (B^*)\, \boldsymbol{x}_e\} \tag{3.6-19}$$

darstellen läßt. Da offensichtlich zwischen den kanonischen Zustandsvariablen x_i^* eine Kopplung nicht besteht, folgt als Bedingung für die Steuerbarkeit, daß keine Zeile der Matrix (B^*) verschwinden darf.

Ist zum Beispiel die erste Zeile von (B^*) gleich Null, so kann die Zustandsvariable x_1^* nicht über die Eingangssignale $x_{e1}, \ldots, x_{er}$ beeinflußt werden. Die Zustandsgröße x_1^* ist also *nicht steuerbar.* Hinreichende und notwendige Bedingungen für die Steuerbarkeit, die nicht die Berechnung der kanonischen Normalform voraussetzen, sind von Kalman aufgestellt worden:

Ein (lineares und zeitinvariantes) System n-ter Ordnung mit der Zustandsgleichung (1.4-36) ist vollständig steuerbar, wenn die Matrix

$$(S) = \left((B) \,\vdots\, (A)\,(B) \,\vdots\, \cdots \,\vdots\, (A)^{n-1}\,(B)\right) \tag{3.6-20}$$

(die n Zeilen und $n \times r$ Spalten besitzt) n unabhängige Spalten aufweist, d. h. den Rang n hat:

$$\operatorname{rang}\,(S) = n\,. \tag{3.6-21}$$

Besitzt das System nur einen Eingang $(r = 1)$, so ist die Bedingung (3.6-21) mit der Forderung identisch, daß die Matrix (S) nicht singulär, d. h., daß $\det\,(S) \neq 0$ sein muß.

Für diskontinuierlich wirkende Systeme mit einer Zustandsgleichung nach Gl. (1.4-38) läßt sich die der Gl. (3.6-21) entsprechende Bedingung einfach herleiten (vgl. Eykhoff, 1974): Gesucht wird ein Steuervektor $\boldsymbol{x}_e(k)$, der den Systemzustand von $\boldsymbol{x}(0)$ in $\boldsymbol{x}(n)$ treibt.

Aus Gl. (1.4-48) erhält man für $\boldsymbol{x}(n)$ die Beziehung

$$\begin{aligned}\boldsymbol{x}(n) - (\tilde{A})^n\,\boldsymbol{x}(0) &= (\tilde{A})^{n-1}\,(\tilde{B})\,\boldsymbol{x}_e(0) + (\tilde{A})^{n-2}\,(\tilde{B})\,\boldsymbol{x}_e(1) \\ &\quad + \cdots + (\tilde{A})\,(\tilde{B})\,\boldsymbol{x}_e(n-2) + (\tilde{B})\,\boldsymbol{x}_e(n-1) \\ &= \left((\tilde{A})^{n-1}\,(\tilde{B}) \,\vdots\, (\tilde{A})^{n-2}\,(\tilde{B}) \,\vdots\, \cdots \,\vdots\, (\tilde{A})^1\,(\tilde{B}) \,\vdots\, (\tilde{B})\right) \cdot \begin{bmatrix} \boldsymbol{x}_e(0) \\ \hline \boldsymbol{x}_e(1) \\ \hline \vdots \\ \hline \boldsymbol{x}_e(n-2) \\ \hline \boldsymbol{x}_e(n-1) \end{bmatrix}\end{aligned} \tag{3.6-22}$$

Da Anfangs$\{\boldsymbol{x}(0)\}$- und End$\{\boldsymbol{x}(n)\}$-Zustand sowie die Matrizen $(\tilde{A})$ und $(\tilde{B})$ gegeben sind, hat diese Gleichung nur dann eine eindeutige Lösung für die Steuervektoren $\boldsymbol{x}_e(0), \ldots, \boldsymbol{x}_e(n-1)$, wenn die aus n Zeilen und $n \times r$ Spalten bestehende Matrix

$$(\tilde{S}) = \left((\tilde{A})^{n-1}\,(\tilde{B}) \,\vdots\, (\tilde{A})^{n-2}\,(\tilde{B}) \,\vdots\, \cdots \,\vdots\, (\tilde{A})\,(\tilde{B}) \,\vdots\, (\tilde{B})\right) \tag{3.6-23}$$

a) bei Systemen mit einem Eingang $(r = 1)$ nichtsingulär, d. h. $\det(\tilde{S}) \neq 0$ ist und

b) bei Systemen mit r Eingängen den Rang n besitzt, d. h. $\operatorname{rang}(\tilde{S}) = n$ (vgl. Beispiel auf Abb. 3.6-2, s. Anlage).

3.6.3.2. Beobachtbarkeit linearer Systeme

Ein (nicht erregtes $\{\boldsymbol{x}_e = \boldsymbol{0}\}$) System wird beobachtbar genannt, wenn aus dem im endlichen Zeitintervall $t_0 < t < t_1$ beobachteten Systemausgang $\boldsymbol{x}_a(t)$ der Systemzustand $\boldsymbol{x}(t_0)$ identifiziert werden kann.

Wie aus der Ausgangsgleichung (3.6-4) der kanonischen Normalform abgelesen werden kann, ist für die so definierte Beobachtbarkeit notwendig, daß keine Spalte der Ausgangsmatrix (C^*) verschwindet. Weist zum Beispiel die erste Spalte nur Nullen auf, d. h., ist $\gamma_{11} = \gamma_{21} = \cdots = \gamma_{q1} = 0$, so kann offenbar die Zustandsgröße x_1^* nicht aus $\boldsymbol{x}_a(t)$ ermittelt werden, d. h., x_1^* ist nicht beobachtbar. Man erkennt, daß für eine *Zustandsidentifikation* (vgl. 2.6.1.5.1.) die Beobachtbarkeit vorausgesetzt werden muß.

Vollständige Beobachtbarkeit ist offensichtlich in dem Sonderfall gegeben, daß $(C^*) = (I)$, d. h. gleich der Einheitsmatrix ist. In diesem Falle sind die Zustandsvariablen den Ausgangsgrößen gleich und damit einer direkten Messung zugänglich.

Eine hinreichende und notwendige Bedingung für die Beobachtbarkeit läßt sich wie folgt angeben:

Ein (lineares und zeitinvariantes) System n-ter Ordnung mit der Zustandsgleichung (1.4-36) und der Ausgangsgleichung (1.4-37) ist vollständig beobachtbar, wenn die (aus n Zeilen und $n \times q$ Spalten bestehende) Matrix

$$(Q) = \left((C)^T \,|\, (A)^T\,(C)^T \,|\, \cdots \,|\, \{(A)^T\}^{n-1}\,(C)^T\right) \tag{3.6-24}$$

n linear unabhängige Spalten aufweist, d. h. bei Systemen mit einem Ausgang $(q = 1)$ nichtsingulär ist $\{\det(Q) \neq 0\}$ und bei Systemen mit q Ausgängen den Rang n besitzt:

$$\operatorname{rang}(Q) = n\,. \tag{3.6-25}$$

Für diskontinuierliche Systeme läßt sich die der Gl. (3.6-25) entsprechende Bedingung einfach aus der Ausgangsgleichung (1.4-39) herleiten, wenn man $\boldsymbol{x}_e = \boldsymbol{0}$ setzt (vgl. Eykhoff, 1974):

Gesucht werden die Bedingungen, unter denen sich $\boldsymbol{x}(0)$ aus den Meßwerten $\boldsymbol{x}_a(0), ..., \boldsymbol{x}_a(n)$ bestimmen läßt. Gemäß den Gln. (1.4-38, 39) muß gelten:

$$\begin{aligned} \boldsymbol{x}_a(0) &= (\hat{C})\, \boldsymbol{x}(0) \\ \boldsymbol{x}_a(1) &= (\hat{C})\, \boldsymbol{x}(1) = (\hat{C})\, (\hat{A})\, \boldsymbol{x}(0) \\ &\vdots \\ \boldsymbol{x}_a(n-1) &= (\tilde{C})\, (\tilde{A})^{n-1}\, \boldsymbol{x}(0)\,. \end{aligned} \tag{3.6-26}$$

Hieraus folgt für die $x_1(0), ..., x_n(0)$ das Gleichungssystem

$$\begin{aligned} &\left(\boldsymbol{x}_a^T(0) \,\vdots\, \boldsymbol{x}_a^T(1) \,\vdots\, \cdots \,\vdots\, \boldsymbol{x}_a^T(n-1)\right) \\ &= \boldsymbol{x}^T(0) \left[\left((\tilde{C})^T \,\vdots\, (\tilde{A})^T\, (\tilde{C})^T \,\vdots\, \cdots \,\vdots\, ((\tilde{A})^T)^{n-1}\, (\tilde{C})^T\right)\right], \end{aligned} \tag{3.6-27}$$

das bei gegebenen Matrizen $(\tilde{A})$ und $(\tilde{C})$ und vorliegenden Meßwerten $\boldsymbol{x}_a(0), ..., \boldsymbol{x}_a(n-1)$ nur dann eine eindeutige Lösung für den Zustandsvektor $\boldsymbol{x}(0)$ liefert, wenn (die aus n Zeilen und $n \times q$ Spalten bestehende) Matrix

$$(\tilde{Q}) = \left((\tilde{C})^T \,\vdots\, (\tilde{A})^T\, (\tilde{C})^T \,\vdots\, \cdots \,\vdots\, ((\tilde{A})^T)^{n-1}\, (\tilde{C})^T\right) \tag{3.6-28}$$

den Rang n besitzt (vgl. Abb. 3.6-2, s. Anlage).

3.6.3.3. Identifizierbarkeit eines linearen Systems

Die im folgenden angegebene Definition der Identifizierbarkeit stellt von den verschiedenen bekannt gewordenen Möglichkeiten, die Identifizierbarkeit zu kennzeichnen (vgl. Aoki, 1967) diejenige dar, die sich am engsten an die Begriffe Steuerbarkeit und Beobachtbarkeit anlehnt.

Ein beobachtbares (nicht erregtes $\{\boldsymbol{x}_e = \boldsymbol{0}\}$) System wird identifizierbar genannt, wenn aus den Meßwerten $x_{a1}, ..., x_{aq}$ die Systemmatrix (A) bzw. $(\tilde{A})$ bestimmbar ist.

Nimmt man an, daß die Zustandsvariablen $x_1, ..., x_n$ einer direkten Messung zugänglich sind, d. h., daß $(\tilde{C}) = (I)$ bzw. $x_i = x_{ai}$, ist, so folgen aus der allgemeinen Lösung (1.4-48) der Zustandsgleichung (1.4-38) die Beziehungen

$$\begin{aligned} \boldsymbol{x}(1) &= (\tilde{A})\, \boldsymbol{x}(0) \\ \boldsymbol{x}(2) &= (\boldsymbol{A})^2\, \boldsymbol{x}(0) \\ &\vdots \\ \boldsymbol{x}(n) &= (\tilde{A})^n\, \boldsymbol{x}(0) \end{aligned} \tag{3.6-29}$$

und der Zusammenhang

$$\left(\boldsymbol{x}(1) \,\vdots\, \boldsymbol{x}(2) \,\vdots\, \cdots \,\vdots\, \boldsymbol{x}(n)\right) = (\tilde{A}) \left[\boldsymbol{x}(0) \,\vdots\, (\tilde{A})\, \boldsymbol{x}(0) \,\vdots\, \cdots \,\vdots\, (\tilde{A})^{n-1}\, \boldsymbol{x}(0)\right]. \tag{3.6-30}$$

Da die Vektoren $\boldsymbol{x}(0), \ldots, \boldsymbol{x}(n)$ gegeben sind, kann eine eindeutige Lösung für die Elemente der Matrix $(\tilde{A})$ nur gefunden werden, wenn die aus n Zeilen und n Spalten bestehende Matrix

$$(\widetilde{ID}) = \left(\boldsymbol{x}(0) \,\vdots\, (\tilde{A})\,\boldsymbol{x}(0) \,\vdots\, \cdots \,\vdots\, (\tilde{A})^{n-1}\,\boldsymbol{x}(0)\right) \tag{3.6-31}$$

den Rang n besitzt, d. h. nichtsingulär ist:

$$\operatorname{rang}(\widetilde{ID}) = n \quad \text{bzw.} \quad \det(\widetilde{ID}) \neq 0\,. \tag{3.6-31a}$$

Hierbei ergibt sich, wie an dem einfach gewählten Beispiel

$$\boldsymbol{x}(k+1) = \begin{bmatrix} \tilde{a}_{11} & \tilde{a}_{12} \\ \tilde{a}_{21} & \tilde{a}_{22} \end{bmatrix} \begin{bmatrix} x_1(k) \\ x_2(k) \end{bmatrix} + (\tilde{B})\,\boldsymbol{x}(k)_e \tag{3.6-32}$$

mit

$$(\widetilde{ID}) = \begin{bmatrix} x_1(0) & \tilde{a}_{11}x_1(0) + \tilde{a}_{12}x_2(0) \\ x_2(0) & \tilde{a}_{21}x_1(0) + \tilde{a}_{22}x_2(0) \end{bmatrix} \tag{3.6-33}$$

veranschaulicht werden soll, eine triviale und eine nichttriviale Lösung (vgl. Abb. 3.6-2).

— *Triviale Lösung*

Die Determinante $\det(\widetilde{ID})$ ist offenbar gleich Null, wenn $\boldsymbol{x}(0) \equiv \boldsymbol{0}$ ist. Das ist ein sehr einleuchtendes Ergebnis, da ein in Ruhe befindliches System offensichtlich nicht identifiziert werden kann.

— *Nichttriviale Lösung*

Die Determinante $\det(\widetilde{ID})$ verschwindet ebenfalls für solche Werte $x_1(0)$ und $x_2(0)$, für die die Spalten von $(\widetilde{ID})$ linear abhängig sind, d. h., für die gilt

$$\begin{aligned} \lambda\boldsymbol{x}(0) &= \begin{bmatrix} \lambda x_1(0) \\ \lambda x_2(0) \end{bmatrix} = \begin{bmatrix} \tilde{a}_{11}x_1(0) + \tilde{a}_{12}x_2(0) \\ \tilde{a}_{21}x_1(0) + \tilde{a}_{22}x_2(0) \end{bmatrix} = \begin{bmatrix} \tilde{a}_{11} & \tilde{a}_{12} \\ \tilde{a}_{21} & \tilde{a}_{22} \end{bmatrix} \begin{bmatrix} x_1(0) \\ x_2(0) \end{bmatrix} \\ &= (\tilde{A})\,\boldsymbol{x}(0) \end{aligned} \tag{3.6-34}$$

oder

$$\left((\tilde{A}) - \lambda(I)\right)\boldsymbol{x}(0) = \boldsymbol{0}\,. \tag{3.6-34a}$$

Diese Bedingung ist — wie aus Gl. (3.6-2a) folgt — dann erfüllt, wenn $\lambda = \tilde{\lambda}_i$ die Eigenwerte der Matrix $(\tilde{A})$ und $\boldsymbol{x}(0) = \boldsymbol{r}_i$ die zugehörigen Eigenvektoren $\boldsymbol{r}_i$ kennzeichnet. Ist zum Beispiel $\boldsymbol{x}(0) = \boldsymbol{r}_1$, so wird nur die zu dem Eigenwert $\tilde{\lambda}_1$ gehörende Teilschwingung (z. B. $e^{\tilde{\lambda}_1 t}$ nach Gl. (3.6-5)) erregt und $\tilde{\lambda}_2$ bleibt nicht identifizierbar.

Das System kann also anhand seiner freien Bewegung (vgl. Gln. (1.4-44, 48)) nur identifiziert werden, wenn durch $\boldsymbol{x}(0)$ die zu allen Eigenwerten gehörenden Teilschwingungen angeregt worden sind. Das ist also nicht der Fall, wenn $\boldsymbol{x}(0)$ mit einem Eigenvektor der Systemmatrix $(\tilde{A})$ übereinstimmt. Die Wahrscheinlichkeit dafür, daß dies eintritt, ist aber offensichtlich sehr gering.

3.6.3.4. Gliederung eines allgemeinen Systems in steuerbare und beobachtbare Teilsysteme

Unter 3.6.3.1. und 3.6.3.2. wurde gezeigt, daß von insgesamt n Zustandsvariablen nur n_S steuerbar aber nicht beobachtbar, n_B beobachtbar aber nicht steuerbar, n_{SB} steuerbar und beobachtbar und n_{NSB} weder steuerbar noch beobachtbar sein können, so daß für die Ordnung des Systems gilt

$$n = n_{SB} + n_S + n_B + n_{NSB} \,. \tag{3.6-35}$$

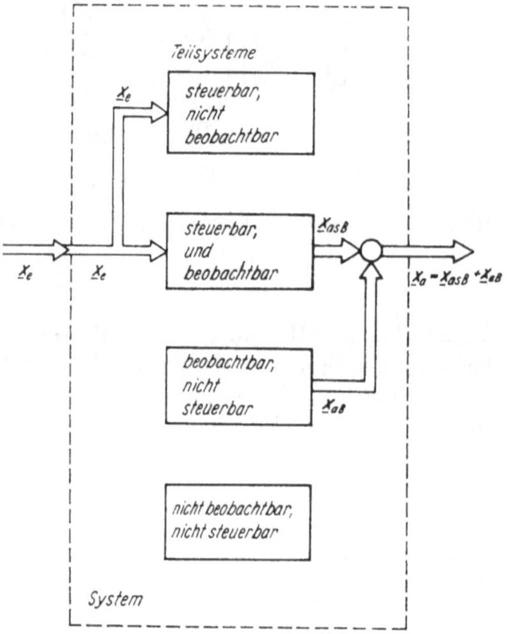

Abb. 3.6-3. Gliederung eines Systems in (nicht) steuerbare und (oder) (nicht) beobachtbare Teilsysteme

Diese Tatsache kann dazu verwendet werden, ein System in der auf Abb. 3.6-3 gezeigten Form in vier Teilsysteme zu zerlegen, die steuerbar *und* beobachtbar, steuerbar *aber nicht* beobachtbar, beobachtbar *aber nicht* steuerbar und *weder* beobachtbar *noch* steuerbar sind. Man erkennt, daß nur das steuer- und beobachtbare Teilsystem einen Zusammenhang zwischen den Ein$\{\boldsymbol{x}_e\}$- und Ausgangs$\{\boldsymbol{x}_a\}$-Signalen herstellt. *Will man also durch Beobachtung der Ein- und Ausgangssignale ein Modell des Systems ermitteln, so ist dies prinzipiell nur für den steuerbaren und beobachtbaren Teil des Systems möglich.* Diese bisher wenig beachtete, aber für die Identifikationsaufgabe außerordentlich wichtige Tatsache zwingt dazu, bei der Modellermittlung durch Analyse von Ein- und Ausgangssignalen Steuerbarkeit und Beobachtbarkeit vorauszusetzen.

3.7. Dynamische Modelle für die zweite Verarbeitungsebene

Angenommen wird jetzt, daß als Ergebnis der Anwendung eines Identifikationsverfahrens der ersten Verarbeitungsebene (vgl. Abschnitte 3.3. bis 3.6.) ein nichtparametrisches oder parametrisches Modell vorliegt und daraus ein anderes Modell zu bestimmen ist. Abb. 3.7-1 veranschaulicht die Möglichkeiten, die hierbei grundsätzlich bestehen.

Praktische Bedeutung für die Identifikationsaufgabe hat dabei allerdings nur der Fall, daß

(1) die Gewichtsfunktion gegeben und hieraus diskrete Werte des Frequenzganges oder eine rationale Übertragungsfunktion zu bestimmen ist bzw. daß

(2) aus vorliegenden diskreten Werten des Frequenzganges die Übertragungsfunktion ermittelt werden soll.

○ : Wichtige Zusammenhänge
△ : Triviale Fälle
▽ : Ohne praktische Bedeutung
□ : Kein Identifikationsproblem

			Gegeben			
			Nichtparametrische Modelle		Parametrische Modelle	
			$g(t)$ bzw. $g(s\Delta t)=g(s)$	$G(j\omega)=U(\omega)+jV(\omega)$	$G(p)=\dfrac{\sum_{i=0}^{m} b_i p^i}{\sum_{i=0}^{n} a_i p^i}$	$\hat{G}(z)=\dfrac{\sum_{i=0}^{m} \hat{b}_i z^{-i}}{\sum_{i=0}^{n} \hat{a}_i z^{-i}}$
Gesucht	Nicht-parametrische Modelle	Gewichtsfunktion $g(t)$ oder $g(s\Delta t)=g(S)$	11 ./.	▽ 12 $g(t)=\tilde{\mathcal{F}}^{-1}\{G(j\omega)\}=\frac{1}{2\pi}\int_{-\infty}^{\infty} G(j\omega)e^{j\omega t}\,d\omega$	□ 13 $g(t)=\mathcal{L}^{-1}\{G(p)\}=\frac{1}{2\pi j}\int_{\sigma-j\infty}^{\sigma+j\infty} G(p)e^{pt}\,dp$	□ 14 $g(s)=Z^{-1}\{\hat{G}(z)\}$
		Frequenzgang $G(j\omega)=U(\omega)+jV(\omega)$	○ 21 $G(j\omega)=\mathcal{F}\{g(t)\}=\int_0^{\infty} g(t)e^{-j\omega t}\,dt$	22 ./.	△ 23 $G(j\omega)=\dfrac{\sum_{i=0}^{m} b_i (j\omega)^i}{\sum_{i=0}^{n} a_i (j\omega)^i}$	△ 24 $G(j\omega)=\hat{G}(z)/_{z=e^{j\omega\Delta t}}$ für $\lvert\omega\rvert<\omega_g$
	Parametrische Modelle	Übertragungsfunktion $G(p)=\dfrac{\sum_{i=0}^{m} b_i p^i}{\sum_{i=0}^{n} a_i p^i}$	○ 31 $G(p)=\mathcal{L}\{g(t)\}=\int_0^{\infty} g(t)e^{-pt}\,dt$	○ 32 $G(p)=G(j\omega)/_{j\omega\to p}$	33 ./.	□ 34 $G(p)=\hat{G}(z)/_{z=e^{p\Delta t}}$
		Diskrete Übertragungsfunktion $\hat{G}(z)=\dfrac{\sum_{i=0}^{m} \hat{b}_i z^{-i}}{\sum_{i=0}^{n} \hat{a}_i z^{-i}}$	△ 41 $\hat{G}(z)=Z\{g(s)\}=\sum_{s=0}^{\infty} g(s)z^{-s}$	▽ 42 $\hat{G}(z)=G(j\omega)/_{j\omega=\frac{1}{\Delta t}\ln z}$ für $\lvert\omega\rvert<\omega_g$	□ 43 $\hat{G}(z)=G(p)/_{p=\frac{1}{\Delta t}\ln z}$	44 ./.

Abb. 3.7-1. Modelle der zweiten Verarbeitungsebene

Die folgende Untersuchung will dabei u. a. auch zeigen, daß sich das in dieser Arbeit angewendete Konzept einer einheitlichen Darstellung von Kennwertermittlungsverfahren auch auf diese „klassischen" Probleme anwenden läßt.

3.7.1. Ermittlung diskreter Frequenzgangwerte aus der Gewichtsfunktion

Zur Behandlung dieser und der folgenden Aufgaben existiert eine sehr umfangreiche Literatur die unter 10.3.3.5. angegeben wird. Gegeben sei der zeitliche

Verlauf der Gewichtsfunktion $g(t)$, wobei diese Zeitfunktion gemäß

$$g(t) \approx 0 \quad \text{für } t > T_E = N\,\Delta t \tag{3.7-1}$$

ohne nennenswerte Einschränkung der Allgemeinheit als ein zeitbegrenztes Signal im Sinne des Abschnittes 1.3.1.1. (vgl. Abb. 1.3-2) betrachtet werden kann. Danach läßt sich der zugehörige Frequenzgang vollständig durch die diskreten Frequenzgangwerte

$$G(jk\,\Delta\omega) = U(k) + jV(k) \tag{3.7-1a}$$

mit

$$\Delta\omega = \pi/T_E \tag{3.7-1b}$$

beschreiben. Zur Bestimmung dieser Werte wird von der Definitionsgleichung

$$G(j\omega) = \int_0^{\infty} g(t)\,\mathrm{e}^{-j\omega t}\,\mathrm{d}t \tag{3.7-2}$$

ausgegangen, die sich mit

$$G(j\omega) = \sum_{s=0}^{N-1} \int_{s\Delta t}^{(s+1)\Delta t} g(t)\,\mathrm{e}^{-j\omega t}\,\mathrm{d}t \tag{3.7-3}$$

und der Näherung

$$\int_{s\Delta t}^{(s+1)\Delta t} g(t)\,\mathrm{e}^{-j\omega t}\,\mathrm{d}t \approx g(s\,\Delta t)\,\mathrm{e}^{-j\omega s\Delta t}\,\Delta t \tag{3.7-4}$$

bei genügend klein gewähltem Δt durch die Beziehungen

$$U(k) = \sum_{s=0}^{N-1} \bar{g}(s) \cos\{ks\pi/N\} \tag{3.7-5a}$$

und

$$V(k) = -\sum_{s=0}^{N-1} \bar{g}(s) \sin\{ks\pi/N\} \tag{3.7-5b}$$

(näherungsweise) darstellen läßt, wenn noch

$$\bar{g}(s) = g(s\,\Delta t)\,\Delta t \tag{3.7-5c}$$

und

$$k\,\Delta\omega s\,\Delta t = k\,\frac{\pi}{N\,\Delta t}\,s\,\Delta t = ks\pi/N \tag{3.7-5d}$$

gesetzt wird (Näheres zur Anwendung dieser Beziehungen vgl. Kapitel 5.).

3.7.2. Ermittlung von Übertragungsfunktionen aus der Gewichtsfunktion

Man kann feststellen, daß sich die hier in Frage kommenden Verfahren auf Methoden der ersten Verarbeitungsebene zurückführen lassen (und umgekehrt). An dieser Stelle soll deshalb mit dem Hinweis auf die Darstellung wichtiger Anwendungen im Kapitel 6 auf eine ausführlichere Behandlung verzichtet und eine Beschränkung auf solche Methoden vorgenommen werden, die sich sogenannter orthogonaler Filter bedienen.

Ausgegangen wird hierbei von einer Darstellung der Gewichtsfunktion gemäß Gl. (1.4-23), d. h. von einer Modellgleichung

$$x_{aM\perp}(t) = \sum_{i=0}^{n} c_i g_i(t) \triangleq \sum_{i=0}^{n} b_i u_i(t) \tag{3.7-6}$$

für die Gewichtsfunktion (Impulsantwort) $x_{aM\perp} = g_M(t)$ des Modells. Zu bestimmen sind die Parameter $c_0, \ldots, c_n$ dieses Modells anhand der gegebenen Gewichtsfunktion $x_{a\perp}(t)$ nach der Methode der kleinsten Quadrate, d. h. mit Hilfe des Ansatzes

$$Q = \int_0^\infty \{x_{a\perp}(t) - \sum_{i=0}^{n} c_i g_i(t)\}^2 \, dt = \text{Min} . \tag{3.7-6a}$$

Da die Gl. (3.7-6) ein kennwertlineares Modell mit $b_i = c_i$ und $u_i(t) = g_i(t)$ kennzeichnet (vgl. Gl. (2.1-3)) sind die im Kapitel 2 angegebenen Verfahren anwendbar.

Nach Abschnitt 2.3.3.2. erweist es sich bei Verwendung des Ansatzes (3.7-6a) als vorteilhaft, wenn die $u_i(t) = g_i(t)$ orthonormale Funktionen darstellen, die der Bedingung (vgl. Gln. (2.3-46, 47))

$$\int_0^\infty g_i(t)\, g_k(t)\, dt = \begin{cases} 1 & \text{für } i = k \\ 0 & \text{für } i \neq k \end{cases} \tag{3.7-6b}$$

genügen. In diesem Falle gilt der einfache Zusammenhang (vgl. Gl. (2.3-47))

$$c_i = \int_0^\infty x_{a\perp}(t)\, g_i(t)\, dt \quad \text{für } i = 0, 1, \ldots, n . \tag{3.7-6c}$$

In Abb. 2.3-2 sind Funktionen zusammengestellt worden, die der Bedingung (3.7-6b) genügen. Von Interesse ist nun die Frage, welche dieser Orthonormalfunktionen sich als Gewichtsfunktionen linearer Übertragungsglieder betrachten lassen. Dies trifft u. a. für die LAGUERREschen Funktionen (vgl. Abb. 2.3-2)

$$l_i(t) = \frac{1}{i!}\, e^{t/2} \frac{d_i}{dt^i} \{t^i\, e^{-t}\} \tag{3.7-7}$$

zu, mit deren Hilfe sich die Gewichtsfunktionen $g_i(t)$ in der Form

$$g_i(t) = l_i(2\sigma_0 t)\, \sqrt{2\sigma_0} \tag{3.7-7a}$$

definieren lassen. Durch LAPLACE-Transformation dieser Gleichung ergeben sich die Übertragungsfunktionen

$$G_i(p) = \int_0^\infty g_i(t)\, e^{-pt}\, dt = \sqrt{2\sigma_0}\, \frac{(p - \sigma_0)^i}{(p + \sigma_0)^{i+1}} , \tag{3.7-7b}$$

die damit die gebrochenrationale Modellübertragungsfunktion

$$G(p) = \frac{\sqrt{2\sigma_0}}{p + \sigma_0} \sum_{i=0}^{n} c_i \left(\frac{p - \sigma_0}{p + \sigma_0}\right)^i \tag{3.7-8}$$

liefern. Diese Übertragungsfunktion läßt sich mit einer Anordnung nach Abb. 3.7-2 unter Verwendung analoger Rechenelemente realisieren.

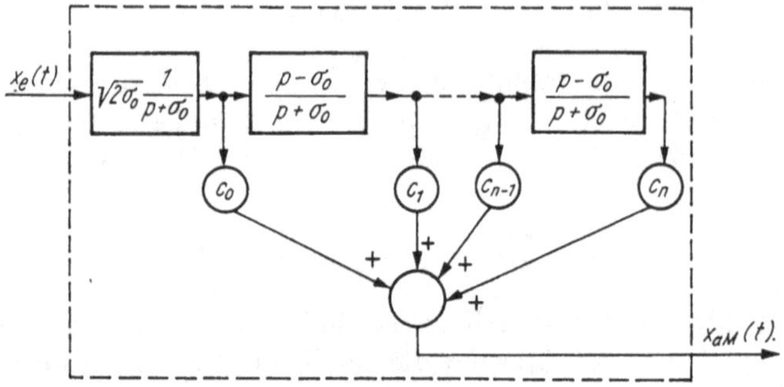

Abb. 3.7-2. Parametrisches (Orthonormal-Filter-)Modell realisiert durch LAGUERRE-Filter

Eine solche Anordnung kann — wie unter 2.6.2.1.2. gezeigt wurde (vgl. Abb. 2.6-6) — im Rahmen eines Modellangleichungsverfahrens mit zyklischer Parameterstellung benutzt werden. Der Nachteil dieses Modells besteht offensichtlich darin, daß die Übertragungsfunktion (3.7-8) nur einen $(n + 1)$-fachen Pol an der Stelle $p = p_1 = -\sigma_0$ besitzt. Eine vorgegebene Approximationsgenauigkeit muß deshalb unter Umständen mit einer hohen Ordnung n, d. h. mit einer komplizierten Modellstruktur, erkauft werden.

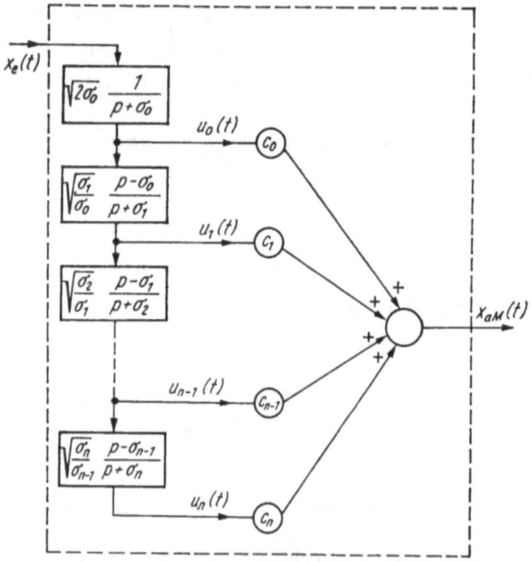

Abb. 3.7-3. Parameterisches Modell realisiert durch Orthonormalfilter nach KAUTZ, 1954

Diese Schwierigkeit läßt sich durch die von KAUTZ, 1954 eingeführten verallgemeinerten Orthonormalfunktionen überwinden, die sowohl reelle als auch konjugiert komplexe Pole für $G(p)$ nach Gl. (3.7-8) zulassen und die LAGUERREschen Funktionen als Sonderfall enthalten.

Von KAUTZ, 1954 ist gezeigt worden, daß die Funktionen

$$G_0(p) = \sqrt{2\sigma_0}\,\frac{1}{p+\sigma_0},$$

$$G_1(p) = \sqrt{2\sigma_1}\,\frac{p-\sigma_0}{(p+\sigma_0)(p+\sigma_1)} = G_0(p)\sqrt{\frac{\sigma_1}{\sigma_0}}\,\frac{p-\sigma_0}{p+\sigma_1},$$

$$G_2(p) = \sqrt{2\sigma_2}\,\frac{(p-\sigma_0)(p-\sigma_1)}{(p+\sigma_0)(p+\sigma_1)(p+\sigma_2)} = G_1(p)\sqrt{\frac{\sigma_2}{\sigma_1}}\,\frac{p-\sigma_1}{p+\sigma_2},$$

$$\vdots$$

$$G_n(p) = \sqrt{2\sigma_n}\,\frac{(p-\sigma_0)(p-\sigma_1)\cdots(p-\sigma_{n-1})}{(p+\sigma_0)(p+\sigma_1)\cdots(p+\sigma_n)} = G_{n-1}(p)\sqrt{\frac{\sigma_n}{\sigma_{n-1}}}\cdot\frac{p-\sigma_{n-1}}{p+\sigma_n} \tag{3.7-9}$$

Übertragungsfunktionen von Orthonormalfiltern darstellen, für deren Gewichtsfunktionen die Bedingung (3.7-6b) gilt (vgl. KAUTZ, 1954, ROSS, 1964, IZAWA, 1967).

Abb. 3.7-3 verdeutlicht, daß eine Realisierung dieses Modells keinen wesentlich größeren Aufwand erfordert als die des LAGUERRE-Filters nach Abb. 3.7-2.

Die Gewichtsfunktionen $g_i(t)$ findet man durch Partialbruchzerlegung der $G_i(p)$. Für $\sigma_0 \neq \sigma_1 \neq \cdots \neq \sigma_n$ folgt mit

$$G_i(p) = \sum_{r=0}^{i} \frac{a_{ir}}{p+\sigma_r} \qquad (i = 0, 1, 2, \ldots, n)$$

die Beziehung

$$g_i(t) = \sum_{r=0}^{i} a_{ir}\,\mathrm{e}^{-\sigma_r t},$$

die sich durch die Matrizengleichung

$$\begin{bmatrix} g_0(t) \\ g_1(t) \\ g_2(t) \\ \vdots \\ g_n(t) \end{bmatrix} = \begin{bmatrix} a_{00} & 0 & 0 & \cdots & 0 \\ a_{10} & a_{11} & 0 & \cdots & 0 \\ a_{20} & a_{21} & a_{22} & \cdots & 0 \\ \vdots & \vdots & \vdots & & \vdots \\ a_{n0} & a_{n1} & a_{n2} & \cdots & a_{nn} \end{bmatrix} \cdot \begin{bmatrix} \mathrm{e}^{-\sigma_0 t} \\ \mathrm{e}^{-\sigma_1 t} \\ \mathrm{e}^{-\sigma_2 t} \\ \vdots \\ \mathrm{e}^{-\sigma_n} \end{bmatrix}$$

darstellen läßt (vgl. SMITH, CLEMENT, 1966).

Für konjugiert komplexe Pole $p_{2i/2i-1} = -\sigma_{2i} \pm j\omega_{2i}$ mit $i = 0, 1, 2, \ldots, n/2$ erhält man nach KAUTZ, 1954 die Übertragungsfunktionen

$$\left.\begin{aligned} G_{2i-1}(p) &= \\ G_{2i}(p) &= \end{aligned}\right\} = \sqrt{2\sigma_i}\,\frac{[(p-\sigma_0)^2+\omega_0^2]\cdots[(p-\sigma_{i-1})^2+\omega_{i-1}^2]\,(p \pm |p_i|]}{[(p+\sigma_0)^2+\omega_0^2]\cdots[(p+\sigma_i)^2+\omega_i^2]}, \tag{3.7-10}$$

wobei das obere Vor-(Plus-)Zeichen $G_{2i-1}(p)$ und das untere (Minus-)Zeichen $G_{2i}(p)$ zuzuordnen ist.

Trotz einer im Vergleich zu den LAGUERREschen Filtern wesentlich größeren Flexibilität der Orthonormalfilter nach KAUTZ (vgl. Gl. 3.7-8) mit den Gln. (3.7-9 und 10) bleibt allerdings als prinzipielle Schwierigkeit bestehen, daß über die Lage der Pole $-\sigma_i \pm j\omega_i$ von vornherein verfügt werden muß, was — bei ungünstiger Festlegung — die Verwendung einer komplizierten Struktur notwendig machen kann.

Diese Schwierigkeiten lassen sich jedoch nur dadurch überwinden, daß man ebenfalls die Pole von $G(p)$ identifiziert. Dann sind die hier angegebenen Modellgleichungen allerdings nicht mehr kennwertlinear und der Rechenaufwand steigt beträchtlich an.

3.7.3. Ermittlung von Übertragungsfunktionen aus diskreten Frequenzgangwerten

Für die diskreten Frequenzen $\omega = \omega_1, \ldots, \omega_n$ sollen

— der experimentell bestimmte komplexe Frequenzgang

$$G_e(j\omega_k) = U_e(k) + jV_e(k) = |G_e(j\omega_k)|\, e^{j \arg G_e(j\omega_k)} \tag{3.7-11}$$

oder lediglich

— die Teilfrequenzgänge

$$U_e(\omega_k) = U(k) \quad \text{oder} \quad V_e(\omega_k) = V(k) \tag{3.7-11a}$$

bzw.

$$|G_e(j\omega_k)| = |G(jk)| \quad \text{oder} \quad \varphi_e(k) = \arg G_e(j\omega_k) \tag{3.7-11b}$$

vorliegen.

Gesucht werden Übertragungsfunktionen der Form (1.4-26) und (1.4-29). Zunächst soll dabei die Auswertung von Teilfrequenzgängen behandelt werden.

3.7.3.1. Auswertung von Teilfrequenzgängen

3.7.3.1.1. Kennwertlineare Vorwärtsmodelle

Ein Modellfrequenzgang der Form (vgl. Gl. (1.4-26))

$$G(j\omega) = \sum_{i=0}^{n} c_i G_i(j\omega) \tag{3.7-12}$$

führt für die bekannten Frequenzgänge

$$G_i(j\omega) = \left(\frac{1 - j\omega T}{1 + j\omega T}\right)^i \tag{3.7-12a}$$

zum Beispiel und mit der Frequenztransformation nach WIENER, LEE, 1938

(vgl. GUILLEMIN, 1957)

$$\omega T = \tan \frac{\omega^*}{2} \tag{3.7-12b}$$

sowie mit

$$\frac{1 - j\omega T}{1 + j\omega T} = \frac{1 - (\omega T)^2}{1 + (\omega T)^2} - j\,\frac{2\omega T}{1 + (\omega T)^2} = \cos\omega^* - j\sin\omega^* = e^{-j\omega^*} \tag{3.7-12c}$$

auf die FOURIER-Reihendarstellung

$$\begin{aligned} G(j\omega^*) &= U(\omega^*) + jV(\omega^*) \\ &= c_0 + c_1 \cos\omega^* + \cdots + c_n \cos n\omega^* \\ &\quad - j\{c_1 \sin\omega^* + \cdots + c_n \sin n\omega^*\}\,. \end{aligned} \tag{3.7-12d}$$

Diese Beziehung liefert bei Verwendung des Ausgangsfehlers den Ausdruck

$$\varepsilon_u(\omega^*) = U_e(\omega^*) - U(\omega^*)\,, \tag{3.7-13}$$

der für $\omega^* = \omega_1^*, \ldots, \omega_N^*$ in das kennwertlineare Fehlergleichungssystem $\boldsymbol{\varepsilon} = \boldsymbol{x}_a - (U)\,\boldsymbol{b}$ (vgl. Abb. 3.7-4, s. Anlage) übergeht. Für den Imaginärteil läßt sich eine Beziehung ganz ähnlicher Form gewinnen. Man kann sich leicht davon überzeugen, daß die Anwendung der Methode der kleinsten Quadrate hier zu aufgelösten Beziehungen für die FOURIER-Koeffizienten führt (vgl. Gln. (3.3-33c und 36d)).

Für die Auswertung dieses kennwertlinearen Fehlergleichungssystems können also die – ursprünglich für die Analyse von Zeitfunktionen entwickelten – Identifikationsmethoden nach Kapitel 2 verwendet werden.

Man hat nur sorgfältig zu beachten, daß es sich bei den auszuwertenden Daten um diskrete Werte von Frequenzfunktionen handelt. Das ist besonders für jene Stellen im Kapitel 2 bedeutungsvoll, wo Annahmen über das stochastische Störsignal $z(t)$ gemacht wurden. Dieses Störsignal bestimmt den Fehler des Systemantwortsignals und dessen statistische Eigenschaften unmittelbar. Hier sind die Fehler der zu analysierenden Frequenzfunktionen erst mit einem Verfahren der ersten Verarbeitungsebene zu ermitteln (vgl. 3.3.3.). Werden diese Besonderheiten beachtet, so können hier also die gleichen Verfahren wie bei Aufgaben der ersten Verarbeitungsebene Verwendung finden.

3.7.3.1.2. Kennwertlineare verallgemeinerte Modelle

Geht man von einer Übertragungsfunktion nach Gl. (1.4-29) aus, so lassen sich zwischen den Teilfrequenzgängen $U(\omega)$, $V(\omega)$, $|G(j\omega)|^2$ und $\varphi(\omega)$ und den Modellparametern folgende Beziehungen herstellen:

Für das Betragsquadrat $|G(j\omega)|^2$ folgt aus

$$G(j\omega) = \frac{\sum\limits_{i=0}^{m} b_i(j\omega)^i}{\sum\limits_{i=0}^{n} a_i(j\omega)^i} = \frac{U_1(\omega) + jV_1(\omega)}{U_2(\omega) + jV_2(\omega)} = \frac{G_{M1}(j\omega)}{G_{M2}^{-1}(j\omega)} \tag{3.7-14}$$

mit

$$U_1(\omega) = b_0 - b_2\omega^2 + b_4\omega^4 - b_6\omega^6 + - \cdots, \tag{3.7-14a}$$

$$V_1(\omega) = b_1\omega - b_3\omega^3 + b_5\omega^5 - + \cdots, \tag{3.7-14b}$$

$$U_2(\omega) = a_0 - a_2\omega^2 + a_4\omega^4 - a_6\omega^6 + - \cdots, \tag{3.7-14c}$$

und

$$V_2(\omega) = a_1\omega - a_3\omega^3 + a_5\omega^5 - + \cdots, \tag{3.7-14d}$$

eine Beziehung der Form

$$|G(j\omega)|^2 = \frac{U_1^2 + V_1^2}{U_2^2 + V_2^2} = \frac{B_0 + B_1\omega^2 + \cdots + B_m\omega^{2m}}{A_0 + A_1\omega^2 + \cdots + A_n\omega^{2n}} = \frac{G_{GM_1}(\omega)}{G_{GM_2}^{-1}(\omega)}. \tag{3.7-15}$$

Für Real- und Imaginärteil ergeben sich wegen

$$G(j\omega) = \frac{U_1U_2 + V_1V_2}{U_2^2 + V_2^2} + j\,\frac{U_2V_1 - U_1V_2}{U_2^2 + V_2^2} \tag{3.7-15a}$$

die Zusammenhänge

$$U(\omega) = \frac{c_0 + c_1\omega^2 + c_2\omega^4 + \cdots}{A_0 + A_1\omega^2 + \cdots + A_n\omega^{2n}} = \frac{G_{UM_1}(\omega)}{G_{UM_2}^{-1}(\omega)} \tag{3.7-16a}$$

und

$$V(\omega) = \frac{D_0 + D_1\omega^3 + D_2\omega^5 + \cdots}{A_0 + A_1\omega^2 + \cdots + A_n\omega^{2n}} = \frac{G_{VM_1}(\omega)}{G_{VM_2}^{-1}(\omega)}. \tag{3.7-16b}$$

Man kann einfach nachprüfen, daß die hier angegebenen Modellgleichungen auf *kennwertnichtlineare* Beziehungen führen, wenn „Frequenzausgangsfehler" Verwendung finden. Dagegen lassen sich bei Benutzung eines verallgemeinerten Fehlers kennwertlineare Gleichungen herleiten.

So erhält man für das Betragsquadrat $|G(j\omega)|^2$ mit der Abkürzung $|G_e(j\omega)|^2 = G_B(\omega)$ aus Gl. (3.7-15) für den verallgemeinerten Betragsquadratfehler ε_{G_V} die Beziehung

$$\begin{aligned}\varepsilon_{G_V} &= \varepsilon_{G_a} G_{GM_2}^{-1}(\omega) = G_B(\omega)\, G_{GM_2}^{-1}(\omega) - G_{GM_1}(\omega) \\ &= G_B(\omega)\,\{A_0 + A_1\omega^2 + \cdots + A_n\omega^{2n}\} - \{B_0 + \cdots + B_m\omega^{2m}\}\,,\end{aligned} \tag{3.7-17}$$

die mit $A_0 \equiv 1$ und $G_B(\omega_k) = G_B(k)$ für die Frequenzen $\omega_1, \ldots, \omega_N$ die der Gl. (2.1-8) entsprechende Darstellung

$$\boldsymbol{\varepsilon} = \boldsymbol{\varepsilon}_{G_V} = \boldsymbol{x}_a - (U)\,\boldsymbol{b} \tag{3.7-18}$$

mit den in Abb. 3.7-4 angegebenen Elementen von $\boldsymbol{x}_a$, $\boldsymbol{b}$ und (U) liefert. Ganz ähnliche Beziehungen lassen sich für Real- und Imaginärteil und den Tangens des Phasenwinkels (vgl. Abb. 3.7-4, s. Anlage) gewinnen.

3.7.3.2. Auswertung komplexer Frequenzgänge

Bei einem Modellfrequenzgang gemäß Gl. (3.7-12) mit den bekannten Frequenzgängen

$$G_i(j\omega_k) = U_i(k) + jV_i(k) \tag{3.7-19a}$$

führt der komplexe „Frequenz"-Ausgangsfehler

$$\varepsilon_a(j\omega) = \varepsilon_u(\omega) + j\varepsilon_v(\omega) = G_e(j\omega) - G(j\omega) \tag{3.7-19b}$$

auf kennwertlineare Beziehungen.

So folgt durch Einsetzen von $G(j\omega)$ nach Gl. (3.7-12) in Gl. (3.7-19b) die Beziehung

$$\begin{bmatrix} \varepsilon_U(\omega) \\ \\ \varepsilon_V(\omega) \end{bmatrix} = \begin{bmatrix} U_e(\omega) \\ \\ V_e(\omega) \end{bmatrix} - \begin{bmatrix} U_0(\omega) \cdots U_n(\omega) \\ \\ V_0(\omega) \cdots V_n(\omega) \end{bmatrix} \begin{bmatrix} c_0 \\ \vdots \\ c_n \end{bmatrix} \tag{3.7-20}$$

die für $\omega = \omega_1, \ldots, \omega_N$ in die Gleichung $\boldsymbol{\varepsilon} = \boldsymbol{x}_a - (U)\,\boldsymbol{b}$ mit $\boldsymbol{\varepsilon}^T = \big(\varepsilon_U(\omega_1), \varepsilon_V(\omega_1) \cdots \varepsilon_U(\omega_N), \varepsilon_V(\omega_N)\big)$ und den in Abb. 3.7-4 (s. Anlage) angegebenen Elementen von (U), $\boldsymbol{b}$ und $\boldsymbol{x}_a$. Wird dagegen eine Modellübertragungsfunktion $G_M(p)$ gemäß Gl. (3.7-14) verwendet, so ist anstelle des Ausgangsfehlers (3.7-19b) der verallgemeinerte Fehler

$$\varepsilon_v(j\omega) = G_e(j\omega)\, G_{M2}^{-1}(j\omega) - G_{M1}(j\omega) \tag{3.7-21}$$

zu benutzen, wenn man zu einem kennwertlinearen Modell gelangen will. Ersetzt man in dieser Beziehung die Frequenzfunktionen $G_{M2}^{-1}(j\omega)$ und $G_{M1}(j\omega)$ gemäß Gl. (3.7-14), so führt dies mit $a_0 \equiv 1$ und

$$\begin{aligned} \varepsilon_v = \varepsilon_{u_V} + j\varepsilon_{v_V} &= U_e(\omega)\, U_2 - V_e(\omega)\, V_2 - U_1 \\ &+ j\{V_e(\omega)\, U_2 + U_e(\omega)\, V_2 - V_1\} \end{aligned} \tag{3.7-22}$$

unter Berücksichtigung der Gln. (3.7-14a bis d) für $\omega = \omega_1, \ldots, \omega_N$ zu einer kennwertlinearen Beziehung der in Abb. 3.7-4 dargestellten Form. Die Verwendung der kennwertlinearen verallgemeinerten Fehlergleichungen (3.7-17, 18, 22) führt zu einer wesentlichen Vereinfachung der Rechnung. Dabei ergibt sich jedoch der Nachteil, daß

1. bei Anwesenheit zufälliger Fehler für die zu identifizierenden Parameter verzerrte Schätzwerte bestimmt werden und
2. bei der Approximation unverfälschter Frequenzfunktionen (z. B. im quadratischen Mittel) im Bereich hoher Frequenzen zu große Fehler auftreten können.

Dies kann die Verwendung des Ausgangsfehlers und damit eines kennwertnichtlinearen Modelles notwendig machen. Diese Problematik wird ausführlich bei der Behandlung von Anwendungen in den Kapiteln 9 und 10 diskutiert.

3.7.4. Zusammenfassung

In diesem Abschnitt 3.7. konnte gezeigt werden, daß die in großer Mannigfaltigkeit vorhandenen Verfahren zur Auswertung von Frequenzgängen und Gewichtsfunktionen sich unter einheitlichen Gesichtspunkten ordnen und mit den gleichen Methoden nach Kapitel 2 behandeln lassen wie die Aufgaben der ersten Verarbeitungsebene. Man hat lediglich zu beachten, daß die bei der Anwendung eines statistischen Parameterschätzverfahrens benötigten Angaben über die statistischen Eigenschaften der Frequenzgang- oder Gewichtsfunktionsfehler (z. B. in Form der Verteilungsdichtefunktion, der Kovarianzmatrix oder lediglich der Varianz) nicht unmittelbar aus dem Störsignal $z(t)$ (vgl. Abb. 2.1-1 und Abschnitt 2.4.) resultieren, sondern mit einem Verfahren der ersten Verarbeitungsebene abzuschätzen sind (vgl. hierzu Abschnitte 3.3. und 3.4.).

3.8. Gütebeurteilung von Modellen

3.8.1. Problemstellung

Ein mathematisches Modell, das durch Auswertung gemessener Ein- und Ausgangssignale ermittelt wurde, kann das tatsächliche Verhalten des Systems nur näherungsweise widerspiegeln, da Störsignale und Meßfehler eine beliebig genaue Ermittlung der Kennwerte verhindern und das reale System oft sehr kompliziert ist, so daß Vereinfachungen unumgänglich sind.

Damit ergeben sich folgende Fragen, denen die gebührende Aufmerksamkeit erst seit Mitte der sechziger Jahre in Arbeiten von Gupta, 1964, 1966, Isermann, 1969, Kaya und Ishikawa, 1970, Müller, 1969, Reinisch, 1966, Strobel, 1967, 1968, Unbehauen, 1967, 1968 und Wilfert, 1971 geschenkt wurde:

1. Wie genau muß das mathematische Modell das tatsächliche Verhalten des Systems widerspiegeln?
2. Wie läßt sich der Gültigkeitsbereich bzw. die Güte des Modells kennzeichnen?

Die Frage nach der notwendigen Modellgenauigkeit läßt sich offensichtlich nur in Zusammenhang mit dem für das Modell vorgesehenen Verwendungszweck beantworten. So sind an biokybernetische Diagnosemodelle, an Verhaltens-Modelle für den Regler „Mensch“ oder an Modelle als Hilfsmittel für Konstruktion und Entwicklung andere (im allgemeinen geringere) Genauigkeitsforderungen zu stellen als an Modelle, die für den Entwurf automatischer Systeme Verwendung finden sollen (vgl. Abschnitt 1.2.).

Dabei muß noch innerhalb des zuletzt genannten Anwendungsfalles sorgfältig unterschieden werden, ob das Modell zum Entwurf eines (optimalen) Steuerungssystems, einer Folgeregelung, einer Regelungseinrichtung für stochastisch gestörte Systeme bzw. einer adaptiven oder selbstoptimierenden Regelung dienen soll (vgl. Abb. 1.2-4). Die grundsätzliche Schwierigkeit bei der Ermittlung der erforderlichen Modellgenauigkeit ergibt sich hier daraus, daß sie nur bei Kenntnis der Regelungs- bzw. Steuerungseinrichtung abgeschätzt werden kann. Diese soll aber erst unter Verwendung des Modells ermittelt werden. Die Ermittlung eines Modells, das nicht genauer als notwendig ist, kann demzufolge nur im Rahmen eines kombinierten Analyse-Synthese-Verfahrens erfolgen, bei dem iterativ die Kennwerte des Modells und des Reglers berechnet werden. Von Wilfert, 1971 wurde ein solches Verfahren bei Beschränkung auf die Regelung stochastisch gestörter Systeme mit einem Ein- und einem Ausgang entwickelt.

Auf einen derartigen Analyse-Synthese-Algorithmus kann man nicht zurückgreifen, wenn zum Zeitpunkt der Systemanalyse Angaben über den einzusetzenden Regler noch nicht gemacht werden können. In einem solchen Falle muß man sich damit begnügen, die Identifikation unter sinnvoll erscheinenden (auf Erfahrungen begründeten) Genauigkeitsforderungen durchzuführen oder die notwendige Genauigkeit nur grob abzuschätzen. Dazu ist allerdings erforderlich, über ein Fehlermaß zu verfügen, das die Grenzen für die Gültigkeit des mathematischen Modells anzugeben und abzuschätzen gestattet.

Zu dieser Frage sollen im folgenden Untersuchungen unter Beschränkung auf lineare dynamische Modelle zum Entwurf

— einer Folgeregelung mit determinierten Führungsgrößen und
— einer (zeit-)optimalen Steuerung

durchgeführt werden.

Das mathematische Modell soll dabei als genügend genau bezeichnet werden, wenn die mit seiner Hilfe entworfene Regel- oder Steuereinrichtung beim Anschluß an das reale System nicht erheblich nachjustiert werden muß, d. h. also, wenn das vorausberechnete Verhalten der Regelung oder der Steuerung zufriedenstellend genau mit dessen tatsächlichen Eigenschaften übereinstimmt. Als Maß für die Güte des Modells wird hierbei die mittlere quadratische Abweichung zwischen den vorausberechneten $\{\Delta x_M, x_M\}$ und tatsächlichen $\{\Delta x_S, x_S\}$ Verläufen der Regelabweichungen $\{\Delta x_M, \Delta x_S\}$ bzw. der Regelgrößen $\{x_M, x_S\}$ benutzt werden (vgl. Abb. 3.8-1a).

3.8.2. Gütebeurteilung anhand der Übergangs- oder der Gewichtsfunktion

Für die Charakterisierung der Ungenauigkeit eines Zeitfunktionsmodells kommen die Fehler der Gewichts$\{g(t)\}$- oder der Übergangs$\{h(t)\}$-funktion in Frage. Inwiefern diese Fehlerangaben den Gültigkeitsbereich des Modells — in Hinblick auf dessen Verwendung zum Entwurf einer Regeleinrichtung — zu kennzeichnen vermögen, soll anhand einiger Beispiele gezeigt werden, die den allgemeingültigen Sachverhalt in anschaulicher Weise deutlich machen.

Beispiel 3.8-1: Entwurf einer Folgeregelung

Gegeben sei ein Zeitfunktionsmodell in Form der Übergangsfunktion $h(t)$. Wie Abb. 3.8-2a zeigt, sind die Abweichungen zwischen den Übergangsfunktionen von System $\{h_s(t)\}$ und Modell $\{h(t)\}$ kleiner als 2,7%:

$$\left|\frac{\Delta h}{h(\infty)}\right| = \left|\frac{h_s(t) - h(t)}{h(\infty)}\right| \leqq 2{,}7\,\% \,. \qquad (3.8\text{-}1)$$

Unter Berücksichtigung der bei experimentellen Untersuchungen erreichbaren Genauigkeit könnte dieser Fehler als ausreichend klein angesehen werden.

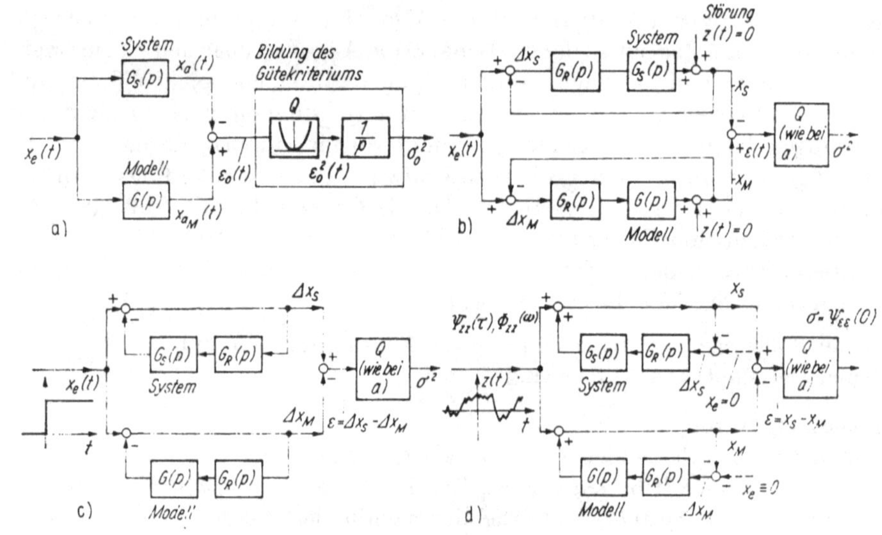

Abb. 3.8-1. Zur Beurteilung der Modellgenauigkeit

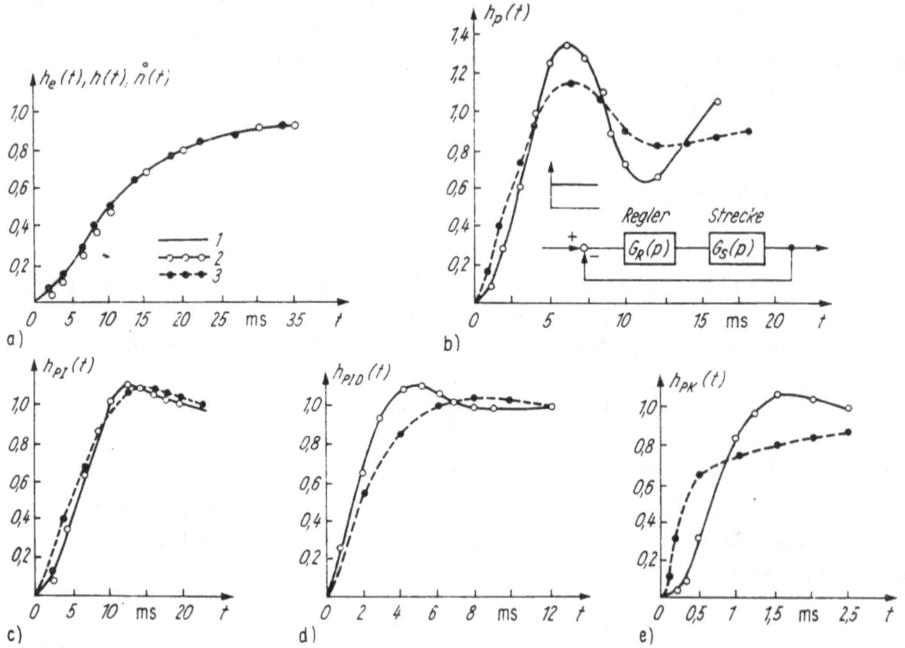

Abb. 3.8-2. Übergangsfunktionen; a) Übergangsfunktionen von Modell und System (Kurve 1: gemessener Verlauf, Kurve 2: wahre Werte, Kurve 3: approximierende Werte), b bis e) Führungsübergangsfunktionen bei Verwendung eines P-Reglers (b), eines PI-Reglers (c), eines PID-Reglers (d) und eines P-Reglerx mit Korrekturnetzwerk (e)

Unter Verwendung der im vorliegenden Falle bekannten Übertragungsfunktionen

$$G_S(p) = \frac{1}{1 + 13p + 32p^2 + 20p^3} \qquad (3.8\text{-}1a)$$

und

$$G(p) = \frac{1}{1 + 12{,}6p + 32{,}6p^2} \qquad (3.8\text{-}1b)$$

$$([p] = 10^{-3}\,\mathrm{s}^{-1})$$

von System $\{G_S(p)\}$ und Modell $\{G(p)\}$ werden die Übergangsfunktionen des Folgeregelkreises berechnet und miteinander verglichen (vgl. Abb. 3.8-2b bis 2e). Man erkennt aus Tab. 3.8-1, daß sich in Abhängigkeit vom verwendeten Regler zum Teil recht große Abweichungen zwischen dem unter Verwendung des Modells vorausberechneten und dem tatsächlichen Führungsverhalten ergeben.

Noch größere Abweichungen können entstehen, wenn für ein System mit nichtminimaler Phase, z. B. mit der Übertragungsfunktion

$$G_S(p) = 0{,}88\,\frac{1 - 0{,}959p + 0{,}370p^2}{(1 + 10p)\,(1 + 1{,}97p)}$$

ein Modell in Gestalt eines Minimalphasensystems, z. B. der Form

$$G(p) = \frac{0{,}88}{(1 + 10p)\,(1 + 2p)\,(1 + p)}$$

bestimmt wird.

Das geht besonders deutlich aus den Abb. 3.8-3 a, b, c hervor.

Tabelle 3.8.1

Verwendete Regeleinrichtung	$\left\lvert\frac{\Delta h(t)}{h(\infty)}\right\rvert \leqq$	σ^2 nach Gl. (3.8-10)	$\sigma_m = \sqrt{\frac{\sigma^2}{T_E}}$	Verlauf nach Abb.
P-Regler $G_R(p) = 9$	21%	$470 \cdot 10^{-4}$	4,5% ($T_E \approx 25$)	3.8-2b
PI-Regler $G_R(p) = \frac{0{,}22}{p}\,(1 + 10\,p)$	7,5%	$21 \cdot 10^{-4}$	1% ($T_E \approx 25$)	3.8-2c
PID-Regler $G_R(p) = \frac{0{,}7}{p}\,(1 + 10p)\,(1 + 2p)$	22%	$90 \cdot 10^{-4}$	3% ($T_E \approx 12$)	3.8-2d
P-Regler mit Korrekturnetzwerk $G_R(p) = 17{,}6\,\frac{(1 + 2p)\,(1 + p)}{(1 + 0{,}2p)^2}$	41%	$180 \cdot 10^{-4}$	6,5% ($T_E \approx 4$)	3.8-2e

Obwohl die Abweichungen zwischen den Übergangsfunktionen von System und Modell kleiner als 1,9% vom Endwert sind (Abb. 3.8-3a), kann — wie die Übergangsvorgänge in Abb. 3.8-3b und die Wurzelortskurven in Abb. 3.8-3c

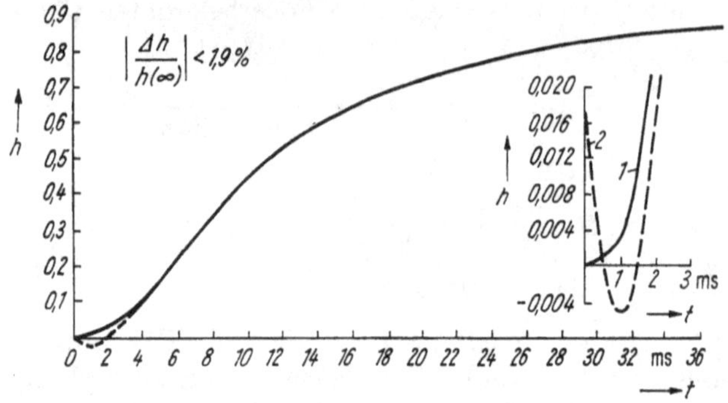

Abb. 3.8-3a. Übergangsfunktionen von Modell (1) und System (2)

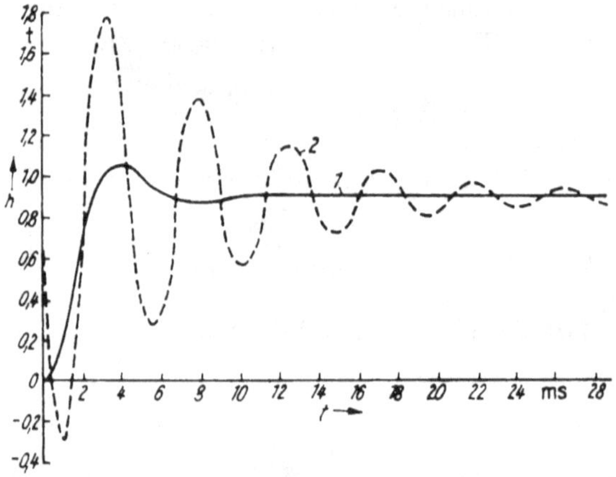

Abb. 3.8-3b. Führungsverhalten des Folgeregelkreises bei einem Einheitssprung als Führungsgröße: (Kurve 1: Unter Verwendung des Modells vorausgerechnet; Kurve 2: Tatsächlicher Verlauf (Reglerübertragungsfunktion

$$G_R(p) = 10{,}2\,\frac{1 + 0{,}2p}{1 + 2\,p}$$

mit $[p] = 10^3\,\mathrm{s}^{-1}$; $\Delta h/h(\infty) \leqq 75\%$)

zeigen — für das vorausberechnete und das tatsächliche Führungsverhalten des Folgeregelkreises nicht mehr von einer Übereinstimmung die Rede sein.

Zu ähnlichen Ergebnissen gelangt man bei Zugrundelegung des Gewichtsfunktionsfehlers. Damit ist folgende Schlußfolgerung zulässig:

Kleine Fehler nichtparametrischer Zeitfunktionsmodelle (d. h. der Übergangs- oder der Gewichtsfunktion) sind zwar notwendig aber nicht hinreichend dafür, daß unter Verwendung des Modells das Verhalten einer kontinuierlich wirkenden Folgeregelung ausreichend genau vorausberechnet werden kann.

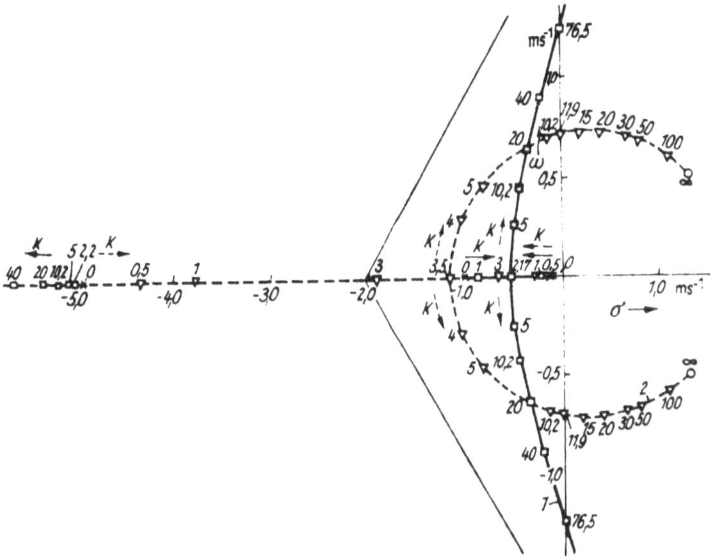

Abb. 3.8-3c. Wurzelortskurven für System (Kurve 2) und Modell (Kurve 1) bei Schließung des Regelkreises

Beispiel 3.8-2: *Entwurf einer (zeitoptimalen) bang-bang Steuerung*

Angenommen wird jetzt, daß das Modell zum Entwurf einer zeitoptimalen Steuerung dienen soll. Dazu ist die Modellübertragungsfunktion

$$G(p) = \frac{b_0}{a_0 + a_1 p + \cdots + a_{n-1} p^{n-1} + p^n} = \frac{X_a(p)}{X_e(p)} \tag{3.8-2}$$

gemäß Abb. 1.4-6 in die Zustandsgleichung

$$\begin{aligned} &\dot{\boldsymbol{x}} \quad = \quad (\boldsymbol{A}) \quad \boldsymbol{x} \quad + \quad \boldsymbol{B} \quad x_e \\ &\hat{=} \begin{bmatrix} \dot{x}_1 \\ \dot{x}_2 \\ \vdots \\ \dot{x}_n \end{bmatrix} = \begin{bmatrix} 0 & 1 & 0 & \cdots & 0 \\ 0 & 0 & 1 & \cdots & 0 \\ \vdots & \vdots & \vdots & & \vdots \\ -a_0 & -a_1 & -a_2 & \cdots & -a_{n-1} \end{bmatrix} \begin{bmatrix} x_1 \\ x_2 \\ \vdots \\ x_n \end{bmatrix} + \begin{bmatrix} 0 \\ 0 \\ \vdots \\ b_0 \end{bmatrix} x_e \end{aligned} \tag{3.8-2a}$$

und die Ausgangsgleichung

$$x_a = x_1 = (1 \; 0 \; 0 \cdots 0) \begin{bmatrix} x_1 \\ \vdots \\ x_n \end{bmatrix} \tag{3.8-2b}$$

umzuschreiben. Gesucht wird eine optimale Steuerungsvorschrift, d. h. ein optimaler Verlauf $x_e^*(t)$ für $x_e(t)$, durch den der Zustandsvektor $\boldsymbol{x}(t)$ in kürzester Zeit T aus einem Anfangszustand $\boldsymbol{x}(0) = \boldsymbol{x}_0$ in einen vorgebbaren Endzustand $\boldsymbol{x}(T) = \boldsymbol{x}_1$ überführt wird. Das Eingangssignal soll dabei der Beschränkung

$$x_{e\,\min} \leqq x_e(t) \leqq x_{e\,\max} \tag{3.8-2c}$$

unterliegen. Aus dem Maximum-Prinzip von PONTRJAGIN folgt, daß unter den zugelassenen Verläufen $x_e(t)$ derjenige der optimale $x_e^*(t)$ ist, der die HAMILTON-Funktion

$$H = p_1(t)\,\dot{x}_1 + p_2(t)\,\dot{x}_2 + \cdots + p_n(t)\,\dot{x}_n - 1 \tag{3.8-3}$$

maximiert, wobei die sogenannten adjungierten Variablen $p_1, \ldots, p_n$ das adjungierte Gleichungssystem

$$\begin{bmatrix} \dot{p}_1 \\ \vdots \\ \dot{p}_n \end{bmatrix} = -(A)^T \begin{bmatrix} p_1 \\ \vdots \\ p_n \end{bmatrix} \tag{3.8-4}$$

befriedigen müssen (vgl. ELGERD, 1967).

Mit Gl. (3.8-2a) erhält man für H die Beziehung

$$\begin{aligned} H &= p_1 x_2 + p_2 x_3 + \cdots + p_{n-1} x_n \\ &\quad + p_n\{-a_0 x_1 - a_1 x_2 - \cdots - a_{n-1} x_n\} + p_n b_0 x_e - 1 \\ &= \cdots + p_n b_0 x_e + \cdots, \end{aligned} \tag{3.8-4a}$$

aus der hervorgeht, daß H bezüglich x_e gerade dann maximal wird, wenn

$$x_e^*(t) = \begin{cases} x_{e\,\max} & \text{für} \quad p_n > 0 \\ x_{e\,\min} & \text{für} \quad p_n < 0 \end{cases} \tag{3.8-4b}$$

(bei $b_0 > 0$) ist. Die optimale Steuerstrategie besitzt also Zweipunktcharakter

Die Zahl der Umschaltungen zwischen $x_{e\max}$ und $x_{e\min}$ im Intervall $0 < t < T$ ist dabei nach dem Satz von FELDBAUM $n - 1$, wenn die Übertragungsfunktion (3.8-2) nur reelle Pole besitzt. Die Ermittlung der optimalen Steuerung kann damit auf die Bestimmung der Umschaltzeitpunkte $t_1, t_2, \ldots, t_{n-1}$ zurückgeführt werden. Entsprechende Digitalrechnerprogramme liegen vor (FRANKOVIĆ, u. a., 1970).

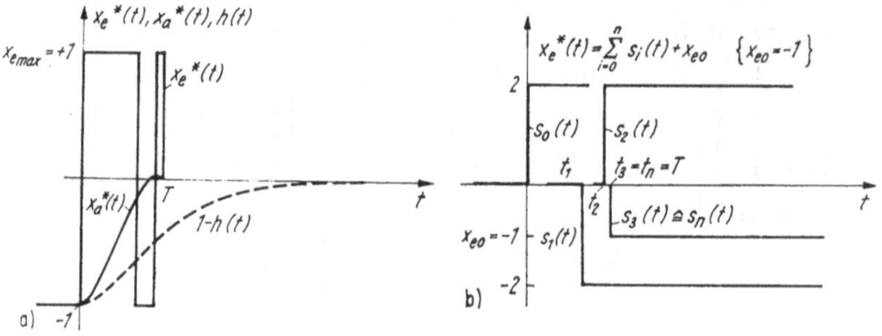

Abb. 3.8-4. Zerlegung eines zeitoptimalen Eingangssignales in eine Summe zeitverschobener Sprungfunktionen

Hier soll nun die Frage untersucht werden, wie sich Fehler der Übergangsfunktion $h(t)$ des Modells auf die Genauigkeit bei der Vorausberechnung einer optimalen Steuerung auswirken können. Wie aus Abb. 3.8-4 hervorgeht, läßt sich die optimale Steuerung $x_e(t) = x_e^*(t)$ gemäß

$$x_e^*(t) = \sum_{i=0}^{n} s_i(t) + x_{e0} \tag{3.8-5}$$

mit

$$s_i(t) = \begin{cases} 0 & \text{für } t < t_i \\ A_i & \text{für } t \geqq t_i \end{cases} \tag{3.8-5a}$$

durch eine Summe zeitverschobener Sprungfunktionen darstellen. Dabei bezeichnet x_{e0} den Wert von $x_e(t)$ für $t < 0$.

Das zu $x_e(t)$ gehörende Ausgangssignal $x_a(t)$ gewinnt man durch Überlagerung zeitverschobener Übergangsfunktionen in der Form

$$x_a^*(t) = x_{a0} + \sum_{i=0}^{n} A_i h_s\,(t - t_i)\,. \tag{3.8-6}$$

Bei einer Vorausberechnung des optimalen Verlaufes der gesteuerten Größe mit Hilfe eines Modells, dessen Übergangsfunktion $h(t)$ um $\Delta h(t)$ von dem tatsächlichen Verlauf $h_s(t)$ abweicht, entsteht bei $t = T$ der Fehler

$$\Delta x_a^*(T) = \sum_{i=0}^{n-1} A_i\,\Delta h\,(T - t_i)\,, \tag{3.8-6a}$$

für den sich mit

$$|\Delta h(T - t_i)| \leqq \Delta h \tag{3.8-6b}$$

die obere Schranke

$$|\Delta x_a^*(T)| \leqq \Delta h \sum_{i=0}^{n-1} |A_i| \tag{3.8-6c}$$

abschätzen läßt. Wählt man für $x_e(t)$ eine Beschränkung der Form

$$-\,x_{e\,\max} \leqq x_e(t) \leqq x_{e\,\max}\,, \tag{3.8-7}$$

so folgt hieraus bei $x_{e\,\min} = -\,x_{e\,\max}$ (vgl. Abb. 3.8-4) die einfache Beziehung

$$|\Delta x_a^*(T)| \leqq \Delta h\; 2 x_{e\,\max} n\,. \tag{3.8-8}$$

Soll — wie auf Abb. 3.8-4 gezeigt — der Ausgang $x_a(t)$ in kürzester Zeit von $x_a(0) = x_{a0}$ in $x_a(T) = 0$ überführt werden, so gewinnt man für den auf x_{a0} bezogenen Fehler den Zusammenhang

$$\left|\frac{\Delta x_a^*(T)}{x_{a0}}\right| \leqq x_{e\,\max}\, 2n\, \frac{\Delta h}{|h(\infty)|} \left|\frac{h(\infty)}{x_{a0}}\right|, \tag{3.8-9}$$

der in dem interessanten Sonderfall $h(\infty) = x_{a0}$ die sehr einfache Faustformel

$$\left|\frac{\Delta x_a^*(T)}{x_{a0}}\right| \leqq x_{e\,\max}\, 2n\, \frac{\Delta h}{|h(\infty)|} \tag{3.8-9a}$$

liefert.

Diese Beziehung läßt folgende Schlußfolgerungen zu:

1. *Im Gegensatz zu dem im Beispiel 3.8-1 behandelten Verwendungszweck des Modells* (Entwurf einer kontinuierlich wirkenden Folgeregelung) *können beim*

Entwurf einer zeitoptimalen Steuerung die Fehler der Übergangsfunktion zur Charakterisierung der Modellungenauigkeit verwendet werden.

2. Das Ergebnis des Beispiels 3.8-1, wonach kleine Fehler der Übergangsfunktion zwar notwendig, aber nicht hinreichend für eine genügend genaue Beschreibung des Systems durch das Modell sind, gilt allerdings auch für den hier diskutierten Anwendungsfall.
   Man erkennt aus Gl. (3.8-9a), daß kleine Fehler $\Delta h/|h(\infty)|$ der Übergangsfunktion nur dann zu kleinen Fehlern $|\Delta x_a^*(T)/x_{a0}|$ der gesteuerten Größe $x_a^*(t)$ bei $t = T$ führen, wenn $x_{e\,\max} \approx 1$ ist. Werden dagegen für die Steuerung $x_e(t)$ große Werte $x_{e\,\max}$ zugelassen, so kann es zu großen Fehlern $|\Delta x_a^*(T)/x_{a0}|$ kommen. *Da große Werte für $x_{e\,\max}$ kurze Überführungszeiten T zur Folge haben, gilt auch hier, daß bei gegebenen Fehlern Δh der Modellübergangsfunktion $h(t)$ die Abweichungen zwischen den tatsächlichen und vorausberechneten Verläufen der gesteuerten Größe $x_a(t)$ um so größer ausfallen, je kürzer die geforderten Einschwingzeiten sind* (vgl. Abb. 3.8-2 b, c, d, e).

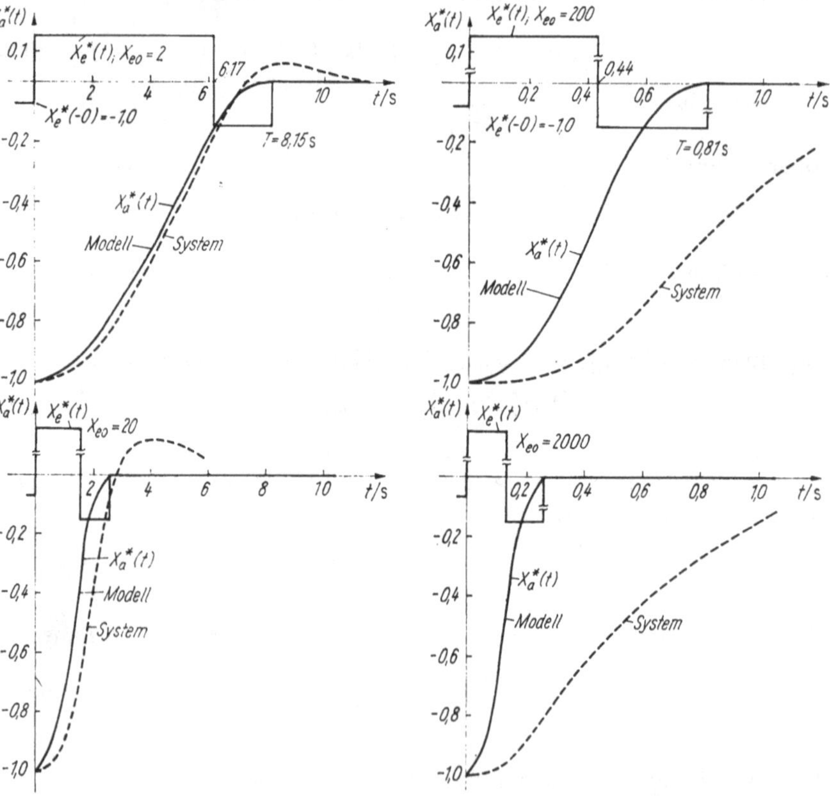

Abb. 3.8-5. Verläufe der optimalen Steuerung und der zugehörigen Ausgangssignale von Modell $\{x_{aM}^*(t)\}$ und System $\{x_a^*(t)\}$

Dieser Sachverhalt wird durch Abb. 3.8-5 bestätigt. Unter Verwendung des Modells nach Gl. (3.8-1b) sind die optimalen Steuerungen $x_e^*(t)$ und die zugehörigen Verläufe der gesteuerten Größe für verschiedene Werte von $x_{e\,\max}$ ermittelt worden. Man erkennt deutlich die Zunahme der Abweichungen zwischen den vorausberechneten $\{x_{aM}^*(t)\}$ und den tatsächlichen Verläufen mit steigendem $x_{e\,\max}$ bzw. mit sinkender Prozeßzeit T.

3.8.3. Gütebeurteilung anhand des Frequenzganges

Die Abweichungen, die sich in den Abb. 3.8-2 b, d und e zwischen den tatsächlichen und den vorausberechneten Übergangsfunktionen des Folgeregelkreises ergaben, lassen sich auch dadurch erklären, daß man die Frequenzgänge miteinander vergleicht, die zu den Übergangsfunktionen von Modell und System in Abb. 3.8-2a gehören. Diese weichen — wie aus Abb. 3.8-6 hervorgeht — für $\omega > 400\ \mathrm{s}^{-1}$ stark voneinander ab. Man kann sich vorstellen, daß bei einem bestimmten Frequenzgang des Reglers (vgl. Tab. 3.8-1) gerade dieses Intervall für die Dynamik des geschlossenen Regelkreises wesentlich wird.

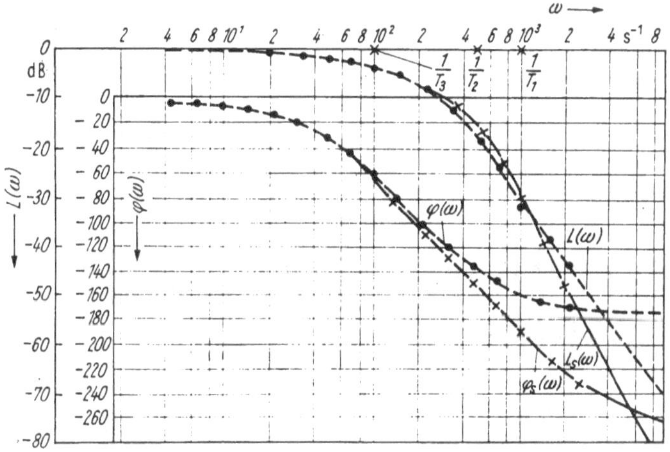

Abb. 3.8-6. Frequenzgänge von Modell und System nach den Gln. (3.8-1a und 1b)

Hieraus folgt, daß

1. *zu kleinen Fehlern nichtparametrischer Zeitfunktionsmodelle,* d. h. der Übergangs- oder der Gewichtsfunktion, *große Fehler nichtparametrischer Frequenzfunktionsmodelle gehören können* (vgl. Abb. 3.8-2a mit 3.8-6) und
2. *die Fehler des Frequenzfunktionsmodells auch im Hinblick auf die Regelkreissynthese zur Charakterisierung der Modellungenauigkeit geeignet erscheinen, wenn dies auf der Grundlage einer zweckmäßigen Fehlerdefinition erfolgt.*

Eine solche zweckmäßige Fehlerdefinition soll zunächst für Modelle zum Entwurf einer Folgeregelung bei determinierten Führungsgrößen unter Verwendung eines Gütekriteriums nach den Abb. 3.8-1b oder 1c ermittelt werden.

3.8.3.1. Herleitung einer geeigneten Fehlerdefinition

Das Modell soll dann als genügend genau bezeichnet werden, wenn der mittlere quadratische Fehler

$$\sigma_m = \sqrt{\frac{1}{T_E}\int\limits_0^{\infty} \{\Delta x_S(t) - \Delta x_M(t)\}^2 \, dt} = \sqrt{\frac{1}{T_E}} \cdot \sigma \tag{3.8-10}$$

zwischen den tatsächlichen $\{\Delta x_S(t)\}$ und den vorausberechneten $\{\Delta x_M(t)\}$-Verläufen der Regelabweichung gemäß

$$\sigma_m \leqq \sigma_m^* \tag{3.8-10a}$$

kleiner als eine vorgebbare Fehlerschranke σ_m^* ist. Hierbei ist T_E die Einschwingzeit des Regelkreises, für die gelten soll

$$\Delta x_S(t) \approx \Delta x_M(t) \approx 0 \qquad \text{für} \quad t \geqq T_E \,. \tag{3.8-10b}$$

Vorausgesetzt wird also — zur Vereinfachung der folgenden Betrachtung — daß eine bleibende Regelabweichung nicht oder nur mit vernachlässigbar kleinem Betrag auftritt.

Mit Hilfe des PARSEVALschen Theorems (vgl. WUNSCH, 1969) folgt aus Gl. (3.8-10) für σ^2 die Beziehung

$$\sigma^2 = \frac{1}{2\pi}\int\limits_{-\infty}^{\infty} |\Delta X_S(j\omega) - \Delta X_M(j\omega)|^2 \, d\omega \,, \tag{3.8-11}$$

die sich mit

$$\Delta X_S(j\omega) - \Delta X_M(j\omega) = \left\{\frac{1}{1 + G_R G_S} - \frac{1}{1 + G_R\, G}\right\} X_e(j\omega) \tag{3.8-11a}$$

(vgl. Abb. 3.8-1c) in der Form

$$\sigma^2 = \frac{1}{2\pi}\int\limits_{-\infty}^{\infty} |\delta_G(j\omega)|^2 \, G_I^2(\omega)\, |X_e(j\omega)|^2 \, d\omega \tag{3.8-11b}$$

darstellen läßt, wenn

$$|\delta_G(j\omega)| = \left|\frac{G(j\omega) - G_S(j\omega)}{G_S(j\omega)}\right| \tag{3.8-12}$$

den Betrag des relativen komplexen Frequenzgangfehlers $\delta_G(j\omega)$ darstellt und abkürzend

$$G_I(\omega) = \left|\frac{G_0(j\omega)}{\{1 + G_0(j\omega)\}^2}\right| \cdot \left|\frac{1}{1 - \delta_G(j\omega)\,\dfrac{G_0(j\omega)}{1 + G_0(j\omega)}}\right| \tag{3.8-13a}$$

mit

$$G_0(j\omega) = G_R(j\omega)\, G_S(j\omega) \tag{3.8-13b}$$

gesetzt wird. Zu den gleichen Beziehungen (3.8-11b bis 13b) gelangt man, wie leicht nachzuprüfen ist, wenn die Güte des Modells auf der Grundlage von Abb. 3.8-1b in der Form

$$\sigma^2 = \int_0^\infty \{x_M(t) - x_S(t)\}^2 \, dt \tag{3.8-10c}$$

definiert wird.

Nimmt man an, daß die Ungleichung

$$|\delta_G(j\omega)| \ll \left|1 + \frac{1}{G_0(j\omega)}\right| \tag{3.8-13c}$$

gilt, was sicher zulässig ist, so lange der Fehler

$$|\delta_G(j\omega)| \ll 1 \tag{3.8-13d}$$

bleibt und sich der Regelkreis in angemessenem Abstand von der Stabilitätsgrenze $\{G_0(j\omega) = -1\}$ befindet, so läßt sich für $G_I(\omega)$ die einfachere Näherung

$$G_I(\omega) \approx \left|\frac{G_0(j\omega)}{\{1 + G_0(j\omega)\}^2}\right| = \left|\frac{1}{2\cos\varphi_0 + \dfrac{1}{|G_0|} + |G_0|}\right| \tag{3.8-14}$$

mit

$$G_0(j\omega) = |G_0(j\omega)| \, e^{j\varphi_0(\omega)} \tag{3.8-14a}$$

verwenden, die in Abb. 3.8-7 dargestellt ist. Aus dieser Darstellung sowie aus den Gln. (3.8-13a und 14) geht hervor, daß der Faktor $G_I(\omega)$ für $|G_0| = 1$ und $\varphi_0 = -180°$, d. h. an der Stabilitätsgrenze, unendlich groß wird. Hier müßte also der relative Frequenzfehler $|\delta_G(j\omega)|$ nach Gl. (3.8-12) unendlich klein sein, damit σ^2 nach Gl. (3.8-11b) einen endlichen Wert behält. Da man ohne Einschränkung der Allgemeinheit die unmittelbare Umgebung des kritischen Punktes $G_0(j\omega) = -1$ als „verbotenes Gebiet" deklarieren kann (vgl. Abb. 3.8-7), das bei der Regelkreissynthese zu meiden ist, läßt sich für $G_I(\omega)$ stets eine endliche obere Schranke der Form

$$G_I(\omega) \leqq G_{I\max} \tag{3.8-15}$$

vorgeben, die z. B. für einen Phasenrand φ_R zwischen $20° \leqq \varphi_R \leqq 60°$ und einen Amplitudenrand L_R zwischen $2{,}5\text{ dB} \leqq L_R \leqq 9\text{ dB}$ im Intervall

$$10 \gtrsim G_{I\max} \gtrsim 1 \tag{3.8-15a}$$

liegt.

Für $|G_0(j\omega)| > 10$ und $|G_0(j\omega)| < 0{,}1$ hängt gemäß

$$G_I(\omega) \approx |G_0(j\omega)| \quad \text{für } |G_0| < 0{,}1 \tag{3.8-15b}$$

und

$$G_I(\omega) \approx \frac{1}{G_0(j\omega)} \quad \text{für } |G_0| > 10 \tag{3.8-15c}$$

der Faktor $G_I(\omega)$ nur noch von $|G_0(j\omega)|$ und nicht mehr von $\varphi_0(\omega)$ ab (vgl. Abb. 3.8-7).

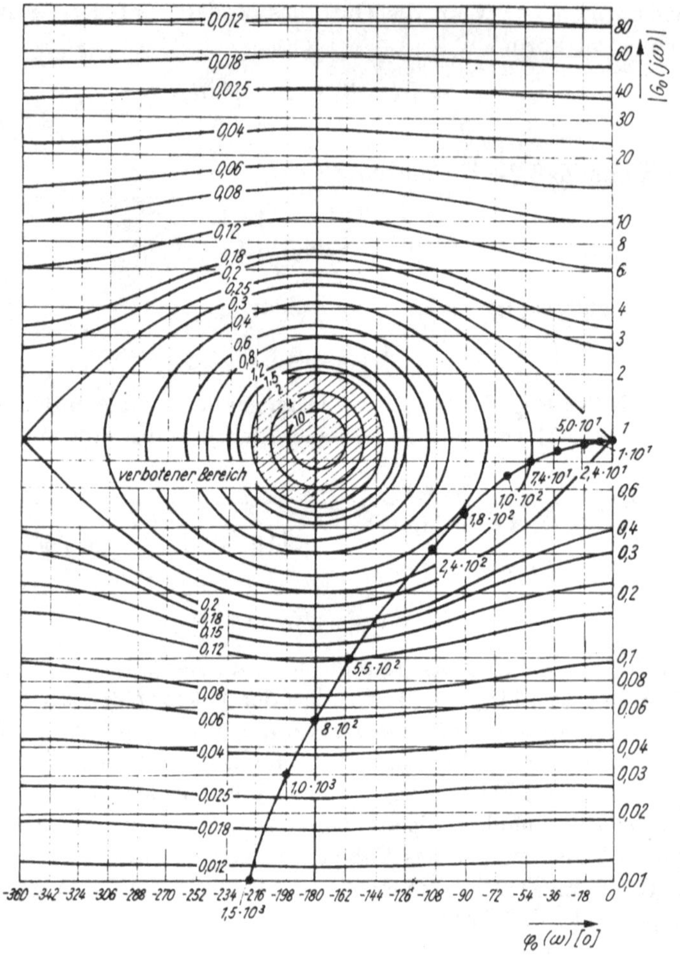

Abb. 3.8-7. Kurven mit $G_I =$ konstant (vgl. Gl. (3.8-14)) mit $0{,}0012 \leqq G_I \leqq 2$ im zulässigen Bereich und $2 < G_I < \infty$ im „verbotenen", d.h. schraffierten Bereich

Diese Näherungen (3.8-15 b, c) lassen sich gewissen Frequenzintervallen zuordnen. So wird im Interesse einer hohen statischen Genauigkeit $|G_0(j\omega)| \gg 1$ für $0 \leqq \omega \leqq \omega_{\min}$ gewählt werden. Es gelten also die Bedingungen

$$G_I(\omega) \ll 1 \quad \text{bzw.} \quad G_I(\omega) \approx 0 \quad \text{für } 0 \leqq \omega \leqq \omega_{\min}\,. \qquad (3.8\text{-}16\,\text{a})$$

Andererseits läßt sich ohne wesentliche Einschränkung der Allgemeinheit voraussetzen, daß $|G_0(j\omega)| \ll 1$ und deshalb

$$G_I(\omega) \ll 1 \quad \text{bzw.} \quad G_I(\omega) \approx 0 \quad \text{für } \omega > \omega_{\max} \qquad (3.8\text{-}16\,\text{b})$$

ist.

Für diese Frequenzbereiche sind folglich zur Einhaltung eines geforderten mittleren quadratischen Fehlers σ_m nach den Gln. (3.8-10, 10a und 11b) große

Frequenzgangfehler $|\delta_G(j\omega)|$ nach Gl. (3.8-12) zulässig. Eine gewisse Ausnahme bezüglich des unteren Frequenzintervalls $0 \leq \omega \leq \omega_{\min}$ stellt hierbei der wichtige Sonderfall eines sprungförmigen Eingangssignals dar, dessen Spektrum $|X_e(j\omega)| = \frac{1}{\omega}$ für $\omega \to 0$ gegen unendlich strebt.

Da das Produkt $G_I^2(\omega)\,|X_e(j\omega)|^2$ in Gl. (3.8-11b) für $\omega \to 0$ nicht verschwindet, sondern — bei einem Regler mit integralwirkendem Anteil — wegen $G_I^2(\omega) \approx 1/|G_0(j\omega)|^2 \approx \omega^2/k_J$ und $G_I^2(\omega)\,|X_e(j\omega)|^2 \approx \frac{\omega^2}{k_J} \cdot \frac{1}{\omega^2} = 1/k_J$ einem konstanten Wert zustrebt, darf der Fehler $|\delta_G(j\omega)|$ für $\omega \to 0$ nicht beliebig groß werden. In einem solchen Falle ist also $\omega_{\min} = 0$ zu setzen bzw. genügend klein zu wählen.

Für einen ausreichend kleinen mittleren quadratischen Fehler nach den Gln. (3.8-10 und 11b) ist also notwendig und hinreichend, daß in dem für die Dynamik des geschlossenen Regelkreises wesentlichen Frequenzintervall $\omega_{\min} \leqq \omega \leqq \omega_{\max}$ (vgl. Gln. (3.8-16 a, b)) der Betrag des relativen Frequenzgangfehlers $\delta_G(j\omega)$ gemäß Gl. (3.8-12) genügend klein ist. Dieses Ergebnis ist einleuchtend, da gemäß

$$|\delta_G(j\omega)| = \left|\frac{\Delta G(j\omega)}{G_S(j\omega)}\right| \approx |\Delta \ln G(j\omega)| = |\Delta \ln |G(j\omega)| + j\,\Delta \arg G(j\omega)| \qquad (3.8\text{-}17)$$

und

$$\Delta\varphi \leqq 57{,}3\,|\delta_G(j\omega)| \qquad ([\Delta\varphi] = \text{Grad}) \qquad (3.8\text{-}17\text{a})$$

sowie

$$\Delta L = \Delta 20 \log |G(j\omega)| = 8{,}7\,|\delta_G(j\omega)| \qquad ([\Delta L] = \text{dB}) \qquad (3.8\text{-}17\text{b})$$

der relative Fehler $|\delta_G(j\omega)|$ sowohl ein Maß für den Amplitudenfehler $\Delta \ln |G(j\omega)|$ (in Neper oder Dezibel) und den Phasenfehler $\Delta\varphi$ (in Grad) ist. Interessant und für die weiteren Untersuchungen von Bedeutung ist hierbei die Tatsache, daß eine Kenntnis der Phasenlage des komplexen Fehlers $\delta_G(j\omega)$ unter den oben genannten Voraussetzungen (3.8-13c), (3.8-13d) gemäß Gl. (3.8-11b) nicht erforderlich ist. Die notwendige Genauigkeit des Frequenzfunktionsmodells läßt sich demzufolge durch Toleranzkreise der auf Abb. 3.8-8 gezeigten Form charakterisieren, da durch $|\delta_G(j\omega)|$ alle Fehler gleich bewertet werden, die auf der Peripherie von Kreisen mit den Radien

$$|\Delta G(j\omega)| = |\delta_G(j\omega)|\,|G_S(j\omega)|$$

(vgl. Gl. (3.8-12)) liegen.

Die hier durchgeführten Untersuchungen berechtigen zu folgender Schlußfolgerung:

Kleine Beträge des relativen (komplexen) Fehlers (3.8-12) nichtparametrischer Frequenzfunktionsmodelle in $\omega_{\min} \leqq \omega \leqq \omega_{\max}$ sind hinreichend und notwendig dafür, daß unter Verwendung des Modells das Verhalten einer kontinuierlich wirkenden Folgeregelung ausreichend genau vorausberechnet werden kann. Hierbei

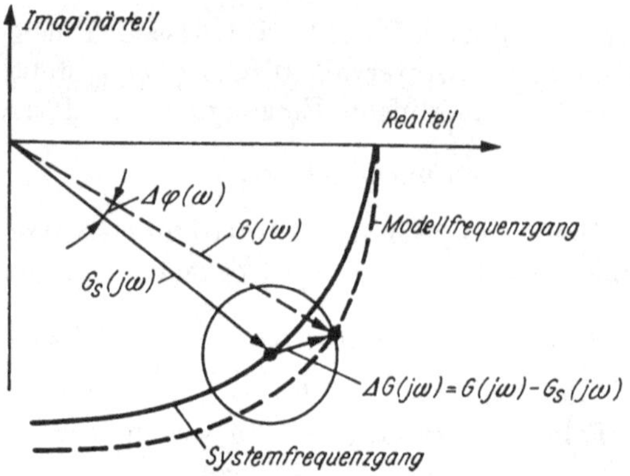

Abb. 3.8-8. Zur Definition des relativen Frequenzgangfehlers (3.8-17)

kennzeichnet der Bereich $\omega_{\min} \leqq \omega \leqq \omega_{\max}$ *das für die Regelung wesentliche Frequenzintervall.*

Der Gültigkeitsbereich des Modells kann damit durch die Bedingung

$$\sigma_m \leqq \sigma_m^* \tag{3.8-18a}$$

bei

$$|\delta_G(j\omega)| \leqq \begin{cases} \delta_{\max}(\omega) & \text{für } \omega_{\min} < \omega < \omega_{\max} \\ \text{beliebig} & \text{für } |\omega| < \omega_{\min}, |\omega| < \omega_{\max} \end{cases} \tag{3.8-18b}$$

gekennzeichnet werden.

Die Verwendung des relativen Frequenzgangfehlers zur Kennzeichnung des Gültigkeitsbereiches mathematischer Modelle ist erstmals von STROBEL, 1964 — zunächst mit einer empirischen Begründung — empfohlen worden.

Eine genaue Ermittlung der für die Einhaltung der Bedingung (3.8-18a) erforderlichen Fehlerschranke $\delta_{\max}(\omega)$ für $|\delta_G(j\omega)|$ gemäß Gl. (3.8-18b) setzt nach den Gln. (3.8-12b, 13b und 14) eine Kenntnis des Reglerfrequenzganges voraus (vgl. hierzu WILFERT, 1971). Ohne Kenntnis des Reglers kann also die Modellgenauigkeit nur grob abgeschätzt werden.

3.8.3.2. Grobe Abschätzung der notwendigen Genauigkeit des Frequenzfunktionsmodells

Hierzu wird in Gl. (3.8-11b) für $G_I(\omega)$ in $\omega_{\min} < \omega < \omega_{\max}$ die obere Schranke $G_{I\max}$ gemäß (3.8-15) eingesetzt. Damit folgt aus Gl. (3.8-11b) die Beziehung

$$\sigma^2 \lesssim \sigma_{\max}^2 = \frac{1}{\pi} \int\limits_{\omega_{\min}}^{\omega_{\max}} |\delta_G(j\omega)|^2 \, G_{I\max}^2 |X_e(j\omega)|^2 \, d\omega + I_1 + I_2 \tag{3.8-19}$$

mit

$$I_1 = \frac{1}{\pi} \int\limits_0^{\omega_{\min}} |\delta_G(j\omega)|^2 \, G_I^2(\omega) \, |X_e(j\omega)|^2 \, d\omega \tag{3.8-19a}$$

und

$$I_2 = \frac{1}{\pi} \int_{\omega_{\max}}^{\infty} |\delta_G(j\omega)|^2 \, G_I^2(\omega) \, |X_e(j\omega)|^2 \, d\omega \; . \tag{3.8-19b}$$

Der Anteil der Integrale I_1 und I_2 wird aufgrund der Gln. (3.8-16 a, b) als vernachlässigbar betrachtet, wobei allerdings die oben für ein sprungförmiges Eingangssignal genannten Einschränkungen zu beachten sind (vgl. Abschnitt nach Gl. (3.8-16b)).

Für die gesuchte Fehlerschranke $\delta_{\max}(\omega)$ in Gl. (3.8-18b) erhält man damit unter Berücksichtigung der Gln. (3.8-10 und 10a) den Zusammenhang

$$\sigma_m^2 < \sigma_m^{*2} = \frac{1}{T_E \, \pi} G_{I\max}^2 \int_{\omega_{\min}}^{\omega_{\max}} \delta_{\max}^2(\omega) \, |X_e(j\omega)|^2 \, d\omega \; , \tag{3.8-20}$$

der sich für eine ganze Klasse von Verläufen $\delta_{\max}(\omega)$ erfüllen läßt und eine eindeutige Lösung für $\delta_{\max}(\omega)$ nur gestattet, wenn bestimmte Nebenbedingungen für $\delta_{\max}(\omega)$ eingeführt werden. Eine mögliche und praktisch sinnvolle Nebenbedingung stellt die Forderung dar, daß die Minima der Fehlerschranke $\delta_{\max}(\omega)$ möglichst große Werte annehmen sollen, d. h., daß

$$\min \{\delta_{\max}(\omega_k)\} = \mathrm{Max} \qquad (k = 1, 2, \ldots, N) \tag{3.8-21}$$

ist.

Das ist aber bekanntlich gerade die Forderung der TSCHEBYSCHEFFschen Approximation (vgl. 2.3.4.), die dann erfüllt ist, wenn

$$\delta_{\max}(\omega_k) = \delta_{\max} = \text{konstant} \quad \text{für } k = 1, \ldots, N \tag{3.8-22}$$

gewählt wird. Damit folgt aus Gl. (3.8-20) das sehr einfache Ergebnis

$$\delta_{\max} = \frac{\sigma_m^*}{G_{I\max}} \cdot \sqrt{\frac{T_E}{I}} \tag{3.8-23}$$

mit

$$I = \int_{\omega_{\min}}^{\omega_{\max}} |X_e(j\omega)|^2 \, d\omega \; , \tag{3.8-23a}$$

das für ein Eingangssignal in Form eines Einheitssprunges mit $|X_e(j\omega)| = 1/\omega$ den Zusammenhang

$$\delta_{\max} = \frac{\sigma_m^*}{G_{I\max}} \sqrt{\frac{\pi T_E \omega_{\min}}{1 - \dfrac{\omega_{\min}}{\omega_{\max}}}} \approx \frac{\sigma_m^*}{G_{I\max}} \sqrt{\pi T_E \omega_{\min}} \tag{3.8-24}$$

bei $\omega_{\max} \gg \omega_{\min}$ liefert.

Die Frequenz $\omega_{\min}$ ist hier die niedrigste Frequenz, die für eine Kenntnis des Frequenzfunktionsmodells notwendig ist. Da sich der Verlauf der Regelabweichung gemäß Gl. (3.8-10b) und Abb. 3.8-9 als ein auf das Intervall $|t| \leqq T_E$

zeitbegrenztes Signal auffassen läßt (vgl. 1.3.1.1. und Abb. 1.3-2), kann das Frequenzfunktionsmodell vollständig durch die diskreten Frequenzen $\omega_k = k\,\dfrac{\pi}{T_E}$ beschrieben

und

$$\omega_{\min} = \frac{\pi}{T_E} \tag{3.8-24a}$$

gesetzt werden.

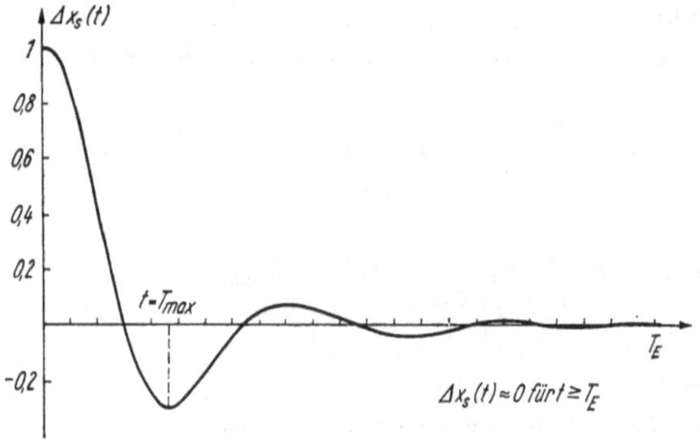

Abb. 3.8-9. Zur Annäherung der Regelabweichung durch ein zeitbegrenztes Signal

Man erhält damit die sehr einfache Faustformel

$$\delta_{\max} \approx \frac{\sigma_m^*}{G_{I\max}}\pi\,, \tag{3.8-25}$$

die ohne Kenntnis des Reglers die Ermittlung grober Schätzwerte für die Fehlerschranke $\delta_{\max}$ in Gl. (3.8-18b) gestattet. Hierzu sind lediglich gewisse Annahmen über Mindestwerte für den Phasen- und Amplitudenrand und damit gemäß Abb. 3.8-7 über den Faktor $G_{I\max}$ zu treffen.

An der Stabilitätsgrenze $G_0(j\omega) = -1$ wird — wie nicht anders zu erwarten ist — wegen $G_{I\max} = \infty$ (vgl. Abb. 3.8-7) die Fehlerschranke $\delta_{\max} = 0$.

Nimmt man dagegen an, daß ein Phasenrand von etwa 30° bis 60° und ein Amplitudenrand von 5 dB bis 9 dB nicht unterschritten werden (vgl. Abb. 3.8-7), so liegt $G_{I\max}$ zwischen den Werten 3 bis 1 und Gl. (3.8-15) liefert die Näherung

$$\frac{\pi}{3} \approx 1 \leqq \frac{\delta_{\max}}{\sigma_m^*} \leqq \pi \approx 3\,. \tag{3.8-26}$$

Wird also eine mittlere quadratische Abweichung σ_m^* nach den Gln. (3.8-10 und 10a) von ca. 5% zugelassen, so muß der relative Frequenzgangfehler $|\delta_G(j\omega)|$ für $|\omega| < \omega_{\max}$ kleiner als 5% bis 15% sein.

Neben Annahmen über minimale Werte des Phasen- und Amplitudenrandes ist nach Gl. (3.8-18b) eine Abschätzung oder empirische Festlegung der oberen

Frequenzgrenze ω_{max} notwendig. Einen — allerdings nur groben — Schätzwert kann man aus der Tatsache ableiten, daß das Regelungssystem um so breitbandiger sein muß, je kürzer seine Einschwingzeit sein soll. Wählt man als Orientierungswert für ω_{max} die Schnittfrequenz ω_S des logarithmischen Amplitudenganges 20 log $|G_0(j\omega)|$ mit der 0-dB-Achse, so läßt sich die bekannte Faustformel

$$\omega_{max} \gtrsim \omega_S \approx \pi/T_{max} \tag{3.8-27}$$

für eine Abschätzung von ω_S — und damit von ω_{max} — verwenden, wenn mit T_{max} die Zeit bezeichnet wird, zu der der Einschwingvorgang bei sprungförmigem Eingangssignal das erste Maximum erreicht (vgl. Abb. 3.8-9).

Beispiel 3.8-3: Große Abschätzung der Modellgenauigkeit beim Entwurf einer Folgeregelung

Die Verwendbarkeit der hier für ω_{max} und δ_{max} angegebenen Faustformeln (3.8-25 und 27) läßt sich anhand der in den Abb. 3.8-2a und 6 dargestellten Zeit- bzw. Frequenzfunktionsmodelle überprüfen. Der mittlere quadratische Fehler σ_m^* zwischen den Regelabweichungen bzw. den Regelgrößen des Original- und des Modellregelkreises soll kleiner als 2% sein, wobei vorausgesetzt wird, daß

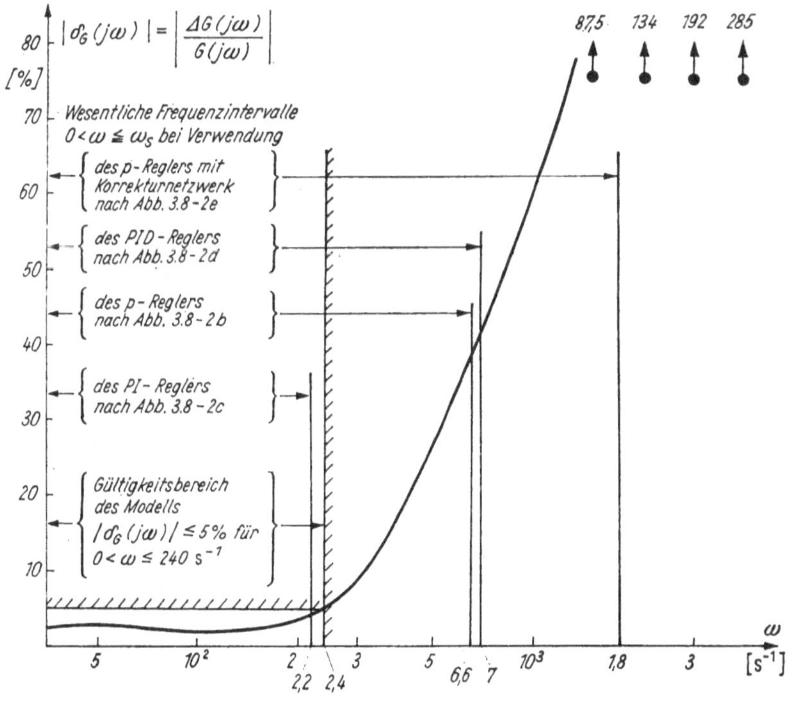

Abb. 3.8-10. Verlauf des relativen Frequenzgangfehlers $|\delta_G(j\omega)|$ für die Übertragungsfunktionen (3.8-1a, b)

ein Phasenrand von mindestens 50° eingehalten wird und bei $T_{max} \approx 0{,}015$ Sekunden das erste Maximum des Einschwingvorganges auftreten möge.

Mit diesen Vorgaben erhält man aus Abb. 3.8-7 für $G_{I\,max}$ den Wert $G_{I\,max} \approx 1{,}3$ und mit den Gln. (3.8-25 und 27) die Genauigkeitsforderung

$$|\delta_G(j\omega)| \leqq \delta_{max} \approx 5\% \quad \text{für } |\omega| \leqq \omega_{max} \approx 209 \text{ s}^{-1} . \qquad (3.8\text{-}28)$$

Man erkennt aus dem Verlauf des relativen Frequenzgangfehlers $|\delta_G(j\omega)|$ in Abb. 3.8-10, daß diese Genauigkeitsforderung durch das Zeit- und das zugehörige Frequenzfunktionsmodell nach den Abb. 3.8-2a und 6 eingehalten wird, wenn ein PI-Regler Verwendung findet.

Verlangt man allerdings von dem zu dimensionierenden Regelkreis kürzere Einschwingzeiten, zum Beispiel ein T_{max} von 1,75 bis 5 Millisekunden, so liegt die Frequenzgrenze etwa bei $1{,}8 \cdot 10^3$ bis $6 \cdot 10^2$ s^{-1}, d. h. außerhalb des Frequenzbereiches, in dem das Modell gilt.

Die bei Verwendung der P- und des PID-Reglers auftretenden Werte für T_{max} (vgl. Abb. 3.8-2 b, d, e) und damit für ω_S (vgl. Abb. 3.8-6) sowie für den mittleren quadratischen Fehler σ_m nach Gl. (3.8-10) (vgl. Tab. 3.8-1) bestätigen, daß die hier abgeleiteten Faustformeln (3.8-25 und 27) eine grobe Abschätzung der notwendigen Genauigkeit des Frequenzfunktionsmodells zulassen.

Wie von Strobel, 1973 gezeigt wird, lassen sich die hier getroffenen Aussagen zur Gütebeurteilung anhand des Frequenzganges auch auf den Fall anwenden, daß das Modell zum Entwurf einer Regelung bei stochastischen Störgrößen angewendet werden soll.

3.8.4. Gütebeurteilung anhand parametrischer Modelle

Für die Beurteilung der Ungenauigkeit parametrischer Systemmodelle der unter 3.4. und 3.6. behandelten Form sind die Fehler der Parameter heranzuziehen.

Hierbei sind die zwei Fälle zu unterscheiden, daß die Strukturen von System und Modell voneinander abweichen oder übereinstimmen. Der Fall, daß Strukturunterschiede auftreten, besitzt praktische Bedeutung, da es häufig nicht gelingt, aus experimentell bestimmten Daten die wahre Systemstruktur zu ermitteln. Außerdem muß in vielen Fällen ein System mit verteilten Parametern durch ein Modell mit konzentrierten Elementen ersetzt werden.

In solchen Fällen läßt sich die Güte des Modells im allgemeinen nicht durch die Parameterfehler charakterisieren, was an dem Beispiel 3.8-1 (Abb. 3.8-2a und 6) veranschaulicht werden soll. Vorgegeben war ein System mit der Übergangsfunktion (3.8-1a).

Aus der gemessenen Übergangsfunktion (vgl. Abb. 3.8-2a) konnte die Modellübertragungsfunktion (3.8-1b) bestimmt werden. Da die zu diesen Gleichungen gehörenden Übergangsfunktionen nur im Rahmen der Meßgenauigkeit voneinander abweichen (vgl. Abb. 3.8-2a), ist die Verwendung einer komplizier-

Tabelle 3.8-2

i		a_i	$\frac{\Delta a_i}{a_i}$	b_i	$\frac{\Delta b_i}{b_i}$	A_i	$\frac{\Delta A_i}{A_i}$	B_i	$\frac{\Delta B_i}{B_i}$	D_i	$\frac{\Delta D_i}{D_i}$	E_i	$\frac{\Delta E_i}{E_i}$	p_i	p_{Di}
0	System	1	0%	0,89	0%	0,89	0%			35,11	9%	−14,04	6,9%		
	Modell	1		0,89		0,89				33,83		−11,61			
1	System	15,0	6%	3,56	20%	−0,873	0,5%	−0,102	0%	0,105	50%	0,0633	4%	−0,2	−0,5
	Modell	14,1		2,72		−0,877		−0,102		0,159		0,0590		$-0{,}16 + j0{,}03$	$-0{,}55 + j0{,}24$
2	System	75,0	15,6%	3,56	30,3%	−3,65	5%	−1,155	0,7%	948,0	93%	379,2	87%	−0,2	−0,5
	Modell	63,3		2,48		−3,84		−1,163		70,5		51,15		$-0{,}16 - j0{,}03$	$-0{,}55 - j0{,}24$
3	System	125,0	32,8%			−2,99	34%	−0,9096	129%					−0,2	
	Modell	84,0				−4,54		−2,083						−0,424	

teren Struktur für $G(p)$ nicht gerechtfertigt. Man kann demzufolge lediglich Fehler für die Parameter a_1 und a_2 von $G(p)$ nach Gl. (3.8-16) angeben, was wegen des Strukturunterschiedes von $G_S(p)$ und $G(p)$ nur in einem bestimmten Frequenzintervall zur Charakterisierung der Modellungenauigkeit ausreichend ist (vgl. Abb. 3.8-6).

Sind die Strukturen von System und Modell gleich, so müssen kleine Parameterfehler eine hinreichende Bedingung dafür sein, daß das System ausreichend genau durch das Modell beschrieben wird.

Treten allerdings große Parameterfehler auf, so folgt daraus nicht unbedingt, daß das Modell als zu ungenau angesehen werden muß.

Beispiel 3.8-4: Gütebeurteilung für ein System mit 2 Nullstellen und 3 Polen

Dieser Sachverhalt soll am Beispiel einer Übertragungsfunktion

– in Form der gebrochen rationalen Funktion

$$G_S(p) = \frac{b_0 + b_1 p + b_2 p^2}{a_0 + a_1 p + a_2 p^2 + a_3 p^3} \tag{3.8-29}$$

und den zugehörigen Kettenbruchentwicklungen

– in Gestalt der Kettenbruchentwicklung um $p = 0$

$$G_S(p) = A_0 + \cfrac{1}{A_1 + \cfrac{B_0}{p} + \cfrac{1}{A_2 + \cfrac{B_1}{p} + \cfrac{1}{A_3 + \cfrac{B_2}{p}}}}$$

bzw. um $p \to \infty$

$$G_S(p) = \cfrac{1}{D_0 p + E_0 + \cfrac{1}{D_1 p + E_1 + \cfrac{1}{D_2 p + E_2}}}$$

– sowie in der faktoristischen Form

$$G_S(p) = \frac{b_2}{a_2} \frac{(p - p_{D1})(p - p_{D2})}{(p - p_1)(p - p_2)(p - p_3)}$$

bzw. für die zugehörigen Zustandsmodelle nach Abb. 1.4-9 veranschaulicht werden.

In Tab. 3.8-2 sind die Parameter des Systems und die unter Verwendung eines speziellen Identifikationsverfahrens ermittelten Modellparameter zusammengestellt worden. Man erkennt, daß zum Teil recht große Fehler für die Parameter auftreten (vgl. z. B. $\Delta a_3/a_3 \approx 32{,}8\%$, $\Delta b_2/b_2 \approx 30\%$, $\Delta B_3/B_3 \approx 130\%$, $\Delta D_2/D_2 \approx 90\%$). Damit ist die Schlußfolgerung naheliegend, daß das Modell das System nicht ausreichend genau beschreibt.

Vergleicht man allerdings die zugehörigen auf Tab. 3.8-3 angegebenen Frequenzgänge miteinander, so sind lediglich kleine Amplituden- und Phasenfehler

Tabelle 3.8-3

	System		Modell		Fehler	
ω	$\lvert G_S(j\omega)\rvert$	$\varphi_S(\omega)$	$\lvert G(j\omega)\rvert$	$\varphi(\omega)$	$\frac{\Delta\lvert G\rvert}{\lvert G_S(j\omega)\rvert}$	$\Delta\varphi$
0,0125	0,880	− 7,9°	0,885	− 7,9°	0,6%	0,0°
0,0314	0,862	− 19,6°	0,862	− 19,6°	0,0%	0,0°
0,0628	0,783	− 38,0°	0,784	− 38,0°	0,1%	0,0°
0,125	0,575	− 68,3°	0,573	− 68,1°	0,3%	0,2°
0,283	0,226	−105,2°	0,227	−104,9°	0,4%	0,3°
0,628	0,064	−114,1°	0,0638	−113,5°	0,3%	0,6°

von etwa 0,6% bzw. 0,6° feststellbar. Nach den unter 3.8.3. durchgeführten Untersuchungen darf also das Modell — trotz der großen Parameterfehler — als genügend genau betrachtet werden.

Die kleinen Abweichungen des Frequenzganges in Tab. 3.8-3 lassen sich erklären, wenn man beachtet, daß die Parameter a_i und b_i des Modells sowohl im Zähler $\{b_i\}$ als auch im Nenner $\{a_i\}$ kleiner ausfallen als bei der Systemübertragungsfunktion $G_S(p)$ nach Gl. (3.8-29) (vgl. Tab. 3.8-2). Die Parameterfehler heben sich also in ihrem Einfluß auf den Frequenzgang annähernd gegenseitig auf. Diese Erscheinung kann offensichtlich nur dann auftreten, wenn der Grad m des Zählers von $G_S(p)$ nach Gl. (3.8-29) sowie von $G(p)$ von Null verschieden ist.

Aus diesem Beispiel läßt sich die folgende allgemeingültige Schlußfolgerung ableiten:

Große Fehler zwischen den Parametern von System und Modell sind bei $m > 0$ keine hinreichende Bedingung dafür, daß das Modell das System nicht ausreichend genau beschreibt.

Angaben über zulässige Werte der Parameterfehler können im allgemeinen nur dann ermittelt werden, wenn man sich auf spezielle Modellstrukturen festlegt und eine Übereinstimmung der Strukturen von System und Modell voraussetzt.

KAPITEL 4

TESTSIGNALE

Seit Beginn der sechziger Jahre, d. h. seit dem Zeitpunkt zu dem das Kennwertermittlungsproblem für die Regelungstechnik und andere Gebiete praktische Bedeutung erlangt hat, kann man unter den Fachleuten einen permanenten Meinungsstreit zu der Frage

„Was ist das beste Testsignal?"

beobachten. Dieses Kapitel will helfen auf diese Frage eine Antwort zu finden. Hierbei handelt es sich offenbar um eine Frage der zweckmäßigen Vorbereitung und Durchführung der Experimente, d. h. um ein Problem der *optimalen Versuchsplanung.* Dazu sollen zunächst einige wichtige Grundsätze zusammengestellt werden (vgl. Literaturhinweise unter 10.3.4.1.).

4.1. Ausgewählte Grundlagen der optimalen Versuchsplanung

Angenommen wird, daß die Eingangssignale $x_{ei}(t)$ gemäß

$$x_{ei\,\min} \leqq x_{ei}(t) \leqq x_{ei\,\max} \qquad (i = 1, \ldots, r) \tag{4.1-1}$$

Beschränkungen unterliegen und auch für die Zahl N der Beobachtungen und damit für die Meßzeit $T = N\,\Delta t$ die obere Schranke

$$T = N\,\Delta t \leqq T_{\max} \tag{4.1-2}$$

vorgegeben ist.

Die Optimalität eines Versuchsplanes kann damit wie folgt definiert werden:

Gesucht wird eine Vorschrift, durch die die Eingangssignale $x_{ei}(t)$ so bestimmt werden können, daß

(1) bei Einhaltung der Beschränkungen (4.1-1 und 2) der Genauigkeit der Parameterschätzung möglichst groß ist, oder daß

(2) bei gegebenen Amplitudenbeschränkungen (4.1-1) und vorgeschriebener Genauigkeit der Parameterschätzung die notwendige Meß- bzw. Beobachtungszeit minimal ist.

Aus dieser Formulierung der Aufgabenstellung ergeben sich *folgende Feststellungen:*

— Die Aufgabe der Versuchsplanung entsteht nur bei Aufgaben der 1. Verarbeitungsebene (vgl. Abschnitte 3.2. bis 3.6.) und bei Anwesenheit stochastischer Störsignale.

— Damit besitzt eine optimale Versuchsplanung praktische Bedeutung nur im Zusammenhang mit der Anwendung von Parameterschätzverfahren nach Abschnitt 2.4.

Trotz dieser Einschränkungen ergibt sich hierbei durch Kombination der Verfahren nach Abschnitt 2.4. und der Modellbeschreibungsformen nach 3.2. bis 3.6. eine große Mannigfaltigkeit. Diese soll, wie in den meisten Abschnitten der Kapitel 2 und 3 durch Verwendung des verallgemeinerten kennwertlinearen Modells nach den Gln. (2.1-3 und 8) reduziert werden.

4.1.1. Optimierungskriterien

Den Ausgangspunkt der Betrachtungen muß offenbar ein Fehlermaß für die ermittelten Parameter bilden. Dieses steht mit der Kovarianzmatrix (D) nach Gl. (2.4-7) zur Verfügung. Mit Hilfe dieser Matrix lassen sich folgende Optimierungskriterien formulieren.

— *D-Optimalität* (vgl. CRAMER, 1946, Kapitel 22):
Hier wird gefordert, daß die Determinante von (D) minimal ist,

— *A-Optimalität*: Ein Versuchsplan wird in diesem Falle optimal genannt, wenn die Summe der Streuungsquadrate $\sigma_{bi}^2 = D_{ii} = E\{\Delta b_i^2\}$, d. h. die Spur der Matrix (D), minimal wird:

$$\mathrm{Sp}\,(D) = \sum_{i=1}^{n} D_{ii} = \sigma_{b1}^2 + \sigma_{b2}^2 + \cdots + \sigma_{bn}^2 \,. \tag{4.1-3}$$

— *Minimierung der Streuungsquadrate*: Dieses, für die Ingenieurpraxis bedeutungsvollste Kriterium verlangt gemäß

$$D_{ii} = \sigma_{bi}^2 = E\{\Delta b_i^2\} = \mathrm{Min} \quad \text{für} \quad i = 1 \cdots n \,, \tag{4.1-4}$$

daß alle Elemente D_{ii} in der Hauptdiagonalen der Kovarianzmatrix (D) minimale Werte annehmen.

Diese Optimalitätsforderung ist dann und nur dann erfüllt, wenn die Informationsmatrix (M) und damit auch (D) eine Diagonalmatrix darstellt:

$$(M)_{\mathrm{opt}} = (D)_{\mathrm{opt}}^{-1} = \begin{bmatrix} M_{11} & 0 & \cdots & 0 \\ 0 & M_{22} & \cdots & 0 \\ \vdots & \vdots & & \vdots \\ 0 & 0 & \cdots & M_{nn} \end{bmatrix} . \tag{4.1-5}$$

Dies folgt aus einem Satz der Matrizenrechnung, dessen Beweis z. B. bei LEVIN, 1959 (Seite 150) zu finden ist. Legt man das zuletzt genannte Kriterium, den folgenden Betrachtungen zugrunde, *so läßt sich die Aufgabe der Versuchsplanung wie folgt präzisieren*:

Die Werte des Eingangssignales sind so zu wählen, daß

a) bei Anwendung der Markov-Schätzung die Matrix

$$(D) = \text{cov}\,(\hat{b}) = \{(U)^T\,(Z)^{-1}\,(U)\}^{-1} \tag{4.1-6}$$

(vgl. Gl. (2.4-26)) oder

b) bei Anwendung der Methode der kleinsten Quadrate die Matrix

$$(D) = (C)\,(U)^T\,(Z)\,(U)\,(C) \tag{4.1-7}$$

(vgl. Gl. (2.4-18)) in eine Diagonalmatrix überführt wird.

Ob und wie dies zu realisieren ist hängt offenbar von zwei Faktoren ab:

(1) *Einfluß des Störsignals*: Die Matrix (D) läßt sich nur diagonalisieren, wenn die Korrelationsfunktion $\Psi_{zz}(\tau)$ der Störung und damit die Kovarianzmatrix (Z) nach Gl. (2.4-17) bekannt ist. In dem wichtigen Sonderfall eines diskreten weißen Rauschens vereinfachen sich die Gln. (4.1-6, 7) mit

$$(Z) = \Psi_{zz}(0)\,(I) = \sigma_z^2(I) \tag{4.1-8}$$

zu der Beziehung

$$(D) = \{(U)^T\,(U)\}^{-1}\,\sigma_z^2 = \sigma_z^2(C)\,. \tag{4.1-9}$$

Hier vereinfacht sich die Aufgabe der Versuchsplanung darauf, durch geeignete Wahl von x_e das Produkt $(U)^T\,(U)$ zu diagonalisieren.

(2) *Einfluß der Modellstruktur*: Dies ist offenbar aber nur dann möglich, *wenn* (U) *lediglich von den Eingangssignalen abhängt, d. h. wenn das zu identifizierende Modell ein kennwertlineares Vorwärtsmodell* nach den Abb. 2.1-1a und 2.1-2a *darstellt. Für verallgemeinerte kennwertlineare Modelle* (vgl. Abb. 2.1-1c und 2.1-2b), bei denen die Matrix (U) auch von dem (nicht frei wählbaren) Ausgangssignal abhängt, *ist also eine optimale Versuchsplanung nicht oder nur teilweise möglich.*

Hieraus folgt, daß sich die folgenden Betrachtungen beschränken können auf die Behandlung der optimalen Versuchsplanung für die Ermittlung

— *statischer Modelle* nach Abschnitt 3.2. und

— *nichtparametrischer dynamischer Modelle* nach 3.3. insbesondere also

- der *Gewichtsfunktion* (vgl. 3.3.2.) und
- des *Frequenzganges* (vgl. 3.3.3.).

Dabei lassen sich die hier für den Fall einer digitalen Meßwertverarbeitung getroffenen Feststellungen auch für die Anwendung einer analogen Meßwertverarbeitung bestätigen.

4.1.2. Statische und dynamische (sequentielle) Versuchsplanung

Von einer *statischen Versuchsplanung* wird gesprochen, wenn das gesamte Experiment (oder eine Serie von Experimenten) von Anfang bis zum Ende vorauszuberechnen bzw. zu planen ist. Eine solche Vorgehensweise setzt voraus daß vor Beginn der Experimente eine ausreichende Apriori-Information über das Störsignal, d. h. zum Beispiel in Form der Kovarianzmatrix (Z), vorliegt. Da dies oft nicht der Fall ist, bevorzugt man häufig eine *dynamische* (*sequentielle*) *Versuchsplanung* nach folgendem Schema:

1. Experiment → Analyse → Planung → 2. Experiment → usw.

Durch das erste Experiment wird ein Grobmodell und eine verbesserte Kenntnis der Eigenschaften der Störungen gewonnen. Diese und das Grobmodell werden bei der Planung des 2. Experimentes berücksichtigt. Auf die Anwendung dieser Vorgehensweise wird im Teil II (Kapitel 5) eingegangen.

4.2. Optimale Testsignale zur Ermittlung statischer Modelle

Die zu Problemen der optimalen Versuchsplanung bekanntgewordenen Beiträge befassen sich überwiegend mit der Ermittlung statischer Modelle, was sich in einer großen Zahl einschlägiger Publikationen widerspiegelt (vgl. 10.3.4.). Hier soll die Ermittlung optimaler Eingangsgrößen lediglich für

— ein lineares r-dimensionales Modell nach Gl. (1.4-6) und Abb. 1.4-2 und
— beim Vorhandensein unkorrelierter Störungen, d. h. eines diskreten weißen Rauschens am Systemausgang

behandelt werden.

Gesucht werden also — vgl. Gln. (3.2-5 bis 8) für $(U) = (U)_I$ — die Elemente $x_{ei}(t_k)$ der Matrix

$$(U) = \begin{bmatrix} 1 & x_{e1}(t_1) & \cdots & x_{er}(t_1) \\ \vdots & \vdots & & \vdots \\ 1 & x_{e1}(t_N) & \cdots & x_{er}(t_N) \end{bmatrix}, \tag{4.2-1}$$

durch die die Präzisionsmatrix

$$(C) = \{(U)^T (U)\}^{-1} \tag{4.2-2}$$

nach Gl. (4.1-9) in eine Diagonalmatrix überführt wird.

Ohne Einschränkung der Allgemeinheit kann hierbei angenommen werden, daß der für die $x_{ei}(t)$ zugelassenen Bereich durch eine geeignet gewählte Normierungsvorschrift auf das Intervall

$$-1 \leqq x_{ei}(t) \leqq +1 \tag{4.2-3}$$

transformiert worden ist. Nun läßt sich zeigen, daß bei $r = 2$ die Optimalitätsbedingung (4.1-5) gerade dann erfüllt wird, wenn man für die $x_{ei}(t_k)$ nacheinander die Eckpunkte des Quadrates in Abb. 4.2-1a verwendet.

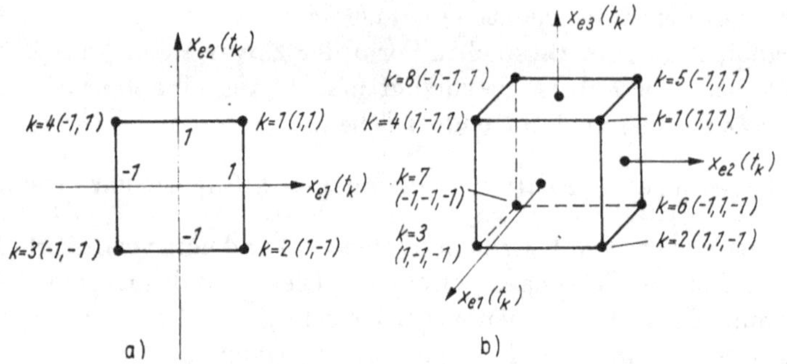

Abb. 4.2-1. Vollständige Versuchspläne zweiter (a) und dritter (b) Ordnung

Unter Berücksichtigung aller möglichen $N = 2^r = 4$ Kombinationen erhält man mit Gl. (4.2-2) für (U) die Beziehung

$$(U) = \begin{bmatrix} 1 & 1 & 1 \\ 1 & 1 & -1 \\ 1 & -1 & -1 \\ 1 & -1 & 1 \end{bmatrix}, \tag{4.2-4}$$

die für $(C)^{-1}$ nach Gl. (4.2-2) die Diagonalmatrix

$$(C)^{-1} = (U)^T (U) = \begin{bmatrix} 4 & 0 & 0 \\ 0 & 4 & 0 \\ 0 & 0 & 4 \end{bmatrix} = 4(I) \tag{4.2-5}$$

liefert. Wird in Gl. (4.2-1) $r = 3$ gesetzt, so hat man die $N = 2^3 = 8$ Eckpunkte des Würfels in Abb. 4.2-1b zu wählen. Damit nimmt die Matrix (U) die Gestalt

$$(U) = \begin{bmatrix} 1 & 1 & 1 & 1 \\ 1 & 1 & 1 & -1 \\ 1 & 1 & -1 & -1 \\ 1 & 1 & -1 & 1 \\ 1 & -1 & 1 & 1 \\ 1 & -1 & 1 & -1 \\ 1 & -1 & -1 & -1 \\ 1 & -1 & -1 & 1 \end{bmatrix} \tag{4.2-6}$$

an und für $(U)^T (U)$ erhält man die Diagonalmatrix

$$(U)^T (U) = \begin{bmatrix} 8 & 0 & 0 & 0 \\ 0 & 8 & 0 & 0 \\ 0 & 0 & 8 & 0 \\ 0 & 0 & 0 & 8 \end{bmatrix} = 8(I) \,. \tag{4.2-7}$$

Entsprechend ist für $r > 3$ zu verfahren. Hierbei steigt jedoch die Zahl $N = 2^r$ der Messungen sehr schnell mit r an. Man versucht deshalb mit Teilen der vollständigen Versuchspläne auszukommen. Um dabei der Orthogonalitätsbedingung (4.1-5) zu genügen, geht man von der Matrix (U) für ein entsprechend niedrig gewähltes $r = r_{\min}$ aus und gewinnt die fehlenden Spalten dadurch, daß man die bereits vorhandenen Spalten 2 bis $r_{\min+1}$ miteinander multipliziert. Auf diese Weise ergibt sich aus der Matrix (U) für $r = 2$ nach Gl. (4.2-4) für $r = 3$ die Matrix (U) in der Form

$$(U) = \begin{bmatrix} 1 & 1 & 1 & 1 \\ 1 & 1 & -1 & -1 \\ 1 & -1 & -1 & 1 \\ 1 & -1 & 1 & -1 \end{bmatrix} = \begin{bmatrix} 1 & x_{e1}(t_1) & x_{e2}(t_1) & x_{e3}(t_1) \\ 1 & x_{e1}(t_2) & x_{e2}(t_2) & x_{e3}(t_2) \\ 1 & x_{e1}(t_3) & x_{e2}(t_3) & x_{e3}(t_3) \\ 1 & x_{e1}(t_4) & x_{e2}(t_4) & x_{e3}(t_4) \end{bmatrix}$$

und damit ein Versuchsplan mit $N = 4$ Meßpunkten.

Man kann sich leicht davon überzeugen, daß das Produkt $(U)^T\,(U)$ wieder auf eine Diagonalmatrix führt. Die Ermittlung der Teilversuchspläne für $r \geqq 3$ ist ähnlich einfach durchführbar. Aufwendiger ist allerdings die Ermittlung optimaler Versuchspläne für nichtlineare statische Modelle. (Näheres vgl. 10.3.).

4.3. Klassifizierung von Testsignalen zur Ermittlung dynamischer Modelle

Während bei der Ermittlung statischer Modelle nur die günstige Wahl stationärer Arbeitspunkte der Eingangssignale von Bedeutung war, spielt bei der Identifikation dynamischer Modelle die zeitliche Änderung der Signale bzw. die in den Signalen enthaltenen Frequenzen eine wesentliche Rolle. Eine optimale Versuchsplanung erfordert dabei die Verwendung *künstlicher Testsignale*, d. h. *aktiver Experimente*. In vielen Fällen versucht man jedoch, eine Identifikation mit den ohnehin am Systemeingang vorhandenen *natürlichen Testsignalen*, d. h. mit *passiven Experimenten*, durchzuführen. Die Hauptschwierigkeit besteht hierbei darin, daß

1. der für eine geforderte Genauigkeit notwendige Meßzeitaufwand wesentlich größer als bei Anwendung optimal konstruierter künstlicher Testsignale ist und
2. das natürliche Testsignal oft die Frequenzen, für die man eine Auskunft über das Systemverhalten wünscht, nicht enthält.

Die Störung der normalen Betriebsweise des zu analysierenden Objektes durch künstliche Testsignale kann im allgemeinen in den vorgeschriebenen Grenzen gehalten werden, wenn man die Amplituden der Testsignale hinreichend klein wählt.

Auf die Durchführung aktiver Experimente wird man deshalb nur verzichten, wenn der Prozeß dies grundsätzlich nicht zuläßt (z. B. bei ökonomischen Systemen und betrieblichen Prozessen u. a. des Verkehrswesens).

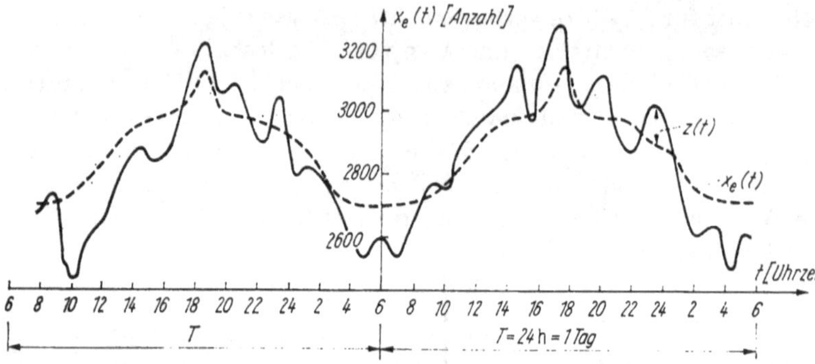

Abb. 4.3-1. Beispiel eines natürlichen periodischen Testsignals $x_e(t)$ mit überlagerten stochastischen Anteilen $z(t)$ (Bestand an beladenen Güterwagen in einem Eisenbahnbezirk)

Bei den natürlichen (ohnehin am Systemeingang vorhandenen) Testsignalen handelt es sich im allgemeinen

- um stochastische Signale oder
- um determinierte periodische Signale, denen stochastische Anteile überlagert sind.

Die periodischen Anteile ergeben sich dabei u. a. durch den Tagesrhythmus (z. B. bei Verkehrssystemen und Energieversorgungssystemen) oder durch den in Arbeitsmaschinen vorhandenen, z. B. durch die Drehzahl des Antriebes bestimmten Rhythmus. Abb. 4.3-1 zeigt ein derartiges Signal, das im Beispiel 1.2-3 Verwendung fand (vgl. List, 1974).

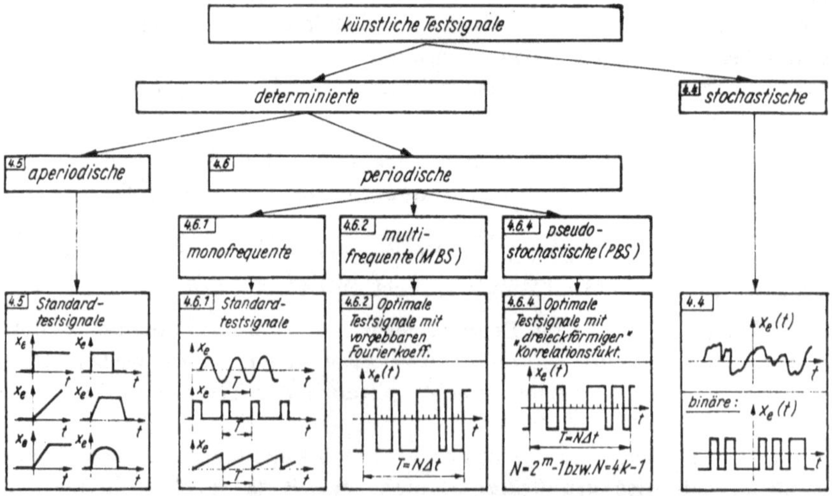

Abb. 4.3-2. Klassifizierung künstlicher Testsignale

Können künstliche Testsignale angewendet werden, so tritt die Frage nach dem optimalen Testsignal oder der optimalen Testsignalkombination auf. Zu betrachten sind (Abb. 4.3-2)

- stochastische,
- aperiodische und
- periodische Signale,

wobei die zuletzt genannten noch einmal in

- monofrequente,
- multifrequente und
- pseudozufällige

zu untergliedern sind.

4.4. Stochastische Testsignale (optimal zur Gewichtsfunktionsbestimmung)

Angenommen wird, daß ein stochastisches Testsignal zur Bestimmung der diskreten Werte der Gewichtsfunktion unter Verwendung der WIENER-HOPFschen Integralgleichung (1.4-12) bzw. des zugehörigen Normalgleichungssystems (3.3-16a) bestimmt werden soll. Man erkennt aus dieser Beziehung (3.3-16a), daß die oben angegebenen Optimalitätsforderungen (bezüglich der Diagonalisierung der Koeffizienten-Matrix $(U)^T\,(U)$ des Normalgleichungssystems) gerade dann erfüllt sind, wenn die Korrelationsfunktion des Eingangssignals der Bedingung

$$\Psi_{x_e x_e}(k\,\Delta t) = \begin{cases} = 0 & \text{für} \quad k \neq 0 \\ \neq 0 & \text{für} \quad k = 0 \end{cases} \tag{4.4-1}$$

genügt, d. h., wenn $x_e(t)$ einem annähernd weißen Rauschen mit dem Leistungsdichtespektrum

$$\Phi_{x_e x_e}(\omega) \approx \Phi_{x_e x_e}(0) = \text{konstant} \tag{4.4-1a}$$

angehört. Zur Erzeugung eines solchen Rauschens können Rauschgeneratoren mit einem Aufbau nach Abb. 4.4-1 verwendet werden, die handelsüblich sind (NORATOM, 1964).

Durch diesen Rauschgenerator wird mit Hilfe einer radioaktiven Strahlungsquelle, eines Geiger-Müller-Zählrohres und einer Impulsformerstufe ein binäres Signal mit POISSONscher Verteilung der Nulldurchgänge erzeugt. Bezeichnet man die mittlere Zerfallsrate des radioaktiven Präparates und damit den Mittelwert der Nulldurchgänge je Zeiteinheit mit λ und die Amplitude des binären Signals mit A, so findet man die Korrelationsfunktion

$$\Psi_{x_e x_e}(\tau) = A^2\,\mathrm{e}^{-2\lambda|\tau|} \tag{4.4-2}$$

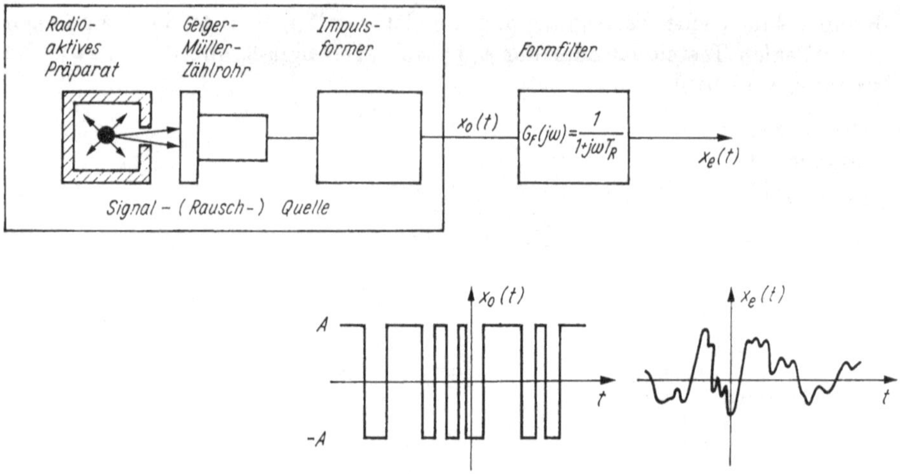

Abb. 4.4-1. Wirkprinzip eines Rauschgenerators für tiefe Frequenzen

(vgl. z. B. WUNSCH, 1969). Das zugehörige Leistungsdichtespektrum $\Phi_{x_e x_e}(j\omega)$ ergibt sich hieraus zu

$$\Phi_{x_e x_e}(j\omega) = \frac{S_0}{1+\left(\frac{\omega}{2\lambda}\right)^2} \tag{4.4-3}$$

mit $S_0 = A^2/\lambda$. Man erkennt, daß für $A \to \infty$ und $1/\lambda \to 0$ bei konstant gehaltenem S_0 aus Gl. (4.4-3) die Beziehung (4.4-1a) folgt. Durch Verstellung von Blenden zwischen dem radioaktiven Präparat und dem Zählrohr läßt sich λ so wählen, daß die Gl. (4.4-1a) im jeweils interessierenden Bereich zumindest annähernd gilt.

Verlangt man von dem Testsignal, daß es normal verteilt sei, so kann dies durch Filterung des binären Signals mit Hilfe eines Tiefpasses realisiert werden. Gl. (4.4-3) ist dann durch den Zusammenhang

$$\Phi_{x_e x_e}(\omega) = \frac{S_0}{1+\left(\frac{\omega}{2\lambda}\right)^2} \cdot \frac{1}{1+\omega^2 T_R^2} \tag{4.4-4}$$

zu ersetzen (vgl. Abb. 4.4-1).

Die Verwendung künstlicher stochastischer Signale besitzt den prinzipiellen Nachteil, daß eine zufriedenstellend genaue Ermittlung der Kreuzkorrelationsfunktion (3.3-19a) bei trägen Systemen (mit Zeitkonstanten im Bereich von Minuten oder gar Stunden) eine außerordentlich große, oft praktisch nicht realisierbare Integrationszeit erfordert. Außerdem ist die nach Gl. (3.3-27a) notwendige Erzeugung mehrerer stochastischer Testsignale $x_{e1}(t), \ldots, x_{er}(t)$, die nicht miteinander korreliert sind, mit Schwierigkeiten verbunden.

Diese Schwierigkeiten lassen sich durch sogenannte pseudostochastische Signale umgehen. Hierbei handelt es sich um spezielle periodische, d. h. determinierte Signale, die jedoch mit statistischen Methoden beschrieben werden und als deterministische Approximation eines weißen Rauschens betrachtet werden können.

4.5. Pseudostochastische Binärsignale (optimal zur Gewichtsfunktionsbestimmung)

4.5.1 Eigenschaften eines pseudostochastischen Binärsignales (PBS)

Ein pseudostochastisches Binärsignal (PBS) besitzt folgende Eigenschaften (Abb. 4.5-1a):

1. Es kann nur die Werte $+ b$ und $- b$ annehmen und dabei das Vorzeichen nur in Zeitabständen Δt bzw. ganzzahligen Vielfachen von Δt wechseln. Damit gilt die Beziehung

$$x_e(t) = c_k x_e(k\,\Delta t) = b \operatorname{sgn} x_e(k\,\Delta t) \quad \text{in} \quad k\,\Delta t \leqq t < (k+1)\,\Delta t\,. \tag{4.5-1}$$

2. Das PBS ist ein mit der Periodendauer

$$T = N\,\Delta t \qquad (N = \text{ungerade}) \tag{4.5-2}$$

periodisches Signal. Hieraus folgt, daß

$$x_e(t) = x_e(t+T) \quad \text{und} \quad c_k = c_{k+N} \tag{4.5-3}$$

ist.

3. Die Zahl der Intervalle mit $x_e(t) = c_k = + b$ ist je Periode um Eins größer als die Zahl der Intervalle für die $x_e(t) = c_k = - b$ gilt. Hieraus folgt

$$\sum_{k=0}^{N-1} c_k = \sum_{k=0}^{N-1} x_e(k\,\Delta t) = + b\,. \tag{4.5-4}$$

4. Für ausgewählte Zahlenwerte N, nämlich für

$$N = 2^m - 1 \qquad (m = 2, 3, 4, 5, \ldots) \tag{4.5-5}$$

und

$$N = 4K - 1 \qquad (K = 1, 2, 3, \ldots, N = \text{Primzahl}) \tag{4.5-6}$$

folgt aus den Bedingungen 1 bis 3 der Zusammenhang

$$\sum_{k=0}^{N-1} c_k c_{k+s} = \sum_{k=0}^{N-1} x_e(k\,\Delta t)\, x_e([k+s]\,\Delta t) = - b^2 \quad \text{für} \quad s = \pm 1, \pm 2, \ldots, \pm (N-1),$$

$$\text{d. h. für } s \neq 0, \pm N, \pm 2N, \ldots\,. \tag{4.5-7}$$

5. Weiterhin gilt:

$$\sum_{k=0}^{N-1} c_k^2 = \sum_{k=0}^{N-1} x_e^2(k\,\Delta t) = N b^2 \tag{4.5-8}$$

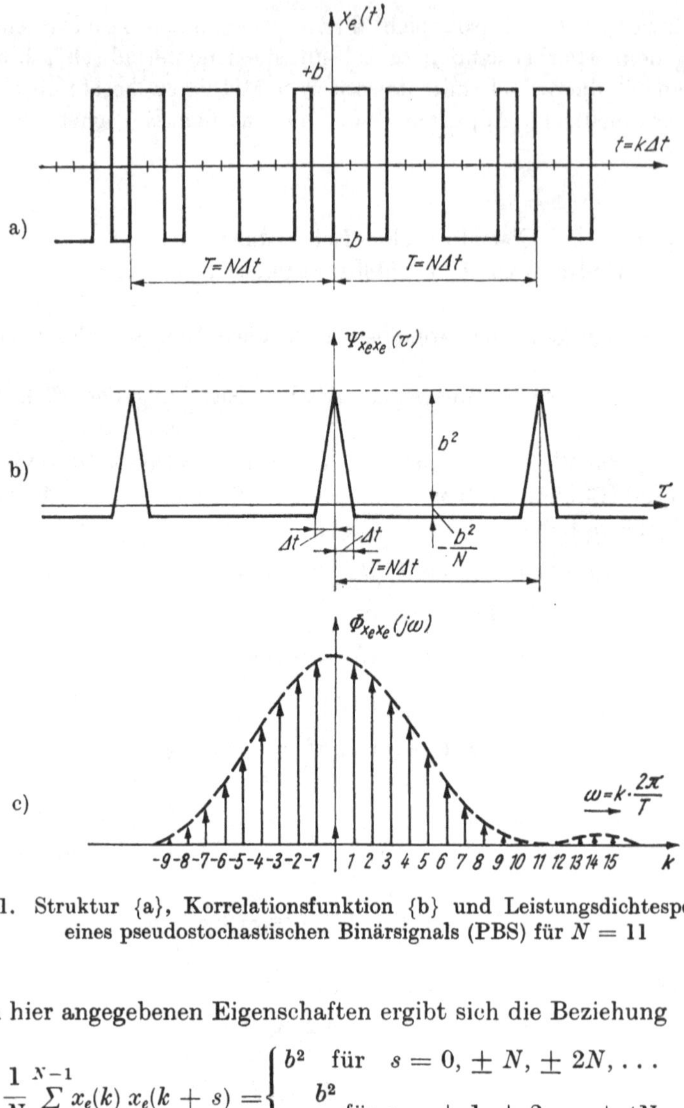

Abb. 4.5-1. Struktur {a}, Korrelationsfunktion {b} und Leistungsdichtespektrums {c} eines pseudostochastischen Binärsignals (PBS) für $N = 11$

Aus den hier angegebenen Eigenschaften ergibt sich die Beziehung

$$\tilde{\tilde{\Psi}}(s) = \frac{1}{N} \sum_{k=0}^{N-1} x_e(k)\, x_e(k+s) = \begin{cases} b^2 & \text{für} \quad s = 0, \pm N, \pm 2N, \ldots \\ -\dfrac{b^2}{N} & \text{für } s = \pm 1, \pm 2, \ldots, \pm (N-1) \end{cases}$$

$$\text{d. h. } s \neq 0, \pm N, \pm 2N, \ldots \tag{4.5-9}$$

und damit für die Elemente $\tilde{\Psi}(s, m)$ des Normalgleichungssystems (3.3-12 a, b) der Zusammenhang

$$\tilde{\Psi}(s, m) = \tilde{\Psi}(m, s) = \begin{cases} b^2 & \text{für} \quad |s - m| = 0, N, 2N, \ldots \\ -\dfrac{b^2}{N} & \text{für} \quad |s - m| = 1, 2, \ldots, N - 1 \end{cases} \tag{4.5-10}$$

Aus einem Vergleich dieser Gl. (4.5-10) mit der Bestimmungsgleichung (3.3-12a) für die diskreten Gewichtsfunktionswerte wird deutlich, daß das hier eingeführte Testsignal optimal im oben genannten Sinne ist, wenn

1. $N > n$ ist, d. h. wenn die Periodendauer $T = N\,\Delta t$ des PBS größer als die Einschwingzeit $n\,\Delta t$ der zu identifizierenden Gewichtsfunktion ist,
2. wenn N so groß gewählt wird, daß b^2/N gegenüber b^2 vernachlässigt werden kann,
3. wenn das Störsignal ein annähernd weißes Rauschen darstellt und
4. wenn eine digitale Meßwertverarbeitung gemäß Abschnitt 3.3.2.1.1. erfolgt.

Die zuletzt genannte Beschränkung kann allerdings fallengelassen werden. Hiervon kann man sich durch Berechnung der Autokorrelationsfunktion des PBS überzeugen:

Wegen der Periodizität des PBS läßt sich für die Autokorrelationsfunktion $\Psi_{x_e x_e}(k\,\Delta t)$ nach Gl. (3.3-19b) das Integral

$$\Psi_{x_e x_e}(\tau) = \frac{1}{T} \int\limits_0^T x_e(t)\, x_e(t+\tau)\, \mathrm{d}t \tag{4.5-11}$$

verwenden, das hier durch Summation über N-Teilintegrale gemäß

$$\Psi_{x_e x_e}(\tau) = \frac{1}{N\,\Delta t} \sum_{k=0}^{N-1} \int\limits_{k\Delta t}^{(k+1)\Delta t} x_e(t)\, x_e(t+\tau)\, \mathrm{d}t \tag{4.5-12}$$

ermittelt werden soll.

Wie Abb. 4.5-2 verdeutlicht, ist für $x_e(t+\tau)$ im Integrationsintervall $k\,\Delta t \leqq t < \Delta t(k+1)$ mit $\tau = s\,\Delta\tau - \tau^*$ und $0 \leqq \tau^* \leqq \Delta t$ der Ausdruck

$$x_e(t+\tau) = \begin{cases} c_{k+s-1} & \text{für} \quad k\,\Delta t \leqq t < (k+1)\,\Delta t - \tau^* \\ c_{k+s} & \text{für} \quad (k+1)\,\Delta t - \tau^* \leqq t < (k+1)\,\Delta t \end{cases} \tag{4.5-13}$$

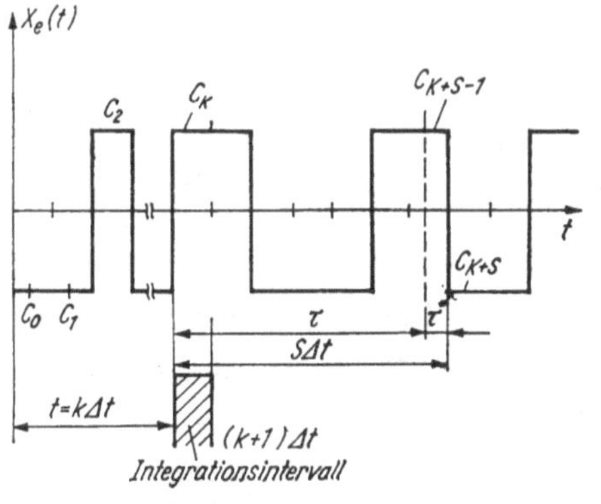

Abb. 4.5-2. Zur Berechnung der Korrelationsfunktion des PBS

zu verwenden. Damit erhält man unter Verwendung von Gl. (4.5-12) für das Integral das Ergebnis

$$\int_{\Delta t}^{(k+1)\Delta t} x_e(t)\, x_e(t+\tau)\, \mathrm{d}t = c_k c_{k+s-1} \tau^* + c_k c_{k+s} \{\Delta t - \tau^*\} \tag{4.5-14}$$

und für die Korrelationsfunktion $\Psi_{x_e x_e}(\tau)$ den Zusammenhang

$$\Psi_{x_e x_e}(\tau) = \frac{1}{N\,\Delta t} \tau^* \sum_{k=0}^{N-1} c_k c_{k+s-1} + \frac{\Delta t - \tau^*}{N\,\Delta t} \sum_{k=0}^{N-1} c_k c_{k+s} \,. \tag{4.5-15}$$

Für $s = 0$ folgt hieraus wegen Gl. (4.5-8) bei Beachtung von Gl. (4.5-7) die Beziehung

$$\Psi_{x_e x_e}(\tau^*) = b^2 \left\{ 1 - \frac{\tau^*}{\Delta t} \frac{N+1}{N} \right\}. \tag{4.5-16}$$

Wegen $\tau = -\tau^*$ für $s = 0$ und $\Psi_{x_e x_e}(\tau) = \Psi_{x_e x_e}(-\tau)$ gelangt man damit zu dem Resultat

$$\Psi_{x_e x_e}(\tau) = \begin{cases} b^2 \left\{ 1 - \dfrac{|\tau|}{\Delta t} \dfrac{1+N}{N} \right\} \text{für } |\tau| \leqq \Delta t \\ -\dfrac{b^2}{N} \text{ für } \Delta t \leqq |\tau| \leqq (N-1)\,\Delta t \end{cases} \tag{4.5-17}$$

mit $\Psi_{x_e x_e}(\tau) = \Psi_{x_e x_e}(\tau + T)$.

Die Korrelationsfunktion eines PBS besteht also (vgl. Abb. 4.5-16) aus dreieckförmigen Verläufen der Höhe b^2 und der Basisbreite $2\Delta t$, die sich in Abständen von $T = N\,\Delta t$ periodisch wiederholen.

Zur Ermittlung des zu $\Psi_{x_e x_e}(\tau)$ gehörenden Leistungsdichtespektrums $\Phi_{x_e x_e}(j\omega)$ wird der Verlauf nach Abb. 4.5-1b gemäß

$$\Psi_{x_e x_e}(\tau) = \Psi^*_{x_e x_e}(\tau) + \Psi^{**}_{x_e x_e}(\tau) \tag{4.5-18}$$

zerlegt in die Konstante

$$\Psi^{**}_{x_e x_e}(\tau) = -\,b^2/N \tag{4.5-19}$$

und in den Verlauf

$$\Psi^{**}_{x_e x_e}(\tau) = \begin{cases} b^2 \left(\dfrac{1+N}{N} \right) \left\{ 1 - \dfrac{|\tau|}{\Delta t} \right\} & \text{für } |\tau| \leqq \Delta t \\ 0 & \text{für } \Delta t \leqq |\tau| \leqq (N-1)\,\Delta t \end{cases} \tag{4.5-20}$$

$$\text{mit } \Psi^*_{x_e x_e}(\tau) = \Psi^*_{x_e x_e}(\tau + T)$$

des zentrierten Prozesses. Da $\Psi^*_{x_e x_e}(\tau)$ eine periodische Funktion ist, kann das zugehörige Leistungsdichtespektrum in der Form

$$\Phi^*_{x_e x_e}(j\omega) = \frac{2\pi}{T} \Phi^*_{ap}(j\omega) \sum_{k=-\infty}^{\infty} \delta\!\left(\omega - k\frac{2\pi}{T}\right) \tag{4.5-21}$$

dargestellt werden, wobei $\Phi^*_{ap}(j\omega)$ die FOURIER-Transformierte der aperiodischen Korrelationsfunktion

$$\Psi^*_{ap}(\tau) = \begin{cases} \Psi^*_{x_e x_e}(\tau) & \text{für} \quad -T/2 \leqq \tau \leqq T/2 \\ 0 & \text{für} \quad |\tau| > T/2 \end{cases} \tag{4.5-22}$$

ist. Unter Berücksichtigung von Gl. (4.5-20) findet man für $\Phi^*_{ap}(j\omega)$ den Ausdruck

$$\Phi^*_{ap}(j\omega) = b^2 \left(\frac{1+N}{N}\right) \Delta t \left(\frac{\sin \omega\, \Delta t/2}{\omega\, \Delta t/2}\right)^2, \tag{4.5-23}$$

der mit

$$\Phi^{**}_{x_e x_e}(j\omega) = \mathcal{F}\left\{-\frac{b^2}{N}\right\} = \frac{2\pi}{T} b^2\, \Delta t \delta(\omega) \tag{4.5-24}$$

für

$$\Phi_{x_e x_e}(j\omega) = \Phi^*_{x_e x_e}(j\omega) + \Phi^{**}_{x_e x_e}(j\omega) \tag{4.5-25}$$

unter Berücksichtigung von Gl. (4.5-21) das Ergebnis

$$\Phi_{x_e x_e}(j\omega) = \frac{2\pi}{T} \Phi_{ap}(j\omega) \sum_{k=-\infty}^{\infty} \delta\left(\omega - k\frac{2\pi}{T}\right) \tag{4.6-26}$$

mit

$$\Phi_{ap}(j\omega) = \begin{cases} \Delta t b^2 \left(\frac{1+N}{N}\right) - b^2\, \Delta t = \frac{\Delta t b^2}{N} & \text{für } \omega = 0 \\ \Delta t b^2 \left(\frac{1+N}{N}\right)\left(\frac{\sin \omega\, \Delta t/2}{\omega\, \Delta t/2}\right)^2 & \text{für } \omega \neq 0 \end{cases} \tag{4.5-27}$$

liefert (vgl. Abb. 4.5-1c). Man erkennt aus dieser Beziehung, daß für große Werte N die Näherungen

$$\Phi_{ap}(j\omega) \approx \Phi^*_{ap}(j\omega) \approx b^2\, \Delta t \left(\frac{\sin \omega\, \Delta t/2}{\omega\, \Delta t/2}\right)^2 \tag{4.5-28}$$

und

$$\Psi_{x_e x_e}(\tau) \approx \Psi^*_{x_e x_e}(\tau) \approx \begin{cases} b^2 & \text{für} \quad \tau = 0 \\ 0 & \text{für} \quad \Delta t < |\tau| < (N-1)\, \Delta t \end{cases} \tag{4.5-29}$$

gelten, die in Näherung ein weißes Rauschen kennzeichnen. Das PBS kann deshalb auch bei einer Gewichtsfunktionsbestimmung durch analoge Meßwertverarbeitung gemäß 3.3.2.1.1.2. als annähernd optimal angesehen werden. Auf die praktischen Probleme, die bei der Anwendung dieses Signales entstehen, wird ausführlich unter Kapitel 7 eingegangen. Hier sind lediglich nur noch zwei Fragen, die Fragen des Entwurfes und der Erzeugung eines PBS, zu behandeln.

4.5.2. Entwurf eines PBS

Ein PBS wird nur durch die drei Parameter Amplitude b, Periodendauer $T = N\,\Delta t$ und Intervallbreite Δt gekennzeichnet. Der Entwurf eines PBS reduziert sich damit auf die Festlegung dieser drei Größen.

1. *Die Amplitude b* sollte so groß gewählt werden, wie dies die zu untersuchende Anlage zuläßt. Grenzen werden der Amplitude gesetzt durch den begrenzten Linearitätsbereich und durch die von dem Anlagenbetreiber festzulegende zulässige Störung der normalen Arbeitsweise der Anlage.
2. *Die Periodendauer* $T = N\,\Delta t$ darf nicht kleiner sein als die Einschwingzeit T_E der Gewichtsfunktion. Empfohlen wird der Erfahrungswert
$$T = N\,\Delta t > (1{,}25\ T_E \text{ bis } 1{,}5\ T_E) \tag{4.5-30}$$
(vgl. Kapitel 7 und GODFREY, 1970).
3. *Die Intervallbreite* Δt sollte kleiner als die kleinste noch interessierende Zeitkonstante $T_{\min}$ gewählt werden (z. B. $\Delta t \leqq T_{\min}/4$), um eine gute Zeitauflösung der Gewichtsfunktion zu erhalten (Kapitel 7).

4.5.3. Realisierung eines PBS

Zu untersuchen ist hier die Frage, wie sich ein PBS mit den Vorgaben für N und Δt nach 4.5.2. realisieren läßt. Dabei kann auf Verfahren zurückgegriffen werden, die seit Jahren in der Informationstheorie zur Entwicklung fehlersicherer Codes für die Datenübertragung (vgl. u. a. HUFFMAN, 1956, LANGE, 1970, PETERSON, 1961) angewendet werden. Von den möglichen Verfahren (vgl. BRIGGS, GODFREY, 1966, EVERETT 1966) haben die folgenden zwei Bedeutung für die Systemidentifikation erlangt.

4.5.3.1. Verwendung von Schieberegistern

Verwendet wird ein Schieberegister nach Abb. 4.5-3, das die Momentanwerte y einer Folge von Werten liefert, die nur 0 oder 1 sein können. Aus y gewinnt man das PBS durch die Zuordnung

$$x_e(t) = \begin{cases} +\,b & \text{bei} \quad y = +\,1 \\ -\,b & \text{bei} \quad y = 0 \end{cases} \tag{4.5-31}$$

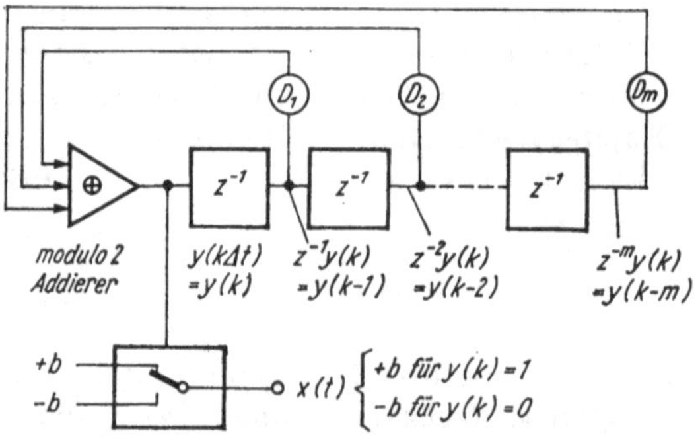

Abb. 4.5-3. Rückgekoppeltes Schieberegister zur Erzeugung eines PBS

Die Wirkungsweise des rückgekoppelten Schieberegisters nach Abb. 4.5-3 läßt sich durch die Differenzengleichung

$$y(k\,\Delta t) = y(k) = D_1 y\,(k-1) \oplus D_2 y\,(k-2) \oplus, \ldots, \oplus D_m y\,(k-m) \quad (4.5\text{-}32)$$

beschreiben, wenn mit dem Symbol „$\oplus$" die Addition modulo 2 nach dem Schema

a	b	$a \oplus b$
0	0	0
0	1	1
1	0	1
1	1	0

gekennzeichnet wird und die D nur die Werte 0 oder 1 annehmen können.

Tabelle 4.5-1. Primitive Polynome mit einer minimalen Anzahl von Null verschiedener Koeffizienten D_i

m	$N = 2^m - 1$	D_0	D_1	D_2	D_3	D_4	D_5	D_6	D_7	D_8	D_9	D_{10}
3	7	1	1	0	1							
4	15	1	1	0	0	1						
5	31	1	0	1	0	0	1					
6	63	1	1	0	0	0	0					
7	127	1	0	0	1	0	0	0	1			
8	255	1	0	1	1	1	0	0	0	1		
9	511	1	0	0	0	1	0	0	0	0	1	
10	1023	1	0	0	1	0	0	0	0	0	0	1

Wird mit dem Operator z^{-1} die Verzögerung um die Taktzeit Δt gekennzeichnet, so erhält man mit

$$z^{-i} y(k) = y(k-i) \quad (4.5\text{-}33)$$

aus Gl. (4.5-32) die Beziehung

$$y(k) = D_1 z^{-1} y(k) \oplus D_2 z^{-2} y(k) \oplus, \ldots, \oplus D_m z^{-m} y(k)\,,$$

aus der man die charakteristische Gleichung

$$f(z^{-1}) = 1 \oplus D_1 z^{-1} \oplus D_2 z^{-2} \oplus, \ldots, \oplus D_m z^{-m} \quad (4.5\text{-}34)$$

gewinnt. Wie gezeigt werden kann (vgl. z. B. Peterka, 1969) besitzt das so nach Gl. (4.5-31) zu bestimmende Testsignal $x_e(t)$ gerade dann die unter 4.5.1. angegebenen Eigenschaften, wenn $f(z^{-1})$ nach Gl. (4.5-34) ein sogenanntes *primitives Polynom* (modulo 2) in z^{-1} ist, das nicht in Faktoren zerlegbar ist und nicht selbst Faktor eines Polynoms vom Typ $1 \oplus z^{-k}$ darstellt, wobei $k < N = 2^m - 1$ sein muß. Beide Bedingungen werden durch das Polynom

$1 \oplus z^{-1} \oplus z^{-4}$ erfüllt. Dagegen erfüllt $1 \oplus z^{-1} \oplus z^{-2} \oplus z^{-3} \oplus z^{-4}$ zwar die erste, aber nicht die zweite Bedingung, da

$$(1 \oplus z^{-1} \oplus z^{-2} \oplus z^{-3} \oplus z^{-4})\,(1 \oplus z^{-1}) = 1 \oplus z^{-5}$$

ist (vgl. Peterka, 1969).

Für jedes $m > 4$ existieren mehrere primitive Polynome. Dabei interessieren naturgemäß vor allem diejenigen, die eine minimale Anzahl von Null verschiedener Koeffizienten D_i haben. Tabelle 4.5-1 gibt für ein maximal 10stufiges Schieberegister ($m \leqq 10$) diese Koeffizienten an. Damit ist eine sehr einfache Möglichkeit der Realisierung eines PBS gegeben.

Die Taktzeit Δt wird dabei durch Veränderung der Taktfrequenz variiert und die Zahl N der Intervalle ergibt sich zu

$$N = 2^m - 1 \qquad (4.5\text{-}35)$$

(vgl. Tab. 4.5-1).

PBS-Generatoren, die auf dem hier beschriebenen Prinzip beruhen, sind (realisiert auf elektronischer Basis) handelsüblich für

$$N \leqq 2^{20} - 1$$

bei einer Taktfrequenz von 10^{-3} Hz bis 10^6 Hz. Daneben sind PBS-Generatoren (als Laborgeräte) bekanntgeworden, die mit pneumatischen Logikelementen realisiert wurden (vgl. Fasol, Kopacek, Vingron, Wohlfarht, 1969).

4.5.3.2. Erzeugung eines PBS durch Berechnung quadratischer Residuen

Das unter 4.5.3.1. angegebene Verfahren besitzt den Nachteil, daß das die Intervallzahl N nur in relativ großen Schritten geändert werden kann (vgl. Tab. 4.5-1). Diesen Nachteil vermeidet die folgende Methode, die eine sehr einfache Berechnung eines PBS mit

$$N = 4K - 1 \qquad (4.5\text{-}36)$$

für ganzzahlige Werte K gestattet, wobei für N allerdings nur Primzahlen zugelassen sind (z. B. $N = 3, 7, 11, 19, 23, 31, 43, 47, 59, 67, 71$ usw.).

Ein PBS mit den unter 4.5.1. genannten Eigenschaften läßt sich nun dadurch gewinnen, daß man

$$x_e(t) = x_e(k\,\Delta t) = +\,b \qquad (4.5\text{-}37)$$

für solche Werte k setzt, für die die Bedingung

$$k = k_+ = l^2 - \left[\frac{l^2}{N}\right] N < N \qquad \text{für } l = 0, 1, 2, \ldots, \frac{N-1}{2} \qquad (4.5\text{-}38)$$

gilt. $[l^2/N]$ bezeichnet hierbei die größte ganze Zahl $\leqq l^2/N$. Den übrigen Werten $x_e(k\,\Delta t)$ ordnet man die Werte $-b$ zu. Für $K = 3$ und $N = 11$ zum Beispiel erhält man für die k_+ nach Gl. (4.5-38) das Schema

l	0	1	2	3	4	5
$k_+ = l^2 - \left[\frac{l^2}{N}\right] N$	0	1	4	9	5	3

und damit das PBS

k	0	1	2	3	4	5	6	7	8	9	10
$x_e(k\,\Delta t)$	$+b$	$+b$	$-b$	$+b$	$+b$	$+b$	$-b$	$-b$	$-b$	$+b$	$-b$

(vgl. Peterka, 1969).

Zur Realisierung eines solchen PBS kann naturgemäß ein Schieberegister nicht mehr Verwendung finden. Man wird die hier dargestellte Methode also nur dann benutzen, wenn ein universeller Testsignalgenerator zum Beispiel in Form eines Lochstreifenlesegerätes (vgl. Gamaleja, Marschner, 1971) oder ein Prozeßrechner eingesetzt werden.

4.6. Aperiodische Testsignale

In der Praxis der experimentellen Systemanalyse spielen die determinierten aperiodischen Testsignale eine überragende Rolle. Die Ursachen hierfür liegen vor allem

1. in der leichten Realisierbarkeit dieser Signale und
2. in der Tatsache, daß (zumindest bei ungestörten Systemen) mit einer einzigen Messung Informationen über das gesamte Frequenzintervall gewonnen werden können.

Besondere Bedeutung hat dabei bekanntermaßen das sprungförmige Testsignal erlangt, dessen Frequenzkenngrößen zusammen mit denen anderer „Standardtestsignale" in Abb. 4.6-1 (s. Anlage) zusammengestellt worden sind.

Diese Standardtestsignale kann man sich gemäß Abb. 4.6-2 als Antwortsignale spezieller Formfilter auf ein Eingangssignal in Form eines Einheitssprunges entstanden denken (vgl. Formfilterfrequenzgänge $G_f(j\omega) = U_f(\omega) + jV_f(\omega)$ in Abb. 4.6-1, s. Anlage):

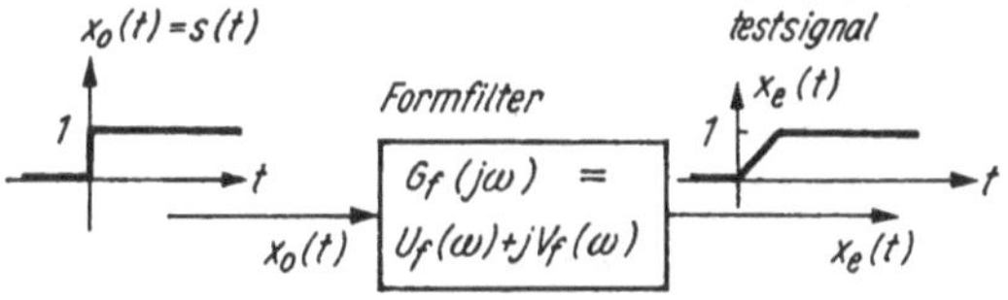

Abb. 4.6-2. Zur Ableitung von Standardtestsignalen nach Abb. 4.6-1 aus dem Einheitssprung

Es gilt also der Zusammenhang

$$G_f(j\omega) = \frac{X_e(j\omega)}{S(j\omega)} = j\omega X_e(j\omega)\,. \tag{4.6-1}$$

Bei der Wahl eines aperiodischen Testsignales spielten bisher Überlegungen zur optimalen Versuchsplanung (vgl. 4.1.) eine recht untergeordnete Rolle, was verschiedentlich zu einer Fehleinschätzung bezüglich der bei der Kennwertermittlung erreichbaren Genauigkeit geführt hat. Hierauf haben vor allem STROBEL, 1967, 1968, STEPAN, 1965, 1970 und UNBEHAUEN, SCHLEGEL, 1967 hingewiesen.

Zu untersuchen sind also folgende Grundsatzfragen:

1. Welches aperiodische Testsignal kann bezüglich der bei gegebenen Zeit- und Amplitudenbeschränkungen erreichbaren Genauigkeit als das „beste" bezeichnet werden?
2. Welche Grenzen ergeben sich bei der Auswertung eines stochastisch gestörten Antwortsignals auf das nach 1. günstigste Testsignal?

   Die Beantwortung dieser Fragen hängt naturgemäß davon ab, welches Modell mit welchen Verfahren zu bestimmen ist.

Hier soll dabei die Ermittlung diskreter Frequenzgangwerte nach 3.3.3.1.2., d. h. durch FOURIER-Transformation bzw. nach der Methode der kleinsten Quadrate betrachtet werden, da nach den Untersuchungen des Abschnittes 3.8. die Frequenzgangfehler sich als geeignetes Gütemaß erwiesen haben.

4.6.1. Zur Frage des günstigsten aperiodischen Testsignals

Wie aus Gl. (3.3-46) hervorgeht, ist der mittlere Frequenzgangfehler $\sigma_{\hat{G}}(\omega)$ dem Betrag des Spektrums $X_e(j\omega)$ von $x_e(t)$ umgekehrt proportional. Als günstigstes Testsignal ist also dasjenige zu bezeichnen, das im gesamten Frequenzbereich über das größte $|X_e(j\omega)|$ verfügt.

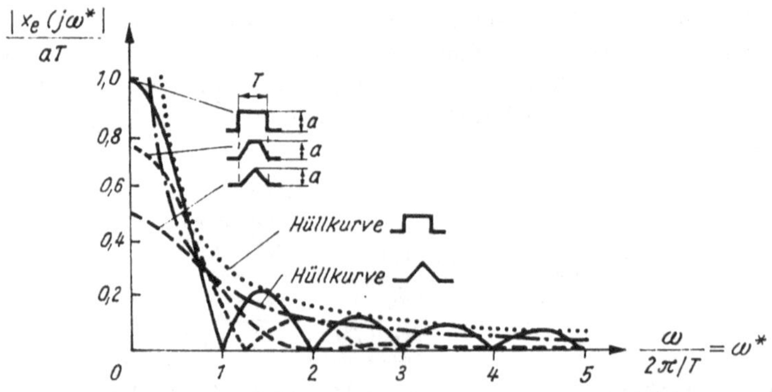

Abb. 4.6-3. Verlauf von $|X_e(j\omega_k)|$ für verschiedene Standardtestsignale

In Abb. 4.6-3 ist für einige Standardtestsignale nach Abb. 4.6-1 $|X_e(j\omega)|$ dargestellt worden. Man erkennt, daß die einzelnen Verläufe Nullstellen aufweisen, an denen eine Frequenzgangbestimmung (mit endlichem Fehler) nicht möglich ist. Man wird also in solchen Fällen den Frequenzgang für die Frequenzen ω_k zu bestimmen suchen, für die $|X_e(j\omega_k)|$ die Maxima erreicht. Wie aus den Hüllkurven für diese Maxima hervorgeht (vgl. Abb. 4.6-3), liegen die Maxima für die binären Testsignale am höchsten. Damit ist folgende Schlußfolgerung zulässig:

Werden für $x_e(t)$ Beschränkungen der Form (4.1-1) vorgegeben, so sind die binären aperiodischen Eingangssignale, d. h. Rechteckimpulse und Sprungfunktionen, als die hinsichtlich der erreichbaren Genauigkeit günstigsten Testfunktionen anzusehen. Man hat also den günstigen Umstand zu verzeichnen, daß sich die am leichtesten realisierbaren Testsignale auch als die bezüglich der erreichbaren Genauigkeit günstigsten erweisen.

Auf die nichtbinären Testsignale nach Abb. 4.6-1 (s. Anlage) wird man also nur dann zurückgreifen, wenn zusätzlich Beschränkungen für die Änderungsgeschwindigkeit oder -beschleunigung von $x_e(t)$ vorgegeben sind.

Offen bleibt hier noch die Frage, wann ein Rechteckimpuls einer Sprungfunktion vorzuziehen ist.

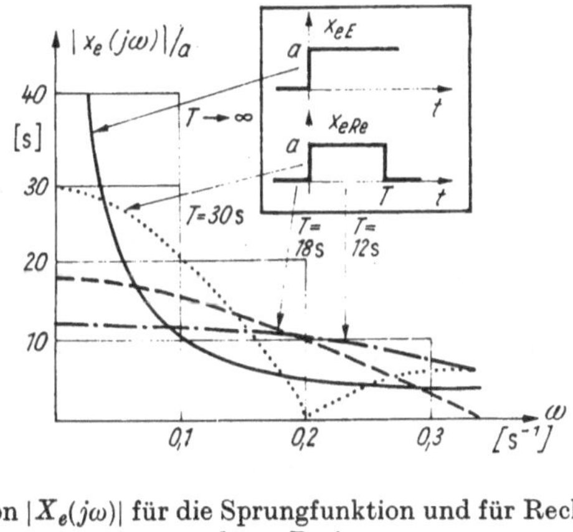

Abb. 4.6-4. Verlauf von $|X_e(j\omega)|$ für die Sprungfunktion und für Rechteckimpulse verschiedener Breite

Aus Abb. 4.6-4 geht hervor, daß diese Frage nur bezüglich bestimmter Frequenzintervalle beantwortet werden kann. So besitzt die Sprungfunktion, die man als Rechteckimpuls der Breite $T \to \infty$ betrachten kann, für kleine Frequenzen ein größeres $|X_e(j\omega)|$. Bei schmalen Rechteckimpulsen kann dagegen der Betrag des Spektrums im hochfrequenten Bereich fast zweimal größer sein als für das sprungförmige Testsignal gleicher Amplitude (vgl. hierzu Isermann, 1971).

4.6.2. Allgemeine Grenzen bei der Analyse stochastisch gestörter aperiodischer Antwortfunktionen

Aus den Abb. 4.6-3 und 4.6-4 geht hervor, daß $|X_e(j\omega)|$ für $\omega \to \infty$ sehr kleine Werte annimmt. Hieraus folgt (vgl. Gl. (3.3-46)), *daß schon kleine Fehler der aperiodischen Antwortfunktion zu großen Frequenzgangfehlern im Bereich hoher Frequenzen führen können* (vgl. Strobel, 1968). Allgemein kann festgestellt werden, daß durch Auswertung aperiodischer Antwortsignale, die unter realen Bedingungen, d. h. bei Anwesenheit nicht vernachlässigbarer stochastischer Störungen, gemessen wurden, der Frequenzgang nur im Bereich tiefer Frequenzen (bei Verzögerungsgliedern 2. und 3. Ordnung etwa bis zur $-90°$- oder maximal zur $-130°$-Frequenz) ausreichend genau bestimmt werden kann.

Eine experimentelle Bestätigung dieses Sachverhaltes wird zusammen mit Vorschlägen zur Beseitigung der hier genannten Schwierigkeiten im Teil II, Kapitel 5, vorgelegt.

4.7. Monofrequente (periodische) Testsignale

Ein Testsignal soll hier monofrequent genannt werden, wenn es

1. entweder nur eine Frequenz enthält, d. h. eine Sinus- oder Cosinusfunktion darstellt, oder
2. wenn bei Anwendung eines Analyseverfahrens nur eine Frequenz, z. B. die Grundwelle einer Mäanderschwingung Berücksichtigung findet.

Hier soll nun — unter den gleichen Voraussetzungen wie im Abschnitt 4.6.1. — die Frage nach dem günstigsten monofrequenten (periodischen) Testsignal gestellt werden.

Dabei kann zunächst grundsätzlich festgestellt werden, daß die Verwendung beliebiger periodischer Testsignale zur Frequenzgangbestimmung einer optimalen Versuchsplanung im Sinne des Abschnittes 4.1. entspricht, da die Präzisionsmatrizen $(C) = \{(U)^T\ (U)\}^{-1}$ grundsätzlich Diagonalmatrizen sind (vgl. Gln. (3.3-33c und 36d)).

Unter den zugelassenen monofrequenten Testsignalen ist allerdings dasjenige das optimale, das den betragsmäßig größten Fourier-Koeffizienten a_{e1} der Grundwelle besitzt, da nach den Gln. (3.3-35, 35b und 37c) der mittlere Frequenzgangfehler a_{e1} umgekehrt proportional ist.

Man erkennt aus der Zusammenstellung wichtiger periodischer Standardtestsignale in Abb. 4.7-1, *daß bei gleichem Spitze-Spitze-Werten der Amplituden die binären Testsignale die günstigsten sind.* So besitzt die Rechteckschwingung ein um den Faktor $4/\pi$ größeres a_{e1} als die Rechteckwelle selbst und damit als die zu vergleichende Sinusschwingung (vgl. Abb. 4.7-1, s. Anlage). Hier ergibt sich also ein ganz ähnliches Resultat wie im Falle aperiodischer Testsignale.

Ein wesentlicher Vorteil des monofrequenten Eingangssignales besteht gegenüber einer aperiodischen Testfunktion allerdings darin, daß der FOURIER-Koeffizient a_{e1} (im Gegensatz zum Spektrum $|X_e(j\omega)|$ bei Erhöhung der Frequenz nicht absinkt. Dem steht als Nachteil gegenüber, daß bei Anwendung monofrequenter Signale für jede Frequenz eine separate Messung durchzuführen ist.

Das legt den Gedanken nahe, zur Ermittlung des Frequenzganges $G(j\omega_k) = U(\omega_k) + jV(\omega_k)$ für die n-Frequenzen $\omega_1, ..., \omega_n$ nur einmal ein multifrequentes periodisches (Binär-)signal anzuwenden, das die n-ausgewählten Frequenzen $\omega_1, ..., \omega_n$ enthält. Die Verwendung eines Standardtestsignals nach Abb. 4.7-1 führt dabei jedoch zu den prinzipiell gleichen Nachteilen, die schon bei der Anwendung periodischer Testsignale zu beobachten waren: Die Amplitude a_{ek} der Oberwellen nimmt für die Mäanderschwingung (wie das Spektrum $|X_e(j\omega_k)| = A/\omega_k$ der Sprungfunktion) proportional zu $1/k$, d. h. mit steigender Frequenz ω_k ab. Zu untersuchen ist deshalb im folgenden, inwieweit sich dieser Nachteil durch eine geeignete Wahl der Struktur des multifrequenten periodischen Binärsignals vermeiden läßt. Das führt auf das Problem der Konstruktion optimaler multifrequenter Binärsignale (MBS) mit vorgeschriebenen FOURIER-Koeffizienten.

4.8. Multifrequente Binärsignale (MBS)

Untersucht wird folgende Aufgabenstellung:

Gesucht wird ein binäres periodisches Testsignal $x_e(t)$ für das l beliebig ausgewählte FOURIER-Koeffizienten a_{ejk}

1. eine vorgegebene Frequenzabhängigkeit z. B. der Form

$$|a_{ejk}| \approx z_{jk} = c f_a(\omega_{jk}) \tag{4.8-1}$$

besitzen und

2. dabei einen möglichst großen Betrag aufweisen:

$$c = \text{Max}\,. \tag{4.8-1a}$$

Die vorgegebene Frequenzfunktion $f_a(\omega_k)$ könnte dabei so gewählt werden, daß sich für alle l-Frequenzen des MBS die Frequenzgangpunkte in gegebener Meßzeit T_pM (vgl. Gl. (3.3-40c)) mit vorgeschriebenem mittlerem relativen Frequenzgangfehler

$$\delta_{\max}(\omega_k) \geqq \frac{\sigma_{\hat{G}}}{|G(j\omega_k)|} = \frac{2}{|a_{ek}|\sqrt{MT_p}} \cdot S_e(\omega_k) \tag{4.8-2}$$

mit

$$S_e(\omega_k) = \frac{\sqrt{S_{MTp}(\omega_k)}}{|G(j\omega_k)|} \tag{4.8-2a}$$

und

$$S_{MTp}(\omega_k) = \int_{-MTp}^{MTp} \Psi_{zz}(\tau)\, \mathrm{e}^{-j\omega_k\tau} \left[1 - \frac{|\tau|}{MT_p}\right] \mathrm{d}\tau \approx \Phi_{zz}(\omega_k) \tag{4.8-2b}$$

bestimmen lassen

Für Gl. (4.8-1) würde man demzufolge aus Gl. (4.8-2) die Beziehung

$$|a_{ek}| \approx z_{jk} = \frac{2}{\sqrt{MT_p}} \frac{S_e(\omega_k)}{\delta_{\max}(\omega_k)} \tag{4.8-3}$$

und damit für $f_a(\omega_k)$ den Zusammenhang

$$f_a(\omega_k) = S_e(\omega_k)/\delta_{\max}(\omega_k) \tag{4.8-4}$$

gewinnen. Die Funktion $f_a(\omega)_k$ ist also aus dem vorgegebenen Frequenzgangfehler $\delta_{\max}(\omega_k)$ und der Frequenzfunktion $S_e(\omega_k)$ zu ermitteln.

Die Maximierungsforderung (4.8-1a) stimmt dabei wegen $c = 2/\sqrt{MT_p}$ mit der Forderung nach Minimierung der Meßzeit überein.

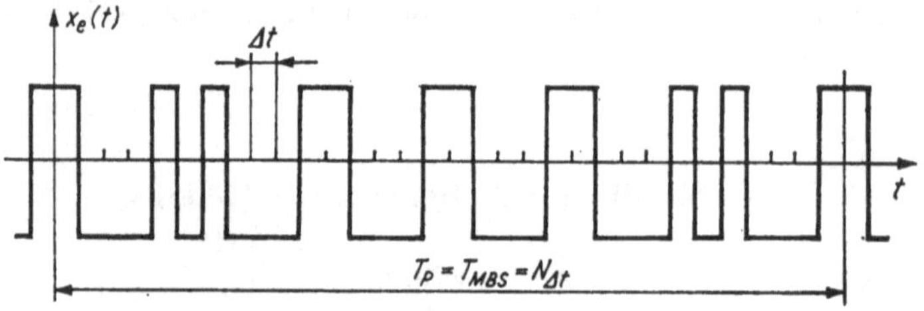

Abb. 4.8-1. Struktur des MBS

Für das zu ermittelnde optimale Testsignal wird eine Struktur nach Abb. 4.8-1 zugrunde gelegt.

Ein Vorzeichenwechsel soll danach nur bei ganzzahligen Vielfachen von Δt möglich sein. Da man ohne Einschränkung der Allgemeinheit $x_e(t)$ als gerade Funktion voraussetzen kann, ist die Fourier-Reihendarstellung

$$x_e(t) = \sum_{k=1}^{\infty} a_{ek} \cos \omega_k t \qquad \text{mit} \qquad \omega_k = k \frac{2\pi}{T_p} \tag{4.8-5}$$

zulässig. Für die Fourier-Koeffizienten

$$a_{ek} = \frac{2}{T_p} \int_0^{Tp} x_e(t) \cos \omega_k t \, \mathrm{d}t \tag{4.8-6}$$

gewinnt man dann mit

$$T_p = N\, \Delta t \tag{4.8-6a}$$

und

$$x_e(t) = X_{es} \qquad \text{in} \qquad s\,\Delta t \leqq t \leqq (s+1)\,\Delta t \tag{4.8-6b}$$

die Beziehung

$$a_{ek} = \frac{2}{T_p} \sum_{s=0}^{N-1} \int_{s\Delta t}^{(s+1)\Delta t} X_{es} \cos k \frac{2\pi}{T_p} t \, dt$$

$$= \frac{2}{\pi k} \sum_{s=0}^{N-1} X_{es} \sin \frac{\pi k}{N} \cos \frac{\pi k}{N}$$

$$= \frac{4}{\pi k} \sum_{s=0}^{\frac{N}{2}-1} X_{es} \sin \frac{\pi k}{N} \cos \frac{\pi k}{N} . \tag{4.8-7}$$

Zu bestimmen ist nun eine solche Wertefolge

$$X_{e0}, X_{e1}, X_{e2}, \ldots, X_{eN-1} , \tag{4.8-8}$$

für die die Abweichungen zwischen $|a_{ejk}|$ und z_{jk} in Gl. (4.8-1) möglichst klein ausfallen.

Im folgenden soll eine Lösung dieser Aufgabe vorgelegt werden, die durch Untersuchung und Weiterentwicklung von Verfahren gewonnen wurde, die VAN DEN BOS, 1967, 1970 (vgl. auch JENSEN, 1959) vorgeschlagen hat.

4.8.1. Verfahren von VAN DEN BOS

Bei diesem Verfahren wird das Testsignal $x_e(t)$ so bestimmt, daß das Gütekriterium

$$I_1 = \sum_{k=1}^{l} \lambda_{jk} |a_{ejk}| = \sum_{k=1}^{l} \lambda_{jk} a_{ejk} \operatorname{sgn} \{a_{ejk}\} = \text{Max} \tag{4.8-9}$$

erfüllt wird. Hierbei dient der Doppelindex jk zur Kennzeichnung der interessierenden Frequenz, und l bezeichnet die Anzahl der zu berücksichtigenden Frequenzen. Durch geeignete Wahl der Gewichtsfaktoren $\lambda_{jk} \approx f_a(\omega_{jk})$ läßt sich die Größe der FOURIER-Koeffizienten a_{ejk} beeinflussen.

Der die Bedingung (4.8-9) erfüllende optimale Verlauf $x_e^*(t)$ des Testsignals $x_e(t)$ läßt sich dabei in folgender Weise bestimmen:

Definiert wird eine Klasse S von Signalen ${}^s x_e(t)$, die die Summe

$$Q = \sum_{k=1}^{l} \lambda_{jk} a_{ejk} \tag{4.8-10}$$

für alle möglichen Vorzeichenkombinationen $\delta_{jk} = \pm \lambda_{jk}$ maximiert. Damit muß auch der gesuchte optimale Verlauf $x_e^*(t)$ dieser Signalklasse ${}^s x_e(t)$ angehören. Deshalb wird zunächst versucht, die Klasse von Verläufen $x_e = {}^s x_e(t)$ einzugrenzen, für die Q maximal ist.

Dazu wird für a_{ejk} nach Gl. (4.8-6) in Gl. (4.8-10) eingesetzt und Q in der Form

$$Q = \sum_{k=1}^{l} \delta_{jk} \left\{ \frac{2}{T_p} \int_0^{T_p} x_e(t) \cos jk \frac{2\pi}{T_p} t \, \mathrm{d}t \right\}$$

$$= \frac{2}{T_p} \int_0^{T_p} x_e(t) \left\{ \sum_{k=1}^{l} \delta_{jk} \cos jk \frac{2\pi}{T_p} t \right\} \mathrm{d}t$$

$$= \frac{2}{T_p} \int_0^{T_p} x_e(t)\, f(t) \, \mathrm{d}t \qquad (4.8\text{-}11)$$

mit

$$f(t) = \sum_{k=1}^{l} \delta_{jk} \cos \left\{ 2\pi\, jk \frac{t}{T_p} \right\} \qquad (4.8\text{-}12)$$

dargestellt.

Man kann nun zeigen, daß Q gerade dann maximal wird, wenn

$$x_e(t) = {}^s x_e(t) = x_{e0} \operatorname{sgn} \{(t)\} f \qquad (4.8\text{-}13)$$

ist, wobei für die Signumfunktion die Definition

$$\operatorname{sgn} x = \begin{cases} +1 & \text{für } x > 0 \\ -1 & \text{für } x < 0 \\ \;\;0 & \text{für } x = 0 \end{cases} \qquad (4.8\text{-}14)$$

zugrunde gelegt wird.

Die Klasse der gesuchten Testsignale ist damit durch die Beziehung

$$x_e(t) = {}^s x_e(t) = x_{e0} \operatorname{sgn} \left\{ \sum_{k=1}^{l} (\pm \lambda_{jk}) \cos 2\pi jk \frac{t}{T_p} \right\} \qquad (4.8\text{-}15)$$

zu ermitteln.

Da in dieser Gleichung (4.8-15) jeweils beide Vorzeichen zugelassen sind, erhält man für l Frequenzen 2^l mögliche Verläufe, darunter den optimalen Verlauf ${}^s x_e^*(t)$. Durch Berechnung des Optimalitätskriteriums I_1 nach Gl. (4.8-9) für diese 2^l Verläufe findet man den gesuchten optimalen Verlauf $x_e^*(t)$. Der hierzu notwendige Rechenaufwand ist mit einem Digitalrechner der zweiten oder dritten Generation sehr leicht zu bewältigen.

Die Genauigkeit bei der Einhaltung der Forderung (4.8-1) läßt allerdings zu wünschen übrig. Das ist nicht verwunderlich, da das Kriterium (4.8-9) keinen direkten Zusammenhang zu der Forderung (4.8-1) besitzt. So ergeben sich für konstante Gewichtsfaktoren λ_{jk}, d. h. bei konstanter Frequenzfunktion $f_a(\omega_{jk})$ in Gl. (4.8-1) Fourier-Koeffizienten a_{ejk}, die nur in grober Näherung konstant sind.

Eine gewisse Verbesserung läßt sich dadurch erreichen, daß man aus den 2^l Verläufen ${}^s x_e(t)$ denjenigen auswählt, für den gemäß

$$\operatorname{Min} |a_{jk}| = \operatorname{Max} \qquad (4.8\text{-}16)$$

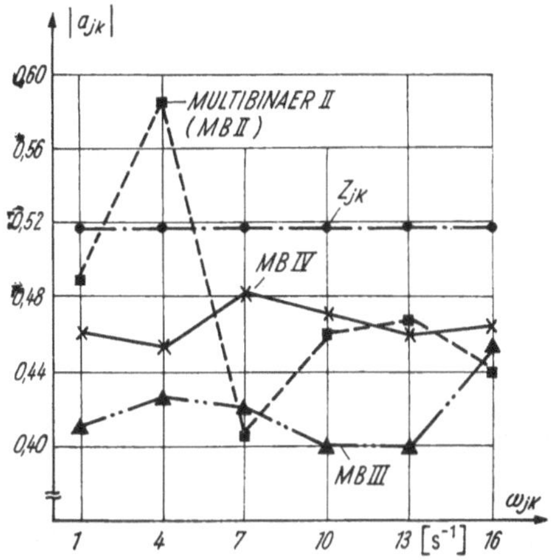

Abb. 4.8-2. FOURIER-Koeffizienten bei der Realisierung des Signals 1

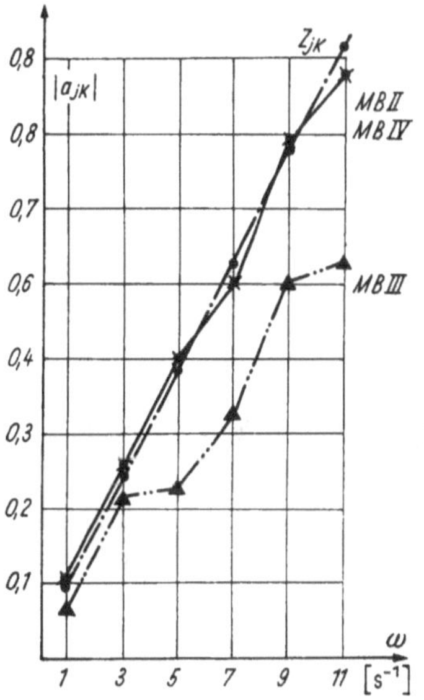

Abb. 4.8-3. FOURIER-Koeffizienten bei der Realisierung des Signals 3

der kleinste FOURIER-Koeffizient den größten Wert annimmt.

Die durchgeführten Untersuchungen ergaben verbesserte oder zumindest die gleichen Ergebnisse wie bei Verwendung des Optimierungskriteriums (4.8-9). Die Streuung der FOURIER-Koeffizienten a_{ejk} um die gewünschten Werte ist jedoch — wie die Beispiele in den Abb. 4.8-2 bis 4.8-4 zeigen — immer noch recht groß (vgl. Kurven MULTIBINAER II (MB II)).

Aus diesem Grunde soll hier ein zweites, ebenfalls von VAN DEN BOS behandeltes Verfahren dargestellt werden.

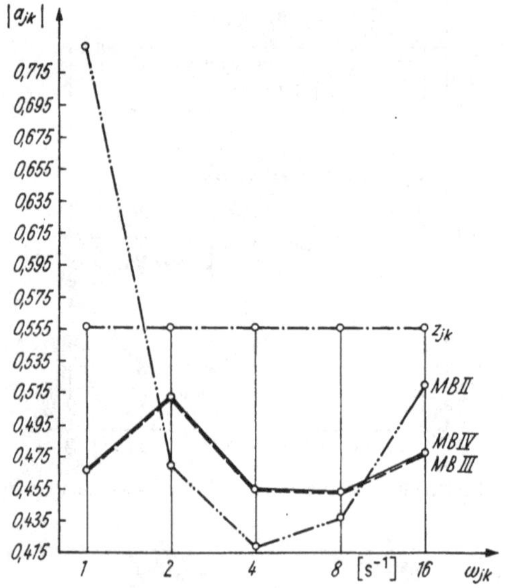

Abb. 4.8-4. FOURIER-Koeffizienten bei der Realisierung des Signals 2 mit den Programmen MULTIBINÄR (MB) II, III, IV bei $N = 128$

4.8.2. Numerisches Suchverfahren

Gefordert wird, daß gemäß

$$I_2 = \sum_{k=1}^{l} \left[\frac{1}{2} z_{jk}^2 - \frac{1}{2} a_{ejk}^2\right]^2 = \text{Min} \tag{4.8-17}$$

die Summe der quadrierten Abweichungen zwischen den Quadraten der vorgegebenen $\{z_{jk}\}$ und tatsächlichen $\{a_{ejk}\}$ FOURIER-Koeffizienten minimal wird (vgl. Gl. (4.8-1)).

Hierbei stellt

$$A_{jk} = \frac{1}{2} z_{jk}^2 \tag{4.8-18}$$

die Leistung dar, die in der zugehörigen Frequenz enthalten sein soll. Zu beachten ist, daß bei

$$x_{e\,\max} = x_{e0} = 1 \tag{4.8-19}$$

die Summe der vorgegebenen Leistungen nicht größer als Eins sein kann, d. h., daß

$$\sum_{k=1}^{l} A_{jk} \leqq 1 \tag{4.8-20}$$

sein muß. Sollen die FOURIER-Koeffizienten den gleichen Betrag annehmen, so sind auch die A_{jk} gleich groß und es ist gerechtfertigt, die $A_{jk} = 1/l$ zu setzen. Damit läßt sich Gl. (4.8-17) in der Form

$$I_2^* = \sum_{k=1}^{l} \left\{ 1/l - \frac{1}{2} a_{jk}^2 \right\}^2 = \text{Min} \qquad (4.8\text{-}21)$$

angeben.

Zur Ermittlung eines Signals, für das I_2 bzw. I_2^* ein Maximum erreicht, wird nun in folgender Form vorgegangen:
Der Wertefolge $X_{e0}, X_{e1}, X_{e2}, \ldots, X_{eN-1}$ nach Gl. (4.8-8) werden willkürlich die Werte $+1$ oder -1 zugeordnet, und es wird I_2 bzw. I_2^* unter Verwendung der Gl. (4.8-7) berechnet. Für einen willkürlich gewählten Wert X_{ei} der Wertefolge (4.8-8) wird nun das Vorzeichen gewechselt und geprüft, ob dies zu einem kleineren Wert von I_2 bzw. I_2^* nach den Gln. (4.8-21 bzw. 17) führt. Ist dies der Fall, so wird die Vorzeichenänderung beibehalten. Anderenfalls wird die Vorzeichenänderung rückgängig gemacht. Die gleiche Prüfung wird nun für das folgende Intervall, d. h. für den Wert X_{ei+1}, wiederholt. In dieser Weise ist fortzufahren, bis man bei dem Wert X_{ei-1} angelangt ist. Danach wird ein neuer Startpunkt X_{em} mit $m \neq i$ gesucht und ein erneuter Umlauf gestartet.

Diese Vorgehensweise wird solange wiederholt, bis ein Umlauf auftritt, der keine weitere Verbesserung der Kriterien I_2 bzw. I_2^* mit sich bringt. Eine Sicherheit, den wirklich optimalen Fall zu erreichen, besteht hierbei natürlich nicht.

Die durchgeführten Untersuchungen machten deutlich, daß bei einer großen Intervallzahl N ein erheblicher Rechenzeitaufwand zustande kommen kann. Für ein Signal mit $l = 6$ Frequenzen und $N = 128$ Intervallen beträgt die Rechenzeit für einen Umlauf 1,2 bis 2 Minuten auf der Anlage Elliott NE 503. Da zur Erzielung einer annähernd optimalen Lösung etwa 100 Umläufe notwendig sind, erhält man unvertretbar große Rechenzeiten. Steht also nur ein mittelschneller Rechner zur Verfügung, so kann die Anwendung des hier skizzierten Suchverfahrens nicht empfohlen werden.

Dagegen scheint es Vorteile zu bieten, das hier behandelte numerische Suchverfahren mit der unter 4.8.1.1. beschriebenen Methoden von VAN DEN BOS zu kombinieren. Dabei könnte mit der zuerst behandelten Methode eine Lösung gewonnen werden, die zwar nur eine begrenzte Zahl von Möglichkeiten berücksichtigt, die aber mit geringem Rechenzeitaufwand eine in der Nähe des Optimums liegende Lösung zu bestimmen gestattet. Diese Lösung kann dann durch numerische Suche mit vertretbarem Aufwand bis zur notwendigen Genauigkeits verbessert werden. Diese Kombination führt auf einen neuartigen Algorithmus mit wesentlich verbesserten Eigenschaften bezüglich Aufwand und Genauigkeit.

4.8.3. Ein kombiniertes Verfahren

Ausgegangen wird von einer minimalen Zahl

$$N = N_{\text{min}}$$

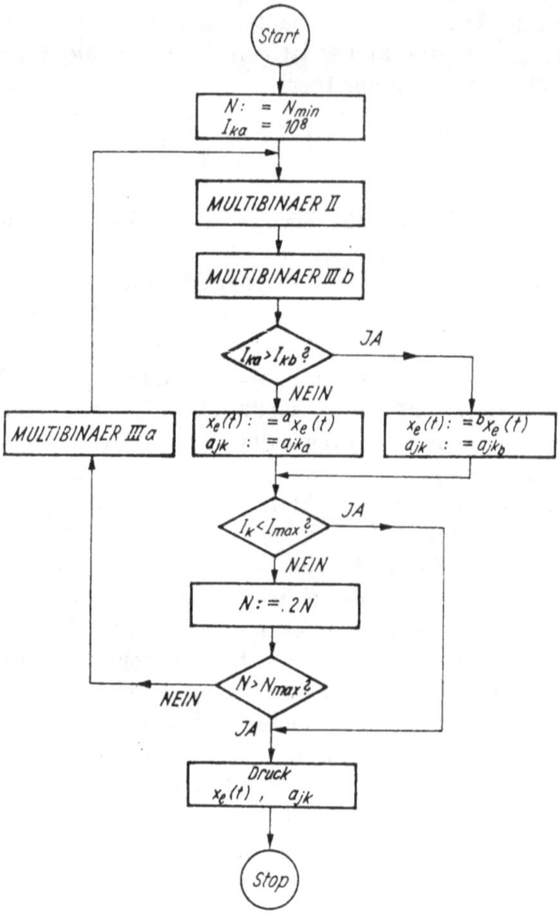

Abb. 4.8-5. Flußplan des kombinierten Verfahrens (MULTIBINÄR IV) zur Ermittlung eines multifrequenten Binärsignals mit vorgeschriebenen FOURIER-Koeffizienten

von Intervallen für das zu konstruierende Testsignal $x_e(t)$ nach Abb. 4.8-5. Mit Hilfe des Verfahrens 4.8.1., d. h. des (Unter-)Programmes MULTIBINAER II, wird aus den 2^l Signalen ${}^s x_e(t)$ nach Gl. (4.8-13) das optimale herausgesucht (vgl. Abb. 4.8-5). Dabei wird allerdings anstelle der Maximierungsforderungen (4.8-9 bzw. 4.8-16) das geeigneter erscheinende Gütekriterium

$$I = \text{Max}\left\{\left|\frac{z_{jk} - |a_{ejk}|}{z_{jk}}\right|\right\} = \text{Min} \qquad \text{für } k = 1, 2, \ldots, l \qquad (4.8\text{-}22)$$

verwendet. Von den 2^l Lösungsmöglichkeiten der Gl. (4.8-13) wird also diejenige als die günstigste angesehen, für die die größten relativen Fehler zwischen den vorgegebenen $\{z_{jk}\}$ und den zu bestimmenden $\{|a_{ejk}|\}$ FOURIER-Koeffizienten am kleinsten ausfallen. Dieses Signal wird dann in der unter 4.8.2. beschriebenen Weise durch numerische Suche verbessert, wobei allerdings immer nur ein Umlauf ausgeführt wird (Unterprogramm MULTIBINAER IIIb). Diese Beschränkung scheint gerechtfertigt zu sein, da durch Untersuchung einer großen Zahl von Beispielen festgestellt werden konnte, daß in den meisten Fällen bereits der erste Umlauf das beste Resultat liefert. Wird durch die numerische Suche die für I nach Gl. (4.8-22) vorzugebende Schranke $I \leqq I_{max}$ noch nicht unterschritten, so ist gemäß Abb. 4.8-5 die Zahl N der Intervalle bei Beibehaltung der Signalstruktur zu verdoppeln (vgl. Abb. 4.8-61), wobei die Fourier-Koeffizienten a_{ejk} unverändert bleiben. Für das so gewonnene Signal mit der doppelten Anzahl von Intervallen wird nun die Möglichkeit einer Verringerung von I nach Gl. (4.8-22) durch numerische Suche untersucht (Unterprogramm MULTIBINAER IIIa). Ist eine Verkleinerung von I nicht möglich, so bleiben die Fourier-Koeffizienten a_{ejk} unverändert. Sie werden zu Vergleichszwecken gespeichert. Mit dem Unterprogramm MULTIBINAER II wird nun ein Signal für die verdoppelte Intervallzahl konstruiert und durch numerische Suche verbessert (vgl. Unterprogramm MULTIBINAER IIIb in Abb. 4.8-5).

Der Wert $I = I_b$ des Optimierungskriteriums I nach Gl. (4.8-22), der sich hier ergibt, wird mit dem verglichen, der sich nach Anwendung von MULTIBINAER IIIa ergeben hatte, wobei das Signal mit dem kleinsten I weiterverwendet wird (vgl. Abb. 4.8-5).

In dieser Weise wird die Rechnung fortgeführt bis entweder

$$I \leqq I_{\max} \tag{4.8-23}$$

ist oder gemäß

$$N \leqq N_{\max} \tag{4.8-24}$$

eine vorgegebene maximale Zahl $N_{\max}$ von Intervallen erreicht wurde.

Das hier beschriebene Verfahren wurde in ALGOL (Programm MULTIBINAER IV) formuliert und auf der Anlage Elliott 503 erprobt.

4.8.4. Vergleichende Untersuchung

Die hier behandelten Verfahren sollen unter Verwendung der in Tab. 4.8-1 angegebenen Signale einer vergleichenden Untersuchung unterzogen werden.

Tabelle 4.8-1: Untersuchung der in den Abschnitten 4.8.1. bis 4.8.3. behandelten Verfahren (MULTIBINAER (MB) II, III und IV) an verschiedenen Signalen

		1. Signal	2. Signal	3. Signal
ω_{jk} [s^{-1}]		1 4 7 10 13 16	1 2 4 8 16	1 3 5 7 9 11
λ_{jk}		1 1 1 1 1 1	1 1 1 1 1	1 3 5 7 9 11
I	MB II	0,192	0,297	0,107
nach Gl.	MB III	0,225	0,199	0,391
(4.8-22)	MB IV	0,126	0,199	0,107

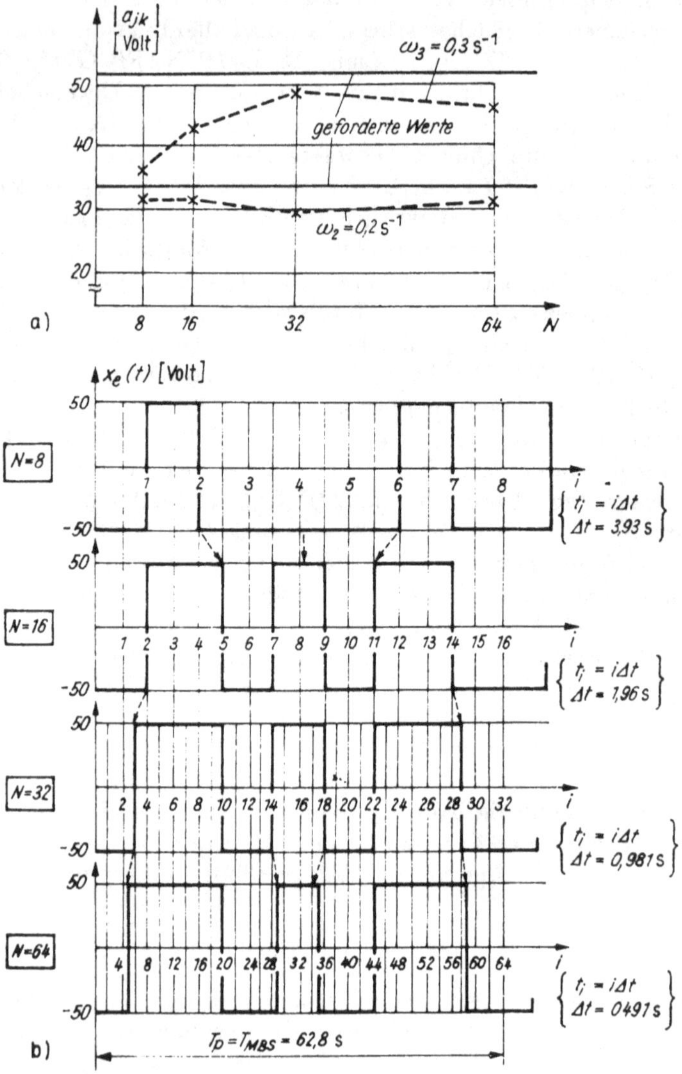

Abb. 4.8-6. Zur Konstruktion eines MBS mit vorgeschriebenen Werten der FOURIER-Koeffizienten bei $\omega_2 = 0{,}2\ s^{-1}$ und $\omega_3 = 0{,}3\ s^{-1}$

Das Signal 1 enthält 6 Frequenzen, die linear äquidistant gestaffelt und gleich gewichtet sind. Das Signal 2 soll dagegen bei gleichen Gewichtsfaktoren λ_{jk} eine logarithmisch äquidistante Frequenzverteilung aufweisen. Das Signal 3 möge schließlich einen frequenzabhängigen Gewichtsfaktor besitzen.

Die Größe der in Gl. (4.8-22) vorzugebenden FOURIER-Koeffizienten z_{jk} läßt sich über die Relation

$$\frac{\frac{1}{2} z_{jk}^2}{\lambda_{jk}^2} = \frac{P}{\sum\limits_{k=1}^{l} \lambda_{jk}^2} \quad \text{mit} \quad P = \sum_{k=1}^{l} \frac{1}{2} z_{jk}^2 \tag{4.8-25}$$

in der Form

$$z_{jk} = \lambda_{jk} \sqrt{\frac{2P}{\sum\limits_{k=1}^{l} \lambda_{jk}^2}} \tag{4.8-26}$$

mit

$$\lambda_{jk} = f_a(\omega_{jk})/f_a(\omega_1) \tag{4.8-26a}$$

(vgl. Gl. (4.8-1)) darstellen. Für die Leistung P, die praktisch in den l ausgewählten Frequenzen konzentriert werden kann, ist für $l \geqq 2$ empirisch (durch Untersuchung einer großen Zahl von Beispielen) ein maximal erreichbarer Wert von

$$P \approx 0{,}7 \text{ bis } 0{,}8 \tag{4.8-27}$$

gefunden worden, wobei die Testsignalamplitude x_{e0} gleich Eins gesetzt wird.

Für frequenzunabhängige FOURIER-Koeffizienten mit

$$\lambda_{j1} = \lambda_{j2} = \cdots = \lambda_{jl} = 1 \tag{4.8-28}$$

gewinnt man also den Zusammenhang

$$z_{jk} = \sqrt{\frac{2P}{l}} \approx \sqrt{\frac{1{,}4}{l}}\,. \tag{4.8-29}$$

Die mit den Programmen MULTIBINAER II, III und IV ermittelten optimalen Testsignale besitzen die in den Abb. 4.8-2 bis 4.8-4 dargestellten FOURIER-Koeffizienten. Man erkennt, daß mit dem vorgeschlagenen Verfahren bessere oder zumindest gleich gute Ergebnisse erzielt werden können wie mit den von VAN DEN BOS empfohlenen Methoden. Das bestätigen auch die in Tab. 4.8-1 für das Optimierungskriterium I nach Gl. (4.8-22) angegebenen Werte. Die Rechenzeit beträgt auf der Anlage ELLIOTT 503 für $N = N_{max} = 128$ Intervalle und $l = 6$ Frequenzen etwa 3,5 bis 4 Minuten. Sie ist damit zwar größer als bei dem (ungenaueren) Verfahren nach 4.8.1. (MULTIBINAER II), aber erheblich geringer als bei der alleinigen Anwendung der numerischen Suche nach 4.8.2. (MULTIBINAER III). Den Einfluß der Intervallzahl N auf die Genauigkeit der Signalkonstruktion veranschaulichen die Abb. 4.8-7 a, b und 4.8-6.

Dabei geht insbesondere aus Abb. 4.8-7 hervor, daß das vorgeschlagene Verfahren auch für komplizierte Verläufe der vorgegebenen Fourierkoeffizienten z_{jk} und beliebig gewählte Frequenzen ω_{jk} erfolgreich angewendet werden kann.

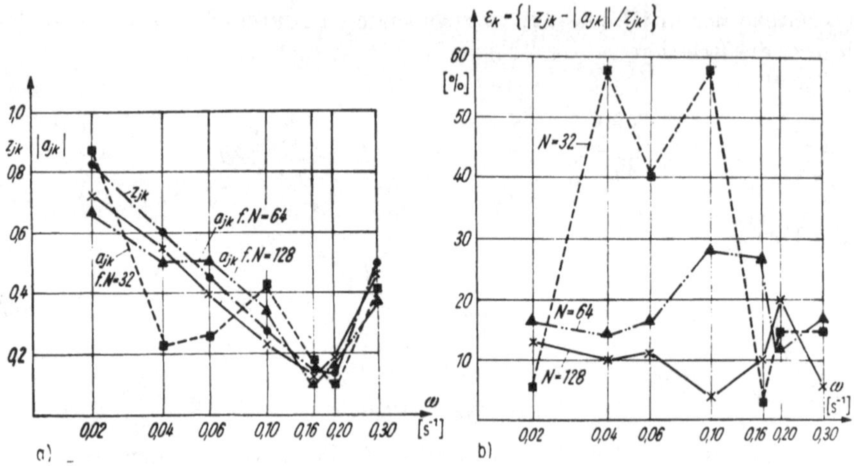

Abb. 4.8-7. Einfluß der Intervallzahl N auf die Genauigkeit der Approximation vorgegebener FOURIER-Koeffizienten z_{jk}

Der erreichbare Fehler I nach Gl. (4.8-22) liegt bei 10% bis 20% für $N = 128$, was in Anbetracht der Genauigkeit mit der die für die FOURIER-Koeffizienten a_{ek} vorzugebenden Werte nach den Gln. (4.8-1 bis 3) bestimmbar sind, als ausreichend anzusehen ist. Die Veränderung der Signalstruktur bei Verdoppelung der Intervallzahl N veranschaulicht Abb. 4.8-6.

Man erkennt, daß die Signalstruktur nur bei kleinem N, zum Beispiel beim Übergang von $N = 8$ auf $N = 16$, stark verändert wird. Bei großen Werten N führt eine Verdoppelung der Intervallzahl nur noch zu kleinen Korrekturen. Das bestätigt die Zweckmäßigkeit der unter 4.8.3. festgelegten Vorgehensweise, als Ausgangsnäherung für das Signal mit verdoppelter Intervallzahl $2N$ die unveränderte Struktur des Signals mit N-Intervallen zu verwenden (vgl. Übergang von $N = 32$ auf $N = 64$).

4.9. Optimale Kombinationen multi- und monofrequenter Signale

Zu untersuchen ist hier die Frage, ob bei der Bestimmung von n Frequenzgangpunkten mit vorgegebenem Fehler der alleinigen Anwendung eines multifrequenten Binärsignales mit n Frequenzen oder von n monofrequenten Signalen der Vorzug zu geben ist. Diese Frage führt auf das Problem der Ermittlung optimaler Testsignalkombinationen.

Für n ausgewählte Frequenzen $\omega_1, \ldots, \omega_n$ soll also der Frequenzgang $G(j\omega_k)$ unter Verwendung

1. von n monofrequenten Testsignalen oder
2. eines multifrequenten Testsignales mit n-Frequenzen oder
3. einer Kombination aus mono- und multifrequenten Signalen

so bestimmt werden, daß bei Einhaltung einer vorgegebenen Genauigkeitsforderung (zum Beispiel nach Gl. (4.8-2)) die Gesamtmeßzeit minimal wird.

4.9.1. Meßzeiten für mono- und multifrequente Testsignale

Für n monofrequente Testsignale erhält man die Meßzeit $T_{\text{mono}} = T_m$ zu

$$T_m(n) = n(2T_E) + \sum_{k=1}^{n} M_p(\omega_k)\, T_p(\omega_k)\,, \tag{4.9-1}$$

wenn $M_p(\omega_k)$ die für ω_k unterschiedlich wählbare Zahl M der Perioden und $T_p(\omega_k)$ die Periodendauer bezeichnen und der ungünstigste Fall angenommen wird, daß für jedes periodische Signal der Zeitaufwand sowohl für den Einschwing- als auch für den Abklingvorgang zu berücksichtigen ist. Für die ausnutzbare Meßzeit $MT = M_p(\omega_k)\, T_p(\omega_k)$ muß dabei gemäß Gl. (4.8-2) die Bedingung

$$M_p(\omega_k)\, T_p(\omega_k) \geqq \frac{4}{a_{ek}^2}\, \frac{S_e^2(\omega_k)}{\delta_{\max}^2(\omega_k)} \qquad \text{für } k = 1, \ldots, n \tag{4.9-1a}$$

eingehalten werden. Bei Anwendung eines multifrequenten Binärsignales (MBS) mit n Frequenzen beträgt die Gesamtmeßzeit

$$T_{MBS} = 2T_E + M_{MBS} T_{pMBS}\,, \tag{4.9-2}$$

wobei das Produkt $MT = M_{MBS} T_{MBS}$ nicht mehr von der Frequenz abhängt und wegen Gl. (4.9-2) der Bedingung

$$M_{MBS} T_{pMBS} \geqq \frac{4}{a_{MBSk}^2}\, \frac{S_e^2(\omega_k)}{\delta_{\max}^2(\omega_k)} \qquad \text{für } k = 1, \ldots, n \tag{4.9-3}$$

genügen muß (a_{MBSk} bezeichnet hierbei die Fourier-Koeffizienten a_{ek} des MBS).

Verwendet man die Kombination aus einem MBS mit $l = n - y$ Frequenzen und y monofrequente Signale, so ergibt sich die Gesamtmeßzeit T_{Mges} zu

$$T_{Mges} = T_m(y) + T_{MBS}\,. \tag{4.9-4}$$

Um zu untersuchen, inwieweit die hier aufgeführten drei Fälle praktische Bedeutung besitzen, soll im folgenden ein Beispiel betrachtet werden, das den allgemeinen Sachverhalt deutlich macht.

4.9.2. Zweckmäßige Anwendungsbereiche mono- und multifrequenter Testsignale

Angenommen wird, daß sich das Störsignal $z(t)$ am Systemausgang (vgl. z. B. Abb. 2.1-1) aus einem annähernd weißen Rauschen am Systemeingang herleitet.

Dann kann mit

$$\Phi_{zz}(j\omega) = |G(j\omega)|^2\, S_0 \tag{4.9-5}$$

und der (für große Meßzeiten gültigen) Näherung (4.8-2b) die Frequenzfunktion $S_e(\omega_k)$ nach Gl. (4.8-2a) gemäß

$$S_e(\omega_k) = c_1 = \sqrt{S_0} \tag{4.9-6}$$

durch eine Konstante c_1 ersetzt werden.

Nimmt man weiterhin den Sonderfall einer frequenzunabhängigen Fehlerschranke $\delta_{\max}(\omega_k) = \delta_{\max} =$ konstant an, so sind auch die für die FOURIER-Koeffizienten a_{ek} vorzusehenden Werte nicht mehr frequenzabhängig und Gl. (4.9-1) läßt sich in der Form

$$T_m(n) \geqq n(2T_E) + \sum_{k=1}^{n} \frac{4}{a_{ek}^2} \frac{c_1}{\delta_{\max}} = n(2T_E + T_R) \tag{4.9-7}$$

darstellen, wobei

$$T_R = \frac{4}{a_{ek}^2} \frac{c_1}{\delta_{\max}} = \text{konstant} \quad (\text{für } k = 1, \ldots, n) \tag{4.9-8}$$

die Meßzeit bezeichnet, die — abgesehen von der Einschwingzeit $2T_E$ — zur ausreichend genauen Bestimmung des Frequenzganges für eine Frequenz ω_k aufgewendet werden muß.

Aus den Gln. (4.9-2 und 3) gewinnt man ganz analog hierzu den Zusammenhang

$$T_{MBS} \geqq 2T_E + \frac{4}{a_{MBSk}^2} \cdot \frac{c_1}{\delta_{\max}} = 2T_E + T_R \cdot \frac{a_{ek}^2}{a_{MBSk}^2}, \tag{4.9-9}$$

der die Beziehung

$$\eta = \frac{T_{MBS}}{T_m(n)} = \frac{a_{ek}^2/(a_{MBSk}^2 \cdot n) + 2T_E/(T_R n)}{1 + 2T_E/T_R} = \frac{\beta + \alpha/n}{1 + \alpha} \tag{4.9-10}$$

für das Meßzeitverhältnis von $T_{MBS}/T_m(n)$ liefert, die als Effektivitätsmaß eines MBS angesehen werden kann.

Zwischen den Fourierkoeffizienten a_{ek} und a_{MBSk} eines binären monofrequenten Signals, d. h. einer Rechteckwelle und eines MBS, konnte dabei empirisch der Zusammenhang

$$a_{MBS}^2 \lesssim \frac{3}{4} a_{ek}^2/n \qquad \text{für} \qquad n \geqq 2 \tag{4.9-11}$$

und damit für die Konstante β in Gl. (4.9-10) die Näherung

$$\beta \approx \frac{3}{4} \qquad \text{für} \qquad n \geqq 2 \tag{4.9-12}$$

gefunden werden.

Aus den in Abb. 4.9-1 angegebenen Verläufen des Meßzeitverhältnisses

$$\eta = \frac{4/3 + \alpha/n}{1 + \alpha} \qquad \text{für} \qquad n \geqq 2 \tag{4.9-13}$$

geht hervor, *daß bei sehr stark gestörten Systemen, für die eine große Mittelungszeit T_R erforderlich wird, die Verwendung monofrequenter Signale Vorteile bietet* (vgl. Abb. 4.9-1 für $\alpha = 2T_E/T_R \ll 1$ und $\eta > 1$).

Die erzielbaren Meßzeitgewinne können maximal (für $\alpha \to 0$) ungefähr 33% betragen. Liegt dagegen T_R in der Größenordnung der Einschwingzeit T_E, so erweist sich das multifrequente Binärsignal (MBS) als günstiger. Im (praktisch nicht erreichbaren) Grenzfall $\alpha \to \infty$ durch $T_R \to 0$ (ungestörtes System, Messung bei hohen Frequenzen) erhält man aus Gl. (4.9-13) die Beziehung $\eta = 1/n$, d. h. den leicht verständlichen Sachverhalt, daß die Meßzeit für die n monofrequenten Signale n mal größer als für das eine MBS mit n Frequenzen ist (vgl. Abb. 4.9-1 für $\alpha > 8$).

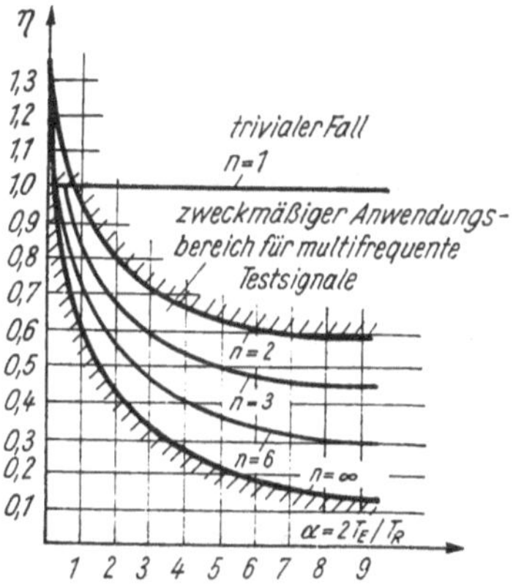

Abb. 4.9-1. Verlauf des Effektivitätsmaßes η nach Gl. (4.9-13) für multifrequente Testsignale

$$\eta = \frac{\text{Meßzeit } f \cdot 1 \text{ MBS mit } n \text{ Frequenzen}}{\text{Meßzeit } f \cdot n \text{ nomofrequente Signale (Rechteckwellen)}}$$

T_E = Einschwingzeit, T_R = Meßzeit für eine Rechteckwellenantwort

Aus der Betrachtung dieser Grenzfälle folgt, daß für praktische Anwendungen sowohl mono- als auch multifrequente Testsignale von Interesse sein werden.

Zu untersuchen ist deshalb, in welcher Form optimale Kombinationen aus mono- und multifrequenten Signalen bestimmbar sind.

4.9.3. Ermittlung optimaler Testsignalkombinationen

Bei n vorgegebenen Frequenzen lassen sich zwei Kombinationsarten aus mono- und multifrequenten Signalen unterscheiden:

1. Zugelassen wird nur *ein* multifrequentes Binärsignal (MBS) mit $l = n - y$ Frequenzen, das durch y monofrequente Rechteckwellen (RW) zu ergänzen ist.

2. Zur Konkurrenz werden gleichzeitig mehrere MBS zugelassen.

Im ersten Fall ergibt sich die Zahl C_n der möglichen Kombinationen zu (vgl. FLACHSMEYER, 1969)

$$C_n = 1 + \sum_{i=2}^{n} \binom{n}{i} \tag{4.9-14}$$

mit

$$\binom{n}{i} = \frac{n!}{i!\,(n-i)!}, \tag{4.9-15}$$

während im zweiten (allgemeinen) Falle die Zahl K^* der Möglichkeiten mit Hilfe der Beziehung

$$K_n^* = \sum_{k=1}^{n} S(n, k) \tag{4.9-16}$$

berechenbar ist, wobei die $S(n, k)$ STIRLINGsche Zahlen 2. Art darstellen, die sich rekursiv unter Verwendung der Gleichung

$$S(n+1, k) = S(n, k-1) + kS(n, k) \tag{4.9-17}$$

mit

$$S(0, 0) = S(n, 1) = S(n, n) = 1$$

$$S(n, k) = 0 \qquad \text{für} \qquad k > n$$

ermitteln lassen.

Durch Nachrechnen kann man sich leicht davon überzeugen, daß für den allgemeinen Fall schon bei $n \geqq 10$ das K^* sehr groß wird, so daß sich unvertretbar hohe Rechenzeiten auf einer mittelschnellen Anlage (z. B. ELLIOTT 503)

Tabelle 4.9-1: Kombinationsmöglichkeiten für $n = 4$ Frequenzen für die Fälle 1 (Zeilen 1. bis 4.) und 2 (Zeilen 1. bis 5.)

Signalklassen	ω_1	ω_2	ω_3	ω_4
1. Ein MBS mit $l = 4$ Frequenzen	×	×	×	×
2. Ein MBS mit $l = 3$ Frequenzen und eine	×	×	×	RW
Rechteckwelle (RW)	×	×	RW	×
(Die Kreuze × kennzeichnen die im MBS	×	RW	×	×
enthaltenen Frequenzen)	RW	×	×	×
3. Ein MBS mit $l = 2$ Frequenzen und 2 RWn	×	×	RW_1	RW_2
	×	RW_1	×	RW_2
	×	RW_1	RW_2	×
	RW_1	×	×	RW_2
	RW_1	×	RW_2	×
	RW_1	RW_2	×	×
4. Vier RW*n*	RW_1	RW_2	RW_3	RW_4
5. Zwei MBS mit je zwei Frequenzen	×	×	o	o
(× × bzw. o o)	×	o	×	o
	×	o	o	×

ergeben. Hinzu kommt, daß für diesen Fall ein lexikographisches Anordnungsschema bisher nicht gefunden werden konnte.

Diese Tatsachen lassen es als zweckmäßig erscheinen, nur ein MBS zur Konkurrenz zuzulassen, zumal dann, wie Tab. 4.9-1 zeigt, ein solches — leicht in Laufanweisungen eines Rechnerprogrammes umsetzbares — Anordnungsschema gefunden werden kann. Für diesen Fall ist ein Digitalrechnerprogramm zur Ermittlung der optimalen Testsignalkombination im ALGOL entwickelt und auf der Anlage ELLIOTT 503 erprobt worden.

Dieses Digitalrechnerprogramm kann in folgender Weise für eine optimale Versuchsplanung verwendet werden, wenn die notwendigen apriori-Informationen, d. h. grobe Schätzwerte für die Frequenzfunktion $S_e(\omega_k)$ und $G(j\omega_k)$, nach den Gln. (4.8-2, 2a, 2b) vorliegen. Diese apriori-Informationen lassen sich — wie durch Anwendungsbeispiele im Kapitel 5 bestätigt werden wird — ausreichend genau, durch Auswertung orientierender Messungen mit aperiodischen Testsignalen (z. B. Sprungfunktionen) gewinnen.

Tabelle 4.9-2: Gesamtmeßzeiten $T_{M\,\mathrm{ges}}$ nach Gl. (4.9-4) in Stunden

Verlauf von $S_e(\omega_k)$ auf Abb. 4.9-31	T_E [min]	$l = n - y$						
		1	2	3	4	5	6	7
1	0	2,6	*(2,5)*	2,6	2,8	3,2	3,7	4,2
	10	4,9	4,5	4,3	*(4,1)*	4,2	4,8	4,9
	20	7,2	6,5	5,9	5,4	5,2	5,0	*(4,8)*
2	0	*(2,0)*	2,2	2,2	2,4	2,2	2,8	3,3
	10	4,3	4,2	3,9	3,4	*(3,1)*	3,5	3,7
	20	6,7	6,2	5,6	5,0	4,2	4,1	*(4,0)*
3	0	1,1	1,1	1,1	*(1,0)*	1,1	1,1	15,
	10	3,4	3,0	2,7	2,3	2,1	*(1,7)*	1,8
	20	5,8	5,0	4,4	3,7	3,0	2,3	*(2,2)*
4	0	*(3,3)*	3,7	4,0	3,5	4,1	4,2	5,8
	10	5,7	5,7	5,6	*(4,8)*	5,1	4,9	6,2
	20	8,0	7,7	7,3	6,1	6,1	*(5,6)*	6,5

4.9.4. Optimale Versuchsplanung bei vollständiger apriori-Information

Wie in Abb. 4.9-2 veranschaulicht, vollzieht sich die Versuchsplanung in folgenden Schritten:

1. Einzugeben sind die diskreten Werte der Frequenzfunktion $S_e(\omega_k)$ nach Gl. (4.8-2a) und des Fehlertoleranzbandes $\delta_{\max}(\omega_k)$ für $\omega_1, \ldots, \omega_n$ sowie die Einschwingzeit T_E des Systems.
2. Für jede Signalklasse (vgl. Zeilen 1 bis 4 in Tab. 4.9-1) wird die Kombination ausgewählt, für die die Gesamtmeßzeit $T_{M\,\mathrm{ges}}$ nach Gl. (4.9-4) minimal ist.

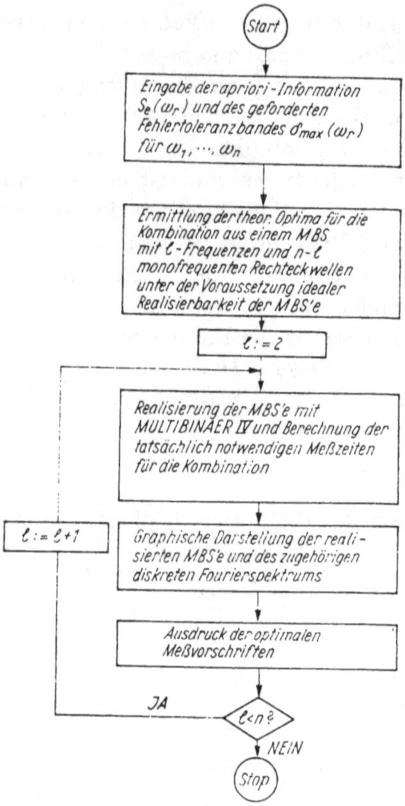

Abb. 4.9-2. Ablauf der optimalen Versuchsplanung

Dabei werden die FOURIER-Koeffizienten $a_{ek} = a_{MBSk}$ der multifrequenten Binärsignale zunächst überschlägig nach Gl. (4.9-11) berechnet.

3. Für die als optimal ermittelten Testsignalkombinationen werden die MBS mit Hilfe des unter 4.8.3. beschriebenen Verfahrens erzeugt.
4. Der Rechner liefert über den Schnelldrucker graphische Darstellungen für die optimalen MBS und die zugehörigen diskreten Fourierspektren sowie eine Meßvorschrift, die angibt, welches Testsignal für welche Zeitdauer anzuwenden ist.

Mit Hilfe des hier beschriebenen Programms sind für die auf Abb. 4.9-3 dargestellten, sehr unterschiedlich gewählten Apriori-Informationen $S_e(\omega_k)$ die Gesamtmeßzeiten ermittelt und in Tab. 4.9-2 zusammengestellt worden. Man erkennt, daß unter bestimmten Bedingungen jede der möglichen Testsignalkombinationsarten sich als die optimale erweisen kann, wobei zum Teil erhebliche Meßzeiteinsparungen erreichbar sind (vgl. z. B. Fall 3 für $T_E = 20$ Minuten). Die Leistungsfähigkeit dieses Verfahrens und die bei seiner Anwendung entstehenden Probleme werden im Kapitel 5 untersucht.

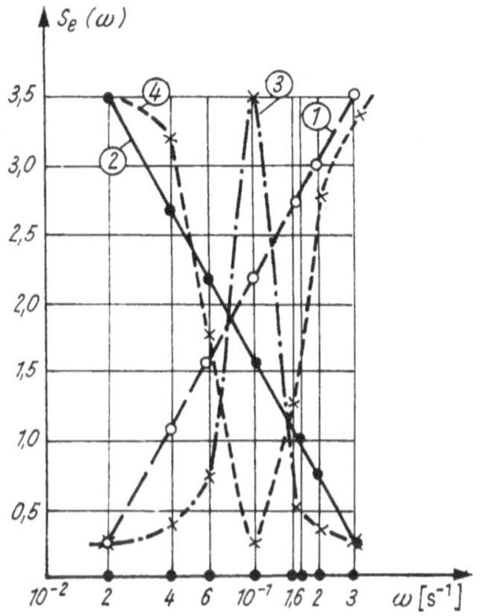

4.9-3. Vorgabe verschiedener apriori-Informationen

TEIL II — Ausgewählte Anwendungen

KAPITEL 5

ERMITTLUNG DISKRETER FREQUENZGANGWERTE MIT HILFE APERIODISCHER UND PERIODISCHER TESTSIGNALE

5.1. Aufgabenstellung

Untersucht wird folgende Aufgabenstellung:
Die diskreten Werte

$$G(j\omega_s) = U(\omega_s) + jV(\omega_s) \text{ (mit } s = 1, 2, \ldots, n) \tag{5.1-1}$$

des Modellfrequenzganges $G(j\omega)$ sind zu bestimmen aus

(1) aperiodischen *oder*
(2) periodischen Test- und Antwortsignalen bzw. durch kombinierte Auswertung
(3) periodischer *und* aperiodischer Test- und Antwortfunktionen.

Dabei soll das Antwortsignal zunächst als ungestört angenommen werden. In diesem Falle kommt es darauf an, die determinierten Approximationsfehler abzuschätzen. Der Einfluß stochastischer Störsignale wird dagegen in den Abschnitten 5.3. und 5.4. untersucht.

5.2. Frequenzgangermittlung an Hand ungestörter Antwortsignale

5.2.1. Analyse aperiodischer Test- und Antwortsignale

Im Abschnitt 3.3.3. war gezeigt worden, daß die Anwendung der Methode der kleinsten Quadrate — auf die hier zurückgegriffen werden soll — sich auf die Ermittlung der Fourier-Transformierten $X_e(j\omega)$ und $X_a(j\omega)$ von $x_e(t)$ und $x_a(t)$ zurückführen läßt (vgl. Gl. (3.3-44c)). Zu untersuchen ist hier deshalb, wie sich die Frequenzfunktionen $X_a(j\omega)$ und $X_e(j\omega)$ aus vorliegenden Kurvenverläufen oder Wertetabellen für $x_e(t)$ und $x_a(t)$ bestimmen lassen.

Dies soll zunächst für den Sonderfall eines sprungförmigen Testsignals geschehen.

5.2.1.1. Auswertung von Übergangsfunktionen

Für

$$x_e(t) = s(t) = \begin{cases} 0 & \text{für } t < 0 \\ 1 & \text{für } t \geqq 0 \end{cases} \tag{5.2-1}$$

stellt $x_a(t)$ gemäß

$$x_a(t) = h_s(t) \tag{5.2-2}$$

die Übergangsfunktion dar und für den Frequenzgang $G(j\omega)$ erhält man den Zusammenhang*)

$$G(j\omega) = \left.\frac{\mathcal{L}\{x_a(t)\}}{\mathcal{L}\{x_e(t)\}}\right|_{p=j\omega} = pX_a(p)\Big|_{p=j\omega} = j\omega X_a(j\omega)\,. \tag{5.2-3}$$

Zur Ermittlung von $X_a(p)$ nach Gl. (5.2-3) wird die gemessene Systemübergangsfunktion $h_s(t)$ durch eine Summe leicht transformierbarer Funktionen $h_i(t)$, d. h. durch

$$h_s(t) \approx h(t) = \sum_{i=0}^{N} h_i(t)\,, \tag{5.2-4}$$

so ersetzt, daß der Approximationsfehler

$$\varepsilon(t) = h_s(t) - h(t) \tag{5.2-5}$$

in $0 < t < \infty$ möglichst klein ausfällt.

Als zweckmäßig erweist sich dabei — wie Abb. 5.2-1 veranschaulicht —, für $h_0(t)$ eine Sprungfunktion und für die $h_1(t)$, ..., $h_n(t)$ zeitverschobene Rampenfunktionen zu verwenden.

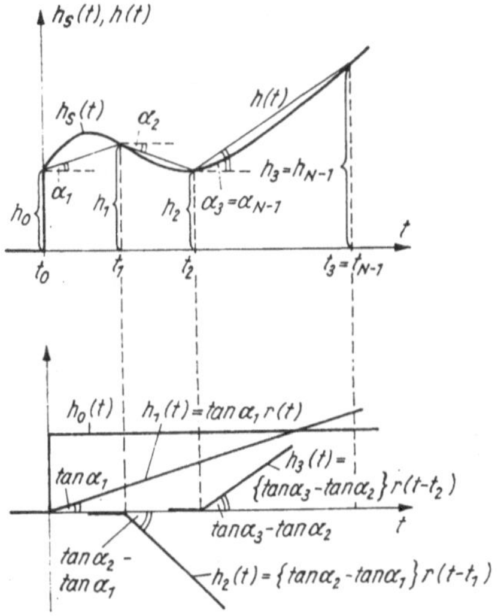

Abb. 5.2-1. Approximation der vorgegebenen Systemübergangsfunktion $h_s(t)$ durch eine Modellübergangsfunktion $h(t)$ nach Gl. (5.2-4)

*) Hier sei ausdrücklich darauf hingewiesen, daß die Bestimmung der Frequenzfunktionen $X_a(j\omega)$ und $X_e(j\omega)$ über die einseitige LAPLACE-Transformation zu anderen Ergebnissen führen kann, als die Anwendung der zweiseitigen Fouriertransformation. Die Abweichungen treten allerdings nur im Punkte $\omega \equiv 0$ auf (vgl. UNBEHAUEN, 1970). Die Frequenz $\omega = 0$ wird deshalb im folgenden stets durch einen hinreichend klein gewählten Wert für ω ersetzt.

5.2.1.1.1. Verwendung nichtäquidistanter Stützstellen

Mit einer minimalen Zahl von Rampenfunktionen $h_i(t)$ kann man offenbar dann auskommen, wenn die Stützstellen in Abb. 5.2-1 nicht äquidistant angeordnet werden. Für $h(t)$ nach Gl. (5.2-4) ergibt sich dann die Beziehung

$$h(t) = h_0 s(t) + \tan\alpha_1 \cdot r(t - t_0) + \{\tan\alpha_2 - \tan\alpha_1\} \cdot r(t - t_1) + \cdots + \{\tan\alpha_N - \tan\alpha_{N-1}\} \cdot r(t - t_{N-1})$$

$$= h_0 s(t) + \sum_{i=0}^{N-1} \{g_{i+1} - g_i\} \cdot r(t - t_i) \tag{5.2-6}$$

mit

$$r(t - t_i) = \begin{cases} 0 & \text{für } t \leqq t_i \\ t - t_i & \text{für } t \geqq t_i \end{cases} \tag{5.2-7}$$

und

$$g_i = \begin{cases} 0 & \text{für } i = 0 \\ \tan\alpha_i = (h_i - h_{i-1})/(t_i - t_{i-1}) & \text{für } i > 0\,, \end{cases} \tag{5.2-8}$$

die die Modellübertragungsfunktion

$$G(p) \equiv h_0 + \frac{1}{p} \sum_{i=0}^{N-1} \left\{ g_{i+1} - g_i \right\} e^{-pt_i} \tag{5.2-9}$$

und damit für Real- und Imaginärteil die Zusammenhänge

$$U(\omega_s) = h_0 - \frac{1}{\omega_s} \sum_{i=0}^{N-1} \left\{ g_{i+1} - g_i \right\} \sin \omega_s t_i \tag{5.2-10a}$$

und

$$V(\omega_s) = -\frac{1}{\omega_s} \sum_{i=0}^{N-1} \left\{ g_{i+1} - g_i \right\} \cos \omega_s t_i \tag{5.2-10b}$$

liefert.

5.2.1.1.2. Verwendung äquidistanter Stützstellen

Für eine automatisierte Analyse ist die Verwendung äquidistanter Stützstellen angebracht, für die

$$t_i = i\,\Delta t$$

gilt. In diesem Falle erhält man wegen

$$t_i - t_{i-1} = \Delta t$$

für den Ausdruck $g_{i+1} - g_i$ in den Gln. (5.2-8 bis 10) den Zusammenhang

$$g_{i+1} - g_i = -\left[\begin{array}{l} \dfrac{h_{i+1} - 2h_i + h_{i-1}}{\Delta t} = \dfrac{b_i}{\Delta t} \text{ für } i > 0 \\[2ex] \dfrac{h_1 - h_0}{\Delta t} = \dfrac{b_0}{\Delta t} \text{ für } i = 0 \end{array}\right. \tag{5.2-11}$$

(vgl. Gl. (5.2-8)) und für $U(\omega_s)$ und $V(\omega_s)$ die Beziehungen

$$U(\omega_s) = h_0 - \frac{1}{\omega_s \Delta t} \sum_{i=0}^{N-1} b_i \sin \{\omega_s i \Delta t\} \tag{5.2-12}$$

und

$$V(\omega_s) = -\frac{1}{\omega_s \Delta t} \sum_{i=0}^{N-1} b_i \cos \{\omega_s i \Delta t\} . \tag{5.2-13}$$

5.2.1.1.3. Numerische Schwierigkeiten

Die für $U(\omega)$ und $V(\omega)$ abgeleiteten Beziehungen (5.2-10 a, b, 12 und 13) lassen sich einfach in ein Digitalrechnerprogramm umsetzen. Hierbei können sich im zuletzt behandelten Fall äquidistanter Stützwerte numerische Schwierigkeiten ergeben, was an einem einfachen Beispiel veranschaulicht werden soll. Vorgegeben wurde die auf 7 Stellen genau berechnete Übergangsfunktion $h_s(t)$ des Verzögerungsgliedes 1. Ordnung mit

$$G_s(p) = \frac{1}{1 + pT} \tag{5.2-14}$$

(für $T = 1$ Sekunde).

Die nichtäquidistanten Stützwerte wurden so ausgewählt, daß

$$h_i - h_{i-1} \approx \text{konstant}$$

ist. Das führte auf die Tastzeitpunkte

$$t = 0\ (0{,}05)\ 1\ (0{,}1)\ 2\ (0{,}2)\ 3\ (0{,}4),\ 5,\ 50,\ 100\ \text{s}\,.$$

Für den Fall äquidistanter Abtastwerte wurde $N\,\Delta t = 4$ Sekunden gesetzt und die Stützstellenzahl zwischen $N = 10$ und $N = 80$ variiert. Zur Beurteilung der Genauigkeit des Frequenzgangmodells $G(j\omega)$ wird der relative Frequenzgangfehler

$$|\delta_G(j\omega)| = \left| \frac{G_s(j\omega) - G(j\omega)}{G_s(j\omega)} \right| \tag{5.2-15}$$

verwendet (vgl. Gln. (3.8-17, 17a, b) und Abb. 3.8-8) und auf Abb. 5.2-2 dargestellt.

Man erkennt, daß

(1) oberhalb einer bestimmten Frequenz, die im wesentlichen durch das Abtastintervall Δt bestimmt wird, der Fehler erwartungsgemäß ansteigt und

(2) überraschenderweise auch bei tiefen Frequenzen große Fehler auftreten, wobei ein wesentlicher Unterschied zwischen der Verwendung äquidistanter und nichtäquidistanter Stützwerte besteht.

Während nämlich im Falle nichtäquidistanter Abtastwerte der Fehler $|\delta_G(j\omega)|$ erst für $\omega < 10^{-6}\ \text{s}^{-1}$ mit sinkender Frequenz zunimmt (vgl. Abb. 5.2-2a),

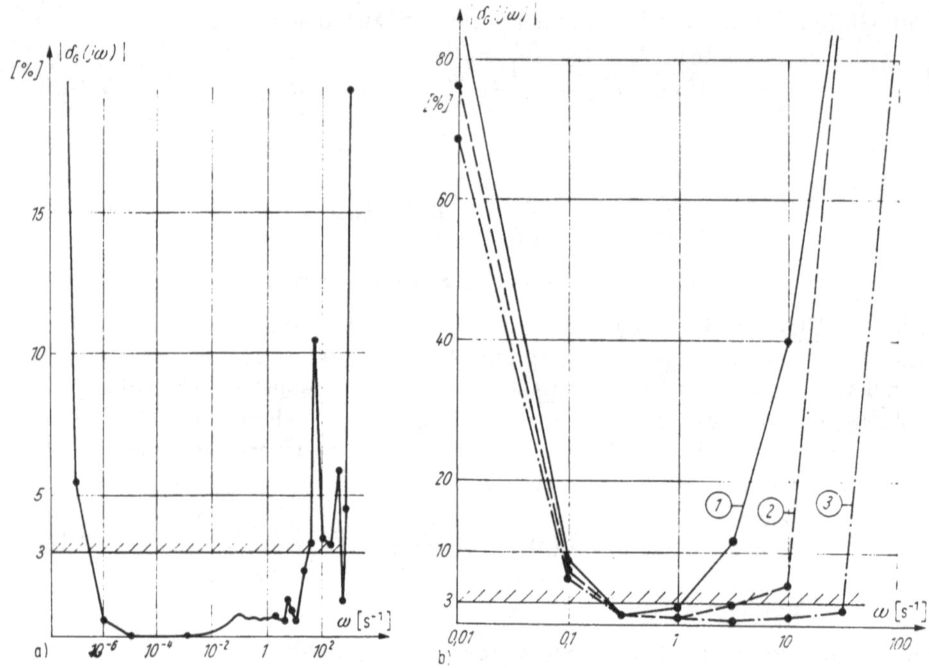

Abb. 5.2-2. Relativer Frequenzgangfehler (5.2-15) bei Auswertung einer ungestörten Übergangsfunktion $h_s(t)$ von $G_s(p)$ nach Gl. (5.2-14): a) Verwendung nichtäquidistanter Abtastwerte bei $t = 0$ (0,05) 1 (0,1) 2 (0,2) 3(0,4) 5, 50, 100 s; b) Verwendung von N äquidistanten Abtastwerten mit $N = 10$ (Kurve 1), $N = 20$ (Kurve 2) und $N = 80$ (Kurve 3) sowie $N\,\Delta t = 4$ s

steigt er bei Verwendung äquidistanter Stützwerte bereits bei $\omega < 0{,}3\ \mathrm{s}^{-1}$ mit kleiner werdendem ω stark an (Abb. 5.2-2b).

Die Ursache für diese Erscheinung läßt sich aus dem zugehörigen Ortskurvenverlauf von $G(j\omega)$ erkennen. Wie Abb. 5.2-3 zeigt, erhält man für den Modellfrequenzgang $G(j\omega)$ eine Ortskurve, die für tiefe Frequenzen den für ein integralwirkendes Glied typischen Verlauf aufweist.

Als Ursache hierfür ist anzusehen, daß die beiden letzten Abtastwerte h_N und h_{N-1} nicht exakt gleich sind und damit die N-te Rampenfunktion in Abb. 5.2-1 einen zwar sehr kleinen aber von Null verschiedenen Anstieg besitzt. Für große Zeiten t verläuft deshalb die Modellübergangsfunktion $h(t)$ nach Gl. (5.2-4) wie die eines integralwirkenden Gliedes. Diese unerwünschte Erscheinung läßt sich offensichtlich dadurch beseitigen, daß man Abtastwerte bei großen Zeiten verwendet. Diese Forderung, die bei nichtäquidistanter Abtastung einfach zu erfüllen ist und — wie Abb. 5.2-2a zeigt — auch den entsprechenden Erfolg bringt, führt bei Verwendung äquidistanter Abtastungen zu einer außerordentlich großen Zahl N von Stützwerten und damit zu einem hohen Rechenaufwand.

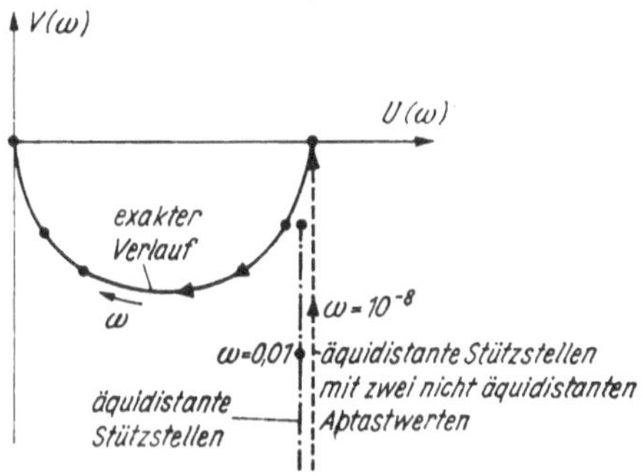

Abb. 5.2-3. Einfluß nichtäquidistanter Abtastwerte bei großen Zeiten auf die Genauigkeit der Frequenzgangbestimmung bei tiefen Frequenzen für $G_s(p)$ nach Gl. (5.2-14)

Vorteilhafter ist deshalb, die Vorzüge der Auswertung äquidistanter Folgen (Möglichkeit der automatisierten Meßwerterfassung) und nichtäquidistanter Stützwerte (hohe Genauigkeit bei tiefen Frequenzen) zu verbinden. Dazu werden im Intervall $0 \leqq t \leqq Nt$ äquidistante Werte der Übergangsfunktion zur Auswertung herangezogen und für $t > N\,\Delta t$ in der auf Abb. 5.2-4 veranschaulichten Form 2 nichtäquidistante Stützwerte bei $t_{N+1} = s_x \cdot N\Delta t$ und $t_{N+2} = 2s_x N\,\Delta t = 2t_{N+1}$ zusätzlich verwendet.

Wird der Abstand zwischen diesen Stützwerten, d. h. der Wert s_x, hinreichend groß gewählt, so läßt die richtige Neigung des Verlaufes von $h_s(t)$ für $t \to \infty$ ausreichend genau erfassen. Für Übergangsfunktionen $h_s(t)$, die einem konstanten Endwert zustreben, kann man überdies

$$h_N = h_{N+1} = h_{N+2} \tag{5.2-16}$$

setzen, wenn h_N mit dem Endwert genügend genau übereinstimmt. Hierdurch lassen sich Schwierigkeiten, die durch die zusätzlich berücksichtigten nichtäquidistanten Stützwerte h_{N+1} und h_{N+2} bei einer automatisierten Meßwerterfassung entstehen könnten, vermeiden.

Die Bestimmungsgleichungen (5.2-12 und 13) für $U(\omega)$ und $V(\omega)$ werden nur unwesentlich komplizierter. Da jetzt $N + 3$ Stützwerte Verwendung finden,

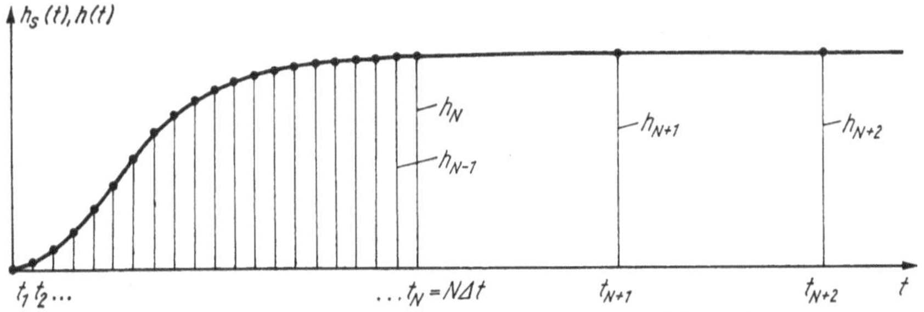

Abb. 5.2-4. Zur Verwendung von zwei nichtäquidistanten Stützstellen bei $t_{N+1} = s_x \cdot N\,\Delta t$ und $t_{N+2} = 2s_x N\,\Delta t$

ist Gl. (5.2-9) in der folgenden Form zu ergänzen:

$$G(p) = h_0 + \frac{1}{p}\left\{\sum_{i=0}^{N-1} [g_{i+1} - g_i]\, e^{-pN\Delta t} + (g_{N+1} - g_N)\, e^{-pN\Delta t} + (g_{N+2} - g_{N+1})\, e^{-ps_xN\Delta t}\right\}$$

Die Substitution

$$b_i = \begin{cases} h_1 - h_0 & \text{für } i = 0 \\ h_{i+1} - 2h_i + h_{i-1} & \text{für } i = 1, 2, \ldots, N-1 \\ \dfrac{h_{N+1} - h_N}{N(s_x - 1)} - h_N + h_{N-1} & \text{für } i = N \\ \dfrac{h_{N+2} - h_{N+1}}{Ns_x} - \dfrac{h_{N+1} - h_N}{N(s_x - 1)} & \text{für } i = N + 1 \end{cases} \qquad (5.2\text{-}17)$$

liefert schließlich die Bestimmungsgleichungen

$$U(\omega_s) = h_0 - \frac{1}{\omega_s \Delta t}\left\{\sum_{i=0}^{N} b_i \sin(\omega_s i\,\Delta t) + b_{N+1} \sin(\omega_s N s_x \Delta t)\right\} \qquad (5.2\text{-}18)$$

und

$$V(\omega_s) = -\frac{1}{\omega_s \Delta t}\left\{\sum_{i=0}^{N} b_i \cos(\omega_s i\,\Delta t) + b_{N+1} \cos(\omega_s N s_x \Delta t)\right\}. \qquad (5.2\text{-}19)$$

Der Einfluß der in diesen Gleichungen berücksichtigten nichtäquidistanten Stützwerte h_{N+1} und h_{N+2} ist aus den Ortskurven in Abb. 5.2-3 ersichtlich. Während bei alleiniger Verwendung äquidistanter Stützwerte bereits bei der Frequenz $\omega = 0{,}01\ \mathrm{s}^{-1}$ erhebliche Fehler auftraten, ergeben sich jetzt vergleichbare Abweichungen erst bei $\omega = 10^{-8}\ \mathrm{s}^{-1}$.

Man muß allerdings beachten, daß sich bei sehr tiefen Frequenzen große Abweichungen für den Imaginärteil $V(\omega)$ nach Gl. (5.2-19) grundsätzlich nicht vermeiden lassen, da für sehr kleine Frequenzen ω kleine Differenzen aus großen Zahlen gebildet werden, die durch kleine Größen, d. h. durch ω, zu dividieren sind. Da durch die begrenzte Stellenzahl, die der Digitalrechner berücksichtigen kann, die Summe

$$\sum_{i=0}^{N} b_i \cos(\omega_s i\,\Delta t) + b_{N+1} \cos(\omega_s N_{sx} \Delta t) = \sum_{i=0}^{N+1} b_i \qquad \text{bei } \omega \equiv 0$$

für $\omega \to 0$ nicht exakt gegen Null strebt, werden für sehr kleine Frequenzen immer große Fehler auftreten müssen. Allerdings liegen diese Frequenzen, wie das hier behandelte Beispiel zeigte, in einem Bereich, der für die meisten Aufgaben ohne Interesse ist.

5.2.1.2. Auswertung aperiodischer Test- und Antwortsignale

Angenommen wird jetzt, daß $x_e(t)$ ein aperiodisches Testsignal allgemeiner Form darstellt. Wendet man den unter 5.2.1.1. behandelten Algorithmus auf $x_a(t)$ an, so erhält man — wie aus Abb. 5.2-5 hervorgeht — den Frequenzgang

$$G_{\text{ges}}(j\omega) = G_f(j\omega) \cdot G(j\omega) = U_{\text{ges}}(\omega) + jV_{\text{ges}}(\omega) \,.$$

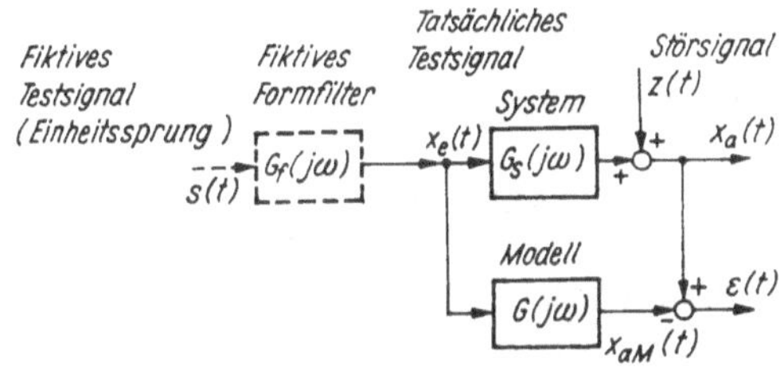

Abb. 5.2.-5. Zur Ermittlung des Frequenzganges bei aperiodischen Testsignalen allgemeiner Form

Anstelle der Stützwerte $h_s(t_i) = h_i$ sind dazu in Gl. (5.2-17) die Werte des Ausgangssignals $x_a(t_i) = x_{ai}$ einzusetzen. Mit

$$G_f(j\omega) = U_f(\omega) + jV_f(\omega)$$

erhält man dann den gesuchten Modellfrequenzgang $G_f(j\omega)$ in der Form

$$G(j\omega) = \frac{U_{\text{ges}}U_f + V_{\text{ges}}V_f}{U_f^2 + V_f^2} - j\,\frac{U_{\text{ges}}V_f - U_fV_{\text{ges}}}{U_f^2 + V_f^2} \,. \tag{5.2-20}$$

Zur Ermittlung des Formfilterfrequenzganges $G_f(j\omega)$ bieten sich hierbei zwei Wege an:

(1) Verwendung von Standardtestsignalen. Für eine Reihe häufig vorkommender Testsignale kann ein Katalog von Formfilterfrequenzgängen aufgestellt und im Rechner gespeichert werden. Abb. 4.6-1 vermittelt hierzu eine Übersicht.

(2) Verwendung beliebiger aperiodischer Testsignale: Hier muß das unter 5.2.1.1. behandelte Verfahren zunächst auf das Testsignal $x_e(t)$ angewendet werden, wozu in Gl. (5.2-17) die h_i durch die entsprechenden diskreten Werte $x_e(t_i)$ von $x_e(t)$ zu ersetzen sind.

5.2.1.3. Erprobung des Verfahrens unter Verwendung ungestörter Antwortsignale

Zur Erprobung des oben behandelten Verfahrens ist ein spezielles Simulationsprogramm für die Anlage ELLIOTT 503 entwickelt worden, mit dessen Hilfe zunächst die durch die spezielle Art der Approximation bedingten Fehler (vgl. Abb. 5.2-1) analysiert werden sollen. Diese Fehleranalyse betrifft folgende

Punkte:

- Ermittlung einer oberen Frequenzgrenze, bis zu der eine ausreichend genaue Frequenzgangbestimmung möglich ist,
- Einfluß der Zahl der Abtastungen auf die Genauigkeit,
- Einfluß des verwendeten Testsignales,
- Abhängigkeit der Fehler vom Systemfrequenzgang $G_s(j\omega)$ und
- Einfluß der Testsignalamplitude.

Die Untersuchung wird an Hand der aus den Übertragungsfunktionen

$$G_s(p) = \frac{2}{1+p} \tag{5.2-21a}$$

(Verzögerungsglied 1. Ordnung),

$$G_s(p) = \frac{1}{1 + 13p + 32p^2 + 20p^3} \tag{5.2-21b}$$

(Verzögerungsglied 3. Ordnung),

$$G_s(p) = \frac{0{,}52}{0{,}26 + 0{,}2p + p^2} \tag{5.2-21c}$$

(Schwingungsglied)
auf sieben Stellen genau berechneten Antwortfunktionen durchgeführt. Abb. 5.2-6 zeigt die zugehörigen Frequenzgänge.

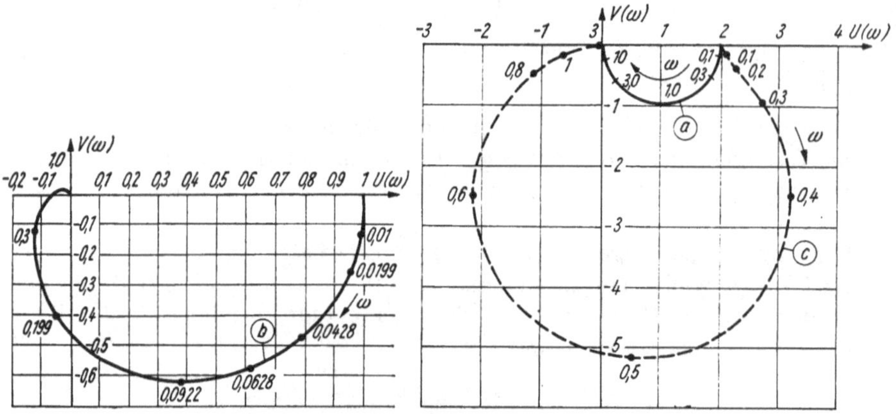

Abb. 5.2-6. Frequenzgänge für $G_s(p)$ nach den Gln. (5.2-21a) {Kurve a}, (5.2-21b) {Kurve b} und (5.2-21c) {Kurve c}

5.2.1.3.1. Ermittlung einer oberen Frequenzgrenze

Die Frequenz, für die der Frequenzgang nicht mehr ausreichend genau bestimmt werden kann, läßt sich nach Abschnitt 1.3.1.2. mit Hilfe des Abtasttheorems zu $\omega > \pi/\Delta t$ abschätzen. Dies trifft nicht mehr zu, wenn sich das aperiodische Antwortsignal exakt durch einen Polygonzug darstellen läßt, wie dies zum Beispiel für die Sprungantwort eines Integrators oder eines Systems mit der Übertragungsfunktion $G_s(p) = \{1 - e^{-p\tau}\}/p$ der Fall ist. Angaben über die Frequenzgrenze, bis zu der eine ausreichend genaue Frequenzgangbestimmung möglich ist, können demzufolge nur in Abhängigkeit vom jeweiligen Verlauf des Antwortsignals gemacht werden. Im folgenden soll deshalb durch Untersuchung verschiedener Antwortfunktionen, die sich nicht exakt durch einen Polygonzug darstellen lassen, ein Orientierungswert für die obere Frequenzgrenze abgeschätzt werden.

Abb. 5.2-7a zeigt den aus der Übergangsfunktion eines Verzögerungsgliedes erster Ordnung nach Abb. 5.2-9a ermittelten Frequenzgang (vgl. Abb. 5.2-6 und Gl. (5.2-21a)) im Bereich hoher Frequenzen, der auf Grund der trigonometrischen Funktionen in den Bestimmungsgleichungen (5.2-18 und 19) charakteristische Schleifen zeigt. Man erkennt aus dem Teilbild 5.2-7b, daß der relative Frequenzgangfehler $|\delta_G(j\omega)|$ für $\omega < \pi/\Delta t$ ausreichend klein ist, aber interessanterweise für höhere Frequenzen, d. h. für $\omega \approx 3\pi$, 5π, usw. noch einmal kleine Werte annimmt.

Hierbei handelt es sich jedoch um eine nur für das Verzögerungsglied erster Ordnung geltende Besonderheit. Der gleiche Versuch mit einem Verzögerungs-

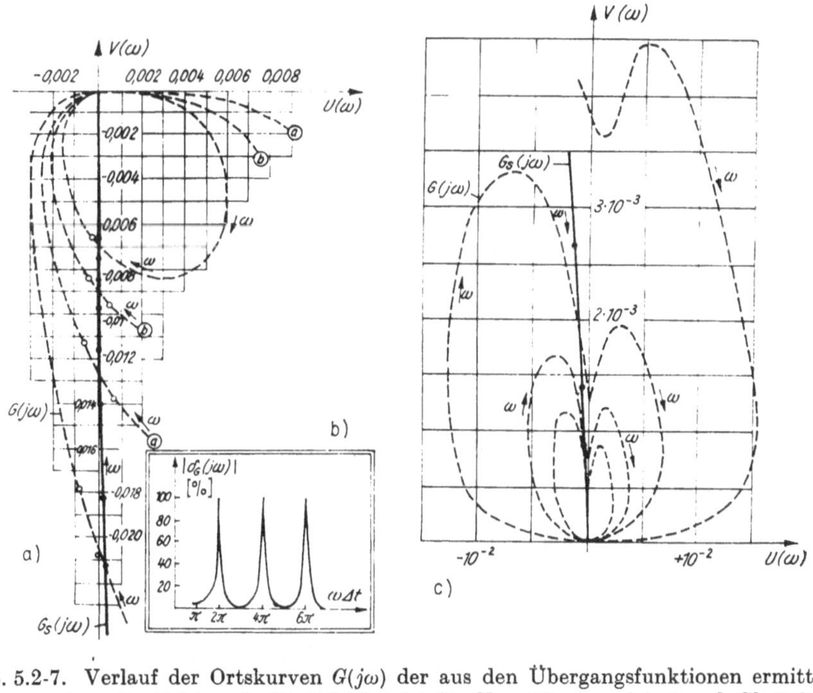

Abb. 5.2-7. Verlauf der Ortskurven $G(j\omega)$ der aus den Übergangsfunktionen ermittelten Frequenzgänge für $G_s(p)$ nach Gl. (5.2-21a) {(a) für $N = 40$, $\Delta t = 0{,}1$ s} und Gl. (5.2-21b) {(c) für $N = 100$, $\Delta t = 0{,}5$ s.}; b) Verlauf von $|\delta_G(j\omega)|$

glied 3. Ordnung (vgl. Abb. 5.2-6 und 7c) gemäß Gl. (5.2-21b) führt nämlich für $\omega > 2\pi/\Delta t$ grundsätzlich auf große Fehler $|\delta_G(j\omega)|$.

Aus der Untersuchung dieser und einer großen Zahl weiterer Beispiele kann geschlossen werden, daß sich der Frequenzgang mit dem angegebenen Verfahren im allgemeinen bis zu einer Frequenz

$$\omega = \omega_{gr.} \leqq \frac{1}{3}\frac{\pi}{\Delta t} \approx \frac{1}{\Delta t} \tag{5.2-22}$$

ausreichend genau bestimmen läßt, wenn eine exakte Darstellung durch einen Polygonzug nicht möglich ist.

5.2.1.3.2. Abhängigkeit von der Anzahl N der Abtastungen

Der Einfluß der Zahl N der Abtastungen in einem vorgegebenen Intervall und damit der Schrittweite Δt kann den Abbn. 5.2-2b und 8 entnommen werden.

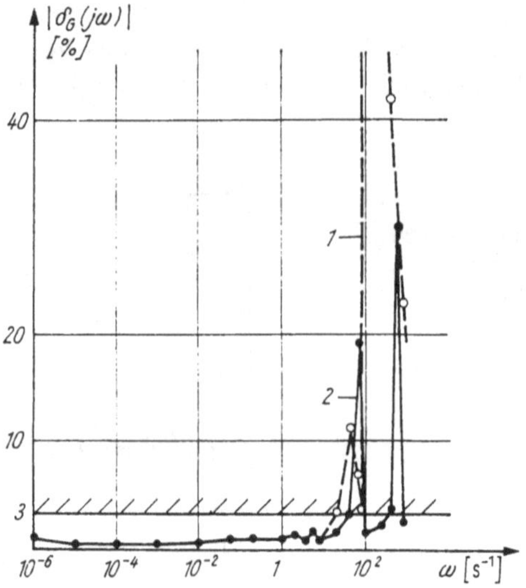

Abb. 5.2-8. Verlauf des Frequenzgangfehlers bei Auswertung von N-äquidistanten und zwei nichtäquidistanten Abtastungen für $G_s(p)$ nach Gl. (5.2-21a) und $N = 40$ (Kurve 1) sowie $N = 60$ (Kurve 2)

Man erkennt zum Beispiel aus Abb. 5.2-8, daß im Bereich hoher Frequenzen mit steigender Zahl N der Abtastungen der Fehler verringert werden kann, daß aber für $10^{-4} < \omega < 10$ der Fehler $|\delta_G(j\omega)|$ bereits so klein ist, daß seine Verkleinerung durch Vergrößerung von N nicht mehr notwendig ist. Es muß demzufolge eine Zahl N von Abtastungen geben, die bezüglich Aufwand und Genauigkeit ein gewisses Optimum darstellt. Als Richtwert hierfür kann bei nicht schwingenden Antwortfunktionen ein N von $N = 30$ bis 80 angegeben werden.

Bei Antwortfunktionen, die Schwingungen aufweisen, läßt sich ein solcher Richtwert nicht nennen. Hier ist die Zahl der Abtastungen so groß zu wählen, daß der Polygonzug nur noch im Rahmen der Meßgenauigkeit von dem zu approximierenden Verlauf abweicht (vgl. Abb. 5.2-1).

5.2.1.3.3. Einfluß der Testsignalform, der Testsignalamplitude und der Systemübertragungsfunktion

Der Einfluß von Testsignalform und -amplitude soll an Hand ausgewählter Standardtestsignale nach Abb. 4.6-1 untersucht werden. Die Überprüfung der

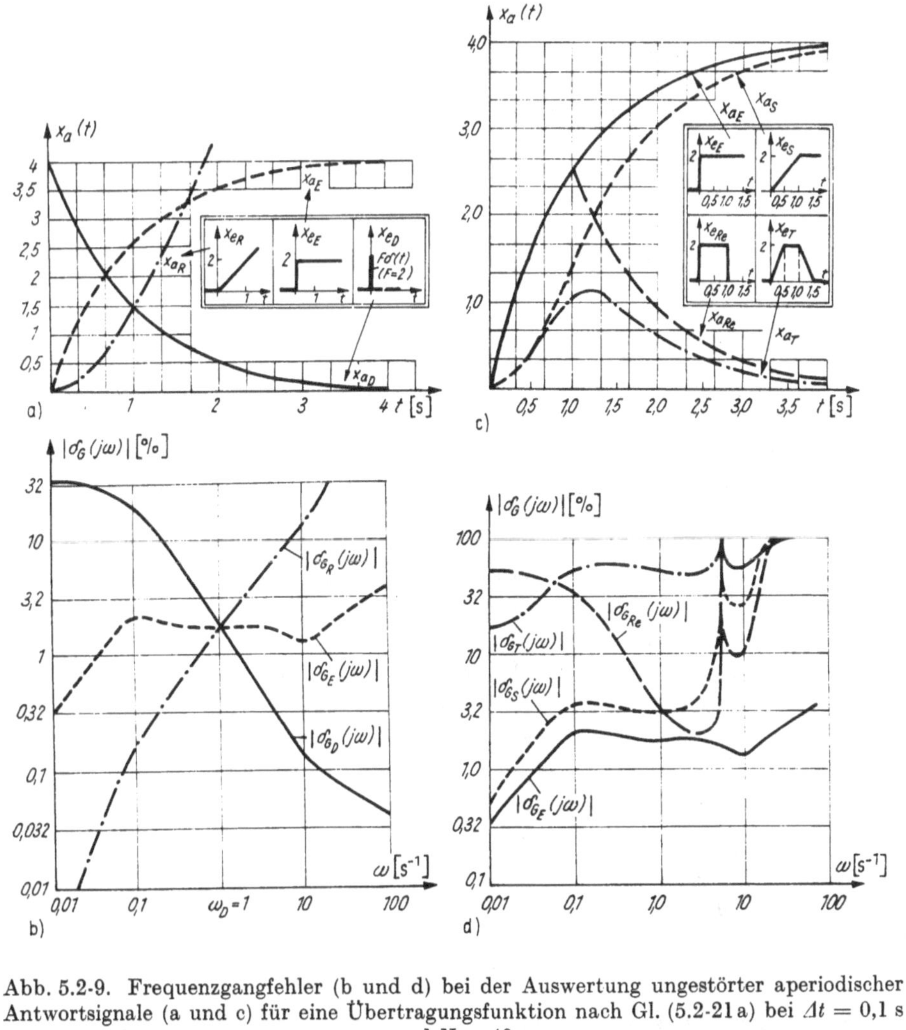

Abb. 5.2-9. Frequenzgangfehler (b und d) bei der Auswertung ungestörter aperiodischer Antwortsignale (a und c) für eine Übertragungsfunktion nach Gl. (5.2-21a) bei $\Delta t = 0{,}1$ s und $N = 40$

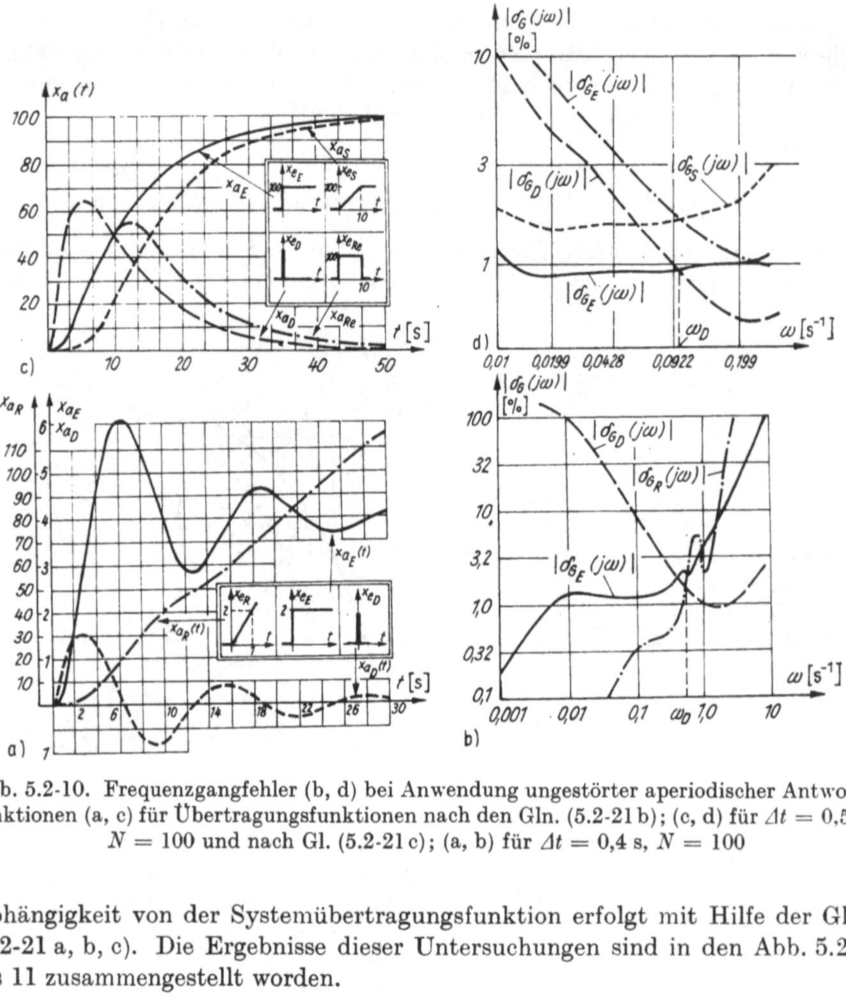

Abb. 5.2-10. Frequenzgangfehler (b, d) bei Anwendung ungestörter aperiodischer Antwortfunktionen (a, c) für Übertragungsfunktionen nach den Gln. (5.2-21 b); (c, d) für $\Delta t = 0{,}5$ s, $N = 100$ und nach Gl. (5.2-21 c); (a, b) für $\Delta t = 0{,}4$ s, $N = 100$

Abhängigkeit von der Systemübertragungsfunktion erfolgt mit Hilfe der Gln. (5.2-21 a, b, c). Die Ergebnisse dieser Untersuchungen sind in den Abb. 5.2-9 bis 11 zusammengestellt worden.

Dabei ergibt sich aus den Verläufen des Fehlers $|\delta_G(j\omega)|$ in den Abb. 5.2-9 b, d, 10 b, d und 11 die interessante Feststellung, daß

(1) die zum Dirac-Impuls, zum Einheitssprung und zur Einheitsrampenfunktion gehörenden Fehlerkurven $|\delta_{GD}(j\omega)|$, $|\delta_{GE}(j\omega)|$ und $|\delta_{GR}(j\omega)|$ sich annähernd in einem Punkt (bei einer Frequenz ω_D) schneiden und

(2) durch Drehung um diesen Schnittpunkt annähernd zur Deckung gebracht werden können.

Man findet empirisch den in der Umgebung von ω_D geltenden Zusammenhang

$$|\delta_{GE}(j\omega)| \approx |\delta_{GD}(j\omega)| \frac{\omega}{\omega_D} \approx |\delta_{GR}(j\omega)| \frac{\omega_D}{\omega} \tag{5.2-23}$$

(vgl. insbesondere Abb. 5.2-9b für $\omega_D = 1$), der große Ähnlichkeit mit der Beziehung

$$|X_e(j\omega)| = \frac{1}{\omega} = |X_{eD}(j\omega)|/\omega = 1/\omega = |X_{eR}(j\omega)|\,\omega = \omega/\omega^2 \qquad (5.2\text{-}24)$$

für die Amplitudenspektren der Testsignale besitzt.

Diese Erscheinung läßt sich in folgender Weise begründen: Bei der Annäherung der Systemantwortfunktion $x_a(t)$ durch einen Polygonzug tritt ein Fehler $\Delta x_a(t)$ auf, der bei Anwendung des unter 5.2.1.2. angegebenen Verfahrens zu einem Fehler $|\Delta G_{\text{ges}}|$ des Gesamtfrequenzganges $G_{\text{ges}}(j\omega) = G_f(j\omega)\,G_s(j\omega)$ (vgl. Abb. 5.2-5) führt. Wie Abb. 5.2-11 zeigt, ergeben sich für diesen Fehler für verschiedene Systemübertragungsfunktionen prinzipiell gleiche Verläufe, wenn $|\Delta G_{\text{ges}}|$ über der auf ω_D normierten Frequenz $\Omega = \omega/\omega_D$ aufgetragen wird.

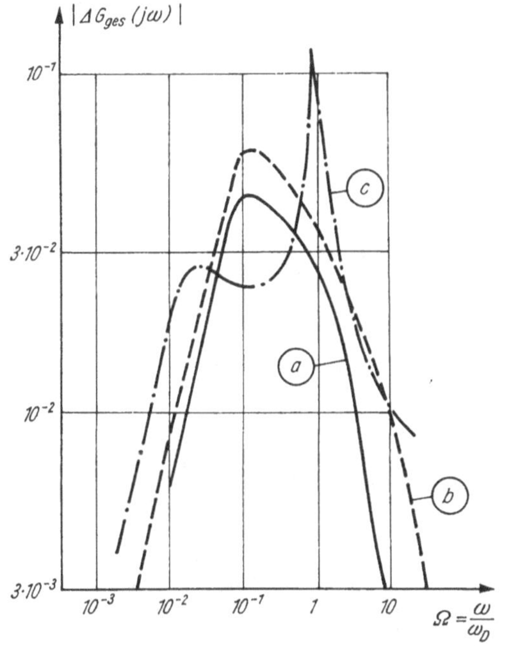

Abb. 5.2-11. Verlauf des absoluten Frequenzgangfehlers für $G_s(p)$ nach den Gln. (5.2-21a) (Kurve a), (5.2-21b) (Kurve b) und (5.2-21c) (Kurve c)

Als Ursache hierfür darf angesehen werden, daß die Fehlerverläufe $\Delta x_a(t)$ bei einer Polygonzugapproximation von $x_a(t)$ nicht grundsätzlich voneinander abweichen, auch wenn die Verläufe von $x_a(t)$ recht unterschiedlich sind. Damit werden die wesentlichen Unterschiede zwischen den Fehlerverläufen durch die Formfilterfrequenzgänge $G_f(j\omega)$ nach Abb. 4.6-1 bestimmt. Gemäß $G_{\text{ges}}(j\omega) = G_f(j\omega)\,G(j\omega)$ muß nämlich für den Fehler des Modellfrequenzganges die Beziehung

$$|\Delta G(j\omega)| = \frac{|\Delta G_{\text{ges}}(j\omega)|}{|G_f(j\omega)|} \tag{5.2-25}$$

gelten.

Damit erhält man für einen DIRAC-Impuls

$$x_{eD}(t) = a_D \delta(t) \tag{5.2-26}$$

mit

$$G_f(j\omega) = a\omega_D = a_D \omega_D \left(\frac{\omega}{\omega_D}\right) \tag{5.2-27}$$

den Fehler

$$\left|\Delta G_D\left(j\frac{\omega}{\omega_D}\right)\right| = \frac{\left|\Delta G_{\text{ges}}\left(j\frac{\omega}{\omega_D}\right)\right|}{a_D \omega_D \left(\frac{\omega}{\omega_D}\right)}, \tag{5.2-28}$$

für den Einheitssprung

$$x_{eE}(t) = a_E s(t) \quad \text{wegen} \quad G_f(j\omega) = a_E \tag{5.2-29}$$

die Abweichung

$$\left|\Delta G_E\left(j\frac{\omega}{\omega_D}\right)\right| = \frac{\left|\Delta G_{\text{ges}}\left(j\frac{\omega}{\omega_D}\right)\right|}{a_E} \tag{5.2-30}$$

und für die Rampenfunktion mit

$$X_{eR}(j\omega) = \frac{a_R}{(j\omega)^2} \tag{5.2-31}$$

und

$$G_f(j\omega) = a_R \cdot \frac{1}{\omega} = \frac{a_R}{\omega_D}\left(\frac{\omega}{\omega_D}\right) \tag{5.2-32}$$

den Zusammenhang

$$\left|\Delta G_R\left(j\frac{\omega}{\omega_D}\right)\right| = \frac{\left|\Delta G_{\text{ges}}\left(j\frac{\omega}{\omega_D}\right)\right|}{a_R/\omega_D} \cdot \frac{\omega}{\omega_D}. \tag{5.2-33}$$

Aus diesen Beziehungen ergibt sich unmittelbar die empirisch gefundene Beziehung Gl. (5.2-23).

Hieraus folgt die für die praktische Anwendung der Methode wichtige Erkenntnis, daß bei etwa gleichen Approximationsfehlern $\Delta x_a(t)$ zwischen dem approximierendem Polygonzug (vgl. Abb. 5.2-1) und der Gewichtsfunktion, der Übergangsfunktion oder der Rampenantwortfunktion

(1) *im Bereich tiefer Frequenzen $\omega < \omega_D$ die Auswertung der Gewichtsfunktion größere, die der Rampenfunktionantwort jedoch wesentlich kleinere Frequenzgangfehler als die Approximation der Übergangsfunktion liefert,* und

(2) *im Bereich hoher Frequenzen* $\omega > \omega_D$ *die Gewichtsfunktion die besseren und die Rampenantwort die ungünstigeren Resultate ergibt.*

Das häufig benutzte Argument, daß der DIRAC-*Impuls wegen seines frequenzunabhängigen Spektrums das geeignetste Testsignal sei, gilt bei Berücksichtigung der bei der numerischen Auswertung unvermeidbaren Approximationsfehler nicht mehr uneingeschränkt, vor allem nicht im Bereich tiefer Frequenzen.*

Man erkennt aus den Abb. (5.2-9 bis 11), daß jedem Testsignal bestimmte Frequenzintervalle zugeordnet werden können, in denen die Auswertung der zugehörigen Antwortsignale Vorteile bietet. Dabei stellt die Verwendung der Sprungfunktion einen vorteilhaft erscheinenden Kompromiß dar, da die Auswertung der zugehörigen Antwortfunktion bei gleicher Zahl N von Stützstellen einen ausreichend kleinen nur wenig (im interessierenden Bereich) von der Frequenz abhängenden Frequenzgangfehler $|(\delta_G(j\omega)|$ liefert, der überdies kleiner als bei Verwendung der meisten anderen Testsignale ist (vgl. Abb. 5.2-9 c, d). Diese Aussage gilt für beliebige Testsignalamplituden.

Damit bleibt als einziges wirksames Mittel zur Reduzierung des durch deterministische Approximationsfehler $\Delta x_a(t)$ der exakten Antwortfunktion $x_a(t)$ verursachten Frequenzgangfehlers die Erhöhung der Zahl N der Abtastungen. Wie die Abb. 5.2-9 c, d und 10 c, d veranschaulichen, ist bei der Auswertung von Antwortfunktionen auf eine Schrittfunktion oder auf Trapez- und Rechteckimpulse zur Erzielung eines gleichen Frequenzgangfehlers eine wesentlich größere Zahl N von Stützstellen zu verwenden als bei Auswertung einer Sprungantwort.

5.2.2. Analyse periodischer Test- und Antwortsignale

Ein mit der Periodendauer T_p periodisches Testsignal allgemeiner Form läßt sich bekanntlich durch die FOURIER-Reihe

$$x_e(t) = \frac{a_{e0}}{2} + \sum_{s=1}^{\infty} \{a_{es} \cos \omega_s t + b_{es} \sin \omega_s t\}$$

$$= \sum_{s=-\infty}^{\infty} A_{es}\, e^{j\omega_s t} \tag{5.2-34}$$

mit

$$\omega_s = s(2\pi/T_p) \tag{5.2-34a}$$

und

$$A_{es} = \frac{a_{es} - jb_{es}}{2} \quad \text{bzw.} \quad A_{e,-s} = \frac{a_{es} + jb_{es}}{2} \tag{5.2-34b}$$

darstellen. Für das zugehörige Ausgangssignal $x_a(t)$ erhält man einen entsprechenden Ausdruck der Form

$$x_a(t) = \frac{a_{a0}}{2} + \sum_{s=1}^{\infty} \{a_{as} \cos \omega_s t + b_{as} \sin \omega_s t\}$$

$$= \sum_{s=-\infty}^{\infty} A_{as} \mathrm{e}^{j\omega_s t}, \tag{5.2-35}$$

wobei die komplexen FOURIER-Koeffizienten A_{as} und A_{es} gemäß

$$A_{as} = G(j\omega_s)\, A_{es} = \{U(\omega_s) + jV(\omega_s)\}\, A_{es}$$

$$= \{a_{as} - jb_{as}\}/2 \tag{5.2-36}$$

bzw.

$$a_{as} = U(\omega_s)\, a_{es} + V(\omega_s)\, b_{es} \tag{5.2-36a}$$

und

$$b_{as} = U(\omega_s)\, b_{es} - V(\omega_s)\, a_{es} \tag{5.2-36b}$$

über den Frequenzgang $G(j\omega_s)$ zusammenhängen und für diesen die Bestimmungsgleichungen

$$G(j\omega_s) = \frac{a_{as} - jb_{as}}{a_{es} - jb_{es}} \tag{5.2-37}$$

bzw.

$$U(\omega_s) = \frac{a_{as}a_{es} + b_{as}b_{es}}{a_{es}^2 + b_{es}^2} \tag{5.2-37a}$$

und

$$V(\omega_s) = \frac{a_{as}b_{es} - a_{es}b_{as}}{a_{es}^2 + b_{es}^2} \tag{5.2-37b}$$

liefern. Wie im Abschnitt 3.3.3.1.1. (für $b_{es} = 0$) gezeigt wurde, können die nach diesen Gleichungen für $U(\omega_s)$ und $V(\omega_s)$ bestimmten Werte als optimal im Sinne der Methode der kleinsten Quadrate angesehen werden.

Im allgemeinen Falle ist also für eine Approximation im quadratischen Mittel die Ermittlung der FOURIER-Koeffizienten des Ein- und Ausgangssignals, zum Beispiel unter Verwendung der bekannten Beziehungen

$$A_{es} = \frac{1}{T_p} \int_0^{T_p} x_a(t)\, \mathrm{e}^{-j\omega_s t}\, \mathrm{d}t \tag{5.2-38a}$$

und

$$A_{as} = \frac{1}{T_p} \int_0^{T_p} x_a(t)\, \mathrm{e}^{-j\omega_s t}\, \mathrm{d}t \tag{5.2-38b}$$

notwendig (vgl. Gln. (3.3-38 a, b)).

Für häufig verwendete „Standardtestsignale" nach Abb. 4.7-1 ist allerdings die Speicherung eines Katalogs von FOURIER-Koeffizienten $A_{es} = \{a_{es} - jb_{es}\}/2$ möglich und zweckmäßig.

5.2.2.1. Numerische Ermittlung der Fourier-Koeffizienten

Zur Ermittlung der komplexen Fourier-Koeffizienten A_{as} nach Gl. (5.2-38b) wird $x_a(t)$ in der auf Abb. 5.2-12 angegebenen Form durch einen Polygonzug

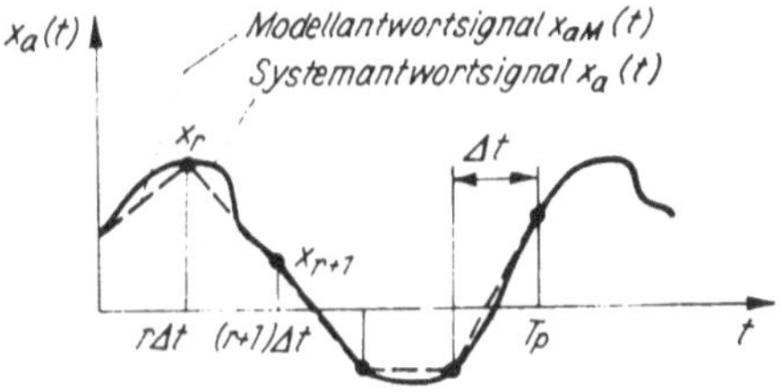

Abb. 5.2-12. Zur Approximation periodischer Zeitfunktionen

angenähert, wobei die Periodendauer T_p in N gleiche Abtastintervalle aufgeteilt wird, so daß die Relation

$$T_p = N\,\Delta t \tag{5.2-39}$$

gilt.

Damit kann

$$x_a(t) \approx x_{aM}(t) = (r+1)\,x_r - r x_{r+1} + \frac{x_{r+1} - x_r}{\Delta t} \cdot t \tag{5.2-40}$$

in $r\,\Delta t \leqq t \leqq (r+1)\,\Delta t$ gesetzt werden, wenn die Abkürzung $x_a(r\,\Delta t) = x_r$ Verwendung findet. Ersetzt man das Integral (5.2-38b) gemäß

$$A_{as} = \frac{1}{T_p} \sum_{r=0}^{N-1} \int\limits_{r\Delta t}^{(r+1)\Delta t} x_a(t)\,\mathrm{e}^{-j\omega_s t}\,\mathrm{d}t \tag{5.2-41}$$

durch eine Summe von Teilintegralen, so folgt mit Gl. (5.2-40) die Beziehung

$$A_{as} = \frac{1}{T_p}\,\frac{2(1-\cos\omega_s\,\Delta t)}{\omega_s^2\,\Delta t} \sum_{r=1}^{N-1} x_r\,\mathrm{e}^{-j\omega_s r \Delta t}, \tag{5.2-42}$$

wenn man beachtet, daß wegen $x_a(t) = x_a(t+T_p)$ die Bedingung

$$x_a(0) = x_0 = x_a(T_p) = x_a(N\,\Delta t) = x_N \tag{5.2-42a}$$

gilt. Unter Berücksichtigung der Gln. (5.2-34a und 36) gelangt man schließlich zu den Bestimmungsgleichungen

$$\frac{a_{a0}}{2} = \frac{1}{N} \sum_{r=0}^{N-1} x_r \tag{5.2-43a}$$

$$a_{as} = \frac{N\left(1 - \cos\left\{2\pi \frac{s}{N}\right\}\right)}{\pi^2 s^2} \sum_{r=0}^{N-1} x_r \cos\left\{2\pi r \frac{s}{N}\right\} \tag{5.2-43b}$$

und

$$b_{as} = \frac{N\left(1 - \cos\left\{2\pi \frac{s}{N}\right\}\right)}{\pi^2 s^2} \sum_{r=0}^{N-1} x_r \sin\left\{2\pi r \frac{s}{N}\right\} \tag{5.2-43c}$$

für die gesuchten FOURIER-Koeffizienten.

Kann der periodische Verlauf von $x_a(t)$ exakt durch einen Geradenzug dargestellt werden, so können die a_{as} und b_{as} bis zu beliebig großen Werten von s ermittelt werden.

Eine vereinfachte Auswertung der Beziehungen (5.2-43 a, b, c) ist möglich, wenn die Zahl N der abgetasteten Funktionswerte N durch 4 teilbar und $s \leqq N/2 - 1$ ist.

In diesem Falle läßt sich nämlich die bekannte RUNGE-Faltung verwenden. Vereinfachungen bei der Programmierung ermöglicht die iterative Berechnung der Summen in den Gln. (5.2-43 a, b, c) unter Verwendung eines Verfahrens von GOERTZEL (vgl. u. a. RALSTON, WILF, 1967).

5.2.2.2. Erprobung des Verfahrens unter Verwendung ungestörter Antwortfunktionen

Zur Ermittlung der verfahrensbedingten Fehler ist die oben behandelte Methode mit Hilfe eines speziellen Simulationsprogrammes auf der Anlage ELLIOTT 503 untersucht worden. Dabei sollte insbesondere die Abhängigkeit des relativen Frequenzgangfehlers $|\delta_G(j\omega)|$ nach Gl. (5.2-15)

(1) von der Periodendauer T_p und der Form des Testsignals,
(2) von der Frequenz und
(3) von der Zahl N der verwendeten Abtastwerte

untersucht werden.

Die Abb. 5.2-13 und 14 zeigen die unter Verwendung des Verzögerungsgliedes 1. Ordnung nach Gl. (5.2-21a) erzielten Resultate.

Diese Ergebnisse lassen die folgenden allgemeingültigen Schlußfolgerungen zu:

(1) Der Verlauf des Frequenzgangfehlers $|\delta_G(j\omega)|$ hängt für $|\delta_G(j\omega)| \leqq 20\%$ von der Form des Testsignals nicht ab. Das geht deutlich aus dem in Abb. 5.2-13c dargestellten Fehler für $T_p = 50$ s hervor, der sich sowohl bei Auswertung der Antwortfunktionen auf eine Rechteckwelle und eine Halbsinusimpulsfolge als auch bei Analyse der Ausgangssignale für sägezahn- und dreieckförmige Testsignale ergab (vgl. Abb. 5.2-13b).

(2) Eine Verkleinerung der Periodendauer T_p führt — wie die durch Auswertung der Rechteckwellenantworten nach Abb. 5.2-13a gewonnenen Fehlerkurven in Abb. 5.2-13c veranschaulichen — lediglich zu einer Verschiebung der Fehlerkurven zu hohen Frequenzen, wenn die Zahl der Abtastungen

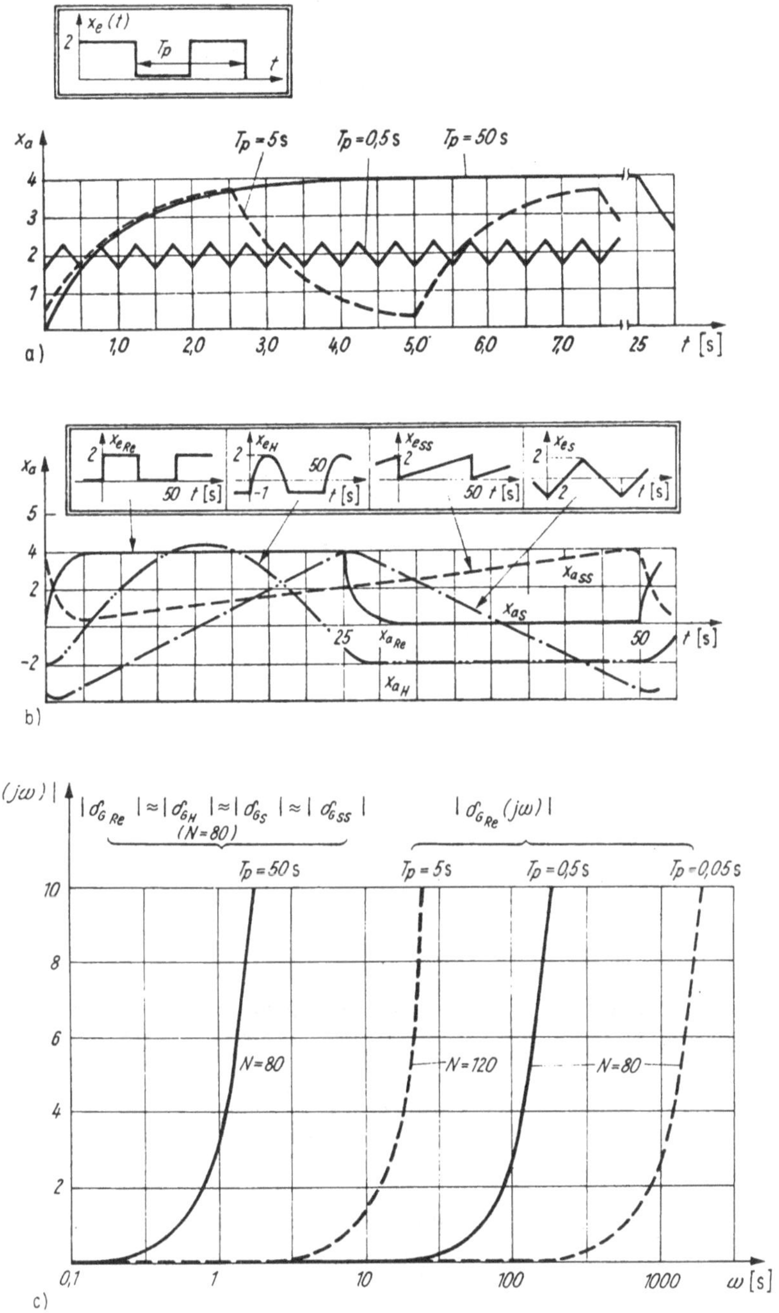

Abb. 5.2-13. Frequenzgangfehler (c) bei Auswertung der Antwortfunktionen (a, b) für $G_s(p) = 2/\{1 + p\}$

konstant gehalten wird. Der Frequenzgangfehler $|\delta_G(j\omega_s)|$ hängt demzufolge nur von der Zahl N der Abtastungen ab, die auf die Periodendauer T_p/s dieser Frequenz ω_s entfällt (vgl. Abb. 5.2-14).

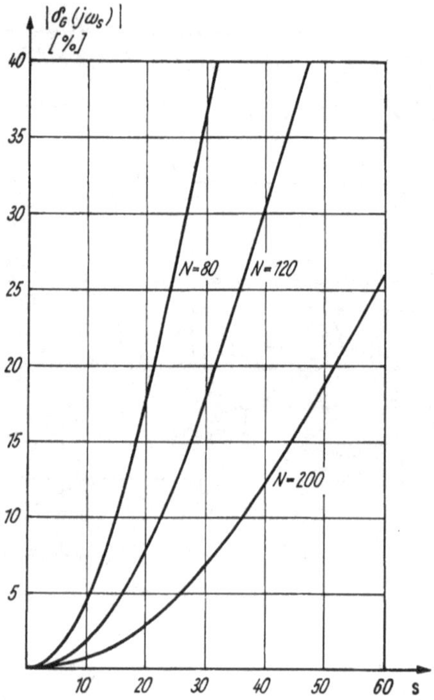

Abb. 5.2-14. Abhängigkeit des Frequenzgangfehlers von der Zahl N der Stützstellen ($\omega = s2\pi/T_p$)

(3) Für die Abhängigkeit des Frequenzgangfehlers von der Zahl der Abtastungen konnte dabei die Näherung

$$\left|\delta_G\left(js\frac{2\pi}{T_p}\right)\right| \approx \left(\frac{s}{N}\right)^2 \cdot 320\% \tag{5.2-44}$$

empirisch ermittelt werden. Eine ausreichend genaue Frequenzgangbestimmung mit $|\delta_G(j\omega_s)| \lesssim 3\%$ ist also für die Frequenz $\omega_s = s2\pi/T_p$ möglich, solange

$$N \gtrsim 10s \tag{5.2-45}$$

ist, d. h., wenn mindestens 10 Abtastpunkte für die Periodendauer $T_s = T_p/s$ der s-ten Oberwelle vorgesehen werden.

5.3. Analyse stochastisch gestörter Antwortsignale

Angenommen wird hier, daß das Ausgangssignal $x_a(t)$ durch stochastische Störsignale $z(t)$ (vgl. Abb. 5.2-5) verfälscht wird.

Wie bereits unter 3.3.3. gezeigt wurde, liefert in diesem Falle eine Frequenzgangbestimmung durch FOURIER-Analyse bzw. durch FOURIER-Transformation optimale Schätzwerte im Sinne der Methode der kleinsten Quadrate. Diese Schätzwerte stellen bestmögliche Schätzungen dar, wenn das stochastische Störsignal einem (annähernd) weißen Rauschen angehört. Man kann somit die im Abschnitt 5.2. dargestellten numerischen Auswerteverfahren als optimale Parameterschätzverfahren ansehen, wenn sichergestellt ist, daß durch Verwendung einer hinreichend großen Zahl N von Stützstellen die systematischen Fehler genügend klein gehalten werden.

Im folgenden soll nun untersucht werden, in welchem Maße stochastische Störsignale die Genauigkeit der Frequenzgangbestimmung beeinflussen. Dazu wird ein annähernd weißes Rauschen mit dem Leistungsdichtespektrum

$$\Phi_{z1z1}(\omega) = \frac{A^2}{|1 + 0{,}45j\omega + 0{,}02(j\omega)^2|^2} \qquad (5.3\text{-}1)$$

in der in Abb. 5.3-1 gezeigten Form

(1) am Ausgang,
(2) zwischen Ein- und Ausgang oder
(3) am Eingang

eines Verzögerungsgliedes 3. Ordnung eingespeist.

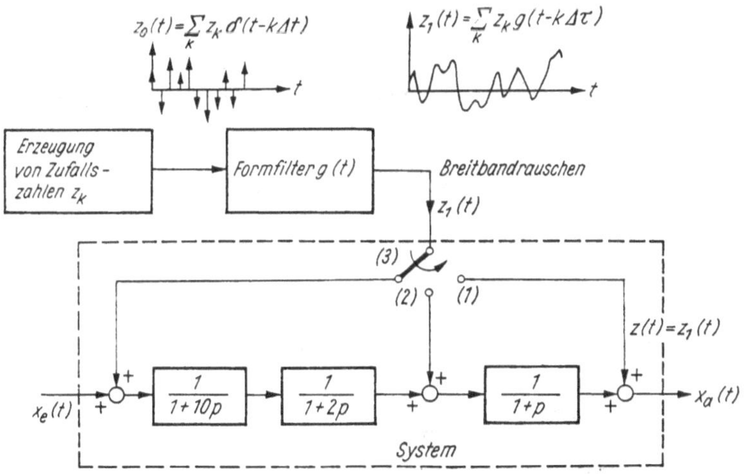

Abb. 5.3-1. Zur Simulation eines stochastisch gestörten Systems

Die Größe A wird so gewählt, daß der Effektivwert der Störung am Systemausgang

$$\sqrt{\Psi_{zz}(0)} = \sqrt{\frac{1}{2\pi} \int_{-\infty}^{\infty} \Phi_{zz}(\omega)\, \mathrm{d}\omega} = 5\ \text{Volt} \tag{5.3-1a}$$

beträgt. Die Verläufe des Leistungsdichtespektrums, die man unter dieser Bedingung erhält, zeigt Abb. 5.3-2. Störsignal und System wurden mit Hilfe eines speziellen Simulationsprogramms auf der Anlage ELLIOTT 503 nachgebildet.

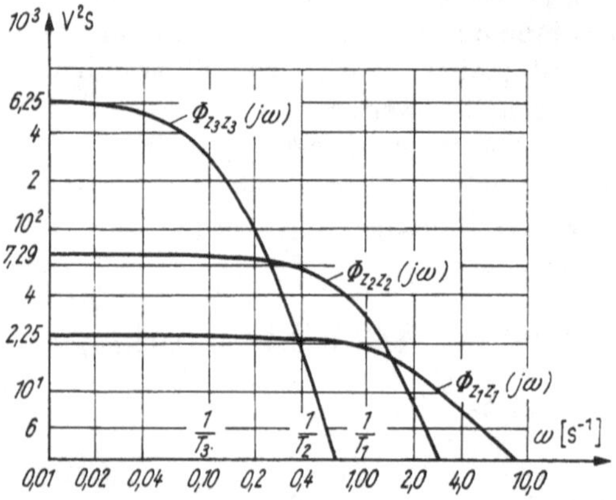

Abb. 5.3-2. Spektraldichteverläufe für die Fälle 1, 2 und 3 in Abb. 5.3-1

Zunächst sollen die bereits im Abschnitt 3.3.3. hergeleiteten Fehlerbeziehungen in einer für praktische Anwendungen geeigneteren (vereinfachten) Form dargestellt werden.

5.3.1. Fehlerabschätzung bei bekannten statistischen Eigenschaften des Störsignals

5.3.1.1. Periodische Testsignale

Nimmt man ohne nennenswerte Einschränkung der Allgemeinheit an, daß das periodische Testsignal eine gerade Funktion mit verschwindendem Mittelwert darstellt, d. h., daß $a_{e0} = b_{es} = 0$ ist, so läßt sich (bei analoger Meßwertverarbeitung) für den gesuchten Frequenzgang die Beziehung

$$\hat{G}(j\omega_s) = \frac{2}{a_{es} M_p T_p} \int_0^{M_p T_p} x_a(t)\, \mathrm{e}^{-j\omega_s t}\, \mathrm{d}t \tag{5.3-2}$$

(vgl. Gln. (5.2-37, 37 a, b und 38 a, b) sowie (3.3-38 a, b)) angeben.

Für den mittleren relativen Frequenzgangfehler

$$\delta_{pM}(\omega_s) = \sqrt{E\{|\delta_G(j\omega_s)|^2\}} = \frac{\sqrt{E\{|\Delta G(j\omega_s)|^2\}}}{|\hat{G}(j\omega_s)|} = \frac{\sigma_{\hat{G}}(\omega_s)}{|\hat{G}(j\omega_s)|} \tag{5.3-3}$$

(vgl. Gln. (5.2-15) und (3.3-40c)) ergibt sich bei Integration über $M = M_p$ Perioden aus Gl. (3.3-40c) der Zusammenhang

$$\delta_{pM}(\omega_s) = \frac{\sigma_{\hat{G}}(\omega_s)}{|\hat{G}(j\omega_s)|} = \frac{2}{a_{es}} \cdot \frac{1}{\sqrt{T_p M_p}} \cdot S(\omega_s) \tag{5.3-4}$$

mit

$$S_e(\omega_s) = \sqrt{S_T(\omega_s)}\,/\,|\hat{G}(j\omega_s)| \tag{5.3-5}$$

und

$$S_T(\omega) = \int_{-T}^{T} \left(1 - \frac{|\tau|}{T}\right) \Psi_{zz}(\tau)\, \mathrm{e}^{-j\omega\tau}\, \mathrm{d}\tau \tag{5.3-6}$$

bei

$$T = M_p T_p \tag{5.3-6a}$$

(vgl. auch Gln. (4.8-2, 2a, 2b)).

In vielen Fällen kann dabei $S_T(\omega)$ gemäß

$$S_T(\omega) \approx \Phi_{zz}(\omega) \tag{5.3-6b}$$

annähernd dem Leistungsdichtespektrum $\Phi_{zz}(\omega)$ des Störsignals gleichgesetzt werden (vgl. Gl. (3.3-42)).

$S_T(\omega)$ und $\Phi_{zz}(\omega)$ sind exakt einander gleich, wenn

(1) die Mittelungszeit T bei beliebigem $\Psi_{zz}(\tau)$ gegen unendlich strebt oder
(2) das Störsignal $z(t)$ ein (annähernd) weißes Rauschen mit $\Psi_{zz}(\tau) \approx S_0\delta(\tau)$ darstellt, wobei T beliebige Werte annehmen kann.

Die Beziehung (5.3-6b) muß somit für eine endliche Meßzeit T eine technisch brauchbare Näherung darstellen, wenn ein bestimmter Fehler

$$|\Delta\sigma_{\hat{G}}(\omega)/\tilde{\sigma}_{\hat{G}}(\omega)| = |\{\sigma_{\hat{G}}(\omega) - \tilde{\sigma}_{\hat{G}}(\omega)\}/\tilde{\sigma}_{\hat{G}}(\omega)| \tag{5.3-7}$$

für den unter Verwendung von Gl. (5.3-6b) berechneten Fehler $\tilde{\sigma}_{\hat{G}}(\omega)$ nach Gl. (5.3-4) zugelassen bzw. vorgegeben wird. Mit einer solchen Vorgabe läßt sich einfach eine für die Gültigkeit der Näherung (5.3-6b) notwendige Meßzeit abschätzen, wenn man annimmt, daß

$$\Psi_{zz}(\tau) \approx 0 \quad \text{für} \quad |\tau| \geqq \tau_{\max} \tag{5.3-8}$$

ist (vgl. hierzu Abb. 1.3-3).

Mit

$$T > \tau_{\max} \tag{5.3-9}$$

läßt sich $S_T(\omega)$ nach Gl. (5.3-6) durch die Beziehung

$$\begin{aligned} S_T(\omega) &= \int_{-\infty}^{\infty} \Psi_{zz}(\tau)\, e^{-j\omega\tau}\, d\tau - \frac{1}{T} \int_{-\tau_{max}}^{\tau_{max}} |\tau|\, \Psi_{zz}(\tau)\, e^{-j\omega\tau}\, d\tau \\ &= \qquad \Phi_{zz}(\omega) \qquad + \qquad \Delta\Phi_{zz}(\omega)\,, \end{aligned} \tag{5.3-10}$$

d. h. durch das Leistungsdichtespektrum $\Phi_{zz}(\omega)$ und einen zugehörigen Fehler $\Delta\Phi_{zz}$, darstellen, wobei wegen

$$|\Delta\Phi_{zz}(\omega)| \leqq \frac{1}{T} \left| \int_{-\tau_{max}}^{\tau_{max}} |\tau|\, \Psi_{zz}(\tau)\, e^{-j\omega\tau}\, d\tau \right| \leqq \frac{1}{T} \left| \int_{-\tau_{max}}^{\tau_{max}} |\tau|\, \Psi_{zz}(\tau)\, d\tau \right| \tag{5.3-10a}$$

und

$$\Psi_{zz}(0) \geqq \Psi_{zz}(\tau) \tag{5.3-11}$$

die Ungleichung

$$|\Delta\Phi_{zz}(\omega)| \leqq \Psi_{zz}(0)\, \tau_{max}^2 / T \tag{5.3-12}$$

gelten muß.

Durch Einsetzen von Gl. (5.3-10) in die Gln. (5.3-4 und 5) kann man damit für Gl. (5.3-7) die Ungleichung

$$\left| \frac{\Delta\sigma_{\hat{G}}(\omega)}{\tilde{\sigma}_{\hat{G}}(\omega)} \right| \leqq \sqrt{1 + |\Delta\Phi_{zz}(\omega)|/\Phi_{zz}(\omega)} - 1 \leqq \sqrt{1 + \frac{\Psi_{zz}(0)\, \tau_{max}^2}{T\Phi_{zz}(\omega)}} - 1 \tag{5.3-13}$$

gewinnen, aus der für T die Beziehung

$$\begin{aligned} T &\geqq \Psi_{zz}(0)\, \tau_{max}^2 \cdot \Phi_{zz}^{-1}(\omega)\, \{(1 + |\Delta\sigma_{\hat{G}}/\tilde{\sigma}_{\hat{G}}|)^2 - 1\} = \\ &= \Psi_{zz}(0)\, \tau_{max}^2 \cdot \Phi_{zz}^{-1}(\omega)\, |\Delta\sigma_{\hat{G}}/\tilde{\sigma}_{\hat{G}}|\, \{2 + |\Delta\sigma_{\hat{G}}/\tilde{\sigma}_{\hat{G}}|\} \end{aligned} \tag{5.3-14}$$

folgt. Wird für den Fehler $|\Delta\sigma_{\hat{G}}/\tilde{\sigma}_{\hat{G}}|$ des Fehlers $\tilde{\sigma}_{\hat{G}}$ ein Wert von etwa 40% noch als zulässig angesehen, so vereinfacht sich diese Bedingung für die Gültigkeit der Näherung (5.3-6b) zu

$$T \gtrsim \Psi_{zz}(0)\, \tau_{max}^2 / \Phi_{zz}(\omega) = T_{min}\,. \tag{5.3-15}$$

Diese Bedingung gilt in vielen praktisch vorkommenden Fällen, da man im Interesse eines ausreichend kleinen Fehlers $\delta_{pM}(\omega)$ nach Gl. (5.3-4) die Meßzeit T ohnehin groß im Vergleich zur Abklingzeit τ_{max} der Korrelationsfunktion (5.3-8) wählen muß.

Um die Zeitabhängigkeit von $S_T(\omega)$ zu veranschaulichen, ist für die in Abb. 5.3-1 dargestellten Fälle (2) und (3) (breitbandiges Rauschen zwischen Ein- und Ausgang bzw. am Eingang) $S_T(\omega)$ unter Verwendung der exakt geltenden Beziehung (5.3-6) für verschiedene Werte T berechnet und in den Abb. 5.3-3 a, b dargestellt worden.

Man erkennt, daß im Falle (2), d. h. für ein weißes Rauschen zwischen Ein- und Ausgang, die relativen Abweichungen zwischen $\Phi_{zz}(\omega)$ und $S_T(\omega)$ kleiner als 20% für $0 < \omega < 1\text{s}^{-1}$ bleiben. Für $T > 50$ Sekunden, d. h. für eine Meß-

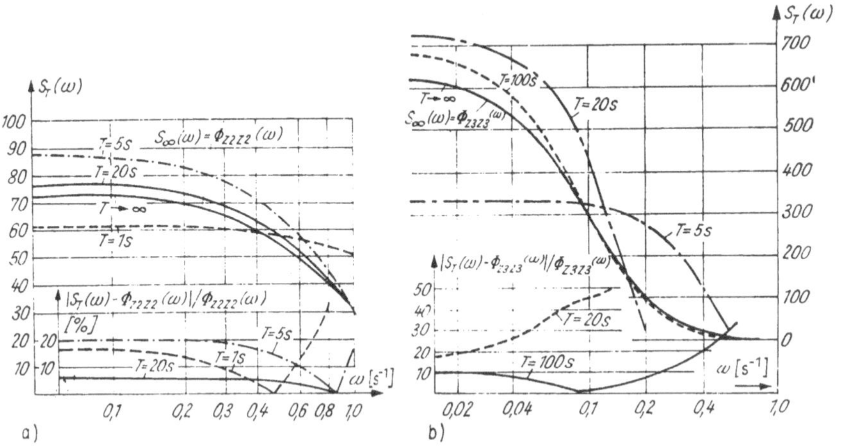

Abb. 5.3-3. Verlauf der Frequenzfunktion nach Gl. (5.3-6) für die Fälle (2) und (3) gemäß Abb. 5.3-1

zeit $T = M_p T_p$, die in der Größenordnung der Einschwingzeit liegt (vgl. hierzu Abb. 5.2-10c), können die Abweichungen zwischen $S_T(\omega)$ und $\Phi_{zz}(\omega)$ vernachlässigt werden (vgl. Abb. 5.3-3a). Der Fall (3) im Abb. 5.3-1 (breitbandiges Störsignal am Systemeingang) führt zu einem stark korrelierten Störsignal am Systemausgang. In diesem Sinne kann dieses Störsignal als ein sehr ungünstiger — im praktischen Betrieb vermutlich als der ungünstigste — Fall für die Gültigkeit der Näherung (5.3-6b) angesehen werden, da die Abklingzeit $\tau_{\max}$ der Korrelationsfunktion in der Größenordnung der Einschwingzeit des Systems liegen muß (vgl. Gl. (5.3-15)). Erwartungsgemäß erhält man dann auch zwischen der nach Gl. (5.3-6) berechneten Frequenzfunktion $S_T(\omega)$ und dem Leistungsdichtespektrum $\Phi_{zz}(\omega)$ die in Abb. 5.3-3b gezeigten größeren Abweichungen. Immerhin ist festzustellen, daß für eine Beobachtungszeit von $T = 100$ Sekunden, die etwa das doppelte der Einschwingzeit beträgt, im Frequenzintervall $0 < \omega < 0{,}8\,\mathrm{s}^{-1}$ der Fehler $|\Delta\Phi_{zz}(\omega)|/\Phi_{zz}(\omega) \leqq 60\%$ bleibt, und damit gemäß Gl. (5.3-13) $|\Delta\sigma_{\hat{G}}/\tilde{\sigma}_{\hat{G}}| \leqq \sqrt{1 + 0{,}6} - 1 \approx 0{,}28 \approx 30\%$ ist.

Geht man davon aus, daß der hier behandelte Fall eines weißen Rauschens am Systemeingang als der Grenzfall anzusehen ist, mit dem man praktisch rechnen muß, so kann als Faustregel für die Verwendbarkeit der Näherung (5.3-6) im niederfrequenten Intervall die Forderung verwendet werden, daß die Meßzeit T größer als die Einschwingzeit sein muß. Bei stark gestörten Systemen muß diese Forderung im Interesse einer ausreichenden Genauigkeit ohnehin eingehalten werden. Für schwach gestörte Systeme, für die also eine Verletzung dieser Forderung prinzipiell möglich ist, hat andererseits eine Fehlerschätzung nach den Gln. (5.3-4, 5, 6, 6a) nur geringe praktische Bedeutung, da hier die systematischen Fehler nicht mehr zu vernachlässigen sind (vgl. 5.2.).

Man kann somit feststellen, daß in vielen praktischen Fällen eine Fehlerabschätzung unter Verwendung der Näherung (5.3-6b) und damit der sehr einfachen Beziehung (vgl. Gl. (5.3-4))

$$\delta_{pM}(\omega_s) \approx \frac{2}{a_{es}} \cdot \frac{1}{\sqrt{T_p M_p}} \cdot \frac{\sqrt{\Phi_{zz}(\omega_s)}}{|\hat{G}(j\omega_s)|} \qquad (5.3\text{-}16)$$

(bei Beachtung der Bedingung (5.3-15)) erfolgen kann. Das hat u. a. den sehr wesentlichen Vorteil, daß die für einen vorgegebenen Fehler $\delta_{pM}(\omega)$ notwendige Meßzeit $T = M_p T_p$ sich einfach berechnen läßt.

5.3.1.2. Aperiodische Testsignale

Die unter 3.3.3.1.2. angegebene Fehlerbeziehung

$$\sigma_{\hat{G}}^2(\omega) = \frac{T_E}{|x_e(j\omega)|^2} \cdot S_T(\omega) \qquad (5.3\text{-}17)$$

(vgl. Gl. (5.3-6) für $T = T_E$ mit Gl. (3.3-46)) gilt für den Fall, daß die aperiodische Antwortfunktion $x_a(t)$ in der in Abb. 5.3-4a gezeigten Form für $t \to \infty$ gegen Null oder einen bekannten Endwert $x_a(\infty)$ strebt.

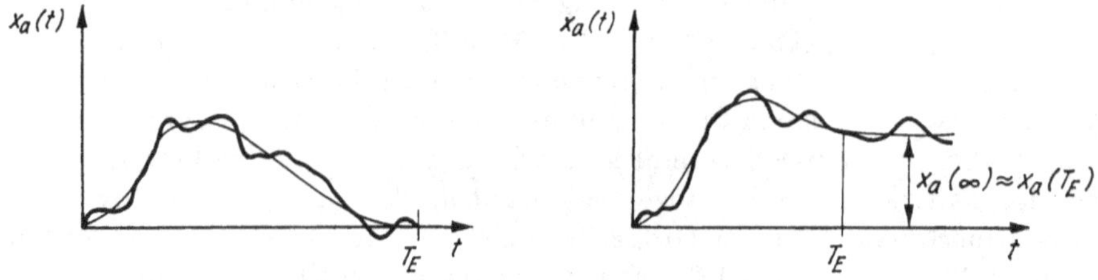

Abb. 5.3-4a, b. Stochastisch gestörte aperiodische Antwortfunktionen mit verschwindendem (a) und von Null verschiedenem (b) Endwert $x_a(\infty)$

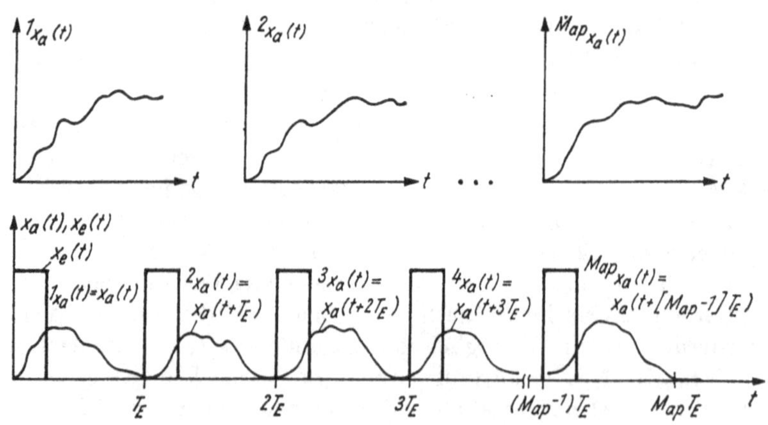

Abb. 5.3-4c, d. Mehrmaliges Messen stochastisch gestörter aperiodischer Antwortfunktionen

Kann der Endwert $x_a(\infty)$ nicht als genau bekannt angesehen werden, so ist er an Hand des gemessenen Verlaufes $x_a(t)$, zum Beispiel in der Form

$$x_a(\infty) \approx x_a(T_E) = \text{konstant} \tag{5.3-18}$$

festzulegen (vgl. Abb. 5.3-4b). Für die LAPLACE-Transformierte $X_a(p)$ erhält man damit den Zusammenhang

$$X_a(p) = \int_0^{T_E} x_a(t)\,\mathrm{e}^{-pt}\,\mathrm{d}t + \frac{x_a(\infty)}{p}\,\mathrm{e}^{-pT_E}\,, \tag{5.3-19}$$

der für den Frequenzgangfehler $\Delta G(j\omega)$ die Beziehung

$$\begin{aligned}\Delta G(j\omega) &= \frac{1}{X_e(j\omega)} \int_0^{T_E} z(t)\,\mathrm{e}^{-j\omega t}\,\mathrm{d}t + \frac{\Delta x_a(\infty)}{j\omega X_e(j\omega)}\,\mathrm{e}^{-j\omega T_E} \\ &= \Delta G_1(j\omega) + \Delta G_2(j\omega)\end{aligned} \tag{5.3-20}$$

liefert. Da man annehmen kann, daß die Fehler ΔG_1 und ΔG_2 nur schwach miteinander korreliert sind, folgt hieraus für den mittleren Fehler $\sigma_{\hat{G}} = \sqrt{E\{|\Delta G(j\omega)|^2\}}$ die Gleichung

$$\begin{aligned}\sigma_{\hat{G}}^2(\omega) &= E\{|\Delta G_1(j\omega)|^2\} + E\{|\Delta G_2(j\omega)|^2\} \\ &= \frac{T_E}{|X_e(j\omega)|^2}\cdot S_T(\omega) + \frac{\sigma_{xa(\infty)}^2}{\omega^2|X_e(j\omega)|^2}\,,\end{aligned} \tag{5.3-21}$$

die die ursprünglich hergeleitete Relation (5.3-17) als Sonderfall (für $\sigma_{xa(\infty)} = 0$) mit enthält. Der mittlere Fehler $\sigma_{xa(\infty)}$ des Endwertes $x_a(\infty)$ ergibt sich dabei in der Form:

$$\sigma_{xa(\infty)}^2 = \begin{cases} 0 & \text{bei bekanntem Endwert (z. B. bei } x_a(\infty) = 0) \\ \Psi_{zz}(0) & \text{bei unbekanntem Endwert } x_a(\infty)\,. \end{cases} \tag{5.3-22}$$

Werden $M = M_{ap}$ Antwortfunktionen

$$^1x_a(t),\ \ldots,\ ^{M_{ap}}x_a(t) \tag{5.3-23}$$

gemessen (vgl. Abb. 5.3-4c) und daraus die zugehörigen Modellfrequenzgänge

$$^1G(j\omega),\ \ldots,\ ^{M_{ap}}G(j\omega) \tag{5.3-24}$$

bestimmt, so läßt sich ein gemittelter Frequenzgang

$$G_M(j\omega) = \frac{1}{M_{ap}} \sum_{i=1}^{M_{ap}} {}^iG(j\omega) \tag{5.3-25}$$

errechnen, dessen mittlerer relativer Frequenzgangfehler

$$\delta_{apM}(\omega) = \frac{\sqrt{E\{|\Delta G(j\omega)|^2\}}}{|\hat{G}(j\omega)|} = \frac{\sigma_{\hat{G}M}(\omega)}{|\hat{G}(j\omega)|} \tag{5.3-26}$$

nach der Beziehung

$$\delta_{apM}(\omega) = \frac{1}{\sqrt{M_{ap}}} \cdot \frac{\sigma_{\hat{G}}(\omega)}{|\hat{G}(j\omega)|} = \frac{1}{\sqrt{M_{ap}}} \cdot \frac{\sqrt{T_E S_T(\omega) + \sigma^2_{xa(\infty)}/\omega^2}}{|\hat{G}(j\omega)|\,|X_e(j\omega)|} \tag{5.3-27}$$

abgeschätzt werden kann.

Im Interesse einer möglichst kurzen Meßzeit wird man darum bemüht sein, die aperiodischen Antwortfunktionen unmittelbar nacheinander zu messen. Wie Abb. 5.3-4d veranschaulicht, läßt sich dabei im allgemeinen erreichen, daß die Antwortfunktion $x_a(t)$ für $t \to T_E$ gegen Null strebt, d. h., daß in Gl. (5.3-27) gemäß Gl. (5.3-22) der Term $\sigma_{xa(\infty)} = 0$ gesetzt werden kann. (Dies gelingt nicht, wenn es sich bei dem untersuchten Objekt um ein integralwirkendes Glied handelt). Die Frequenzfunktion $X_e(j\omega)$ des Testsignals läßt sich jetzt in der Form

$$X_e(j\omega) = {}^1X_e(j\omega)\left[1 + e^{-j\omega T_E} + \cdots + e^{-j\omega(M_{ap}-1)T_E}\right] \tag{5.3-28}$$

darstellen, wenn ${}^1X_e(j\omega)$ die FOURIER-Transformierte für $M_{ap} = 1$ bezeichnet. Bei $M_{ap} = 1$ stellt das Antwortsignal $x_a(t)$ ein auf das Intervall $0 \leqq t \leqq T_E$ zeitbegrenztes Signal dar, das — wie im Abschnitt 1.3.1.1. gezeigt wurde — bereits vollständig durch die Frequenzen

$$\omega_s = s\frac{2\pi}{T_E} \text{ für } \quad s = 0, 1, 2, \ldots, n\,, \tag{5.3-29}$$

charakterisiert werden kann. Man erkennt leicht, daß damit die Gl. (5.3-28) wegen $e^{-js2\pi} = 1$ die einfache Gestalt

$$X_e(j\omega_s) = {}^1X_e(j\omega_s) \cdot M_{ap} \tag{5.3-30}$$

annimmt. Die FOURIER-Transformierte $\mathring{X}_a(j\omega)$ des (ungestörten) Ausgangssignals $\mathring{x}_a(t)$ läßt sich in der Form

$$\mathring{X}_a(j\omega) = \int_0^{M_{ap}T_E} \mathring{x}(t)\, e^{-j\omega t}\, dt = \sum_{i=1}^{M_{ap}} \int_{(i-1)T_E}^{iT_E} \mathring{x}_a(t)\, e^{-j\omega t} dt = \sum_{i=1}^{M_{ap}} {}^i\mathring{X}_a(j\omega) \tag{5.3-31}$$

darstellen. Ersetzt man in dieser Gleichung $\mathring{x}_a(t)$ durch $x_a(t)$, so erhält man unter Verwendung von Gl. (5.3-30) für den Frequenzgang die Beziehung

$$G_M(j\omega_s) = \frac{X_a(j\omega_s)}{X_e(j\omega_s)} = \frac{1}{M_{ap}} \sum_{i=1}^{M_{ap}} \frac{{}^iX_a(j\omega_s)}{{}^1X_e(j\omega_s)} = \frac{1}{M_{ap}} \sum_{i=1}^{M_{ap}} {}^iG(j\omega_s)\,, \tag{5.3-32}$$

die für $\omega = \omega_s$ mit Gl. (5.3-25) übereinstimmt.

Die zugehörige Fehlerbeziehung folgt aus Gl. (5.3-21) dadurch, daß man bei $\sigma_{x_a(\infty)} = 0$ T_E durch $M_{ap}T_E$ und $X_e(j\omega_s)$ durch Gl. (5.3-30) ersetzt:

$$\delta_{ap}(\omega_s) = \frac{\sigma_{\hat{G}M}(\omega_s)}{|\hat{G}(j\omega_s)|} = \frac{1}{|\hat{G}(j\omega_s)|} \cdot \frac{\sqrt{M_{ap}T_E S_T(\omega_s)}}{{}^1X_e(j\omega_s)\, M_{ap}} \tag{5.3-33}$$

bzw.

$$\delta_{ap}(\omega_s) = \frac{1}{\sqrt{M_{ap}}} \cdot \frac{\sqrt{T_E S_T(\omega_s)}}{|\hat{G}(j\omega_s)|\ |^1X_e(j\omega_s)|} . \tag{5.3-34}$$

Dabei ist jetzt in der Beziehung (5.3-6) für $S_T(\omega_s)$ die Meßzeit $T = M_{ap}T_E$ zu setzen, was günstige Auswirkungen für die Verwendbarkeit der Näherung (5.3-6b) zur Folge hat (vgl. Gl. 5.3-15)).

5.3.2. Fehlerabschätzung bei unbekannten statistischen Eigenschaften des Störsignals

In vielen Fällen ist es nicht möglich oder zu aufwendig, das Leistungsdichtespektrum oder die Korrelationsfunktion des Störsignals zu bestimmen. Trotzdem soll jedoch eine Abschätzung der Frequenzgangfehler erfolgen.

In diesem Falle ist das aperiodische Antwortsignal M_{ap}-mal und das periodische Signal über M_p-Perioden zu messen (vgl. Abb. 5.3-4) und der zu jedem aperiodischen Signal bzw. zu jeder Periode gehörende Frequenzgang

$${}^iG(j\omega_s) = {}^iU(\omega_s) + j\,{}^iV(\omega_s)\,, \quad \text{für } i = 1, \ldots, M\,, \tag{5.3-35}$$

(mit $M = M_{ap}$ für aperiodische und $M = M_p$ für periodische Signale) zu berechnen.

Damit läßt sich ein gemittelter Frequenzgang

$$G_M(j\omega_s) = U_M(\omega_s) + jV_M(\omega_s) \tag{5.3-35a}$$

mit

$$U_M(\omega_s) = \frac{1}{M} \sum_{i=1}^{M} {}^iU(\omega_s) \tag{5.3-35b}$$

und

$$V_M(\omega_s) = \frac{1}{M} \sum_{i=1}^{M} {}^iV(\omega_s) \tag{5.3-35c}$$

bestimmen. Die zugehörigen mittleren Fehler können mit Hilfe der Beziehungen

$$\Delta U_M^2(\omega_s) = \frac{1}{M(M-1)} \cdot \sum_{i=1}^{M} \{U_M(\omega_s) - {}^iU(\omega_s)\}^2\,, \tag{5.3-36}$$

$$\Delta V_M^2(\omega_s) = \frac{1}{M(M-1)} \cdot \sum_{i=1}^{M} \{V_M(\omega_s) - {}^iV(\omega_s)\}^2 \tag{5.3-37}$$

abgeschätzt werden.

Hierbei ist vorauszusetzen, daß die einzelnen, fehlerbehafteten Werte des Realteils ${}^1U(\omega_s), \ldots, {}^MU(\omega_s)$ sowie des Imaginärteils ${}^1V(\omega_s), \ldots, {}^MV(\omega_s)$ nicht oder nur gering voneinander abhängen. Für den eigentlich gesuchten mittleren relativen Fehler erhält man die Schätzwerte

$$\tilde{\delta}_M(\omega_s) = \frac{\sqrt{\Delta U_M^2(\omega_s) + \Delta V_M^2(\omega_s)}}{|G_M(j\omega_s)|}, \tag{5.3-38}$$

Würde man die Fehler ΔV_M und ΔU_M direkt unter Verwendung der Beziehungen (5.3-36, 37) berechnen, so wäre hierzu ein erheblicher Aufwand an Speicherplätzen notwendig, da zur Berechnung der ${}^iV(\omega_s)$ und ${}^iU(\omega_s)$ sämtliche Werte des Antwortsignals bereitzustellen sind. Speicherplatzgünstiger ist offenbar eine Vorgehensweise, bei der jeweils immer nur die Werte ${}^ix_a(k\,\Delta t)$ einer Periode bzw. eines aperiodischen Antwortsignals bereitstehen, d. h. durch einen Prozeßrechner abgefragt oder in einen Digitalrechner eingelesen werden müssen. Dazu sind die Gln. (5.3-36, 37) in der Form

$$\Delta U_M^2(\omega_s) = \frac{1}{M(M-1)} \sum_{i=1}^{M} \{U_M^2(\omega_s) - 2U_M(\omega_s)\,{}^iU(\omega_s) + {}^iU^2(\omega_s)\}$$

bzw.

$$\Delta U_M^2(\omega_s) = \frac{1}{M-1}\left\{\frac{1}{M}\sum_{i=1}^{M} {}^iU^2(\omega_s) - U_M^2(\omega_s)\right\} \tag{5.3-39}$$

und

$$\Delta V_M^2(\omega_s) = \frac{1}{M-1}\left\{\frac{1}{M}\sum_{i=1}^{M} {}^iV^2(\omega_s) - V_M^2(\omega_s)\right\} \tag{35.-40}$$

darzustellen.

Entsprechend kann bei der Ermittlung der gemittelten Werte des Ausgangssignals $x_a(t)$ und der zugehörigen mittleren Fehler aus den einzelnen Antwortfunktionen bzw. Perioden ${}^1x_a(t), \ldots, {}^Mx_a(t)$ vorgegangen werden:

$$x_{aM}(t) = \frac{1}{M}\sum_{i=1}^{M} {}^ix_a(t), \tag{5.3-41}$$

$$\sigma_{xa}^2(t) = \frac{1}{M-1}\left\{\frac{1}{M}\sum_{i=1}^{M} {}^ix_a^2(t) - x_{aM}^2(t)\right\}. \tag{5.3-42}$$

5.3.3. Experimentelle Nachprüfung

Um die praktische Verwendbarkeit der angegebenen Fehlerbeziehungen zu überprüfen und den Einfluß stochastischer Störsignale auf die Analysegenauigkeit abschätzen zu können, sollen im folgenden aus stochastisch gestörten periodischen und aperiodischen Antwortfunktionen eines Systems mit der Übertragungsfunktion (5.2-21b) die Frequenzgänge und die zugehörigen Fehler ermittelt werden. Hierzu wurde ein spezielles Simulationsprogramm für den Digitalrechner ELLIOTT 503 entwickelt, das

(1) die Erzeugung stochastischer Störsignale mit vorgebbarem Leistungsdichtespektrum und

(2) die Nachbildung der Messung von stochastisch gestörten Systemantwortfunktionen bei vorgegebener Systemübertragungsfunktion und für wählbare Testsignale gestattet.

5.3.3.1. Aperiodische Testsignale

Die unter Verwendung verschiedener Testsignalformen und Testsignalamplituden für eine Systemübertragungsfunktion nach Gl. (5.2-21b) sowie für Störsignale mit den Leistungsdichtespektren nach Gl. (5.3-1) und Abb. 5.3-1 ermittelten Antwortfunktionen und die bei Auswertung dieser Antwortsignale auftretenden Frequenzgangfehler sind in den Abb. 5.3-5, 6 und 7 dargestellt worden. Diese Ergebnisse lassen folgende Schlußfolgerungen zu:

5.3.3.1.1. Genauigkeit der Fehlerschätzung

Ein Vergleich der nach den Gln. (5.3-27, 6) berechneten und der unter Verwendung der Beziehungen (5.3-38, 39, 40) geschätzten Frequenzgangfehler zeigt bereits bei einer relativ kleinen Zahl $M = M_{ap}$ von gemessenen Antwortfunktionen eine zufriedenstellend genaue Übereinstimmung (Abb. 5.3-5 bis 7). Die

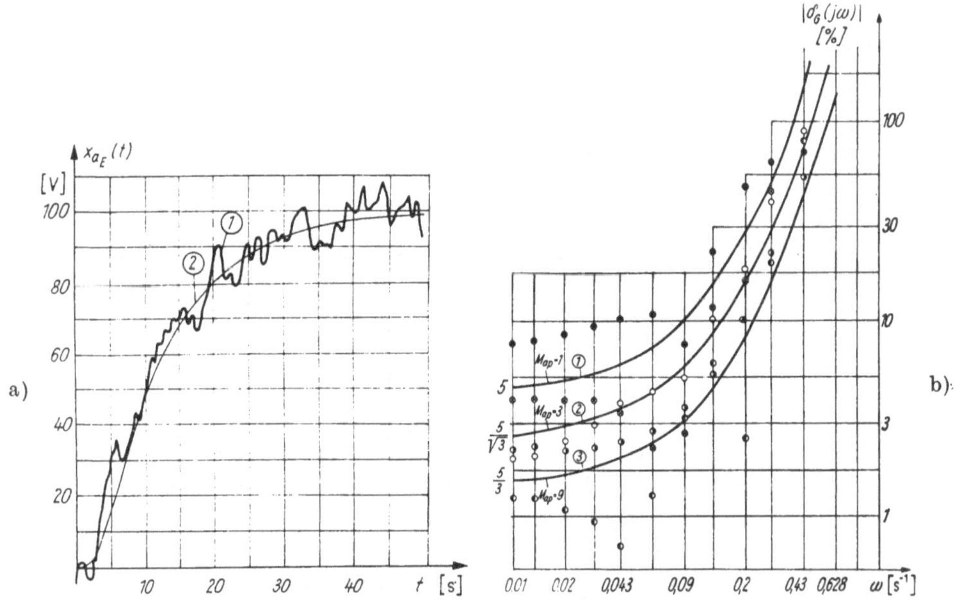

Abb. 5.3-5a, b. a) Stochastisch gestörter (Kurve 1) und exakter (Kurve 2) Verlauf der analysierten Sprungantwort (Breitbandrauschen zwischen Ein- und Ausgang); b) Frequenzgangfehler bei Auswertung von $M_{ap} = 1$ (Kurve 1 und ●), $M_{ap} = 3$ (Kurve 2 und ○, ⊗) und $M_{ap} = 9$ (Kurve 3 und ◐, ◑) stochastisch gestörten Sprungantworten nach Abb. 5.3-5a ($\Delta t = 0{,}5$ s, $N = 100$). Nach den Gln. (5.3-27, 6) berechnete Fehler: Kurven 1 bis 3. Nach den Gln. (5.3-38, 39, 40) abgeschätzte Fehler: ○, ◑. Für spezielle Realisierungen des Störsignals tatsächlich auftretende Fehler: ●, ◐, ⊗

c) 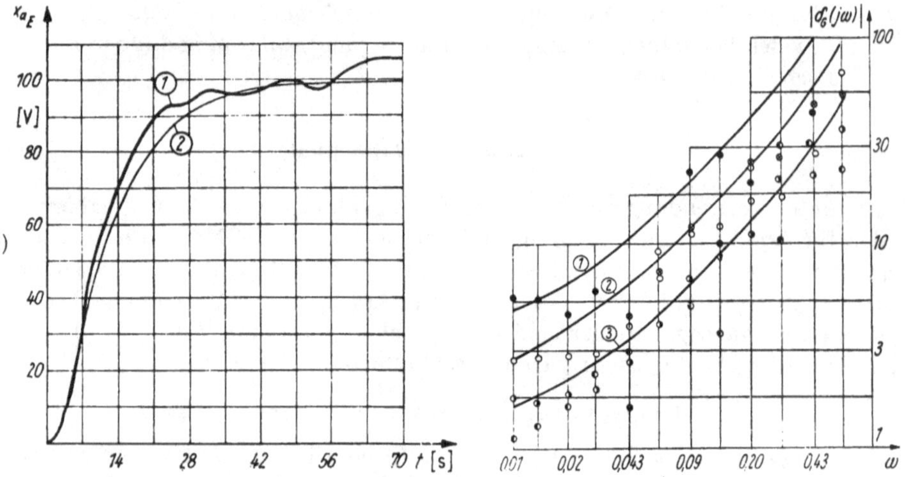 d)

Abb. 5.3-5c, d. c) Stochastisch gestörter (Kurve 1) und exakter (Kurve 2) Verlauf der analysierten Sprungantwort (Breitbandrauschen am Systemeingang).
d) Frequenzgangfehler bei Auswertung von $M_{ap} = 1$ (Kurve 1 und ●), $M_{ap} = 3$ (Kurve 2 und ○, ⊗) und $M_{ap} = 9$ (Kurve 3 und ◑, ◐) stochastisch gestörten Sprungantworten nach Abb. 5.3-5c ($\Delta t = 0{,}7$, $N = 100$). Kurven 1 bis 3: Berechnet nach Gln. (5.3-27, 6) ○, ◑: Geschätzt nach Gln. (5.3-38, 39, 40), ●, ⊗, ◐: Für spezielle Realisierungen des Störsignals tatsächlich auftretende Fehler.

tatsächlich auftretenden Frequenzgangfehler liegen in der abgeschätzten Größenordnung. *Hieraus kann die praktisch wichtige Schlußfolgerung gezogen werden, daß eine Fehlerabschätzung mit brauchbarer Genauigkeit ohne Kenntnis der statistischen Kenngrößen des Störsignals möglich ist, wenn die Zahl der ausgewerteten Antwortfunktionen größer als drei ist* (Abb. 5.3-5b, 5d, 6b, 6d).

5.3.3.1.2. Einfluß der Testsignalform

Obwohl die Abweichungen zwischen den exakten und stochastisch gestörten Sprungantwortfunktionen auf den Abb. 5.3-5a, 5c, 6a, 6c im Mittel bei etwa 5% bezogen auf den Endwert der Sprungantwort liegen, steigt der mittlere relative Frequenzgangfehler in der Regel relativ schnell mit der Frequenz an und erreicht bei $\omega > 0{,}4\ \mathrm{s}^{-1}$ unzulässig große Werte. Von Interesse ist nun die Frage, ob durch Verwendung anderer aperiodischer Testsignale gleicher Amplitude günstigere Fehlerverläufe erreicht werden können.

Das ist — wie bereits unter 4.6. festgestellt wurde — durch Verwendung eines Testsignals in Form eines Rechteckimpulses in einem bestimmten Frequenzintervall möglich, da das Spektrum $|X_{eRe}(j\omega)|$ des Rechteckimpulses im fraglichen Frequenzbereich größere Werte annimmt, als die die Sprungfunktion kennzeichnende Frequenzfunktion $|X_{eE}(j\omega)|$ (vgl. Abb. 4.6-4). Die experimentell bestimmten Fehlerkurven in Abb. 5.3-6d bestätigen diesen Sachverhalt.

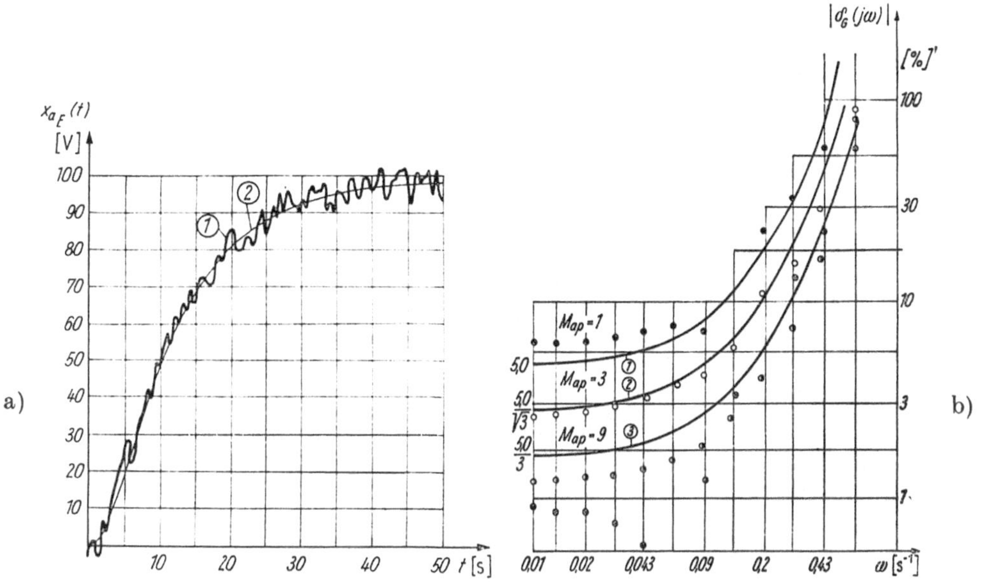

Abb. 5.3-6a, b. a) Stochastisch gestörter (Kurve 1) und exakter (Kurve 2) Verlauf der analysierten Sprungantwort (Breitbandrauschen am Systemausgang)
b) Frequenzgangfehler bei Auswertung von $M_{ap} = 1$ (Kurve 1 und ●), $M_{ap} = 3$ (Kurve 2 und ○, ⊗) und $M_{ap} = 9$ (Kurve 3 und ◑) stochastisch gestörten Sprungantworten nach Abb. 5.3-6a ($\Delta t = 0{,}5$ s, $N = 100$). Nach den Gln. (5.3-27, 6) berechnete Fehler: Kurven 1 bis 3. Nach den Gln. (6.3-38, 39, 40) abgeschätzte Fehler: ○, ◑. Für spezielle Realisierungen des Störsignals tatsächlich auftretende Fehler: ●, ⊗

5.3.3.1.3. Einfluß des Endwertfehlers

Ist nicht bekannt, welchem Wert die Antwortfunktion $x_a(t)$ für $t \to \infty$ zustrebt, so ist gemäß Gl. (5.3-27) der mittlere Fehler $\sigma_{xa(\infty)}$ dieses Endwertes $x_a(\infty)$ zu berücksichtigen, der den Teilfehler

$$\delta_2(\omega) = \frac{1}{\sqrt{M_{ap}}} \cdot \frac{\sigma_{xa(\infty)}}{\omega |X_e(j\omega)|\, |\hat{G}(j\omega)|}$$

liefert.

Für ein sprungförmiges Testsignal mit $X_{eE}(j\omega) = x_{e0}/j\omega$ erhält man im Bereich tiefer Frequenzen mit $|G_s(j\omega)| \approx 1$ die Näherung

$$\delta_{apM}(\omega) \approx \delta_E^*(\omega) = \frac{1}{\sqrt{M_{ap}}} \cdot \frac{\sigma_{xa(\infty)}}{x_{e0}} = \frac{1}{\sqrt{M_{ap}}} \cdot \sigma_{h(\infty)}\,, \qquad (5.3\text{-}43)$$

da der andere Fehlerterm in Gl. (5.3-27) für $\omega \to \infty$ verschwindet.

Dieser Fehler ist gerade dem bei Mittelung von M_{ap} Übergangsfunktionen ${}^1h(t), \ldots, {}^{M_{ap}}h(t)$ auftretenden mittleren Fehler $\sigma_{h(\infty)}/\sqrt{M_{ap}}$ des Endwertes der

c) d)

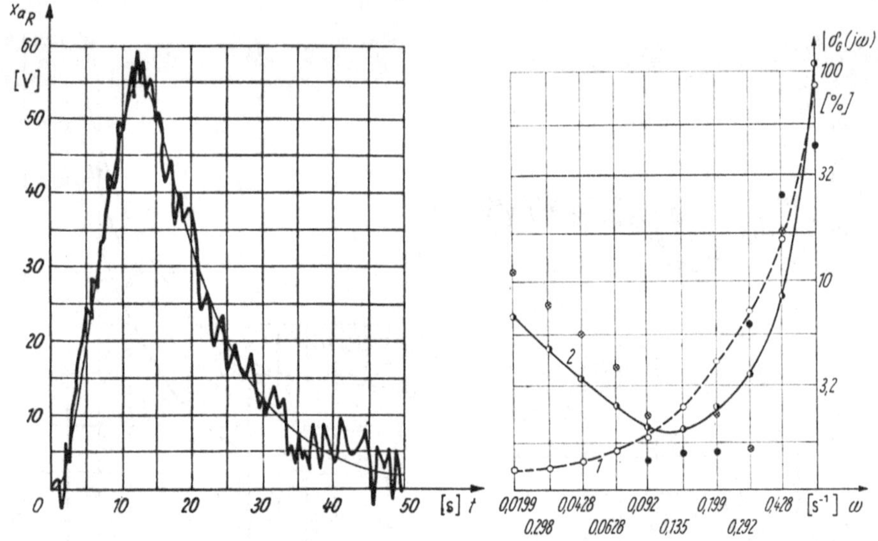

Abb. 5.3-6c, d. c) Analysierte Rechteckimpulsantwort

$$x_e(t) = \begin{cases} 0 & \text{für} \quad t < 0, t \geqq 10 \text{ s} \\ 100 \text{ V} & \text{für} \quad 0 \leqq t < 10 \text{ s} \end{cases}$$

[Breitbandrauschen am Systemausgang]
d) Frequenzgangfehler bei Auswertung von Sprungantworten nach Bild 5.3-5a (Kurve 1 und ●) und von Rechteckimpulsantworten nach Abb. 5.3-6c (Kurve 2 und ⊗, ⊗) Kurven 1 und 2: Abgeschätzt nach den Gln. (5.3-38, 39, 40). ⊗, ●: Tatsächlich auftretende Fehler $\{\Delta t = 0{,}55 \text{ s}, N = 100, M_{ap} = 9\}$

gemittelten Übergangsfunktion gleich, was wegen $G(0) = h(\infty)$ nicht anders sein kann.

Für ein rechteckimpulsförmiges Testsignal der Impulsdauer T mit $X_{eRe}(j\omega) = (1 - e^{-j\omega T})\, x_{e0}/j\omega$ kann man für tiefe Frequenzen die Näherung

$$X_{eRe}(j\omega) \approx X_e^*(j\omega) = x_{e0} T$$

verwenden und den relativen Frequenzgangfehler δ_{apM} nach Gl. (5.3-27) näherungsweise durch den Zusammenhang

$$\delta_{apM}(\omega) \approx \delta_{Re}^*(\omega) = \sqrt{\frac{T_E\, S_T(0)}{M_{ap} x_{e0}^2 T^2} + \frac{\sigma_{xa(\infty)}^2}{\omega^2 x_{e0}^2 T^2 M_{ap}}}$$

$$\approx \frac{1}{\sqrt{M_{ap}}} \cdot \frac{\sigma_{xa(\infty)}}{\omega x_{e0} T} = \frac{1}{\sqrt{M_{ap}}} \cdot \frac{\sigma_{h(\infty)}}{\omega T} \tag{5.3-44}$$

beschreiben, wenn $|G_s(j\omega)| \approx 1$ gesetzt wird.

Bei Auswertung von stochastisch gestörten Rechteckimpulsantwortfunktionen mit unbekanntem Endwert erhält man demzufolge bei $\omega \to 0$ einen un-

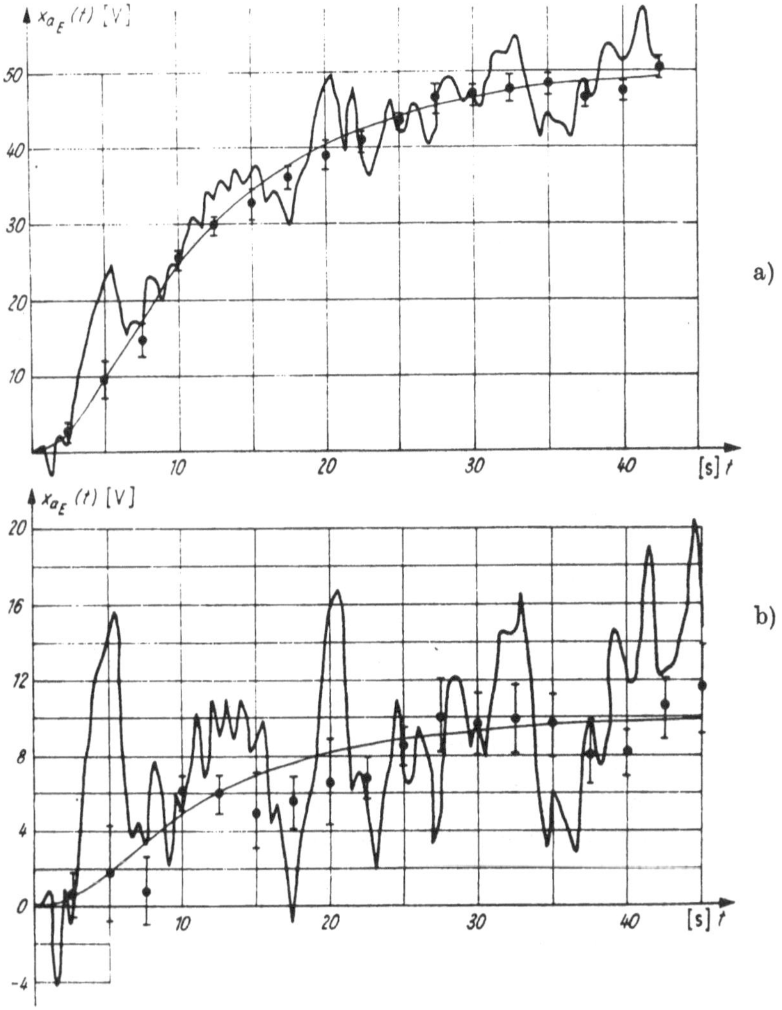

Abb. 5.3-7a, b. a) Stochastisch gestörte Sprungantwort für eine Testsignalamplitude von 50 V. {I gemittelter Verlauf und zugehörige mittl. Fehler bei Auswertung von $M_{ap} = 9$ Fktn.}
b) Wie Abb. 5.3-7a aber für eine Testsignalamplitude von 10 V.

endlich großen Frequenzgangfehler, der im niederfrequenten Bereich $\frac{1}{\omega}$ proportional ist. Dieser Sachverhalt ließ sich — wie Abb. 5.3-6d verdeutlicht — recht gut experimentell bestätigen.

Dieser Anstieg des Fehlers $\delta^*_{Re}(\omega)$ mit absinkender Frequenz ω läßt sich gemäß Gl. (5.3-27) vermeiden, wenn der Endwert der Antwortfunktion bekannt, zum Beispiel gleich Null, ist (vgl. Gl. (5.3-22)).

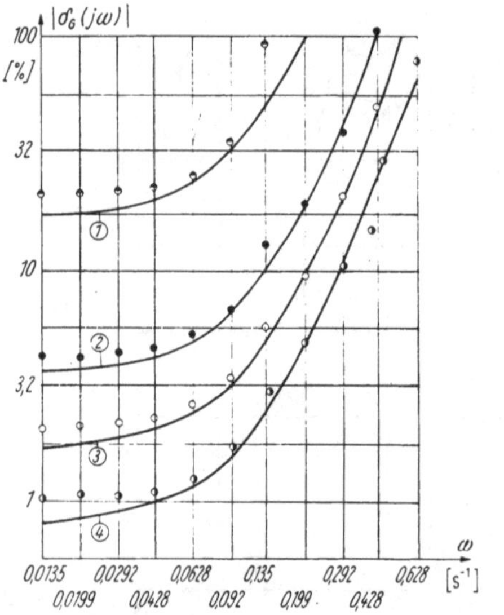

Abb. 5.3-7c. Frequenzgangfehler bei Auswertung stochastisch gestörter Sprungantworten nach den Abb. (5.3-7a, 7b, 5a) bei Testsignalamplituden von 10 V (Kurve 1 und ◒), 50 V (Kurve 2 und ●), 100 V (Kurve 3 und ○) und 200 V (Kurve 4 und ◑), Kurven 1 bis 4: Berechnet nach den Gln. (5.3-27, 6), ●, ◒, ○, ◑: Geschätzt nach den Gln. (5.3-38, 39, 40), $\{\Delta t = 0{,}5\,\mathrm{s},\ N = 100,\ M_{ap} = 9\}$

Damit gewinnt man bei $\omega = 0$ den Fehler

$$\delta_{Re}^*(0) = \sqrt{\frac{T_E}{M_{ap}}} \cdot \frac{S_T(0)}{x_{e0} T} \,. \tag{5.3-45}$$

Wie die Untersuchung der systematischen Fehler im Abschnitt 5.2.1.3.3. gezeigt hat, läßt sich jedoch ein Anstieg des systematischen Fehlers mit sinkender Frequenz nicht vermeiden (vgl. Abb. 5.2-9b, d, 10b, d). Der Grenzwert (5.3-45) ist demzufolge nur dann annähernd zu erreichen, wenn die systematischen Fehler zu vernachlässigen sind, d. h., wenn man eine sehr große Zahl N von Abtastungen verwendet.

5.3.3.1.4. Einfluß der Testsignalamplitude und der Zahl der analysierten Antwortsignale

Die Abhängigkeit des Frequenzgangfehlers von der Testsignalamplitude x_{e0} veranschaulichen die Abb. 5.3-7 a, b, c. Man erkennt deutlich die durch Gl. (5.3-27) gegebene Proportionalität zwischen $\delta_{apM}(\omega)$ und $1/|X_e(j\omega)|$ bzw. $1/x_{e0}$. Durch Vergrößerung der Testsignalamplitude läßt sich demzufolge der Fehler wirksam verringern. Praktisch ergeben sich hier jedoch schnell Grenzen, da die Testsignalamplitude gemäß Gl. (4.1-1) beschränkt bleiben muß. Damit läßt sich eine Fehlerreduzierung nur durch Vergrößerung der Zahl $M = M_{ap}$ der zu mittelnden Antwortfunktionen erreichen. Das ist jedoch nur in beschränktem Maße als zweckmäßig anzusehen, weil der Fehler $\delta_{apM}(\omega)$ nach Gl. (5.3-27)

— nur mit der Wurzel aus M_{ap} sinkt und
— auch in dem Bereich verkleinert wird, in dem die Genauigkeit bereits ausreicht

(vgl. Abb. 5.3-5 b, d, 6b).

Eine eigentlich wünschenswerte frequenzselektive Fehlerreduzierung ist also nicht möglich.

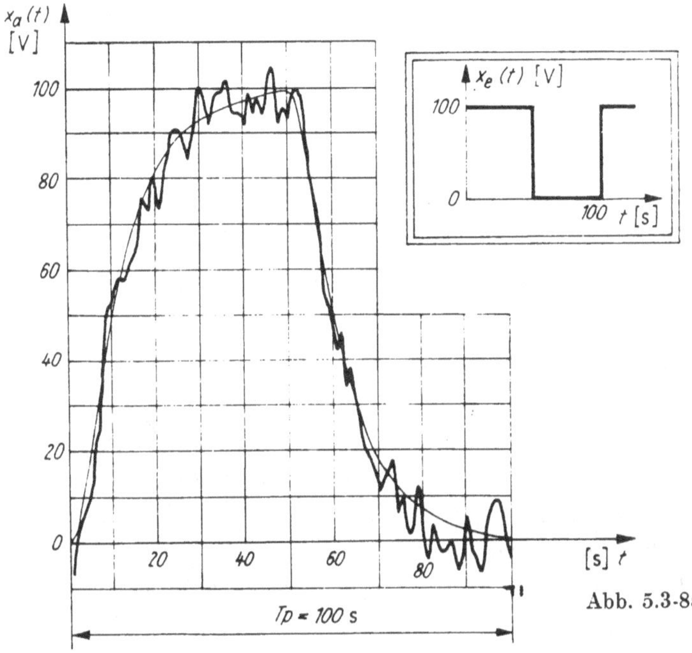

Abb. 5.3-8a

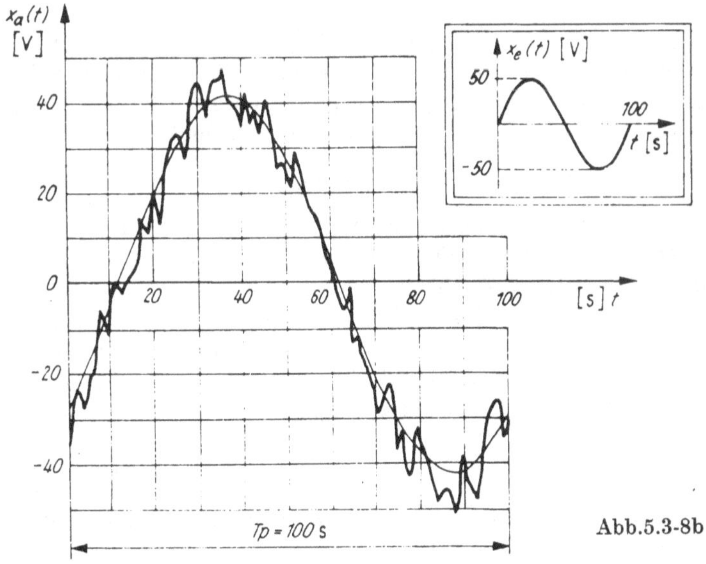

Abb.5.3-8b

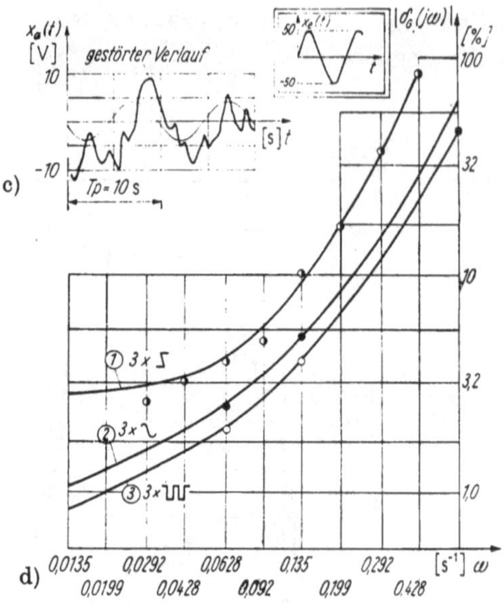

Abb. 5.3-8c, d. Frequenzgangfehler (Teilbild d) bei Auswertung stochastisch gestörter Antwortfunktionen auf Rechteckwellen (gemäß Abb. 5.3-8a auf S. 263) und Sinusfunktionen (nach Abb. 5.3-8b auf S. 263) mit $\omega = 0{,}0628$ und (vgl. Abb. 5.3-8c) mit $\omega = 0{,}628$], $\Phi_{zz}(\omega)$ nach Abb. 5.3-1, Fall 2

5.3.3.2. Periodische Testsignale

In Abb. 5.3-8 sind die nach Gl. (5.3-4) berechneten und die nach den Gln. (5.3-38, 39, 40) abgeschätzten mittleren Frequenzgangfehler zusammen mit den tatsächlich auftretenden Abweichungen für monofrequente Testsignale und verschiedene Periodenzahlen $M = M_p$ aufgetragen. Diese Ergebnisse lassen folgende Schlußfolgerungen zu:

5.3.3.2.1. Genauigkeit der Fehlerschätzung

Die unter Verwendung des Leistungsdichtespektrums nach Gl. (5.3-4) berechneten mittleren Fehler $\delta_{pM}(\omega)$ stimmen bereits für $M_p \gtrsim 3$ gut mit den nach den Gln. (5.3-38, 39, 40) abgeschätzten Werten überein.

5.3.3.2.2. Frequenzabhängigkeit des Fehlers

Bei konstant gehaltener Testsignalamplitude und festgehaltener Periodenzahl $M = M_p$ steigt der mittlere Fehler wie im Falle aperiodischer Testsignale mit der Frequenz an. Der wesentliche Unterschied monofrequenter periodischer Signale zu aperiodischen Testfunktionen besteht jedoch darin, daß der Frequenzgangfehler $\delta_{pM}(\omega_s)$ frequenzselektiv durch Vergrößerung der Zahl $M = M_p$ der Perioden für die interessierende Frequenz $\omega = \omega_s$ verringert werden kann. Die Zahl $M = M_p$ der Perioden ist also hier für die interessierenden Frequenzen frei wählbar:

$$M_p = M_p(\omega_s)\,. \tag{5.3-46}$$

Ebenso läßt sich die Größe der FOURIER-Koeffizienten a_{es} in Gl. (5.3-4) frequenzselektiv verändern.

Hierin liegen die grundsätzlichen Vorteile bei der Anwendung monofrequenter periodischer Testsignale zur Frequenzgangbestimmung im Bereich hoher Frequenzen. Für tiefe Frequenzen gelangt man allerdings zu großen Meßzeiten durch lange Periodendauern.

5.3.3.2.3. Einfluß der Testsignalform

Wie unter 4.7. gezeigt wurde, liefert bei gegebener Testsignalamplitude das Testsignal mit dem größten FOURIER-Koeffizienten den kleinsten Fehler. Hieraus folgt, daß die Verwendung der Rechteckwelle als monofrequentes Testsignal Vorteile gegenüber der Anwendung eines sinusförmigen Testsignals mit dem gleichen Betrag von $x_{e\,\max} - x_{e\,\min}$ bietet, da die Grundwelle der Rechteckschwingung eine um den Faktor $4/\pi$ größere Amplitude als die Sinusschwingung besitzt. Die experimentell ermittelten und in Abb. 5.3-8d dargestellten Fehler bestätigen diesen Sachverhalt. Zur Einhaltung des gleichen Frequenzgangfehlers $\delta_{pM}(\omega_s)$ nach Gl. (5.3-4) ist somit bei Anwendung der Sinusfunktion eine um den Faktor $(4/\pi)^2 \approx 1{,}6$ längere Meßzeit als im Falle der Rechteckschwingung erforderlich.

5.4. Kombinierte Anwendung aperiodischer und periodischer Testsignale (Optimale Versuchsplanung)

5.4.1. Veranschaulichung der Notwendigkeit einer optimalen Versuchsplanung

5.4.1.1. Notwendige Meßzeit bei Verwendung aperiodischer Testsignale

Aus den Abb. 5.3-5 bis 7 geht hervor, daß die Frequenzgangfehler bei Auswertung stochastisch gestörter aperiodischer Antwortsignale oberhalb einer bestimmten Frequenz $\omega = \omega_x$ unzulässig große Werte annehmen können. In den betrachteten Beispielen sind damit zuverlässige Aussagen über den für Stabilitätsbetrachtungen wesentlichen Bereich der 180°-Frequenz nicht mehr möglich (vgl. Abb. 5.2-6 mit den Abb. 5.3-5 bis 7 für $\omega \gtrsim 0{,}2\ \text{s}^{-1}$). Von Interesse ist nun die Frage, mit welchem Aufwand der Fehler so reduziert werden kann, daß er der Genauigkeitsforderung

$$\delta_M(\omega) \leqq \delta_{\max}(\omega) \quad \text{für } 0 < \omega \leqq \omega_{\max}\,, \tag{5.4-1}$$

genügt, wobei nach Abschnitt 3.8. als angemessene Fehlervorgabe

$$\delta_{\max}(\omega) \approx 10\% \tag{5.4-1a}$$

anzusehen ist und im betrachteten Beispiel $\omega_{\max} \approx 0{,}6\ \text{s}^{-1}$ sein möge (vgl. Gln. (3.8-18b, 26)).

Da die Testsignalamplitude voraussetzungsgemäß beschränkt ist und die das Störsignal kennzeichnende Frequenzfunktion $S_T(\omega)$ in Gl. (5.3-27) nicht beeinflußbar ist, bleibt als einzige Möglichkeit zur Fehlerreduzierung die Erhöhung der Zahl $M = M_{ap}$ der gemessenen Antwortfunktionen und damit die Vergrößerung der Meßzeit $M_{ap} T_E$. Wie aus Gl. (5.3-27) hervorgeht, nimmt jedoch der mittlere Frequenzgangfehler $\delta_{apM}(\omega)$ nur mit der Quadratwurzel aus $M = M_{ap}$

ab. Will man also für $\omega \approx 0{,}63\ \mathrm{s}^{-1}$ zum Beispiel (vgl. Abb. 5.3-5b) den bei der Auswertung von einer Übergangsfunktion ($M_{ap} = 1$) auftretenden mittleren Fehler von 370% auf etwa 10%, d. h. um den Faktor 37, verringern, so sind $M_{ap} = 37 \cdot 37 \approx 1370 \approx 1400$ Sprungantworten zu messen und auszuwerten. Dies entspricht bei einer Einschwingzeit von nur 10 Minuten einer völlig unzumutbaren Meßzeit von 227 Stunden oder etwa 10 Tagen. Außerdem wird im niederfrequenten Intervall der Fehler ebenfalls um den Faktor 37, d. h. von 5% auf 0,13%, verringert (Abb. 5.3-5b), was als ungerechtfertigte Genauigkeitsforderung anzusehen ist. Durch Verwendung von Rechteckimpulsen kleiner Impulsdauer läßt sich zwar dieser Zeitaufwand verringern, er bleibt jedoch unvertretbar hoch (vgl. Abb. 5.3-6d).

Aus diesem Grunde soll folgende Vorgehensweise näher untersucht werden:

5.4.1.2. Notwendige Meßzeit bei kombinierter Auswertung aperiodischer und periodischer Antwortsignale

Aus einer kleinen Zahl $M = M_{ap}$ von gemessenen aperiodischen Antwortfunktionen (z. B. von Sprungantworten) ermittelt man in der unter 5.2. und 5.3. beschriebenen Vorgehensweise den Frequenzgang und schätzt die zugehörigen Frequenzgangfehler $\delta_{apM}(\omega)$ (vgl. Gl. (5.3-27)) ab. Überschreiten diese Fehler für $\omega \geqq \omega_x$ eine vorgegebene Schranke $\delta_{\max}$, so werden für $\omega > \omega_x$ periodische Testsignale angewendet, die eine frequenzselektive Fehlerreduzierung ermöglichen (vgl. Abb. 5.4-1 und Gl. (5.3-4)).

Die Vorteile einer solchen Vorgehensweise lassen sich eindrucksvoll durch das folgende Beispiel veranschaulichen:

aperiodische Testsignale	monofrequente periodische Testsignale
1. Testsignalamplitude	
$X_e(j\omega)$ ist nicht frequenzselektiv veränderbar	$a_{es} = a_e(\omega_s)$, d. h. frequenzselektiv veränderbar
2. Zahl M der zu messenden Antwortfunktionen	
$M = M_{ap}(\omega_x)$, d. h. nicht frequenzselektiv veränderbar	$M = M_p(\omega_s)$, d. h. frequenzselektiv veränderbar
3. Vorteilhafte Einsatzbereiche	
tiefe Frequenzen	hohe Frequenzen

Bild 5.4-1: Vergleich aperiodischer und periodischer Testsignale bezüglich der Beeinflußbarkeit des Frequenzgangfehlers

Der in Abb. 5.2-6 (Kurve *b*) dargestellte Frequenzgang soll für

$$\omega_1 = 10^{-3}\,\mathrm{s}^{-1} \leqq \omega_x \leqq \omega_s \tag{5.4-2}$$

durch Auswertung von Sprungantworten und für

$$\omega_{s+1} \leqq \omega_x \leq \omega_{18} = \omega_{\max} = 0{,}628\,\mathrm{s}^{-1} \tag{5.4-2a}$$

durch Auswertung der Antwortfunktionen auf sinusförmige Testsignale so bestimmt werden, daß die Genauigkeitsforderung

$$\tilde{\delta}_M(\omega) \leqq 10\% \,, \quad \text{für } \omega_1 \leqq \omega_s \leqq \omega_{18} = \omega_{\max} \,, \tag{5.4-2b}$$

eingehalten wird (vgl. Frequenzen $\omega_1, \ldots, \omega_{18}$ auf Abb. 5.4-2). Hierbei wird jeweils die gleiche Testsignalamplitude $x_{e0} = 100$ Volt und das gleiche Leistungsdichtespektrum des Störsignals (vgl. Fall 2 in Abb. 5.3-1) verwendet.

Wie müßte nun bei einer solchen Vorgehensweise die Frequenz ω_x gewählt werden, damit

— die Gesamtmeßzeit T_{gI} und
— die Zeit T_{gII}, in der das Störsignal am Systemausgang durch das Testsignal merklich vergrößert und damit die normale Arbeitsweise des Systems gestört wird,

möglichst klein ausfallen?

Die Gesamtmeßzeit

$$T_{gI} = T_{ü} + T_{F1} \tag{5.4-3}$$

setzt sich aus den Meßzeiten für die Übergangsfunktionen

$$T_{ü} = M_{av}(\omega_x)\, T_E \tag{5.4-4}$$

und für die Sinusfunktionen

$$T_{FI} = \{18 - (x + 1)\}\, T_E + \sum_{s=x+1}^{18} M_p(\omega_s)\, T_p(\omega_s) \tag{5.4-5}$$

zusammen. Die Größen $M = M_{ap}(\omega_x)$ und $M = M_p(\omega_s)$ sind mit Hilfe der Gln. (5.3-4 und 27) für $\delta_{pM}(\omega_s) = 0{,}1$ zu bestimmen. Bei der Berechnung von T_{F1} wird beachtet, daß $\{18 - (x + 1)\}$-mal eine neue Frequenz einzuschalten ist und deshalb die entsprechenden Einschwingvorgänge abzuwarten sind. Aus den auf Abb. 5.3-8c dargestellten Sinusantwortfunktionen geht hervor, daß das stochastische Störsignal am Systemausgang für die Frequenzen $\omega_{\max} = \omega_{18} = 0{,}628\,\mathrm{s}^{-1}$ und $\omega = 0{,}39\,\mathrm{s}^{-1} \approx \omega_{17}$ (vgl. Abb. 5.4-2) nur unwesentlich durch das Testsignal vergrößert wird, da für $\omega_s \geqq \omega_{17}$ die Amplitude der ungestörten Sinusantwortfunktion in der gleichen Größenordnung wie die der Störung liegt. Durch die periodischen Testsignale wird also die normale Arbeitsweise des

Systems nur für $\omega_{x+1} \leqq \omega_s \leqq \omega_{16} = 0{,}292\ \mathrm{s}^{-1}$ merklich gestört, d. h. nur während der Zeitdauer

$$T_{FII} = \{16 - (x + 1)\}\ T_E + \sum_{s=x+1}^{16} M_p(\omega_s)\ T_p(\omega_s)\,. \tag{5.4-6}$$

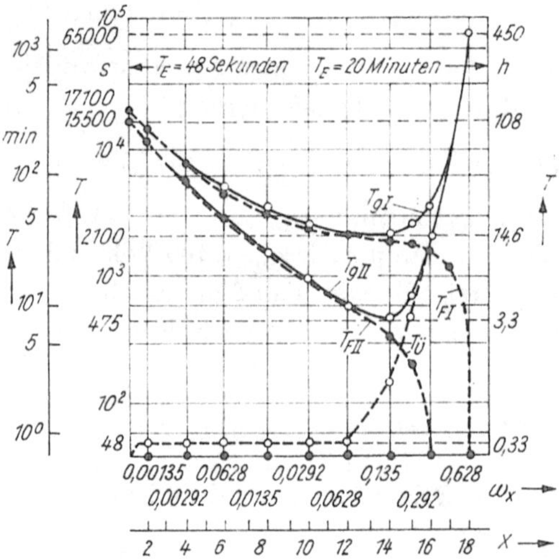

Abb. 5.4-2. Verlauf der Gesamtmeßzeit T_{gI} und der Dauer T_{gII} der Störung des normalen Betriebes bei kombinierter Auswertung aperiodischer und periodischer Antwortsignale

Da die Messung der Sprungantworten stets eine Störung des normalen Betriebes verursacht (vgl. Abb. 5.3-5a), ergibt sich die Gesamtdauer der Störung zu

$$T_{gII} = T_{\ddot{u}} + T_{FII}. \tag{5.4-7}$$

Wie aus dem Verlauf $T_{gI} = f(\omega_x)$ in Abb. 5.4-2 hervorgeht, ist die für die Ein haltung der Genauigkeitsforderung (5.4-2b) notwendige Meßzeit T_{gI} bei $\omega \approx \omega_{13}$ etwa 8mal kleiner als bei ausschließlicher Anwendung periodischer (sinusförmiger) Testsignale (vgl. Abb. 5.4-2, T_{gI} für $\omega_x = \omega_1$) und etwa 31mal kleiner als bei alleiniger Auswertung gemessener Sprungantworten (vgl. Abb. 5.4-2, T_{gI} für $\omega_x = \omega_{18}$). Das Minimum der Gesamtmeßzeit T_{gI} liegt dabei noch etwa den um Faktor $(4/\pi)^2 \approx 1{,}62$ niedriger, wenn man an Stelle sinusförmiger Testsignale Rechteckwellen gleicher Amplitude verwendet. *Damit würde die Meßzeit der optimalen Kombination aus sprungförmigen (aperiodischen) Testsignalen und (periodischen) Mäanderfunktionen um den Faktor* $31 \cdot 1{,}62 \approx 50$ *niedriger liegen als bei alleiniger Anwendung von Sprungfunktionen.*

Wie aus dem für $T_{\ddot{u}}$ in Abb. 5.4-2 angegebenen Verlauf hervorgeht, kommt man nur dann mit sehr kurzen Meßzeiten für die Übergangsfunktionen aus, wenn das Systemverhalten lediglich für tiefe Frequenzen — im betrachteten Beispiel (Abb. 5.2-6) etwa bis zur 90°-Frequenz — zu bestimmen ist (Abb. 5.4-2 für $\omega_x \leqq 0{,}25\ \mathrm{s}^{-1}$).

Die *normale Arbeitsweise des Systems wird* (vgl. Kurve T_{gII} in Abb. 5.4-2) *bei* $\omega_x = \omega_1$ *(alleinige Anwendung sinusförmiger Testsignale) etwa 33mal und für* $\omega_x = \omega_{18}$ *(alleinige Auswertung von Sprungantworten) etwa 137mal länger gestört als bei optimaler Kombination der Testsignale für* $\omega_x \approx \omega_{13}$.

Um die praktische Bedeutung dieser Zahlen zu veranschaulichen, wird an Stelle der kurzen Einschwingzeit von $T_E = 48$ s ein Wert von $T_E = 20$ Minuten angenommen, der für industrielle Regelstrecken nicht als ungewöhnlich groß anzusehen ist (vgl. 5.4.4.). Die in Abb. 5.4-2 angegebenen Zeiten sind dann mit dem Faktor 25 zu multiplizieren, was folgendes Bild ergibt:

Die Gesamtmeßzeit beträgt bei alleiniger Anwendung sinusförmiger bzw. sprungförmiger Testsignale 108 bzw. 450 Stunden, bei Anwendung einer optimalen Kombination aus Sprung- und Sinusfunktionen bzw. aus Sprungfunktionen und Rechteckwellen jedoch nur etwa 14,6 bzw. 9 Stunden.

Die Zeit, in der der normale Betrieb der Anlage merklich gestört wird, reduziert sich von 108 Stunden (alleinige Anwendung von sinusförmigen Testsignalen) bzw. 450 Stunden (alleinige Auswertung von Sprungantworten) auf etwa 3,3 $\approx$ *4 Stunden für die optimale Kombination* (vgl. Abb. 5.4-2, T_{gII} für $\omega_x = \omega_1$, $\omega_x = \omega_{18} = \omega_{\max}$ und $\omega_x \approx \omega_{13}$).

Das hier diskutierte kombinierte Verfahren stellt offensichtlich eine sehr zweckmäßige Vorgehensweise dar, da die Störung des normalen Betriebes einer industriellen Anlage und die damit verbundene Senkung der Produktivität und Produktqualität zwar für wenige Stunden, aber nicht für die Dauer von Tagen oder Wochen (450 Stunden $\approx$ 19 Tage $\approx$ 3 Wochen) ökonomisch vertretbar sein dürfte.

Die hier dargestellte kombinierte Analyse aperiodischer und periodischer Antwortsignale setzte allerdings voraus,

(1) daß das Leistungsdichtespektrum bzw. die Korrelationsfunktion des Störsignals und damit die Funktion $S_T(\omega)$ in den Gln. (5.3-6 und 27) vorliegen,
(2) daß der Amplitudenfrequenzgang $|G(j\omega)|$ des Systems bekannt ist (vgl. Gl. (5.3-27)) und
(3) zur Konkurrenz nur monofrequente periodische Testsignale (Sinusfunktionen, Rechteckwellen) zugelassen sind.

Diese Voraussetzungen sollen im folgenden fallen gelassen werden, da sie im praktischen Falle nicht oder nur selten erfüllbar sind {(1) und (2)} bzw. eine unnötige Einengung der Kombinationsmöglichkeiten {(3)} beinhalten.

Vorgelegt werden soll vielmehr ein Verfahren, das eine (zumindest annähernd) optimale Meßstrategie zu ermitteln gestattet, wobei

(1) zu Beginn der Versuchsplanung, Angaben über die statistischen Eigenschaften des Störsignals und über den Systemfrequenzgang nicht vorliegen sollen und
(2) auch multifrequente Signale zur Konkurrenz zugelassen sein mögen.

Damit ist eine exakte Vorausberechnung der optimalen Frequenzgrenze ω_x nicht mehr möglich (vgl. Abb. 5.4-2). Die Tatsache, daß durch Messung weniger aperiodischer (Sprung-)Antwortfunktionen, d. h. mit geringem Zeitaufwand, in einem relativ großen niederfrequenten Frequenzintervall $0 < \omega \leq \omega_x$ der Frequenzgang genügend genau bestimmbar ist und der Frequenzgangfehler für $\omega > \omega_x$ sehr steil ansteigt, läßt es gerechtfertigt erscheinen, den Aufwand einer sorgfältigen Versuchsplanung auf das Intervall $\omega_x < \omega \leqq \omega_{\max}$, d. h. auf die Verfeinerung des Frequenzgangmodells, zu beschränken. Damit gelangt man zu folgendem Ablauf einer optimalen Versuchsplanung (Abb. 5.4-3).

5.4.2. Prinzipieller Ablauf der optimalen Versuchsplanung

(1) Planung orientierender Experimente mit aperiodischen Testsignalen (z. B. Sprungfunktionen) nach empirischen Gesichtspunkten.

(2) Messung von $M = M_{ap}$ aperiodischen Antwortfunktionen (Abb. 5.4-3, Block 2).

(3) Berechnung gemittelter Frequenzgangwerte unter Verwendung des Verfahrens nach 5.2.1. und 5.3.2. (vgl. Gln. (5.3-35 a, b, c) und Abb. 5.4-3, Block 3).

(4) Abschätzung der Modellungenauigkeit, d. h. Ermittlung von Schätzwerten $\tilde{\delta}_M(\omega_s)$ für den mittleren Frequenzgangfehler $\delta_{apM}(\omega)$ gemäß Gl. (5.3-27) unter Verwendung der Beziehungen (5.3-38, 39, 40) für $M = M_{ap}$ (vgl. Abb. 5.4-3, Block 4).

(5) Überprüfung der Gültigkeitsgrenzen des Modells gemäß

$$\tilde{\delta}_M(\omega_s) \leqq \delta_{\max}(\omega_s) \quad \text{für } 0 \leqq \omega_s \leqq \omega_x\,. \tag{5.4-8}$$

Ist $\omega_x \leqq \omega_{\max}$, so kann die Analyse als erfolgreich abgeschlossen angesehen werden (vgl. Abb. 5.4-3, Block 5).

(6) Bei $\omega_x < \omega_{\max}$ ist für das Frequenzintervall $\omega_x \leqq \omega_s \leqq \omega_{\max}$ eine Versuchsplanung unter Verwendung des unter 4.9. behandelten Verfahrens durchzuführen. Dazu ist aber nach den Gln. (5.3-4 und 27) eine zumindest annähernde Kenntnis der Frequenzfunktion $S_e(\omega)$ notwendig, die gewisse apriori-Informationen über das Störsignal und den Amplitudenfrequenzgang in sich vereinigt. Kann man voraussetzen, daß der unter (4) nach Gl. (5.3-38) geschätzte Fehler $\tilde{\delta}_M(\omega)$ ungefähr dem tatsächlichen mittleren Fehler $\delta_{apM}(\omega)$ nach Gl. (5.3-27) gleich ist — was auf Grund der unter 5.3.3. durchgeführten experimentellen Erprobung angenommen werden darf —, so muß sich ein Schätzwert $\tilde{S}_e(\omega)$ für $S_e(\omega)$ dadurch ermitteln lassen, daß man in Gl. (5.3-27) δ_{apM} durch $\tilde{\delta}_M$ ersetzt und Gl. (5.3-27) nach $S_e(\omega) = \sqrt{S_T(\omega)}/|G(j\omega)|$ auflöst. Man erhält den Zusammenhang

$$S_e^2(\omega) \approx \tilde{S}_e^2(\omega) = \frac{1}{T_E}\left\{\tilde{\delta}_M^2(\omega)\, M_{ap}|X_e(j\omega)|^2 - \frac{\sigma_{xa(\infty)}^2}{\omega^2|\hat{G}(j\omega)|^2}\right\}, \tag{5.4-9}$$

der die für die Versuchsplanung notwendige apriori-Information $S_e(\omega)$ für das genauer zu untersuchende Frequenzintervall $\omega_x < \omega \leqq \omega_{\max}$ abzuschätzen gestattet (vgl. Abb. 5.4-3, Block 6).

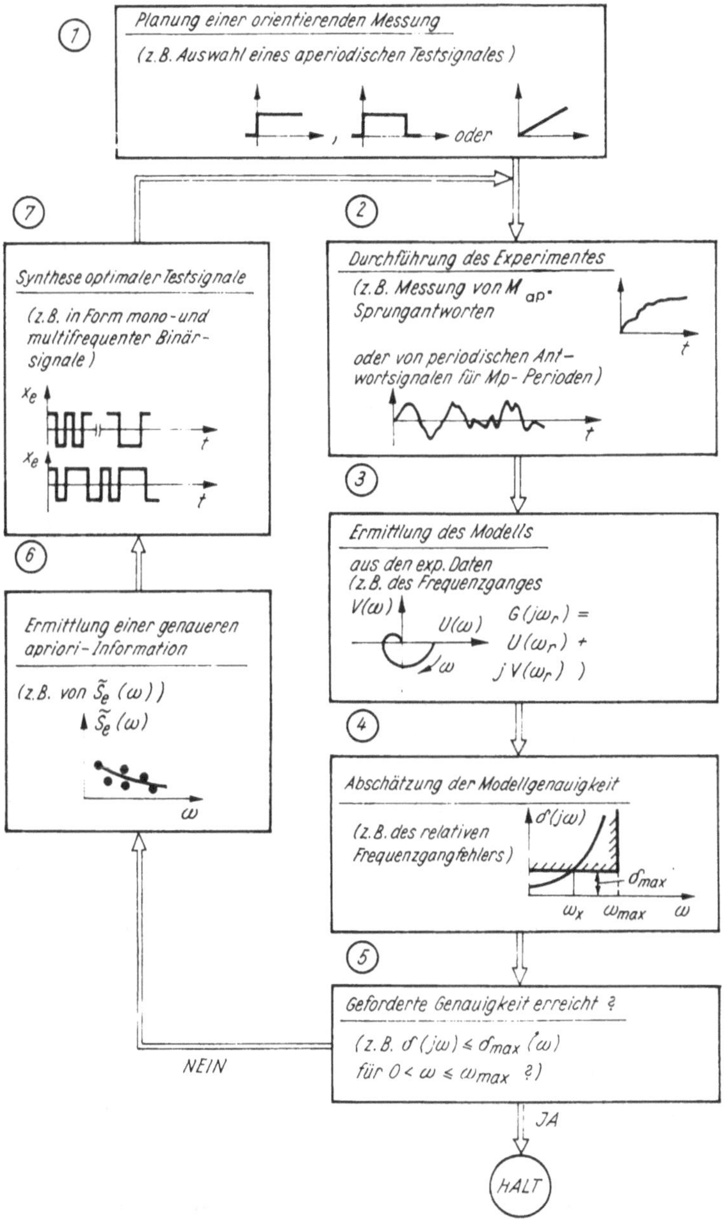

Abb. 5.4-3. Ablauf der empfohlenen optimalen Versuchsplanung

(7) Die nach Gl. (5.4-9) näherungsweise ermittelte apriori-Information $\tilde{S}_e(\omega)$ wird unter Verwendung des im Abschnitt 4.9. angegebenen Verfahrens zu Ermittlung einer optimalen Kombination aus mono- und multifrequenten (periodischen) Binärsignalen verwendet.

(8) Mit den so ermittelten periodischen Testsignalen werden Messung, Auswertung und Genauigkeitstest wiederholt (vgl. Abb. 5.4-3, Blöcke 2 bis 5). Sollte dabei der mittlere Frequenzgangfehler $\tilde{\delta}_M(\omega)$ nicht der Bedingung

$$\tilde{\delta}_M(\omega_s) \leqq \delta_{\max}(\omega_s) \quad \text{in } \omega_x < \omega_s \leqq \omega_{\max} \tag{5.4-9a}$$

genügen, was auf Ungenauigkeiten bei der Schätzung der apriori-Information nach Gl. (5.4-9) zurückzuführen sein kann, so ist die in Abb. 5.4-3 dargestellte Schleife ein zweites Mal zu durchlaufen. Die folgenden Untersuchungen werden jedoch zeigen, daß dies im allgemeinen nicht erforderlich ist.

5.4.3. Experimentelle Erprobung des entwickelten Verfahrens durch digitale Simulation

Untersucht wird ein stochastisch gestörtes System in der in Abb. 5.3-1 (Fall 2) dargestellten Form.

Für das Testsignal $x_e(t)$ sollen sprungförmige Änderungen im Bereich

$$-50 \text{ Volt} \leqq x_e(t) \leqq +50 \text{ Volt}$$

zugelassen sein. Damit ergibt sich folgender Ablauf für die Versuchsplanung (Abb. 5.4-3):

(1) Als erstes Experiment wird das $M_{ap} = 4$-malige Messen der Sprungantwort vorgesehen.

(2) Die Durchführung dieses Experimentes liefert stochastisch gestörte Sprungantwortfunktionen der in Abb. 5.4-4 a dargestellten Form.

(3) Der aus den Sprungantworten ermittelte Näherungsfrequenzgang zeigt, daß die 180°-Frequenz etwa bei $\omega = 0{,}8\ \text{s}^{-1}$ liegen muß (Teilbild auf Abb. 5.4-4b). Wird für die zu entwerfende Regelung ein P- oder PI-Regler vorgesehen, so kann $\omega_{\max}$ in Gl. (5.4-1) zu $\omega_{\max} \approx 0{,}8\ \text{s}^{-1}$ gewählt werden, wodurch sich eine Genauigkeitsforderung zu

$$\tilde{\delta}_M(\omega) \leqq 10\% \quad \text{für } 0 < \omega \leqq 0{,}8\ \text{s}^{-1}$$

ergibt (Abb. 5.4-4b).

(4) Durch Abschätzung des Frequenzgangfehlers nach den Gln. (5.3-38, 39, 40) erhält man die auf Abb. 5.4-4b dargestellte, durch Kreuze gekennzeichnete Kurve.

(5) Man erkennt, daß nur für $0 < \omega \leq 0{,}15\ \text{s}^{-1}$ die Genauigkeitsforderung eingehalten wird.

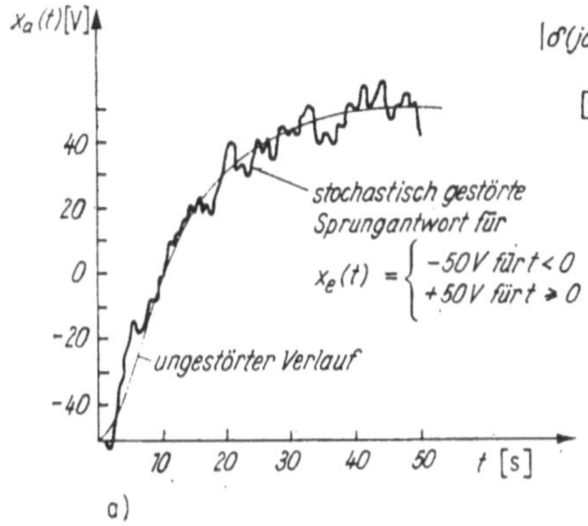

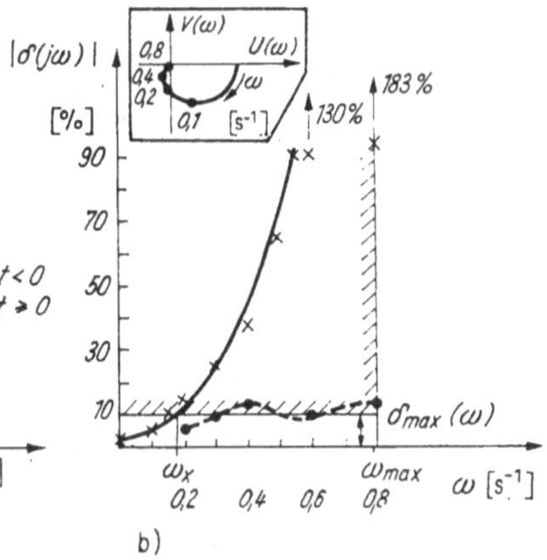

Abb. 5.4-4a, b. a) *1. Experiment*, d. h. M_{ap} = 4maliges Messen von Sprungantwortfunktionen.
b) Mittlerer Frequenzgangfehler nach Auswertung des 1. (× × ×) und des 2. (● ● ●) Experimentes.

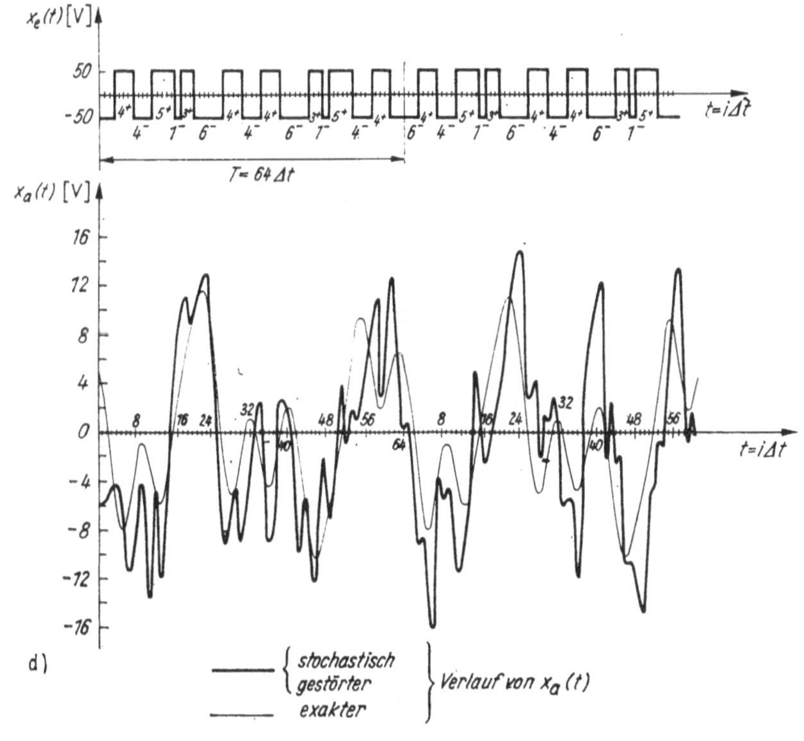

Abb. 5.4-4d. *2. Experiment*, d. h. Messung der (stochastisch gestörten) Antwortfunktion $x_a(t)$ auf das optimal konstruierte multifrequente Binärsignal für M_p = 23 Perioden (Periodendauer $T = 64\,\Delta t$ mit $\Delta t = 0{,}982$ s)

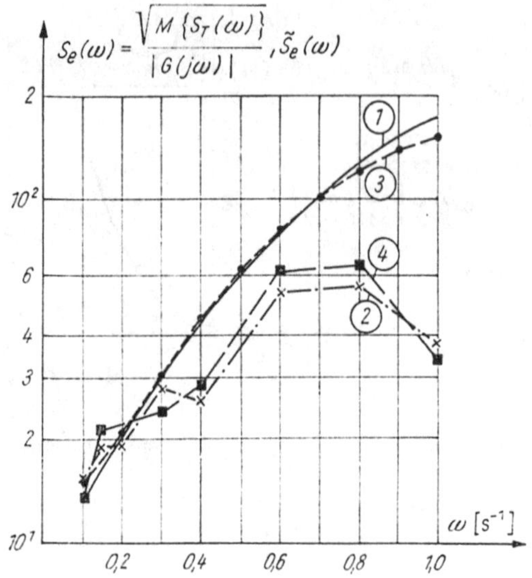

Abb. 5.4-4c. Zur Ermittlung der apriori-Information für die optimale Versuchsplanung

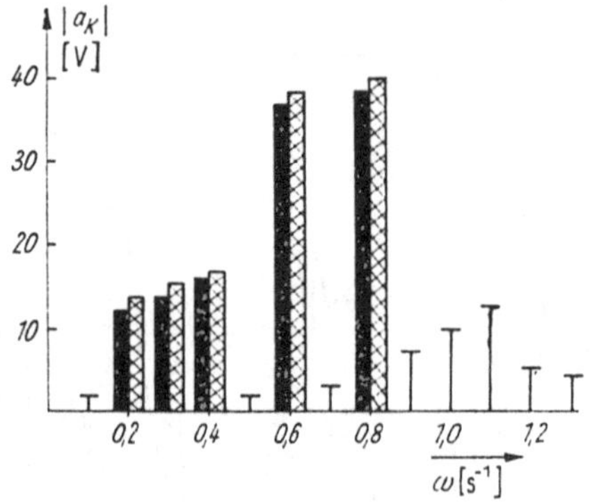

Abb. 5.4-4e. Geforderte {▮} und tatsächliche {×} Werte der FOURIER-Koeffizienten des optimalen MBS nach Abb. 5.4-4d für die ausgewählten Frequenzen. [{⊤}: tatsächliche Werte der FOURIER-Koeffizienten für die übrigen Frequenzen.]

(6) Eine Versuchsplanung für die Messung mit periodischen Signalen ist also notwendig. Dazu wird $\tilde{S}_e(\omega_s)$ nach Gl. (5.4-9) ermittelt.
Abb. 5.4-4c zeigt den exakten, d. h. den aus dem Leistungsdichtespektrum des Störsignals und dem (im vorgliegenden Falle bekannten) Systemfrequenzgang nach den Gln. (5.3-5, 6) berechneten, Verlauf von $S_e(\omega)$ (vgl. Kurve 1) zusammen mit den empirisch unter Verwendung von Gl. (5.4-9)

geschätzten Verläufen $\tilde{S}_e(\omega)$ für $M_{ap} = 9$ (Kurve 2) und $M_{ap} = 4$(Kurve 4). Die zwischen $S_e(\omega)$ und $\tilde{S}_e(\omega)$ auftretenden Abweichungen sind dabei

- auf Fehler des ermittelten Amplitudenganges $|\hat{G}(j\omega)|$ und
- auf Ungenauigkeiten des aus $M = M_{ap}$ aperiodischen Antwortfunktionen nach Gl. (5.3-38) geschätzten Frequenzgangfehlers $\tilde{\delta}_M(\omega_s)$

zurückzuführen.

Da es sich um zufällige Abweichungen handelt, scheint es angebracht zu sein, eine Glättung der Verläufe $\tilde{S}_e(\omega)$ vorzunehmen.

Dazu wird mit Verfahren, auf die näher in den Kapiteln 7 und 8 eingegangen wird,

(6.1) eine Approximation des aus den Übergangsfunktionen bestimmten Frequenzganges durch die gebrochenrationale Übertragungsfunktion

$$G(p) = \frac{b_0 + b_1 p + \cdots + b_m p^m}{a_0 + a_1 p + \cdots + a_n p^n} \tag{5.4-10}$$

vorgenommen, die gleichzeitig ein parametrisches Grobmodell des Systems liefert und

(6.2) eine Approximation der mit

$$\tilde{\delta}_M(\omega) = \{\Delta U_M^2(\omega) + \Delta V_M^2(\omega)\}/|\hat{G}(j\omega)|$$

aus Gl. (5.4-9) folgenden Schätzwerte

$$\tilde{S}_T(\omega_s) = \frac{1}{T_E}\{[\Delta U_M^2(\omega_s) + \Delta V_M^2(\omega_s)]\, M_{ap}\, |X_e(j\omega_s)|^2 - \sigma_{xa}(\infty)/\omega^2\} \tag{5.4-11}$$

für $S_T(\omega)$ mit

$$\tilde{\tilde{S}}_T(\omega) = \frac{B_0 + B_1\omega^2 + B_2\omega^4 + \cdots}{A_0 + A_1\omega^2 + A_2\omega^4 + \cdots} \tag{5.4-12}$$

durchgeführt.

Die geglättete apriori-Information $\tilde{\tilde{S}}_e(\omega)$ läßt sich damit über die Beziehung

$$\tilde{\tilde{S}}_e(\omega_s) = \sqrt{S_T(\omega_s)/|G(j\omega_s)|} \tag{5.4-13}$$

errechnen. Den Erfolg dieser Maßnahme veranschaulicht Abb. 5.4-4c.

Die geglättete apriori-Information $\tilde{\tilde{S}}_e(\omega)$ weicht nur noch unwesentlich von dem exakten Verlauf $S_e(\omega)$ ab (vgl. Kurven 1 und 3).

Von Interesse ist nun die Frage, welchen Einfluß die Glättung der apriori-Information auf die Versuchsplanung hat und ob man auf eine solche Glättung und den damit verbundenen Aufwand verzichten kann. Im folgenden soll deshalb die Versuchsplanung unter Verwendung der ungeglätteten apriori-Information erfolgen (Kurve 4).

(7) Für die 5 Frequenzen $\omega_1 = 0{,}2$; $\omega_2 = 0{,}3$; $\omega_3 = 0{,}4$; $\omega_4 = 0{,}6$ und $\omega_5 = 0{,}8\ \mathrm{s}^{-1}$ werden mit dem unter 4.9. beschriebenen Verfahren die optimalen Testsignalkombinationen ermittelt. Als optimal erweist sich das auf

Abb. 5.4-4d dargestellte multifrequente Binärsignal, dessen Antwortsignal über $M = 23$ Perioden zu messen und auszuwerten ist. Abb. 5.4-4e zeigt für dieses Testsignal die geforderten und die tatsächlichen Werte der FOURIER-Koeffizienten.

(8) Die Durchführung des zweiten Experimentes (Abb. 5.4-3) liefert den auf Abb. 5.4-4d für etwa 2 Perioden dargestellten Verlauf des Antwortsignals $x_a(t)$. Bemerkenswert ist, daß durch dieses Experiment die normale Arbeitsweise des Systems nicht nennenswert gestört wird, da $x_a(t)$ im Intervall -16 Volt $\leqq x_a(t) \leqq 16$ Volt bleibt, während das ohnehin am Systemausgang vorhandene Störsignal einen Effektivwert von 5 Volt besitzt, so daß allein hierdurch Spitzen von 10 bis 15 Volt möglich sind.

(9) Aus den 23 Perioden des stochastisch gestörten Antwortsignals werden der Frequenzgang und die zugehörigen mittleren Fehler abgeschätzt. Man erkennt aus Abb. 5.4-4b, daß trotz der relativ großen Abweichungen zwischen geschätzter $(\tilde{S}_e(\omega_s))$ und exakter $(S_e(\omega_s))$ apriori-Information (vgl. Abb. 5.4-4c) die tatsächlichen Frequenzgangfehler in der vorausberechneten Größenordnung liegen. Da das vorgegebene Toleranzband nur unwesentlich verletzt wird, kann die Prozeßanalyse als erfolgreich beendet angesehen werden.

Der Meßzeitaufwand betrug mit $T_E = 48 \approx 50$ s (Abb. 5.4-4a)

- für die Bestimmung des Grobmodells im Intervall $0 < \omega \leqq 0{,}15\ \mathrm{s}^{-1}$ $T_{Map} = M_{ap} \cdot 2T_E \approx 8$ min und
- für die Ermittlung des Feinmodells im Bereich $0{,}25^{-1} \leqq \omega \leqq 0{,}8\ \mathrm{s}^{-1}$

$$T_{MBS} = 2T_E + M_{PBS} T_{PBS} = 1540 \text{ s} \approx 25 \text{ min}\,.$$

Damit war also ein Gesamtaufwand von $T_{M_{\text{ges}}} \approx 1/2$ bis $3/4$ Stunden notwendig. Wollte man das Feinmodell allein durch Messung von Übergangsfunktionen bestimmen, so müßten, um den Fehler bei der Frequenz $\omega = 0{,}8\ \mathrm{s}^{-1}$ von 183% auf 10% herabzudrücken (Abb. 5.4-4b),

$$M_{ap} = 4 \cdot 18{,}3^2 \approx 1340$$

Sprungantworten gemessen und ausgewertet werden. Das entspricht einem Meßzeitaufwand von

$$T_{Map} = M_{ap} \cdot T_E \text{ bis } M_{ap}\,(2T_E) \approx 17{,}5 \text{ bis } 35 \text{ Stunden,}$$

der also um mehr als 40mal größer ist, als bei Anwendung der hier empfohlenen optimalen Versuchsplanung! *Dabei ist besonders zu betonen, daß eine vorherige, im allgemeinen recht zeitaufwendige, Störsignalanalyse nicht notwendig ist.*

5.4.4. Erprobung der optimalen Versuchsplanung an einem industriellen Prozeß

Ob ein Identifikationsverfahren das leistet, was man von ihm unter den zugrunde gelegten Voraussetzungen erwartet, kann nur an einem bekannten

System mit genau reproduzierbaren Arbeitsbedingungen nachgewiesen werden. Dieser Nachweis ist unter 5.4.3. mit den Mitteln der digitalen Simulation erbracht worden.

Die im folgenden vorzustellende Anwendung der optimalen Versuchsplanung auf einen industriellen Prozeß soll dagegen Hinweise darüber liefern, inwiefern die bei der Ableitung des Verfahrens getroffenen Annahmen und Voraussetzungen durch die praktischen Gegebenheiten erfüllbar sind. Außerdem soll die Ausdehnung der optimalen Versuchsplanung auf ein System mit mehreren Ausgängen veranschaulicht werden.

5.4.4.1. Der untersuchte Prozeß

Untersucht wurde ein Extruder*), dessen schematischer Aufbau in Abb. 5.4-5 gezeigt wird. Derartige Schneckenpressen nehmen den ersten Platz unter den in der plastverarbeitenden Industrie eingesetzten Verarbeitungsmaschinen ein. Sie stellen Aggregate dar, die den (z. B. als Granulat) zugeführten Plastwerkstoff durch eine rotierende Schneckenwelle fördern, plastizieren und infolge Druckaufbaues stetig in einem Werkzeug zu einem Strangprodukt formen. Der Strang (Rohr, Schlauch, Folienbahn u. dgl.) wird anschließend abgekühlt und verfestigt. Die Plastizierung des Werkstoffes erfolgt im allgemeinen durch äußere (elektrische) Beheizung. Da die Qualität des Fertigproduktes u. a. durch die Temperatur beeinflußt wird, macht sich eine Temperaturregelung notwendig.

Die Kennwertermittlung wird also mit dem Ziel durchgeführt, Informationen für den Aufbau einer Regelung zu gewinnen (vgl. 3.8.). Außerdem sollen Hinweise über den Zusammenhang zwischen dem dynamischen Verhalten und der konstruktiven Gestaltung des Extruders sowie der zweckmäßigen Anordnung der Meßfühler gewonnen werden. Dazu waren die folgenden Meßstellen vorgegeben:

(1) $x_{a1} = \vartheta_2 - \vartheta_{2m}$ = Änderung der Zylinderwandtemperatur (in der Zone 4)

(2) $x_{a2} = \vartheta_{M1} - \vartheta_{M1m}$ = Änderung der Plastmassentemperatur am Rand.

(3) $x_{a3} = p - p_m$ = Druckänderung in der Plastmasse

(4) $x_{a4} = \vartheta_{M2} - \vartheta_{M2m}$ = Änderung der Temperatur in der Mitte der Plastmasse vor der Schneckenspitze

Als Stellgröße wurde die Heizleistungsänderung p_{H4} in der Heizzone 4 verwendet (vgl. Abb. 5.4-5 und 6).

Zur Ermittlung der Frequenzgänge $G_1(j\omega)$ bis $G_4(j\omega)$ nach Abb. 5.4-6 ist die unter 5.4.2. beschriebene Versuchsplanung verwendet worden (vgl. Abb. 5.4-3).

*) Der Verfasser möchte den Herren Dr.-Ing. J. Schumann und Dr.-Ing. K. Sell herzlich dafür danken, daß sie diese Verarbeitungsmaschine für die durchgeführten Untersuchungen zur Verfügung stellten und die Durchführung der Messungen unterstützten.

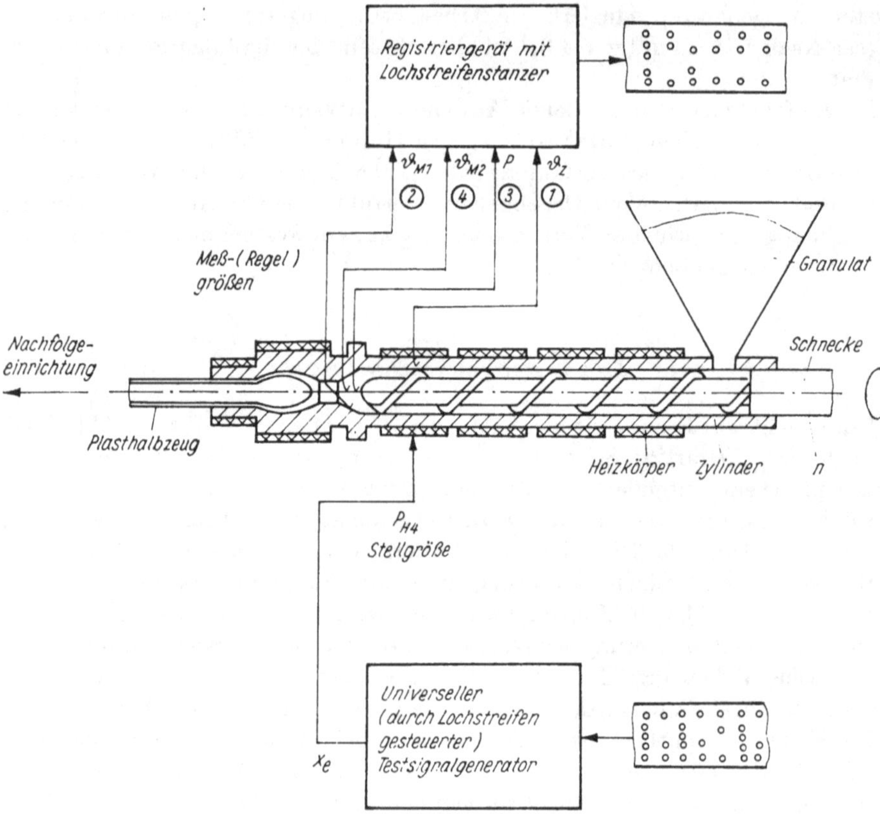

Abb. 5.4-5. Schematische Darstellung des untersuchten Extruders und des verwendeten Versuchsaufbaues; Meßstelle (MST) (1): Zylinderwandtemperatur, MST (2) und (4): Plastmassentemperatur, MST (3): Druck in der Plastschnecke, n = Schneckendrehzahl, P_{H4} = Heizleistung in der Zone 4

5.4.4.2. Orientierende Messungen mit sprungförmigen Testsignalen

Zunächst wurden je Meßstelle 4 Sprungantworten mit dem Ziel gemessen

(1) Grobmodelle für $G_1(j\omega)$ bis $G_4(j\omega)$ und
(2) die notwendige Apriori-Information für eine optimale Versuchsplanung

zu bestimmen.

Abb. 5.4-7a zeigt den Verlauf des Originalschriebes der Meßstelle 2, das das Ausmaß hochfrequenter Störungen verdeutlicht. Wie aus den diskreten Werten der für die Meßstelle 4 gemessenen Sprungantworten hervorgeht (vgl. Abb. 5.4-8), hat man auch mit nicht unerheblichen niederfrequenten Störungen zu rechnen.

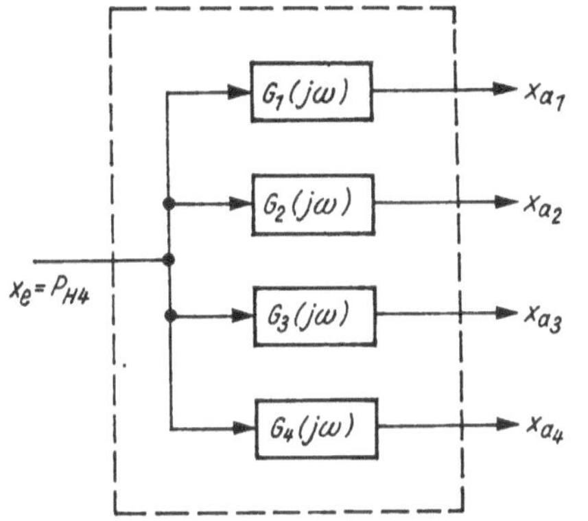

Abb. 5.4-6. Struktureller Aufbau des „Extruder-Modells“ (vgl. Abb. 5.4-5)

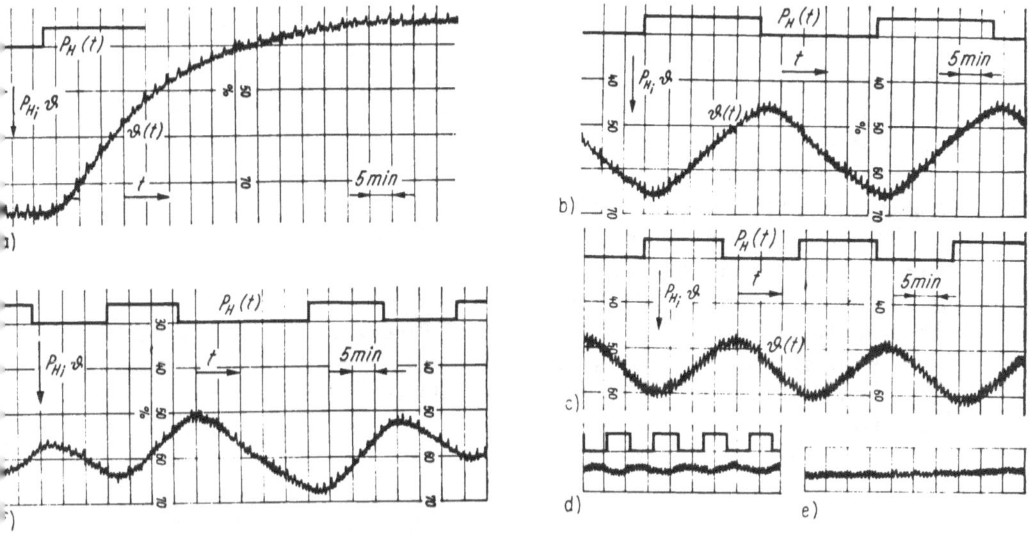

Abb. 5.4-7. Antwortsignale auf eine Sprungfunktion (a), auf (periodische) Mäanderschwingungen der Frequenz $\omega = 0{,}002\ s^{-1}$ (b), $\omega = 0{,}03\ s^{-1}$ (c), $\omega = 0{,}01\ s^{-1}$ (d) und $\omega = 0{,}02\ s^{-1}$ (e), sowie auf ein multifrequentes Binärsignal mit der Periodendauer $T = 6283\ s \approx 1{,}5$ Stunden (f) für die Meßstelle 2

Die Auswertung der Sprungantworten erfolgte mit Hilfe eines universell verwendbaren Programmes, das die unter 5.2. und 5.3. beschriebenen Rechenvorschriften umfaßt, auf der Anlage ELLIOTT 503.

Die durch Mittelung nach den Gln. (5.3-41, 42) ermittelten Sprungantworten zeigt Abb. 5.4-9 zusammen mit den (als Toleranzbereiche dargestellten) mitt-

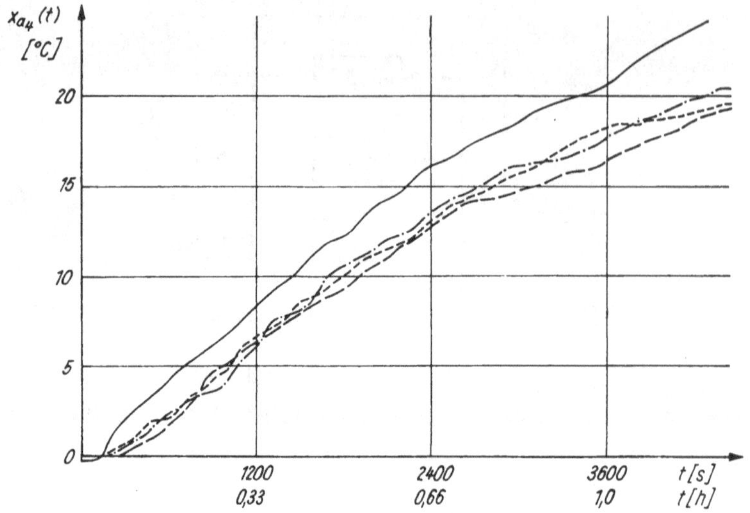

Abb. 5.4-8. Verlauf der Sprungantwortfunktionen für die Meßstelle 4 in Abb. 5.4-5 (x_{a4} = Temperaturänderung in der Umgebung des Arbeitspunktes $\beta_{M2m} \approx 150$ °C)

leren Fehlern. Die zugehörigen Werte der Amplituden- und Phasenfrequenzgänge sind in Abb. 5.4-10 dargestellt worden. Man erkennt aus diesen Diagrammen und den nach den Gln. (5.3-38, 39, 40) abgeschätzten mittleren relativen Frequenzgangfehlern in Abb. 5.4-11, daß die Frequenzgänge für $\omega < 10^{-3}$ s^{-1} bis $2 \cdot 10^{-3}$ s^{-1}, d. h. bis zu einer Phasenverschiebung von etwa $-90°$ bis $-120°$, ausreichend genau aus den Sprungantworten ermittelt werden können. Für höhere Frequenzen steigen die Fehlerkurven sehr steil an.

In dem Bereich, in dem man die 180°-Frequenz erwarten kann (vgl. Abb. 5.4-10a bis d für $\omega \approx 0{,}01$ s^{-1} bis $0{,}02$ s^{-1}) treten maximale Frequenzgangfehler von etwa 135% (bei $\omega = 0{,}01$ s^{-1}) und 590% (bei $\omega = 0{,}02$ s^{-1}) auf (vgl. Abb. 5.4-10 b und d). *Eine hier wünschenswerte Fehlerreduzierung auf* 10% *würde die Messung von* $4 \cdot 13{,}5^2 \approx 730$ *bzw.* $4 \cdot 59^2 \approx 14000$ *Übergangsfunktionen notwendig machen, was in beiden Fällen mit der vorliegenden Einschwingzeit von ca.* 1,33 *Stunden* (*vgl. Abb.* 5.4-7, 8 *und* 9) *einer nicht resalisierbaren Meßzeit von* 970 *bis* 18600 *Stunden oder* 40 *bis* 780 (24-*Stunden-*)*Tagen oder* ≈1,4 *bis* ≈26 *Monaten entspricht.*

Von Interesse ist nun die Frage, ob durch Anwendung der im Abschnitt 5.4.2. empfohlenen optimalen Versuchsplanung dieser völlig undiskutable Zeitaufwand auf ein erträgliches Maß reduzierbar ist.

5.4.4.3. Optimale Versuchsplanung

Dazu wird in der unter 5.4.2. und 5.4.3. erläuterten Form die für die Versuchsplanung notwendige apriori-Information ermittelt. Abb. 5.4-12 zeigt die a.)

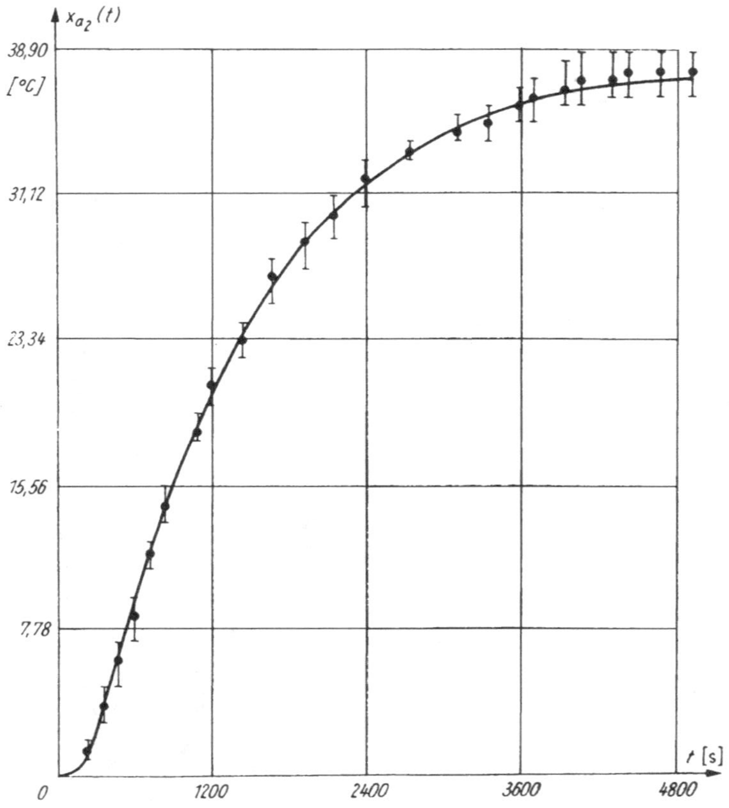

b.)

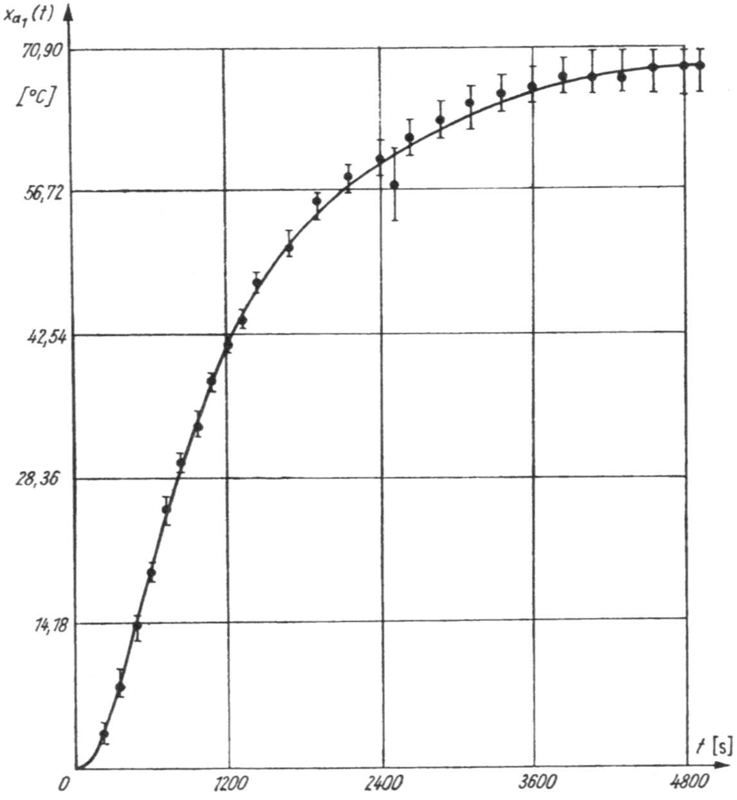

Abb. 5.4-9. Durch Mittelung aus vier Re,alisierungen abgeschätzte Sprungantworten und zugehörige mittlere Fehler für die Meßstellen 1 (a) 2 (b) sowie [vgl. S. 282] 3 (c) und 4 (d) gemäß Abb. 5.4-5

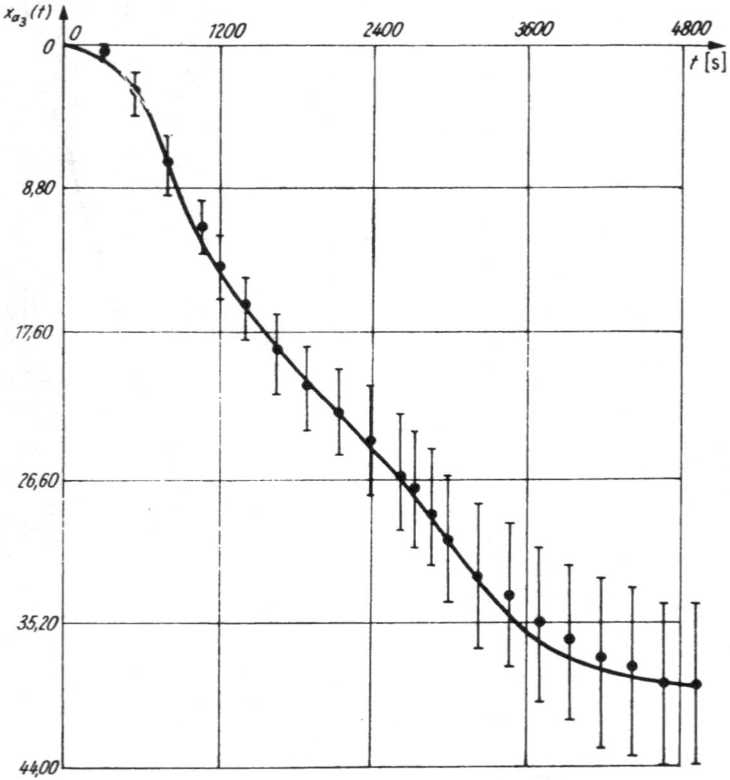

Abb. 5.4-9c

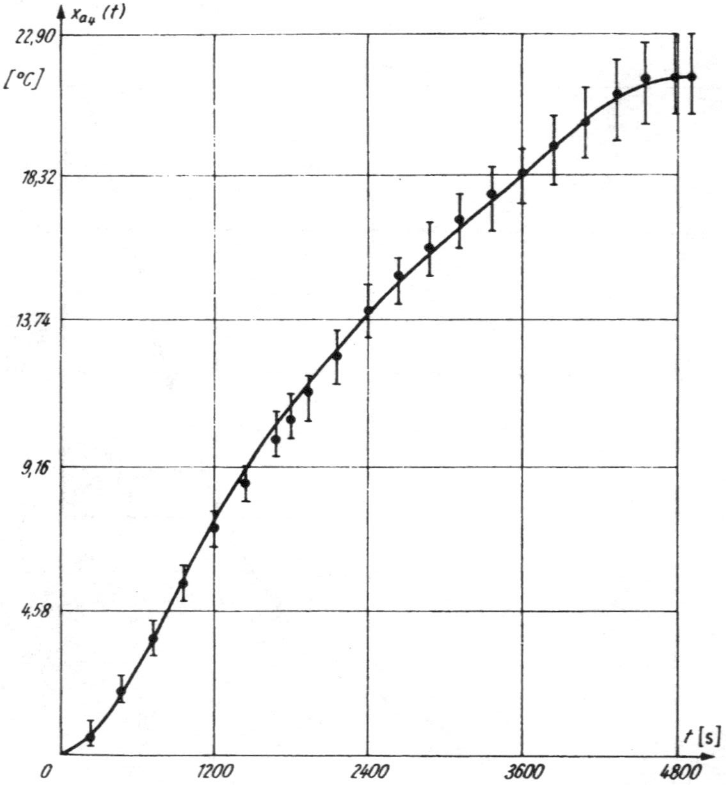

Abb. 5.4-9d

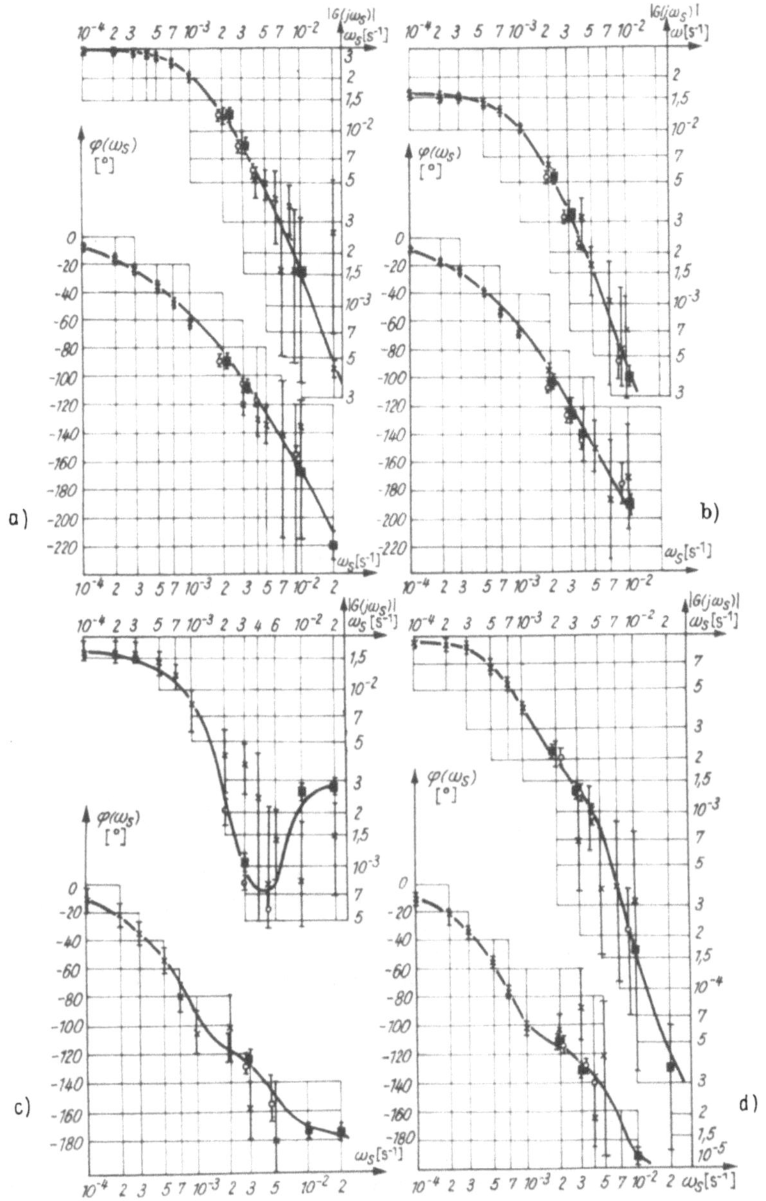

Abb. 5.4-10. Durch Auswertung von Sprungantworten (x), Rechteckwellenantworten(■) und von Antwortsignalen auf ein MBS (o) ermittelte Werte der Amplituden- und Phasenfrequenzgänge für die Meßstellen 1 (a), 2 (b), 3 (c) und 4 (d)

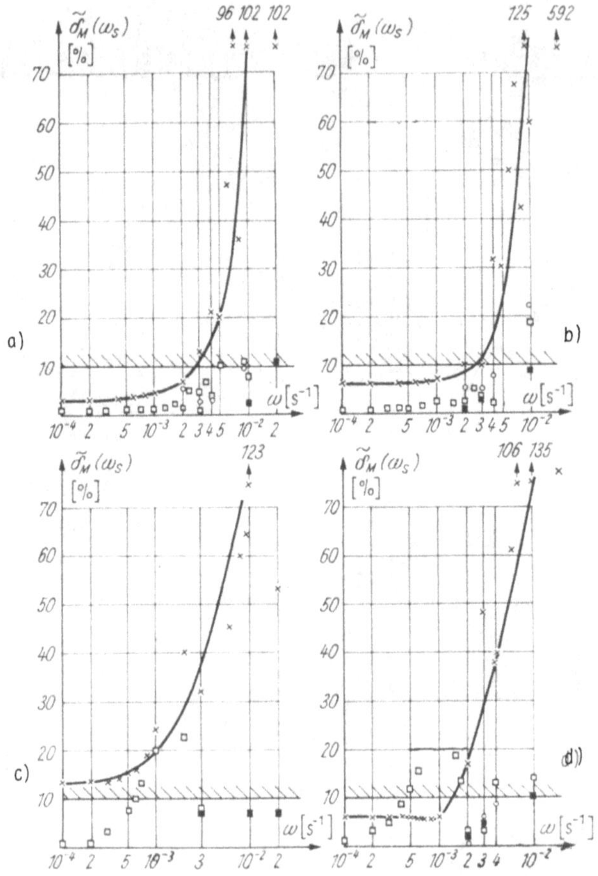

Abb. 5.4-11. Nach den Gln. (5.3-38, 39, 40) abgeschätzte Frequenzgangfehler bei Auswertung von Sprungantworten (× × ×), Rechteckwellenantworten (■■) und von Antwortsignalen auf ein MBS (○ ○) für die Meßstellen 1 (a), 2 (b), 3 (c) und 4 (d) und Approximationsfehler bei Approximation der Frequenzgänge nach Abb. 5.4-10a, b, c, d durch die Übertragungsfunktionen nach Abb. 8.3-1 (□□)

empirisch unter Verwendung von Gl. (5.4-9) abgeschätzten Werte $\tilde{S}_e(\omega_s)$ für die Meßstellen 1 bis 4.

Man erkennt, daß die Werte $\tilde{S}_e(\omega_s)$, die für $\omega \leq 10^{-4}\ \mathrm{s}^{-1}$ recht glatte Verläufe ergaben, im genauer zu analysierenden Bereich bemerkenswert streuen. Auf eine Glättung dieser Werte wurde allerdings verzichtet, weil derartige Streuungen in der unter 5.4.3. durchgeführten Erprobung nur einen geringen Einfluß auf den Erfolg der Versuchsplanung zeigten (vgl. Abb. 5.4-4c). Verwendet für die Versuchsplanung werden die jeweils größten Werte $\tilde{S}_e(\omega_s)$ der 4 Kanäle, um bei gleichzeitiger Messung der 4 Antwortfunktionen die Einhaltung eines vorgegebenen Fehlers zu gewährleisten. Allein durch diese einfach durchzuführende

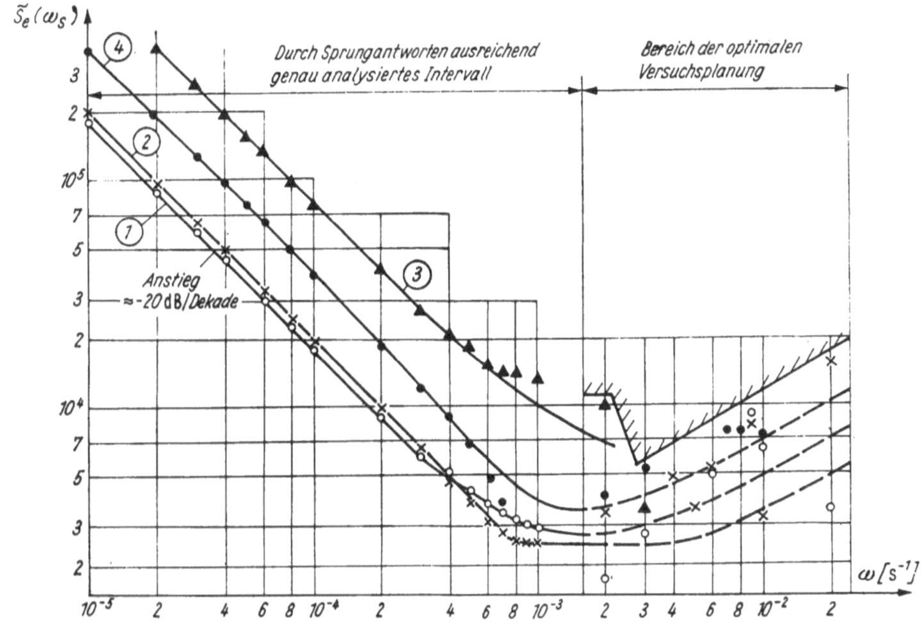

Abb. 5.4-12. Empirisch nach Gl. (5.4-9) ermittelte Apriori-Information $S_e(\omega_s)$ für die Meßstellen (1) bis (4) in Abb. 5.4-5

Maßnahme kann also das empfohlene Verfahren der optimalen Versuchsplanung auf Systeme mit mehreren Ausgangssignalen ausgedehnt werden.

Die für die vier ausgewählten Frequenzen

$$\omega_1 = 0{,}002\ s^{-1}\ ,\ \omega_2 = 0{,}003\ s^{-1}\ ,\ \omega_3 = 0{,}01\ s^{-1}\ ,\ \omega_4 = 0{,}02\ s^{-1}$$

und einen konstanten mittleren Frequenzgangfehler von 10% (vgl. Abb. 5.4-11 a, b, d) durchgeführte Versuchsplanung ergab, daß die notwendigen Meßzeiten für die Antwortsignale auf die 4 (monofrequenten) Rechteckwellen und die

Tabelle 5.4-1. Ergebnisse der Versuchsplanung

Frequenz ω_s	Notwendige Zahl der Perioden $M_p(\omega_s)$	Aufzuwendende Meßzeit $T = M_p(\omega_s)\,2\pi/\omega_s + 2T_E$		
		pro Frequenz	Summe	
$0{,}002\ s^{-1}$	8	33930 Sek ≈ 9,5 Stunden	13,7 Std.	38,9 Std. ≈ 2 Tage
$0{,}003\ s^{-1}$	3	15080 Sek. ≈ 4,2 Stunden		
$0{,}01\ s^{-1}$	25	24510 Sek. ≈ 6,8 Stunden	25,2 Std.	
$0{,}02\ s^{-1}$	182	65980 Sek. ≈ 18,4 Stunden		

Kombinationen aus mono- und multifrequenten Binärsignalen in der gleichen Größenordnung liegen. Entschieden wurde deshalb, monofrequente Testsignale gemäß der durch den Rechner ermittelten Vorschrift (vgl. dazu Tab. 5.4-1) zu verwenden.

Man erkennt, daß der Zeitaufwand in vertretbaren Grenzen bleibt. Die durch die Versuchsplanung gelieferte Meßvorschrift könnte also als ein gangbarer Weg angesehen werden, wenn die damit ermittelten Frequenzgangwerte tatsächlich nur einen mittleren Fehler von $\leq 10\%$ aufweisen.

5.4.4.4. Messung und Analyse periodischer Antwortsignale

Um dies zu überprüfen, sind mit einer Meßeinrichtung nach Abb. 5.4-5 die diskreten Werte der Antwortsignale auf Lochstreifen gespeichert und in einem Rechenzentrum ausgewertet worden.

Die Abb. 5.4-7 b, c, d, e zeigen Fotos von Originalschrieben der Antwortsignale für die Meßstelle 2. Man erkennt, daß durch die Experimente mit den Frequenzen 0,01s^{-1} und 0,02 s^{-1} die normale Arbeitsweise des Systems nicht

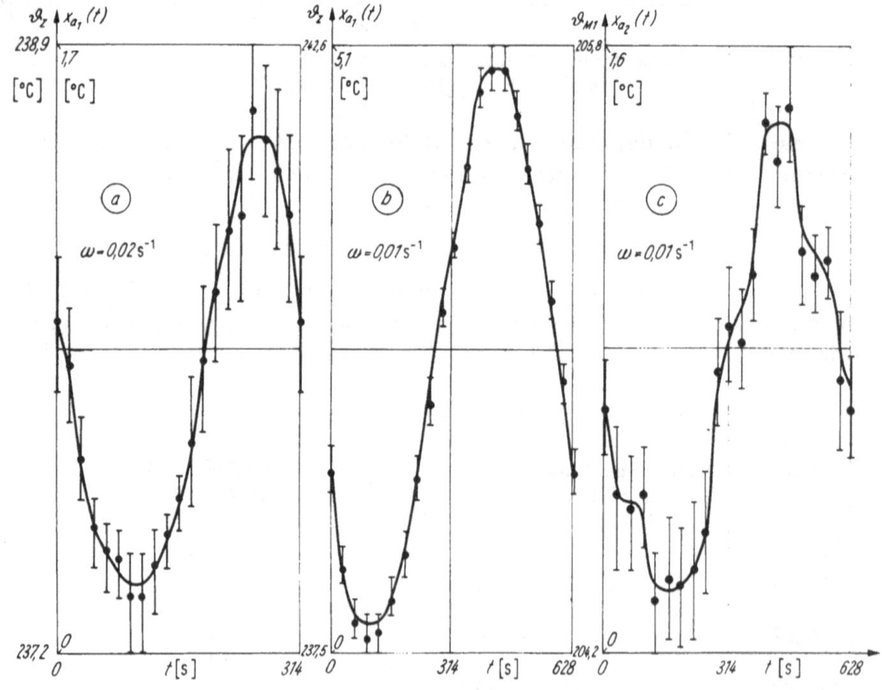

Abb. 5.4-13. Durch Mittelung über 182 Perioden (a, d (vgl. S. 287) für $\omega = 0{,}02$ s^{-1}) bzw. über 25 Perioden (b, c, e, f (vgl. S. 287) für $\omega = 0{,}01$ s^{-1}) ermittelte Antwortfunktionen auf Rechteckwellen gleicher Amplitude für die Meßstellen 1 (a, b), 2 (c), 3 (d, e) und 4 (f) gemäß Abb. 5.4-5

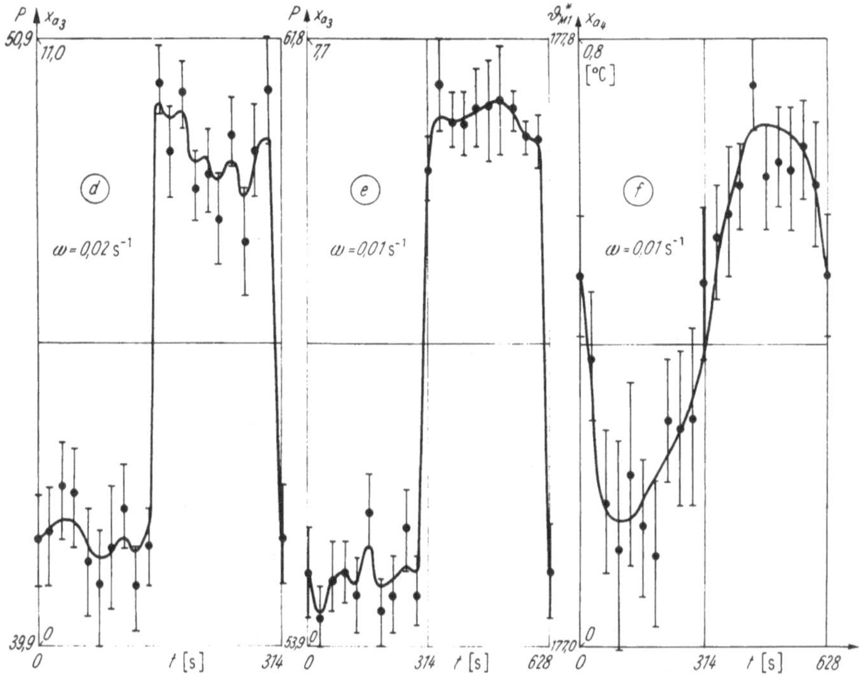

Abb. 5.4-13d, e, f.

mehr beeinträchtigt wird. Das geht noch deutlicher aus den durch Mittelung gewonnenen Verläufen nach Abb. 5.4-13 hervor, die zeigen, daß die Temperaturen an den Meßstellen 1, 2 und 4 sich unter dem Einfluß des Testsignals lediglich um ≈0,4% bis ≈2% (bezogen auf ihren Mittelwert) ändern. Um so erstaunlicher ist es, daß — wie aus den Abb. 5.4-11 und 10 hervorgeht — auch für diese Frequenzen der Frequenzgang mit der geforderten Genauigkeit bestimmt werden kann.

Damit ist der Nachweis erbracht, daß die empfohlene Vorgehensweise *für den untersuchten Extruder zum Erfolg führt.*

5.4.4.5. Vergleichsmessungen mit multifrequenten Binärsignalen

Um die Verläßlichkeit der Fehlerschätzung zu überprüfen, ist eine Vergleichsmessung mit einem multifrequenten Binärsignal durchgeführt worden, das so entworfen wurde, daß es die Frequenzen 0,002 s^{-1}, 0,003 s^{-1}, 0,004 s^{-1} und 0,009 s^{-1} enthielt und optimal nur für einen Kanal war. Abb. 5.4-7f zeigt das Testsignal und die zugehörige Antwortfunktion für die Meßstelle 2. Abb. 5.4-14 gibt den durch Mittelung vom Rechner bestimmten Verlauf an.

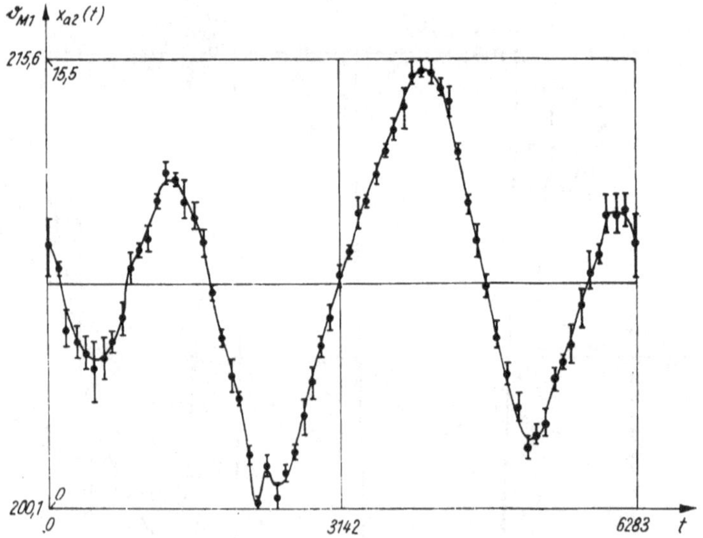

Abb. 5.4-14. Über 3 Perioden gemittelte Antwortfunktionen auf das MBS nach Abb. 5.4-7f

Die mit Hilfe dieses Testsignales ermittelten Frequenzgangwerte und Fehler sind — durch leere Kreise gekennzeichnet — mit in die Abb. 5.4-10 und 11 eingetragen worden.

Dabei ist deutlich eine gute Übereinstimmung der durch die monofrequenten Testsignale und das MBS bestimmten Frequenzgangpunkte festzustellen (vgl. Abb. 5.4-10 a bis d für $\omega = 0{,}002\ s^{-1}$, $0{,}003\ s^{-1}$, $0{,}004\ s^{-1}$, $0{,}009\ s^{-1}$ und $0{,}01\ s^{-1}$ die Punkte ⧲ mit ⧳).

Dies kann als Bestätigung für die Verläßlichkeit der erzielten Ergebnisse und der daraus abzuleitenden Schlußfolgerungen betrachtet werden.

KAPITEL 6

ERMITTLUNG VON ÜBERTRAGUNGSFUNKTIONEN DURCH AUSWERTUNG VON SPRUNGANTWORTEN

6.1. Aufgabenstellung

Untersucht wird folgende Aufgabenstellung:

Gegeben sei das gemessene Antwortsignal $x_{aE}(t)$ auf ein sprungförmiges Testsignal der Form

$$x_{eE}(t) = x_{e0}\, s(t) = \begin{cases} 0 & \text{für } t < 0\,, \\ x_{e0} & \text{für } t \geqq 0\,, \end{cases} \tag{6.1-1}$$

und damit die experimentell bestimmte Übergangsfunktion

$$h_e(t) = x_{aE}(t)/x_{e0}\,. \tag{6.1-2}$$

Der Index „e“ von $h_e(t)$ bedeutet hierbei „experimentell bestimmt“, d. h. fehlerbehaftet.

Gesucht wird ein parametrisches Modell in Form der gebrochen rationalen Übertragungsfunktion

$$G(p) = \frac{b_0 + b_1 p + \cdots + b_m p^m}{a_0 + a_1 p + \cdots + a_n p^n} \tag{6.1-3}$$

bzw. in der Gestalt

$$G_\tau(p) = G(p)\, \mathrm{e}^{-p}\,. \tag{6.1-4}$$

Die Literatur, die sich mit der Lösung dieser Aufgabe befaßt, ist außerordentlich umfangreich (vgl. z. B. Übersichtsarbeiten von STROBEL 1967, 1968). Die praktische Bedeutung dieser Aufgabenstellung beruht darauf, daß

(1) nur ein sehr geringer Meßgeräteaufwand zur Bestimmung von $h_e(t)$ notwendig ist und sich

(2) durch die Beschränkung auf ein spezielles Testsignal und auf spezielle Strukturen von $G(p)$ nach Gl. (6.1-3) die gesuchten Kennwerte mit geringem

Rechenaufwand bestimmen lassen.

Diese zuletzt genannte Tatsache bleibt auch dann noch für die Ingenieurpraxis bedeutsam, wenn leistungsfähige Digitalrechner in ausreichend großer Zahl zur Verfügung stehen. Der in der Praxis tätige Ingenieur will und muß in der Lage sein, sich schnell, d. h. sofort nach der Messung, eine — unter Umständen nur grobe — Übersicht über die Größe der Zeitkonstanten zu verschaffen.

Hierzu sollen die im folgenden vorzustellenden Verfahren dienen. Ihr Anwendungsbereich ist dabei auf nicht oder nur schwach gestörte Systeme beschränkt, da — wie im Abschnitt 5.3.3. veranschaulicht wurde — bei Anwesenheit stochastischer Störsignale die Auswertung der Übergangsfunktion zu großen Frequenzgangfehlern im Bereich hoher Frequenzen und damit zu großen Fehlern bei der Ermittlung kleiner Zeitkonstanten führt.

Verlangt die Aufgabenstellung, daß diese kleinen Zeitkonstanten bzw. der Frequenzgang bei hohen Frequenzen mit kleinen Fehlern bestimmt werden (vgl. hierzu Abschnitt 3.8.), so muß auf die aufwendigeren und leistungsfähigeren Methoden nach Kapitel 5 und die zugehörigen Verfahren zur Ermittlung parametrischer Modelle gemäß Kapitel 8 zurückgegriffen werden.

Die hier zu behandelnden Methoden zur Auswertung experimentell gewonnener Übergangsfunktionen sind als deterministische Approximationsmethoden gemäß Abschnitt 2.3. zu betrachten. Verwendung finden die Interpolationsmethode, Verfahren zur Ermittlung einer maximal geebneten Approximation und empirische Methoden (vgl. 2.3.5. und 2.3.6). Der hohe Anteil an empirischen Techniken und die meist kennwertnichtlineare Form der Modelle führen dazu, daß eine Einordnung der Methoden in die — im Teil I dieser Arbeit dargestellten — allgemeinen Prinzipien nur teilweise gelingt.

Diese Tatsache und die oben genannte praktische Bedeutung der Aufgabenstellung lassen es gerechtfertigt erscheinen, den Verfahren zur Ermittlung der Übertragungsfunktion aus der gemessenen Übergangsfunktion ein besonderes Kapitel zu widmen.

6.2. Maximal geebnete Approximation

Für die Verfahren dieser Gruppe ist kennzeichnend, daß die Kennwerte durch Grenzübergänge für $t \to 0$, $t \to \infty$, $\omega \to 0$ oder $\omega \to \infty$ bestimmt werden. Wie bereits im Abschnitt 2.3.5. erläutert wurde, führt dies im allgemeinen zu einem Approximationsfehler, der an der Stelle des Grenzübergangs (z. B. für $t = 0$ oder $t = \infty$) verschwindet und mit zunehmender Entfernung von diesem Punkt ständig zunimmt (vgl. Abb. 2.3-1).

6.2.1. Sukzessive Polkompensation

Bei diesem — wohl zum ersten Mal von Ganglbauer, 1951 und Bopp, 1957 angewendeten — Verfahren wird die Laplace-Transformierte der Übergangsfunktion $h(t)$ in Form der Partialbruchentwicklung

$$\mathcal{L}\{h(t)\} = \frac{G(p)}{p} = \frac{k}{p}\,\frac{\prod_{i=1}^{m}(p - p_{Di})}{\prod_{i=1}^{n}(p - p_i)} = \frac{B_0}{p} + \sum_{i=1}^{n}\frac{B_i}{(p - p_i)} \qquad (6.2\text{-}1)$$

dargestellt und vorausgesetzt, daß gemäß Abb. 6.2-1 die Pole p_i reell und voneinander verschieden sind.

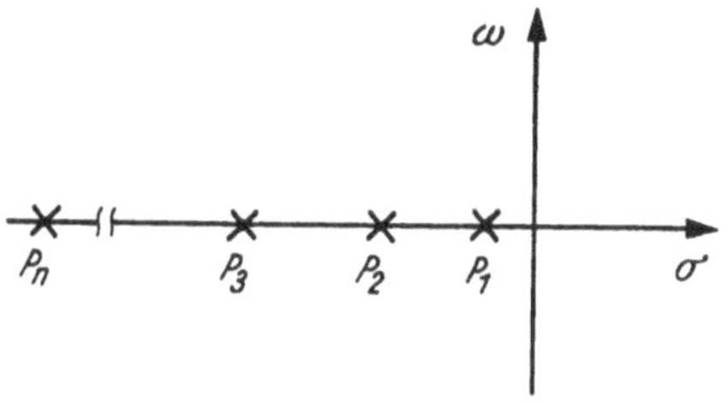

Abb. 6.2-1. Vorausgesetzte Lage der Pole p_s von $G(p)$ nach Gl. (6.2-1)

Die Übergangsfunktion $h(t)$ läßt sich dann mit

$$h(t) = \sum_{i=0}^{n} h_i(t) = \sum_{i=0}^{n} B_i \, e^{p_i t} \tag{6.2-2}$$

durch eine Summe von Elementarverläufen

$$h_i(t) = B_i \, e^{p_i t} \qquad \text{bei } p_0 = 0 \, , \tag{6.2-3}$$

darstellen. Die zu ermittelnden Kennwerte B_i und p_i können aus dem Verhalten von $h_e(t)$ für $t \to \infty$ bestimmt werden. So erhält man mit $h_e(t) = h(t)$ aus Gl. (6.2-2) wegen $p_i < 0$ für den Verlauf $h_0(t)$, d. h. den Parameter B_0, die Beziehung

$$h_0(t) = B_0 = \lim_{t \to \infty} h_e(t) \tag{6.2-4}$$

(vgl. Abb. 6.2-2).

Mit $h_0(t) = B_0$ wird das Differenzsignal

$$v_1(t) = h_e(t) - h_0(t) = \sum_{i=1}^{n} B_i \, e^{p_i t} \tag{6.2-5}$$

berechnet und sein Verhalten für $t \to \infty$ untersucht. Nimmt man an, daß $|p_1| < |p_2| < \cdots < |p_n|$ ist, so ergibt sich dabei (vgl. Gl. (6.2-2)) die Näherung

$$v_1(t) = h_e(t) - B_0 \approx B_1 \, e^{p_1 t} = h_1(t) \, , \quad \text{für } t \to \infty \, , \tag{6.2-6}$$

bzw.

$$\ln \{|v_1(t)|\} \approx \ln |B_1| + p_1 t = \ln |h_1(t)|, \quad \text{für } t \to \infty \, . \tag{6.2-7}$$

Wird also der Betrag von $v_1(t)$ nach Gl. (6.2-5) im halblogarithmischen Maßstab dargestellt (vgl. Abb. 6.2-2), so ist p_1 gleich dem Anstieg des asymptotischen Verlaufs $\ln |h_1(t)|$, und der Betrag von B_1 ergibt sich mit $\ln |h_1(0)| = \ln |B_1|$ aus dem Wert der Asymptote für $t = 0$. Das Vorzeichen von B_1 ist nach Gl. (6.2-6) gleich dem Vorzeichen von $h_1(t)$ für $t = 0$.

Unter Verwendung von $h_1(t) = B_1 \, e^{p_1 t}$ können jetzt das Differenzensignal

$$v_2(t) = v_1(t) - h_1(t) = B_2 \, e^{p_2 t} + \cdots + B_n \, e^{p_n t} \tag{6.2-8}$$

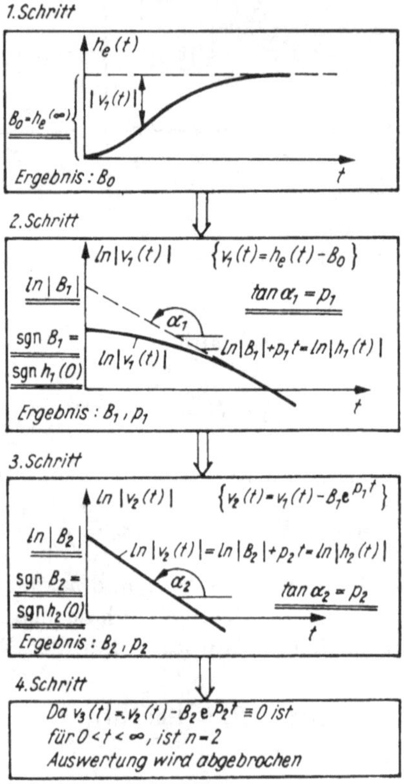

Abb. 6.2-2. Zur Anwendung des Verfahrens der sukzessiven Polkompensation

und damit die Asymptote

$$v_2(t) \approx B_2 e^{p_2 t} = h_2(t) \tag{6.2-9}$$

bzw.

$$\ln |v_2(t)| \approx \ln |B_2| + p_2(t) = \ln |h_2(t)| , \quad \text{für } t \to \infty , \tag{6.2-10}$$

bestimmt werden, die die Ermittlung von B_2 und p_2 gestattet (Abb. 6.2-2). In dieser Weise ist die Auswertung weiterzuführen, bis das Differenzsignal $v_n(t)$ gleich dem Elementarverlauf $h_n(t)$ ist.

Das hier angegebene Verfahren der sukzessiven Polkompensation liefert dann brauchbare Resultate, wenn das Verhältnis zweier aufeinanderfolgender Pole nicht kleiner als 2 bis 3 ist. Anderenfalls können bei der Berechnung der Differenzsignale $v_r(t)$ (vgl. Gln. (6.2-5, 8)) beträchtliche Fehler durch kleine Differenzen aus großen Zahlen gerade in dem Zeitintervall entstehen, in dem der Pol, der als nächster kompensiert werden soll, dominiert.

Unter bestimmten Bedingungen läßt sich der Anwendungsbereich des Verfahrens auch auf Systeme mit mehrfachen oder konjugiert komplexen Polen ausdehnen (Näheres s. Simoju, 1958).

Eine weitere Möglichkeit der Parameterbestimmung durch Polkompensation hat SEIDE, 1963 unter Beschränkung auf Übertragungsfunktionen mit reellen und einfachen Polen angegeben.

6.2.2. Numerische und graphische Integration

Die in diese Gruppe gerhörenden Methoden nehmen eine Mittelstellung zwischen graphischen und analytischen Verfahren ein, da die Integration graphisch oder numerisch erfolgen kann. Grundsätzlich kann unterschieden werden zwischen

a) dem Verfahren der mehrfachen Integration, das SIMOJU, 1957 und KARDASCHOW, 1963 als „Methode der Flächen“ bezeichnen, und
b) der Momentenmethode.

6.2.2.1. Methode der Flächen

Aus der gebrochen rationalen Übertragungsfunktion (6.1-3) lassen sich durch Grenzübergänge für $p \to 0$ folgende Beziehungen ermitteln, wenn man zuvor $a_0 = 1$ setzt:

$$K_0 = \lim_{p\to 0} G(p) = b_0 , \tag{6.2-11}$$

$$K_1 = \lim_{p\to 0} G_1(p) = \lim_{p\to 0} \frac{1}{p} \{K_0 - G(p)\} = -b_1 + K_0 a_1 , \tag{6.2-12}$$

$$K_2 = \lim_{p\to 0} G_2(p) = \lim_{p\to 0} \frac{1}{p} \{K_1 - G_1(p)\} = b_2 + K_1 a_1 - K_2 a_2 , \tag{6.2-13}$$

$$\vdots \qquad\qquad \vdots \qquad\qquad \vdots$$

$$K_r = \lim_{p\to 0} G_r(p) = \lim_{p\to 0} \frac{1}{p} \{K_{r-1} - G_{r-1}(p)\} = (-1)^r b_r + $$
$$+ K_{r-1} a_1 - K_{r-2} a_2 + \cdots + (-1)^{r-1} K_0 a_r \tag{6.2-14}$$

mit $b_r = 0$ für $r < m$ und $a_r = b_r = 0$ für $r > n$.

Diese Zusammenhänge bilden für $r = m + n$ ein System von $m + n + 1$ Gleichungen für die $n + m + 1$ Unbekannten $a_1, \ldots, a_n$ und $b_0, \ldots, b_m$.

Bei $n = 3$ und $m = 2$ z. B. erhält man die Bestimmungsgleichungen

$$\begin{bmatrix} K_0 & 0 & 0 & 0 \\ K_1 & -K_0 & 0 & 0 \\ K_2 & -K_1 & K_0 & 0 \\ K_3 & -K_2 & K_1 & -K_0 \\ K_4 & -K_3 & K_2 & -K_1 \\ K_5 & -K_4 & K_3 & -K_2 \end{bmatrix} \cdot \begin{bmatrix} 1 \\ a_1 \\ a_2 \\ a_3 \end{bmatrix} = \begin{bmatrix} b_0 \\ -b_1 \\ b_2 \\ 0 \\ 0 \\ 0 \end{bmatrix} . \tag{6.2-15}$$

Für den wichtigen Sonderfall, daß $G(p)$ keine Nullstellen enthält, d. h., daß $b_1 = b_2 = \cdots = b_m = 0$ ist, lassen sich die Parameter b_0 und $a_1, \ldots, a_n$ rekursiv aus den ersten $n + 1$ Gleichungen des Systems (6.2-15) bestimmen.

Die zunächst noch unbekannten Koeffizienten $K_0, \ldots, K_r$ können durch Integration aus der Übergangsfunktion $h(t)$ ermittelt werden. So erhält man mit den bekannten Regeln der LAPLACE-Transformation die den Gln. (6.2-11 bis 14) entsprechenden Beziehungen

$$K_0 = \lim_{p \to 0} G(p) = \lim_{t \to \infty} h(t)\,, \tag{6.2-16}$$

$$K_1 = \lim_{p \to 0} G_1(p) = \lim_{p \to 0} \frac{1}{p} \{K_0 - G(p)\}$$

$$= \lim_{t \to \infty} h_1(t) = \lim_{t \to \infty} \int_0^t \{K_0 - h(\tau)\}\, \mathrm{d}\tau, \tag{6.2-17}$$

$$K_2 = \lim_{t \to \infty} h_2(t) = \lim_{t \to \infty} \int_0^t \{K_1 - h_1(\tau)\}\, \mathrm{d}\tau\,, \tag{6.2-18}$$

$$\vdots \qquad \vdots \qquad \vdots$$

$$K_r = \lim_{t \to \infty} h_r(t) = \lim_{t \to \infty} \int_0^t \{K_{r-1} - h_{r-1}(\tau)\}\, \mathrm{d}\tau\,. \tag{6.2-19}$$

Die Konstanten K_r kann man nach Gl. (6.2-19) als Flächen betrachten, die die Funktionen $K_{r-1} - h_{r-1}(t)$ mit der Zeitachse bilden. Sie lassen sich entweder dadurch ermitteln, daß man nacheinander K_0, $h_1(t)$, K_1, $K_1 - h_1(t)$, K_2, $h_2(t)$ usw. bestimmt (vgl. DAROWSKICH, 1962) oder die Mehrfachintegrale auswertet, zu denen man durch Einsetzen von $h_1(t)$ nach Gl. (6.2-17) in Gl. (6.2-18) usw. gelangt (vgl. SIMOJU, 1957).

Das hier beschriebene Verfahren läßt sich — wie STREJČ, 1960 gezeigt hat (vgl. auch ŠALOMON, 1960) — so erweitern, daß es eine Parameterbestimmung bei Aus- und Eingangssignalen allgemeiner Form ermöglicht.

6.2.2.2. Momentenmethode

Unter dem i-ten Moment einer Zeitfunktion — z. B. der Gewichtsfunktion $g(t)$ — versteht man das uneigentliche Integral

$$M_i = \int_0^\infty t^i g(t)\, \mathrm{d}t\,. \tag{6.2-20}$$

Dieses Integral läßt sich in folgender Weise zur Bestimmung der Parameter a_i und b_i von $G(p)$ nach Gl. (6.1-3) verwenden:
Zwischen Übertragungs- und Gewichtsfunktion besteht bekanntlich der Zusammenhang

$$G(p) = \mathscr{L}\{g(t)\} = \int_0^\infty g(t)\, \mathrm{e}^{-pt}\, \mathrm{d}t\,. \tag{6.2-21}$$

Wird die Exponentialfunktion e^{-pt} um $pt = 0$ in eine TAYLOR-Reihe entwickelt, so kann man mit

$$G(p) = \int_0^\infty \left\{1 - pt + \frac{(pt)^2}{2!} - \frac{(pt)^3}{3!} + - \ldots\right\} g(t)\,\mathrm{d}t \tag{6.2-22}$$

und

$$G(p) = \int_0^\infty g(t)\,\mathrm{d}t - p\int_0^\infty tg(t)\,\mathrm{d}t + \frac{p^2}{2!}\int_0^\infty t^2 g(t)\,\mathrm{d}t - + \ldots \tag{6.2-23}$$

die Übertragungsfunktion $G(p)$ nach Gl. (6.2-21) durch die Momente M_i nach Gl. (6.2-20) ausdrücken:

$$G(p) = M_0 - pM_1 + \frac{p^2}{2!}M_2 - \frac{p^3}{3!}M_3 + - \ldots . \tag{6.2-24}$$

Ersetzt man in Gl. (6.2-24) die Übertragungsfunktion $G(p)$ durch Gl. (6.1-3), so ergibt sich der Ausdruck

$$\left\{M_0 - pM_1 + \frac{p^2}{2!}M_2 - \frac{p^3}{3!}M_3 + \cdots\right\}\cdot\left\{1 + a_1 p + a_2 p^2 + \cdots + a_n p^n\right\}$$
$$= b_0 + b_1 p + \cdots + b_m p^m\,, \tag{6.2-25}$$

aus dem man z. B. für $n = 3$ und $m = 2$ durch Koeffizientenvergleich das Gleichungssystem

$$\begin{bmatrix} M_0 & 0 & 0 & 0 \\ M_1 & -M_0 & 0 & 0 \\ \frac{1}{2!}M_2 & -M_1 & M_0 & 0 \\ \frac{1}{3!}M_3 & -\frac{1}{2!}M_2 & M_1 & -M_0 \\ \frac{1}{4!}M_4 & -\frac{1}{3!}M_3 & \frac{1}{2!}M_2 & -M_1 \\ \frac{1}{5!}M_5 & -\frac{1}{4!}M_4 & \frac{1}{3!}M_3 & -\frac{1}{2!}M_2 \end{bmatrix} \cdot \begin{bmatrix} 1 \\ a_1 \\ a_2 \\ a_3 \end{bmatrix} = \begin{bmatrix} b_0 \\ -b_1 \\ b_2 \\ 0 \\ 0 \\ 0 \end{bmatrix} \tag{6.2-26}$$

für die Unbekannten $b_0 \cdots b_m$ und $a_1 \cdots a_n$ erhält.

Der Anwendungsbereich der hier beschriebenen Momentenmethode kann ohne Schwierigkeiten auf die Auswertung von Übergangsfunktionen und anderen aperiodischen Antwortfunktionen ausgedehnt werden (vgl. BA HLI, 1954, GRIEPENTROG, 1972 und KARNJUSCHIN, ČERNISCHEW, 1966).

Das Verfahren zeichnet sich deshalb — ebenso wie die Methode der Flächen — durch eine universelle Anwendbarkeit aus. Außerdem ist eine geringere Empfindlichkeit gegenüber zufälligen Störsignalen zu erwarten als bei der im Abschnitt 6.2.1. behandelten Methode, da man annehmen darf, daß sich durch die Integration der Zeitfunktion (vgl. Gln. (6.2-16) bis 20)) zufällige Abweichungen zumindest teilweise herausmitteln.

6.3. Approximation unter Verwendung empirischer Kennwerte

Bei den Verfahren dieser Gruppe wird vorausgesetzt, daß sich das vorgegebene System durch Übertragungsfunktionen mit vorher festgelegter Struktur approximieren läßt. Durch diese Annahme gelingt es, einfache Zusammenhänge zwischen den Parametern der angenommenen Übertragungsfunktionen und bestimmten Kennwerten der zugehörigen Zeitfunktionen — wie z. B. Wendetangentenrichtungen, Werten der Übergangsfunktion $h(t)$ zu bestimmten Zeitpunkten $t = t_r$ oder Quotienten aus diesen Werten — zu ermitteln. Diese Zusammenhänge werden durch Diagramme und Tabellen dargestellt und gestatten eine sehr einfache Bestimmung der benötigten Parameter. Als ältestes und einfachstes Verfahren dieser Art kann die 1928 von Küpfmüller im Zusammenhang mit Stabilitätsuntersuchungen angewendete Approximation mit

$$G(p) = \frac{b_0\, e^{-p\tau}}{1 + pT} \tag{6.3-1}$$

angesehen werden, für die die Parameter τ und T durch Wendetangentenkonstruktion ermittelt werden (vgl. Abb. 6.3-1).

6.3.1. Näherungsverfahren für aperiodische Übergangsfunktionen nach Strejč

Bei dem unter 6.2.1. behandelten Verfahren war vorausgesetzt worden, daß sich zwei benachbarte Zeitkonstanten mindestens um den Faktor 2···3 unterscheiden. Es versagt also in dem Falle, wo dicht benachbarte oder gleiche Zeitkonstanten auftreten.

Nach Strejč, 1959, 1960 lassen sich viele Regelstrecken mit befriedigender Genauigkeit durch die Übertragungsfunktion

$$G(p) = \frac{b_0}{(1 + pT)^n} \tag{6.3-2}$$

mit einem n-fachen Pol bei $p_1 = -1/T$ approximieren. Zu dieser Übertragungsfunktion gehört die Sprungantwort

$$h(t) = b_0\left(1 - e^{-t/T} \sum_{\nu=0}^{n-1} \frac{t^\nu}{\nu!\, T^\nu}\right) \tag{6.3-3}$$

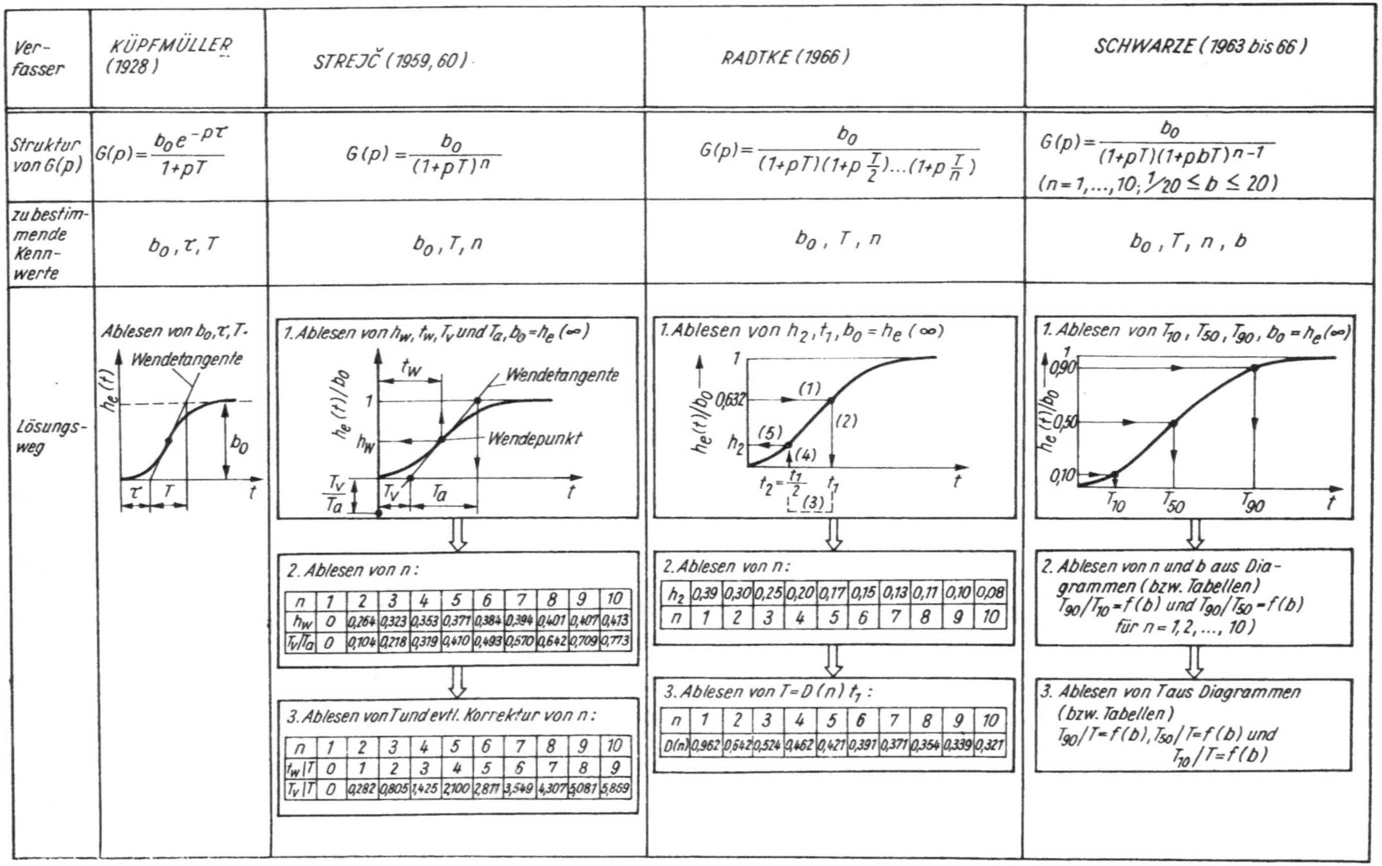

Abb. 6.3-1. Empirische Verfahren zur Approximation von Übergangsfunktionen

Durch zweimalige Differentiation findet man für die Abszisse t_w des Wendepunktes (vgl. Abb. 6.3-1) die Beziehung

$$\frac{t_w}{T} = n - 1 \tag{6.3-4}$$

und für die Ordinate h_w den Ausdruck

$$h_w = 1 - e^{-(n-1)} \sum_{\nu=0}^{n-1} \frac{(n-1)^\nu}{\nu!}. \tag{6.3-5}$$

Mit der Steigung der Wendetangente $h'(t_w) = 1/T_a$ erhält man das Verhältnis

$$\frac{T_a}{T} = \frac{(n-2)!\, e^{n-1}}{(n-1)^{n-2}} \tag{6.3-6}$$

und mit Hilfe des Strahlensatzes (Abb. 6.3-1) die Beziehung

$$\frac{1 + T_v/T_a}{h_w + T_v/T_a} = \frac{T_v + T_a}{t_w}$$

die den Zusammenhang

$$\frac{T_v}{T} = n - 1 - \frac{(n-2)!}{(n-1)^{n-2}} \left\{ e^{n-1} - \sum_{\nu=0}^{n-1} \frac{(n-1)^\nu}{\nu!} \right\} \tag{6.3-7}$$

liefert.

Da die Werte h_w und T_v/T_a (Gln. 6.3-5, 6, 7) unabhängig von T sind, eignen sie sich besonders zur Bestellung der Ordnung einer Regelstrecke. Die Benutzung des Verfahrens geht aus Abb. 6.3-1 hervor.

6.3.2. Näherungsverfahren für aperiodische Übergangsfunktionen nach Radtke

Für den Fall, daß die Übertragungsfunktion eines Systems reelle voneinander verschiedene Pole und keine Nullstellen besitzt, kann mit Vorteil ein von Radtke, 1966, ausgearbeitetes Verfahren verwendet werden. Gegenüber der Methode der sukzessiven Polkomponsation zeichnet es sich durch eine größere Einfachheit aus. Diese Einfachheit wird erkauft durch eine vorherige Festlegung der Zeitkonstantenstaffelung in Form einer harmonischen Reihe. Angenommen wird also eine Übertragungsfunktion der Form

$$G(p) = \frac{b_0}{\prod_{i-1}^{n} \left(1 + p\frac{T}{i}\right)} \tag{6.3-8}$$

zu der die Übergangsfunktion

$$h(t) = b_0(1 - e^{-t/T})^n \tag{6.3-9}$$

gehört.

Für die weiteren Betrachtungen wird die Übergangsfunktion auf den Endwert bezogen, d. h., in den Gln. (6.3-8, 9) ist $b_0 = 1$. Die Ermittlung der Größen

n und T erfolgt über die Momente von

$$z(t) = 1 - h(t) \tag{6.3-10}$$

(vgl. hierzu Gl. (6.2-20)).

6.3.2.1. Ermittlung von n und T durch Berechnung der Momente

So erhält man mit

$$\mathcal{L}\{t^i z(t)\} = (-1)^i \frac{\mathrm{d}^i}{\mathrm{d}p^i} \cdot Z(p) \tag{6.3-11}$$

für die LAPLACE-Transformierte des Integrals $\int_0^t \tau^i z(\tau)\,\mathrm{d}\tau$ den Zusammenhang

$$\mathcal{L}\left\{\int_0^t \tau^i z(\tau)\,\mathrm{d}\tau\right\} = \frac{1}{p}\,\mathcal{L}\{t^i z(t)\} = \frac{1}{p}(-1)^i \frac{\mathrm{d}^i}{\mathrm{d}p^i} Z(p)\,, \tag{6.3-12}$$

der mit dem Grenzwertsatz der LAPLACE-Transformation die Beziehung

$$M_i = \lim_{t\to\infty} \int_0^t \tau^i z(\tau)\,\mathrm{d}\tau = \lim_{p\to 0} p\,\mathcal{L}\left\{\int_0^t \tau^i z(\tau)\,\mathrm{d}\tau\right\} = \lim_{p\to 0}(-1)^i \frac{\mathrm{d}^i}{\mathrm{d}p^i}(Z(p)) \tag{6.3-13}$$

für das Moment i-ter Ordnung liefert.

Da nur zwei Kennwerte zu ermitteln sind, genügt es, die Momente 1. und 0. Ordnung zu bestimmen. Dabei liefert das Moment nullter Ordnung

$$M_0 = T \sum_{k=1}^{n} \binom{n}{k} \frac{(-1)^{k+1}}{k} = T \sum_{k=1}^{n} \frac{1}{k} = T_\Sigma \tag{6.3-14}$$

die Summen-Zeitkonstante T_Σ, und für M_1 ergibt sich der Zusammenhang

$$M_1 = T^2 \sum_{k=1}^{n} \binom{n}{k} \frac{(-1)^{k+1}}{k^2} = T^2 \sum_{k=1}^{n} \frac{1}{k} \sum_{l=1}^{k} \frac{1}{l}\,. \tag{6.3-15}$$

Zur Bestimmung der Ordnung n wird das Verhältnis $\lambda = M_1/M_2$ herangezogen. Die Funktion $\lambda = f(n)$ ist nicht nach n auflösbar; es wurde deshalb eine Näherungsformel berechnet, die für $n = 1, \ldots, 10$ ausreichend genau ist

$$n = \frac{1}{72}\left(5 + \frac{4}{2\lambda - 1}\right)^2 - \frac{1}{8}\,. \tag{6.3-16}$$

Mit dem aus der Übergangsfunktion ermittelten Wert λ gewinnt man nun über Abb. 6.3-2 $(\lambda = f(n))$ oder Gl. (6.3-16) die Ordnung n. Die Zeitkonstante wird aus Gl. (6.3-14) bestimmt:

$$T = \frac{1}{\sum_{k=1}^{n} \frac{1}{k}} M_0 = C(n)\,M_0\,. \tag{6.3-17}$$

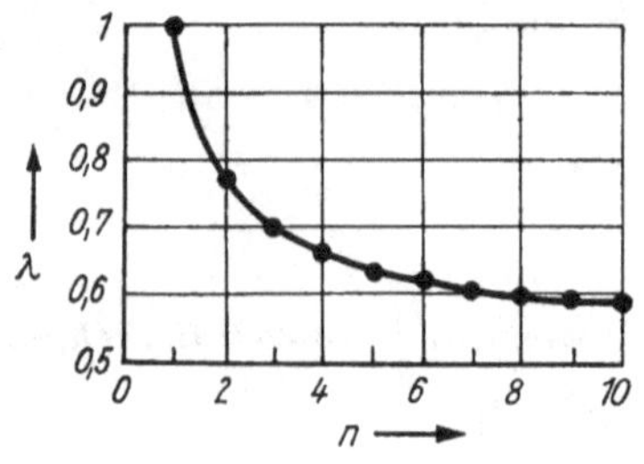

Abb. 6.3-2. Diagramm zur Bestimmung der Ordnung n

6.3.2.2. Ermittlung der Kennwerte aus ausgewählten Punkten der Übergangsfuntion

Zwei ausgewählte Punkte t_1, t_2 der Übergangsfunktion liefern die Bestimmungsgleichungen:

$$h_1 = (1 - e^{-t_1/T})^n \tag{6.3-18}$$

$$h_2 = (1 - e^{-t_2/T})^n \tag{6.3-19}$$

für die beiden Kennwerte T und n.

Entspricht die gemessene Funktion genau dem Ansatz (6.3-9), so können zwei beliebige Punkte der Übergangsfunktion gewählt werden. Trifft das nicht zu, so liefert jedes Punktpaar andere Kennwerte. Der Fehler der Approximation bleibt klein, wenn man $h_1 = 0{,}6321$ setzt. Für die in Frage kommenden Funktionen liegt dann nämlich t_1 in dem Intervall $T_\Sigma \leqq t_1 \leqq 1{,}08\ T_\Sigma$. Durch die Beziehung

$$t_1 = 1{,}04\ T_\Sigma = 1{,}04\ T \sum_{k=1}^{n} \frac{1}{k} \tag{6.3-20}$$

erhält man also die Summenzeitkonstante mit einem Fehler von nur $\pm 4\%$.

Von Radtke, 1966 wurde nachgewiesen, daß sich mit $t_2 = t_1/2$ (Abb. 6.3-1) und damit über $h_2 = f(n)$ die gleiche Ordnung n wie in Abschnitt 6.3.2.1. ergibt.

Der Abb. 6.3-1 sind die einzelnen Schritte zur Kennwertermittlung nach o. g. Verfahren zu entnehmen. Für den tabellierten Wert $D(n)$ in Abb. 6.3-1 gilt dabei nach den Gln. (6.3-20 und 17)):

$$D(n) = \frac{T}{t_1} = \frac{C(n)}{1{,}04}. \tag{6.3-21}$$

Die Kennwertermittlung über die Momente und über ausgewählte Punkte der Übergangsfunktion führt nahezu zum gleichen Resultat, wobei die zuletzt beschriebene Vorgehensweise sich als wesentlich einfacher in der Anwendung erweist.

6.3.3. Approximation mit Hilfe von Zeitprozentkennwerten nach SCHWARZE

Am weitesten ausgearbeitet wurde die Approximation unter Verwendung empirischer Zeitfunktionskennwerte von SCHWARZE, 1960 bis 1966, der neben Übertragungsfunktionen nach Gl. (6.3-2) auch Funktionen der Form

$$G(p) = \frac{b_0(1 + pcT)}{(1 + pT)^m (1 + pTb)^{n-m}}$$

mit $m = 1$ und $n = 2$ für $c \neq 0$ berücksichtigt. Die Anwendung der Methode wird auf Abb. 6.3-1 veranschaulicht.

Die hier angegebenen Verfahren zeichnen sich durch einen geringen Aufwand bei der Parameterermittlung aus. Ihr Anwendungsbereich wird durch die Beschränkung auf spezielle Strukturen eingeengt. Störsignale und Meßfehler können — besonders bei den auf der Konstruktion von Wendetangenten beruhenden Methoden — die Genauigkeit der Parameterbestimmung empfindlich beeinträchtigen (vgl. NEUENFELDT, 1971). Entsprechendes gilt für das von BROIDA, 1969 vorgeschlagene Verfahren, der die Methode von STREJČ so modifiziert hat, daß die unbekannten Parameter bereits aus dem Anfangsverlauf der Übergangsfunktion bestimmt werden können. Hierdurch ergibt sich eine Möglichkeit zur Meßzeiteinsparung, die bei sehr trägen Systemen bemerkenswert sein kann (vgl. auch QUENTIN, 1967).

6.4. Interpolationsmethoden

Unter Verwendung von Gl. (6.2-2) läßt sich die Fehlergleichung

$$\varepsilon(t) = h_e(t) - B_0 - \sum_{i=1}^{n} B_i \, e^{+p_i t} \tag{6.4-1}$$

gewinnen, wobei wegen Gl. (6.2-4) B_0 als bekannt angesehen werden kann.

Für $t = 0, t_1, t_2, \ldots, t_N$ erhält man hieraus das Fehlergleichungssystem

$$\begin{bmatrix} \varepsilon(0) \\ \varepsilon(t_1) \\ \vdots \\ \varepsilon(t_N) \end{bmatrix} = \begin{bmatrix} h_e(0) - B_0 \\ h_e(t_1) - B_0 \\ \vdots \\ h_e(t_N) - B_0 \end{bmatrix} - \begin{bmatrix} 1 & 1 & & 1 \\ e^{p_1 t_1} & e^{p_2 t_1} & \ldots & e^{p_n t_1} \\ \vdots & \vdots & & \vdots \\ e^{p_1 t_N} & e^{p_2 t_N} & \ldots & e^{p_n t_N} \end{bmatrix} \cdot \begin{bmatrix} B_1 \\ B_2 \\ \vdots \\ B_n \end{bmatrix} \tag{6.4-2}$$

$$\hat{=} \quad \boldsymbol{\varepsilon} = \boldsymbol{x}_a - (U) \cdot \boldsymbol{b} \, ,$$

das allerdings kennwertnichtlinear ist, da die Matrix (U) die unbekannten Pole p_i enthält. Zur Ermittlung der Kennwerte p_i und B_i sind demzufolge die im Abschnitt 2.5.2. angegebenen Verfahren zu verwenden. Eine erhebliche Reduzierung des Rechenaufwandes läßt sich erzielen, wenn man von vornherein über die Lage der Pole p_i und der Stützstellen t_k verfügt. Dadurch wird die Gl. (6.4-2) kennwertlinear und kann mit den meisten Verfahren des Kapitels 2 behandelt werden.

Von RENNER, 1967 wurde hierzu folgende Vorgehensweise empfohlen: Vorausgesetzt wird, daß eine Approximation mit einer Übergangsfunktion der Form

$$h(t) = B_0 + B_1\,e^{-t/T_1} + B_2\,e^{-t/T_2} + \cdots + B_5\,e^{-t/T_5} \tag{6.4-3}$$

möglich ist, wobei für die Zeitkonstanten die Relation

$$T_1 : T_2 : T_3 : T_4 : T_5 = 1 : 1/2 : 1/4 : 1/8 : 1/16 \tag{6.4-4}$$

gelten soll. Da man die größte Zeitkonstante T_1 grob aus dem Verlauf der Übergangsfunktion abschätzen kann, zum Beispiel durch die Näherung

$$h(T_1) \approx 0{,}63\, h_e(\infty)\,, \tag{6.4-5}$$

besteht lediglich die Aufgabe, die Parameter B_1 bis B_5 zu bestimmen. Dazu setzt man in Gl. (6.4-2) für t die Werte $t = 0$, $T_1/4$, $T_1/2$ und T_1 ein und ersetzt die letzte Gleichung ($N = 5$) durch den Fehler $\varepsilon'(0) = h_e'(0) - h'(0)$ zwischen den Ableitungen von $h_e(t)$ und $h(t)$ im Punkte $t = 0$. Damit ergibt sich das kennwertlineare Fehlergleichungssystem

$$\begin{bmatrix} \varepsilon(0) \\ \varepsilon(T_1/4) \\ \varepsilon(T_1/2) \\ \varepsilon(T_1) \\ \varepsilon'(0) \end{bmatrix} = \begin{bmatrix} h_e(0) - B_0 \\ h_e(T_1/4) - B_0 \\ h_e(T_1/2) - B_0 \\ h_e(T_1) - B_0 \\ h_e'(0) \end{bmatrix} - \begin{bmatrix} 1 & 1 & 1 & 1 & 1 \\ e^{-1/4} & e^{-1/2} & e^{-1} & e^{-2} & e^{-4} \\ e^{-1/2} & e^{-1} & e^{-2} & e^{-4} & e^{-8} \\ e^{-1} & e^{-2} & e^{-4} & e^{-8} & e^{-16} \\ -1/T_1 & -2/T_1 & -4T_1 & -8/T_1 & -16/T_1 \end{bmatrix} \cdot \begin{bmatrix} B_1 \\ B_2 \\ B_3 \\ B_4 \\ B_5 \end{bmatrix}$$

$$\hat{=} \quad \boldsymbol{\varepsilon} = \boldsymbol{x}_a - (U) \cdot \boldsymbol{b}\,, \tag{6.4-6}$$

das bei Anwendung des Interpolationsverfahrens ($\boldsymbol{\varepsilon} = \boldsymbol{0}$, vgl. 2.3.1.) für den Kennwertvektor $\boldsymbol{b}$ die Beziehung

$$\boldsymbol{b} = (U)^{-1}\,\boldsymbol{x}_a$$

liefert.

Da man bei geeigneter Normierung $T_1 = 1$ setzen kann, hängt die Koeffizientenmatrix (U) nicht von den jeweiligen Meßwerten ab und braucht deshalb nur einmal invertiert zu werden. Zur Berechnung der $B_1, \ldots, B_5$ ist somit nur die Multiplikation dieser inversen Matrix mit dem Vektor der Werte der Übergangsfunktion erforderlich.

Die erreichte Vereinfachung der Auswertung wird naturgemäß durch eine Einengung des Anwendungsbereiches erkauft. Bezüglich weiterer Anwendungen des Interpolationsverfahrens wird auf LEVENSTEIN, 1957 und KARNJUSCHIN, PALJUCH, 1960 verwiesen.

6.5. Zusammenfassung

Angegeben wurde eine Auswahl von Methoden zur Ermittlung einer gebrochenen rationalen Übertragungskfuntion und einer Ersatztotzeit τ durch Auswertung gemessener Übergangsfunktionen. Diese Auswahl beschränkte sich auf

Methoden, die als leicht anwendbare Handrechenverfahren Bedeutung für die Ingenieurpraxis der Gegenwart besitzen.

Verzichtet wurde auch auf die Darstellung solcher Methoden, deren Anwendung bereits deutlich aus dem im Teil I dieser Arbeit dargestellten theoretischen Grundlagen hervorgeht und deren Verwendbarkeit nicht auf sprungförmige Testsignale begrenzt ist (vgl. zum Beispiel analoge Modellangleichungs-Verfahren nach Abschnitt 2.6.2).

Weitergehende Einzelheiten können der unter 10.3.3. angegebenen Literatur entnommen werden.

KAPITEL 7

ERMITTLUNG DISKRETER GEWICHTSFUNKTIONSWERTE MIT HILFE PSEUDOSTOCHASTISCHER BINÄRSIGNALE

7.1. Aufgabenstellung

Ein lineares System wird vollständig durch die Gewichtsfunktion $g(t)$ in den Gln. (1.4-10 und 12) bzw. die $q \times r$ Gewichtsfunktionen $g_{li}(t)$ in den Gln. (1.4-14, 15, 16) gekennzeichnet. Eine unmittelbare Messung der Gewichtsfunktion durch Anwendung eines DIRAC-impulsförmigen Testsignals ist dabei nur in Ausnahmefällen (z. B. für lineare elektrische Netzwerke) näherungsweise möglich. Man versucht deshalb, die Gewichtsfunktion mit Testsignalen möglichst kleiner Amplitude so zu bestimmen, daß die normale Arbeitsweise der zu analysierenden Anlage nur geringfügig beeinträchtigt wird.

Dieses Kapitel befaßt sich mit einer derartigen Aufgabenstellung. Behandelt werden dazu die bei Anwendung des unter 4.5. eingeführten pseudostochastischen Binärsignale entstehenden Probleme. Zunächst wird eine analoge Meßwertverarbeitung zugrunde gelegt.

7.2. Analoge Meßwertverarbeitung (Korrelationsanalyse)

Unter 3.3.2.1.2. war gezeigt worden, daß sich bei Anwendung der Methode der kleinsten Quadrate für die diskreten Werte der Gewichtsfunktion das Gleichungssystem (3.3-16a) ergibt, das bei einem Testsignal in Form eines weißen Rauschens mit der Korrelationsfunktion

$$\Psi_{x_e x_e}(k\,\Delta t) = \lim_{T\to\infty} \frac{1}{2T} \int_{-T}^{T} x_e(t)\, x_e(t + k\,\Delta t)\, \mathrm{d}t = \begin{cases} \neq 0 \text{ für } k = 0 \\ = 0 \text{ für } k = 1, \ldots, n \end{cases} \tag{7.2-1}$$

die explizite gelösten Gleichungen

$$\hat{g}(k) = \frac{1}{\Psi_{x_e x_e}(0)} \cdot \Psi_{x_e x_a}(k) \qquad \text{für} \qquad k = 0, \ldots, n \tag{7.2-2}$$

liefert. Aus Gl. (4.5-17) geht hervor, daß das pseudostochastische Binärsignal nach Abb. 4.5-1 die Bedingung (7.2-1) annähernd erfüllt und somit unter Berücksichtigung der Periodizität von $x_e(t)$ und der Bedingung

$$\Psi_{x_e x_a}(k) = \Psi_{x_a x_e}(-k) = \frac{1}{T} \int_0^T x_a(t)\, x_e(t - k\,\Delta t)\, \mathrm{d}t \tag{7.2-3}$$

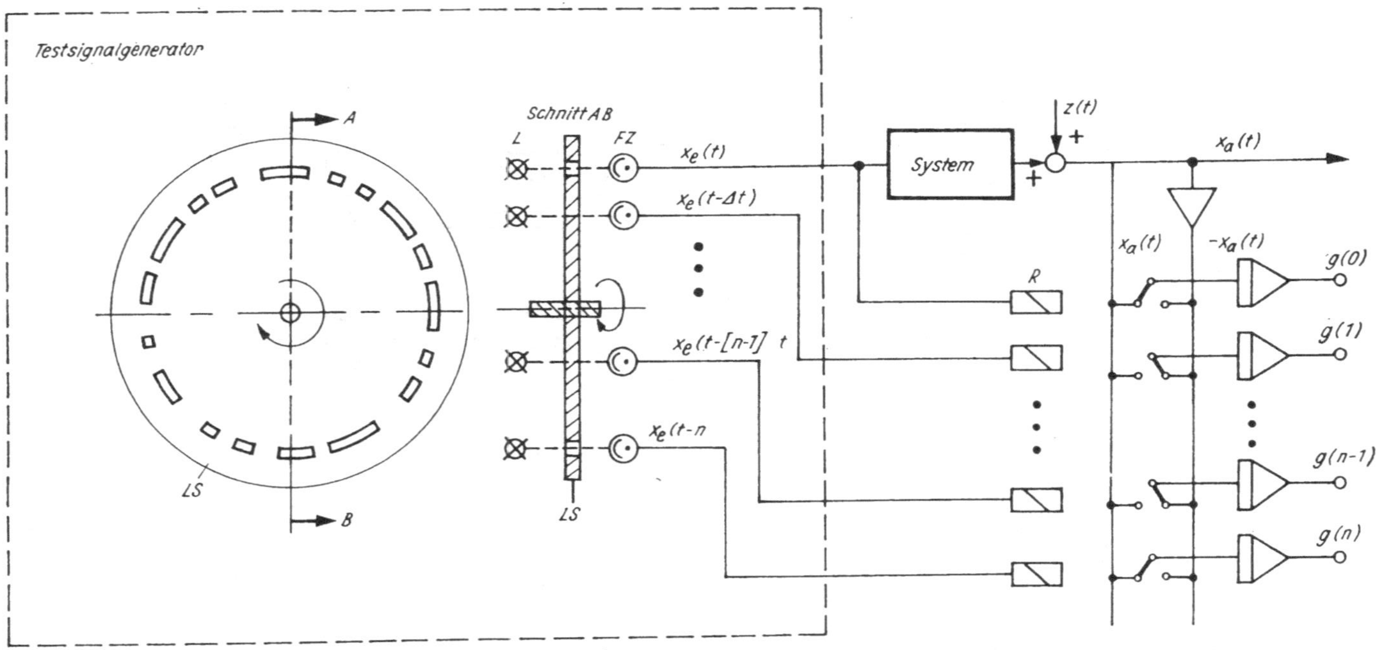

Abb. 7.2-1. Versuchsanordnung zur Bestimmung diskreter Werte der Gewichtsfunktion bei analoger Meßwertverarbeitung (L = Lampen, FZ = Fotozellen, LS = Lochscheibe)

den Zusammenhang

$$\hat{\hat{g}}(k) = \frac{1}{b^2 T} \int_0^T x_a(t)\, x_e(t - k\,\Delta t)\, dt \tag{7.2-4}$$

ergibt. Unter Verwendung der Gl. (4.5-1) erhält man schließlich die sehr einfache Bestimmungsgleichung

$$\hat{\hat{g}}(k) \approx \frac{1}{bT} \int_0^T x_a(t) \operatorname{sgn} x_e(t - k\,\Delta t)\, dt \qquad \text{mit } k = 0, \ldots, n\,. \tag{7.2-5}$$

Man gewinnt also die $\hat{\hat{g}}(k)$ einfach dadurch, daß man das Ausgangssignal $x_a(t)$ abhängig vom Vorzeichen von $x_e(t - k\,\Delta t)$ mit $+1$ oder -1 multipliziert und dann integriert. Diese Vorschrift (7.2-5) läßt sich nach Abb. 7.2-1 sehr einfach analogrechentechnisch realisieren. Den Testsignalgenerator kann man dabei in Form einer durchlöcherten Scheibe (Abb. 7.2-1) oder eines durch einen Lochstreifen gesteuerten Generators nach Abb. 5.4-5 realisieren. Die Integrationszeit T in Gl (7.2-5) läßt sich einfach aus der Umdrehungszahl der Scheibe ableiten.

7.3. Digitale Meßwertverarbeitung (Regressionsanalyse)

Bei digitaler Meßwertverarbeitung führt gemäß Abschnitt 3.3.2.1.1. die Methode der kleinsten Quadrate auf das Gleichungssystem (3.3-12a), das bei Anwendung eines pseudostochastischen Binärsignals wegen Gl. (4.5-10) die Gestalt

$$\frac{b^2}{N} \begin{bmatrix} N & -1 \cdots & -1 \\ -1 & N \cdots & -1 \\ \cdot & \cdot\ \cdot & \cdot \\ \cdot & \cdot\ \ \cdot & \cdot \\ \cdot & \cdot\ \ \cdot & \cdot \\ -1 & -1 \cdots & N \end{bmatrix} \cdot \begin{bmatrix} \hat{\hat{g}}(0) \\ \hat{\hat{g}}(1) \\ \cdot \\ \cdot \\ \cdot \\ \hat{\hat{g}}(n) \end{bmatrix} = \begin{bmatrix} \tilde{\Psi}_a(0) \\ \tilde{\Psi}_a(1) \\ \cdot \\ \cdot \\ \cdot \\ \tilde{\Psi}_a(n) \end{bmatrix} \tag{7.3-1}$$

annimmt und für $N \gg b^2$ die der Gl. (7.2-5) entsprechende Näherung

$$\hat{\hat{g}}(s) \approx \frac{1}{bN} \sum_{k=0}^{N-1} x_a(k) \operatorname{sgn} x_e(k - s) = \frac{1}{b^2} \tilde{\Psi}_a(s) \tag{7.3-2}$$

liefert.

Kann die Voraussetzung $N \gg b^2$ nicht eingehalten werden, so ist anstelle dieser Näherung die aus Gl. (7.3-1) folgende Beziehung

$$\hat{g}(s) = \frac{1}{bN} \sum_{k=0}^{N-1} x_a(k) \operatorname{sgn} \{x_e(k - 1)\} + \frac{1}{N} \sum_{\substack{i=0 \\ i \neq s}}^{n} \hat{g}(i) \tag{7.3-3}$$

zu verwenden. Hierbei kann der Term

$$\frac{1}{N} \sum_{\substack{i=0 \\ i \neq s}}^{n} \hat{\bar{g}}(i) \approx \frac{1}{N} \sum_{i=0}^{n} \hat{\bar{g}}(i) = \frac{n+1}{N} \left\{ \frac{1}{N+1} \sum_{i=0}^{n} \hat{\bar{g}}(i) \right\} = \frac{n+1}{N} g_m \qquad (7.3\text{-}4)$$

als der mit $(n + 1)/N$ multiplizierte Mittelwert der Gewichtsfunktion betrachtet werden, der um so weniger das Ergebnis beeinflußt je größer N im Vergleich zu $n + 1$ ist.

Eine einfache Korrekturmöglichkeit für die nach Gl. (7.3-2) berechneten Werte ist nun dadurch gegeben, daß man unter Verwendung von Gl. (7.3-4) den Term $\frac{n+1}{N} g_m$ ermittelt und und zu den $\hat{\bar{g}}(s)$ hinzuaddiert. Man kann allerdings auch direkt von der Gl. (7.3-1) ausgehen, da sich die Matrix $(U)^T (U)$ einfach invertieren läßt.

7.4. Experimentelle Erprobung

Zur experimentellen Untersuchung wurde das bereits im Kapitel 5 behandelte Beispiel gemäß Gl. (5.2-21b) und Abb. 5.3-1 verwendet. Alle Ergebnisse wurden durch digitale Simulation auf der Anlage ELLIOTT NE 503 erzielt.

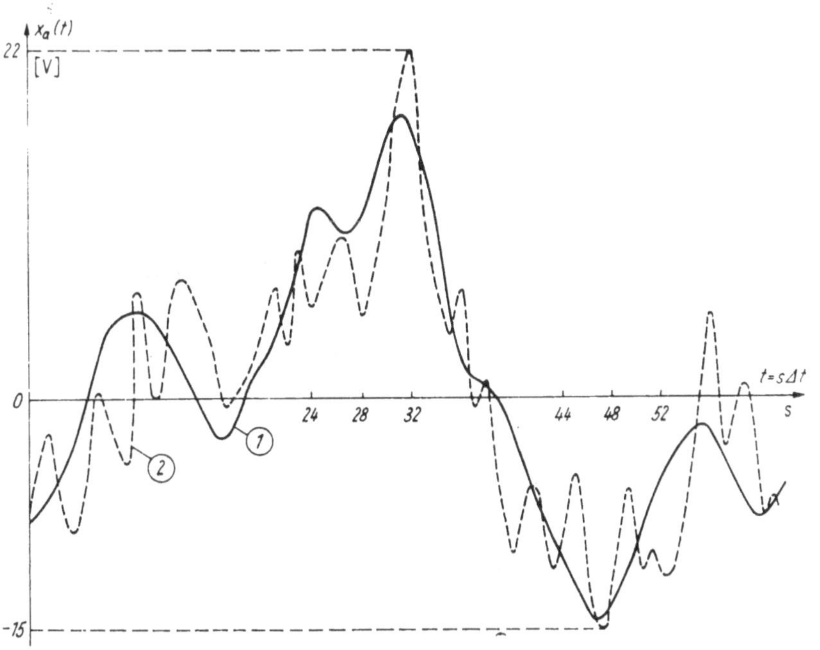

Abb. 7.4-1. Ungestörtes (1) und stochastisch gestörtes (2) Antwortsignal auf ein PBS mit $N = 59$

7.4.1. Analyse ungestörter Antwortsignale

Unter Berücksichtigung der unter 4.5.2. angegebenen Entwurfsrichtlinien für pseudostochastische Binärsignale wurde die Testsignalamplitude b zu 50 Volt und die Periodendauer T zu 20 Sekunden festgelegt. Für die Zahl der Intervalle N sind die Werte 31, 59, 127 und 251 gewählt worden. Abb. 7.4-1 (Kurve 1) zeigt das ungestörte Antwortsignal, das man für $N = 59$ erhält. Die aus diesem Antwortsignal nach den Gln. (7.3-3, 4) bestimmte Gewichtsfunktion $g(t)$ ist zusammen mit dem wahren Verlauf $\mathring{g}(t)$ in Abb. 7.4-2 dargestellt.

Verwendet man zur Beurteilung der entstehenden Fehler die Fehlerdefinition

$$\delta = \frac{\sum_{i=1}^{n} |g(i) - \mathring{g}(i)|}{\sum_{i=1}^{n} |\mathring{g}(i)|}, \tag{7.4-1}$$

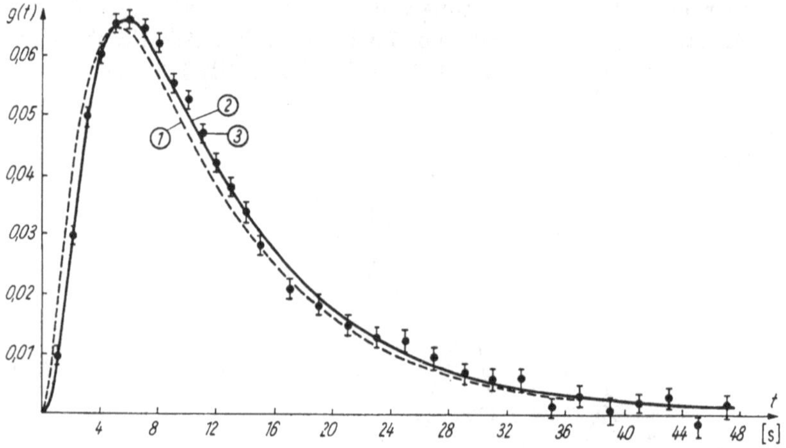

Abb. 7.4-2. Gewichtsfunktion
Kurve 1: wahrer Verlauf, Kurve 2: aus dem ungestörten Antwortsignal nach Abb. 7.4-1 (Kurve 1) bestimmter Verlauf, Punkte 3: aus dem stochastisch gestörten Antwortsignal nach Abb. 7.4-1 gewonnene Werte

so erhält man die in Abb. 7.4-3 dargestellte Abhängigkeit von der Intervallzahl N und den in Abb. 7.4-4 gezeigten Zusammenhang mit $\Delta t/T_{\min}$, wenn mit $T_{\min}$ die kleinste zu ermittelnde Zeitkonstante (im vorliegenden Beispiel $T_{\min} = 1$ s) bezeichnet wird. Diese Diagramme bestätigen den unter 4.5.2. angegebenen Richtwert, wonach die Intervallbreite im Interesse einer ausreichenden Genauigkeit zu $\Delta t \leqq T_{\min}/4$ zu wählen ist.

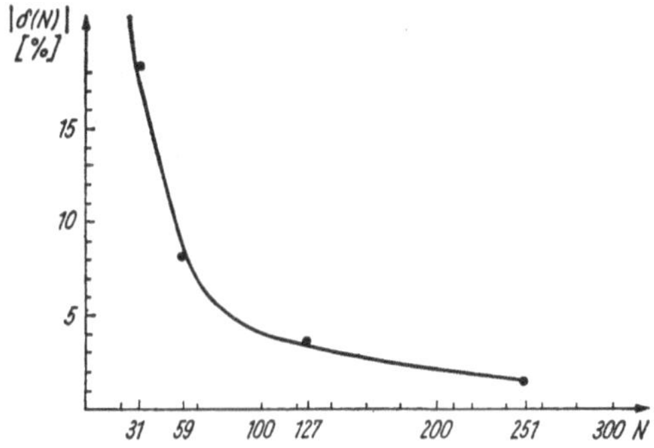

Abb. 7.4-3. Verlauf des Fehlers (7.4-1) als Funktion der Intervallzahl N

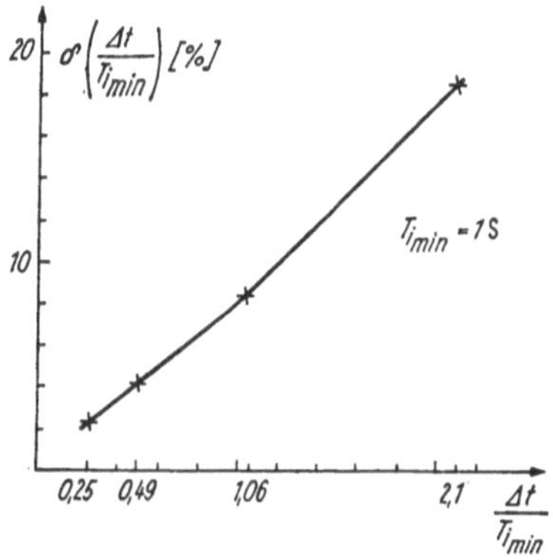

Abb. 7.4-4. Verlauf des Fehlers (7.4-1) als Funktion der Intervallbreite Δt

7.4.2. Analyse stochastisch gestörter Antwortsignale

Zur Abschätzung des Einflusses zufälliger Störungen wird das ungestörte Antwortsignal auf ein PBS mit $N = 59$ Intervallen in der auf Abb. 5.3-1 (Fall 2, Breitbandrauschen zwischen Ein- und Ausgang) gezeigten Form mit einem stochastischen Signal überlagert. Abb. 7.4-1 (Kurve 2) zeigt die so gewonnene stochastisch gestörte Antwortfunktion. Diese Antwortfunktion ergibt bei Auswertung von 51 Perioden, d. h. von insgesamt $51 \cdot 59 = 3009$ Meßpunkten, die in Abb. 7.4-2 dargestellten Funktionswerte. Die mittleren Fehler dieser Funktionswerte lassen sich durch Mittelung der aus je einer Periode des Antwortsignales bestimmenden Gewichtsfunktionswerte zu

$$\tilde{\sigma}_{\hat{g}} \approx 0{,}0015, \ldots, 0{,}0020 \qquad (7.4\text{-}2)$$

abschätzen.

Man erkennt, daß zur Erzielung dieser Fehler bereits eine Meßzeit von $51 \cdot 20\pi \approx 3200$ Sekunden $\approx 0{,}9$ Stunden notwendig ist, die etwa das 20π

$\approx$ 62-fache der Einschwingzeit beträgt (vgl. Übergangsfunktion in Abb. 5.2-10). Nähert man die überlagerte Störung durch ein weißes Rauschen an, was nach Abb. 5.3-2 (vgl. $\Phi_{z_2 z_2}(\omega)$) für $\omega < 0{,}4\ \mathrm{s}^{-1}$ zulässig zu sein scheint, so läßt sich zur Abschätzung des Fehlers die einfache Beziehung (3.3-14e)

$$\sigma_{\hat{g}(s)} = \sigma_z / \sqrt{N \tilde{\Psi}(0)}$$

verwenden, wobei im gewählten Beispiel der Effektivwert der Störung

$$\sigma_z = \sqrt{\Psi_{zz}(0)} = 5 \text{ Volt}$$

beträgt (vgl. Gl. (5.3-1a)), und $\tilde{\Psi}(0)$ sich nach den Gln. (7.3-1, 2) aus der Testsignalamplitude zu

$$\tilde{\Psi}(0) = b^2 = (50 \text{ Volt})^2$$

ergibt. Für N ist dabei die Gesamtzahl der Meßpunkte, d. h. der Wert $51 \cdot 59 = 3009$, einzusetzen. Damit ergibt sich ein mittlerer Fehler zu

$$\sigma_{\hat{g}(s)} = 0{,}1/\sqrt{3009} \approx 0{,}0018 \approx 0{,}002\,,$$

der recht genau mit dem Fehler (7.4-2) übereinstimmt.

7.5. Erweiterung auf mehrdimensionale Modelle

Wie im Abschnitt 3.3.2.2. gezeigt wurde, lassen sich die Gewichtsfunktionswerte $g_{li}(s)$ mehrdimensionaler Modelle gemäß Abb. 1.4-4c und den Gln. (1.4-14 bis 16c) dann anhand explizite gelöster Bestimmungsgleichungen nach den Beziehungen (3.3-25 und 30) bestimmen, wenn die r-Eingangssignale $x_{e1}, \dots, x_{er}$ den Bedingungen

$$1.\ \tilde{\Psi}_{pi}(s, m) = \Psi_{pi}(m, s) = \frac{1}{N} \sum_{k=0}^{N-1} x_{ep}(k - s)\, x_{ei}(k - m)$$

$$= \begin{cases} \neq 0 \text{ für p} = i \text{ und } s - m = 0 \\ = 0 \text{ für p} \neq i \text{ und } |s - m| = 0, 1, 2, \dots, n \end{cases} \qquad (7.5\text{-}1)$$

(digitale Meßwertverarbeitung — vgl. Gln. (3.3-22a bis 22e)) oder

$$2.\ \Psi x_{ep} x_{ei}(k\,\Delta t) = \lim_{T \to \infty} \frac{1}{2T} \int_{-T}^{T} x_{ep}(t)\, x_{ei}(t + k\,\Delta t)\,\mathrm{d}t$$

$$= \begin{cases} \neq 0 \text{ für p} = i \text{ und } k = 0 \\ \ 0 \text{ für p} \neq i \text{ und } k = 0, 1, 2, \dots, n \end{cases} \qquad (7.5\text{-}2)$$

(analoge Meßwertverarbeitung — vgl. Gln. (3.3-29, 27))

genügen.

Da angenommen wurde, daß die zu identifizierenden Gewichtsfunktionen für $t > n\,\Delta t$ verschwinden (vgl. Gl. (3.3-20b)) ist es ausreichend, wenn $\tilde{\Psi}_{pi}\ (s, m)$ bei $p \neq i$ für $|s - m| \leqq n$ und $\Psi_{x_{ep}x_{ei}}(k\,\Delta t)$ bei $p \neq i$ für $|k| < n$ zu Null wird.

Dies läßt sich einfach dadurch erreichen, daß man die r-Eingangssignale $x_{e1}(t), \ldots, x_{er}(t)$ gemäß

$$\begin{aligned} x_{e1}(t) &= x_e(t - N_1\,\Delta t) \qquad (\text{mit } N_1 = 0) \\ x_{e2}(t) &= x_e(t - N_2\,\Delta t) \\ &\vdots \\ x_{er}(t) &= x_e(t - N_r\,\Delta t) \end{aligned} \tag{7.5-3}$$

durch zeitliche Verschiebung eines PBS nach Abb. 4.5-1 bildet, wobei darauf zu achten ist, daß

$$|N_p - N_i| > n \qquad \text{und} \qquad N > N_r + n > rn \tag{7.5-4}$$

sein muß.

So erhält man für die Kreuzkorrelationsfunktion $\Psi_{x_{ep}x_{ei}}(k\,\Delta t)$ nach Gl. (7.5-2) den Ausdruck

$$\begin{aligned} \Psi_{x_{ep}x_{ei}}(k\,\Delta t) &= \frac{1}{T}\int_0^T x_e(t - N_p\,\Delta t)\, x_e(t - N_i\,\Delta t + k\,\Delta t)\, \mathrm{d}t \\ &= \Psi_{x_ex_e}\,(k\,\Delta t - [N_i - N_p]\,\Delta t) \end{aligned} \tag{7.5-5}$$

mit

$$\Psi_{x_ex_e}(k\,\Delta t - [N_i - N_p]\,\Delta t)$$

$$= \begin{cases} b^2 \text{ bei } |k| = 0, N, 2N, \ldots \ \textit{und}\ i = p \\ \quad \text{oder } |k| = |N_i - N_p| > n\ \textit{und}\ i \neq p \\ -\dfrac{b^2}{N} \approx 0 \text{ bei } |k| = 0, 1, 2, \ldots, n, \ldots, |N_i - N_p| - 1 \\ \qquad\qquad \textit{und}\ i \neq p \end{cases} \tag{7.5-6}$$

Der Vergleich dieser Beziehung mit Gl. (7.5-2) macht deutlich, daß die geforderten Eigenschaften der Testsignale durch die Eingangssignale $x_{ei}(t)$ nach Gl. (7.5-3) annähernd erfüllt werden, wenn $|N_p - N_i| > n$ ist (vgl. Gl. (7.5-4)).

Dies soll, ausgehend von Gl. (3.3-26) noch etwas genauer veranschaulicht werden. Durch Einsetzen von Gl. (7.5-5) in Gl. (7.5-3) und Vertauschen der Summationsreihenfolge ergibt sich mit $N_1 = 0$ ((vgl. Gl. 7.5-3)) und $p = 1$ die Beziehung

$$\begin{aligned} \Psi_{x_{e1}x_{al}}(k\,\Delta t) &= \sum_{s=0}^{n} \{\bar{g}_{l1}(s)\, \Psi_{x_{e1}x_{e1}}([k - s]\,\Delta t) + \cdots + \bar{g}_{lr}(s)\, \Psi_{x_{e1}x_{er}}([k - s]\,\Delta t)\} \\ &= \sum_{s=0}^{n} \{\bar{g}_{l1}(s)\, \Psi_{x_ex_e}([k - s]\,\Delta t) + \bar{g}_{l2}(s)\, \Psi_{x_ex_e}([k - s - N_2]\,\Delta t) + \cdots \\ &\quad + \bar{g}_{lr}(s)\, \Psi_{x_ex_e}([k - s - N_r]\,\Delta t\}, \end{aligned} \tag{7.5-7}$$

die mit

$$\Psi_{x_e x_e}([k - s - N]\,\Delta t) = \begin{cases} b^2 & \text{für } |s| = |k - N_i| \\ -\dfrac{b^2}{N} \approx 0 & \text{für } |s| \neq |k - N_i| \text{ in } |s| \leqq n \end{cases} \tag{7.5-8}$$

den einfachen Zusammenhang

$$\Psi_{x_{e1}x_{al}}(k\,\Delta t) = b^2\,\{\bar{g}_{l1}(k) + \bar{g}_{l2}(k - N_2) + \cdots + \bar{g}_{lr}(k - N_r)\} \tag{7.5-9}$$

liefert. Die Kreuzkorrelationsfunktion $\Psi_{x_{e1}x_{al}}(k\,\Delta t)$ stellt also die mit dem Faktor b^2 multiplizierte Summe der gesuchten Gewichtsfunktionen dar, die — wie Abb. 7.5-1 veranschaulicht — wegen der Voraussetzung

$$g_{li}(k) \approx 0 \qquad \text{für } k > n \tag{7.5-10}$$

und mit $|N_{i+1} - N_i| > n$ (vgl. Gln. (3.3-20b) und (7.5-4)) explizite unter Verwendung der Beziehungen

$$\bar{g}_{li}(k) = \frac{1}{b^2}\,\Psi_{x_{e1}x_{al}}([k + N_i]\,\Delta t) \tag{7.5-11}$$

$$\text{für } k = 0, 1, \ldots, n;\ i = 1, \ldots, r \text{ und } l = 1, \ldots, q$$

berechnet werden können.

Diese Gleichung ist wegen Gl. (7.5-8) als eine Näherung zu betrachten, die um so genauer gilt, je größer N und je kleiner b^2/N ist.

Durch eine geringfügige Modifikation der hier skizzierten Vorgehensweise läßt sich jedoch eine exakt geltende Bestimmungsgleichung gewinnen. Anstelle der

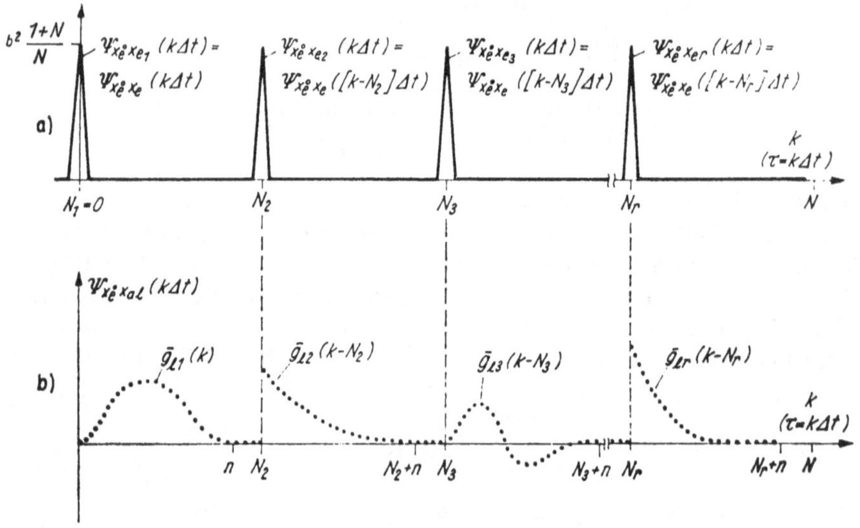

Abb. 7.5-1. Kreuzkorrelationsfunktionen zwischen den Eingangssignalen $x_{e1}, \ldots, x_{er}$ und zwischen x_e^0 und den Ausgangssignalen $x_{a1}, \ldots, x_{aq}$ (vgl. Gl. (7.5.-15))

Korrelationsfunktion $\Psi_{x_{e1}x_{al}}$ und $\Psi_{x_{e1}x_{ei}}$ werden in Gl. (7.5-7) die Korrelationsfunktionen $\Psi_{x_e^0x_{al}}$ und $\Psi_{x_e^0x_{ei}}$ eingesetzt, wobei

$$x_e^0(t) = x(t) + b \tag{7.5-12}$$

ist. Dadurch tritt mit

$$\Psi_{x_e^0x_e}(k\,\Delta t) = \Psi_{x_ex_e}(k\,\Delta t) + \frac{b^2}{N} = \begin{cases} b^2\left(1 + \dfrac{1}{N}\right) & \text{für } k = 0 \\ 0 & \text{für } k = 1, 2, \dots, N-1 \end{cases} \tag{7.5-13}$$

an die Stelle der Beziehung (7.5-8) der Zusammenhang

$$\Psi_{x_e^0x_{ei}}([k-s]\,\Delta t) = \Psi_{x_e^0x_e}([k-s-N_i]\,\Delta t) = \begin{cases} b^2\dfrac{1+N}{N} & \text{für } |s| = |k-N_i| \\ 0 & \text{für } |s| \neq |k-N_i| \text{ in } |s| \leqq n\,, \end{cases} \tag{7.5-14}$$

und das Resultat (7.5-11) nimmt die Gestalt

$$\bar{g}_{li}(k) = \frac{N}{b^2(1+N)}\,\Psi_{x_e^0x_{al}}([k+N_i]\,\Delta t) \tag{7.5-15}$$

$$\text{für } k = 0, 1, \dots, n \text{ bei } n \leqq [N_{i+1} - N_i] - 1$$
$$\text{und } i = 1, \dots, r \text{ sowie } l = 1, \dots, q$$

an. Die Korrelationsfunktionen $\Psi_{x_e^0x_{ei}}$ bilden jetzt — wie Abb. 7.5-1 veranschaulicht — exakt Dreieck-impulsförmige Verläufe (Näheres vgl. Izawa, Furuta, 1965).

7.6. Zum gegenwärtigen Stand bei der praktischen Anwendung pseudostochastischer Binärsignale

Anfang der sechziger Jahre herrschte bei vielen Fachleuten die Meinung vor, daß zur Bestimmung der Gewichtsfunktion durch Lösung der Wiener-Hopfschen Integralgleichung (1.4-12) die Verwendung des ohnehin am Systemeingang vorhandenen stochastischen Störsignales nicht nur möglich, sondern auch vorteilhaft ist. Nachdem sich allerdings gezeigt hatte, daß dieser Weg — aus den unter 4.4. genannten Gründen — für träge Systeme nicht erfolgreich beschritten werden kann, bemühte man sich, determinierte Testsignale zu verwenden, die bei möglichst kleiner Testsignalamplitude, d. h. bei möglichst geringer Störung der normalen Arbeitsweise des zu untersuchenden Objektes, die größtmögliche Identifikationsgenauigkeit bieten. Das führte auf die Verwendung des oben behandelten PBS. Die erste Anwendung dieses Testsignals wurde aus dem

Jahre 1961 in Zusammenhang mit der Kennwertermittlung an einem Kernreaktor bekannt (vgl. BALCOMB, DEMUTH, GYFTOPOULOS, 1961). Von einer gewissen Anwendungsbreite kann jedoch erst seit dem Jahre 1965 gesprochen werden (vgl. 10.3.4.2.), wobei ein deutlicher Aufschwung nach dem Prager IFAC-Symposium (1967) [—1] festzustellen ist.

Über die bis zum Jahre 1969 bekanntgewordenen Anwendungen vermittelt GODFREY, 1970 eine Übersicht. Besonders hinzuweisen ist außerdem auf die Übersichtsarbeit von STAPLETON, 1970 und den Beitrag von PETERKA, 1969, sowie auf Versuche, spezielle Testsignale zur Analyse nichtlinearer Systeme zu konstruieren (vgl. BRIGGS, GODFREY, HAMMOND, 1967; GYFTOPOULOS, HOOPER, 1964; GARDINER, 1966; GODFREY, 1966; HOOPER, GYFTOPOULOS, 1966; SIMPSON 1966).

ERMITTLUNG UND VEREINFACHUNG PARAMATRISCHER MODELLE ANHAND NICHTPARAMETRISCHER KOMPLEXER FREQUENZ-FUNKTIONSMODELLE

8.1. Aufgabenstellung

Untersucht wird die folgende, bereits unter 3.7.3 formulierte Aufgabenstellung:

Gegeben sei eine komplexe Frequenzfunktion

$$G_e(j\omega_s) = U_e(\omega_s) + jV_e(\omega_s) = U_s + jV_s \qquad (8.1\text{-}1)$$

$$\text{für } s = 1, 2, \ldots, N\,.$$

Bei dieser Funktion kann es sich sowohl um experimentell bestimmte Werte

(1) eines Frequenzganges oder
(2) eines Leistungsdichtespektrums $\Phi_{x_e x_a}(j\omega)$

handeln.

Gesucht wird eine gebrochen rationale Übertragungsfunktion der Form

$$G(p) = \frac{b_0 + b_1 p + \cdots + b_m p^m}{a_0 + a_1 p + \cdots + a_n p^n} \qquad (8.1\text{-}2)$$

Die allgemeinen Lösungsprinzipien für diese Aufgabenstellung sind bereits im Abschnitt 3.7.3. für den Fall angegeben worden, daß kennwertlineare Fehlergleichungen verwendet werden können.

Dieses Kapitel beschränkt sich auf den praktisch wichtigen und schwierigen Sonderfall, daß aus den unter 3.7.3.2. genannten Gründen die kennwertnichtlineare Fehlerbeziehung

$$\varepsilon_a(j\omega) = U_s + jV_s - \frac{\sum\limits_{i=0}^{m} b_i \cdot (j\omega_s)^i}{\sum\limits_{i=0}^{n} a_i \cdot (j\omega_s)^i} \qquad (8.1\text{-}3)$$

verwendet werden muß und die unbekannten Kennwerte a_i und b_i nach der Methode der kleinsten Quadrate bestimmt werden sollen. Dabei besteht das besondere Anliegen dieses Kapitels darin, unter Verwendung des Verfahrens der iterativen Lösung kennwertlinearisierter Normalgleichungen nach 2.5.1. eine für die Ingenieurpraxis geeignete Methode zu entwickeln und deren Leistungsfähigkeit an praktischen Anwendungen zu überprüfen.

8.2. Das vorgeschlagene Verfahren

Ausgegangen wird von der Minimierungsforderung

$$Q = \sum_{s=1}^{N} |\delta_G(j\omega_s)|^2 G_s^{*2} = \text{Min}\,, \tag{8.2-1}$$

$$\text{wobei } \delta_G(j\omega) = \frac{G_e(j\omega) - G(j\omega)}{G_e(j\omega)} \tag{8.2-2}$$

den relativen Frequenzgangfehler bezeichnet und G_s^* einen Wichtungsfaktor darstellt, der dem Betrag des mittleren relativen Meßfehlers m_0 von $G_e(j\omega)$ umgekehrt proportional ist:

$$G_s^* = c/m_0(\omega_s) = c\Big/\left|\frac{\Delta G_e(j\omega_s)}{G_e(j\omega_s)}\right|_m \quad \text{mit} \quad c = \left|\frac{\Delta G_e(j\omega_1)}{G_e(j\omega_1)}\right|_m = m_0(\omega_1)\,. \tag{8.2-3}$$

Der Faktor G_s^* sorgt also dafür, daß die experimentell bestimmten Werte $G_e(j\omega_s)$ ihrer Genauigkeit entsprechend in das Resultat eingehen.

Da für kleine Abweichungen die relativen Fehler von $G_e(j\omega_s)$ und

$$G_e^{-1}\,(j\omega_s) = U_s^* + jV_s^* \tag{8.2-4}$$

annähernd übereinstimmen, d. h., da

$$|\delta_G(j\omega)| \approx |\delta_G^*(j\omega)| = \left|\frac{G^{-1}(j\omega_s) - G_e^{-1}\,(j\omega_s)}{G_e^{-1}\,(j\omega_s)}\right| \tag{8.2-5}$$

ist, wird in Gl. (8.2-1) anstelle von $|\delta_G(j\omega)|$ der Fehler $|\delta_G^*(j\omega)|$ eingesetzt, wodurch sich der Ansatz

$$Q = \sum_{s=1}^{N} |\varepsilon(j\omega_s)|^2\, |g(j\omega_s)|^2 = \text{Min} \tag{8.2-6}$$

mit der komplexen kennwertlinearen Fehlergleichung

$$\begin{aligned}\varepsilon(j\omega_s) &= \sum_{i=0}^{n} a_i(j\omega_s)^i - G_e^{-1}\,(j\omega_s) \sum_{i=0}^{m} b_i(j\omega_s)^i\\ &= U_2(\omega_s) + jV_2(\omega_s) - (U_s^* + jV_s^*)\,(U_1(\omega_s) + jV_1(\omega_s))\\ &= U_2(\omega_s) - U_s^* U_1(\omega_s) + V_s^* V_1(\omega_s)\\ &\quad + j\{V_2(\omega_s) - V_s^* U_1(\omega_s) - U_s^* V_1(\omega_s)\}\\ &= \varepsilon_r(\omega_s) + j\varepsilon_i(\omega_s)\,,\end{aligned} \tag{8.2-7}$$

mit

$$U_2(\omega_s) = a_0 - a_2\omega_s^2 + a_4\omega_s^4 - a_6\omega_s^6 + - \cdots \tag{8.2-7a}$$

$$V_2(\omega_s) = a_1\omega_s - a_3\omega_s^3 + a_5\omega_s^5 - a_7\omega_s^7 + - \cdots \tag{8.2-7b}$$

und

$$U_1(\omega_s) = 1 - b_2\omega_s^2 + b_4\omega_s^4 - b_6\omega_s^6 + - \cdots \tag{8.2-7c}$$

$$V_1(\omega_s) = b_1\omega_s - b_3\omega_s^3 + b_5\omega_s^5 - b_7\omega_s^7 + - \cdots \tag{8.2-7d}$$

und dem Wichtungsfaktor

$$|g(j\omega_s)| = w_s = \frac{|G_e(j\omega_s)|\, G_s^*}{\left|\sum_{i=0}^{m} b_i(j\omega_s)^i\right|} = \frac{|G_e(j\omega_s)|\, G_s^*}{|H(j\omega_s)|} \tag{8.2-8}$$

ergibt. Für den wichtigen Sonderfall $m = 0$ liegt damit ein kennwertlineares Problem vor, da — bei $b_0 \equiv 1$ — im Nenner von $|g(j\omega_s)| = w_s$ unbekannte Parameter nicht mehr auftreten.

Für $m > 0$ kann die unter 2.5.1. behandelte Methode verwendet werden.

Dazu wird zunächst $b_1 = b_2 = \cdots = b_m = 0$ gesetzt, wodurch sich eine nullte Näherung $|H^{(0)}(j\omega_s)|$ für $|H(j\omega_s)|$ und damit für die Matrix

$$(w) = \begin{bmatrix} |g(j\omega_1)|^2 & 0 & \cdots & 0 \\ 0 & |g(j\omega_2)|^2 & \cdots & 0 \\ \vdots & \vdots & & \vdots \\ 0 & 0 & \cdots & |g(j\omega_N)|^2 \end{bmatrix} \tag{8.2-9}$$

der Wichtungsfaktoren w_s nach Gl. (8.2-8) ergibt.

Unter Verwendung der Gln. (8.2-7, 7a bis 7d) läßt sich jetzt das reelle Fehlergleichungssystem

$$\begin{bmatrix} \varepsilon_r(\omega_1) \\ \vdots \\ \varepsilon_r(\omega_N) \\ \hline \varepsilon_i(\omega_1) \\ \vdots \\ \varepsilon_i(\omega_N) \end{bmatrix} = \begin{bmatrix} -U_1^* \\ \vdots \\ -U_N^* \\ \hline -V_1^* \\ \vdots \\ -V_N^* \end{bmatrix} - \left[\begin{array}{c|c} (U)_1 & (U)_2 \\ \hline (U)_3 & (U)_4 \end{array}\right] \cdot \begin{bmatrix} a_0 \\ \vdots \\ a_n \\ \hline b_1 \\ \vdots \\ b_m \end{bmatrix} \tag{8.2-10}$$

$$\hat{=} \quad \boldsymbol{\varepsilon} \quad = \quad \boldsymbol{x}_a \quad - \quad (U) \quad \cdot \quad \boldsymbol{b}$$

mit

$$(U)_1 = \begin{bmatrix} -1 & 0 & +\omega_1^2 & 0 & -\omega_1^4 & 0 & +\omega_1^6 & 0 \ldots \\ \vdots & \vdots & \vdots & \vdots & \vdots & \vdots & \vdots & \vdots \;\ddots \\ -1 & 0 & +\omega_N^2 & 0 & -\omega_N^4 & 0 & +\omega_N^6 & 0 \ldots \end{bmatrix}, \tag{8.2-10a}$$

$$(U)_3 = \begin{bmatrix} 0 & -\omega_1 & 0 & +\omega_1^3 & 0 & -\omega_1^5 & 0 & +\omega_1^7 \ldots \\ \vdots & \vdots & \vdots & \vdots & \vdots & \vdots & \vdots & \vdots \;\ddots \\ 0 & -\omega_N & 0 & +\omega_N^3 & 0 & -\omega_N^5 & 0 & +\omega_N^7 \ldots \end{bmatrix}, \tag{8.2-10b}$$

$$(U)_2 = \begin{bmatrix} -V_1^*\omega_1 & -U_1^*\omega_1^2 & V_1^*\omega_1^3 & U_1^*\omega_1^4 & -V_1^*\omega_1^5 & -U_1^*\omega_1^6 & \cdots \\ \vdots & \vdots & \vdots & \vdots & \vdots & \vdots & \ddots \\ -V_N^*\omega_N & -U_N^*\omega_N^2 & V_N^*\omega_N^3 & U_N^*\omega_N^4 & -V_N^*\omega_N^5 & -U_N^*\omega_N^6 & \cdots \end{bmatrix}, \tag{8.2-10c}$$

und

$$(U)_4 = \begin{bmatrix} U_1^*\omega_1 & -V_1^*\omega_1^2 & -U_1^*\omega_1^3 & V_1^*\omega_1^4 & U_1^*\omega_1^5 & -V_1^*\omega_1^6 & \cdots \\ \vdots & \vdots & \vdots & \vdots & \vdots & \vdots & \\ U_N^*\omega_N & -V_N^*\omega_N^2 & -U_N^*\omega_N^3 & V_N^*\omega_N^4 & U_N^*\omega_N^5 & -V_N^*\omega_N^6 & \cdots \end{bmatrix} \quad (8.2\text{-}10\text{d})$$

gewinnen, das mit Gl. (8.2-9) und Gl. (8.2-6) die Minimierungsforderung (vgl. Gl. (8.2-7))

$$\begin{aligned} Q &= \sum_{s=1}^{N} |\varepsilon(j\omega_s)|^2 \, w_s^2 = \sum_{s=1}^{N} [\varepsilon_r^2(\omega_s) + \varepsilon_i^2(\omega_s)] \, w_s^2 \\ &= \sum_{s=1}^{N} [\varepsilon_r^2(\omega_s) \, w_s^2 + \varepsilon_i^2(w_s) \, w_s^2] = \boldsymbol{\varepsilon}_r^T(\omega) \, \boldsymbol{\varepsilon}_r + \boldsymbol{\varepsilon}_i^T(w) \, \boldsymbol{\varepsilon}_i \\ &= (\boldsymbol{\varepsilon}_r^T | \boldsymbol{\varepsilon}_i^T) \begin{bmatrix} (w) & 0 \\ 0 & (w) \end{bmatrix} \begin{bmatrix} \boldsymbol{\varepsilon}_r \\ \boldsymbol{\varepsilon}_i \end{bmatrix} \\ &= \boldsymbol{\varepsilon}^T \cdot (\tilde{w}) \cdot \boldsymbol{\varepsilon} = \text{Min} \end{aligned} \quad (8.2\text{-}11)$$

und damit das Normalgleichungssystem (vgl. Gl. (2.3-38))

$$\begin{aligned} &(U)^T \, (\tilde{w}) \, (U) \, \hat{\boldsymbol{b}} - (U)^T \, (\tilde{w}) \, \boldsymbol{x}_a = \boldsymbol{0} = \\ &\begin{bmatrix} (U)_1^T & (U)_3^T \\ (U)_2^T & (U)_4^T \end{bmatrix} \cdot \begin{bmatrix} (w) & (0) \\ (0) & (w) \end{bmatrix} \cdot \begin{bmatrix} (U)_1 & (U)_2 \\ (U)_3 & (U)_4 \end{bmatrix} \cdot \begin{bmatrix} \hat{\boldsymbol{b}}_a \\ \hat{\boldsymbol{b}}_b \end{bmatrix} - \begin{bmatrix} (U)_1^T & (U)_3^T \\ (U)_2^T & (U)_4^T \end{bmatrix} \cdot \begin{bmatrix} (w) & (0) \\ (0) & (w) \end{bmatrix} \cdot \boldsymbol{x}_a \end{aligned} \quad (8.2\text{-}12)$$

$$= \begin{bmatrix} (A)_1 & (A)_2 \\ (A)_2^T & (A)_3 \end{bmatrix} \cdot \begin{bmatrix} \hat{\boldsymbol{b}}_a \\ \hat{\boldsymbol{b}}_b \end{bmatrix} + \begin{bmatrix} \boldsymbol{a}_1 \\ \boldsymbol{a}_2 \end{bmatrix} = \boldsymbol{0}$$

ergibt, wobei

$$(A)_1 = (U)_1^T \, (w) \, (U)_1 + (U)_3^T \, (w) \, (U)_3 \, , \quad (8.2\text{-}12\text{a})$$

$$(A)_2 = (U)_1^T \, (w) \, (U)_2 + (U)_3^T \, (w) \, (U)_4 \, , \quad (8.2\text{-}12\text{b})$$

$$(A)_3 = (U)_2^T \, (w) \, (U)_2 + (U)_4^T \, (w) \, (U)_4 \, ,$$

$$\hat{\boldsymbol{b}}_a^T = (a_0 \; a_1 \cdots a_n) \quad (8.2\text{-}12\text{c})$$

und

$$\hat{\boldsymbol{b}}_b^T = (b_1 \cdots b_n) \quad (8.2\text{-}12\text{d})$$

ist.

Durch Lösung des Normalgleichungssystems (8.2-12) läßt sich eine erste Näherung $b_i^{(1)}$ für die Parameter b_i bestimmen, die zur Ermittlung einer ersten Näherung für die Wichtungsfaktoren w_s nach Gl. (8.2-8) und damit für die Matrix (w) nach Gl. (8.2-9) verwendet wird. Eine erneute Lösung des Normalgleichungssystems (8.2-12) mit dieser Matrix (w) ergibt eine zweite Näherung $b_i^{(2)}$ für die b‘ und die Matrix (w).

Ein nochmaliges Auflösen von Gl. (8.2-12) führt dann auf eine dritte Näherung usw. Die Rechnung wird abgebrochen, wenn sich die $(L - 1)$-te Näherung

$|H^{(L-1)}(j\omega_s)|$ für $|H(j\omega_s)|$ nach Gl. (8.2-8) für alle Frequenzen $\omega_1, \ldots, \omega_N$ nur noch unwesentlich von der L-ten Näherung unterscheidet, d. h., wenn

$$|H^{(L-1)}(j\omega_s)| \cdot (1 - F) \leqq |H^{(L)}(j\omega_s)| \leqq |H^{(L-1)}(j\omega_s)| \cdot (1 + F) \qquad (8.2\text{-}13)$$

ist, wobei F eine vorzugebende Abbruchschranke (z. B. $F = 0{,}01$) darstellt.

Ein auf dem hier angegebenen Prinzip beruhendes Verfahren ist vom Verfasser sowohl in Form eines Digitalrechnerprogrammes als auch in Gestalt eines

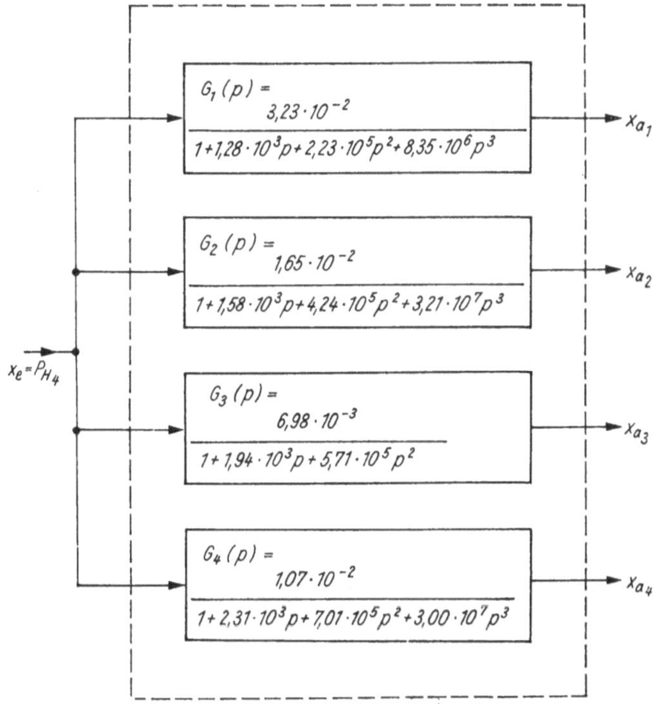

Abb. 8.3-1. Parametrisches Modell des Extruders nach Abb. 5.4-5, ermittelt aus den Frequenzgängen nach Abb. 5.4-10a, b, c, d, die durch kombinierte Auswertung periodischer und aperiodischer Antwortfunktionen bestimmt wurden

Handrechenverfahrens entwickelt und ausführlich mit den Mitteln der Simulation erprobt worden. Da hierüber bereits ausführlich von STROBEL, 1967 1968, 1969 berichtet wurde, sollen weitere Einzelheiten an dieser Stelle unterdrückt werden.

Die folgenden Ausführungen sollen sich lediglich mit einer Anwendung des Verfahrens zur Kennwertermittlung an einem industriellen Prozeß und zur Vereinfachung der Struktur parametrischer Modelle (vgl. dazu Abschnitt 8.4.) befassen.

8.3. Anwendung auf einen industriellen Prozeß

Das entwickelte Verfahren wurde zur Ermittlung eines parametrischen Modells für den im Abschnitt 5.4.4. untersuchten Extruder verwendet (vgl. Abb. 5.4-5). Ausgewertet wurden dazu die mit Hilfe des Verfahrens der optimalen Versuchsplanung ermittelten Frequenzgänge nach Abb. 5.4-10 a, b, c, d im Frequenzintervall $10^{-5}\,s^{-1} \leqq \omega \leqq 10^{-2}$ bis $2 \cdot 10^{-2}\,s^{-1}$ für die Meßstellen 1, 2, 4 und im Bereich $10^{-5}\,s^{-1} \leqq \omega \leqq 3 \cdot 10^{-3}\,s^{-1}$ für die Meßstelle 3. Der Wichtungsfaktor G_s^* in den Gln. (8.2-1 und 3) wurde dabei gemäß Gl. (8.2-3) so gewählt, daß er den nach den Gln. (5.3-38, 39, 40) abgeschätzten mittleren Frequenzgangfehlern $\tilde{\delta}_M(\omega_s)$ in Abb. 5.4-11 umgekehrt proportional ist. Die für $G_1(j\omega)$ bis $G_4(j\omega)$ ermittelten Übertragungsfunktionen zeigt Abb. 8.3-1.

In Tab. 8.3-1 sind die Koeffizienten a_i, die nach Gl. (2.4-13) abgeschätzten mittleren Fehler m_{ai} dieser Koeffizienten zusammen mit den Polen p_i angegeben.

Man erkennt, daß die relativen Parameterfehler m_{ai}/a_i relativ klein ausfallen.

Tabelle 8.3-1. Aus den Frequenzgängen nach Abb. 5.4-10a, b, c, d ermittelte Parameter der Übertragungsfunktionen $G_1(p)$ bis $G_4(p)$ (vgl. Abb. 8.3-1) des Extruders nach Abb. 5.4-5

	$G_1(p)$			$G_2(p)$			$G_3(p)$			$G_4(p)$		
i	a_i	$\left\lvert\frac{m_{ai}}{a_i}\right\rvert$ [%]	p_i [s^{-1}]	a_i	$\left\lvert\frac{m_{ai}}{a_j}\right\rvert$ [%]	p_i [s^{-1}]	a_i	$\left\lvert\frac{m_{ai}}{a_i}\right\rvert$ [%]	p_i [s^{-1}]	a_i	$\left\lvert\frac{m_{ai}}{a_j}\right\rvert$ [%]	p_i [s^{-1}]
1	$1{,}28 \cdot 10^3$	0,6	$-1{,}89 \cdot 10^{-2}$	$1{,}58 \cdot 10^3$	0,5	$-0{,}62 \cdot 10^{-3}$	$1{,}94 \cdot 10^3$	1,6	$-2{,}76 \cdot 10^{-3}$	$2{,}31 \cdot 10^3$	1,5	$-1{,}95 \cdot 10^{-2}$
2	$2{,}23 \cdot 10^5$	1,2	$-9{,}25 \cdot 10^{-4}$	$4{,}24 \cdot 10^5$	0,8	$-0{,}79 \cdot 10^{-4}$	$5{,}71 \cdot 10^5$	3,9	$-6{,}36 \cdot 10^{-4}$	$7{,}01 \cdot 10^5$	2,8	$-5{,}09 \cdot 10^{-4}$
3	$8{,}35 \cdot 10^6$	5,0	$-6{,}86 \cdot 10^{-3}$	$3{,}21 \cdot 10^7$	5,5	$-0{,}62 \cdot 10^{-3}$	—	—	—	$3{,}00 \cdot 10^7$	21	$-3{,}36 \cdot 10^{-3}$

Für die Meßstelle 3 gelingt durch die Beschränkung auf das Frequenzintervall $10^{-5} \leqq \omega \leqq 3 \cdot 10^{-3}\,s^{-1}$ eine zufriedenstellend genaue Approximation mit einem Verzögerungsglied zweiter Ordnung. Die größte Zeitkonstante tritt bei $G_4(p)$ mit $T_2 = -1/p_2 = 10^4/5 = 2000$ Sekunden $\approx 0{,}55$ Stunden auf.

Wie aus den in Abb. 5.4-11 a, b, c, d eingetragenen durch leere Quadrate (□) gekennzeichneten Approximationsfehlern hervorgeht, liegen die Abweichungen zwischen den approximierenden (aus den Übertragungsfunktionen nach Abb. 8.3-1 bzw. Tab. 8.3-1 berechneten) Frequenzgangwerten und den vorgegebenen Werten nach Abb. 5.4-10 a, b, c, d in der gleichen Größenordnung wie die Meß-

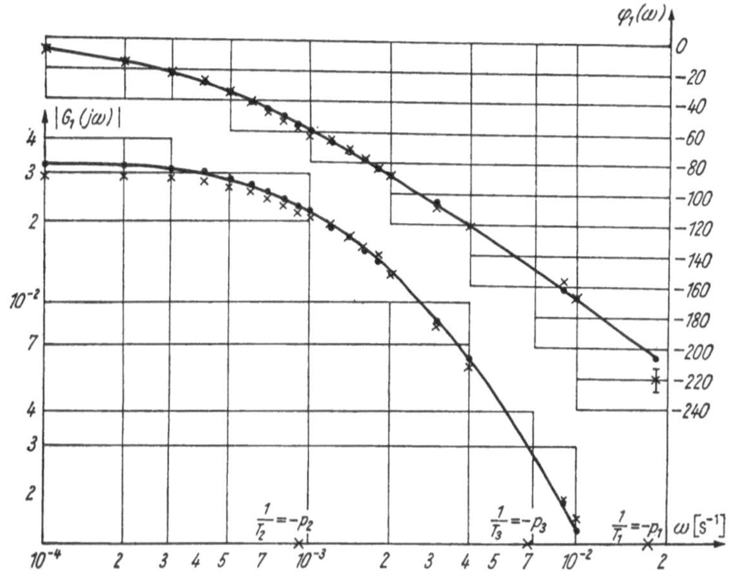

Abb. 8.3-2. Aus aperiodischen und periodischen Antwortfunktionen ermittelter Amplituden- und Phasengang (× × ×) des Extruders nach Abb. 5.4-10a (Meßstelle 1) und daraus ermittelte Approximation (-•-•-) nach Abb. 8.3-1 und Tab. 8.3-1

fehler der zur Auswertung benutzten Frequenzgangwerte $G_e(j\omega_s)$. Das geht auch aus den Verläufen der Amplituden- und Phasengänge hervor, von denen die zur Meßstelle 1 gehörenden in Abb. 8.3-2 dargestellt sind.

Man kann hieraus den Schluß ziehen, daß es mit dem vorgeschlagenen Verfahren möglich war, für den untersuchten Extruder ein parametrisches Modell zu bestimmen, das dessen dynamisches Verhalten in den angegebenen Frequenzbereichen ausreichend genau beschreibt.

8.4. Anwendung zur Vereinfachung der Struktur parametrischer Modelle

8.4.1. Motivation

Im folgenden soll gezeigt werden, daß das unter 8.2. vorgelegte Verfahren, das ursprünglich zur Auswertung meßfehlerbehafteter Frequenzgänge entwickelt wurde, mit Erfolg zur Lösung folgender Aufgabenstellung eingesetzt werden kann.

Gegeben sei ein parametrisches Modell

(1) in Form einer gebrochenrationalen Übertragungsfunktion komplizierter Struktur (n, m) (vgl. Gl. (8.1-2)) oder

(2) als nichtrationale Übertragungsfunktion, zum Beispiel der Gestalt

$$G_{s1}(p) = e^{-pT}\,, \tag{8.4-1}$$

$$G_{s2}(p) = e^{\frac{\varkappa pT}{1+pT}}\,, \tag{8.4-2}$$

$$G_{s3}(p) = e^{-\sqrt{pT}} \tag{8.4-3}$$

oder

$$G_{s4}(p) = 1/\cosh\sqrt{pT}\,. \tag{8.4-4}$$

Gesucht wird ein möglichst einfaches, aber ausreichend genaues parametrisches Modell, d. h. eine gebrochenrationale Übertragungsfunktion gemäß (8.1-2) mit möglichst kleinem Zähler $\{m\}$- und Nenner $\{n\}$-Grad.

Diese Aufgabe stellt für die experimentelle Systemanalyse ein Randproblem dar. Besondere Bedeutung besitzt sie jedoch für die theoretische Systemanalyse, da man bei der Ermittlung von mathematischen Modellen aus den konstruktiven, energetischen und sonstigen Parametern des Systems sehr oft auf komplizierte Ausdrücke der genannten Art stößt.

Die Vereinfachung der Modelle erweist sich dabei als eine unumgängliche Notwendigkeit.

Zur Lösung dieses Problems bestehen grundsätzlich zwei Zugänge:

(1) Systemvereinfachung auf der Basis der Zustandsbeschreibung: Hierzu sind Beiträge durch Davison, 1968, Chen Shieh, 1968 und Chidambara, Davison, 1967 sowie vor allem durch Mork, 1968 geleistet worden.

(2) Systemvereinfachung auf der Grundlage der Ein-Ausgangs-Beschreibung: Die Aufgabe der Strukturvereinfachung wird hier auf ein Approximationsproblem zurückgeführt, wobei zwischen einer direkten Approximation der Übertragungsfunktion und der Annäherung nichtparametrischer Zeit- und Frequenzfunktionsmodelle zu unterscheiden ist.

So gibt Stepan, 1962 ein Verfahren an, mit dessen Hilfe sehr einfach aus einer gebrochenrationalen Übertragungsfunktion mit hohem Nennergrad n (bei $m = 0$) gemäß Gl. (8.1-2) eine Näherungsfunktion zweiter Ordnung bestimmt werden kann.

Das von Peterka und Vidinčev, 1967 empfohlene Verfahren geht von einer Approximation der Gewichtsfunktion $g_s(t)$ des Systems im quadratischen Mittel aus:

$$Q = \int_0^\infty |g_s(t) - g(t)|^2 \,dt = \text{Min}\,.$$

Das gleiche Kriterium wird von Kardaschow, 1963 und Kardaschow, Karnjuschin, 1963 benutzt. Gupta, 1964, 1966 schlägt die Verwendung empirisch gewählter Kennwerte des Frequenzganges vor.

Bezüglich weiterer Beiträge wird auf 10.3.3.5. sowie auf die von Fisher, 1966 behandelten Anwendungen in der Ökonomie verwiesen.

Bei der Beurteilung der hier genannten Methoden muß von dem Verwendungszweck des Modells ausgegangen werden (vgl. Abschnitt 1.2.). Soll das Modell zum Entwurf einer Regelung dienen, so wäre zu fordern, daß das Approximationsverfahren diesem Verwendungszweck von vornherein Rechnung trägt. Das ist bei den hier genannten Verfahren jedoch nicht oder nur teilweise (vgl. z. B. STEPAN, 1962, CHEN SHIEH, 1968, GUPTA, 1966) der Fall.

Gezeigt werden soll deshalb im folgenden, wie sich das unter 8.2. vorgestellte Verfahren so erweitern läßt, daß es

(1) eine Strukturvereinfachung unter weitgehender Berücksichtigung des Modellverwendungszweckes gestattet und
(2) dabei auf beliebige (rationale und nichtrationale) Übertragungsfunktionen anwendbar ist.

8.4.2. Das Approximationskriterium

Im Abschnitt 3.8. war gezeigt worden, daß der mittlere quadratische Fehler σ_m zwischen der tatsächlichen und der vorausberechneten Regelabweichung gemäß den Gln. (3.8-10, 11, 11b) ein geeignetes Maß für die Beurteilung der Modellgenauigkeit darstellt. Es wäre demzufolge zweckmäßig, den vorgegebenen Frequenzgang $G_s(j\omega)$ des komplizierten Modells so zu approximieren, daß dieser mittlere Fehler minimal wird.

Aus Gl. (3.8-11b) würde damit die Minimierungsforderung

$$\sigma^2 = \frac{1}{2\pi} \int_{-\infty}^{\infty} |\delta_G(j\omega)|^2 \, G_I^2(\omega) \, |X_e(j\omega)|^2 \, d\omega = \text{Min} \tag{8.4-5}$$

folgen. Hierbei ergibt sich allerdings die Schwierigkeit, daß der Faktor $G_I(\omega)$ von dem Reglerfrequenzgang abhängt.

Aus den im Abschnitt 3.8.3. durchgeführten Untersuchungen geht jedoch hervor, daß sich $G_I(\omega)$ in dem für die Dynamik der Regelung wesentlichen Frequenzintervall nicht erheblich ändert, wenn man beim Entwurf der Regelung dafür Sorge trägt, daß ein bestimmter Phasen- und Amplitudenrand nicht unterschritten wird (vgl. Abb. 3.8-7). Hieraus kann man die Rechtfertigung ableiten, in Gl. (8.4-5) $G_I(\omega)$ durch eine Konstante zu ersetzen und an Stelle von Gl. (8.4-5) den Ansatz

$$Q = \int_{-\infty}^{\infty} |\delta_G(j\omega)|^2 \cdot |X_e(j\omega)|^2 \, d\omega = \text{Min} \tag{8.4-6}$$

zu verwenden, der also — ohne daß der Reglerfrequenzgang Berücksichtigung findet — eine Approximation liefern muß, die im Hinblick auf das Verhalten des geschlossenen Regelkreises möglichst wenig von der zu approximierenden Funktion abweicht. Soll das Modell zum Entwurf einer Festwertregelung bei stochastischen Störungen dienen, so ist an Stelle von Gl. (8.4-6) die Forderung

$$\int_0^{\infty} |\delta_G(j\omega)|^2 \cdot \Phi_{zz}(\omega) \, d\omega = \text{Min} \tag{8.4-7}$$

zu benutzen.

Um das Verfahren nach Abschnitt 8.2. verwenden zu können, werden nun in den Gln. (8.4-6, 7) gemäß

$$\int_0^{\omega_{\max}} |\delta_G(j\omega)|^2 \, w^2(\omega) \, d\omega \approx \sum_{s=1}^{N} |\delta_G(j\omega_s)|^2 \, w_s^2 = \text{Min} \tag{8.4-8}$$

die Integrale durch Summen ersetzt, wobei

$$w_s^2 = \left\{ \begin{matrix} |X_e(j\omega_s)|^2 & \Delta\omega_s \text{ für determinierte} \\ \Phi_{ZZ}(\omega) & \Delta\omega_s \text{ für stochastische} \end{matrix} \right\} \text{Signale} \tag{8.4-8a}$$

zu setzen ist und die Integration nur bis zu der Frequenz $\omega_{\max}$ erstreckt werden soll. Gl. (8.4-8) stimmt mit der im Abschnitt 8.2. verwendeten Minimierungsforderung (8.2-1) überein.

Für die Vereinfachung der Struktur eines parametrischen Modells kann somit folgende Vorgehensweise empfohlen werden:

(1) Aus der vorgegebenen Übertragungsfunktion (vgl. Gln. (8.4-1 bis 4)) werden die Stützstellen $G_s(j\omega_s)$ des zu approximierenden Frequenzganges $G_s(j\omega)$ so berechnet, daß in guter Näherung in Gl. (8.4-8) das Integral durch eine Summe ersetzt werden kann (vgl. hierzu KOSEMUND, 1969).

(2) Für vorgebbare Strukturen (n, m) wird mit dem Verfahren nach 8.2. die vereinfachte Modellübertragungsfunktion berechnet.

Vorzugeben sind dabei die Frequenz $\omega_{\max}$ und das Amplitudenspektrum $|X_e(j\omega)|$ der Führungsgröße bzw. das Leistungsdichtespektrum $\Phi_{zz}(\omega)$ des stochastischen Störsignals. Sind Angaben über $|X_e(j\omega)|$ und $\Phi_{zz}(\omega)$ von vornherein nicht zu machen, so wird man sich im allgemeinen auf ein weißes Rauschen mit $\Phi_{zz}(\omega)$ = konstant bzw. auf ein sprung- oder DIRAC-impulsförmiges Signal $x_e(t)$ mit $X_{eE}(j\omega) = 1/\omega$ bzw. $|X_{eD}(j\omega)| = 1$ festlegen.

8.4.3. Vergleichende Untersuchungen

Die unter 8.4.2. beschriebene Vorgehensweise soll hier auf verschiedene Beispiele angewendet und mit anderen Verfahren verglichen werden.

8.4.3.1. Approximation des Totzeitgliedes

Gegeben sei ein Totzeitglied mit der Übertragungsfunktion (8.4-1), wobei ohne Einschränkung der Allgemeinheit $T = 1$ gesetzt wird. Zu ermitteln ist eine Approximation, die im Frequenzbereich $0 \leqq \omega \leqq 4\pi = \omega_{\max}$, d. h. in

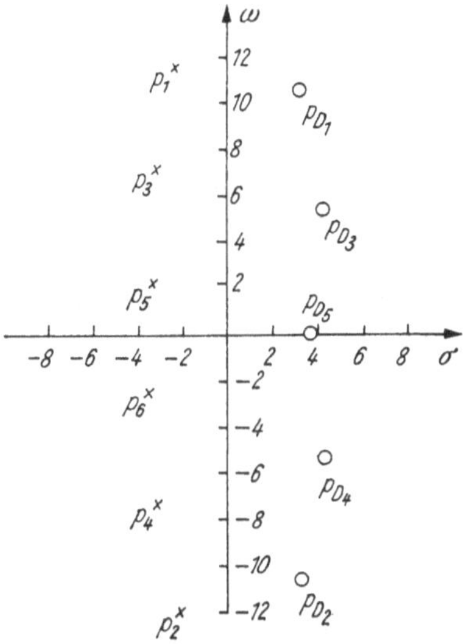

Abb. 8.4-1 a. Pol-Nullstellenplan für die ermittelte Approximation

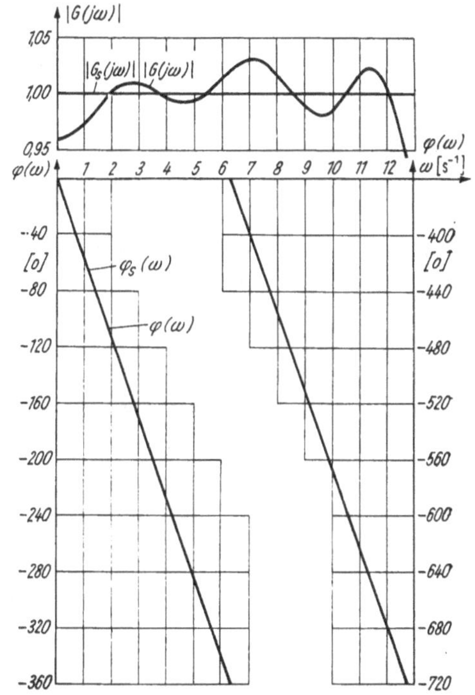

Abb. 8.4-1 b. Amplituden- und Phasengang für $G_s(p) = e^{-p}$ nud die zugehörige Approximation nach Gl.(8.4-9)

einem Phasenwinkelbereich von $0° \geqq \varphi \geqq -720°$ die gegebene Funktion ausreichend genau annähert.

Man erkennt aus den Abb. 8.4-1 a, b, c, d, daß diese Aufgabe durch die ermittelte gebrochenrationale Übertragungsfunktion

$$G(p) = \frac{0{,}960[1 - 0{,}485p + 9{,}83 \cdot 10^{-2}p^2 - 1{,}26 \cdot 10^{-2}p^3 + 8{,}43 \cdot 10^{-4}p^4 - 4{,}55 \cdot 10^{-5}p^5]}{[1 + 5{,}24 \cdot 10^{-1}p + 1{,}35 \cdot 10^{-1}p^2 + 1{,}91 \cdot 10^{-2}p^3 + 2{,}07 \cdot 10^{-3}p^4 + 1{,}14 \cdot 10^{-4}p^5 + 6{,}27 \cdot 10^{-6}p^6]} \tag{8.4-9}$$

mit den komplexen Polen

$$\begin{aligned} p_{1/2} &= -\,2{,}377 \pm j\ 11{,}64 \\ p_{3/4} &= -\,3{,}226 \pm j\ \ 7{,}192 \\ p_{5/6} &= -\,3{,}510 \pm j\ \ 2{,}421 \end{aligned} \tag{8.4-9a}$$

und den sämtlich in der rechten Halbebene des Pol-Nullstellenplanes liegenden Nullstellen

$$\begin{aligned} p_{D1/2} &= 3{,}212 \pm j\,10{,}60 \\ p_{D3/4} &= 4{,}067 \pm j\;\;5{,}356 \\ p_{D5} &= 3{,}963 \end{aligned} \tag{8.4-9b}$$

(vgl. Abb. 8.4-1a) erfolgreich gelöst werden kann.

Dabei geht besonders aus dem in Abb. 8.4-1b dargestellten Amplituden- und Phasengang hervor, daß nur ganz geringe Abweichungen von dem vorgegebenen linearen Phasengang $\varphi_s(\omega) = -\omega T$ und dem konstanten Amplitudengang $|G_s(j\omega)| = 1$ auftreten.

In Abb. 8.4-1d sind die Verläufe des relativen Frequenzgangfehlers für die hier ermittelte Approximation (8.4-9) und die nach dem Verfahren von PETERKA*) und VIDINČEV, 1967 ermittelte Übertragungsfunktion

$$G(p) = \frac{1 - 0{,}237p + 7{,}6 \cdot 10^{-3}p^2 + 9{,}6 \cdot 10^{-3}p^3 - 9{,}6 \cdot 10^{-4}p^4 + 1{,}2 \cdot 10^{-4}p^5}{1 + 0{,}763p + 0{,}246p^2 + 4{,}47 \cdot 10^{-2}p^3 + 4{,}99 \cdot 10^{-3}p^4 + 3{,}3 \cdot 10^{-4}p^5 + 1{,}05 \cdot 10^{-5}p^6} \tag{8.4-9c}$$

dargestellt worden. Man erkennt, daß trotz gleicher Struktur ($n = 6$, $m = 5$) die Approximation (8.4-9c) nur in dem Phaesnwinkelbereich $0 \geqq \varphi \gtrsim -120°$ gilt, während die hier empfohlene Vorgehensweise eine Näherung liefert, die im Intervall $0 \geqq \varphi \geqq -720°$ ausreichend genau ist.

Ein ganz ähnliches Resultat würde man bei Anwendung der Padé-Näherung erhalten, die zwar bei $\omega = 0$ einen verschwindenden Fehler mit sich bringt, der jedoch schon bei kleinen Frequenzen schnell ansteigt.

8.4.3.2. Approximation des Überhitzerfrequenzganges

Bei der Beschreibung des dynamischen Verhaltens von Überhitzern spielt bekanntlich die Übertragungsfunktion (8.4-2) eine wesentliche Rolle.

Für $\varkappa = -7$ und die Frequenzgrenzen $T\omega_{\max} = 1$ und 2 wurden bei $|X_e(j\omega)| = 1$ die Übertragungsfunktionen

$$G(p) = 1{,}02\,\frac{1 + 0{,}312p + 0{,}305p^2}{1 + 7{,}62p + 19{,}3p^2 + 25{,}5p^3} \tag{8.4-10}$$

*) Dieses Verfahren wurde dem Verfasser freundlicherweise von Prof. PETERKA (vom Institut für Informationstheorie und Automatisierung der Tschechoslowakischen Akademie der Wissenschaften) in Form eines ALGOL Programmes zur Verfügung gestellt. An dieser Stelle sei ihm dafür herzlich gedankt.

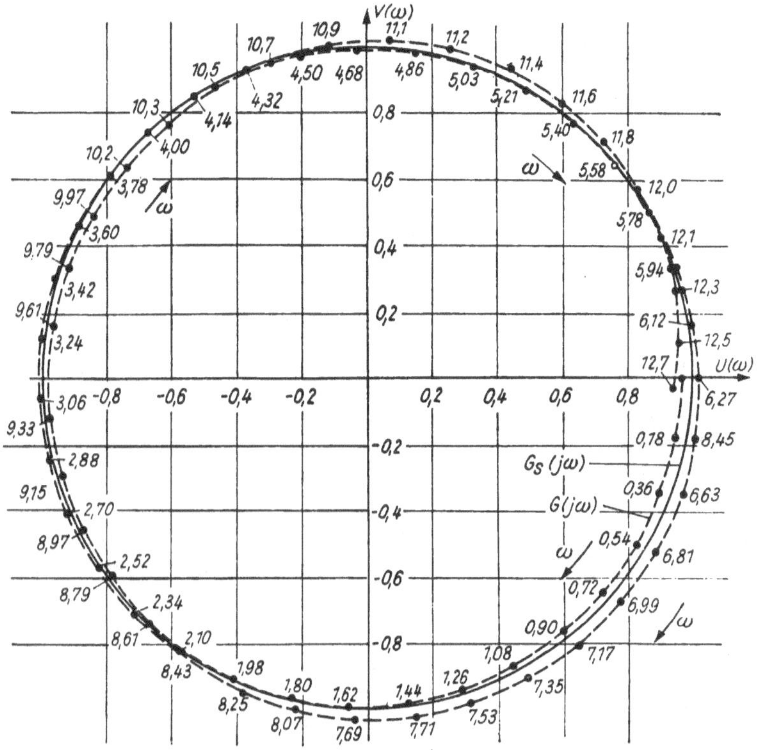

Abb. 8.4-1 c. Ortskurven von Approximation {G(p) nach Gl. (8.4-9)} und Original {$G_s(p)$ nachGl.(8.4-1)}

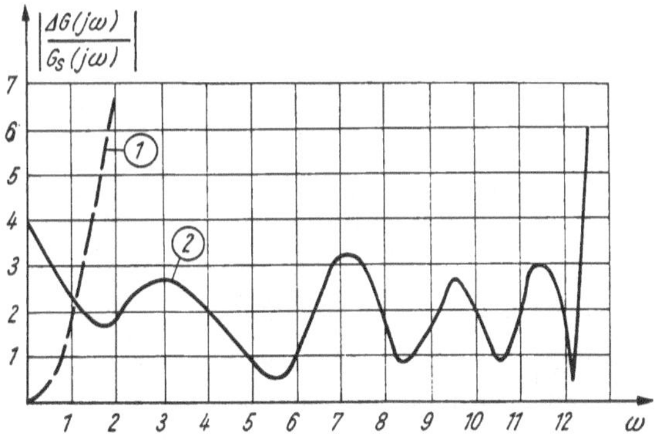

Abb. 8.4-1 d. Relativer Frequenzgangfehler (in Prozent) für die Approximation von e^{-p} nach Peterka, Vidinčev, 1967 durch Gl. (8.4-9 c) (Kurve 1) und Strobel durch Gl. (8.4-9) (Kurve 2)

mit

$$p_{1/2} = -0{,}271 \pm j\,0{,}330\,, \qquad p_{D1/2} = -0{,}512 \pm j\,1{,}74\,, \tag{8.4-10a}$$

$$p_3 \;\; = -0{,}215$$

(bei $T\omega_{\max} = 1$)

und

$$G(p) = 1{,}03\,\frac{1 + 0{,}421p + 0{,}251p^2}{1 + 8{,}08p + 19{,}9p^2 + 29{,}8p^3} \tag{8.4-11}$$

mit

$$p_{1/2} = -0{,}241 \pm j\,0{,}352\,, \qquad p_{D1/2} = -0{,}838 \pm j\,1{,}81\,, \tag{8.4-11a}$$

$$p_3 = -0{,}184$$

(bei $T\omega_{\max} = 2$)

ermittelt. Wie die Amplituden- und Phasengänge in Abb. 8.4-2a zeigen, beschreibt die Approximation (8.4-11) den gegebenen Frequenzgang ausreichend genau.

Man erkennt dabei aus Abb. 8.4-2b, daß die hier ermittelte Approximation in einem größerem Frequenzintervall gilt, als die nach PETERKA, VIDINČEV, 1967 ermittelte Funktion

$$G(p) = \frac{1 + 0{,}369p + 0{,}163p^2}{1 + 7{,}36p + 20{,}1p^2 + 24{,}2p^3} \tag{8.4-12}$$

gleicher Struktur.

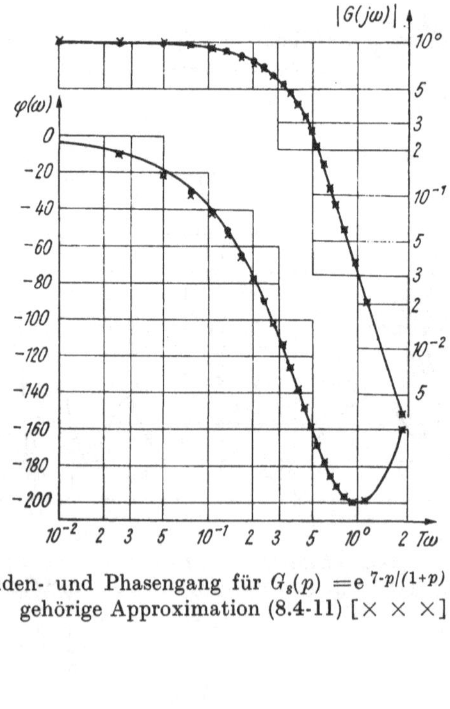

Abb. 8.4-2a. Amplituden- und Phasengang für $G_s(p) = e^{7\text{-}p/(1+p)}$ [–●–●–] und die zugehörige Approximation (8.4-11) [× × ×]

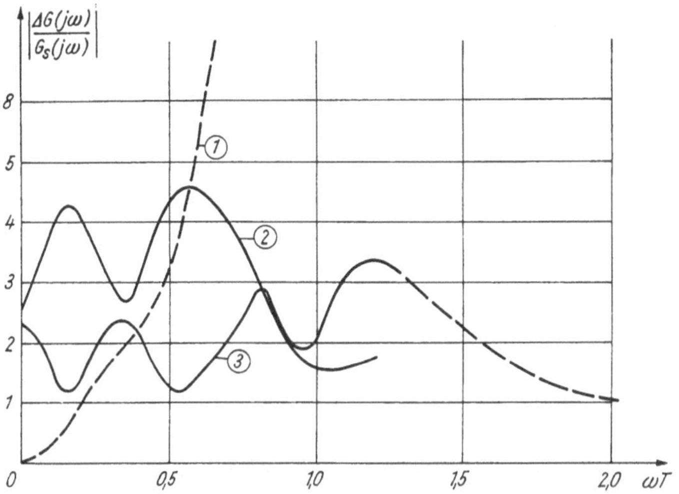

Abb. 8.4-2b. Relativer Frequenzgangfehler (in Prozent) für die Approximation von $e^{-7p/(1+p)}$ durch die Gln. (8.4-10 (Kurve 3), 11 (Kurve 2) und 12 (Kurve 1)

8.4.3.3. *Die Übertragungsfunktion* $e^{-\sqrt{pT}}$

Die Approximation dieser Übertragungsfunktion, die ebenfalls bei thermischen Prozessen eine gewisse Rolle spielt, bereitet im Bereich tiefer Frequenzen grundsätzliche Schwierigkeiten, da die Ortskurve $e^{-\sqrt{j\omega T}}$ den Punkt $\omega T = 0$ unter einem Winkel von $-45°$ verläßt, was bei einer gebrochenrationalen Übertragungsfunktion grundsätzlich nicht möglich ist (vgl. Abb. 8.4-3a).

Immerhin konnte für $T\omega_{\max} = 40$ zum Beispiel mit

$$G(p) = \frac{0{,}799\,[1 + 0{,}935p - 2{,}22 \cdot 10^{-2}p^2 + 2{,}43 \cdot 10^{-4}p^3]}{1 + 2{,}29p + 0{,}780p^2 + 4{,}56 \cdot 10^{-2}p^3 + 8{,}17 \cdot 10^{-4}p^4} \tag{8.4-13}$$

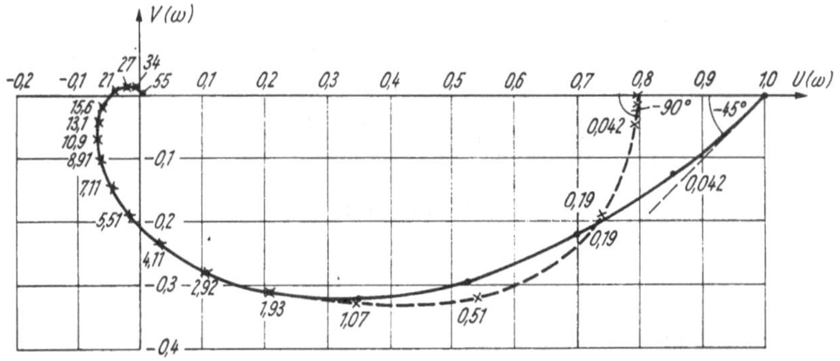

Abb. 8.4-3a. Ortskurven von $e^{-\sqrt{pT}}$ (-●-●-) und der zugehörigen Approximation nach Gl. (8.4-13) (-×-×-)

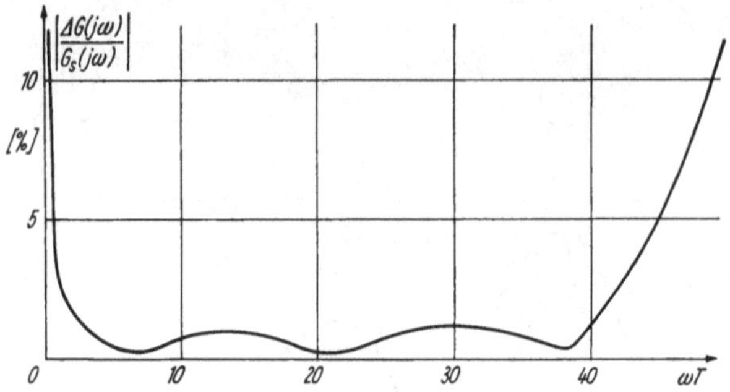

Abb. 8.4-3b. Relativer Frequenzgangfehler (in Prozent) bei Approximation von $e^{-\sqrt{pT}}$ durch Gl. (8.4-13)

und

$$p_{1/2} = -26{,}13 \pm j\,9{,}223\,, \qquad p_{D1/2} = 46{,}18 \pm j\,42{,}54\,, \qquad (8.4\text{-}13\text{a})$$
$$p_3 = -3{,}012\,, \qquad p_4 = -0{,}5294\,, \qquad p_{D3} = -1{,}043$$

eine Approximation ermittelt werden, die – wie Abb. 8.4-3b veranschaulicht – im Intervall $0{,}19 \leqq \omega T \leqq 40$ das vorgegebene System ausreichend genau beschreibt.

Der große Approximationsfehler bei $\omega = 0$ kann durch Verwendung eines anderen Eingangssignals, d. h. einer anderen Funktion $|X_e(j\omega)|$ verringert werden. Die Funktion $|X_e(j\omega)| = 1/\omega$ führt dabei wegen $\lim\limits_{\omega \to 0} \frac{1}{\omega} = \infty$ auf einen bei $\omega = 0$ verschwindenden Approximationsfehler, was jedoch mit größeren Fehlern bei hohen Frequenzen erkauft wird.

8.4.3.4. Die Übertragungsfunktion 1/cosh $\sqrt{p}$

Die Approximation dieser Funktion bereitet, wie aus Abb. 8.4-4 hervorgeht, keine Schwierigkeiten.

So erhält man für $T\omega_{\max} = 40$ zum Beispiel die Übertragungsfunktion

$$G(p) = 1{,}01 \cdot \frac{1 - 2{,}35 \cdot 10^{-2}p + 2{,}61 \cdot 10^{-4}p^2}{1 + 4{,}82 \cdot 10^{-1}p + 2{,}96 \cdot 10^{-2}p^2 + 5{,}30 \cdot 10^{-4}p^3} \qquad (8.4\text{-}14)$$

mit den Polen

$$p_{1/2} = -26{,}67 \pm j\,8{,}348 \quad \text{und} \quad p_3 = -2{,}414 \qquad (8.4\text{-}14\text{a})$$

und den Nullstellen

$$p_{D1/2} = 45{,}15 \pm j\,42{,}39\,, \qquad (8.4\text{-}14\text{b})$$

die den vorgegebenen Frequenzgang mit einem Approximationsfehler von $\left|\frac{\Delta G(j\omega)}{G_s(j\omega)}\right| < 1{,}4\%$ annähert.

8.4.3.5. Übertragungsfunktion eines Gleichstromwärmeaustauschers

Die von den elf Parametern K_0 bis K_{10} abhängende Übertragungsfunktion eines Wärmeaustauschers

$$G_s(p) = \frac{K_0}{\beta K_1(p + K_2)} \exp\{\alpha x\} \sinh\{\beta x\} \qquad (8.4\text{-}15)$$

mit

$$\alpha = \frac{K_3 p^2 + K_4 p + K_5}{K_1(p + K_2)} \qquad (8.4\text{-}15\text{a})$$

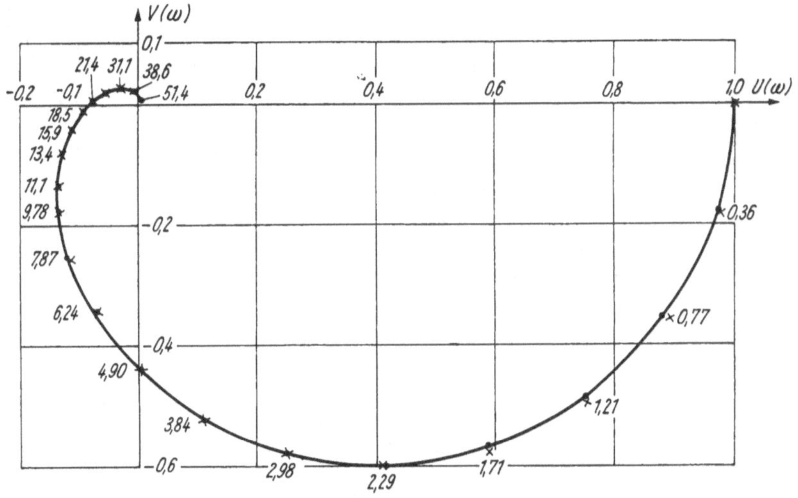

Abb. 8.4-4. Ortskurven von $1/\cosh \sqrt{p}$ (–●–●–) und der zugehörigen Approximation nach Gl. (8.4-14) (× × ×)

und

$$\beta = \frac{\sqrt{K_6 p^4 + K_7 p^3 + K_8 p^2 + K_9 p + K_{10}}}{K_1(p + K_2)} \qquad (8.4\text{-}15\text{b})$$

(x = Ortskoordinate)
soll durch eine gebrochenrationale Funktion im Frequenzbereich $0 \leqq \omega \leqq 0{,}1\ \text{s}^{-1}$ angenähert werden*).

Abb. 8.4-5 zeigt, daß auch für diesen sehr komplizierten Fall das vorgeschlagene Verfahren erfolgreich angewendet werden konnte. Die Polynomkoeffizienten a_i und b_i und die Pole p_i und Nullstellen p_{Di} der approximierenden Funktion $G(p)$ nach Gl. (8.1-2) sind Tab. 8.4-1 und Abb. 8.4-5 zu entnehmen.

---

*) Die Gln. (8.4-15, 15 a, b) und die Werte des Frequenzganges im Bild 8.4-5 wurden dem Verfasser freundlicherweise von den Herren Prof. Dr. Reinisch und Dr. Bauer (TH Ilmenau) zur Verfügung gestellt.

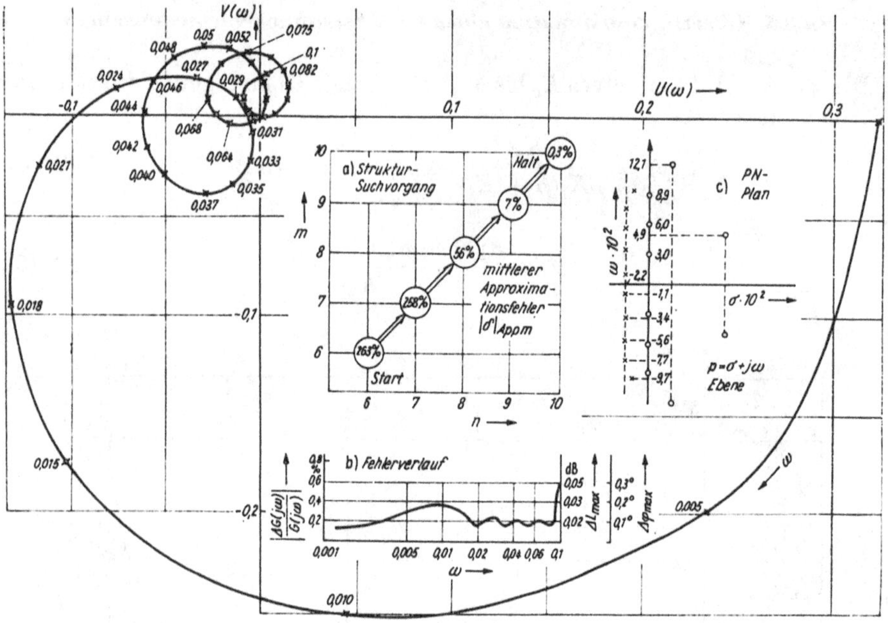

Abb. 8.4-5. Ortskurve eines Wärmeaustauschers (● ● ●) (vgl. Gln. (8.4-15, 15a, b)) und der ermittelten Approximation (× × ×) nach Gl. (8.1-2) mit den Zahlenwerten nach Tab. 8.4-1

Polynomkoeffizienten					
i	b_i	a_i	i	b_i	a_i
0	$3.1299 \cdot 10^{+00}$	$9.7646 \cdot 10^{+00}$	6	$4.9624 \cdot 10^{+08}$	$1.7522 \cdot 10^{+10}$
1	$-6.1665 \cdot 10^{+01}$	$1.1728 \cdot 10^{+03}$	7	$-4.7713 \cdot 10^{+09}$	$1.8696 \cdot 10^{+11}$
2	$5.2864 \cdot 10^{+03}$	$6.7878 \cdot 10^{+04}$	8	$3.8837 \cdot 10^{+01}$	$1.6568 \cdot 10^{+12}$
3	$-1.0031 \cdot 10^{+05}$	$2.4475 \cdot 10^{+06}$	9	$-1.8321 \cdot 10^{+11}$	$8.8110 \cdot 10^{+12}$
4	$2.5485 \cdot 10^{+06}$	$6.3297 \cdot 10^{+07}$	10	$8.8461 \cdot 10^{+11}$	$4.2650 \cdot 10^{+13}$
5	$-3.7977 \cdot 10^{+07}$	$1.1842 \cdot 10^{+09}$			

Tabelle 8.4-1: Polynomkoeffizienten a_i, b_i der für $G_s(p)$ nach Gl. (8.4-15) ermittelten Approximation $G(p)$ nach Gl. (8.1-2)

8.4.4. Arbeitsblätter zur ingenieurmäßigen Bestimmung gebrochen-rationaler Übertragungsfunktionen

Für häufig vorkommende nichtrationale Übertragungsfunktionen wäre es wünschenswert, über Hilfsmittel zu verfügen, die die Ermittlung einer zugehörigen rationalen Approximationsfunktion nach vorgebbaren Genauigkeitsforderungen möglichst ohne jede Rechnung gestatten. Diese Hilfsmittel lassen sich mit Hilfe des vorgelegten Verfahrens für nichtrationale Übertragungsfunktionen schaffen, die nicht mehr als zwei variable Parameter besitzen. Dazu müssen für vorgegebene

— Grenzfrequenzen ω_{max}, — mittlere Approximationsfehler

$$\delta_m = \sqrt{\frac{1}{N} \sum_{s=1}^{N} |\delta_G(j\omega_s)|^2} \tag{8.4-16}$$

und — Strukturen (n, m)
die Approximationsfunktionen ermittelt und in Diagrammen so verdichtet werden, daß für die Ingenieurpraxis geeignete Arbeitsblätter entstehen.

Dieser beträchtliche Aufwand ließ sich auf der Anlage ELLIOTT 503 in vertretbarer Zeit für die Übertragungsfunktionen (8.4-1, 2, 3) bewältigen.

In den Abb. 8.4-6, 7, 8 (vgl. Anlage) ist eine Auswahl dieser Arbeitsblätter für die Strukturen $(m = n)$ und $(m = 0, n > 0)$ angegeben. Ihre Handhabung soll an folgenden Beispielen erläutert werden.

8.4.4.1. *Rationale Approximation eines Totzeitgliedes*

Angenommen sei, daß die Übertragungsfunktion e^{-pT} im Frequenzintervall $0 \leqq \omega T \leqq 1 = T\omega_{max}$ mit einem mittleren Approximationsfehler δ_m nach Gl. (8.4-16) von 3% approximiert werden soll. Wird dabei eine Approximation mit $m = 0$ angestrebt, so ist das Arbeitsblatt in Abb. 8.4-6a zu verwenden.

Aus dem in der oberen Hälfte dieser Abb. angegebenem Diagramm $\delta_m = f(T\omega_{max})$ findet man, daß für $T\omega_{max} = 1$ die geforderte Genauigkeit durch eine Approximation mit $n = 2$ erreicht werden kann. Die zugehörigen Parameter a_1 und a_2 können in der unteren Hälfte der Abb. 8.4-5a unmittelbar ab gelesen werden. Man erhält also (für $T = 1$) die Approximationsfunktion

$$G(p) = \frac{1}{1 + 0{,}90p + 0{,}47p^2} \tag{8.4-17}$$

mit der Gültigkeitsbedingung $\delta_m \approx 2{,}7\%$ für $\omega_{max} \leqq 1\,s^{-1}$

(vgl. Abschn. 3.8.).

Wird eine Approximation mit $m = n$ benötigt, so folgt aus Abb. 8.4-6b durch eine völlig analoge Vorgehensweise die Übertragungsfunktion

$$G(p) = \frac{1 - 0{,}53p}{1 + 0{,}53p} \quad \text{mit } \delta_m \approx 2\% \text{ für } \omega_{max} \leqq 1\,s^{-1}. \tag{8.4-17a}$$

8.4.4.2. *Rationale Approximation von* $e^{-\sqrt{p}}$

Hier ist Abb. 8.4-7 zu verwenden. Soll zum Beispiel eine Approximation mit $\delta_m < 3\%$ für $|\omega| \leqq 30 = \omega_{max}$ erfolgen, so gewinnt man die Übertragungsfunktion

$$G(p) = \frac{0{,}81\{1 + 1{,}0p\}}{1 + 2{,}35p + 0{,}85p^2 + 0{,}05p^3 + 0{,}8 \cdot 10^{-4}p^4} \tag{8.4-18}$$

mit der Gültigkeitsbedingung $\delta_m \approx 1{,}3\%$ für $\omega_{\max} \leqq 30\ \mathrm{s}^{-1}$.

8.4.4.3. Rationale Approximation des Überhitzerfrequenzganges

Hier ergibt sich die Schwierigkeit, daß zusätzlich zu $\omega_{\max}$ als zweiter freier Parameter $\varkappa$ auftritt. Dadurch entsteht eine größere Zahl von Diagrammen für $\omega_{\max} = 0{,}1; 0{,}15; 0{,}26; 0{,}5; 1; 3{,}8$ und $100\ \mathrm{s}^{-1}$ mit $0 \leqq |\varkappa| \leqq 30$ und den Strukturen $(m = n)$ und $(m = 0,\ n > 0)$ (vgl. Abb. 8.4-8a bis j). Soll zum Beispiel eine Approximation für $\varkappa = -10$ und $\omega_{\max} \leqq 0{,}5\ \mathrm{s}^{-1}$ sowie $m = 0$ erfolgen, so ist Abb. 8.4-8c zu verwenden. Ohne Rechnung findet man die Übertragungsfunktion

$$G(p) = \frac{1}{1{,}01 + 10{,}2p + 40{,}6p^2 + 82p^3 + 68p^4} \tag{8.4-19}$$

mit $\delta_m \approx 1{,}3\%$ für $\omega_{\max} \leqq 0{,}5\ \mathrm{s}^{-1}$.

Für $\omega_{\max} \geqq 1$ gelingt eine Approximation mit $m = 0$ nicht mehr zufriedenstellend, da hier der Frequenzgang eine Phasenvordrehung aufweist.

So folgt für $\varkappa = -7$ und $\omega_{\max} = 1$ sowie $\delta_m \gtrsim 2\%$ zum Beispiel aus Abbn. 8.4-8h 1 und 2die Näherung

$$G(p) = \frac{1 + 0{,}0555p + 0{,}389p^2 + 0{,}126p^3}{1 + 7{,}12p + 18{,}09p^2 + 20{,}1p^3}$$

mit $\delta_m = 0{,}65\%$ für $\omega_{\max} < 1\ \mathrm{s}^{-1}$.

8.5. Zusammenfassung

Die vorgelegten Resultate lassen die Schlußfolgerung zu, daß das empfohlene Verfahren zur Ermittlung gebrochenrationaler Übertragungsfunktionen sowohl

(1) zur Auswertung von unter industriellen Bedingungen ermittelten (fehlerbehafteten) Frequenzgangwerten als auch

(2) zur Vereinfachung der Struktur parametrischer Modelle

mit Erfolg eingesetzt werden kann.

Diese Feststellung konnte durch Bearbeitung von mehr als 200 Aufgaben für Anwender aus den verschiedensten Bereichen der Industrie erhärtet werden.

Damit ist gleichzeitig der Nachweis erbracht, daß das unter 2.5.1. behandelte Identifikationsprinzip für kennwertnichtlineare Modelle, nämlich die Parameterermittlung durch iterative Lösung der kennwertlinearisierten Normalgleichungen, sich für die Analyse von Frequenzfunktionen gut eignet (vgl. Kapitel 9).

ERMITTLUNG PARAMETRISCHER MODELLE AUS NICHTPARAMETRISCHEN REELLEN FREQUENZ-FUNKTIONSMODELLEN

9.1. Aufgabenstellung

In diesem Kapitel wird angenommen, daß als Ergebnis der Anwendung eines Identifikationsverfahrens der ersten Verarbeitungsebene ein nichtparametrisches reelles Frequenzfunktionsmodell in Form der diskreten Werte

$$S_e(\omega_1),\ S_e(\omega_2),\ \ldots,\ S_e(\omega_N) \tag{9.1-1}$$

vorliegt.

Gesucht wird ein parametrisches Modell in Gestalt der rationalen Funktion

$$\begin{aligned} S(\omega) &= \frac{B_0 + B_1\omega^2 + \cdots + B_m\omega^{2m}}{A_0 + A_1\omega^2 + \cdots + A_n\omega^{2n}} \\ &= \frac{B_m}{A_m} \cdot \frac{(\omega^2 - q_{D1}) \cdots \cdot (\omega^2 - q_{Dm})}{(\omega^2 - q_1) \cdots (\omega^2 - q_n)}. \end{aligned} \tag{9.1-2}$$

Bei diesen Frequenzfunktionen $S_e(\omega_s)$ und $S(\omega)$ kann es sich sowohl

(1) um das Betragsquadrat $|G(j\omega)|^2$ bzw. den Real $\{U(\omega)\}$- oder Imaginär $\{V(\omega)\}$-Teil des komplexen Frequenzganges $G(j\omega) = U(\omega) + jV(\omega)$ (vgl. Gln. (3.7-14 bis 16b)) als auch

(2) um das Leistungsdichtespektrum $\Phi_{xx}(\omega)$ eines stochastischen Störsignals oder

(3) um die im Kapitel 5 verwendete apriori-Information $\tilde{S}_T(\omega_s)$ nach den Gln. (5.4-11, 11a)

handeln.

Wenn im folgenden eine stärkere Bezugnahme auf den Fall (2) erfolgt, so dient dies ausschließlich der besseren Verständlichkeit der Darstellung.

Zunächst soll untersucht werden, welchen Bedingungen die Parameter von $S(\omega)$ genügen müssen, damit $S(\omega)$ eine physikalisch realisierbare Funktion darstellt.

9.1.1. Physikalisch realisierbare Approximationsfunktionen

Nimmt man an, daß die Approximationsfunktion (9.1-2) ein Leistungsdichtespektrum oder das Betragsquadrat eines Frequenzganges darstellt, so läßt sich $S(\omega)$ gemäß

$$S(\omega) = |G(j\omega)|^2 = G(j\omega)\, G(-j\omega) \tag{9.1-3}$$

als Produkt eines Frequenzganges $G(j\omega)$ und des zugehörigen konjugiert komplexen Frequenzganges $G(-j\omega)$ darstellen. Für den Fall, daß $S(\omega) = \Phi_{xx}(\omega)$, d. h. einem Leistungsdichtespektrum gleich ist, kann $G(j\omega)$ als Frequenzgang eines Formfilters aufgefaßt werden, auf dessen Eingang ein weißes Rauschen einwirkt.

Die zu $G(j\omega)$ gehörende rationale Übertragungsfunktion möge die Gestalt

$$G(p) = \frac{b_0 + b_1 p + \cdots + b_m p^m}{a_0 + a_1 p + \cdots + a_n p^n} = \frac{b_m}{a_n} \cdot \frac{(p - p_{D_1}) \cdots (p - p_{Dm})}{(p - p_1) \cdots (p - p_n)} \tag{9.1-4}$$

besitzen.

Die Approximationsfunktion $S(\omega)$ nach Gl. (9.1-2) soll nun dann als realisierbar bezeichnet werden, wenn die zugehörige Übertragungsfunktion (des Formfilters) folgenden Bedingungen genügt:

(1) Die Übertragungsfunktion $G(p)$ nach Gl. (9.1-4) beschreibt ein stabiles System, d. h., alle Pole p_i besitzen einen nichtpositiven Realteil:

$$R_e\{p_i\} = \sigma_i \leqq 0\,, \qquad (i = 1, 2, ..., n)\,.$$

(2) Komplexe Pole p_i und Nullstellen p_{D_i} treten nur als konjugiert komplexe Paare auf.

Die Frage nach einer realisierbaren Approximationsfunktion $S(\omega)$ kann damit nur beantwortet werden, wenn man den Zusammenhang zwischen den Wurzeln q_{D_i} und q_i von $S(\omega)$ nach Gl. (9.1-2) und den Polen p_i und Nullstellen p_{D_i} von $G(p)$ nach Gl. (9.1-4) untersucht.

Durch Einsetzen von Gl. (9.1-4) in Gl. (9.1-3) und Vergleich mit Gl. (9.1-2) findet man den Zusammenhang

$$S(\omega) = \frac{B_m}{A_n} \cdot \frac{(\omega^2 - q_{D_1})(\omega^2 - q_{D_2}) \cdots - (\omega^2 - q_{D_m})}{(\omega^2 - q_1)(\omega^2 - q_2) \cdots (\omega^2 - q_n)} = \frac{b_m^2}{a_n^2} \frac{|j\omega - p_{D_1}|^2 \, |j\omega - p_{D_2}|^2 \cdots |j\omega - p_{D_m}|^2}{|j\omega - p_1|^2 \, |j\omega - p_2|^2 \cdots |j\omega - p_n|^2}\,. \tag{9.1-5}$$

Bei der Ermittlung einer Abbildungsvorschrift der Wurzeln p_{D_i} und p_i auf die Wurzeln q_i und q_{D_i} kann man sich offensichtlich auf eine Untersuchung des Zusammenhanges zwischen den Polen beschränken, wobei folgende Fallunterscheidung angebracht ist:

(1) *Reelle Pole* $p_i = \sigma_i$.
Hier müssen gemäß Gl. (9.1-5) die Zusammenhänge

$$(\omega^2 - q_i) = \omega^2 + \sigma_i^2 \tag{9.1-6}$$

und

$$p_i = \sigma_i = \pm\sqrt{-q_i} \tag{9.1-7}$$

gelten.

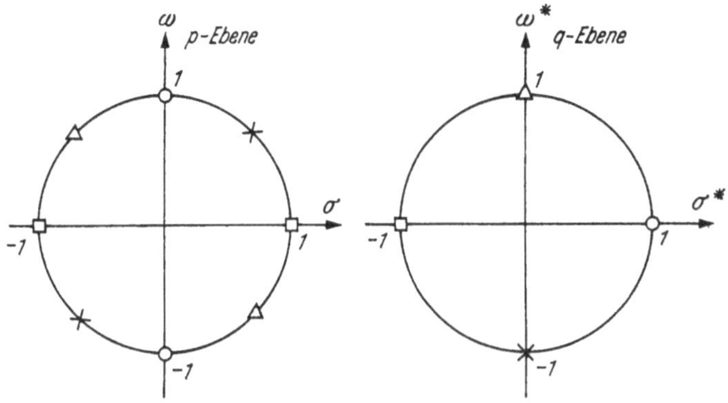

Abb. 9.1-1. Zusammenhang zwischen den Wurzeln von $S(\omega)$ nach Gl. (9.1-2) und $G(p)$ nach Gl. (9.1-4)

(2) *Konjugiert komplexe Pole* $p_i = \sigma_i + j\omega_i$ *und* $p_{i+1} = \bar{p}_i = \sigma_i - j\omega_i$.

Betrachtet werden muß jetzt gemäß

$$|j\omega - p_i|^2\,|j\omega - \bar{p}_i|^2 = |j\omega - \sigma_i - j\omega_i|^2\,|j\omega - \sigma_i + j\omega_i|^2$$
$$= |j\omega - p_i|^2\,|j\omega - p_{i+1}|^2 \tag{9.1-8}$$

ein Paar konjugiert komplexer Pole.

Mit

$$\begin{aligned}|j\omega - p_i|^2\,|j\omega - p_{i+1}|^2 &= |j\omega - p_i|^2\,|j\omega - \bar{p}_i|^2\\ &= |(j\omega - p_i)\,(j\omega - \bar{p}_i)|^2\\ &= \{(j\omega - p_i)\,(j\omega - \bar{p}_i)\}\,\{(-\,j\omega - \bar{p}_i)\,(-\,j\omega - p_i)\}\\ &= [(j\omega - p_i)\,(-\,j\omega - p_i)]\,[(j\omega - \bar{p}_i)\,(-\,j\omega - \bar{p}_i)]\end{aligned} \tag{9.1-9}$$

und

$$\bar{p} = \bar{p}_{i+1}$$

findet man unter Berücksichtigung von Gl. (9.1-5) die Beziehung

$$\begin{aligned}|j\omega - p_i|^2\,|j\omega - p_{i+1}|^2 &= (\omega^2 + p_i^2)\,(\omega^2 + p_{i+1}^2)\\ &= (\omega^2 - q_i)\,(\omega^2 - q_{i+1})\end{aligned}$$

und damit das Ergebnis

▮ $$p_i = \pm\sqrt{-\,q_i} = \pm\sqrt{|q_i|}\;\mathrm{e}^{j[\arg(-q_i)]/2}\,. \tag{9.1-10}$$

Betrachtet man Pole q_i und p_i, die auf einem Einheitskreis liegen, d. h., für die $q_i = p_i = 1$ gilt, so ergibt sich der in Abb. 9.1-1 dargestellte Zusammenhang zwischen q_i und p_i.

Man erkennt, daß die Transformation (9.1-10) mehrdeutig ist: zu jedem Pol q_i gehören zwei Werte des Poles p_i, wobei der eine einen positiven und der andere einen negativen Realteil besitzt. Da ohne Beeinträchtigung der Approximationsgenauigkeit stets der in der linken Halbebene des Pol-Nullstellenplanes liegende Pol p_i gewählt werden kann, läßt sich immer die Übertragungsfunktion eines stabilen Systems gewinnen.

Einschränkungen der Realisierbarkeit durch Instabilität sind also nicht zu befürchten.

Schwierigkeiten ergeben sich jedoch dann, wenn ein Pol q_i oder eine Nullstelle q_{D_i} auf der reellen Achse der q-Ebene in Abb. 9.1-1 liegt. Während bei einem Paar konjugiert komplexer Pole $q_{i/i+1} = \sigma_i^* \pm j\omega_i^*$ zwei Paare konjugiert komplexer Pole p_i entstehen (vgl. Zeichen Δ und $\times$ in Abb. 9.1-1), gewinnt man bei einem positiv reellen Wert für q_i lediglich 2 imaginäre Pole, die die erforderliche Trennung in positive und negative Realteile nicht zulassen (vgl. Zeichen „$\bigcirc$" in Abb. 9.1-1).

Damit ist für die Realisierbarkeit von $(S\omega)$ *nach Gl. (9.1-2) hinreichend und notwendig, daß kein Pol* q_i *und keine Nullstelle* q_{D_i} *von* $S(\omega)$ *auf der positiv reellen Achse des Pol-Nullstellenplanes in Abb. 9.1-1 liegt.*

Von dem zur Ermittlung der Parameter B_i und A_i von $S(\omega)$ nach Gl. (9.1-2) einzusetzenden Identifikationsverfahren ist somit zu fordern, daß es diese Bedingung einzuhalten gestattet.

9.1.2. Das anzuwendende Identifikationsverfahren

Wie aus den Gln. (9.1-1 und 2) hervorgeht, ergibt sich für den „Ausgangsfehler"

$$\varepsilon_{sa}(\omega^2) = S_e(\omega^2) - \frac{B_0 + B_1\omega^2 + \cdots + B_m\omega^{2m}}{A_0 + A_1\omega^2 + \cdots + A_n\omega^{2n}} \tag{9.1-11}$$

eine kennwertnichtlineare Beziehung. Zurückgegriffen werden muß deshalb bei der Bestimmung der A_i und B_i auf die unter 2.5. behandelten impliziten Methoden. Dabei zeigt ein Vergleich von Gl. (9.1-11) mit Gl.(2.5-1), daß man neben den Extremumsuchverfahren nach 2.5.2. auch auf die unter 2.5.1. behandelte iterative Lösung der kennwertlinearisierten Gleichungen zurückgreifen kann, wenn man $\varepsilon_a(t)$ durch $\varepsilon_{sa}(\omega^2)$, $x_a(t)$ durch $S_e(\omega^2)$ und t durch ω^2 ersetzt.

Beide Wege sollen denn auch im folgenden bei Anwendung der Methode der kleinsten Quadrate vergleichend untersucht werden.

9.2. Anwendung der Kennwertlinearisierung

9.2.1. Das vorgeschlagene Verfahren

Ausgegangen wird von der Minimierungsforderung

$$Q = \sum_{s=1}^{N} \delta_s^2 g_s^2 = \sum_{s=1}^{N} \frac{\varepsilon_{sa}^2(\omega_s^2)}{S_e^2(\omega_s^2)} \cdot g_s^2 = \text{Min}\,, \tag{9.2-1}$$

wobei δ_s gemäß

$$\delta_s = \varepsilon_{sa}(\omega_s^2)/S_e(\omega_s^2) = \frac{S_e(\omega_s^2) - S(\omega_s^2)}{S_e(\omega_s^2)} \tag{9.2-2}$$

den relativen Approximationsfehler bezeichnet und der Wichtungsfaktor g_s dem mittleren relativen Fehler $\big(\Delta S(\omega_s)/S_e(\omega_s)\big)_m$ der vorgegebenen Werte $S_e(\omega_s)$ nach Gl. (9.1-1) umgekehrt proportional ist:

$$g_s = c \Bigg/ \left(\frac{\Delta S(\omega_s)}{S_e(\omega_s)}\right)_m \quad \text{mit} \quad c = \left(\frac{\Delta S(\omega_1)}{S_e(\omega_1)}\right)_m . \tag{9.2-3}$$

Die Verwendung des speziellen Ansatzes (9.2-1) erweist sich aus zwei Gründen als vorteilhaft.

So kann bei der experimentellen Bestimmung des Leistungsdichtespektrums (z. B. mit einer Anordnung nach Abb. 3.3-5) mit einem annähernd konstanten mittlerem Fehler $(\Delta S/S_e)_m$ gerechnet und damit $g_s = 1$ gesetzt werden (vgl. hierzu Wilfert, 1969).

Zum anderen läßt sich durch Verwendung des relativen Fehlers δ_s im Sonderfall $m = 0$ (vgl. Gl. (9.1-2)) grundsätzlich eine Kennwertlinearisierung erreichen.

So kann nämlich für kleine Beträge $|\delta_s|$ der Fehler δ_s annähernd dem relativen Fehler

$$\delta_s^* = \frac{S^{-1}(\omega_s) - S_e^{-1}(\omega_s)}{S_e^{-1}(\omega_s)} \tag{9.2-4}$$

gleich gesetzt werden, da bekanntlich

$$\ln S_e(\omega) = -\ln S_e^{-1}(\omega)$$

und

$$\frac{\Delta S_e(\omega)}{S_e(\omega)} \approx \Delta \ln S_e(\omega) = -\Delta \ln S_e^{-1}(\omega) \approx -\frac{\Delta S_e^{-1}(\omega)}{S_e^{-1}(\omega)} \tag{9.2-5}$$

ist.

Hierdurch läßt sich Gl. (9.2-1) durch

$$Q = \sum_{s=1}^{N} \delta_s^{*2} g_s^2 = \sum_{s=1}^{N} \varepsilon_s^2 w_s^2 = \text{Min} \tag{9.2-6}$$

mit

$$w_s = \frac{S_e(\omega_s)\, g_s}{\sum\limits_{i=0}^{m} B_i \omega_s^{2i}} = \frac{S_e(\omega_s)\, g_s}{H_s} \tag{9.2-7}$$

und

$$\varepsilon_s = \sum_{i=0}^{n} A_i \omega_s^{2i} - S_e^{-1}(\omega_s) \sum_{i=0}^{m} B_i \omega_s^{2i} \tag{9.2-8}$$

ersetzen. Man erkennt, daß für $m = 0$ eine kennwertlineare Gleichung vorliegt, da — bei $B_0 \equiv 1$ — im Nenner von w_s unbekannte Parameter nicht mehr enthalten sind.

Für $m > 0$ wird die unter 2.5.1. behandelte Vorgehensweise angewendet. Dazu werden in Gl. (9.2-7) beliebig gewählte Schätzwerte für die $B_1, \ldots, B_m$, zum Beispiel die Daten $B_1 = B_2 = \cdots = B_m = 0$ eingesetzt. Damit läßt sich eine nullte Näherung $H_s^{(0)}$ für H_s und damit für die Matrix

$$(w) = \begin{bmatrix} w_1^2 & 0 & \cdots & 0 \\ 0 & w_2^2 & \cdots & 0 \\ \vdots & \vdots & \ddots & \vdots \\ 0 & 0 & \cdots & w_N^2 \end{bmatrix} \tag{9.2-9}$$

der Wichtungsfaktoren bilden und mit $s = 1, \ldots, N$ aus Gl. (9.2-8) das kennwertlinearisierte Fehlergleichungssystem

$$\begin{bmatrix} \varepsilon_1 \\ \vdots \\ \varepsilon_N \end{bmatrix} = \begin{bmatrix} -S_e^{-1}(\omega_1) \\ \vdots \\ -S_e^{-1}(\omega_N) \end{bmatrix} - \left[\begin{array}{ccc|ccc} -\omega_1^{2\cdot 0} & \cdots & -\omega_1^{2\cdot n} & S_e^{-1}(\omega_1)\,\omega_1^{2\cdot 1} & \cdots & S_e^{-1}(\omega_1)\,\omega_1^{2\cdot m} \\ \vdots & & \vdots & \vdots & & \vdots \\ -\omega_N^{2\cdot 0} & \cdots & -\omega_N^{2\cdot n} & S_e^{-1}(\omega_1)\,\omega_N^{2\cdot 1} & \cdots & S_e^{-1}(\omega_N)\,\omega_N^{2\cdot m} \end{array}\right] \cdot \begin{bmatrix} A_0 \\ \vdots \\ A_n \\ \hline B_1 \\ \vdots \\ B_m \end{bmatrix}$$

$$\hat{=}\ \boldsymbol{\varepsilon} = \boldsymbol{x}_a - (U) \cdot \boldsymbol{b} \tag{9.2-10}$$

gewinnen. Der Ansatz (9.2-6), der sich jetzt in der Form

$$Q = \boldsymbol{\varepsilon}^T\,(w)\,\boldsymbol{\varepsilon} = \text{Min} \tag{9.2-11}$$

darstellen läßt (vgl. Gl. (2.5-6)), liefert das lineare Normalgleichungssystem

$$(U)^T\,(w)\,(U)\,\hat{\boldsymbol{b}} = (U)^T\,(w)\,\boldsymbol{x}_a\,, \tag{9.2-12}$$

das sich zum Beispiel mit dem unter 2.3.2.1. angegebenen Cholesky-Verfahren (vgl. Gln. (2.3-11b bis 11e)) lösen läßt und eine erste Näherung

$$\hat{\boldsymbol{b}}^{(1)} = \{(U)^T\,(w)\,(U)\}^{-1} \cdot (U)^T\,(w)\,\boldsymbol{x}_a \tag{9.2-13}$$

für den Kennwertvektor $\boldsymbol{b}$ nach Gl. (9.2-10) und damit für die Kennwerte B_i liefert.

Unter Verwendung dieser ersten Näherung wird eine erste Näherung $H_s^{(1)}$ für H_s nach Gl. (9.2-7) und damit für die Wichtungsfaktoren w_s und die Matrix (w) nach Gl. (9.2-9) bestimmt. Eine erneute Lösung des Normalgleichungssystems (9.2-12) liefert jetzt eine zweite Näherung für den Kennwertvektor $\boldsymbol{b}$ und die Parameter B_i sowie für H_s und (w).

In dieser Weise wird fortgefahren, bis sich die $(L-1)$-te und die L-te Näherung nur noch unwesentlich unterscheiden. Im folgenden wird dabei die Abbruchbedingung

$$|H_s^{(L-1)}|(1-F) \leqq |H_s^{(L)}| \leqq |H^{(L-1)}|\,(1+F) \tag{9.2-14}$$

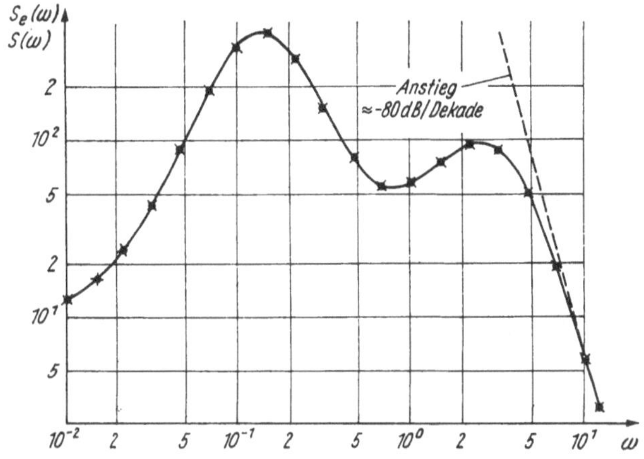

Abb. 9.2-1. Verlauf des vorgegebenen (● ● ●) und des approximierenden (× × ×) Leistungsdichtespektrums (vgl. Gl. (9.2-20))

mit $s = 1, 2, \ldots, N$ verwendet. Für F erwies sich ein Wert von $F = 0{,}01$ als zweckmäßig.

Für den hier skizzierten Algorithmus ist ein Digitalrechnerprogramm in ALGOL formuliert und auf der Anlage ELLIOTT 503 erprobt worden.

9.2.2. Experimentelle Erprobung

Hierbei wurden vor allem folgende Fragen untersucht:

(1) Wie schnell konvergiert der Iterationsvorgang?

(2) Wie groß ist die Gefahr des Auftretens nicht realisierbarer Approximationsfunktionen?

Diese Untersuchungen wurden an Hand eines absichtlich kompliziert gewählten Verlaufes von $S_e(\omega)$ nach Abb. 9.2-1 unter Verwendung der mit einem Kreuz gekennzeichneten Punkte ω_1 bis ω_{20} durchgeführt.

9.2.2.1. Untersuchung der Konvergenzeigenschaften

Als Konvergenzmaß wurden der Quotient

$$\frac{H_s^{(L)}}{H_s^{(L-1)}} = \frac{\sum\limits_{i=0}^{m} B_i^{(L)} \omega_s^{2i}}{\sum\limits_{i=0}^{m} B_i^{(L-1)} \omega_s^{2i}} \quad \text{für } s = 1, \ldots, N \qquad (9.2\text{-}15)$$

(vgl. Gln. (9.2-14 und 7)) und der Verlauf der Parameter $B_i^{(L)}$ in Abhängigkeit von der Zahl der Iterationen L verwendet.

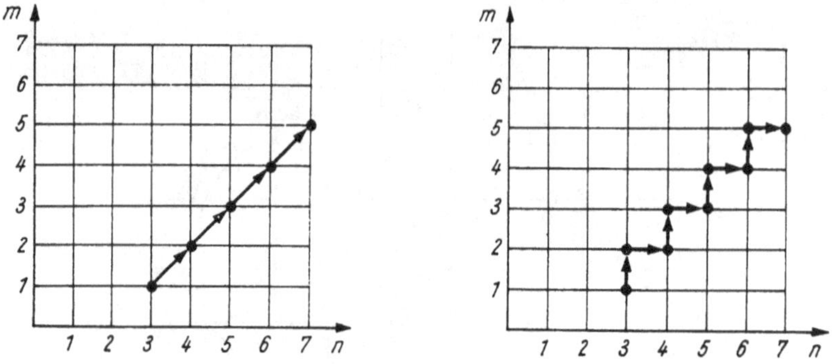

Abb. 9.2-2. Beispiele für Struktursuchvorgänge

Das Verfahren weist offenbar dann gute Konvergenzeigenschaften auf, wenn schon bei kleinen Werten von L der Quotient (9.2-15) für alle Frequenzen ω_1 bis ω_N gegen Eins strebt und die Parameter $B_i^{(L)}$ sich einem festen Wert nähern.

Bevor das Verfahren angewendet werden kann, müssen Annahmen über die Struktur (n, m) der approximierenden Funktion getroffen werden. Mit diesen Annahmen führt der Algorithmus selbsttätig einen Struktursuchvorgang aus, der z. B. die in den Abb. 9.2-2 a, b gezeigte Form aufweisen kann.

Der Suchvorgang beginnt bei der einfachsten Struktur, die denkbar ist. Für diese werden die Parameter ermittelt, und es wird der mittlere Approximationsfehler

$$\delta_m = \sqrt{Q/N} \tag{9.2-16}$$

errechnet, wobei gemäß Gl. (2.3-40) Q nach der Beziehung

$$Q = \boldsymbol{x}_a^T\,(w)\,\boldsymbol{x}_a - \hat{\boldsymbol{b}}^T(U)^T\,(w)\,(U)\,\hat{\boldsymbol{b}} \tag{9.2-17}$$

zu bestimmen ist. Unterschreitet der Fehler (9.2-16) eine vorzugebende Schranke, so wird die Rechnung abgebrochen. Ist dies nicht der Fall, dann wird zur nächst komplizierteren Struktur übergegangen.

Hinweise über die Auswahl einer geeigneten Suchstrategie liefert der anzunähernde Verlauf. So kann man wegen

$$S(\omega) \approx \frac{B_m \omega^{2m}}{A_n \omega^{2n}} = \frac{B_m}{A_n}\,\omega^{-2(n-m)} \tag{9.2-18}$$

für $\omega \to \infty$ (vgl. Gl. (9.1-2)) und

$$20 \log S(\omega) \approx 20 \log \frac{B_m}{A_n} - (n - m)\,40 \log \omega \;\; (\text{für } \omega \to \infty) \tag{9.2-19}$$

aus dem Anstieg der gegebenen Kurve 20 log $S_e(\omega)$ für $\omega \to \infty$ recht zuverlässig auf den Gradunterschied $(n - m)$ schließen. Beträgt dieser Endanstieg (wie in Abb. 9.2-1) zum Beispiel $-$ 80 dB/Dekade, so muß $n - m = 2$ sein.

Im vorliegenden Falle wurde deshalb der Struktursuchvorgang bei $m = 3$ und $n = 5$ begonnen. Bei $m = 5$ und $n = 7$ konnte er abgebrochen werden, da hier der mittlere Approximationsfehler nur noch 0,2% betrug.

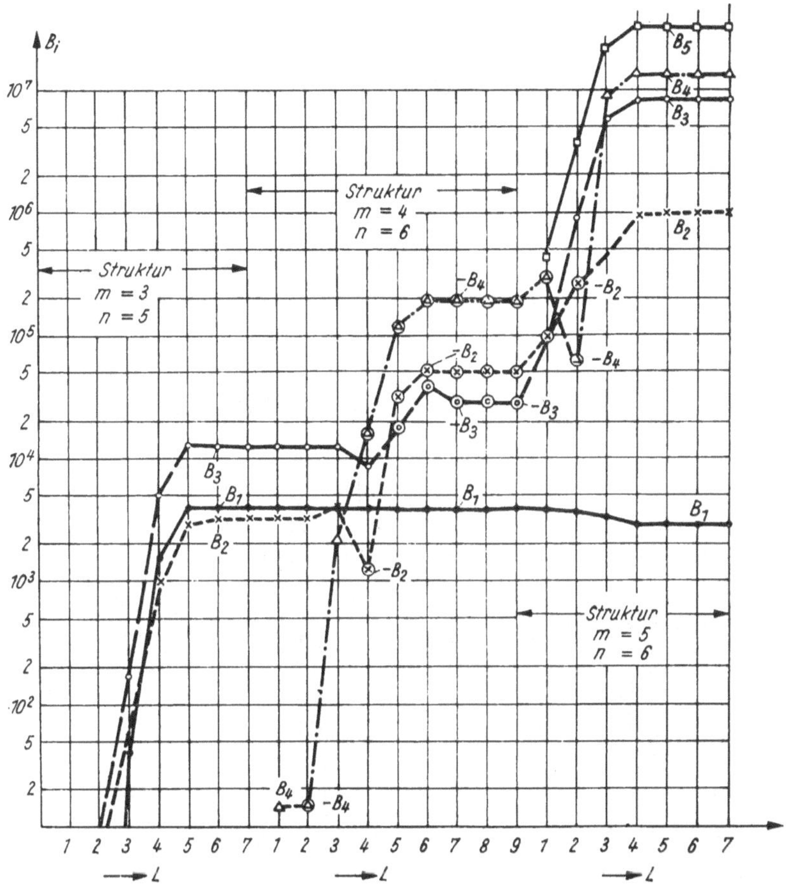

Abb. 9.2-3. Verlauf der Parameter B_i in Abhängigkeit von der Zahl L der Iterationen

Abb. 9.2-3 zeigt den Verlauf der Parameter $B_i^{(L)}$ in Abhängigkeit von der Zahl L der Iterationen und der Struktur (n, m). Man erkennt, daß schon nach wenigen Iterationsschritten L — im allgemeinen für $L < 11$ — die Parameter $B_i^{(L)}$ einem festen Wert zustreben.

Entsprechendes gilt für das Konvergenzmaß nach Gl. (9.2-15), das — wie Abb. 9.2-4 für ausgewählte Frequenzen zeigt — recht schnell gegen Eins strebt.

Für $m = 5$ und $n = 7$ ergab sich die Approximationsfunktion (vgl. Gl. (9.1-2))

$$S(\omega) = \frac{\begin{array}{c}10(1 + 2{,}93 \cdot 10^3\omega^2 + 9{,}99 \cdot 10^5\omega^4 + 8{,}35 \cdot 10^6\omega_6 \\ + 1{,}49 \cdot 10^7\omega^8 + 3{,}16 \cdot 10^7\omega^{10})\end{array}}{\begin{array}{c}1 + 1{,}48 \cdot 10^2\omega^2 + 1{,}29 \cdot 10^4\omega^4 + 3{,}92 \cdot 10^5\omega^6 + 8{,}08 \cdot 10^6\omega^8 \\ + 1{,}24 \cdot 10^6\omega^{10} + 1{,}41 \cdot 10^5\omega^{12} + 4{,}05 \cdot 10^3\omega^{14}\end{array}} \tag{9.2-20}$$

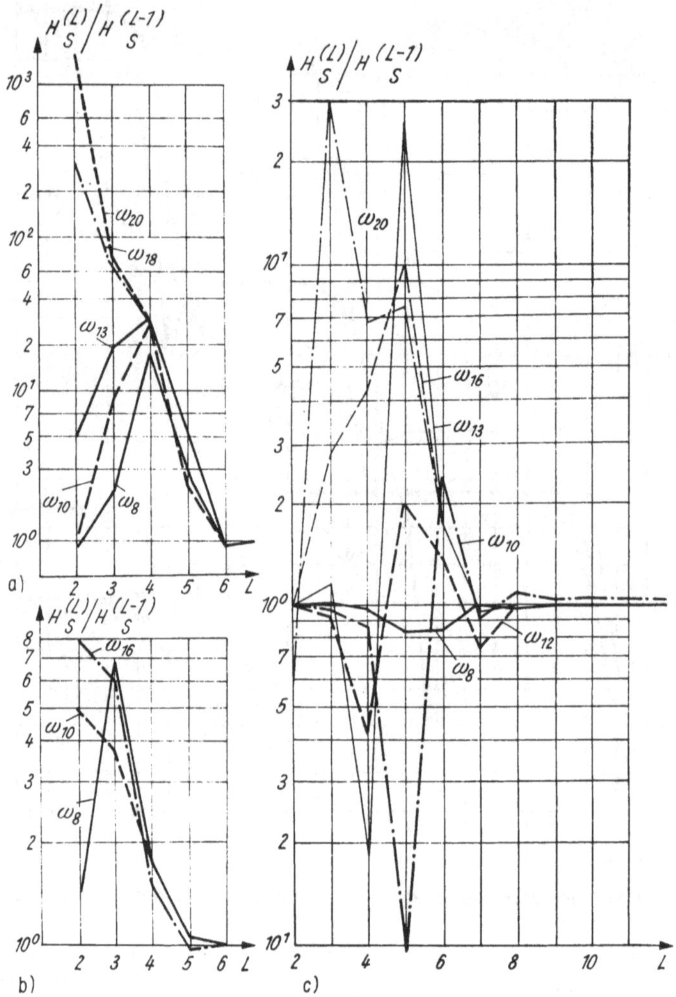

Abb. 9.2-4. Verlauf des Konvergenzmaßes nach Gl. (9.2-15) für ausgewählte Frequenzen und die Strukturen $m = 3$, $n = 5$ (a), $m = 4$, $n = 6$ (b) und $m = 5$, $n = 7$ (c)

mit den realisierbaren Polen

$$\begin{aligned} q_1 &= -2{,}62 \cdot 10^1 \\ q_{2/3} &= -4{,}36 \pm j\, 7{,}53 \\ q_{4/5} &= -1{,}71 \cdot 10^{-2} \pm j\, 2{,}62 \cdot 10^{-2} \\ q_{6/7} &= -7{,}20 \cdot 10^{-3} \pm j\, 8{,}69 \cdot 10^{-3} \end{aligned} \tag{9.2-21}$$

und Nullstellen

$$\begin{aligned} q_{D1/2} &= -1{,}63 \cdot 10^{-1} \pm j\,4{,}35 \cdot 10^{-1} \\ q_{D3} &= -3{,}95 \cdot 10^{-4} \\ q_{D4} &= -2{,}60 \cdot 10^{-3} \\ q_{D5} &= -1{,}43 \cdot 10^{-1}\,, \end{aligned} \qquad (9.2\text{-}22)$$

die mit Gl. (9.1-10) für die Übertragungsfunktion (9.1-4) die Pole

$$\begin{aligned} p_1 &= -5{,}12 \\ p_{2/3} &= -2{,}56 \pm j\,1{,}47 \\ p_{4/5} &= -1{,}56 \cdot 10^{-1} \pm j\,8{,}43 \cdot 10^{-2} \\ p_{6/7} &= -9{,}61 \cdot 10^{-2} \pm j\,4{,}52 \cdot 10^{-2} \end{aligned} \qquad (9.2\text{-}23)$$

und die Nullstellen

$$\begin{aligned} p_{D1/2} &= -5{,}60 \cdot 10^{-1} \pm j\,3{,}88 \cdot 10^{-1} \\ p_{D3} &= -1{,}99 \cdot 10^{-2} \\ p_{D4} &= -5{,}10 \cdot 10^{-2} \\ p_{D5} &= -3{,}78 \cdot 10^{-1} \end{aligned} \qquad (9.2\text{-}24)$$

liefern.

Unbefriedigende Konvergenzeigenschaften lassen sich bei ungünstig gewählter Struktur feststellen. Ungünstig kann hierbei bedeuten, daß die Struktur zu einfach und (oder) der Gradunterschied $n - m$ falsch gewählt wird. Dieser Fall wird für $m = 2$ und $n = 3$ durch Abb. 9.2-5 veranschaulicht. Sowohl das

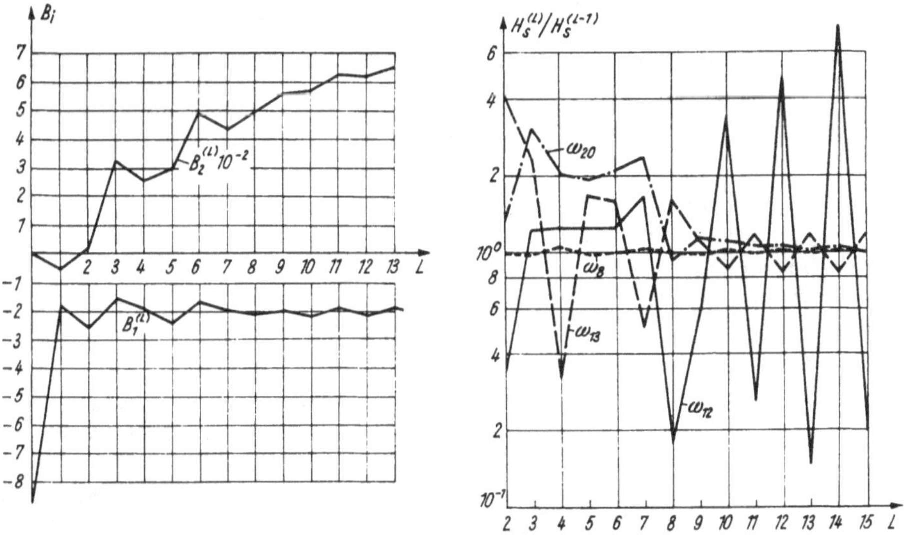

Abb. 9.2-5. Verlauf der Parameter B_i und des Konvergenzmaßes (9.2-15) in Abhängigkeit von der Zahl L der Iterationen bei ungünstig gewählter Struktur ($m = 2$, $n = 3$)

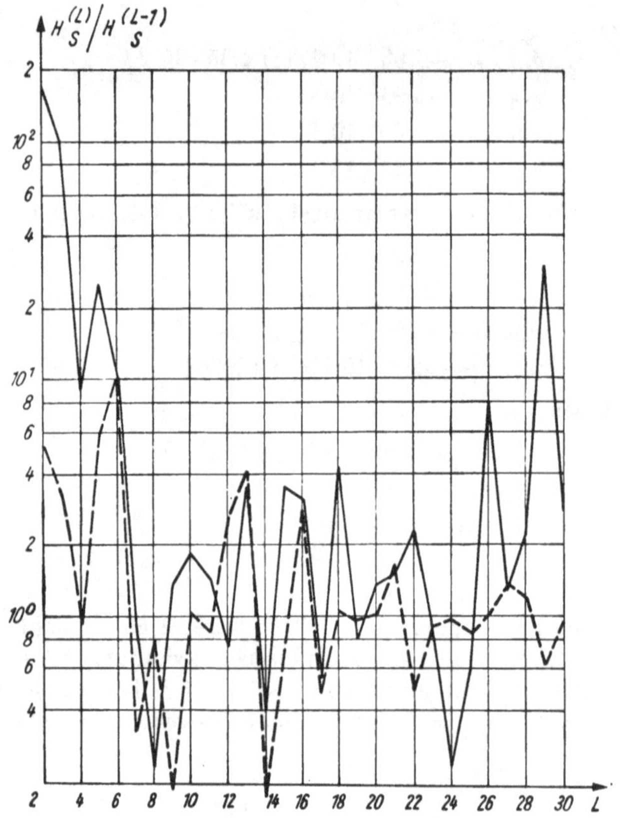

Abb. 9.2-6. Verlauf des Konvergenzmaßes bei einer zu kompliziert gewählten Struktur ($m = 9$, $n = 11$)

Konvergenzmaß (9.2-15) als auch die Parameter B_1 und B_2 nehmen mit wachsendem L nicht die geforderten konstanten Werte an. Ähnliche Probleme können entstehen, wenn eine zu komplizierte Struktur verwendet wird, was für $m = 9$ und $n = 11$ an Hand von Abb. 9.2-6 gezeigt wird.

Die hier diskutierten Schwierigkeiten treten nicht auf bzw. lassen sich umgehen, wenn man folgende Vorgehensweise verwendet, die durch Untersuchung einer großen Zahl von Beispielen erfolgreich erprobt werden konnte (vgl. Gamaleja, 1969).

(1) Die Auswertung beginnt bei der einfachsten Struktur, die denkbar ist, wobei die Größe von $n - m$ aus dem Endanstieg des vorgegebenen Verlaufes $S_e(\omega)$ abgeschätzt wird.

(2) Für die Zahl L der Iterationen wird die empirisch ermittelte obere Schranke $L_{\max} = 11$ vorgegeben, da sich gezeigt hatte, daß in den meisten Fällen schon für $L < 11$ eine zufriedenstellende Annäherung erreicht wird, wenn der Vorgang grundsätzlich konvergiert.

(3) Falls eine realisierbare Approximation mit zufriedenstellender Konvergenz nicht erreichbar ist, wird der Versuch mit einem neuen Wert $n - m$ wiederholt.

Da der notwendige Rechenzeitaufwand sehr klein ist — er betrug bei dem hier untersuchten (recht komplizierten) Beispiel 1 bis 2 Minuten pro Struktur — stellt ein nochmaliges Starten des Programmes keinen erheblichen Mehraufwand dar.

9.2.2.2. Zusammenhang zwischen Konvergenz und Realisierbarkeit

In den meisten Fällen, in denen Konvergenzschwierigkeiten auftraten, ergaben sich auch nicht realisierbare Approximationsfunktionen. Dabei traten oft eine positiv reelle Nullstelle q_{D_i} und ein positiv reeller Pol q_i auf, die sehr dicht beieinander lagen. Das führte zu einem Verlauf der approximierenden Funktion nach Abb. 9.2-7.

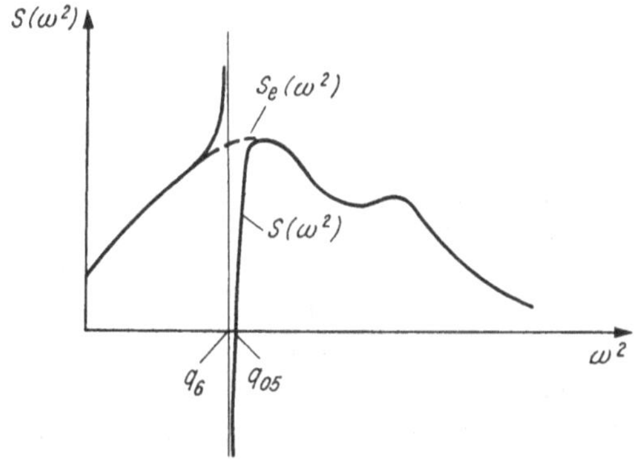

Abb. 9.2-7. Verlauf von $S(\omega^2)$ bei nicht realisierbarer Approximation

Da Pol und Nullstelle dicht beieinander liegen, treten große Abweichungen zwischen $S(\omega)$ und $S_e(\omega)$ nur in einem sehr kleinen Frequenzintervall auf. Im Laufe des Iterationsvorganges verschiebt sich diese Unstetigkeitsstelle, so daß für eine in der Nähe liegende Stützstelle ω_s das Konvergenzmaß (9.2-17) nicht gegen Eins streben kann, sondern zyklische Schwankungen aufweist (vgl. Abb. 9.2-6).

Auf Grund des hier aufgezeigten Zusammenhanges zwischen Konvergenz und Realisierbarkeit war es in den untersuchten Fällen immer möglich, mit der am Ende des Abschnittes 9.2.2.1. empfohlenen Vorgehensweise eine realisierbare Approximationsfunktion zu ermitteln. Trotzdem scheint es geraten zu sein, ein Verfahren in Betracht zu ziehen, das die Realisierbarkeit von vornherein sichert. Das gelingt durch Verwendung eines Extremum-Suchverfahrens nach 2.5.2. Benutzt wurde hier das Verfahren „Direkte Suche“ nach F. Schneider (vgl. Drenick, 1967).

9.3. Das Verfahren der direkten Suche

Die Real- und Imaginärteile der Pole q_i und der Nullstellen q_{D_i} von $S(\omega)$ nach Gl. (9.1-2) werden hier ausgehend von vorzugebenden Schätzwerten so variiert, daß

(1) Q nach Gl. (9.2-1) minimal und
(2) dabei ein verbotener Bereich für die q_i und q_{Di} nach Abb. 9.3-1 gemieden wird.

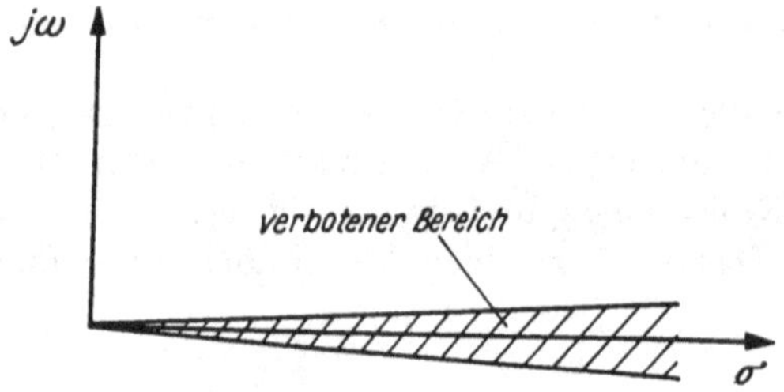

Abb. 9.3-1. Grenzbedingungen für die Parametersuche

Die Suche läuft etwa so ab (Näheres vgl. Drenick, 1967): Von den eingegebenen Anfangswerten x_1 bis x_z aus wird jede Unbekannte x_i um einen festen Anteil $x_i = 0{,}1x_i$ vergrößert und danach verkleinert. Daraufhin wird kontrolliert, ob und in welcher Richtung der Schritt erfolgreich war, d. h., ob er in Richtung auf das Minimum der Funktion $Q(x_1 \cdots x_n)$ verlief. Dann wird, abhängig von den Steigungen dieser Funktion Q in Richtung der z Komponenten, ein sogenannter natürlicher Maßstab berechnet, der für größere Steigungen kleinere Schrittweiten festlegt. Auf dieser Schrittweite aufbauend wird ein Langschritt in den bei der Probebewegung erfolgreichen Richtungen versucht. Die Größe des Langschrittes $\Psi \cdot \Delta x_i$ ist ein Vielfaches von Δx_i in der Richtung i. In den Faktor Ψ geht die Zahl der in dieser Richtung schon erfolgreich verlaufenden Langschritte ein.

Die Veränderung von x_i erfolgt gemäß der Zuweisung

$$x_i := x_i + \Psi \cdot \Delta x_i \,,$$

wobei Ψ empirisch zu

$$\Psi = 3 + q^3$$

gewählt wird, und q die Zahl der schon erfolgreich ausgeführten Langschritte in ungefähr dieser Richtung bezeichnet.

War der Langschritt erfolglos, so wird er halbiert, solange noch $\Psi > 1$ ist.

Ist ein Langschritt ausgeführt oder ist kein Langschritt mit $\Psi > 1$ erfolgreich, so wird eine neue Probebewegung gestartet und Δx_i in den erfolgreich probierten Richtungen i festgelegt. Diese Δx_i gelten für den nächsten Langschritt und die darauffolgenden Probeschritte, solange keine neuen Δx_i berechnet werden. Sind die nächsten Probeschritte alle erfolglos, so werden sie mehrere

Male halbiert. Wenn sich auch dann noch keine weitere Suchrichtung abzeichnet, wird der dort gefundene Punkt von $Q(x_1 \cdots x_n)$ als Minimum dieser Funktion akzeptiert und die Optimierung abgebrochen.

Die gesamte Bewegung im Suchvorgang erfolgt unter ständiger Kontrolle der Grenzbedingungen (vgl. Abb. 9.3-1). Werden bei einem Schritt die Grenzbedingungen verletzt, so wird x_i nicht weiter als bis zur Grenze verschoben.

Abb. 9.3-2 veranschaulicht den hier beschriebenen Suchvorgang für die einfache Struktur

$$S(\omega^2) = S_0 \frac{1}{\omega^2 - q_1}, \tag{9.3-1}$$

d. h. für die zwei Unbekannten $x_1 = q_1$ und $x_2 = S_0$, die den Beschränkungen

$$x_1 = q_1 < 0 \tag{9.3-2}$$

nnd

$$x_2 = S_0 > 0 \tag{9.3-3}$$

unterliegen.

Dieser einfache Fall macht bereits die Problematik deutlich, die hier besteht: So müssen die Suchschritte einerseits genügend klein sein, damit sich der Suchvorgang gut an die Topographie anschmiegt. Sie dürfen andererseits nicht zu klein sein, da sich sonst die Rechnung zu lange in Gebieten aufhält, die weit vom Extremum entfernt liegen.

Wie Abb. 9.3-1 veranschaulicht, nimmt der Suchvorgang nicht den angestrebten Weg des steilsten Abfalls. Offenbar ist der Unterschied in der Steilheit

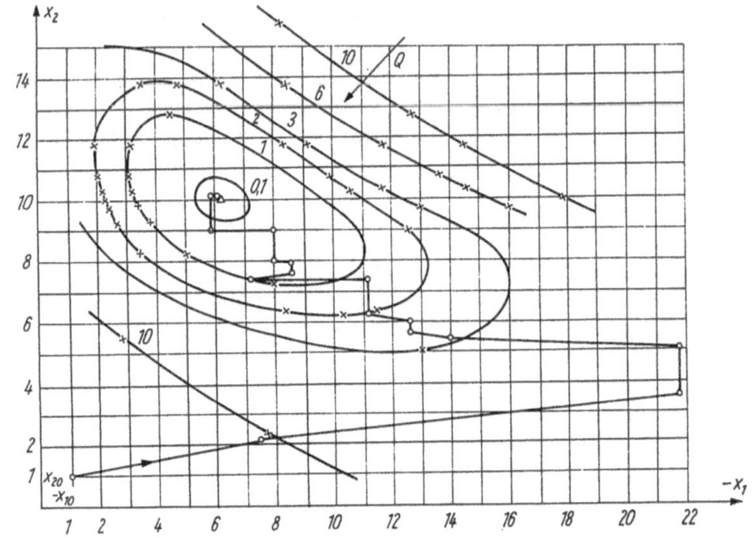

Abb. 9.3-2. Zur Ermittlung der Approximationsfunktion (9.3-1) mit dem Verfahren der direkten Suche

zwischen den beiden Richtungen zu groß und dadurch die Schrittweite in Richtung $-x_1$ viel größer als in Richtung x_2. Dieselbe Tendenz macht sich auch bei weiterem Abstieg in den Trichter noch bemerkbar. Bei einem Wert $Q = 7 \cdot 10^{-3}$ bricht das Programm ab. Das entspricht einem mittleren Approximationsfehler $\delta_m = \sqrt{\frac{Q}{N}}$ von 2,9%. Da das Spektrum $S_e(\omega)$ mit einem Fehler δ_m von höchstens 10^{-2} % vorgegeben wurde, kann ein $Q = 10^{-8} \cdot N$ erwartet werden.

Deshalb wurde versucht, das Programm noch weiterrechnen zu lassen, indem die Zahl der Halbierungen der Schrittweite bei erfolgloser Probebewegung von 5 auf 10 erhöht wurde. Das Programm rechnet damit zwar weiter, allerdings konvergiert es sehr schlecht und verringert den Fehler nicht wesentlich.

Sicherlich lassen sich durch eingehende Arbeit am Suchlogarithmus, der ja streckenweise recht willkürlich festgelegt ist, noch gewisse Optimierungen hinsichtlich Dauer und Zielstrebigkeit der Suche erzielen; jedoch ist anzunehmen, daß der Suchalgorithmus für jeden Anwendungsfall neu bearbeitet werden müßte.

Die weiteren, mit diesem Verfahren untersuchten Beispiele wurden ebenfalls mit sehr unterschiedlicher, im allgemeinen unzureichender Genauigkeit bearbeitet. Die Rechenzeit betrug bei einfachen Strukturen bereits mehr als 10 Minuten auf der Anlage ELLIOTT NE 503. Von Einfluß war hierbei die Wahl der Anfangswerte $x_{10} \cdots x_{n0}$. Der Funktionswert $Q(x_{1_0} \cdots x_{n_0})$ für die Anfangswerte x_{i_0} legt den natürlichen Maßstab zu Beginn der Suche fest und bestimmt den Verlauf damit unter Umständen entscheidend.

9.4. Zusammenfassende Einschätzung

Die Approximation reeller Frequenzfunktionen (z. B. des Leistungsdichtespektrums) durch iterative Lösung der kennwertlinearisierten Normalgleichungen gemäß 2.5.1. und 9.2. erweist sich bezüglich Rechenzeit und Genauigkeit als sehr vorteilhaft. Im *Vergleich zu einem Extremum-Suchverfahren* (vgl. 2.5.2.), wie zum Beispiel dem Verfahren der „Direkten Suche“, *ergibt sich im Mittel ein um den Faktor 10 geringerer Rechenzeitaufwand.*

Dieser Vorteil scheint schwerer zu wiegen als die Tatsache, daß die iterative Lösung der kennwertlinearisierten Normalgleichungen nach 9.2. gelegentlich auf nichtrealisierbare Approximationsfunktionen führt und das Verfahren der direkten Suche die Realisierbarkeit garantiert.

Teil III — Schrifttum

KAPITEL 10

BIBLIOGRAPHIE

10.1. Vorbemerkung

Die vorliegende Schrifttumsübersicht umfaßt etwa 850 Titel über die Theorie und die Anwendung von Verfahren der Experimentellen Systemanalyse.

Berücksichtigung fanden Veröffentlichungen in Buchform, Original- und Übersichtsarbeiten aus Periodica, Dissertationsschriften und Diplomarbeiten, Bibliographien sowie Firmenschriften und Technische Berichte von Forschungseinrichtungen.

Trotz des Umfanges der vorliegenden Bibliographie kann und soll Vollständigkeit bezüglich einzelner Titel nicht beansprucht werden. Der Verfasser glaubt jedoch, die wichtigsten Arbeiten zu den einzelnen Hauptabschnitten dieser Arbeit berücksichtigt zu haben.*)

Um das außerordentlich umfangreiche Schrifttum überschaubarer zu machen und die Literatursuche zu erleichtern, wurde folgende Einteilung vorgenommen:

- Eine Zusammenstellung wichtiger Tagungen,
- eine nach Sachgebieten geordnete Schrifttumsübersicht und
- eine chronologisch geordnete Schrifttumssammlung.

10.2. Wichtige und häufig zitierte Tagungsberichte

/—1/ IFAC-Symposium „Identification in automatic control systems", Prag, June 1967

/—2/ IFAC-Symposium „Identification and process-parameter estimation", Prag, June 1970

/—2a/ IFAC-Symposium „Identification and process-parameter estimation", Den Haag, June 1973

/—3/ First IFAC-Congress, Moskau, 1960

/—4/ Second IFAC-Congress, Basel, 1963

/—5/ Third IFAC-Congress, London, 1966

/—6/ Fourth IFAC-Congress, Warschau, 1969

/—7/ 5th IFAC-Congress, Paris, 1972

/—7a/ 6th IFAC-Congress, Boston, 1975

/—8/ IFAC Tokyo Symposium on „System engineering for control system design", Tokyo, 1965

/—9/ IFAC Kyoto Symposium on „System engineering approach to computer control", Kyoto, 1970

/—10/ IFAC-Symposium on „Digital simulation of continuous processes", Györ, VR Ungarn, 1971

*) Wesentliche Beiträge der Jahre 1973, 1974 und 1975 wurden nach Vorliegen des Umbruchs dem Abschnitt 10.4. angefügt.

/—11/ IFAC-Symposium on „Theory of self-adaptive control systems", Teddington, England, 1965

/—12/ 1. Arbeitstagung „Algorithmisierte Prozeßanalyse" des Bereiches „Technische Kybernetik" im ZKI der Akademie der Wissenschaften der DDR am 13. und 14. Mai 1971 in Dresden

/—13/ 2. Arbeitstagung „Algorithmisierte Prozeßanalyse" am 9. und 10. Mai in Dresden (vgl. /—12/).

10.3. Nach Sachgebieten geordnete Schrifttumsübersicht

10.3.1. Zu Kapitel 1: Bedeutung und Gegenstand der Exp. Systemanalyse

10.3.1.1. Übersichtsarbeiten

— *Bücher und Buchbeiträge*

a) *Zum Gesamtgebiet*

1971: Sage, Melsa
1974: Eykhoff

b) *Zu Teilgebieten*

1963: Solodownikow/Solodownikow, Uskow/Solodownikow, Vavilov
1964: Dittmann/Eykhoff/Lee
1965: Deutsch/van der Grinten
1967: Balakirev, Dudnikov, Zirlin
1968: Strobel
1969: Nahi/Wilfert
1970: Giloi/Speedy, Brown, Goodwin
1971: Isermann
1972: Peschel
1973: Davies
1974: Isermann

— *Übersichtsarbeiten aus Periodica und Tagungsberichten*

1960: Westcott
1961: Senf, Strobel
1963: Williams
1964: Kindler
1966: Eykhoff, van der Grinten, Kwakernaak, Veltman
1967: Cuenod, Sage/Eykhoff/Strobel
1969: Balakrishnan, Peterka
1970: Rault, u. a./Eykhoff, Åström
1971: Nieman, Fisher, Seborg
1973: Baeyens, Jacquet/Bekey/Mulder/Rjabman/Rault

— *Dissertationen, die eine Übersicht über größere oder wichtige Teilgebiete vermitteln*

1959: Fu/Levin
1963: Zorn
1964: Gupta
1965: Brendes/Marino/Reinisch/Werner
1966: Fisher/Strobel/Wong
1967: Buchta/Mendes/Wilfert
1968: Colligan/Isermann/Müller/Mork
1969: Schaufelberger/Lees/Wildman
1970: Sims/Woo/Zamann/Otte

1971: Lepers/Nieman/Rieger/Wilfert
1972: Haase
1973: Strobel/Bomm/Göhring/Scheurer

— *Bibliographien*

1954: Fuchs
1969: Nikiforuk, Gupta
1971: Nieman, Fisher, Seborg
1973: Strobel

10.3.1.2. Berichte über praktische Anwendungen

— *Modelle biologischer Objekte*

1952: Stark, Vossius, Young
1961: Nye
1963: Young, Stark
1965: Stebel, Zuber
1966: Milsum/Stebel/Stanten, Stark
1967: Cook, Stark
1968: Zettenberg
1969: Aizerman, Andrejeva/Barr, u. a./Magdaleno, u. a./O'Neil/Stark/Vossius, u. a.
1970: Drischel/Listschuk/Morecki, u. a./Sücs, u. a./Vossius
1971: Chaplain, u. a./Drischel/Milev/Pfurtschneller/Reissmann
1973: Bekey/Metz/Carson, Finkelstein/Wilson, u. a./Jilek/Ferguson, u. a./Donders, u. a./Ten Hoopen/Aaslid/Szüsc, u. a./Cohen/Talmon, u. a.
1974: Chang, u.a./Harper, u.a./Mohler/Poitz
1975: Tiedt, u. a.

— *Modelle für den Regler „Mensch“*

1947: Tustin
1956: Fogel/Elkind
1958: McRuer, Krendel/Seckel, u. a.
1959: Woodling, Clark
1960: Crossman, u. a.
1961: Potts, u. a.
1963: Bekey/Braunstein, u. a./Schmidtlein
1964: McRuer, Graham
1966: Elkind, Miller/Fiala/Krell/McRuer, u. a./Stapleford
1967: Smith/Taylor, Balakrishnan
1968: Angel, Bekey/McRuer/Weir
1969: Strassen/van Lunteren, Strassen/Weir, McRuer
1970: Marienfeld/Schweitzer
1973: Stankovič, Kouwenberg/Johannsen

— *Modelle für betriebliche, ökonomische und ökologische Prozesse*

1937: Koopmans
1943: Mann, Wald
1961: Menges
1963: Pawlowski
1964: Lüdecke
1965: Brünneckie
1966: Eisenpress, Greenstadt
1969: Bandyopadhyay, Das Gupta
1971: List/Richter
1973: Young, u. a./Argentesi, u. a./Koivo, u. a./Brown/Wagner/Voronov, u. a./ Kashyap, Rao
1974: Chow/Desalu, u. a./Mehra/Rao, Kashyap/Wall, Westcott

— *Modelle für Prozesse der Energieerzeugung, -wandlung und -Übertragung*

(Kern- und Wärmekraftwerke, elektrische Antriebe, Generatoren usw.)

1951: Ganglbauer
1961: Balcomb, u. a.
1964: Hertel
1966: Boardman/Johnson/Rajagopal, Gallacher/Wassermann, u. a. Humphries, u. a.
1967: Wise, u. a./Hara, u. a.
1968: Cummins/Isermann/Harland, u. a.
1969: Bender/Giras, Mutafelija/Habegger, Balley/Wells/Walker/Godfrey/Koszelnik, u. a.
1970: Bereznai, Sinha/Godfrey/Hiroshi, Kitami/Isermann/Larson/Mizutani, Kitami/Rutkowski/Unbehauen, Hebrik/Walker, u. a./Speedy, u. a.
1971: Trybula, Malkiewicz
1973: Baeyens, Jacceut/Pincock, u.a.
1973: Baeyens, Jacquet/Pincock, u. a./Furukawa, u. a./Clarke, u. a./Lindahl, u. a./Olsson/Sinha/Kohlas/Roggenbauer/Qentin, u. a./Trybula, u. a./Øye Moore, Schweppe

— *Modelle für Prozesse der chemischen Industrie (u. a. Destillationskolonnen, Reaktoren)*

1964: Swenker
1965: Hougon/Marino, Sawaragi, u. a.

1966: Huang, Yawe
1967: Wood
1968: Lees/Hutchinson, Shelton
1969: Godfrey/Diskind, Esterson/Gavalos, u. a./Wells/Rees
1970: Aguilar-Martin, Banon
1971: Bessner, u. a.
1973: Foulard, Bornard/Gustavsson/Eklund, Gustavsson/Ri!halet/van Houwelingen, u. a./Aguilar-Martin, u. a./Raja Rao, u. a./van Aarle/Velev/Hensley, Himmelblau/Abbosh/Riffaud, u. a./Takamatsu, u. a./Parnaby/McGreavy

— *Modelle für Prozesse des Transportwesens*

1950: Seamans, Blasingame
1953: St. Dennis, Pierson
1963: Brüning
1965: Oshima, u. a.
1967: Bell
1969: Klein/Taylor, u. a.
1970: Chen, u. a./Rault, u. a.
1973: Mulder/Rault/Mehra/Broersen/Klein, u. a./Wells/Siouris/Bozzo, u. a./Shen, Burger/Åström, Källström

— *Modelle für Bauelemente der Regelungstechnik (Meß- und Stelleinrichtungen usw.)*

1964: Strobel

1966: Karam, Franke
1968: Bernhard/Seefried/Otto
1969: Godfrey, Devenish/Barschdorff, Bender

— *Papierindustrie*

1964: Åström
1967: Åström
1968: Jones, Whight
1969: Chao, Wickstrom
1970: Gerdin/Galtung, Williams
1973: Gentil, u. a./Cegrell, u. a.

— *Metallurgie (Walzwerke, Hochöfen)*

1968: Chang, u. a.
1969: Woodside
1970: Rake/Tsuchiya, Mori
1973: Volpert, u. a.

— *Brikettfabriken*

1964: Bilkenroth, Strobel

— *Zementindustrie*

1969: Ottomo, Nakagana

— *Werkzeugmaschinen*

1970: Opitz, Weck

10.3.2. Zu Kapitel 2: Methoden

10.3.2.1. Statistische Parameterschätzverfahren

— *Grundlagenwerke der mathematischen Statistik*

1946: Cramer
1951: Kendall
1957: van d. Waerden/Grenander, Rosenblatt
1961: Kendall/Linnik
1963: Smirnow, Dunin-Barkowski
1964: Morgenstern
1965: Deutsch
1967: Storm
1969: Nahi

— *Anwendungen für die Experimentelle Systemanalyse* (Methode der kleinsten Quadrate, Markov-Schätzung, Maximum-Likelihood-Methode)

1953: Mann, Moranda
1963: Eykhoff/Lindenlaub, Cooper/Marquard/Maslov/Kopp, Orford/Quarnström/Rosenberg, Shen
1964: Åström, Wensmark/Lee
1965: Åström, Bohlin/Åström, Bohlin, Wensmark/Ho/Lee/Mowery/Shira
1966: Maslov
1967: Åström/Pentecost, Stubberud/Rogers, Steiglitz/Rubin, u. a.

1968: Åström/Genin/Klinger/Nash, Tuteur/Neal/Briggs, u. a./Graupe, u. a.
1969: Åström, Wittemark/van den Boom, Melis/Young
1970: Brammer/Bohlin/Kashyap/Peterson/Woo/Banyasz, Gertler/Bubnicki/Kovanic
1971: Peschel/Schulze/Sage, Melsa/Stepanenko, Galickij
1973: Shah/Mendes, u. a./Rouban/Smith, Sage/Huynh/Söderström/Pandya, Pagurek/Göhring

10.3.2.2. Implizite Methoden für kennwertnichtlineare Modelle
(u. a. Extremum-Suchverfahren, Verfahren der Kennwertlinearisierung)

1963: Sanathanan, Koerner
1964: Bekey, McGee/Wilde
1965: Powell/Steiglitz, McBride
1966: Rosenbrock, Storey/Strobel
1967: Albert, Gardiner,/Clarke/Drenick/Sakrison/Strobel/Brown, Goodwin/Kwatny, Shen
1968: Saridis, Stein/Norkin/Davies, Roberts
1969: Neal, Bekey/Rose, Lance/Taylor, u. a./Elliott, Sworder
1970: Saito, Fukao

10.3.2.3. Verfahren für eine on-line Identifikation

– *Analoge Methoden (u. a. adaptiveModelle)*

1960: Kitamori
1961: Eykhoff/Levinge
1963: Blandhol, Balchen
1965: Shackcloth, Butchard
1966: Barker, Hawley/Maršik/Meyerhoff/Parks/Lion/Rake/Skakala, Šutek/Gerhardt
1967: Roberts
1968: Jackson/Müller/Ricker, Saridis/Wernstedt
1969: Landau, Pazdera, Pottinger/Schaufelberger/Porter, Tatnall
1970: Brüderle, Weber/Ricker, Saridis/Buchta, u. a./Wernstedt
1971: Weber

– *Digitale Methoden (u. a. rekursive Regression, Echtzeitverfahren)*

1961: Joseph, u. a.
1966: Hutchinson, Monopoli
1967: Dahlin
1968: Bohlin/Davies, Roberts
1969: Bekey/Jacob, Zadeh/Leathrum/Oza, Jury/Peterka, Šmuk/Hasting-James, Sage
1970: de Larminat, Tallec/Gyürcki/Kashyap/Madden, Mason/Mizutani, Kitami/Peterka/Šmuk/Stankovič, Velaševic, Čarapič/Tait, Belanger/Vališ/Wieslander, Wittenmark/Zypkin
1971: Haupt/Mehra/Wernstedt, Peter/Weber
1973: Isermann, u. a./Jackson, Rippin, Åström Wittemark

10.3.3. Zu Kapitel 3: Modelle (vgl. auch Kapitel 5 bis 9)

10.3.3.1. Statische Modelle

– 1964: Sawicki
1969: Bendel
1970: Bendel/Günther, u. a.
1971: Bendel/Bessner, u. a./Wernstedt, Peter/Hartmann
1974: Balakirjev, u.a./Bendel

10.3.3.2. Nichtparametrische dynamische Ein-Ausgangsmodelle

– *Ermittlung der Kerne der* VOLTERRA-*Entwicklung*

1963: BALAKRISHNAN
1965: ALPER
1966: HOOPER, GYFTOPOULOS
1967: ROY, SHERMAN
1970: RAO, CHRISTENSEN
1973: KADRI, LAMB

– *Ermittlung diskreter Gewichtsfunktionswerte (vgl. hierzu auch* 10.3.4.2.)

1956: ZABUSKY
1957: TURIN
1960: LEEVIN
1965: BRIGGS, u. a./IZAWA, FURUTA
1967: BRIGGS, u. a./IZAWA, FURUTA/RUBERTI
1968: FANTAUZZI
1970: BROWN/BUTCHER, COOK

– *Ermittlung diskreter Frequenzgangwerte* (unter Verwendung aperiodischer und periodischer Testsignale mit speziellen Frequenzgangmeßplätzen oder Rechenverfahren – vgl. Kapitel 5 und 10.3.4.2.)

1947: TUSTIN
1950: CURFMAN, GARDINER
1951: SAMULON
1954: AIKMAN/FETZER/LUDBROCK
1955: SCHÄFER, FEISEL/REYNOLDS/TEASDALE
1956: TAGAJEWSKAJA/THAL-LARSEN
1957: LEVENSTEIN/GUILLEMIN
1958: KARDASCHOW, KARNJUSCHIN
1959: SCHECHTER, WISSLER/PAUL, MCFADDEN
1960: BREUGEL, u. a.
1961: BEREZIN/SCHÜSSLER/HOUGEN, WALSH/DECHTJARENKO/OSHIMA, HAYASE
1962: BALCHEN/SEIFERT/PEČORINA
1963: DREIFKE, HOUGEN/SOLODOWNIKOW, VAVILOV/UNBEHAUEN/ZORN
1964: ADAMČUK, BALAKIREV/MESCH/SENF/LIEWERS
1965: BALAKIREV, GOLUBEV/HOUGEN/UNBEHAUEN
1966: UNBEHAUEN
1967: ATAMANENKO/STROBEL/UNBEHAUEN, SCHLEGEL/LEES, DOUGHERTY
1968: STROBEL/UNBEHAUEN/WILFERT
1969: BUCHTA, RIEGER/ELSDEN, LEY/RÜFFER/WILFERT/BEHREND, MÖLLER/MURRILL, u. a.
1970: KOHR/ROTH/SCHWALM
1971: WEBER/RIEGER

10.3.3.3. Parametrische dynamische Ein-Ausgangs-Modelle

– *für kontinuierlich wirkende Systeme (Ermittlung der Koeffizienten von gebrochen rationalen Übertragungsfunktionen)*
  - *aus gemessenen Sprungantworten (vgl. Kapitel 6)*

1928: KÜPFMÜLLER
1951: GANGLBAUER
1953: NECHLEBA
1954: BA HLI
1956: THAL, LARSEN
1957: BOPP/SIMOJU/LEVENSTEIN
1958: SIMOJU/ELLINGTON, MCCALLION
1959: STREJČ/DAROVSKICH
1960: STREJČ/KARNJUSCHIN, POLJUCH
1961: BRÜGGNER/ORURK, ZEVERZEEV
1962: DAROVSKICH/REINISCH/PEČORINA/HOERNER
1963: KARDASCHOW/ZORN
1964: ADAMČUK, BALAKIREV/DITTMANN/KINDLER
1965: BALAKIREV, GOLUBEV/BRENDES/VIDINČEV
1966: KOROBOV, BROIDA/RADTKE/SCHMIDT/SCHWARZE/WERNSTEDT/WERNER
1967: BECKER/QUENTIN/RENNER/SACHAROVA, SCHTEINBERG/STROBEL/VAN HAEBLER
1968: PAPE, SCHULZ/SCHMIDT/KOIVO, STROLLER
1969: BROIDA/PRAUTSCH/SCHWARZE
1970: JEZEK/PLESSMANN/STREJČ
1971: NEUENFELD
1972: GRIEPENTROG

1973: FRIGYES

● *aus anderen Antwortsignalen*

1954: BA HLI
1958: STREJČ
1960: RJABOV/ŠALOMON/STREJČ
1963: DITTMANN/SKALA
1964: LIU, MEADOWS
1966: WERNER/KARNJUSCHIN, ČERNISCHEW
1967: MÜLLER
1968: MÜLLER

– *für diskontinuierlich wirkende Systeme (Ermittlung der Koeffizienten von linearen und nichtlinearen Differenzengleichungen)*

1963: LEVIN
1965: MCBRIDE, LEVIN
1967: ÅSTRÖM/PEARSON/FARISON, u. a./GAGLIARDI/MAYNE
1968: PANUSKA/SCHULZ
1969: OZA, JURY/BUDIN/HSIA
1970: MENIALENKO/OCHEM, u. a./PETERKA, HALUOSKOVA/STANKOVIC, u. a.
1973: KEVICZKY, BANYASZ/UNBEHAUEN, GÖHRING/KREMPL/FINIGAN, ROWE/FURHT

10.3.3.4. Parametrische Zustandsmodelle

– *Zustandsbeschreibung und Ermittlung von Zustandsmodellen*

1960: KALMAN
1963: GILBERT/KALMAN/ZADEH, DESOER
1964: COX
1966: HO, KALMAN/BAKKER, TRISKA/GUPTA
1967: ELGERD/YONE, TAKAHASHI/DAVISON/VAMOS, FISCHER
1968: BUCY
1969: SCHMIDT
1970: BUCY, ACKERMANN/LARSON/LAW, SNYDER/TETHER/UNBEHAUEN
1971: ACKERMANN
1973: GUIDORZI/DOROFEYUK/BINGULAC, u. a./GLOVER, WILLEMS/BERNTSEN, BALCHEN/SHERRY, SHEN

– *Zustandsschätzung*

1960: KALMAN
1961: KALMAN, BUCY
1964: COX
1965: DETCHMENDY, SRIDHAR
1966: SCHLEE, u. a./SORENSEN
1967: NISHIMURA/BROWN, GOODWIN
1968: ATHANS, u. a./KAILATH/WELLS
1969: BERKOVEC/JASZWINSKI/MEHRA/SINGER, FROST/GOODWIN/GAVALOS, u. a.
1970: BRAMMER/BAGGERUD, BALCHEN/SAGE, EWING/VANECEK, FESSEL/CHEN, u. a./DRESSLER, ROSS/FARRELL
1971: BRAMMER/BOJCUK, u. a.
1973: FUNAHASHI, NAKAMURA/VANACEK/RAMANI, u. a.

10.3.3.5. Modelle der zweiten Verarbeitungsebene

– *Ermittlung des Frequenzganges und der Übertragungsfunktion aus Gewichts- und Übergangsfunktionen (vgl. Kapitel 6)*

1932: LEE
1951: SAMULON
1954: Ba HLI/FETZER/KAUTZ/WINKLER
1955: KLOVSKY/REYNOLDS
1956: HAED
1957: BOPP/ARMSTORNG
1958: KARDASCHOW, KARNJUSCHIN/ELLINGTON, MCCALLION
1959: ARMSTRONG
1960: ANDERSON
1961: BEREZIN
1962: WERNER, SEIDE/WELLER
1963: SEIDE
1964: LIU/ROSS/AWEDJAN, WERNER
1965: BALAKIREV, GOLUBEV/UNBEHAUEN
1966: KARNJUSCHIN, ČERNISCHEW/WERNER/SMITH, CLEMENT
1967: MÜLLER

1968: KECKRE/WILFERT, u. a.
1970: ALLWRIGHT, CHUANG/RUXTON-DAVIES/ZAMANN
1971: WEBER
1973: SCHNEEWEISS

– *Ermittlung gebrochen rationaler Übertragungsfunktionen aus reellen und komplexen Frequenzgängen (vgl. Kapitel 8 u. 9)*

1938: WIENER, LEE
1952: LINNVILL
1955: RABKIN, u. a.
1957: BOPP
1958: KARDASCHOW, KARNJUSCHIN/RUSCINSKI/ŠZWEDA/SCHUON
1959: DUDNIKOV/FU/LEVY
1960: KARDASCHOW, KARNJUSCHIN/MONASTIRSCHIN/RAO, BAI/SALOMON
1961: SENF, STROBEL
1962: GANAPATHY, KRISHNA/STROBEL
1963: CHEN, PHILIP/DUDNIKOW/FINDEISEN/KOCKA/SANATHANAN, KOERNER/ZUK
1964: AUSMAN/GOLANT, DUDNIKOV/STROBEL/UNBEHAUEN
1965: CHEN, PHILIP/MEADOWS/STAFFIN
1966: KLEIN/KOČKA/STROBEL/STAHN
1967: KOČKA/STROBEL
1968: STROBEL
1969: GAMALEJA/STROBEL
1970: PAYNE
1971: HAASE

– *Vereinfachung der Struktur parametrischer Modelle (u. a. Approximation nichtrationaler (transzendenter) Übertragungsfunktionen durch rationale – vgl. Kapitel 8)*

1962: STEPAN
1963: KARDASCHOW, KARNJUSCHIN/KARDASCHOW
1964: HANUŠ/KAPUSKAR
1965: DURBECK, LASDON
1966: FISCHER/PEARSON
1967: CHIDAMBARA, DAVISON/FRANK/HAAG/PETERKA, VIDINČEV
1968: BAKLANOV/CHEN, SHIEH/DAVISON/MORK
1969: KOSEMUND/CHIDAMBARA
1970: CLASSEN, PESCHEL/FUKAO/OTTE/FELLOWS, u. a.

10.3.3.6. Gütebeurteilung von Modellen (Abschätzung der notwendigen und erreichbaren Genauigkeit)

1964: GUPTA/STROBEL
1965: STEPAN
1966: GUPTA/REINISCH
1967: STROBEL/UNBEHAUEN, SCHLEGEL
1968: STROBEL/UNBEHAUEN
1969: ISERMANN/MÜLLER/HERFURTH
1970: ISERMANN/KAYA, ISHIKAVA/WILFERT
1971: WILFERT

10.3.4. Zu Kapitel 4: Testsignale

10.3.4.1. Allgemeine Grundlagen der Versuchsplanung

1957: BOX, HUNTER
1961: KLEPIKOV, SOKOLOV
1965: NALIMOV, CHERNOVA
1968: ATKINSON, HUNTER/FEDOROV, PAZMAN
1970: KRUG
1971: WINKLER, BAUER

10.3.4.2. Testsignale zur Ermittlung dynamischer Modelle (einschließlich Testsignalgeneratoren, -konstruktion)

· *Allgemeine Konstruktionsprinzipien für optimale Testsignale*

1966: LEVADY
1967: GAGLIARDI
1969: MENAHEN/NAHI/AOKI, STALEY
1970: INOUE, u. a./SEGERSTAHL, BLOMBERG/SUTEK

1973: VAN DEN BOS/SMITH/SAWARAGI, u. a.

– *Pseudozufällige (periodische, binäre und mehrstufige) Signale (vorwiegend zur Bestimmung diskreter Gewichtsfunktionswerte)*

1956: HUFFMANN
1961: BALCOMB, u. a./PETERSON
1964: GYFTOPOULOS, HOOPER
1965: BRIGGS, HAMMOND, u. a./HAZLERIGG, NOTON/IZAWA, FURUTA
1966: EVERETT/GODFREY/LANGE, WENDT/PITTERMANN, SCHWEITZER/SMITH, HAMELTON/SIMPSON
1967: BRIGGS, GODFREY, HAMMOND/DAVIES, SINCLAIR/DAVIES, DOUCE/IZAWA, FURUTA/KRATOLICA/WISE, u. a./BARKER
1968: CHANG/HARLAND, u. a./JARVIS/WILLIAMS, CLARKE/HUTCHINSON, SHELTON
1969: BONDY/FASOL, u. a./GOODWIN, BELL/GODFREY, DEVENISH/NIKOFORUK, GUPTA/PETERKA/MCLEAD/WILSON/WOODBURN, u. a.
1970: BROWN/GODFREY/JACKSON/KICHATOV, u. a./MARITSAS, HARTLEY/NIKOFORUK, u. a./SCHWEITZER/STAPLETON, HOLLO/STAPLETON
1973: ŠUTEK, VARGA/KADRI, LAMB/BRIGGS, RIZVI/DAVIES

– *Mono- und multifrequente Testsignale zur Frequenzgangbestimmung (u. a. Konstruktion optimaler multifrequenter Testsignale sowie Testsignalgeneratoren – vgl. Kapitel 5)*

1950: KORN, KORN
1954: AIKMAN/FUCHS
1959: JENSEN
1962: BALCHEN
1966: WELFONDER
1967: ATAMANENKO/VAN DEN BOS/WELFONDER
1970: HIMMELSKAMP/STROBEL/VAN DEN BOS
1971: GAMALEJA, MARSCHNER/STROBEL
1973: VAN DEN BOS/NOUGARET, u. a.

10.4. Chronologisch geordnete Schrifttumssammlung

10.4.1. Anmerkungen

Die folgende Titelsammlung macht deutlich, daß die Zahl der Publikationen mit Beginn der sechziger Jahre deutlich anstieg. Abb. 10.4-1 veranschaulicht dies.

Für häufig zitierte Periodica werden im weiteren die folgenden Abkürzungen verwendet:

– AAiT	= Archiwum Automatyki i Telemechaniki (VR Polen, Warschau)
– AiT	= Automatika i Telemechanika (UdSSR, Moskau)
– AEÜ	= Archiv der elektrischen Übertragung (BRD),
– Contr. Eng.	= Control Engineering,
– EIKA	= Enziklopedija Ismerenii, Kontrolja i Automatisazii (UdSSR),
– EIK	= Elektronische Informationsverarbeitung und Kybernetik (DDR),
– IRE CT	= IRE Transactions on Circuit Theory (USA),
– IEEE AC	= IEEE Transactions on Automatic Control (USA),
– JACC	= Joint Automatic Control Conference (USA),
– msr	= messen, steuern, regeln (DDR),
– rt	= Regelungstechnik (jetzt Regelungstechnik und Prozeßdatenverarbeitung), (BRD),
– TRANS. ASME	= Transactions of the ASME, Journal of Basic Engineering (USA),

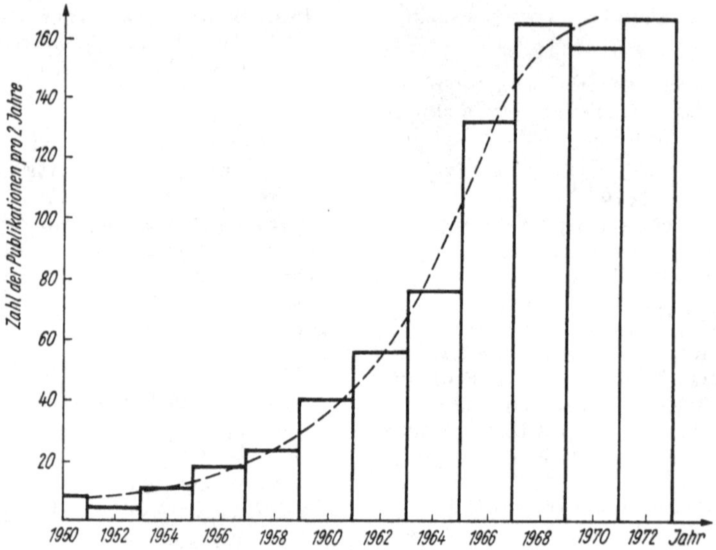

Abb. 10.4-1. Entwicklung der Zahl der Publikationen zu Problemen der Experimentellen Systemanalyse

– WZ TU = Wiss. Zeitschr. der TU Dresden (DDR),
– WZ HfV – Wiss. Zeitschr. der Hochschule für Verkehrswesen „Friedrich List" Dresden (DDR)

10.4.2. Titelsammlung

1928 KÜPFMÜLLER, K.: Über die Dynamik der selbsttätigen Verstärkungsregler. ENT **5** (1928), S. 456–467.

1932 LEE, Y. W.: Synthesis of electric networks by means of the Fourier-transforms of Laguerre's functions. J. Math. Phys. **11** (1932), pp. 83–113.

1937 KOOPMANS, T.: Linear regression analysis of economic time series. N.V. Haarlem, The Netherlands: De Erven T. Bohn, 1937.

1938 WIENER, N., Y. W. LEE: Electrical network systems. U.S. Patent No. 2.124.599, July 26, 1938.

1943 MANN, H. B., and A. WALD: On the statistical treatment of linear stochastic difference equations. Econometrica **11** (1943) No. 3 + 4.

1946 CRAMER, H.: Mathematical methods of statistics. Princeton: Princeton University Press, 1946.

1947 TUSTIN, A.: The nature of the operator's response in manuel control and its implications for controller design. Journal of the IEE Part IIA **94** (1947) No. 2, pp. 190–202.

1948 WIENER, N.: Cybernetics or control and communication in the animal and the machine. New York: John Wiley, 1948.

1950

1 CURFMAN, H. J., und R. A. GARDINER: Method for determining the frequency response characteristics of an element or system from the system transient output response to a known input function. National Advisory Comittee for Aeronautics-Report **964** (1950) pp. 651–660.

1950

2 KORN, G. A., T. M. KORN: Modern servomechanism testers. Electrical Engng. (1950) Sept., pp. 814–816.

3 SEAMANS, R. C., B. P. BLASINGAME: The pulse method for the determination of aircraft dynamic performance. Journal of the Aeronautical Sciences (1950) January, pp. 22–38.

4 WIENER, N.: Extrapolation, interpolation and smoothing of stationary time series. New York: John Wiley and Sons 1950.

1951

1 GANGLBAUER, A.: Elektrische Nachbildung des trägen Verhaltens großer Maschinensätze. Elektrotechnik und Maschinenbau 68 (1951) H. 4, S. 73–82.

2 KENDALL, M. G.: The advanced theory of statistics. London: Griffin Comp., Vol. I, 1951.

3 SAMULON, H. A.: Spectrum analysis of transient response curves. Proc. IRE **39** (1951) No. 2, pp. 175–186.

1952

1 LINNVILL, I. G.: The approximation with rational functions of prescribed magnitude and phase characteristics. Proc. IRE **40** (1952) June, pp. 711–721.

2 STARK, L., G. VOSSIUS, and L. R. YOUNG: Predictive control of eye-tracking movement. Trans. IRE, Human Factors in Electr. HFE-3, 1952.

1953

1 MANN, H. B., P. B. MORANDA: On the efficiency of the least square estimates in the Ornstein-Uhlenbeck process. Sankhyā **13** (1953), p. 351.

2 NECHLEBA, F.: Erweiterung des Begriffes Zeitkonstante. ETZ-A **74** (1953), S. 98 bis 101.

3 ST. DENNIS, M., and W. J. JR. PIERSON: On the motions of ships in confused seas. Trans. Soc. Naval Architects Marine Engs. **61** (1953), pp. 280–357.

1954

1 AIKMAN, A. R.: Frequency response analysis and controllability of a chemical plant. Trans. ASME (1954) Nov., S. 1320.

2 BA HLI, F.: A general method for the time domain network synthesis. IRE CT **1** (1954) pp. 21–28.

3 FETZER, V.: Die Bestimmung des Amplituden- und Phasenganges von linearen Übertragungssystemen aus der Übergangsfunktion. AEÜ **8** (1954), S. 472–473.

4 FUCHS, A. M.: A bibliography of the frequency response method as applied to automatic feedback control systems. Trans. ASME **76** (1954) pp. 1185–1194.

5 KAUTZ, W. H.: Transient synthesis in the time domain. IRE, CT **1** (1954), pp. 29–39.

6 LUDBROOK, L. G.: Step to frequency response transforms for linear servo systems. Electr. Engng. **4** (1954) H. 1, pp. 27–30.

7 WINKLER, S.: The approximation problem of network synthesis. IRE, CT **1** (1954), pp. 5–20.

1955

1 KLOVSKY, D. D.: An approximate graphical method of derivating the frequency characteristics of linear systems from their transient characteristics. J. Techn. Phys. (1955) Nr. 2, pp. 333–338.

2 RABKIN, G. L., B. A. MITROFANOW, JU. O. SCHTERENBERG: Über die Bestimmung von Zahlenwerten für die Koeffizienten der Übertragungsfunktionen linearisierter Glieder und Systeme aus experimentellen Frequenzcharakteristiken. (in russisch). AiT **26** (1955) No. 5, str. 488–494.

3 REYNOLDS, I. B.: Get frequency response from transient data by maschine computing. Control Engineering **2** (1955) Oct., pp. 60–63.

4 SCHÄFER, FEISSEL: Ein verbessertes Verfahren zur Frequenzanalyse industrieller Regelstrecken. rt (1955), S. 225.

1955

5 Teasdale, A. R.: Get frequency response from transient data by adding vectors. Control Eng. 2 (1955) Oct., pp. 56–59.

1956

1 Elkind, J. L.: Characteristics of simple manual control systems. MIT, Lincoln Lab. Tech. Report Nr. **111** (1956).

2 Fogel, L. J.: An analysis for human flight control. I.R.E. – Convention Rec., Part 8 (1956), pp. 69–88.

3 Head, J. W.: Approximation to transients by means of Laguerre series. Proc. Cambridge Philosophical society (1956) October, pp. 640–651.

4 Huffmann, W. H.: The synthesis of linear sequential coding networks. Third London Symposium on Informations Theory. Butterworths 1956.

5 Tagajewskaja, A. A.: Die Bestimmung der Amplituden-Phasen-Charakteristik linearer Systeme aus der Übergangsfunktion. rt 4 (1956) H. 3, S. 68–72.

6 Thal-Larsen, H.: Frequency response from experimental nonoscillatory transient-response data. Trans. AIEE, Part II, 74 (1956), pp. 109–114.

7 Zabusky, N. I.: A numerical method for determining a system impulse response from the transient response to arbitrary inputs. Trans. IRE (1956) Mai, Vol. RGAC-1, pp. 40–55.

8 Zadeh, L. A.: On the identification problem. IRE, CT **3** (1956) No. 3/4, pp. 277 bis 281.

1957

1 Armstrong, H. L.: On finding an orthonormal basis for representing transients. IRE CT-**4** (1957), Sept., pp. 286/287.

2 Bellman, R. E.: Dynamic Programming. Princeton University Press, Princeton, N.J., 1957.

3 Bopp, K.: Die Ermittlung der dynamischen Kennwerte eines Regelkreises aus Übergangsfunktion und Frequenzgang. rt 5 (1957) H. 9, S. 298–302.

4 Box, G. E. P., and J. S. Hunter: Multi-factor experimental designs for exploring response surfaces. The Annales of Mathematical Statistics **28** (1957) No. 1.

5 Grenander, U., and M. Rosenblatt: Statistical analysis of stationary time series. New York: John Wiley, 1957, 300 pp.

6 Levenstein, H.: Use difference equations to calculate frequency response from transient response. Contr. Eng. (1957) April, pp. 90–93.

7 Guillemin, E. A.: Synthesis of passive networks. New York: John Wiley and Sons, 1957.

8 Simoju, M. P.: Bestimmung der Koeffizienten von Übertragungsfunktionen linearisierter Glieder und Systeme der Regelungstechnik. (in russisch). AiT **28** (1957), No. 6, str. 514–528.

9 Turin, G. L.: On the estimation in the presence of noise of the impulse response of a random linear filter. IRE Trans. on Information Theory, Vol. IT-**3** (1957) No. 1, March.

10 van d. Waerden, B. L.: Mathematische Statistik. Berlin/Göttingen/Heidelberg: Springer Verlag, 1957.

1958

1 Kardaschow, A. A., L. W. Karnjuschin: Bestimmung der Systemparameter aus experimentellen, gegebenen Frequenzgangcharakteristiken (in russisch). AiT **29** (1958) No. 4, str. 334–345.

2 Kardaschow, A. A., L. W. Karnjuschin: Über die Konstruktion des Frequenzganges aus gemessenen Kurven des Übergangsprozesses. (in ukrainisch). Avtomatika (1958) No. 3, S. 74–83.

3 McRuer, D. T., and E. S. Krendel: A review and summary of tracking research applied to the description of human dynamic response. Wescon. Conv. Rec. (1958), pp. 254–262.

1958

4 Ruščinskij, V. M.: Bestimmung einer Näherungsfunktion für die Übertragungsfunktion von Regelstrecken aus gemessenen Frequenzgängen. (in russisch). Avtomatizacija proizvodstvennych processov, Vypusk 2. Moskva: Izdatel'stvo Akademii Nauk SSSR 1958.

5 Seckel, E., I. A. Hall, D. T. McRuer, and D. H. Weir: Human pilot dynamic response in flight and simulator. Tech. Rep. 57-520 (ASTIA No. AD 130988) Wright Air Dev. Center, U.S. Air Force, August 1958.

6 Simoju, N. P.: Bestimmung der Übertragungsfunktion aus der Zeitfunktion linearisierter Systeme. (in russisch). Priborostroenie (1958) No. 3, str. 8–12.

7 Šzweda, T.: Methode zur Messung der Koeffizienten von Übertragungsfunktionen dynamischer Glieder. (in polnisch). AAiT III (1958) H.1/2, S. 3–15.

8 Schuon, E.: Gleichzeitige Approximation des Betrages und des Winkels eines Übertragungsfaktors durch ein Polynom. Frequenz **12** (1958) H. 10, S. 318–323.

9 Strejč, V.: Neue Methode der Näherung der Differentialgleichung von Regelstrekken bei allgemeinem Eingangssignal. Acta Technica (Prag) (1958) Nr. 4, S. 241–261.

10 Ellington, J. P., and McCallion, H.: The determination of control system characteristics from a transient response. Proceedings IEE Part C **105** (1958) Sept. S. 370 bis 373.

1959

1 Armstorng, H. L.: On the representation of transients by series of orthogonals functions. IRE Vol. CT-6 (1959) Dec., pp. 351–354.

2 Darovskich, L. N.: Experimentelle Bestimmung der Übertragungsfunktion von Gliedern automatischer Regelungssysteme mit Hilfe elektronischer Modelle (in russisch). AiT **20** (1959), No. 9, str. 1209–1216.

3 Dudnikov, Je. Je.: Bestimmung der Übertragungsfunktionskoeffizienten linearer Systeme aus der Anfangsstrecke experimenteller Amplituden-Phasen-Charakteristiken (in russisch). AiT **20** (1959) No. 9, str. 576–582.

4 Fu, K. S.: Least squares approximation for both magnitude and phase by rational function. Illinois· Thesis for the Degree of Doctor of Philosophy in Electrical Engineering 1959.

5 Jensen, J. R.: Notes on the measurement of dynamic characteristics of linear systems (Part III). Copenhagen: Report Servoteknisk forskninglaboratorium, Danmarks tekniske Højskole, 1959, January.

6 Levin, M. J.: Estimation of the characteristics of linear system in the presence of noise. New York: Dissertation, Columbia Univ. 1959.

7 Levy, E. C.: Complex-curve fitting. IRE Trans. Autom. Control 4 (1959) May, pp. 37–43.

8 Paul, McFadden: Measurement of phase and amplitude at low frequencies. Electronic Engng. **31** (1959), pp. 142–149.

9 Schechter, R. S., E. H. Wissler: Frequency response from unit step response. Industrial and Engineering Chemistry **51** (1959) Nr. 8, pp. 945–948.

10 Stiefel, E.: Über diskrete und lineare Tschebyscheff-Approximation. Numerische Mathematik **1** (1959), S. 1–28.

11 Strejč, V.: Näherungsverfahren für aperiodische Übergangscharakteristiken. rt 7 (1959) H. 4, S. 124–128.

12 Woodling, C. H., and C. C. Clark: Studies of pilot control during landing and reentry of space vehicles, utilizing the human centrifuge. IAS Report (1959), pp. 59 bis 89.

1960

1 Anderson, D. R.: A Fourier series time domain approximation. IRE CT 7 (1960) August, pp. 18–25.

2 Breugel, Rademakers, Verhaegen: A transfer functions analyser. Instr. Practice **14** (1960) No. 1, pp. 43–47.

1960

3 Crossman, E. R., et al.: Steering performance of automobile drivers in real and contactanalog simulated tasks. Human factors Soc., 10th Annual Meeting, Oct. 1960.

4 Kalman, R. E.: A new approach to linear filtering and prediction problems. Trans. ASME 82 (1960), March, pp. 34–45.

5 Kalman, R. E.: On the general theory of optimal control. In: /–3/.

6 Kardaschow, A. A., L. W. Karnjuschin: Die Bestimmung der Parameter linearisierter Modelle von Steuerungssystemen durch experimentelle Frequenzcharakteristiken (in russ.). Električestvo (1960) No. 11, str. 51–55.

7 Karnjuschin, L. W., A. S. Poljuch: Bestimmung der Parameter linearer Glieder und Systeme der Regelungstechnik durch Approximation gemessener Zeitfunktionen (in ukrainisch). Avtomatika 5 (1960) No. 3, str. 7–14.

8 Kitamori, T.: Application of orthogonal functions to the determination of process dynamic characteristics and to the construction of self-optimizing control systems. In /–3/.

9 Levin, M. J.: Optimum estimation of impulse response in the presence of noise. IRE, CT 7 (1960) March, pp. 50–56.

10 Monastirschin, G. I.: Bearbeitung experimenteller Frequenzcharakteristiken. (in russisch). AiT 21 (1960) No. 3, str. 422–428.

11 Rao, P. V., C. L. Bai: Determination of transfer function coefficients of a linear dynamic system from frequency response characteristics. IRE Trans. Autom. Control 5 (1960) No. 4, Sept., p. 333.

12 Rjabow, B. A.: Bestimmung der dynamischen Parameter von Regelstrecken. msr 3 (1960) H. 3, S. 125–130.

13 Šalomon, M.: Berechnung der Konstanten von Ersatzregelstrecken aus Betriebsmessungen msr 3 (1960) H. 5, S. 200–205.

14 Stiefel, E.: Note on Jordan Elimination, Linear Programming and Tschebycheff Approximation. Numerische Mathematik 2 (1960), S. 1–17.

15 Strejč, V.: Auswertung der dynamischen Eigenschaften von Regelstrecken bei gemessenen Ein- und Ausgangssignalen allgemeiner Art. msr 3 (1960) H. 1, S. 7–11.

16 Strejč, V.: Approximation aperiodischer Übergangscharakteristiken. msr 3 (1960) H. 3, S. 115–124.

17 Westcott, J. H.: The parameter estimation problem. In: /–3/.

1961

1 Balcomb, J. D., N. B. Demuth and E. P. Gytfopoulos: A crosscorrelation method for measuring the impulse response of reactor systems. Nucl-Sci. Eng. (USA), 11 (1961) pp. 159–166.

2 Bellman, R. E.: Adaptive Control Processes, A Guided Tour, Princeton University Press, 1961.

3 Berezin, S. Ja.: Bestimmung der Amplituden- und Phasenfrequenzgänge linearer Glieder und Systeme aus dem gegebenen Übergangsvorgang (in russisch). Električestvo (1961) No. 3, str. 64–69.

4 Brüggner, K.-H.: Bestimmung der Zeitkonstanten von Regelstrecken höherer Ordnung aus der approximierten Übergangsfunktion. msr 4 (1961) H. 4, S. 147–149.

5 Dechtjarenko: Experimentelle Bestimmung von Frequenzcharakteristiken an automatischen Regelungssystemen (in ukrainisch). Kiew: Bidavnistbo akademij nauk ukrainiskoj RCR, 1961.

6 Eykhoff, P.: Process-parameter estimation using an analog model. Proc. Third Internat. Analog Comp. Meeting in Opatija 5.–8. Sept. 1961, Bruxelles: Presses Academiques Europeenes 1962, pp. 276–290.

7 Grossmann, W.: Grundzüge der Ausgleichsrechnung. 2. Auflage. Berlin, Göttingen, Heidelberg: Springer-Verlag 1961.

8 Hougen, J. O., R. Walsch: Pulse testing method. Chem. Engn. Pr. 57 (1961) No. 3, pp. 69–79.

1961

9 JOSEPH, P., J. LEWIS, J. TOU: Plant identification in the presence of disturbances and applications to digital adaptive systems. Trans. AIEE. Application and Industry **80** (1961) March, pp. 18–24.

10 KALMAN, R., and R. BUCY: New results in linear filtering and prediction theory. Trans. ASME, **83** (1961), pp. 95–108.

11 KENDALL, M. G., A. STUART: The advanced theory of statistics. London: Griffin Comp., Vol. II, 1961.

12 KLEPIKOV, N. P., S. N. SOKOLOV: Analysis and planing of experiments by the method of Maximum-Likelihood. Berlin: Akademie-Verlag, 1961.

13 LEVINGE, R. W.: Computer takes derivatives to find transfer functions directly. Cont. Engng. **8** (1961) Nov., S. 129.

14 LINNIK, J. W.: Die Methode der kleinsten Quadrate in moderner Darstellung. Berlin: VEB Deutscher Verlag der Wissenschaften 1961.

15 MENGES, G.: Ökonometrie. Wiesbaden: Betriebswirtschaftlicher Verlag Dr. Th. Gabler GmbH, 1961.

16 ORURK, I. A., V. F. ZEVERZEEV: Bestimmung der Parameter linearer Systeme aus dem gegebenen Übergangsvorgang (in russisch). Izvestija vysšich učebnych zavedenij, Elektromechanika **4** (1961) No. 7, str. 3–15.

17 OSHIMA, HAYASE: A servoanalyser utilizing special rectangular waves. Vortrag auf der II. IMEKO-Tagung Budapest 1961, pp. 159–178.

18 PETERSON, W. W.: Error correcting codes. MIT Technical Press, 1961.

19 POTTS, T. F., G. N. ORNSTEIN, and A. B. CLYMER: The automatic determination of human and other system parameters. Proc. West. Joint Computer Conf., Los Angeles **19** (1961), pp. 645–660.

20 SENF, B., H. STROBEL: Verfahren zur Bestimmung von Übertragungsfunktionen linearer Systeme aus gemessenen Werten des Frequenzganges. msr **4** (1961) H. 10, S. 411–420.

21 SCHÜSSLER, W.: Messung des Frequenzverhaltens linearer Schaltungen am Analogrechner. Elektron. Rundschau 1961, S. 471, oder ATM, Bd. 13, S. 405–419.

22 ZURMÜHL, R.: Praktische Mathematik für Ingenieure und Physiker. Berlin/Göttingen/Heidelberg: Springer-Verlag 1961, 3., verbesserte Auflage.

23 ZURMÜHL, R.: Matrizen. Berlin/Göttingen/Heidelberg: Springer-Verlag, 1961.

1962

1 BALCHEN, I. G.: Ein einfaches Gerät zur experimentellen Bestimmung des Frequenzganges von Regelungsanordnungen. rt **10** (1962) H. 5, S. 200–205.

2 DAROWSKICH, L. N.: Grapho-analytisches Verfahren zur Bestimmung der Übertragungsfunktion aus der gegebenen Übergangsfunktion (in russisch). AiT **23** (1962) No. 6, str. 841–843.

3 FRITZSCHE, G.: Entwurf linearer Schaltungen. Berlin: VEB Verlag Technik 1962.

4 GANAPATHY, S., G. KRISHNA: A method of determining the transfer function of a linear system in terms of its poles and zeros from the frequency response. IEEE Transactions on Application and Industry **64** (1962), Nov., pp. 282–290.

5 HOENER, G. M.: Finding system characteristics from initial step response. Cont. Eng. **9** (1962) H. 5, p. 103.

6 LANGE, F. H.: Korrelationselektronik. Berlin: VEB Verlag Technik, 1962.

7 MONROE, A. J.: Digital processes for sampled data systems. New York, London: John Wiley and Sons, Inc., 1962.

8 PEČORINA, J. N.: Berechnung von Regelungssystemen (in russisch). Moskva, Sverdlovsk, Masgiz 1962.

9 REINISCH, K.: Verwendung eines Modellregelkreises zur Gewinnung einfacher Bemessungsregeln für lineare Regelkreise und zur Ermittlung der Kennwerte von Regelstrecken. msr **5** (1962) H. 6, S. 245–251.

1962

10 Seifert, W.: Kommerzielle Frequenzgangmeßeinrichtungen. rt 10 (1962) H. 8, S. 350–353.

11 Štěpán, J.: Näherungsverfahren für Frequenzgänge mit Hilfe des Dominantwurzelpaares. rt 10 (1962), S. 353–357.

12 Strobel, H.: Bemerkungen zu einem Verfahren von Dudnikow. msr 5 (1962) H. 1, S. 39–48.

13 Weller, W.: Die Verfahren zur Bestimmung der regelungstechnischen Kennwerte aus der gemessenen Übergangsfunktion. msr 5 (1962) H. 8, S. 355–363.

14 Werner, G. W.: Frequenzgangmessungen an gestörten industriellen Regelstrecken mit geringem experimentellen Aufwand. msr 5 (1962) H. 12, S. 545–547.

15 Werner, G. W., W. Seide: Die Bestimmung der Pol-Nullstellenverteilung einer industriellen Regelstrecke mit Hilfe von Korrelationsmessungen. Wiss. Zeitschr. der TH Ilmenau 8 (1962) H. 4, S. 353–359.

16 Zadeh, L. A.: From circuit theory to system theory. Proc. IRE, 50 (1962), pp. 856 to 865.

1963

1 Balakrishnan, A. V.: Determination of nonlinear systems from input-output data. Proc. of the Princeton University Conference on Identification Problems in Communications and Control Systems (1963) March, pp. 31–49.

2 Bekey, G. E.: Discrete models of the human operator in a control system. In: /–4/, pp. 430–438.

3 Blandhol, E , I. G. Balchen: Determination of system dynamics by use of adjustable models. In: /–4/.

4 Braunstein, M. L., K. R. Langehery and J. B. Siegfried: Computer simulation of driver behavior during car following. A methodological study Cornell Aeronautical Laboratory Inc. Rep. No. YM – 1797 – H. 1, Oct. 1963.

5 Brüning, G.: Statistische Probleme in der Flugmechanik. In: VDI Bericht Nr. 69, S. 33–40. Düsseldorf: VDI-Verlag, 1963.

6 Chen, C. F., and B. L. Philip: Graphical determination of transfer function coefficients of a system from its frequency-response. IEEE Trans. Application and Industry 65 (1963) March, pp. 42–45.

7 Dreifke, G., and J. O. Hougen: Experimental determinations of system dynamics by pulse methods. JACC (1963) pp. 608–619.

8 Dudnikow, Je. Je.: Über eine Methode zur Bestimmung der Koeffizienten von Übertragungsfunktionen linearer Systeme aus dem gemessenen Frequenzgang. msr 6 (1963) H. 11, S. 453–456.

9 Eykhoff, P.: Some fundamentel aspects of process-parameter estimation. IEEE AC-8 (1963) pp. 347–357.

10 Findeisen, W.: Diagramme zur Identifizierung einfacher Regelstrecken auf Grund ihrer Frequenzcharakteristiken (in polnisch). AAiT VIII (1963) H. 2, S. 223–229.

11 Gilbert, E. G.: Controllability and observability in multivariable control systems. SIAM Journal of Control, Ser. A 1 (1963), pp. 128–151.

12 Kalman, R. E.: Mathematical description of linear dynamical systems. SIAM J. Control, 1 (1963), pp. 152–192.

13 Kardaschow, A. A.: Bestimmung der Koeffizienten von Übertragungsfunktionen regelungstechnischer Systeme (in russisch). Izvestija vyssich učebnych zavedenij, Elektromechanika 6 (1963) No. 7, str. 872–879.

14 Kardaschow, A. A.: Analyse der Eigenschaften von Regelungssystemen durch Reduzierung der Ordnung der Differentialgleichung (in russ.). AiT 24 (1963), str. 1073–1083.

15 Kardaschow, A. A., L. W. Karnjuschin: Ersatz eines komplizierten dynamischen Systems durch ein Totzeitglied mit Verzögerung zweiter Ordnung (in russ.). Električestro (1963) H. 7, str. 70–73.

16 Kočka, V.: Beitrag zur Lösung des Inversionsproblems der Dynamik (in tschechisch). In: Dynamika Strojov, Bratislava 1963, S. 315–339.
17 Kopp, R. E., and R. J. Orford: Linear regression applied to system identification for adaptive control systems. AIAA Journal (1963), pp. 2300–2306.
18 Levin, M. J.: Estimation of system pulse transfer function in the presence of noise. JACC, Minneapolis (1963), pp. 452–458, and IEEE, AC-5 (1964), pp. 229–235.
19 Lindenlaub, I. C., G. R. Cooper: Noise limitations of system identification techniques. IEEE AC-8 (1963) No. 1, pp. 43–48.
20 Marquardt, D. W.: An algorithm for least-squares estimation of nonlinear parameters. J. Soc. ind. appl. math. **11** (1963), pp. 431–441.
21 Maslov, E. P.: Die Anwendung der Theorie der statistischen Lösungen auf Probleme der Ermittlung von Regelstreckenkennwerten (in russ.). AiT **24** (1963) No. 10, str. 1338–1350.
22 Pawlowski, Z.: Ökonometrische Modelle (in polnisch). Warschau: PWN, 1963.
23 Quarnström, B.: An uncertainty relation for linear mathematical models. In: /–4/.
24 Rosenberg, A. E., D. E. C. Shen: Regression analysis and its application to the system identification problems. JACC (1963), pp. 446–451.
25 Sanathanan, C. K., I. Koerner: Transfer function synthesis as a ratio of two complex polynomials. IEEE AC 9 (1963) Jan., pp. 56–58.
26 Seide, W.: Kennwertermittlung aus der Gewichtsfunktion. msr 6 (1963) H. 8, S. 323–325.
27 Skala, K.: Die experimentelle Identifizierung der Regelstrecken (in tschechisch). Automatizace 6 (1963) H. 4, S. 81–86.
28 Smirnow, N. W., I. W. Dunin-Barkowski: Mathematische Statistik in der Technik. Berlin: VEB Verlag der Wissenschaften 1963.
29 Solodownikow, A. I., A. A. Vavilov: Experimentelle Bestimmnng der Frequenzgänge von Regelungssystemen (in russisch). Moskva, Leningrad: Gosudarstvennoe energeticeskoe izdatel'stvo 1963.
30 Solodownikow, W. W.: Einführung in die statistische Dynamik linearer Regelungssysteme. Berlin: VEB Verlag Technik; München: R. Oldenbourg, 1963.
31 Solodownikow, W. W., A. S. Uskow: Statistische Analyse von Regelstrecken. Berlin: VEB Verlag Technik 1963.
32 Schmidtlein, H.: Über den Wissensstand auf dem Forschungsgebiet „Regler Mensch". Jahrbuch 1963 der WGLR., S. 484–499.
33 Unbehauen, H.: Ein graphisch-analytisches Verfahren zur Bestimmung des Frequenzganges aus der Übergangsfunktion. rt **11** (1963) H. 12, S. 551–555.
34 Williams, T. J.: Process dynamics and its applications to industrial process design and process control. In: /–4/.
35 Young, L. R., and L. Stark: Ein Abtastmodell der Augenfolgebewegung. rt **11** (1963), S. 148.
36 Zadeh, L. A., and C. A. Desoer: Linear system theory: the state space approach. New York: McGraw Hill, 1963.
37 Zorn, J.: Methods of evaluating Fourier transform with applications to control engineering. Delft: Dissertation, Technische Hochschule, 1963.
38 Žuk, K. D.: Bestimmung der Koeffizienten von Übertragungsfunktionen linearisierter Glieder und Systeme der Regelungstechnik mit der Methode der Relaxation (in russisch). Izvestija vysšich učebnych zavedenij, Elektromechanika (1963) No. 9, str. 1062–1070.

1964

1 Adamčuk, J., Balakirev, V. S.: Untersuchung praktischer Methoden zur Ausgleichung gemessener Übergangsfunktionen (in russisch). AiT (1964) No. 7, str. 1086 bis 1094.
2 Åström, K. J., S. Wensmark: Numerical identification of stationary time series. Instruments and Measurements, (1964).

1964

3 ÅSTRÖM, K. J.: Control problems in papermaking. Proc. IBM Scientific computing symposium on control theory and applications, Yorktown Heights, N.Y. (1964).

4 AUSMANN, J. S.: Amplitude frequency response analysis and synthesis of unfactored transfer functions. Trans. ASME **86** (1964) No. 1 (March). pp. 32–36.

5 AWEDJAN, E., und G. W. WERNER: Zur Frage der Approximation bei der Berechnung von Korrelationsfunktionen mit orthogonalen Filtern. Wiss. Zeitschrift der Elektrotechnik **2** (1964) H. 3.

6 BEKEY, G. A., and R. B. MCGEE: Gradient methods for the optimization of dynamic system parameters by hybrid computation. In: BALAKRISHNAN, NEUSTADT (Ed.), Computing methods in optimization problems, N.Y., Academic Press., 1964.

7 BILKENROTH, R., H. STROBEL,: Frequenzgangmessung an einem Braunkohlenröhrentrockner. msr **7** (1964) H. 4, S. 150–152.

8 COX, H.: On the estimation of state variables and parameters for noisy dynamic systems. IEEE AC-**9** (1964), pp. 5–12.

9 DITTMANN, H.: Kennwertermittlung von Regelstrecken und Regelgeräten. Berlin: VEB Verlag Technik 1964.

10 EYKHOFF, P.: Process parameter estimation. In: R. H. MACMILLAN (ed.): Progress in Control Engineering Vol. 2. London: Heywood & Co. Ltd., 1964.

11 GOLANT, A. I., J. J. DUDNIKOW: Eine Methode zur Bestimmung der Parameter linearer Systeme aus dem hochfrequneten Teil des gemessenen Frequenzganges (in russisch). AiT **25** (1964) No. 9, S. 1384–1389.

12 GUPTA, S. C.: On the experimental derivation and performance of process models. Dissertation, Graduate School of Arts and Sciences of the University of Pennsylvania, 1964.

13 GYFTOPOULOS, E. P., R. J. HOOPER: Signals for transfer-function measurements in non-linear systems. United States Atomic Energy Commission Report TID-7679, 1964.

14 HANUŠ, B.: Approximation von Funktionen für die Modellierung auf dem Analogrechner (in tschechisch). Automatizace VII (1964) No. 1, S. 4–10.

15 HERTEL, U.: Netzfrequenzanalyse und Blockregelung. Mitteilungen des Instituts für Energetik (1964) H. 69, S. 243–260.

16 KAPUSKAR, W.: Zur Approximation nach Padé. WZTU **13** (1964), S. 1464–1466.

17 KINDLER, H.: Probleme der Kennwertermittlung in der Regelungstechnik. msr **7** (1964) H. 5, S. 181–187.

18 LEE, R. C. K.: Optimal estimation, identification and control, Cambridge (Mass.). MIT Press (1964), pp. 152.

19 LIEWERS, P.: Einfache Methode zur Drifteliminierung bei der Messung von Frequenzgängen. msr 7 (1964) H. 11, S. 384–388.

20 LIU, B.: Matching of initial behavior in time domain approximation. Journal of The Franklin Institute **277** (1964) No. 2, S. 107–118.

21 LIU, B., H. E. MEADOWS: A method of time — domain approximation for arbitrary inputs. IEEE Internat. Convention Record **12** (1964) Dec. 1, S. 338–343.

22 LÜDECKE, D.: Schätzprobleme in der Ökonometrie. Würzburg/Wien: Physica-Verlag, 1964.

23 MCRUER, D. T., and D. GRAHAM: Pilot-vehicle control system analysis. Progress in Astronautics and Aeronautics, **13** (1964), pp. 603–621.

24 MESCH, F.: Vergleich von Frequenzgang-Meßverfahren. msr **7** (1964), H. 4, S. 162 bis 166.

25 MORGENSTERN, D.: Einführung in die Wahrscheinlichkeitsrechnung und mathematische Statistik. Berlin, Göttingen, Heidelberg: Springer Verlag, 1964.

26 NORATOM: Instrument for statistical analog computations. Technical Description NORATOM, Norway, März, 1964.

1964

27 Pontrjagin, L. S., u. a.: Mathematische Theorie optimaler Prozesse. Berlin: VEB Deutscher Verlag der Wissenschaften, 1964.
28 Ross, D. C.: Orthonormal exponentials. Communications and Electronics (1964) March, pp. 173–176.
29 Sawicki, J.: Bestimmung der Koeffizienten in empirischen Formeln (in polnisch). Pomiary automatyka kontrola **10** (1964) No. 7, S. 294–296.
30 Senf, B.: Zu einigen Fragen der Kennwertermittlung durch Frequenzgangmessung. msr 7 (1964) H. 4, S. 145–150.
31 Swenker, A. G.: Ausgleichung von Meßergebnissen in der chemischen Industrie. ACTA IMEKO, 1964, S. 29–48.
32 Strobel, H.: Zur Frage des wesentlichen Frequenzbereiches bei der Approximation gemessener Frequenzgänge. msr 7 (1964) H. 1, S. 19–23.
33 Strobel, H.: Messung spezieller Kennwerte (Matrixelemente) an Bauelementen der Regelungstechnik. msr 7 (1964) H. 4, S. 153–157.
34 Unbehauen, R.: Die rationale Approximation von Frequenzcharakteristiken. AEÜ 18 (1964) H. 10, S. 607–616.
35 Wilde, D. J.: Optimum seeking methods. New York: Englewood Cliffs, Prentice Hall, 1964.

1965

1 Alper, P.: A consideration of the discrete Volterra series. IEEE AC-**10** (1965), pp. 322–327.
2 Ash, R.: Information theory. New York: John Wiley, 1965.
3 Åström, K. J., and T. Bohlin: Numerical identification of linear dynamic systems from normal operating records. In: /–11/.
4 Åström, K. J., T. Bohlin and S. Wensmark: Automatic construction of linear stochastic dynamic models for industrial processes with random disturbances using operating records. Report, IBM Nordic Laboratory, Stockholm (1965).
5 Balakirev, V. S., V. S. Golubev: Analyse der Genauigkeit von Methoden zur Bestimmung des Frequenzganges aus der Übergangsfunktion (in russisch). Priborostroenie (1965) No. 8, str. 6–8.
6 Brendes, H.: Beitrag zur Ermittlung der Systemkonstanten linearer Regelkreisglieder aus der experimentell aufgenommenen Übergangsfunktion. Braunschweig: Dissertation an der Techn. Hochschule 1965.
7 Briggs, P. A. K., P. H. Hammond, M. T. G. Hughes, G. O. Plumb: Correlation analysis of process dynamics using pseudo-random binary test perturbation. Proc. Inst. Mechn. Engrs. (1965) 179, part 3 H, p. 37.
8 Brünecke, K.: Eine Methode zur Schätzung gewisser Parameter einer Produktionsfunktion. In: Mathematik und Kybernetik in der Ökonomie, Teil II, Berlin: Akademie-Verlag GmbH. 1965, S. 197–201.
9 Chen, C. F., and B. L. Philip: Accurate determination of complex root transfer function from frequency response data. IEEE AC-**10** (1965) No. 3 (July) pp. 356 to 358.
10 Detchmendy, D. M., and R. Sridhar: Sequential estimation of states and parameters in noisy nonlinear dynamical systems. JACC (1965).
11 Deutsch, R.: Estimation theory. Englewood Cliffs, N.J., Prentice Hall 1965.
12 Durbeck, R. C., and L. S. Lasdon: Control model simplification using a two-level decomposition technique. JACC (1965) pp. 185–194.
13 Hazlerigg, A. D. G., and A. R. M. Moton: The application of crosscorrelating equipment to linear system identification. Proc. Instn. Elec. Engrs. (U.K.), **112** (1965), 2385–2400.
14 Ho, Y. C., and R. C. K. Lee: Identification of linear dynamic systems. Information and Control 8 (1965) No. 1, Febr., pp. 93–110.

1965

15 HOUGEN, J. O.: Procedures for process identification and control system design applicable to chemical processing systems — an experimental study of system synthesis for precise pressure control. In: /—8/.

16 IZAWA, K., K. FURUTA: Simultaneous identification of multiinput and output systems. In: /—8/.

17 LANGE, F. H.: Signale und Systeme (Bd. 1). Berlin: VEB Verlag Technik, 1965.

18 MARINO, P. A.: Effect of input pulse shape and width on the dynamic response of a distillation column. Dissertation: The University of Connecticut, 1965.

19 MCBRIDE, L. E., M. J. LEVIN: Discussion of „Estimation of a system pulsetransfer function in the presence of noise". IEEE, AC-**10** (1965) No. 2, pp. 214—215.

20 MEADOWS, N. G.: How to find transfer functions from Nichols plots. Control **9** (1965) July, pp. 375—378.

21 MOWERY, V. O.: Least squares recursive differential-correction estimation in nonlinear problems. IEEE, AC-**10** (1965), pp. 399—407.

22 NALIMOV, V. V., N. A. CHERNOVA: Statistische Methoden zur Planung optimaler Experimente (in russ.). Moskau: Nauka, 1965.

23 OSHIMA, Y., E. KIKUCHI, M. KIMURA, and S. MATSUMOTO: Control system for automatic automobile driving. In: /—8/, pp. 347—357.

24 PAPOULIS, A.: Probability, random variables and stochastic processes. New York: McGraw-Hill, 1965.

25 PESCHEL, M.: Über die Anwendbarkeit von Korrelationsmethoden in der Regelungstechnik. msr **8** (1965) H. 1, S. 3—9.

26 POTTHOFF, G.: Verkehrsströmungslehre (Band 3). Berlin: TRANSPRESS, VEB Verlag für Verkehrswesen, 1965.

27 POWELL, M. J. D.: A method for minimizing a sum of squares of non-linear functions without calculating derivatives. The Computer Journal **8** (1965), pp. 303—307.

28 REINISCH, K.: Ein Verfahren zur Bemessung kontinuierlich wirkender und getasteter Regelkreise hinsichtlich Totzeit und einiger Nichtlinearitäten. Dresden: Der Technischen Universität vorgelegte Habilitationsschrift 1965.

29 SAWARAGI, Y., T. TAKAMATSU, H. FUKAWA and H. SAYAMA: Fundamental approach to the identification and optimisation of chemical reaction processes. In: /—8/, pp. 415—423.

30 SHACKCLOTH, B., and R. L. BUTCHART: Synthesis of model reference adaptive systems by Liapunov's second method. In: /—11/.

31 SHIRA, S. G. S.: Parameter estimation of a class of linear fixed differential system. Proc. of the IEEE **53** (1965) No. 6, pp. 632—634.

32 STAFFIN, H. K., R. STAFFIN: Approximating transfer functions from frequency response data. Instruments and Control Systems (1965) Febr., pp. 137—144.

33 STEBEL, J.: Ermittlung der Übertragungseigenschaften des menschlichen Pupillensystems bei stochastischen Lichtreizen. Acta Biologica et Medica Germanica **14** (1965), H. 6, S. 630—638.

34 STEIGLITZ, K., and L. E. MCBRIDE: A technique for the identification of linear systems. (short paper). IEEE AC-**10** (1965), pp. 461—464.

35 ŠTĚPÁN, J.: Empfindlichkeitsuntersuchungen einiger Methoden zur Kennwertermittlung von Regelstrecken. msr **8** (1965) H. 2, S. 35—38.

36 UNBEHAUEN, H.: Identification of the system parameters and development of the mathematical model of a control system by means of the measurement time response. In: /—8/.

37 UNBEHAUEN, R.: Über die praktische Durchführung der Transformationen zwischen Zeit- und Frequenzbereich. Archiv für Elektrotechnik **50** (1965) H. 2, S. 65—73.

38 VAN DER GRINTEN, P. M. E. M.: Stochastische Prozesse in der Meß- und Regelungstechnik (Beiheft zur Zeitschrift „Regelungstechnik"). München: R. Oldenbourg Verlag, 1965.

1965
39 Vidinčev, P.: Kennwertermittlung an linearen Systemen mit konzentrierten Parametern (in tschechisch). Kybernetika **1** (1965) H. 1, S. 37–46.
40 Werner, G. W.: Entwicklung einfacher Verfahren zur Kennwertermittlung an linearen industriellen Regelstrecken mit Testsignalen. Ilmenau: Dissertation an der Technischen Hoschule, 1965.
41 Zuber, B. L.: Physiological control of eye movements in humans. MIT, PH.D.-Dissertation, 1965.

1966
1 Barker, H. A., and D. A. Hawley: Orthogonalising and optimization. In: /–5/, paper 36A.
2 Bakker, M. L., C. J. Triska: Determination of state variable matrix A by direct measurement. IEEE AC-**11** (1966) No. 3, pp. 610.
3 Boardman, K. D.: Measurement of the dynamic behaviour of a superheater by random signal testing. IEE Conference on Automatic Control in Electricity Supply, Manchester, 1966, p. 198.
4 Churkin, J. I., C. P. Jakowlew und G. Wunsch: Theorie und Anwendung der Signalabtastung. Berlin: VEB Verlag Technik, 1966.
5 Eisenpress, H., J. Greenstadt: The estimation of nonlinear economic systems. Econometrica **34** (1966), pp. 851.
6 Elkind, J. I., and D. C. Miller: On the process of adaptation by the human controller. In: /–5/, paper 30.A.
7 Everett, D.: Periodic digital sequences with pseudo-noise properties. G.E.C., Journal of Science and Technology, England **33** (1966), p. 115.
8 Eykhoff, P., P. M. Van der Grinten, H. Kwakernaak and B. P. Veltman: Systems modelling and identification. In: /–5/, survey paper.
9 Fiala, F.: Lenken von Kraftfahrzeugen als kybernetische Aufgabe. Automobiltechnische Zeitschrift **68** (1966), H. 5, S. 156–162.
10 Fisher, W. D.: Simplification of economic models . Econometrica **34** (1966) No. 3.
11 Fisher, J.: Conditional probability density functions and optimal nonlinear estimation. Ph. D. thesis, UCLA, Los Angeles, 1966.
12 Gerhardt, G. R.: Zur Kennwertermittlung von Regelstrecken durch Parallelkompensation. msr **9** (1966) H. 6, S. 204–208.
13 Gupta, C. S.: Transform and state variable methods in linear systems. New York, London, Sydney: John Wiley and Sons, Inc., 1966.
14 Gupta, S. C.: Performance of process models. In: /–5/.
15 Godfrey, K. R.: Three-level m-sequences. Electronics Letters **2** (1966), p. 241.
16 Ho, B. L., and R. E. Kalman: Effective construction of linear state-variable models from input/output functions. rt **14** (1966), S. 545–548.
17 Hooper, R. J., E. P. Gyftopoulos: On the measurement of characteristic kernels of a class of nonlinear systems. Symposium on Neutron Noise, Waves and Pulse Propagation, University of Florida, 1966.
18 Huang, C. J., and C. L. Yawe: Transient concentrations profile and dynamic tray efficiency on interphase mass transfer on a single bubble tray. In: /–5/, paper 38A.
19 Humphries, J. T., R. E. Uhrig and A. P. Sage: Model reference adaptive control of a nuclear rocket engine. JACC (1966), pp. 492.
20 Hutchinson, C. E., R. V. Monopoli: An extension of a sequential least squares estimation techniques. IEEE AC-**11** (1966) No. 3, pp. 621.
21 Johnson, J. A.: Measurement of pressure-to-pressure transfer functions through the Phoebus 1A nuclear reactor. In: Uhrig, R. E.: Symposium on Neutron, Noise, Waves and Pulse Propagation, University of Florida, 1966, pp. 271–284.
22 Karam, J. T., M. E. Franke: The frequency response of pneumatic lines. JACC (1966), pp. 305.

1966

23 Karnjuschin, L. W., V. M. Černischew: Experimentelle Bestimmung der Übertragungsfunktion durch Messung der Momente von Impulsfunktionen (in russisch). Električestvo (1966) No. 8, S. 11–14.

24 Klein, V.: The identification of linear systems with a given structure by means of frequency responses. In: /–5/.

25 Kočka, V.: Beitrag zu einer Methode zur Bestimmung der Zeitkonstanten aus gemessenen Punkten des Frequenzganges (in tschechisch). In: Dynamika Strojof II, Bratislava: 1966.

26 Kodz, W. T., and A. J. Ballei: Simulation of reheating furnace operation using analogue and digital techniques. Trans. Soc. Instrum. Technol. (U.K.), 18 (1966), S. 239–245.

27 Korobov, I., V. Broida: Improved step-response to transfer-function conversion. Control 10 (1966) Nr. 95, S. 177–178.

28 Krell, W.: Das dynamische Verhalten eines Hubschrauber-Piloten im Simulatorversuch. Dornier Bericht 5614-K05, Regelungstechnik (Dez. 1966).

29 Lange, F. H., G. Wendt: Erzeugung pseudo-stochastischer Impulsfolgen mittels Schieberregistern. Nachrichtentechnik 16 (1966) H. 7, S. 279.

30 Levadi, V. S.: Design of input signals for parameter estimation. IEEE, AC-11 (1966), pp. 205–211.

31 Lion, P. M.: Rapid identification of linear and nonlinear systems. JACC (1966).

32 Maršik, I.: Versuche mit einem selbsteinstellenden Modell zur automatischen Kennwertermittlung von Regelstrecken. msr 9 (1966) H. 6, S. 210–213.

33 Maslov, E. P.: Eine Methode zur Abschätzung der dynamischen Charakteristiken von Regelstrecken (in russ.). Električestvo (1966) No. 8, str. 5–11.

34 McRuer, D. T., D. Graham, E. S. Krendel and W. C. Reisener: System performance and operator stationarity in manual control systems. In: /–5/, paper 30B.

35 Meyerhoff, H. I.: Automatic process identification. In: /–5/.

36 Milsum, J. H.: Automatic control and medicine. In: /–5/, survey paper.

37 Narendra, K. S., and P. G. Gallman: An iterative method for the identification of nonlinear systems using a Hammerstein model (short paper). IEEE, AC-11 (1966), pp. 546–550.

38 Parks, P. C.: Liapunov redesign of model reference adaptive control systems. IEEE AC-11 (1966), pp. 362–367.

39 Pearson, A. E.: A regression analysis in function space for the identification of multivariable linear systems. In: /–5/, paper 46.B.

40 Pittermann, F. Schweizer: Erzeugung und Verwenduug von binärem Rauschen bei Flugversuchen. rt 14 (1966) H. 2, S. 63–70.

41 Radtke, M.: Zur Approximation linearer aperiodischer Übergangsfunktionen. msr 9 (1966) H. 6, S. 192–196.

42 Radtke, M.: On the determination of the dynamic characteristic values of nonlinear transmission elements from graphically represented transitions functions. In: /–5/

43 Rajacopal, V., and J. M. Gallacher: Some applications of dynamic (noise) measurements in pressurized-water-reactor nuclear power plants. In: Uhrig, R. E.: Symposium on Neutron, Noise, Waves and Pulse Propagation. University of Florida, 1966, pp. 487–501.

44 Rake, H.: Automatische Prozeßidentifizierung durch selbsteinstellendes System. msr 9 (1966) H. 6, S. 213–216.

45 Reinisch, K.: Auswirkung einer fehlerhaften Prozeßanalyse auf die Synthese von Regelkreisen und Folgerungen für die Modellmethode zur Analyse von Regelstrecken. msr 9 (1966) H. 6, S. 183–187.

46 Roberts, P. D.: The application of orthogonal functions to self-optimizing control systems containing a digital compensator. In: /–5/, paper 30.C.

1966

47 ROSENBROCK, H. H., C. STOREY: Computational techniques for chemical engineers. Oxford: Pergamon Press, 1966.

48 SKÁLA, I., L. ŠUTEK: Adaptive model for solving identifications problems. In: /–5/.

49 SIMPSON, H. R.: Statistical properties of a class of pseudorandom sequences. Proc. of the IEEE **113** (1966), p. 2075.

50 SMITH, K. D., J. C. HAMELTON: The logical design of a digital pseudorandom noise generator. IEEE Trans-Nucl. Sci. **13** (1966) No. 1, pp. 371–378.

51 SMITH, G. W., P. R. CLEMENT: Identification of linear system dynamics using exponential spectral coefficients. Journal of The Franklin Institute **281** (1966) No. 2, pp. 122–135.

52 SORENSON, H. W.: Kalman filtering techniques. In: LEONDES: Advances in Control, 1966.

53 SCHLEE, F. H., C. I. STAUDISH and N. F. TODA: Divergence in the Kalman filter. AIAA/JACC Guidance and Control Conference, Seattle, 1966, pp. 510–523.

54 SCHMIDT, H.: Über die unmittelbare Bestimmung von Polen und Nullstellen aus der Übergangsfunktion. msr **9** (1966) H. 3, S. 85–90.

55 SCHWARZE, G.: Fehlerbetrachtungen zur Zeitprozentkennwertmethode bei nicht exakt realisierbaren Einheitstestsignalen. msr **9** (1966) H. 5, S. 171–173.

56 SCHWARZE, G.: Regelungstechnik für Praktiker (Formeln – Kurven – Tabellen). Berlin: VEB Verlag Technik, 1966.

57 STAHN, H.: Zur Kennwertermittlung und Bestimmung eines approximierten Frequenzganges aus Messungen. Rechentechnik Datenverarbeitung **3** (1966) H. 10, S. 37–39.

58 STANTEN, S. F., and L. STARK: A biological stochastic process (pupil noise). In: /–5/, paper 30.D.

59 STAPLEFORD, R. L., et al.: Pilot describing function measurements in a multiloop task. NASA CR-542, Aug. 1966.

60 STEBEL, J.: Der Pupillarmechanismus des Menschen bei stochastischer Modulation der Reizlichtintensität. Wiss. Zeitschrift der Karl-Marx-Universität Leipzig **15** (1966), H. 3, S. 529–531.

61 STROBEL, H.: On a new method of determining the transfer function by simultaneous evaluation of the real and imaginary parts of the measured frequency response. In: /–5/.

62 STROBEL, H.: Beitrag zur experimentellen Systemanalyse mit determinierten Testsignalen. Dresden: Dissertation an der Techn. Universität 1966.

63 UNBEHAUEN, H.: Kennwertermittlung von Regelungssystemen anhand des gemessenen Verlaufs der Übergangsfunktion. msr **9** (1966) H. 6, S. 188–191.

64 WASSERMAN, A. A., G. H. STEINER, C. A. BODENSCHATZ, and E. K. HONKA: Nerva reactor transfer-function measurements with cross-correlation techniques. In: UHRIG, R. E.: Symposium on Neutron, Noise, Waves and Pulse Propagation. University of Florida, 1966, pp. 285–314.

65 WELFONDER, E.: Kennwertermittlung an gestörten Regelstrecken mittels Korrelation und periodischen Testsignalen. VDI-Fortschritt-Bericht 8 (1966) No. 4, S. 1–57.

66 WERNER, G. W.: Anwendung des Impulstestverfahrens zur Kennwertermittlung. msr **9** (1966) H. 6, S. 197–201.

67 WERNSTEDT, J.: Praktische Erfahrungen bei der experimentellen Auswertung von Übergangsfunktionen. msr **9** (1966) H. 6, S. 208–210.

68 WONG, K. Y.: Estimation of parameters of linear systems using instrumental variable method. (Dissertation). Berkeley: University of California, 1966.

1967

1 ALBERT, A. E., and L. A. GARDNER, jr.: Stochastic approximation and nonlinear regression. Cambridge (Mass.), M.I.T. Press. (1967) 204 pp.

1967

2 ÅSTRÖM, K. J.: Computer control of a paper machine – an application of linear stochastic control theory. IBM Journal of Research and Development, **11** (1967), pp. 389–405.

3 ÅSTRÖM, K. J.: On the achievable accuracy in identification problems. In: /–1/, paper 1.8.

4 ATAMANENKO, V. G.: Zur Ermittlung der dynamischen Charakteristiken von Objekten (in russisch). EIKA III (1967), vip. 8, str. 25–28.

5 BALAKIREV, V. S., E. G. DUDNIKOV und A. M. CIRLIN: Experimentelle Bestimmung der dynamischen Charakteristiken industrieller Regelstrecken (in russisch). Moskwa: Isdvo Energija, 1967.

6 BARKER, H. A.: Choise of PRBS for systems identification. Electronics Lett. **3** (1967) No. 11, pp. 524.

7 BECKER, D.: Die Ermittlung der Zeitkonstanten der Übertragungsfunktion von allpaßhaltigen linearen Übertragungsgliedern aus der Übergangsfunktion. msr **10** (1967) H. 7, S. 251–252.

8 BELL, D.: A hybrid computer study of a model-reference-parameter tracking type of adaptive aircraft control system. Advances in Computer Control, 2nd UKAC Control Convention (1967).

9 BRIGGS, P. A. N., K. R. GODFREY and P. H. HAMMOND: Estimation of process dynamic characteristics by correlation methods using pseudo random signals. In: /–1/, paper 3.10.

10 BROWN, R. F., G. C. GOODWIN: Hybrid method of state and parameter estimation for use in gradient techniques. Electronic Lett. **3** (1967) No. 12, pp. 537.

11 BUCHTA, H.: Ein Beitrag zur Messung der Kennwerte tiefstfrequenter Signale. Dresden: Dissertation an der Technischen Universität, 1967.

12 CHIDAMBARA, M. R., and E. J. DAVISON: Further remarks on simplifying linear dynamic systems. IEEE AC-**12** (1967) No. 2, pp. 213–214.

13 CLARKE, D. W.: Generalized-least-squares estimation of the parameters of a dynamic model. In: /–1/, paper 3.17.

14 COOK, G., and L. STARK: Derivation of a model for the human eye-positioning mechanism. Bull. Math. Biophys. **29** (1967), pp. 153–175.

15 CUÉNOD, M., and A. SAGE: Comparison of some methods used for process identification. In: /–1/, auch Automatica **4** (1968), pp. 235–269.

16 DAHLIN, E. B.: On-line identification of process dynamics. IBM J. Res. Dev. **11** (1967), pp. 406.

17 DAVIES, W. D. T., and J. L. DOUCE: On-line system identification in the presence of drift. In: /–1/, paper 3.12.

18 DAVIES, W. D. T., and P. A. SINCLAIR: Application of pseudorandom sequences to process plants-a case history. IEE Colloquium on Pseudo-random Sequences applied to Control Systems, London, 1967, paper 3.

19 DAVISON, E. J.: The identification of parameters in large linear dynamic systems. Int. Journal of Control **5** (1967) No. 2, pp. 123.

20 DRENICK, R. F.: Die Optimierung linearer Regelsysteme. München: R. Oldenbourg-Verlag, 1967.

21 EYKHOFF, P.: Process parameter and state estimation. In: /–1/ survey paper (vgl. auch Automatica 4 (1968) pp. 205–233).

22 ELGERD, O. I.: Control systems theory. New York: McGraw-Hill, 1967.

23 FARISON, J. B., R. E. GRAHAM and R. C. SHELTON: Identification and control of linear discrete systems. IEEE AC-**12** (1967), No. 4, pp. 438.

24 FRANK, P. M.: Totzeitnachbildung durch Allpässe bei der linearen Prädiktorregelung von Totzeitstrecken. V. Int. Congress of AICA 1967, Lausanne, 28. 8.–2. 9. 1967.

25 GAGLIARDI, R. M.: Input selection for process identification in discrete systems. IEEE AC-**12** (1967) No. 5, pp. 597.

1967

26 GOODNUFF, J. L.: An application of system theory to the optimal control of vehicular traffic networks. Michigan State University, 1967. Ph.D.-Dissertation.

27 HAAG, F. G.: Comparing dead time approximations. Contr. Eng. (1967) October, pp. 91–92.

28 HARA, M., H. USUI, Y. FUJII and N. SUDA: Application of the pseudo-random binary signals to JRR-3 high-power dynamics measurements. Nuclear Science and Technology (Japan), 5 (1967), 79–85.

29 HARRIS, G. H., L. LAPIDUS: The identification of nonlinear systems. Ind. Engng. Chem.,59 (1967) No. 6, pp. 66.

30 IZAWA K., and K. FURUTA: Process identification using correlation coefficient. In: /–1/.

31 KOČKA, V.: Dependence of the results of solution of inverse problem of dynamics on its mathematical formulation. Report of the Aeronautical Research and Test Institute, Prague, 1967.

32 KRTOLICA, R.: Some applications of pseudorandom maximum length binary sequences in the statistical identification. In: /–1/, paper 3.11.

33 KWATNY, H. G., D. W. C. SHEN: Identification of nonlinear systems using a method of stochastic approximation. JACC (1967).

34 LEES, S., R. C. DOUGHERTY: Numerical Fourier transform calculations for pulse testing procedures. Trans. ASME 89 (1967) No. 2, pp. 445.

35 MAYNE, D. Q.: A method for estimating discrete time transfer functions. Advances in Computer Control, UKAC Control Convention (1967).

36 MENDES, M.: Duale adaptive Folgeregelung für Systeme beliebiger Ordnung mit unbekannten Parametern. Dissertation an der TU Berlin, 1967.

37 MÜLLER, J. A.: Vergleich statistischer Methoden zur Regelstreckenanalyse mittels Digitalrechner unter besonderer Berücksichtigung des Interpolationsverfahrens (nach Kulik). msr 10 (1967) H. 1, S. 34–40.

38 NISHIMURA, T.: Error bounds of continuous Kalman filters and the application to orbit determination problems. IEEE, AC-12 (1967) No. 3, pp. 268–275.

39 PEARSON, J. B.: On nonlinear least-squares filtering. Automatica 4 (1967) No. 3, pp. 97.

40 PEARSON, J. D.: Deterministic aspects of the identification of linear discrete dynamic systems. (short paper). IEEE AC-12 (1967), pp. 764–766.

41 PENTECOST, E. E., A. R. STUBBERUD: Synthesis of computationally efficient sequential linear estimations. IEEE Trans. Aerospace and Electronic Systems. Vol AE-3 (1967) No. 2, pp. 242–249.

42 PETERKA, V., P. VIDINČEV: Rational-fraction approximation of transfer functions. In: /–1/.

43 QUENTIN, J. F.: De quelques perfectionnements apportés a la méthode d'identification de V. Strejć. Automatisme XII (1967) No. 5, S. 189–198.

44 RALSTON, A., H. S. WILF: Mathematische Methoden für Digitalrechner. München/Wien: R. Oldenbourg, 1967.

45 RENNER, U.: Ein neues Verfahren zur Berechnung des Frequenzganges aus der gemessenen Übergangsfunktion. msr 10 (1967) H. 3, S. 101–105.

46 ROBERTS, P. D.: Orthogonal transformations applied to control system identification and optimization. In: /–1/, paper 5.12.

47 ROGERS, A. E., and K. STEIGLITZ: Maximum likelihood estimation of rational transfer function parameters. (short paper). IEEE AC-12 (1967), pp. 594–597.

48 ROY, R. J., and J. SHERMAN: A learning technique for Volterra series representation. (short paper). IEEE AC-12 (1967), pp. 761–764.

49 RUBERTI, A.: Eine Methode zur Identifikation der Gewichtsfunktion (in italienisch). Automazione e Strumentazione XV (1967) No. 5, S. 194–196.

1967

50 RUBIN, A. J., S. DRIBAN, W. W. MIESSNER: Regression analysis and parameter identification. Simulation, Vol. 9 (1967) No. 1, pp. 39–48.

51 SACHAROVA, T. M., Sch. E. SCHTEINBERG: Approximation experimentell ermittelter dynamischer und statistischer Charakteristiken (in russisch). EIKA 8 (1967), str. 13–20.

52 SAKRISON, D. J.: The use of stochastic approximation to solve the system identification problem. IEEE AC-**12** (1967), pp. 563–567.

53 SMITH, H. J.: Human decribing functions measured in flight and on simulators. Proc. of second NASA-University Conference on Manual Control, NASA SP-128, 1967.

54 ŠTĚPÁN, J.: The identification of controlled systems and the limit of stability. In: /–1/, paper 1.11.

55 STORM, R.: Wahrscheinlichkeitsrechnung, mathematische Statistik und statistische Qualitätskontrolle. Leipzig: VEB Fachbuchverlag, 1967.

56 STROBEL, H.: On the limits imposed by random noise and measurement errors upon system identification in the time domain. In: /–1/, paper 4.4.

57 STROBEL, H.: Zur automatischen Ermittlung der Parameter und der Struktur von Übertragungsfunktionen linearer Systeme aus Meßwerten. 3. Internat. Symposium Datenverarbeitung, Leipzig 1967.

58 STROBEL, H.: Das Approximationsproblem der experimentellen Systemanalyse. msr **10** (1967), S. 460–464; msr **11** (1968), S. 29–34; msr **11** (1968), S. 73–77.

59 TAYLOR, L. W., A. V. BALAKRISHNAN: Identification of human response models in manuel control systems. In: /–1/.

60 UNBEHAUEN, H., and G. SCHLEGEL: Estimation of the accuracy in the identification of control systems using deterministic test signals. In: /–1/, paper 1.12.

61 VAN DEN BOS, A.: Construction of binary multifrequency test signals. In: /–1/, paper 4.6.

62 VAN HAEBLER, D.: Gewinnung der Übertragungsfunktion aus den Zeitfunktionen. rt **15** (1967) H. 8, S. 365–367.

63 VAMOS, T., and P. FISCHER: A generalization of the controllability and observability concept from the point of view of system identification. In: /–1/, paper 1.10.

64 WELFONDER, E.: Correlation method for identification of disturbed control systems by periodical test signals. In: /–1/.

65 WILFERT, H. H.: Beitrag zur experimentellen Systemanalyse bei Anwesenheit stochastischer Störungen. Dresden: Promotion A an der Technischen Universität. 1967.

66 WISE, H. E., R. J. PRICE and D. W. T. RIPPIN: A comparison of the use of pseudo random binary sequences and frequency response methods for the determination of the dynamics of a pilot scale water gas shift reactor. V. Int. AICA Congress in Lausanne, 28. 8.–2. 9. 1967.

67 WOOD, R. M.: Frequency response of multicomponent distillation columns. Trans. Inst. Chem. Engrs. **45** (1967) No. 5, S. 190.

68 YONE, E. E., Y. TAKAHASHI: Identification of dynamic systems by digital computer in the state space. Trans. ASME **89** (1967) No. 1, pp. 295.

1968

1 ANGEL, E. S., and G. A. BEKEY: Adaptive finite-state models of manual control systems. IEEE Trans. man – machine systems, MMS-9 (1968), pp. 15–20.

2 ÅSTRÖM, K. J.: Lectures on the identification problem. The least squares method. Report, Division of Automatic Control, Lund Institute of Technology, Lund, Schweden (1968).

3 ATHANS, M., R. P. WISHNER and A. BERTOLINI: Suboptimal state estimation for continuous-time nonlinear systems from discrete noisy measurements. IEEE AC-**13** (1968), pp. 504–514.

4 ATKINSON, A. C., W. G. HUNTER: The design of experiments for parameter estimation. Technometrics **10** (1968) No. 2, pp. 271.

1968

5 Baklanov, V. F.: Über die Erniedrigung der Ordnung der Differentialgleichungen und Übertragungsfunktionen von Regelungssystemen (in ukrainisch). Automatika (1968), str. 3–9.

6 Bernhard, F.: Das dynamische Verhalten des Lithiumchlorid-Taupunkthygrometers. msr **11** (1968) H. 7, S. 257–261.

7 Bucy, R. S.: Canonical forms for multivariable systems. (short paper). IEEE AC-**13** (1968), pp. 567–569.

8 Bohlin, T.: Real-time estimation of time-variable processes characteristics. Report, IBM Nordic Lab., Lidingo, Sweden, 1968.

9 Briggs, P. A. N., D. W. Clarke and P. H. Hammond: Introduction to statistical identification methods in control systems. Control **12** (1968) No. 117, pp. 233.

10 Chang, J. A.: Identification of multi-variabl econtrol systems using ternary pseudorandom sequences. IFAC-Symposium, Düsseldorf, 1968.

11 Chang, J. A., A. G. Owen, M. Zaman and A. W. J. Griffin: Dynamic modelling of a four-stand cold rolling mill using multilevel pseudo-random sequences. Measurement and Control (1968) S. 80–84.

12 Chen, C. F. and L. S. Shieh: A novel approach to linear model simplification. Int. J. Control **8** (1968) No. 6, pp. 561–570.

13 Colligan, J. A.: Mathematical modelling and parameter identification for a tracking system. Dissertation, University of Michigan, 1968.

14 Cummins, J. D.: Parameter estimation from Dragon high-temperature gas-cooled reactor dynamic measurements. Atomic Energy Establishment, Winfrith, Dorset, Report No. AKSW-R571, 1968.

15 Davies, R. H., P. D. Roberts: Method of conjugate gradients applied to self-adaptive digital control systems. Proc. IEE **115** (1968) No. 4, pp. 562.

16 Davison, E. J.: A new method for simplifying large linear dynamic systems (correspondence). IEEE AC-**13** (1968), pp. 214–215.

17 Fedorov, V. V., A. Pázman: Design of physical experiments (statistical methods). Fortschritte der Physik **16** (1968), S. 325–355.

18 Fantauzzi, G.: The relation between the sampling time and stochastic error for the impulsive response of linear time-independent systems. (short paper). IEEE AC-**13** (1968), pp. 426–428.

19 Genin, Y.: A note on linear minimum variance estimation problems. (correspondence). IEEE AC-**13** (1968), p. 103.

20 Graupe, D., B. H. Swanick and G. R. Cassir: Reduction and identification of multivariable processes using regression analysis. (short paper). IEEE AC-**13** (1968), pp. 564–567.

21 Gyürki, J.: Bemerkungen zur Anwendbarkeit einiger Kennwertermittlungsmethoden. msr **11** (1968) H. 4, S. 140–143.

22 Harland, G. E., M. A. Pan'ko, K. F. Gill and J. Schwarzenbace: Pseudo-random signal testing applied to a diesel engine. Control **13** (1968) No. 128, pp. 137.

23 Hutchinson, A. W., and R. J. Shelton: Measurement of dynamic characteristics of full-scale plant using random perturbing signals: an application to a refinery distillation column. Trans. Instn. Chem. Engrs. (U.K.), 1967, 45, S. 334–342. See also Shelton, R. J. and A. W. Hutchinson: Practical determination of on-line distillation column dynamics. Control (U.K.) **12** (1968), 398–403.

24 Isermann, R.: Das dynamische Verhalten dampfbeheizter Wärmeübertrager. Habilitationsschrift Universität Stuttgart, 1968. Fortschritt-Bericht VDI Zeitschrift Reihe 8, Nr. 11.

25 Jackson, G. A.: On the stability of continuous parameter tracking systems. Simulation (1968) July, pp. 21–25.

26 Jarvis, R. A.: Phase-shifted PRBS from the same source for multivariate system identification/adaptation. Control **12** (1968) No. 126, pp. 1016.

1968

27 Jones, R. E., and W. T. Whight: The digital control of a fourdrinier paper machine. Measurement and Control (U.K.), **1** (1968), 287–294.

28 Kailath, T., and P. Frost: An innovations approach to least-squares estimation. Part II: Linear smoothing in additive white noise. IEEE AC-**13** (1968), pp. 655–660.

29 Kailath, T.: An innovations approach to least-squares estimation. Part I: Linear filtering in additive white noise. IEEE AC-**13** (1968), pp. 646–655.

30 Kekre, H. B.: Evaluation of impulse response of linear systems by using Legendre-polynomials. Int. Journal of Control **9** (1968) No. 1, pp. 81.

31 Kekre, H. B., G. S. Glinski: Identification of impulse response of linear systems. Int. Journal of Control **7** (1968) No. 4, pp. 317.

32 Klinger, A.: Prior information and bias in sequential estimation. (correspondence). IEEE AC-**13** (1968), pp. 102–103.

33 Koivo, A. J., R. L. Stroller: On least squares estimation in nonlinear dynamical systems with time delay. JACC (1968), pp. 116.

34 Lees, F. P.: The frequency response of a packed gas absorption column. Chem. Engng. Sci. **23** (1968) No. 2, pp. 97.

35 McRuer, D. T., et al.: New approaches to human-pilot/vehicles dynamic analysis. Technical report AFFDL-TR-67-150 (1968), pp. 21.

36 Müller, J. A.: Lineare Modelle zur Beschreibung der dynamischen Eigenschaften von Regelstrecken. msr **11** (1968) H. 12, S. 451–457.

37 Müller, J. A.: Identifikation dynamischer Kenngrößen mittels adaptiver Modelle bei normalen Betriebsbedingungen. Dissertation am Moskauer Energetischen Institut, Lehrstuhl Automatik und Telemechanik (Kurzfassung). msr **11** (1968), H. 11, S. 405.

38 Mork, H. L.: Simplification of linear, constant, dynamical systems. University of Minnesota, 1968 (Dissertation).

39 Nash, R. A., and F. B. Tuteur: The effect of uncertainties in the noise covariance matrices on the maximum likelihood estimate of a vector. (short paper). IEEE, AC-**13** (1968), pp. 86–88.

40 Neal, S. R.: Nonlinear estimation techniques. (short paper). IEEE, AC-**13** (1968), pp. 705–708.

41 Norkin, K. B.: Suchmethoden für selbstanpassende Modelle in Problemen der Kennwertermittlung (in russ.). AiT **29** (1968) No. 11.

42 Otto, H.: Über die Möglichkeit des Einsatzes der Methode der Spektralanalyse zur Kennwertwermittlung an hydraulischen Systemen. msr **11** (1968) H. 6, S. 212–215.

43 Panuska, V.: On the maximum likelihood estimation of rational pulse transfer function parameters. (correspondence). IEEE AC-**13** (1968), p. 304.

44 Pape, U., und P. Schulz: Verfahren zur Approximation von Exponentialfunktionen — seine Anwendungsmöglichkeit bei der Kennwertermittlung. msr **11** (1968) H. 5, S. 183–186.

45 Ricker, D. W., G. N. Saridis: Analog methods for on-line system identification using noisy measurements. Simulation (1968) Nov., pp. 241–248.

46 Rowe, I. H.: A statistical model for the identification of multivariable stochastic systems. Proc. IFAC symp. on multivariable systems, Düsseldorf, 1968.

47 Saridis, G. N., and G. Stein: Stochastic approximation algorithms for linear discrete-time system identification. IEEE AC-**13** (1968), pp. 515–523.

48 Seefried, E.: Dynamisches Betriebsverhalten des frequenzgesteuerten Drehstrom-Asynchronmotors. msr **11** (1968) H. 2, S. 64–66.

49 Solodownikow, W. W., und W. W. Semjonow: Spektralanalyse linearer Systeme mit variablen Parametern auf endlichen, nichtstationären Zeitintervallen. msr **11** (1968) H. 2, S. 67–72.

50 Schmidt, H.: Über den Einfluß von Störungen und Meßfehlern bei der Auswertung von gemessenen Sprungantworten. msr **11** (1968) H. 5, S. 158–164.

1968

51 SCHULZ, E. R.: Estimation of pulse transfer function parameters by quasilinearization. (short paper). IEEE AC-13 (1968), pp. 424–426.

52 STROBEL, H.: Systemanalyse mit determinierten Testsignalen. Berlin: VEB Verlag Technik, 1968.

53 STROBEL, H.: Zur Analyse stochastisch gestörter Systeme durch kombinierte Auswertung von Zeit- und Frequenzfunktionen. msr **11** (1968) H. 6, S. 216–218.

54 STROBEL, H.: Zur Analyse stochastisch gestörter Systeme durch Auswertung von Antwortfunktionen auf periodische und aperiodische Testsignale. WZ HfV **15** (1968) H. 3, S. 553–555.

55 STROBEL, H.: Über die durch stochastische Störsignale und Meßfehler bedingten Grenzen der Kennwertermittlung im Zeitbereich. msr **11** (1968) H. 2, S. 54–56.

56 UNBEHAUEN, H.: Fehlerbetrachtungen bei der Auswertung experimentell mit Hilfe determinierter Testsignale ermittelter Zeitcharakteristiken von Regelsystemen. msr **11** (1968) H. 4, S. 134–140.

57 WEIR, D. H., et al.: A theory of driver steering control of motor vehicles. 47th Annual Meeting of Highway. Research Board, Washington, Jan. 1968.

58 WELLS, C. H.: An approximation of the Kalman filter equations. IEEE AC-13 (1968) No. 4, pp. 445.

59 WERNSTEDT, J.: Zur Ermittlung der Kennwerte gestörter Systeme durch Modellmethoden unter Verwendung aperiodischer Testsignale. msr **11** (1968) H. 5, S. 164 bis 169.

60 WILFERT, H. H., D. BECKER und H. POTTHOFF: Über die erreichbare Genauigkeit bei Korrelationsfunktionsmessungen mittels orthogonaler Filter. msr **11** (1968) H. 1, S. 22–28.

61 WILFERT, H. H.: Untersuchungen stochastischer Störsignale. msr **11** (1968), H. 4, S. 143–146.

62 WILFERT, H. H.: Untersuchung der durch stochastische Störungen bewirkten Meßfehler bei Frequenzgangmessungen an Regelungssystemen mittels Kreuzkorrelation und sinusförmigem Testsignal. msr **11** (1968) H. 9, S. 350–354.

63 WILFERT, H. H.: Ein einfaches Berechnungsverfahren zur Bestimmung der durch stochastische Störgrößen hervorgerufenen Meßfehler bei Frequenzgangmessungen mittels Kreuzkorrelationsfunktion und sinusförmigem Testsignal. msr **11** (1968) H. 6, S. 219–221.

64 WILLIAMS, B. J., D. W. CLARKE: Plant modelling from PRBS experiments. Control 12 (1968) No. 124, 856.

65 ZETTERBERG, L. H.: Analysis of EEG signals through estimation of parameters in a linear model. Proc. annual conf. on engineering in medicine and biology, **10** (1968), Houston, Texas.

1969

1 ALEKSANDROVSKII, N. M., A. M. DEICH: Bestimmung der dynamischen Charakteristiken nichtlinearer Objekte (in russisch). AiT 29 (1969) No. 1.

2 AIZERMAN, M. A., und E. A. ANDREJEVA: Einfachster Suchalgorithmus zur Steuerung der Muskeltätigkeit (in russisch). In :/–6/, paper 70.2.

3 AOKI, M., and R. M. STALEY: On input signal synthesis in parameter identification. In /–6/, paper 26.2 and Automatica 6 (1970) No 3, pp. 431–440.

4 ÅSTRÖM, K. J., and B. WITTENMARK: Problems of identification and control. Report, Electronic Sciences Laboratory, University of Southern California, Los Angeles, Calif., 1969.

5 ÅSTRÖM, K. J.: Computational aspects of a class of identification problems. Report, Dept. of EE, University of Southern California, Los Angeles (1969).

6 BALAKRISHNAN, A. V., and V. PETERKA: Identification in automatic control systems. In: /–6/ (vgl. auch Automatica **5** (1969), pp. 817–829).

1969

7 Bandyopadhyay, S. K. K., and S. Dasgupta: Identification of the parameters of a tidal channel from simulations and other approaches. In: /−6/, paper 12.6.

8 Barr, C. D., E. R. Carson, L. Finkelstein, and E. A. Jones: A study of the dynamics of plasma protein metabolism. In: /−6/, paper 70.6.

9 Barschdorff, D., und E. Bender: Bestimmung des Zeitverhaltens kommerzieller Feuchtegeber. msr **12** (1969) H. 8, S. 330−334.

10 Bekey, G. A.: Identification of dynamic systems by digital computers. JACC (1969), pp. 7−18.

11 Behrendt, W., D. Möller: Methode zur Automatisierung der experimentellen Kennwertermittlung. Technische Information, GRW, Teltow (1969) H. 3, S. 44−47.

12 Bendel, U.: Ermittlung des statischen Prozeßmodells bei vernachlässigbaren Störungen mit Hilfe aktiver Experimente. msr **12** (1969) H. 11, S. 452−453 und 456, sowie H. 12, S. 480−484.

13 Bender, E.: Dynamik von Kreuzstromwärmeaustauschern. VDI/VDE Aussprachetag, Frankfurt/M., 1969.

13a Berkovec, J. W.: A method for the validation of Kalman filter models. JACC (1969), pp. 488−493.

14 Bondy, T.: Erzeugung von Pseudorauschsignalen für die dynamische Fehleranalyse. msr **12** (1969) H. 9, S. 361−363.

15 Broida, V.: The determination of large time − constants by step-response extrapolation. Automatica **5** (1969) No. 5, pp. 677−683.

16 Broida, V.: Bestimmung großer Zeitkonstanten durch Extrapolation der Übergangsfunktion. msr **12** (1969) H. 11, S. 432−436.

17 Buchta, H., und P. Rieger: Zur Frage der zufälligen Meßfehler bei der Bestimmung von Frequenzgängen gestörter, linearer Systeme. msr **12** (1969) H. 12, S. 472−476.

18 Budin, M. A.: Unbiased estimation for identification of constant linear discrete systems. IEEE AC-**14** (1969) No. 2, p. 193.

19 Chao, H., and W. Wickstrom: The development of dynamic color control on a paper machine. In: /−6/, paper 66.3.

20 Chidambara, M. R.: Two simple techniques for the simplification of large dynamic systems. JACC (1969), pp. 669.

21 Diskind, T.: Parameter evaluation by complex domain analysis. JACC (1969), pp. 770−781.

22 Elliott, D. F., and D. D. Sworder: Applications of a simplified multidimensional stochastic approximation algorithm. JACC (1969), pp. 148−154.

23 Elsden, C. S., and H. J. Ley: A digital transfer function analyser based on pulse rate techniques. Automatica **5** (1969) No. 1, pp. 51−60.

24 Fasol, K. H., P. Kopacek, P. Vingron und H. Wohlfahrt: Ein pneumatischer Generator zur Erzeugung von binären Pseudo-Zufallssignalen. msr **12** (1969) H. 5, S. 192−195.

25 Flachsmeyer, H.: Kombinatorik. Berlin: VEB Deutscher Verlag der Wissenschaften, 1969.

26 Frank, W.: Mathematische Grundlagen der Optimierung. München und Wien: R. Oldenbourg Verlag, 1969.

27 Gamaleja, T.: Erprobung von Verfahren zur rationalen Approximation reeller Frequenzfunktionen. Diplomarbeit an der Technischen Universität Dresden, 1969.

28 Gavalas, G. R., J. H. Senifeld: Sequential estimation of states and kinetic parameters in turbular reactors with catalyst decay. Chem. Engng. Sci. **24** (1969) No. 4, pp. 625.

29 Giras, T. C., and B. A. Mutafelija: Power plant parameter identification. JACC (1969), pp. 984−985.

30 Godfrey, K. R.: Dynamic analysis of an oil rafinery unit under normal operating conditions. Proc. Instn. Elec. Engr. **116** (1969), pp. 879−892.

1969

31 Godfrey, K. R.: The theory of the correlation method of dynamic analysis and its application to industrial processes and nuclear power plants. Measurement Contr. 2 (1969), pp. 165.

32 Godfrey, K. R., and N. Devenish: An experimental investigation of continuous gas chromatography using pseudo-random binary sequences. Measurement and Control 2 (1969), pp. 228–233.

33 Goodwin, G. C.: Application of curvature methods to parameter and state estimation. Proc. IEE 116 (1969) No. 6, pp. 1107.

34 Goodwin, G. C., and R. D. Bell: Error-free identification using maximally-orthogonal p.r.b.n. sequences. Electronics Letters 5 (1969), pp. 453–455.

35 Habegger, L. J., and R. E. Bailey: Minimum variance estimation of parameters and states in nuclear power systems. In: /–6/, paper 12.2.

36 Hasting-James, R., M. W. Sage: Recursive generalized-least squares procedure for on-line identification of process parameters. Proc. IEE 116 (1969) No. 12, pp. 2057.

37 Herfurth, G.: Genauigkeitsprüfung von Übergangsfunktionen. msr 12 (1969) H. 5, S. 185–188.

38 Hsia, T. C.: An identification method for linear discrete systems. Proc. Instn. electron. Engrs. 57 (1969) No. 2, pp. 229.

39 Isermann, R.: Über die erforderliche Genauigkeit der Frequenzgänge von Regelstrecken. rt 17 (1969) H. 10, S. 454–462.

40 Jacob, J. P., and L. A. Zadeh: A computeroriented identification technique. JACC (1969), pp. 979–981.

41 Jaszwincki, A. H.: Adaptive filtering. Automatica 5 (1969), S. 475–485.

42 Klein, V.: Application of several methods based on least-squares principle for determining longitudinal aerodynamic derivatives of aeroplane from flight test data. Report of the ARTI, Z-12, May 1969, Letnany 130, Praha, ČSSR.

43 Kosemund, M.: Ermittlung von Modellen mit konzentrierten Parmetern für Systeme mit verteilten Parametern. Dresden: Diplomarbeit an der Technischen Universität, 1969.

44 Koszelnik, M., J. Malkiewicz, and St. Trybula: A method to determine the transfer functions of power systems. In: /–6/, paper 33.2.

45 Landau, I. D.: A hyperstability criterion for model reference adaptive control systems. IEEE, AC-14 (1969), No. 5, pp. 552.

46 Leathrum, J. F.: On-line recursive estimation. JACC (1969), pp. 173–178.

47 Lees, R. S.: Effect of pulse shape and magnitude on the determination of process transfer functions. University of Alberta, M.Sc.-Dissertation, 1969.

48 MacLead, C. J.: Drift elimination in binary M sequences. Electronics Lett. 5 (1969) No. 6, pp. 112.

49 Magdaleno, R. E., and D. T. McRuer: A closed-loop neuromuscular system explanation of force-disturbance In: /–6/, paper 70.5.

50 Mehra, R. K.: On the identification of variances and adaptive Kalman filtering. JACC (1969), pp. 494–505.

51 Menahem, M.: Process dynamic identification by a multistep method. In: /–6/, paper 5.3.

52 Müller, J. A.: Einfluß der Approximationsgenauigkeit auf die quadratische Regelfläche. msr 12 (1969) H. 9, S. 348–350.

53 Müller, J. A.: Notwendige Identität von Modell und System zur optimalen Steuerung. msr 12 (1969) H. 2, S. 52–54.

54 Murrill, P. W., R. W. Pike, and C. L. Smith: Transient response data yield frequency response models. Chem. Engng. 76 (1969) No. 2, pp. 167.

55 Murrill, P. W., R. W. Pike, and C. L. Smith: Pulse testing methods. Chem. Engng. 76 (1969) No. 4, pp. 105.

1969

56 Murrill, P. W., R. W. Pike, and C. L. Smith: Nonperiodic inputs provide data for frequency response methods. Chem. Engng. 76 (1969) No. 5, pp. 111.

57 Murrill, P. W., R. W. Pike, and C. L. Smith: Random inputs yield system transfer functions. Chem. Engng. 76 (1969) No. 7, pp. 151.

58 Murrill, P. W., R. W. Pike, and C. L. Smith: Frequency response data from statistical correlations. Chem. Engng. 76 (1969) No. 11, pp. 195.

59 Murrill, P. W., R. W. Pike, and C. L. Smith: Algorithm for computing Fourier integrals rapidly. Chem. Engng. 76 (1969) No. 18, pp. 125.

60 Nahi, N. E.: Estimation theory and applications. New York: John Wiley (1969), pp. 280.

61 Nahi, N.E.: Optimal inputs for parameter estimation in dynamic systems with white observation noise. JACC (1969), pp. 506–513.

62 Neal, C. B., and G. A. Bekey: Estimation of the parameters of sampled data systems by means of stochastic approximation. JACC (1969), pp. 977–978.

63 Nikiforuk, P. N., and M. M. Gupta: A bibliography of the properties, generation and control systems applications of shift-register sequences. Int. J. Control 9 (1969), pp. 217–221.

64 O'Neil, W. D.: An interacting control systems analysis of the human lens accommodative controller. Automatica 5 (1969) No. 5, pp. 645–654.

65 Ottomo, T., and T. N. Nakagana: Implementation of computer control of a cement rotary kilm through data analysis. In: /–6/, paper 66.6.

66 Oza, K. G., and E. I. Juri: Adaptive algorithms for identification problem. In: /–6/, paper 26.4.

67 Pazdera, J. S., and H. J. Pottinger: Linear system identification via Liapunov design techniques. JACC (1969), pp. 795–801.

68 Peterka, V.: Verwendung pseudozufälliger binärer Signale zur Identifikation dynamischer Systeme (in tschechisch). Kybernetika 5 (1969) Nr. 2, S. 113–135.

69 Peterka, V., and K. Šmuk: On-line estimation of dynamic model parameters from input-output data. In: /–6/, paper 26.1.

70 Prautsch, A.: Die Wendetangentenmethode für den Fall $F(s) = K/ (Ts + 1)^2 (Tbs + 1)^{n-2}$ msr 12 (1969) H. 2, S. 26–28.

71 Porter, B., M. L. Tatnall: Performance of multi-variable model-reference adaptive systems synthesized by Ljapunov's direct method. Int. Journal of Control 10 (1969) No. 3, pp. 241.

72 Rajbman, N. S., S. A. Anisimov, and F. A. Hovsepian: Some problems of control plants identification. In: /–6/, paper 5.1.

73 Rees, N. W.: Dynamic identification and optimum control studies on a pilot distillation column. In: /–6/, paper 5.1.

74 Rose, R. E., and G. M. Lance: An approximate steepest descent method for parameter identification. JACC (1969) pp. 483–487.

75 Rüffer, B.: Untersuchung eines Verfahrens zur Kennwertermittlung durch kombinierte Auswertung aperiodischer und periodischer Antwortfunktionen. Dresden: Diplomarbeit am Institut für Regelungstechnik der Technischen Universität, 1969.

76 Segerståhl, B.: A theory of parameter tracking applied to slowly varying nonlinear systems. In: /–6/, paper 5.4.

77 Silverman, L. M.: Inversion of multivariable linear systems. IEEE AC-14 (1969), pp. 270–276.

78 Singer, R. A., P. A. Frost: On the relative performance of the Kalman and Wiener filters. IEEE AC-14 (1969) No. 4, pp. 390.

79 Schaufelberger, W.: Modelladaptive Systeme. Dissertation Nr. 4208 an der ETH Zürich, 1969.

80 Schwarze, G.: Determination of models for identification with quality characteristics in the time domain. In: /–6/, paper 19.3.

1969

81 SCHMIDT, K. H.: Systemanalyse – Die Bestimmung der Zustandsgleichungen mit der Graphenmethode. Taschenbücher der „Gesellschaft für Regelungs- und Simulationstechnik" GMBH, Band 1, 1969.

82 STARK, L.: The pupillary control system: Its non-linear adaptive and stochastic design characteristics. Automatica 5 (1969) No. 5, pp. 655–676.

83 STRASSEN, H. G.: The polarity coincidence correlation technique – a useful tool in the analysis of human operator dynamics. IEEE Trans. on man-machine systems, MMS-10 (1969), pp. 34–39.

84 STROBEL, H.: Zur rationalen Approximation rationaler und nichtrationaler Frequenzgänge bei Anwesenheit zufälliger Meßfehler. EIK 5 (1969) H. 1, S. 37–56.

85 TAYLOR, L. W., K. W. CLIFF, and B. G. POWERS: A comparison of Newton-Raphson and other methods for determining stability derivatives from flight data. Paper, AIAA third, Flight Test Simulation and Support Conf., Houston, Texas, 1969.

86 VAN DEN BOOM, A. J. W., and J. H. A. M. MELIS: A comparison of some process parameter estimating schemes. In: /–6/, paper 26.5.

87 VAN LUNTEREN, A., and G. H. STASSEN: On-line parameter estimation of the human transfer in a man-bicycle system. In: /–6/, paper 70.3.

88 VOSSIUS, G., and J. WERNER: The functional control of the eye-tracking-system and its digital simulation. In: /–6/, paper 70.1.

89 WALKER, R. W.: Modelling of a 500 MW boiler turbine unit from dynamic response measurements. IEE Conference on The Industrial Applications of Dynamic Modelling, Durham, „Sept. 1969, pp. 114–122.

90 WEIR, D. H., and D. T. MCRUER: Dynamics of driver-vehicle steering control. In: /–6/, paper 70.4.

91 WELLS, C. H.: Application of the extended Kalman estimator to the nonlinear well stirred reactor problem. JACC (1969), pp. 473–482.

92 WILDMAN, T. A.: On-line pulse testing. University of Alberta, M.Sc.-Dissertation, 1969.

93 WILFERT, H. H.: Signal- und Frequenzganganalyse an stark gestörten Systemen. Berlin: VEB Verlag Technik, 1969.

94 WILFERT, H. H.: Bestimmung der stochastischen Meßfehler bei Frequenzgangmessungen nach dem Kreuzkorrelationsverfahren bei zeitlich diskontinuierlicher Berechnung. msr 12 (1969) H. 5, S. 178–181.

95 WILSON, H.: Cross-correlation analyser using pseudo-random binary signals. Electron. Engng. 41 (1969) No. 495, pp. 66.

96 WOODSIDE, C. M.: Identification care study in pellet steel making. Proc. 1969 nat. Conf. autom. Control, Edmonton, Alberta, August 1969.

97 WOODBURN, E. T., R. P. KING, and R. C. EVERSON: Optimal estimation of process parameters using pseudo-random binary signals with application to mixing in a packed tower. Can. J. Chem. Engng. 47 (1969) No. 3, pp. 301.

98 WUNSCH, G.: Systemanalyse. Berlin: VEB Verlag Technik, 1969/70.

99 YOUNG, P. C.: An instrumental variable method for realtime identification of a noisy process. In: /–6/, paper 26.6.

1970

1 AGUILAR-MARTIN, J., G. BANON: Adaptive multivariable algorithm for the stochastic identification of a nonlinear chemical plant. In: /–2/, paper 5.3.

2 ALLWRIGHT, J., and S. CHUANG: Obtaining transfer functions with zero steady-state error from impulse responses. Electronics letters 6 (1970) No. 22, pp. 706–708.

3 AUBÉ, G., S. GIRAUD: Identification and auto adaptation by the method of the sign functions. In: /–2/, paper 6.9.

4 BAGGERUD, A., and J. G. BALCHEN: An adaptive state estimator. In: /–2/, paper 10.1.

1970

5 Banyász, C., und J. Gertler: Numerische Untersuchung der Maximum-Likelihood-Methode für die Kennwertermittlung (in ungarisch). VI. Automatizálási Konferencia, Budapest, 1970.

6 Bendel, U.: Statische Prozeßoptimierung und Modellbildung. msr **13** (1970) H. 5, S. 197–200.

7 Bereznai, G. T., and N. K. Sinha: Adaptive control and identification of nuclear reactors. In: /–2/, paper 6.7.

8 Bohlin, T.: On the problem of ambiguities in maximum likelihood identification. In: /–2/, paper 3.2.

9 Bohlin, T.: On the maximum likelihood method of identification. IBM J. Res. Development **14** (1970) No. 1, pp. 41–51.

10 Brammer, K.: Schätzung von Parametern und Zustandsvariablen linearer Regelstrecken durch nichtlineare Filterung. rt **18** (1970) H. 6, S. 255–261.

11 Brüderle, W., und W. Weber: Einsatz einiger Verfahren zur Parameteridentifikation. rt **18** (1970) H. 12, S. 533–540.

12 Brown, R. F.: Effects of drift and nonlinearity upon pseudorandom binary cross-correlation estimates. In: /–2/, paper 9.5.

13 Bubnicki, Z.: System identification via estimation of probability distributions and moments. In: /–2/, paper. 7.9.

14 Buchta, H., G. Dörfel und P. Rieger: Modellverfahren bei der Kennwertermittlung mit stochastischen Signalen. msr **13** (1970) H. 3, S. 89–93 und H. 4, S. 151–154.

15 Butcher, E. W., and G. E. Cook: Comparison of two impulse response identification techniques. IEEE AC-**15** (1970) No. 2, pp. 129–130.

16 Chen, R. T. N.: A recurrence relationship for parameter estimates via the method of quasilinearization and its connection with Kalman-filtering. JACC (1970), pp. 856.

17 Chen, R., N. Weingarten, C. Mesiah, and V. Close: Application of conjugate gradient method to the estimation of VTOL aircraft parameters and state. JACC (1970), pp. 883.

18 Classen, I. und M. Peschel: Reduktion der Anzahl der Zeitkonstanten eines analogen linearen Systems. msr **13** (1970) H. 11, S. 429–431.

19 De Larminat, Ph., and M. H. Tallec: On line identification of time varying systems. In: /–2/, paper 3.3.

20 Dressler, R. M., D. W. Ross: A simplified algorithm for suboptimal non-linear state estimation. Automatica **6** (1970) No. 3, pp. 477.

21 Drischel, H.: Der Pupillenapparat des Menschen – ein biologischer Lichtintensitätsregler. In: Oppelt/Vossius: Der Mensch als Regler. Berlin: VEB Verlag Technik, 1970.

22 Eykhoff, P., and K. J. Åström: System identification. In: /–2/, survey paper.

23 Farrell, J. L.: Attitude determination by Kalman filtering. Automatica **6** (1970) No. 3, pp. 419.

24 Fellows, D. M., N. K. Sinha and J. C. Wismath: Reduction of the order of dynamic models. Proc. Canadian Conference on Automatic Control, Waterloo, Ontario, August 1970.

25 Franković, B., Š. Petráš, J. Skákala und B. Vykouk: Automatisierung und selbsttätige Steuerung (Kapitel 5: Mathematische Modelle und Identifikation, 42 Seiten). Berlin: VEB Verlag Technik, 1970.

26 Fukao, T.: Decompositions in system identification. In: /–9/, Paper. 24.1.

27 Galtung, F. L., T. J. Williams: Mathematical models for the computer control of the chemical recovery section of a craft paper mill. In: /–9/, paper 9.1.

28 Gerdin, K.: Markov modelling via correlation analysis applied to identification of a paper machine in the absence of test signal. In: /–2/, paper 2.8.

29 Giloi, W.: Simulation und Analyse stochastischer Vorgänge (2. Verbesserte Auflage) München: R. Oldenburg, 1970.

1970

30 GODFREY, K. R.: The application of pseudo-random sequences to industrial processes and nuclear power plant. In: /−2/, paper 7.1.

31 GÜNTHER, J., J. HACKLER, J. HAMPEL, K. KAPLICK, F. POEGEL, G. SCHMIDT: Datenauswertung für statische Prozeßmodelle. (Schriftenreihe Datenverarbeitung.) Dresden: VEB Kombinat Robotron, 1970.

32 GUSTAVSSON, I.: Comparison of different methods for identification of linear models for industrial processes. In: /−2/, paper 11.4.

33 GYÜRKI, J.: Über adaptive Algorithmen zur Ermittlung von linearen Modellen. Vorabdrucke des XV. Intern. Wiss. Kolloquiums der TH Ilmenau, 1970.

34 HIMMELSKAMP, K.: Anwendungsmöglichkeiten der Frequenzgangmessung mit periodischen Signalen. rt **18** (1970) H. 4, S. 170−172.

35 HIROSHI, M., T. KITAMI: On-line real time identification of parameters of thermal power plant. In: /−2/, paper 11.3.

36 INOUE, K., K. OGINO, Y. SAWAGARI: Sensitivity synthesis of optimal input for parameter identification. In: /−2/, paper 9.7.

37 ISERMANN, R.: Mathematische Modelle für das dynamische Verhalten dampfbeheizter Wärmeüberträger. rt **18** (1970) H. 1, S. 17−23.

38 ISERMANN, R.: Required accuracy of linear time invariant mathematical models of controlled elements. In: /−2/, paper 9.1.

39 ISERMANN, R., und H. JANTSCHKE: Das regeldynamische Verhalten wasser- und dampfbeheizter Kreuzstromwärmeübertrager in Klimaanlagen. rt **18** (1970), S. 115 bis 122.

40 JACKSON, P. A.: Pseudo-random sequence generators and their techniques construction using integrated-circuits. Design Electronics 7 (1970) No. 7, pp. 42−47.

41 JEZĚK, J.: Algorithm for computing the transfer function of a linear system from the measured values of the unit step transient response. In: /−2/, paper 7.6.

42 KASHYAP, R. L.: Maximum likelihood identification of stochastic linear systems. IEEE AC-**15** (1970) No. 1, pp. 18−24.

43 KASPRZAK, W., B. LYSIK, R. POMIERSKY: Formale Prinzipien der Konstruktion eines mathematischen Modells für die Objekt-Identifikation (in polnisch). AAiT XV (1970) No. 4, S. 431−440.

44 KAYA, Y., M. ISHIKAWA: Test of goodness of fit of a state equation model. In: /−9/, paper 21.1.

45 KICHATOV, YU. F., G. M. TENENGOLTS, V. N. DYN'KIN: Nonlinear systems identification with pseudorandom multilevel sequences. In: /−2/, paper 7.3.

46 KOHR, R. H.: A multipurpose frequency-response analyzer. Trans. ASME **92** (1970) No. 2, pp. 223−232.

47 KOSBAHN, R., und F. W. GARBRECHT: Verfahren zur Identifikation von zeitvarianten, linearen dynamischen Übertragungssystemen. msr **13** (1970) H. 3, S. 96−98.

48 KOVANIC, P.: Choice of best linear estimators. In: /−2/, paper 1.10.

49 KRUG, G. K.: Optimum design of experiments in identification problems. In: /−9/, paper 21.2.

50 LARSON, R. E.: State estimation in power systems. IEEE Trans. on Power Apparatus and Systems PAS-**89** (1970) Nr. 3, pp. 345−352; pp. 353−363.

51 LAW, V. J., W. F. SNYDER: Linear state space system identification by constrained nonlinear regression analysis. In: /−9/, paper 27.3.

52 LISTSCHUK, W. A.: Die Selbstregulierung des Herzens. In: OPPELT, VOSSIUS: Der Mensch als Regler. Berlin: VEB Verlag Technik, 1970.

53 MARITSAS, D. G., and M. G. HARTLEY: A case study of repeatable non-Poisson sequences of pseudorandom pulses. IEEE Trans. Comput. C-**19** (1970). No. 10, pp. 924 bis 938.

1970

54 MARIENFELD, H.: Modelle für den „Regler Mensch" – ein Praktikumsversuch. In: OPPELT, VOSSIUS: der Mensch als Regler. Berlin: VEB Verlag Technik, 1970.

55 MADDEN, B. G., and D. A. MASON: A program for on-line process identification. Annales de l'AICA XII (1970) No. 3, pp. 118–122.

56 MENIAILENKO, V. A.: Determining the coefficients of a differential equation which describes a linear stationary object using the data obtained from normal operation. Automation Express **11** (1970) No. 11, pp. 45–48.

57 MIZUTANI, H., T. KITAMI: On-line real time identification of parameters of thermal power plant. In: /–2/, paper 11.3.

58 MORECKI, A., J. E. KIEL und K. FIDELUS: Über einige Probleme der Steuerung von lebendigen Organismen und Mechanismen durch Myopotentiale. In: OPPELT, VOSSIUS: Der Mensch als Regler. Berlin: VEB Verlag Technik, 1970.

59 NIKIFORUK, P. N., M. M. GUPTA, R. HOFFMANN: Identification of linear discrete systems in the presence of drift using pseudorandom sequences. In: /–2/, paper 7.4.

60 OCHEM, W., A. RAULT, H. WEINGARTEN: A new identification algorithm for linear discrete time systems. In: /–2/, paper 2.9.

61 OPITZ, H., und M. WECK: Anwendung der Systemtheorie für regellose Vorgänge bei dynamischen Untersuchungen von Werkzeugmaschinen. msr **13** (1970) H. 12, S. 455 bis 458.

62 OTTE, G.: Zur Modellierung des Verhaltens spezieller Strömungssysteme (Systeme mit verteilten Parametern). Dresden: Dissertation an der Technischen Universität, 1970.

63 PAYNE, P.: An improved technique for transfer function synthesis from frequency response data. IEEE AC-**15** (1970) No. 4, pp. 480–483.

64 PETERKA, V., A. HALOUSKOVÁ: Tally estimate of Åström model for stochastic systems. In: /–2/, paper 2.3.

65 PETERKA, V.: Adaptive digital regulation of noisy systems. In: /–2/, paper 6.2.

66 PETERSEN, I.: Two methods of identification passing parameter estimation. In: /–2/, paper 2.7.

67 PLESSMANN, K. W.: Korrekturfaktoren zur Modellgewinnung aus gemessenen Übergangsfunktionen. rt **18** (1970) H. 6, S. 266–269.

68 RAJBMAN, N. S.: Some problems of linear and nonlinear plant identification. In: /–9/, paper 24.2.

69 RAJBMAN, N. S., S. A. ANISIMOV, V. M. CHADEYEV: Linear plant type identification technique. In: /–2/, paper 1.6.

70 RAKE, H.: Correlation analysis of blast-furnace operating data. In: /–2/, paper 11.1.

71 RAO, R. S., G. S. CHRISTENSEN: On the convergence of a discrete Volterra series. IEEE AC-**15** (1970) No. 1, pp. 123.

72 RAULT, A., R. POULIQUEN, C. LEFÈVRE: Applications of identification methods to aeronautics. In: /–2/, paper 11.2.

73 RICKER, D. W., G. N. SARIDIS: On the on-line identification of nonlinear systems from noisy measurements. In: /–9/, paper 27.2.

74 ROTH, P. R.: Digital Fourier analysis. Hewlett Packard Journal (1970) June.

75 RUTKOWSKI, D.: Optimale Identifizierung des Leistungsverteilungskoeffizienten des Turbogenerators und ihre Anwendung an einer adaptiven Steuerung. msr **13** (1970), H. 9, S. 342–345.

76 RUXTON-DAVIES, W. D. T.: Some practical techniques for calculating frequency response from impulse response. Instrument Practice **24** (1970) No. 10, pp. 551–557.

77 SAGE, A. P., u. W. S. EWING: On filtering and smoothing algorithms for non-linear state estimation. Internat. J. Control **12** (1970) No. 1, pp. 1–18.

78 SAITO, T., T. FUKAO: A least-mean-squares type stochastic approximation approach for the identification of linear dynamical systems with coloured noises. In: /–9/, paper 27.1.

1970

79 SEGERSTAHL, B., H. BLOMBERG: The selection of input signals for tracking of time-varying parameters. In: /–2/, paper 7.7.

80 SIMS, J. B.: A hybrid-computer-aided study of parameter estimation in the systemic circulation system. Ph. D. thesis, Dept. EE, University of Wisconsin, Madison, 1970.

81 ŠMUK, K.: Comparison of some algorithms for least squares updating. In: /–2/, paper 2.10.

82 SPAL, J.: Ein Beitrag zur deterministischen Kennwertermittlung bei linearen Systemen. rt 18 (1970) H. 8, S. 354–357.

83 SPEEDY, C. B., R. F. BROWN and G. C. GOODWIN: Control theory: Identification and optimal control. Edinburgh: Oliver and Boyd, 1970.

84 SPEEDY, C. B., R. D. BELL and G. C. GOODWIN: Dynamic modelling of a steam generator using least squares analysis. JACC (1970), pp. 365.

85 ŠUTEK, L., M. VARGA: On the approximation of systems by a set of incontinuous orthogonal functions and the impact of properties of the input signal upon attainable accuracy. In: /–2/, paper 7.10.

86 SZÜCS, B., E. MONOS, F. CSÁKI: On a method for identification of the cardiovascular system. In: /–2/, paper 11.5.

87 SCHWEIZER, G.: Probleme und Methoden zur Untersuchung des Regelverhaltens des Menschen. In: OPPELT/VOSSIUS: Der Mensch als Regler. Berlin: VEB Verlag Technik. 1970.

88 SCHWEIZER, L.: Eigenschaften und Anwendungen von binären Quasi-Zufallsfolgen. Frequenz 24 (1970) Nr. 8, S. 230–234.

89 SCHIEFER, P.: Die Bedeutung der Systemanalyse für die Projektierung komplexer Automatisierungssysteme. Regelungst. Praxis- und Prozeß-Rechentechnik 12 (1970) Nr. 1, S. 2–9.

90 SCHWALM, D.: Bestimmung des Frequenzganges eines linearen rückgekoppelten Systems mit zwei unabhängigen stochastischen Eingangssignalen. rt 18 (1970) Nr. 10, S. 453–455.

91 STANKOVIČ, S., D. VELAŠEVIČ, M. ČARAPIČ: An approach to on-line discrete-time system identification. In: /–2/, paper 4.2.

92 STAPLETON, C. A.: Identification using artifical noise. In: /–9/, paper 38.2.

93 STAPLETON, C. A., and P. HOLLO: A comprehensive classification of pseudo random binary sequences using difference sets. Internat. J. Control 12 (1970) No. 1, pp. 129 to 143.

94 ŠTĚPÁN, J.: The uncertainty problem in system identification. In: /–2/, paper 1.8.

95 STREJČ, V.: Dimensionierung stetiger linearer Regelkreise für die Praxis. Berlin: VEB Verlag Technik, 1970.

96 STROBEL, H.: Algorithmen zur Erzeugung optimaler Testsignale für die System-identifikation. Vortrag anläßlich des XV. Internationalen Wissenschaftlichen Kolloquiums der TH Ilmenau vom 28. September bis 2. Oktober 1970.

97 TAIT, G. R., P. R. BÉLANGER: A comparison of some parameter identification schemes using first and second order extended Kalman-Bucy filters and sensitivity functions. In: /–2/, paper 10.3.

98 TETHER, A. J.: Construction of minimal linear state variable models from finite input-output data. IEEE AC-15 (1970) No. 4, pp. 427.

99 TSUCHIYA, H., M. MORI: A mathematical model for computer control of the blast furnace. In: /–9/, paper 6.3.

100 UNBEHAUEN, H., R. HERBRIK: Identification, simulation and optimization of control systems in steam boiler plants. In: /–9/, paper 9.2.

101 UNBEHAUEN, R.: Systemtheorie. Berlin: Akademie-Verlag, 1970.

102 VAN DEN BOS, A.: Estimation of linear system coefficients from noisy responses to binary multifrequency test signals. In: /–2/, paper 7.2.

103 VANĚČEK, A., J. FESSEL: A contribution to parameters and state estimation and synthesis via quasilinearization. In: /−2/, paper 2.6.
104 VALIŠ, J.: On-line identification of multivariable linear systems of unknown structure from input output data. In: /−2/, paper 1.5.
105 VOSSIUS, G.: Die Kybernetik der Augenfolgebewegung. In: OPPELT/VOSSIUS: Der Mensch als Regler. Berlin: VEB Verlag Technik, 1970.
106 WALKER, P. A. W., E. J. WARD and D. MANDSLEY: Identification of a nuclear reactor control system by cross correlation. J. Brit. Nuclear Energy Sec. 9 (1970) No. 2, pp. 85−93.
107 WELFONDER, E., O. HASENKOPF: Comparison of deterministic and statistical methods for system identification by test-measurements at a disturbed industrial control system. In: /−2/, paper 7.5.
108 WELFONDER, E. und O. HASENKOPF: Vergleich deterministischer und statistischer Verfahren zur Systemanalyse gestörter industrieller Regelstrecken. Brennstoff-Wärme-Kraft **22** (1970) No. 6, S. 288−297.
109 WERNSTEDT, J.: Zur Analyse gestörter industrieller Regelstrecken mittels der Modellmethode. Wiss. Z. d. TH Ilmenau **16** (1970) Nr. 1, S. 91−95.
110 WIESLANDER, J., B. WITTENMARK: An approach to adaptive control using real time identification. In: /−2/, paper 6.3.
111 WILFERT, H. H.: The determination of optimal tolerance areas for the stochastic measurement errors in identifying disturbed plants. In: /−2/, paper 9.2.
112 WOO, K. T.: Maximum likelihood identification of noisy systems. In: /−2/, paper 3.1.
113 WOO, K. T.: Identification of noisy systems. Ph. D. thesis, School of Engng and Applied Sciences, University of California, Los Angeles, 1970.
114 ZAMANN, Md. M.: Determination of transfer function from experimentally obtained impulse response. Univ. Coll., Swansea, Wales, Thesis 1970.
115 ZYPKIN, Ja. S.: Adaption und Lernen in kybernetischen Systemen. Berlin: VEB Verlag Technik, 1970.

1971

1 ACKERMANN, J.: Die minimale Ein-Ausgangs-Beschreibung von Mehrgrößensystemen und ihre Bestimmung aus Ein-Ausgangs-Messungen. rt **19** (1971) H. 5, S. 203−206.
2 ALEXANDROVSKIJ, N. M.: Probleme der Identifikation und Optimierung komplizierter technologischer Prozesse. msr **14** (1971) H. 7, S. 264−266.
3 BENDEL, U., S. BERGMANN, U. ENGMANN, H.-J. SPRENGER und J. WERNSTEDT: Methoden der statischen Optimierung industrieller Prozesse. msr **14** (1971) H. 3, S. 90 bis 96.
4 BENDEL, U.: Ein neues Modellbildungsverfahren als Beitrag zur statischen Optimierung. msr **14** (1971) H. 3, S. 100−103.
5 BESSNER, G., E. HIENTZSCH und B. KOTTE: Experimentelle Analyse eines Fließprozesses in der chemischen Industrie. In: /−12/, S. 33−36.
6 BOJČUK, L. M., und V. O. TOLOKNJANENKO: Kalman-Filter (in ukrain.). Automatika **16** (1971) No. 4, str. 85−91.
7 BRAMMER, K.: Gauß'sche Ausgleichsrechnung und Kalman-Filterung. rt **19** (1971) H. 5, S. 215−217.
8 CHAPLAIN, R. A., R. COENEN und B. MICHAELIS: Input-Output-Verhalten des Mechanorezeptors. msr **14** (1971) H. 4, S. 138−140.
9 DRISCHEL, H.: Kybernetik und biologisch medizinische Forschung. msr **14** (1971) H. 2, S. 56−61.
10 GAMALEJA, T., H. MARSCHNER: Einsatz von Digitalrechnern zur automatisierten Kennwertermittlung mit determinierten Testsignalen. In: /−12/, S. 22−32.
11 HAASE, D.: Anwendung der Interpolationsmethode bei der algorithmischen Frequenzgangapproximation mittels Digitalrechnern. In: /−12/, S. 56−66.

1971

12 HARTMANN, K.: Analyse und Steuerung von Prozessen der Stoffwirtschaft. Berlin: Akademieverlag 1971 und Leipzig: VEB Deutscher Verlag für Grundstoffindustrie, 1971.

13 HAUPT, B.: Algorithmus zur adaptiven optimalen Steuerung stochastisch gestörter linearer Strecken. In: /—12/, S. 73—78.

14 ISERMANN, R.: Experimentelle Analyse der Dynamik von Regelsystemen. Mannheim/Wien/Zürich: Bibliographisches Institut, Hochschultaschenbücher-Verlag 1971.

15 LEPERS, H.: Identifizierung von stochastisch gestörten Regelstrecken mit aperiodischen Testsignalen. Aachen: Dissertation an der Rheinisch-Westfälischen Technischen Hochschule, 1971.

16 LIST, U.: Regelungstechnische Aspekte der operativen Betriebsleitung in einem Teilnetz der Deutschen Reichsbahn. Dresden: Dissertation an der Hochschule für Verkehrswesen „Friedrich List", 1971.

17 LIST, U.: Regelungstechnische Aspekte der operativen Betriebsleitung in einem Teilnetz der DR. Deutsche Eisenbahntechnik **19** (1971) H. 6, S. 287—290.

18 MEHRA, R. K.: On-line identification of linear dynamic systems with application to Kalman -filtering. IEEE, AC-**16** (1971) No. 1, pp. 12—21.

19 MILEV, E.: Neuronenmodellierung als Hilfsmittel der Elektrophysiologie. msr **14** (1971) H. 4, S. 140—144.

20 MOKIN, V. I.: Die Exponentialmethode zur Bestimmung der dynamischen Charakteristiken technologischer Anlagen (in ukrain.). Avtomatika **16** (1971) No. 2, str. 30 bis 37.

21 NEUENFELDT, D.: Zur Auswertegenauigkeit von Übergangsfunktionen nach der Wendetangenten- und Zeitprozentkennwerttheorie. msr **14** (1971) H. 5, S. 183—186.

22 NIEMAN, R. E.: Quasilinearization and linear programming in process identification. University of Alkenta, Ph. D.-dissertation, 1971.

23 NIEMAN, R. E., D. G. FISHER, and D. E. SEBORG: A review of process identification and parameter estimation techniques. Int. Journ. of Control **13** (1971) No. 2, pp. 209 to 264.

24 PESCHEL, M.: Modellbildung mit statistischen Identifikationsverfahren. In: /—12/, S. 51—55.

25 PFURTSCHELLER, G.: Einsatz elektronischer Datenverarbeitungsanlagen bei der Analyse der spontanen und evozierten bioelektrischen Hirnaktivität. msr **14** (1971) H. 5, S. 190—196.

26 REISSMANN, H. C.: Zum Einsatz statistischer Verfahren der Signalanalyse für zeitveränderliche biomedizinische Funktionsparameter. msr **14** (1971) H. 4, S. 149—152.

27 RIEGER, P.: Über ein Digitalrechnerverfahren zur Bestimmung von Leistungsdichtespektren und Frequenzgängen. In: /—12/, S. 67—72.

28 RIEGER, P.: Ein Beitrag zur experimentellen Prozeßanalyse mit zufälligen Signalen. Dissertation an der Technischen Universität Dresden, 1971.

29 RICHTER, K. J.: Kybernetische Analyse verkehrsökonomischer Systeme. Band 1: Verkehrsökonometrie. Berlin: TRANSPRESS, VEB Verlag für Verkehrswesen, 1971.

30 RÖDEL, V., K. FURUTA und J.-G. PAQUET: Identifikation und selbsteinstellende Regelung eines nichtstationären Prozesses. rt **19** (1971) H. 2, S. 62—65.

31 SAGE, A. P., and J. L. MELSA: System identification. New York: Academic Press 1971.

32 SCHULZE, H.: Anwendung von Schätzverfahren für die Kenngrößen von Regelstrekken aufgrund von Messungen im geschlossenen Regelkreis. rt **19** (1971) H. 3, S. 113 bis 119.

33 ŠTĚPÁN, J.: Some problems of system identification. Kybernetika **7** (1971) H. 2, S. 133—154.

1971

34 Stepanenko, V. N., V. K. Galickij: Regressionsanalyse bei unvollständigen Daten (in ukrain.). Avtomatika **16** (1971) No. 5, str. 49–55.

35 Strobel, H.: Zur Frage einer optimalen Versuchsplanung bei der experimentellen Ermittlung mathematischer Modelle unter Verwendung binärer Testsignale. In: /–12/, S. 11–21.

36 Strobel, H., u. H. B. Kuntze: Zur zeitoptimalen Steuerung spezieller schwingungsfähiger Systeme. msr **14** (1971) H. 7, S. 275–277.

37 Trybula, S., J. Malkiewicz: Response characteristics of two interconnected power systems. AAiT **16** (1971) H. 1, S. 97–105.

38 Weber, W.: Adaptive Regelungssysteme. Bd. 1 und 2. Berlin: Akademie Verlag, 1971.

39 Weber, K.-D.: Die redunanzfreie schnelle Fourier-Transformation. Nachrichtentechnik **21** (1971) H. 9, S. 305–308.

40 Wernstedt, J., und U. Peter: Zur Parameterschätzung statischer Systeme mit Hilfe der rekursiven Regression. msr **14** (1971) H. 3, S. 96–100.

41 Wilfert, H. H.: Über Forderungen an die Analysegenauigkeit stochastisch gestörter Regelungssysteme. Dresden: Promotion B an der Technischen Universität, 1971.

42 Wilfert, H. H.: Einige Voraussetzungen für eine aufwandsoptimale algorithmisierte und teilautomatisierte Prozeßanalyse. In: /–12/, S. 1–10.

43 Winkler, F., A. Bauer: Anwendung der Regressionsanalyse bei der Planung, Durchführung und Auswertung von Versuchen. Faserforschung und Textiltechnik **22** (1971) H. 2, S. 95–103.

1972

1 Griepentrog, E.: Orthogonalisierungsverfahren zur Identifizierung rationaler Übertragungsglieder. msr **15** (1972) H. 1, S. 27–29.

2 Griepentrog, E.: Die Momentenmethode zur Ermittlung der Koeffizienten rationaler Übertragungsglieder. msr **15** (1972) H. 1, S. 30–33.

3 Peschel, M.: Anwendung statistischer Methoden in der Regelungstechnik – Statistische Kennwertermittlung – Berlin: VEB Verlag Technik, 1972.

4 Strobel, H., und P. Horn: Zur optimalen Steuerung der Translationsbewegung von Fahrzeugen. Vortrag anläßlich des Kolloquiums „Informationstechnik" der TU Dresden im Januar 1972.

5 Jahn, W., P. Kühne und H. Vahle: Analyse und statistische Prozeßmodellierung für die Prozeßsteuerung. Berlin: Verlag Technik 1972.

1973

1 Aaslid, R.: Estimation of cardiovascular parameters. In: /–2a/, paper PB-7.

2 Abbosh, F. G.: Application of stochastic approximation to the on-line estimation of the parameters of noisy processes. In: /–2a/, paper PC-5.

3 Aguilar Martin, J., G. Alengrin and C. Hernandez: Estimation of the diffusion coefficient of a fluidised bed catalytic reactor using non linear filtering techniques. In: /–2a/, paper PC-1.

4 Argentesi, F., Di Cola, G. and N. Verheyden: Parameter estimation of mass transfer in compartmented aquatic ecosystems. In: /–2a/, paper PE-1.

5 Anastasiu, S.: An on line adaptive suboptimal control. In: /–2a/, paper TA-10.

6 Åström, K. J., and C. G. Källström: Application of system identification techniques to the determination of ship dynamics. In: /–2a/, paper PT-1.

7 Balakrishnan, A. V.: Identification and stochastic control of non-dynamic systems. In: /–2a/, paper TD-5.

8 Barraud, A., and P. de Larminat: Minimal realization and approximation of linear systems from normal operating records. In: /–2a/, paper TS-5.

9 Bányász, Cs., R. Haber and L. Keviczky: Some estimation methods for nonlinear discrete time identification. In: /–2a/, paper TN-1.

1973

10 Baeyens, R., and B. Jacquet: Survey of applications of identification in power generation and distribution. In: /—2a/, paper S-4.

11 Bekey, G. A.: Survey of applications of identification in biological systems. In: /—2a/, paper S-5.

12 Beliaevsky, A. I., R. A. Poluektov and G. N. Solopchenko: Plants identification by the statistical regularization method. In: /—2a/, paper TA-8.

13 Berntsen, H. E., and J. G. Balchen: Identifiability of linear dynamical systems. In: /—2a/, paper TO-3.

14 Bilal, A. Y., and M. F. Hassan: An identification technique for multi-input multi-output systems. In: /—2a/, paper TM-16.

15 Briggs, P. A. N., and S. F. H. Rizvi: Direct and iterative algorithms for process model parameter estimation in the presence of drift, using the method of PRBS correlation. In: /—2a/, paper TC-9.

16 Bozzo, C., and W. Legrand: Model error sensitivity via Kalman filtering in the identification of unforced dynamical linear systems application to radar tracking problems. In: /—2a/, paper PT-6.

17 Broersen, P. M. T.: Estimation of multivariable railway vehicle dynamics from normal operating records. In: /—2a/, paper PT-2.

18 Broughton, M. B.: Plant-adaptive pulse-frequency modulated control systems. In /—2a/, paper TA-4.

19 Brown, V. I., V. S. Prozuto and A. A. Trushin: Synthesis of an automatic control system based on a static model of a wet grinding unit. In: /—2a/, paper PV-3.

20 Brown, R. A.: Some methodological problems encountered in applying correllation techniques to Forrester-Koenig models. In: /—2a/, paper PE-3.

21 Bunich, A. L., and N. S. Rajbman: Dispersional identification. In: /—2a/, paper TC-5.

22 Bingulac, S. P., and M. Djorović: Estimation of state variable models using input-output data. In: /—2a/, paper TS-14.

23 Carson, E. R., and L. Finkelstein: Problems of identification in metabolic systems. In: /—2a/, paper PB-2.

24 Chadeev, V. M.: Adaptive identifier transfer functions. In: /—2a/, paper TA-6.

25 Chan, Y. T.: Parameter estimation of linear multivariable plants using the instrumental variable method. In: /—2a/, paper PV-6.

26 Chang-Chieh Hang: The design of model reference parameter estimation systems using hyperstability theories. In: /—2a/, paper TM-7.

27 Caprihan, A.: Numerical algorithms for the identification of systems, via splines. In: /—2a/, paper TM-17.

28 Chavent, G.: Identification of distributed parameters. In: /—2a/, paper TD-2.

29 Cohen, A.: Parameter estimation for medical diagnosis. In: /—2a/, paper PB-9.

30 Cegrell, T., and T. Hedqvist: Successful adaptive control of papermachines. In: /—2a/, paper PV-2.

31 Clarke, R., and J. W. Green: A method for discrete system identification. In: /—2a/, paper TM-9.

32 Clarke, D. W., D. A. J. Dyer, R. Hastings-James, R. P. Ashton and J. B. Emery: Identification and control of a pilot-scale boiling rig. In: /—2a/, paper PP-1.

33 de Jongh, H. R.: Analysis of a spike generator. In: /—2a/, paper TC-3.

34 Devijver, P. A.: On information measure in identification and parameter estimation. In: /—2a/, paper TC-8.

35 Di Pillo, G., L. Grippo and M. Lucertini: Identification of distributed parameter systems using the epsilon method: a new algorithm. In: /—2a/, paper TD-6.

36 Dixon, L. C. W.: An automatic model adjustment technique. In: /—2a/, paper TS-9.

37 Donati, F., and E. Canuto: Identification of complex systems in terms of reduced models. In: /—2a/, paper TS-10.

1973

38 Donders, J. J. H., J. C. Zuidervaart, J. P. Robijn and J. E. W. Beneken: Estimation of heartfunction parameters by hybrid optimization techniques. In: /−2a/, paper PB-6.
39 Dorofeyuk, A. A., A. D. Kasavin and I. Sh. Torgovitsky: Multidimensional industrial plant identification. In: /−2a/, paper TS-6.
40 Davies, W. D. T.: Systemerkennung für adaptive Regelungen. München/Wien: R. Oldenburg Verlag, 1973.
41 Eklund, K., and I. Gustavsson: Identification of drum boiler dynamics. In: /−2a/, paper C-1.
42 Eyman, E. D., T. H. Kerr and N. K. Loh: Modelling a particular class of multiple-input/multiple-output black boxes with stochastic integral equations and identifying the required parameters. In: /−2a/, paper TS-11.
43 Ferguson, D. R., R. J. Mills, F. Moran, D. J. Murray-Smith and A. I. Pack: Estimation of the parameters of a lung model with clinical applications. In: /−2a/, paper PB-5.
44 Finigan, B., and I. H. Rowe: On the identification of linear discrete time system models using the instrumental variable method. In: /−2a/, paper TM-5.
45 Foulard, C., and G. Bornard: Identification and system parameter estimation on distillation processes; a case study. In: /−2a/, paper C-6.
46 Frigyes, A.: A method for modelling the process dynamics directly in the time domain. In: /−2a/, paper TT-7.
47 Furuta, K.: An Application of realization theory to identification of multivariable process. In: /−2a/, paper TS-3.
48 Furukawa, O., Yanagi, I. and A. Ishii: The use of hierarchical multilevel theory to a diesel engine system parameter estimation. In: /−2a/, paper PV-10.
49 Furth, B. P.: Maximum likelihood identification of Åström model by quasilinearization. In: /−2a/, paper TM-6.
50 Funahashi, Y., and K. Nakamura: Design of state estimator for systems originally described by input-output relation. In: /−2a/, paper TO-8.
51 Gardiner, A. B.: Frequency domain identification of nonlinear systems. In: /−2a/, paper TN-6.
52 Gentil, S., J. P. Sandraz and C. Foulard: Different methods for dynamic identification of an experimental paper machine. In: /−2a/, paper PV-1.
53 Gerdin, K.: Equivalent filter identification from autocovariance estimates. In: /−2a/, paper TM-11.
54 Glover, K., and J. C. Willems: On the identifiability of linear dynamical systems. In: /−2a/, paper TO-2.
55 Gordesch, J., and P. P. Sint: Optimal model building. In: /−2a/, paper TS-7.
56 Goodwin, G. C., and R. L. Payne: Design and characterisation of optimal test signals for linear single input-single output parameter estimation. In: /−2a/, paper TT-1.
57 Godfrey, K. R., and P. A. N. Briggs: The identification of processes with direction-dependent dynamic responses. In: /−2a/, paper TN-3.
58 Gustavsson, I.: Survey of applications of identification in chemical and physical processes. In: /−2a/, paper S-3.
59 Guidorzi, R. P.: Canonical structures in the identification of multivariable systems. In: /−2a/, paper TS-4.
60 Hensley, H. D., and D. M. Himmelblau: Evaluation of five parameter estimation algorithms for a nonlinear reactor model via Monte Carlo simulation. In: /−2a/, paper PC-4.
61 Hiller, J.: Errors in orthogonal expansions and relevance to modelling. In: /−2a/, paper TS-13.
62 Huynh, H. T.: Identification and system parameter estimation. In: /−2a/, paper TO-11.

1973

63 ISERMANN, R., U. BAUR, W. BAMBERGER, P. KNEPPO and H. SIEBERT: Comparison and evaluation of six on-line identification and parameter estimation methods with three simulated processes. In: /−2a/, paper E-1.

64 ISERMANN, R.: Identification of very noisy dynamic processes using models with few parameters. In: /−2a/, paper TM-14.

65 JACKSON, A. MCN., and D. W. T. RIPPIN: On-line estimation of non-linear process parameters. In: /−2a/, paper TN-5.

66 JILEK, M.: Immune response and its stochastic theory. In: /−2a/, paper PB-4.

67 JOHANNSEN, G.: Application of random search techniques and stochastic approximation in human operator modelling. In: /−2a/, paper PB-12.

68 JOSHI, S., and H. KAUFMAN: Digital adaptive controllers using second order models with transport lag. In: /−2a/, paper TA-2.

69 JUMARIE, G.: Identification of nonlinear distributed systems by using an inverse describing function method. In: /−2a/, paper TD-3.

70 KADRI, F. L., and J. D. LAMB: An improved performance criterion for pseudorandom sequences in the measurement of 2nd order Volterra kernels by crosscorrelation. In: /−2a/, paper TN-9.

71 KAMINSKAS, V., and A. NEMURA: Identification of power blocks as non-linear dynamic objects. In: /−2a/, paper TN-2.

72 KEVICZKY, L. u, and Cs. BÁNYÁSZ: On input signal synthesis for linear discrete-time systems. In: /−2a/, paper TT-2.

73 KLEIN, R. E.: Identification of multivalued parameters in a class of noisy dynamic processes. In: /−2a/, paper TN-11.

74 KLEIN, V., and D. A. WILLIAMS: On some problems related to the identification of aircraft parameters. In: /−2a/, paper PT-3.

75 KOHLAS, J.: Estimation of fault locations on power lines. In: /−2a/, paper PP-5.

76 KOIVO, H. N., and A. J. KOIVO: Optimal estimation of polluted stream variables. In: /−2a/, paper PE-2.

77 KREMPL, R.: Application of three-level-pseudorandom-signals for parameter estimation of nonlinear systems. In: /−2a/, paper TN-7.

78 KUMAR, K. S. P.: Test signals and nonlinear observability. In: /−2a/, paper TO-4.

79 KU, R., and M. ATHANS: Open-loop-feedback-optimal adaptive stochastic control of linear systems. In: /−2a/, paper TA-5.

81 LEDEN, B., M. H. HAMZA und M. A. SHEIRAH: Different methods for estimation of thermal diffusivity of a heat diffusion process. In: /−2a/, paper TD-1.

81 LEVY, L. M.: Interstructure and synthesis in identification systems. In: /−2a/, paper TM-19.

82 LINDAHL, S. and L. LJUNG: Estimation of power generator dynamics from normal operating data. In: /−2a/, paper PP-2.

83 LINDBERGER, N. A.: Stochastic identification of digital feedback loops using a table approach. In: /−2a/, paper TS-8.

84 MARCHAND, M.: The identification of linear multivariable systems from frequency response data. In: /−2a/, paper TC-1.

85 MATAUŠEK, M. R., and M. D. MILOVANOVIČ: Identification by pseudosensitivity functions and quasilinearization. In: /−2a/, paper TN-10.

86 MCGREAVY, C., and A. VAGO: Estimation of spatially distributed decay parameters in a chemical reactor. In: /−2a/, paper PC-9.

87 MCKEOWN, J. J.: A comparison of methods for solving nonlinear parameter estimation problems. In: /−2a/, paper PV-9.

88 MEHRA, R. K., and J. S. TYLER: Case studies in aircraft parameter identification. In: /−2a/, paper C-3.

89 MENDES, M., and C. DE POLIGNAC: A sequential method for the estimation of parameters in nonlinear models of multivariable systems. In: /−2a/, paper TO-7.

1973

90 Merhav, S. J., and E. Gabay: Convergence properties in linear parameter tracking systems. In: /–2a/, paper TM-8.

91 Metz, L. D.: Human sagital plane torso bending: lumped and distributed parameter models. In: /–2a/, paper PB-1.

92 Mikadze, I. S., L. V. Gigineishvili, T. M. Mikadze and M. D. Bakhtadze: Some questions of the development and statistical identification of systems. In: /–2a/, paper TC-11.

93 Mulder, J. A.: Identification in aircraft flight test; a case study. In: /–2a/, paper C-4.

94 Nikiforuk, P. N., M. M. Gupta, K. Kanai and L. Wagner: A deterministic type controller for a class of uncertain plants with partial identification. In: /–2a/, paper TA-3.

95 Nitsche, H.: Adaptive control and identification by a model. In: /–2a/, paper TA-7.

96 Norkin, K. B.: Data-compression for adaptive model identification of nonlinear systems. In: /–2a/, paper TC-4.

97 Nougaret, M., H. Back and J. C. Caujolle: Harmonic analysis via binary test signal with quasi sinusoidal autocorrelation function. In: /–2a/, paper TT-4.

98 Olsson, G.: Modelling and identification of nuclear power reactor dynamics from multivariable experiments. In: /–2a/, paper PP-3.

99 Ovsepian, F. A., and N. A. Vardanian: Identification of heteroscedastic plants. In: /–2a/, paper TC-6.

100 Øye, O.: A least squares technique for parameter adjustment in process models, using sensitivity functions and a simplified Newton-Raphson iteration formula. In: /–2a/, paper PP-9.

101 Parnaby, J., A. K. Kochhar, K. C. Chow and B. Wood: Identification of process models for plastics extrusion systems. In: /–2a/, paper PC-8.

102 Pandya, R. N. and B. Pagurek: Two stage least squares estimators and their recursive approximations. In: /–2a/, paper TM-2.

103 Paulauskas, C.: Simultaneous identification of the dynamic system and restoration of an input signal. In: /–2a/, paper TM-15.

104 Peterka, V., and K. J. Åström: Control of multivariable systems with unknown but constant parameters. In: /–2a/, paper TA-1.

105 Pincock, D. G., and D. P. Atherton: The identification of a two phase induction machine with SCR speed control. In: /–2a/, paper PV-5.

106 Quentin, J. F., J. L. Testud and J. Richalet: Identification of thermal power plants. In: /–2a/, paper PP-7.

107 Raja Rao, B. V., J. Mather and B. D. Lyons: Identification of process dynamics in glass industry. In: /–2a/, paper PV-12.

108 Rajbman, N. S.: The application of identification methods (in the USSR). In: /–2a/, paper S-1.

109 Ramani, N., and R. Balasubramanian: Recursive estimation of the states and their higher order moments in nonlinear systems. In: /–2a/, paper TC-7.

110 Rault, A.: Identification applications to aeronautics. In: /–2a/, paper S-2.

111 Ramakrishna Rao P. and R. Sankaran: Identification of a batch-grinding mill. In: /–2a/, paper PV-4.

112 Richalet, J.: Identification of a glass furnace. In: /–2a/, paper C-2.

113 Riffaud, J. P., and P. Magistry: Identification of a bauxite digestion process by Fourier analysis. In: /–2a/, paper PC-6.

114 Roggenbauer, H.: Real-time nuclear power plant parameter identification with a process computer. In: /–2a/, paper PP-6.

115 Rouban, A. I.: The non-linear dynamic objects parameters estimation based on the sensitivity-algorithm. In: /–2a/, paper TO-9.

1973

116 Salyga, V. I., and N. R. Khadjikov: Methods of functional analysis when identifying industrial object and estimating noise stability of model. In: /—2a/, paper PV-8.

117 Sawaragi, Y., and K. Ogino: Game theoretic design of input signals for parameter identification. In: /—2a/, paper, TT-6.

118 Sherry, H., and D. W. C. Shen: Combined state and parameter estimation for distributed-parameter system using discrete observations. In: /—2a/, paper TD-4.

119 Shah, M. M.: Treatment of time varying stochastic bias in recursive filtering. In: /—2a/, paper TO-5.

120 Shen, C. N., and P. Burger: Stochastic estimates of gradient from laser measurements for an autonomous-Martian roving vehicle. In: /—2a/, paper PT-7.

121 Shridhar, M., and N. A. Balatoni: Application of cubic splines to system identification. In: /—2a/, paper TM-18.

122 Sinha, N. K.: On-line identification of continuous systems from sampled data. In: /—2a/, paper PP-4.

123 Sinha, N. K.: System identification using stochastic approximation. In: /—2a/, paper TM-10.

124 Siouris, G. M.: Optimum stellar-aided inertial platform stabilization. In: /—2a/, paper PT-5.

125 Smith, O. J. M.: Adaptive estimation and control of linear systems. In: /—2a/, paper TA-9.

126 Smith, N. J., and A. P. Sage: A sequential method for system identification in hierarchical structure. In: /—2a/, paper TO-10.

127 Smith, P. L.: Test input evaluation for optimal adaptive filtering. In: /—2a/, paper TT-5.

128 Söderström, T.: Convergence properties of the generalized least squares identification method. In: /—2a/, paper TM-1.

129 Šutek, L., and M. Varga: Identification of nonlinear systems through the utilisation of discontinuous orthogonal filters in applying a multilevel pseudorandom signal. In: /—2a/, paper TN-8.

130 Szüsc, B., E. Monos and J. Szutrély: Comparison of identification methods in the cardiovascular system. In: /—2a/, paper PB-8.

131 Stankovič, S. S., and N. G. M. Kouwenberg: Some aspects of human operator identification in real time. In: /—2a/, paper PB-11.

132 Štěpán, J.: Limit identifiability of control systems. In: /—2a/, paper TO-1.

133 Strobel, H., und E. Lohse: Über die Anwendung des diskreten Maximumprinzips zur Ermittlung einer optimalen Regelungsstrategie für ein System übersättigter Straßenkreuzungen. XVIII. Internationales Wissenschaftliches Kolloquium der TH Ilmenau vom 15. 10. bis 19. 10. 1973, Heft 3, S. 111 bis 116.

134 Takamatsu, T., I. Hashimoto, S. Shioya and A. Manago: Model structure in system identification for fermentation process design. In: /—2a/, paper PC-7.

135 Talmon, J. L., and A. J. W. van den Boom: On the estimation of the transfer function parameters of process- and noise dynamics using a single-stage estimator. In: /—2a/, paper TM-3.

136 Talmon, J. L., and J. H. van Bemmel: The estimation of the "state" of the heart. In: /—2a/, paper PB-10.

137 Telksnys, L.: Determination of changes in the properties of random processes by the Bayes method. In: /—2a/, paper TM-12.

138 ten Hoopen, M.: Some properties of second order correlation functions in relation to biological rhythm research. In: /—2a/, paper TC-2.

139 Timm, J. E.: The delta-LMS adaptive algorithm. In: /—2a/, paper TM-4.

140 Towill, D. R.: Analogue model identification of system dynamic error transfer function. In: /—2a/, paper TM-13.

1973

141 TRYBUTA, S., and J. MALKIEWICZ: Parameters estimation of controlled power systems. In: /—2a/, paper PP-8.

142 UNBEHAUEN, H., and B. GÖHRING: Application of different statistical tests for the determination of the most accurate order of the model in parameter estimation. In: /—2a/, paper TS-1.

143 VAN AARLE, L. G. M.: Variations of process parameters; a pilot study of adaptive control. In: /—2a/, paper PC-2.

144 VAN DEN BOOM, A. J. W. and A. W. M. VAN DEN ENDEN: The determination of the order of process- and noise dynamics. In: /—2a/, paper TS-2.

145 VAN DEN BOS, A.: Selection of periodic test signals for estimation of linear system dynamics. In: /—2a/, paper TT-3.

146 VAN HOUWELINGEN, H., J. PETIET and C. SCHWEIGMAN: Least-squares estimation of restricted parameters in physical and chemical models. In: /—2a/, paper TN-4.

147 VANĚČEK, A.: Nonlinear filtering error-analysis algorithm. In: /—2a/, paper TO-6.

148 VELEV, K.: Choice of the weight coefficient of the running regression analysis with exponential weighting function. In: /—2a/, paper PC-3.

149 VORONOV, A. A., V. V. SKALETSKY and Y. V. CHISTYAKOV: On the identification of arrivals in certain economic systems. In: /—2a/, paper PE-5.

150 VOLPERT, D., GAUVRIT, M., and D. RAMBACH: Identification of physical parameters of a metallurgical reheating furnace. In :/—2a/, paper PV-11.

151 WAGNER, J. T.: Demand and cost forecasting for postal system optimization. In: /—2a/, paper PE-4.

152 WELLS, W. R.: Estimation of aircraft parameters in nonlinear aerodynamic models. In: /—2a/, paper PT-4.

153 WERNSTEDT, J., and S. BERGMANN: Application of identification methods in piece good processes in semiconductor production. In: /—2a/, paper PV-7.

154 WILLIAMS, D. C.: Identification of parametric models using correlation analysis. In: /—2a/, paper TC-10.

155 WILSON, K. C., M. JANG, P. H. MAK and J. J. DISTEFANO: Identification of the dynamics of thyroid hormone binding, distribution and disposal. In: /—2a/, paper PB-3.

156 WOODSIDE, C. M.: Estimation of the order of nonlinear systems. In: /—2a/, paper TS-12.

157 YOUNG, P., J. NAUGHTON, C. NEETHLING and S. SHELLSWELL: Macro-economic modelling; a case study. In: /—2a/, paper C-5.

Ergänzungen:
1973

158 ASTRÖM, K. J., and B. WITTENMARK: On self tuning regulators. automatica 9 (1973), (1973), No. 2, pp. 185—199.

159 BALCHEN, J. G., T. ENDRESEN, M. FJELD, and T. O. OLSEN: Multivariable PID estimation and control in systems with biased disturbances. automatica 9 (1973), No. 3, pp. 295—307

160 BISWAS, K. K., and A. K. MAHALANABIS: A stable fixed lag smoothing algorithm. automatica 9 (1973), No. 3, pp. 393—397.

161 BOMM, H.: Über die Anwendung kennwertlinearer adaptiver Verfahren zur Identifikation linearer Systeme. Dissertationsschrift, TU-Dresden, 1973.

162 GÖHRING, B.: Erprobung statistischer Parameterschätzmethoden und Strukturprüfverfahren zur experimentellen Identifikation von Regelsystemen. Dissertationsschrift Universität Stuttgart, 1973.

163 HAGANDER, P.: The use of operator factorization for linear control and estimation. automatica 9 (1973), No. 5, pp. 623—631.

1973

164 Hamza, M. H., and M. A. Sheirah: On-line identification of distributed parameter systems. automatica **9** (1973), No. 6, pp. 689–698.

165 Heckendorff, H.: Prinzipien der sequentiellen statistischen Modellbildung. msr **16** (1973) H. 3, S. 97–100.

166 Heckle, M., B. Seid: Modellbildung und modale Regelung einer Zweistoff-Destillationskolonne. rt **21** (1973) H. 8, S. 250–261.

167 Hostetter, G. H., and J. S. Meditch: On the generalization of observers to systems with unmeasurable, unknown inputs. automatica **9** (1973), No. 6, pp. 721–724.

168 Isaksen, L., and H. J. Payne: Freeway traffic surveillance and control. Proceedings of the IEEE **61** (1973), No. 5, pp. 526–536.

169 Kashyap, R. L., and A. R. Rao: Real time recursive prediction of river flows. automatica **9** (1973), No. 2, pp. 175–183.

170 Korn, N.: Über ein einfaches Verfahren zur direkten Messung der Wahrscheinlichkeitsverteilungsdichte stationärer, stochastischer Signale. msr **16** (1973) H. 4, S. 125 bis 129.

171 Meditch, J. S.: A survey of data smoothing for linear and nonlinear dynamic systems. automatica **9** (1973), No. 2, pp. 151–162.

172 Moore, J. B.: Discrete-time fixed-lag smoothing algorithms. automatica **9** (1973), No. 2, pp. 163–173. and F. C. Schweppe: Model identification for nuclear power plants. **9** (1973), No. 3, pp. 309–318.

173 Müller, J. A.: Zur dynamischen Modellierung von zeitabhängigen Elementarprozessen (Operationen). msr **16** (1973) H. 12, S. 446–448.

174 Nahi, N. E.: Freeway-traffic data processing. Proceedings of the IEEE **61** (1973), No. 5, pp. 537–541.

175 Peschel, M.: Systembeschreibung mit der Interpolationstheorie. msr **16** (1973) H. 2, S. 48–51

176 Peschel, M., M. Schwaar: Stetige Parameteranpassung für lineare Regressionsmodelle. msr **16** (1973) H. 12, S. 457–460.

177 Polis, M. P., R. E. Goodson. and M. J. Wozny: On parameter identification for distributed systems using Galerkins criterion. atomatica **9** (1973) No. 1, pp. 53–64.

178 Rödder, P.: Systemidentifikation mit stochastischen Signalen im geschlossenen Regelkreis — Verfahren und Fehlerabschätzung. Dissertationsschrift TH Aachen, 1973.

179 Scheurer, H.-G.: Für den Prozeßrechnereinsatz geeignetes Identifikationsverfahren auf der Grundlage der Korrelationsfunktionen. Dissertationsschrift Universität Triev-Kaiserslautern, 1973.

180 Schneeweiss, W.: Streuung von Näherungen für den Frequenzgang aus Messungen der Gewichtsfunktion. rt **21** (1973) H. 9, S. 290–294.

181 Schönwandt, U.: Approximation to nonlinear observers automatica **9** (1973), No. 3, pp. 349–356.

182 Skoczowski, S.: Über die Lesbarkeit der kontinuierlichen Aufzeichnung von analogen Registriergeräten. msr **16** (1973) H. 10, S. 381–385.

183 Smith, N. J., and A. P. Sage: A sequential method for system identification in hierarchical structure. automatica **9** (1973), No. 6, pp. 677–688.

184 Stephens, A. D., and R. J. Richards: Steady state and dynamic analysis of an ammonia synthesis plant. automatica **9** (1973), No. 1, pp. 65–78.

185 Strobel, H.: Systemidentifikation — Grundzüge einer allgemeinen Theorie und deren Anwendung für die Kennwertermittlung in der Regelungstechnik. Dresden: Disserationsschrift B an der Technischen Universität, 1973

186 Vathsal, S., and I. G. Sarma: On the orthogonality of suboptimum estimate automatica **9** (1973), No. 6, pp. 739–740.

187 Wenner, G.: Bestimmung der Zustandsraum-Beschreibung linearer, zeitinvarianter Mehrgrößensysteme aus ihrer Eingangs-Ausgangs-Beschreibung. rt **21** (1973) H. 9, 297.

1973

188 Wernstedt, J.: Zur Parameterschätzung statischer Systeme mittels rekursiver Verfahren. msr **16** (1973) H. 1, S. 25–27.

1974

1 Akaike, H.: Stochastic theory of minimal realization. IEEE AC-**19** (1974), No. 6, pp. 667–674.

2 Akaike, H.: A new look at the statistical model identification. IEEE AC-**19** (1974), No. 6, pp. 716–723.

3 Alam, M. A., and A. P. Sage: Error and sensitivity analysis of stochastic approximation algorithms for linear system identification. IEEE AC-**19** (1974), No. 6, pp. 810 bis 815.

4 Anderson, B. D. O., and P. J. Moylan: Spectral factorization of a finite-dimensional nonstationary matrix covariance. IEEE AC-**19** (1974), No. 6, pp. 680–692.

5 Åström, K. J., and T. Söderström: Uniqueness of the Maximum Likelihood estimates of the parameter of an ARMA model. IEEE AC-**19** (1974), No. 6, pp. 769–773.

6 Audley, D. R., and D. A. Lee: Ill-posed and well-posed problems in system identification. IEEE AC-**19** (1974), No. 6, pp. 738–747.

7 Balakirjew, W. S., J. Breier, H. Gatzmanga und K. Mehner: Auswahl der Ordnung eines Approximationspolynoms bei nichtlinearer Regression. msr **17** (1974) H. 2, S. 53–54.

8 Baras, J. S., R. W. Brockett, and P. A. Fuhrmann: State-space models for infinite-dimensional systems. IEEE AC-**19** (1974), No. 6, pp. 693–700.

9 Bendel, U.: Ein Verfahren zur rekursiven zweistufigen statischen Modellbildung. msr **17** (1974) H. 1, S. 30–32.

10 Bendel, U.: Zur Trennbarkeit von statischem und dynamischem Prozeßmodell. msr **17** (1974) H. 7, S. 233–237.

11 Burnham, G. O., J. Seo, and G. A. Bekey: Identification of human driver models in car following. IEEE AC-**19** (1974), No. 6, pp. 911–915.

12 Chang, P. P., G. L. Matson, J. E. Kendrick, and V. C. Rideout: Parameter estimation in the canine cardiovascular system. IEEE AC-**19** (1974), No. 6, pp. 927–931.

13 Chow, G. C.: Identification and estimation in econometric systems: A survey. IEEE AC-**19** (1974), No. 6, pp. 855–862.

14 Debs, A. S.: Parameter estimation for power systems in the steady state. IEEE AC-**19** (1974), No. 6, pp. 882–886.

15 Denham, M. J.: Canonical forms for the identification of multivariable linear systems. IEEE AC-**19** (1974), No. 6, pp. 646–656.

16 Desalu, A. A., L. A. Gould, and F. C. Schweppe: Dynamic estimation of air pollution. IEEE AC-**19** (1974), No. 6, pp. 904–910.

17 Dickinson, B. W., T. Kailath, and M. Morf: Canonical matrix fraction and state-space descriptions for deterministic and stochastic linear systems. IEEE AC-**19** (1974), No. 6, pp. 656–667.

18 Eykhoff, P.: Systemidentification. London: John Wiley, 1974.

19 Finigan, B. M., and I. H. Rowe: Strongly consistent parameter estimation by the introduction of strong instrumental variables. IEEE AC-**19** (1974), No. 6, pp. 825 bis 831.

20 Fuge, R.: Korrelationsmessung mittels binärer pseudozufälliger Signale. msr **17** (1974) H. 7, S. 250–252.

21 Galiana, F. D., E. Handschin, and A. Fiechter: Identification of stochastic electric load models from physical data. IEE AC-**19** (1974), No. 6, pp. 887–893.

22 Gersch, W., and D. A. Foutch: Least squares estimates of structural system parameters using covariance function data. IEE AC-**19** (1974), No. 6, pp. 898–903.

23 Gertler, J., and Cs. Bànyàsz: A recursive (on-line) Maximum Likelihood identification method. IEEE AC-**19** (1974), No. 6, pp. 816–820.

1974

24 GLOVER, K., and J. C. WILLEMS: Parameterizations of linear dynamical systems: Canonical forms and identifiability. IEEE AC-19 (1974), No. 6, pp. 640–646.

25 GUPTA, N. K. and R. K. MEHRA: Computational aspects of Maximum Likelihood estimation and reduction in sensitivity function calculations. IEEE AC-19 (1974), No. 6, pp. 774–783.

26 GOODWIN, G. C., M. B. ZARROP, and R. L. PAYNE: Coupled design of test signals, sampling intervals, and filters for system identification. IEEE AC-19 (1974) No. 6, pp. 748–752.

27 HALYO, N., and G. A. MCALPINE: On the spectral factorization of nonstationary vector random processes. IEEE AC-19 (1974), No. 6, pp. 674–679.

28 HANNAN, E. J.: Time series analysis. IEEE AC-19 (1974), No. 6, pp. 706–715.

29 HARPER, R. M., R. J. SCLABASSI, and T. ESTRIN: Time series analysis and sleep research. IEEE AC-19 (1974), No. 6, pp. 932–943.

30 HARTWICH, E.: Längsdynamik und Folgebewegung des Straßenfahrzeugs. rt 22 (1974) H. 5, S. 134–142.

31 ISERMANN, R., U. BAUR und H. KURZ: Identifikation dynamischer Prozesse mittels Korrelation und Parameterschätzung. rt 22 (1974) H. 8, S. 235–242.

32 ISERMANN, R.: Prozeßidentifikation — Identifikation und Parameterschätzung dynamischer Prozesse mit diskreten Signalen. Berlin—Heidelberg—New York, Springer-Verlag, 1974.

33 JONES, R. H.: Identification and autoregressive spectrum estimation. IEEE AC-19 (1974), No. 6, pp. 894–989.

34 KASHYAP, R. L., and R. E. NASBURG: Parameter estimation in multivariate stochastic difference equations. IEEE AC-19 (1974), No. 6, pp. 784–797.

35 LJUNG, L., I. GUSTAVSSON, and T. SÖDERSTRÖM: Identification of linear multivariable systems operating under linear feedback control. IEEE AC-19 (1974), No. 6, pp. 836–840.

36 LÜDERS, G., and K. S. NARENDRA: Stable adaptive schemes for state estimation and identification of linear systems. IEEE AC-19 (1974), No. 6, pp. 841–847.

37 MEHRA, R. K.: Optimal input sinals for parameter estimation in dynamic systems — survey and new results. IEEE AC-19 (1974), No. 6, pp. 753–768.

38 MEHRA, R. K.: Identification in control and econometrics; similarities and differences. Annals of Economic and Social Measurement (1974) S. 21–47.

39 MENDEL, J. M.: Gradient estimation algorithms for equation error formulations. IEEE AC-19 (1974), No. 6, pp. 820–824.

40 MICHELSEN, K. F.: Statistische Mittelwerts- und Korrelationseigenschaften von pulsbreitenmodulierten Signalen mit Anwendungen in der stochastischen Meßtechnik. msr 17 (1974), H. 12, S. 417–421.

41 MOHLER, R. R.: Biological modeling with variable compartmental structure. IEEE AC-19 (1974), No. 6, pp. 922–926.

42 PANDYA, R. N.: A class of bootstrap estimators and their relationship to the generalized two stage least squares estimators. IEEE AC-19 (1974), No. 6, pp. 831–835.

43 PARZEN, E.: Some recent advances in time series modelling. IEEE AC-19 (1974), No. 6, pp. 723–730.

44 PETERSON, D. W., and F. C. SCHWEPPE: Code for a general purpose system identifier and evaluator (GPSIE). IEEE AC-19 (1974), No. 6, pp. 852–854.

45 POITZ, W.: Zur Modellbildung eines mikrobiologischen Prozesses. msr 17 ap (1974), H. 12, S. 284–288.

46 PHADKE, M. S., and S. M. WU: Identification of multiinput-multioutput transfer function and noise model of a blast furnace from closed-loop data. IEEE AC-19 (1974). No. 6, pp. 944–951.

1974

47 Priestley, M. B., T. S. Rao, and H. Tong: Applications of principal component analysis and factor analysis in the identification of multivariable systems. IEEE AC-19 (1974), No. 6, pp. 730–734.

48 Proakis, J. G.: Channel identification for high speed digital communications. IEEE AC-19 (1974), No. 6, pp. 916–922.

49 Rao, T. S., and H. Tong: Linear time-dependent systems. IEEE AC-19 (1974), No. 6, pp. 735–737.

50 Rao, R. A., and R. L. Kashyap: Stochastic modelling of riverflows. IEEE AC-19 (1974), No. 6, pp. 874–881.

51 Wilfert, H.-H., and H. Maier: Analysis of stochastically distrubed industrial plants within short measuring time. automatica **10** (1974), pp. 545–550.

52 Rödder, P.: Nichtbeachtung der Rückkopplung bei der Systemanalyse mit stochastischen Signalen. rt **22** (1974) H. 5, S. 154–156.

53 Rödder, P.: Statistischer Fehler bei der Systemidentifizierung im geschlossenen Regelkreis. rt **22** (1974) H. 9, S. 282–283.

54 Roth, M. und D. Reschke: Ein neues Totzeitmodell nach Padé-Approximation. msr **17** (1964) H. 2, S. 57–60.

55 Saridis, G. N.: Stochastic approximation methods for identification and control — a survey. IEEE AC-19 (1974), No. 6, pp. 798–809.

56 Schmelovky, K.-H.: Probleme der Bayesschen Schätzung bei zeitdiskreter Beobachtung. EIK **10** (1974) H. 7, S. 407–430.

57 Sell, K. und J. Schumann: Experimentelle Analyse eines Kunststoffextruders. msr **17** ap (1974) H. 11, S. 263–264.

58 Smith, Jr., W. W., and W. J. Rugh: On the structure of a class of nonlinear systems. IEEE AC-19 (1974), No. 6, pp. 701–706.

59 Sokollik, F.: Identifikationen von Systemen mit verteilten Parametern. msr **17** (1974) H. 8, S. 271–273.

60 Strobel, H., G. Richter: Über die Anwendung von Zustandsschätzverfahren bei der rechnergestützten Kollisionsverhütung auf See. Schiffbauforschung **13** (1974) H. 1/2, S. 47–52.

61 Unbehauen, H. und W. Funk: Ein neuer Korrelator zur Identifikation industrieller Prozesse mit Hilfe binärer und ternärer Pseudo-Rauschsignale. rt **22** (1974) H. 9, S. 269–276.

62 Wall, K. D., and J. H. Westcott: Macroeconomic modelling for control. IEEE AC-19 (1974), No. 6, pp. 862–873.

63 Wittenmark, B.: A self-tuning predictor. IEEE AC-19 (1974), No. 6, pp. 848–851.

64 Welfonder, E.: Berechnung und Approximation des Gesamtübertragungsverhaltens von Zwangsdurchlaufdampferzeugern, Teil 1. rt **22**. (1974) H. 8, S. 243–250.

1975

1 Akashi, H., H. Kumamoto: State estimation for systems under measurement noise with Markov dependent statistical property: An algorithm based on random sampling. In: [—7a], session 29.

2 Anisimov, A. S., A. I. Vasiliev: On one general approach to real-time identification of time varying parameters of dynamic objects. In: [—7a], session 18.

3 Bagchi, A.: Continuous-time systems identification with unknown noise covariance. In: [—7a], session 18.

4 Becker, W.: Beitrag zur Geschwindigkeitsregelung ablaufender Güterwagen mittels Balkengleisbremsen unter besonderer Berücksichtigung der trägen elektro-hydraulischen Talbremse vom Typ FEV. Dissertationsschrift, Hochschule für Verkehrswesen „Friedrich List" Dresden, 1975.

5 Berry, P., H. Kaufman: Development of a digital adaptive optimal linear regulator flight controller. In: [—7a], session 58.

1975

6 Bhattacharyya, S. P.: Robust design of dynamic observers. In: [—7a], session 29.

7 Chan, C.-W., C. J. Harris, P. E. Wellstead: Model order testing techniques in parameter estimation. In: [—7a], session 18.

8 Chintapalli, P., D. E. Seborg, D. G. Fisher: Modal identification or linear state space models. In: [—7a], session 11.

9 Courtiol, B.: Applying model reference adaptive technique for the control of electromechanical systems. In: [—7a], session 58.

10 Dunn, K. P., I. B. Rhodes: Cone-bounded nonlinearities and mean-square bounds: Smoothing and prediction bounds. In: [—7a], session 29.

11 Esterson, G. L., S. Test: Parameter identification in distributed systems using transform factoring. In: [—7a], session 18.

12 Föllinger, O.: Einführung in die modale Regelung. rt **23** (1975) H. 1, S. 1—10.

13 Frelek, B. A., D. L. Elliott: Optimal observation for variable-structure systems. In: [—7a], session 29.

14 Hoffmeyer-Zlotnik, J. Wernstedt: A new variant for the use of D-optimal factorial designs in estimating dynamic multivariable systems. In: [—7a], session 11.

15 Hsia, T. C.: On multistage least squares approach to systems identification. In [—7a], session 18.

16 Kaminskas, Nemura: Estimability features for parameters of linear dynamic systems. In: [—7a], session 58.

17 Kochhar, A. K., J. Parnaby, E. Taylor: Modelling and computer control of plastics extrusion machinery. In: [—7a], session 11.

18 Kurz, H., R. Isermann: A method for on-line process identification in closed loop. In: [—7a], session 11.

19 Kuntze, H.-B. and H. Strobel: A contribution to adaptive time optimal crane control. In: [—7a], session 4.

20 Landau, I. K., G. Bethoux: Algorithms for discrete time model reference adaptive systems. In: [—7a], session 58.

21 Levieux, F., M. Clerget: New algorithms in treatment of Markovian processes. In: [—7a], session 29.

22 Lindorff, D. P., R. V. Monopoli, K. S. Narenda: Design of model reference adaptive systems with unaccessible states (identification, observation and control). In: [—7a], session 58.

23 Maletinsky, V.: On-line parameter-estimation of continuous processes. In: [—7a], session 11.

24 McGreavy, C., and P. J. Gill: Estimation of model parameters in noisy, non-linear systems. In: [—7a], session 11.

25 Peschel, M.: Nutzung der dualen Basis zur Kennwertermittlung in parameterlinearen Modellen (lineare Regression). msr **18** (1975) H. 4, S. 120—123.

26 Rissanen, J.: Canonical Markovian representations and linear prediction. In: [—7a], session 29.

27 Rödder, P.: Systemanalyse im geschlossenen Regelkreis mit regellosen Signalen. msr **18** (1975) H. 4, S. 138—142.

28 Söderström, T., L. Ljung, I. Gustavsson: On the accuracy problem in identification. In: [—7a], session 18.

29 Thöm, H., V. Krebs: Identifizierung im geschlossenen Regelkreis — Korrelationsanalyse oder Parameterschätzung? rt **23** (1975) 1, S. 17—19.

30 Tiedt, N., B. Wohlgemuth, and P. Wohlgemuth: Dynamic characteristics of heartrate responses to sine-function work-load patterns in man. Pflügers Arch. 355 (1975) S. 175—187.

31 Udink ten Cate, A. J., van Amerongen, J., H. C. Niewenhuis: Gradient based model reference adaptive autopilots for ships. In: —[7a], session 58.

SACHWORTVERZEICHNIS

		Polynommodell	Zeitkonstantenm
Black-Box-Beschreibung		$G(p) = \frac{X_a(p)}{X_e(p)} = \frac{b_0 + b_1 p + \cdots + b_m p^m}{a_0 + a_1 p + \cdots + a_n p^n}$	$G(p) = \frac{X_a(p)}{X_e(p)} = \frac{\prod_{i=1}^{m} (p -}{\prod_{i=1}^{n} (p -}$
zu identifizierende Parameter		$b_0, \ldots, b_m, a_0, \ldots, a_{n-1}, n, m, a_n \equiv 1$	$p_{D1}, \ldots, p_{Dm}, p_1, \ldots, p_n, k,$
Zustandsbeschreibung $\dot{\boldsymbol{x}} = (A)\,\boldsymbol{x} + \boldsymbol{B}\,x_e$ $x_{aM} = \boldsymbol{C}\;\boldsymbol{x}$	Systemmatrix $(A) =$	$\begin{pmatrix} 0 & 1 & 0 & \cdots & 0 \\ 0 & 0 & 1 & \cdots & 0 \\ \vdots & \vdots & \vdots & & \vdots \\ 0 & 0 & 0 & \cdots & 1 \\ -a_0 & -a_1 & -a_2 & \cdots & -a_{n-1} \end{pmatrix}$	$\begin{bmatrix} p_1 & 0 & 0 & \cdots \\ (p_2 - p_{D2}) & p_2 & 0 & \cdots \\ & \ddots & \ddots & \\ \vdots & & (p_m - p_{Dm}) & p_m \\ \vdots & & 1 & p_{m+} \\ \vdots & & & \ddots \\ 0 & \cdots & \cdots & 1 \end{bmatrix}$
	Eingangsvektor $\boldsymbol{B} =$	$\underbrace{(0\ 0\ \cdots\ 0}_{(n-1)\ \text{mal}}\ 1)$	$(p_1 - p_{D1} \cdots p_m - p_{Dm}\ 0$
	Ausgangsvektor $\boldsymbol{C} =$	$(b_0 b_1 \cdots b_m \underbrace{0 \cdots 0}_{(n - [m+1])\ \text{mal}})$	$(0\ 0\ \cdots\ 0\ k)$
Simulationsschaltung		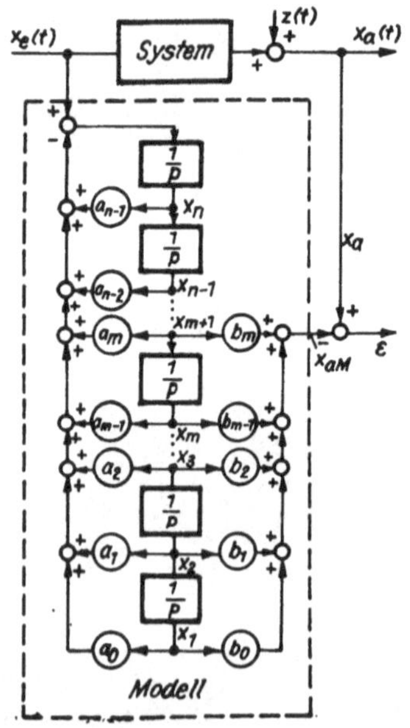	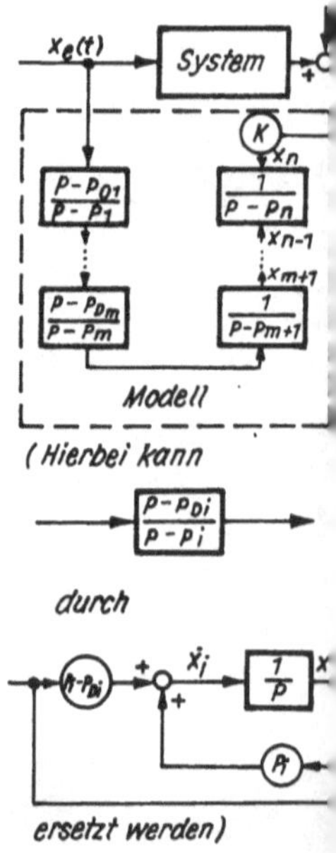

Abb. 1.4-6. Parametrische dynamische Z

artialbruchentwicklung	Kettenbruchentwicklung
$= \frac{X_a(p)}{X_e(p)} = \sum_{i=1}^{n} \frac{c_i}{p - p_i}$	$G(p) = \cfrac{1}{A_1 + \cfrac{1}{B_1/p + \cfrac{1}{A_2 + \cdots \cdots + \cfrac{1}{B_n/p}}}}$
$\ldots, p_n, c_1, \ldots, c_n, n$	$A_1, A_2, A_3, \ldots, A_{n-1}, B_1, B_2, \ldots, B_n$
$\begin{matrix} 0 & \cdots & 0 \\ p_2 & \cdots & 0 \\ & & \vdots \\ \cdots 0 & \cdots & p_n \end{matrix}\Bigg]$	$\begin{bmatrix} B_1A_1 & B_2A_1 & B_3A_1 & \cdots B_nA_1 \\ B_1A_1 & B_2(A_1+A_2) & B_3(A_1+A_2) & \cdots B_n(A_1+A_2) \\ B_1A_1 & B_2(A_1+A_2) & B_3(A_1+A_2+A_3) & \cdots B_n(A_1+A_2+A_3) \\ \vdots & \vdots & \vdots & \ddots \quad \vdots \\ B_1A_1 & B_2(A_1+A_2) & B_3(A_1+A_2+A_3) & \cdots B_n(A_1+A_2 \cdots A \end{bmatrix}$
$\cdots\ 1)$	$(1\ 1\ \cdots\ 1)$
$_2 \cdots c_n)$	$(B_1\ B_2\ B_3 \cdots B_n)$
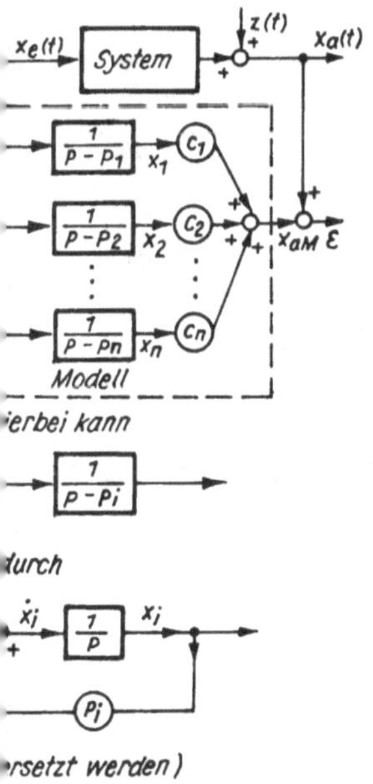	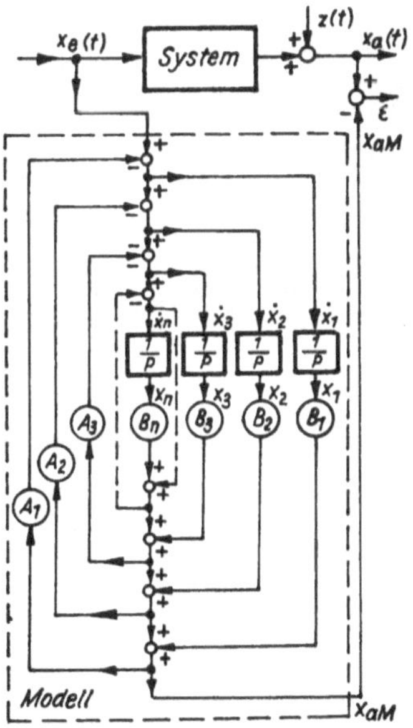

Ausgangsmodelle (zu Seite 32)

	LEGENDRE'sche Polynome	TSCHEBYSCHEFF'sche Polynome	JAKO… Plo…
Belegungsfunktion $w^2(t)$	$w^2(t) = 1$ 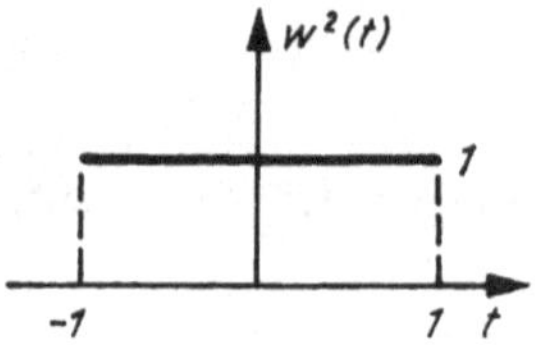	$w^2(t) = \frac{1}{\sqrt{1-t^2}}$ 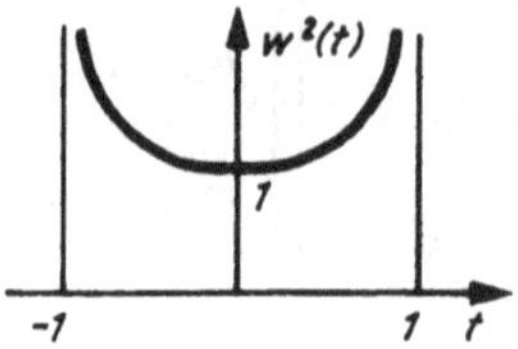	$w^2(t) = (1 -$ … $(p > -1;\ q$ … 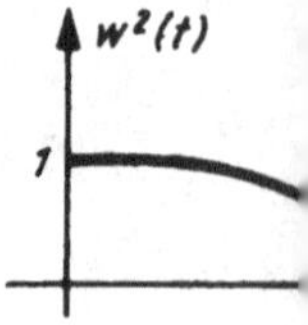
Geltungsbereich $[a \leqq t \leqq b]$	$-1 \leqq t \leqq +1$	$-1 \leqq t \leqq 1$	$0 \leqq t \leqq +1$
Definitionsgleichung	$p_i(t) = \frac{\sqrt{2i+1}}{2^i\sqrt{2}\,i!} \frac{\mathrm{d}^i}{\mathrm{d}t^i} \{(t^2-1)^i\} = \frac{\sqrt{2i+1}}{\sqrt{2}} \cdot \bar{p}_i(t)$	$T_i(t) = \sqrt{\frac{2}{11}} \cos\{i \operatorname{arc}\cos t\} = \sqrt{\frac{2}{11}} \cdot 2^{i-1} \bar{T}_i(t)$	$\bar{G}_i(p, q, t) = \frac{t^{1-q}(1 -}{q(q+1)\cdots(q}$ … $\cdot \frac{\mathrm{d}^i}{\mathrm{d}t^i} \{t^{q+i-1}(1$ …
Gestalt der Orthogonalpolynome $\bar{p}_i$, $\bar{T}_i$, $\bar{G}_i$, $\bar{H}_i$ und $\bar{L}_i$	$\bar{p}_0(t) = 1$ $\bar{p}_1(t) = t$ $\bar{p}_2(t) = \frac{3}{2} t^2 - \frac{1}{2}$ $\bar{p}_3(t) = \frac{5}{2} t^3 - \frac{3}{2} t$ $\bar{p}_4(t) = \frac{35}{8} t^4 - \frac{15}{4} t^2 + \frac{3}{8}$ ⋮	$\bar{T}_0(t) = 1$ $\bar{T}_1(t) = t$ $\bar{T}_2(t) = t^2 - \frac{1}{2}$ $\bar{T}_3(t) = t^3 - \frac{3}{4} t$ $\bar{T}_4(t) = t^4 - t^2 + \frac{1}{8}$ ⋮	z. B. für $q =$ … $\bar{G}_0(t) = 1$ $\bar{G}_1(t) = -2t$ … $\bar{G}_2(t) = 6t^2 -$ … $\bar{G}_3(t) = -20$ … $- 12$ … ⋮

Abb. 2.3-2. Übersicht über wichtige Orthonormalpolynome $\{p_i, T_i, H$…

Hermite'sche		Laguerre'sche	
Polynome	Funktionen	Polynome	Funktionen
$v^2(t) = \mathrm{e}^{-t^2}$	$w^2(t) = 1$	$w^2(t) = \mathrm{e}^{-t}$	$w^2(t) = 1$
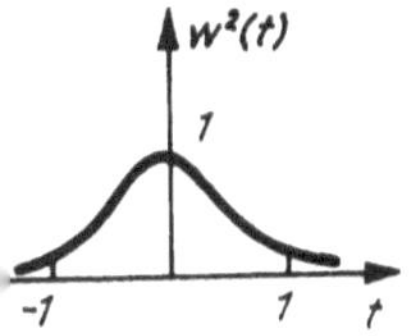	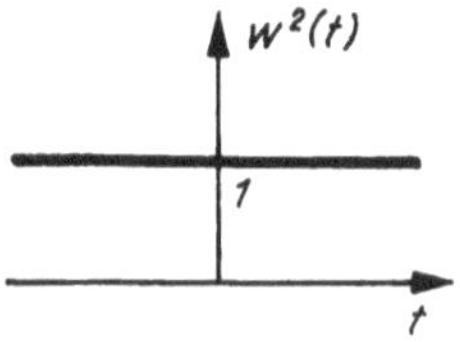	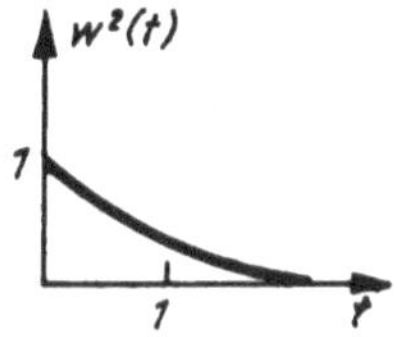	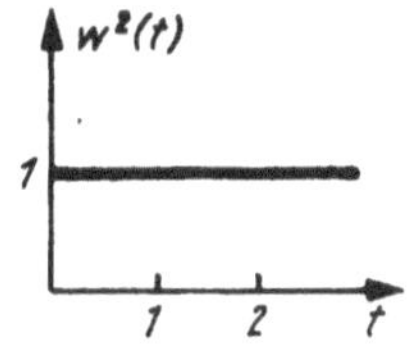
$-\infty < t < \infty$	$-\infty < t < \infty$	$0 \leqq t < \infty$	$0 \leqq t < \infty$
$H_i(t)$ $\frac{-1)^i \cdot \mathrm{e}^{t^2}}{/2^i\ i!\sqrt{\pi}} \cdot \frac{\mathrm{d}^i}{\mathrm{d}t^i}(\mathrm{e}^{-t^2})$ $= \frac{1}{\sqrt{2^i}\ i!\sqrt{\pi}} \bar{H}_i(t)$	$h_i(t)$ $= H_i(t) \cdot \mathrm{e}^{-\frac{t^2}{2}}$	$L_i(t)$ $= \frac{1}{i!} e^t \frac{\mathrm{d}^i}{\mathrm{d}t^i}(t^i \mathrm{e}^{-t})$ $= \frac{1}{i!} \bar{L}_i(t)$	$l_i(t)$ $= L_i(t) \cdot \mathrm{e}^{-\frac{t}{2}}$
$\bar{H}_0(t) = 1$ $\bar{H}_1(t) = 2t$ $\bar{H}_2(t) = 4t^2 - 2$ $\bar{H}_3(t) = 8t^3 - 12t$ $\bar{H}_4(t) = 16t^4 - 48t^2 + 12$ ⋮		$\bar{L}_0(t) = 1$ $\bar{L}_1(t) = -t + 1$ $\bar{L}_2(t) = t^2 - 4t + 2$ $\bar{L}_3(t) = -t^3 + 9t^2 - 18t + 6$ $\bar{L}_4(t) = t^4 - 16t^3 + 72t^2$ $+ 96t + 24$ ⋮	

n $\{L_i, h_i\}$ sowie über Orthogonalpolynome $\{\bar{P}_i, \bar{T}_i, \bar{G}_i, \bar{H}_i, \bar{L}_i\}$ (zu Seite 66)

	Allgemeine Beziehungen
(1) Zustands- und Ausgangs- gleichungen	$\boldsymbol{x}(k+1) = (\tilde{A})\,\boldsymbol{x}(k) + (\tilde{B})\,\boldsymbol{x}_e(k)$ $\boldsymbol{x}_a(k) = (\tilde{C})\,\boldsymbol{x}(k) + (\tilde{D})\,\boldsymbol{x}_e(k)$
(2) Signal- flußbild	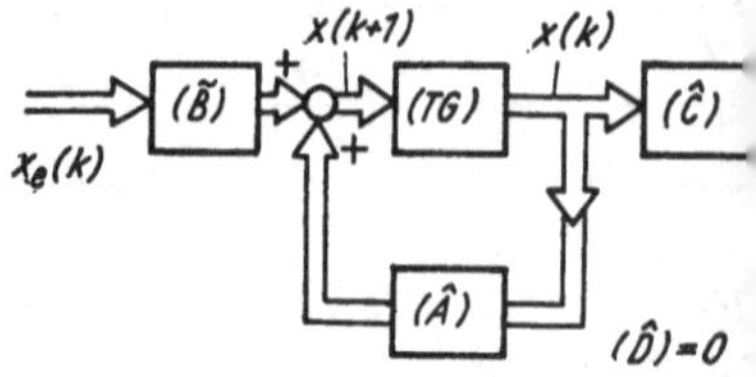
(3) Bestimmung der Eigenwerte	$\det[(\tilde{A}) - \tilde{\lambda}(I)] = 0$
(4) Bestimmung der Eigenvektoren	$[(\tilde{A}) - \tilde{\lambda}_i\,(I)]\,\tilde{r}_i = 0$ für $i = 1, 2, \ldots, n$

Beispiel

$$\begin{bmatrix} 0 & 1 \\ \frac{-3}{16} & -1 \end{bmatrix}, \qquad (\tilde{B}) = \begin{bmatrix} 1 & 0 \\ 0 & 0 \end{bmatrix},$$

$$\begin{bmatrix} 1 & 0 \\ 0 & 0 \end{bmatrix}, \qquad (\tilde{D}) = 0$$

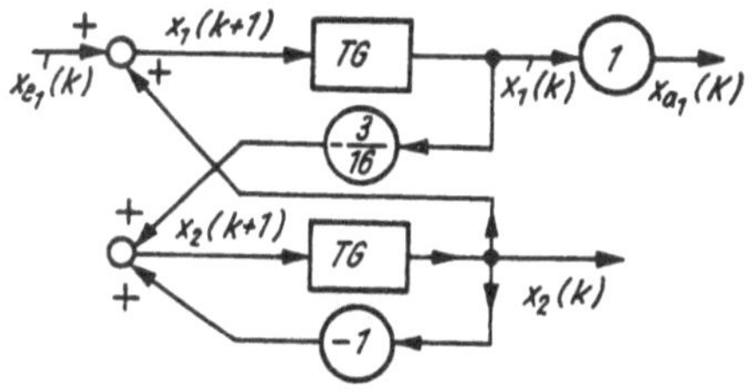

$$\begin{vmatrix} \tilde{\lambda} & 1 \\ \frac{3}{16} & -1 \; -\tilde{\lambda} \end{vmatrix} = \tilde{\lambda}^2 + \tilde{\lambda} + \frac{3}{16} = 0$$

$$\frac{1}{4}, \qquad \tilde{\lambda}_2 = -\frac{3}{4}$$

$$\begin{bmatrix} & 1 \\ & -\frac{3}{4} \end{bmatrix} \begin{bmatrix} \tilde{r}_{11} \\ \tilde{r}_{21} \end{bmatrix} = 0\,, \quad \begin{bmatrix} \frac{3}{4} & 1 \\ -\frac{3}{16} & -\frac{1}{4} \end{bmatrix} \begin{bmatrix} \tilde{r}_{12} \\ \tilde{r}_{22} \end{bmatrix} = 0$$

$$\tilde{r}_{11} = -4\tilde{r}_{21} \qquad \tilde{r}_{12} = -\frac{4}{3}\tilde{r}_{22}$$

$$\tilde{r}_{11} = 1 \qquad \tilde{r}_{12} = 1 \;\rightsquigarrow$$

$$\tilde{r}_{21} = -\frac{1}{4} \qquad \tilde{r}_{22} = -\frac{3}{4}$$

(5) Bildung von $(\tilde{R})$ und $(\tilde{R})^{-1}$	$(\tilde{R}) = (\tilde{\boldsymbol{r}}_1 \vdots \cdots \vdots \tilde{\boldsymbol{r}}_n)$ $(\tilde{R})^{-1} = \frac{\operatorname{adj}(\tilde{R})}{\det(\tilde{R})}$
(6) Berechnung von $(\tilde{\Lambda})$, $(\tilde{B}^*)$ und $(\tilde{C}^*)$	$(\tilde{\Lambda}) = (\tilde{R})^{-1} (\tilde{A}) (\tilde{R}) = \begin{bmatrix} \tilde{\lambda}_1 & 0 & \cdots & 0 \\ \vdots & & \ddots & \vdots \\ 0 & & \cdots & \tilde{\lambda}_n \end{bmatrix}$ $(\tilde{B}^*) = (\tilde{R})^{-1} (\tilde{B}); (\tilde{C}^*) = (\tilde{C}) (\tilde{R})$
(7) Kanonische Normalform	$\boldsymbol{x}^*(k+1) = (\tilde{\Lambda}) \boldsymbol{x}^*(k) + (\tilde{B}^*) \boldsymbol{x}_e(k$ $\boldsymbol{x}_a(k) = (\tilde{C}^*) \boldsymbol{x}^*(k)$ mit $\boldsymbol{x}^*(k) = (\tilde{R})^{-1} \boldsymbol{x}(k)$
(8) Signalfluß-bild der kanonischen Normalform	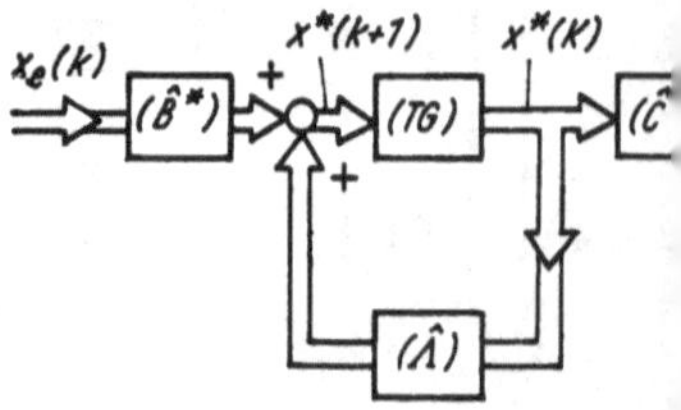

Abb. 3.6-1. Zur Ermittlung der ka

$$) = \begin{bmatrix} 1 & 1 \\ -\frac{1}{4} & -\frac{3}{4} \end{bmatrix}; \qquad (\tilde{R})^{-1} = \begin{bmatrix} \frac{3}{2} & 2 \\ -\frac{1}{2} & -2 \end{bmatrix}$$

$$\tilde{A}) = \begin{bmatrix} -\frac{1}{4} & 0 \\ 0 & -\frac{3}{4} \end{bmatrix}$$

$$*) = \begin{bmatrix} \frac{3}{2} & 0 \\ -\frac{1}{2} & 0 \end{bmatrix}, \qquad (\tilde{C}^*) = \begin{bmatrix} 1 & 1 \\ 0 & 0 \end{bmatrix}$$

$$\begin{bmatrix} (k+1) \\ (k+1) \end{bmatrix} = \begin{bmatrix} -\frac{1}{4} & 0 \\ 0 & -\frac{3}{4} \end{bmatrix} \begin{bmatrix} x_1^*(k) \\ x_2^*(k) \end{bmatrix} + \begin{bmatrix} \frac{3}{2} & 0 \\ -\frac{1}{2} & 0 \end{bmatrix} \begin{bmatrix} x_{e_1}(k) \\ x_{e_2}(k) \end{bmatrix}$$

$$\begin{bmatrix} x_{a_1}(k) \\ x_{a_2}(k) \end{bmatrix} = \begin{bmatrix} 1 & 1 \\ 0 & 0 \end{bmatrix} \begin{bmatrix} x_1^*(k) \\ x_2^*(k) \end{bmatrix} \qquad \boldsymbol{x}^*(k) = \begin{bmatrix} \frac{3}{2} & 2 \\ -\frac{1}{2} & -2 \end{bmatrix} \boldsymbol{x}(k)$$

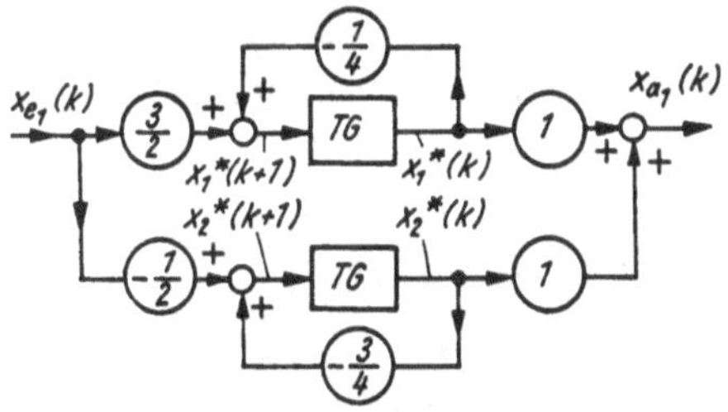

rm (TG = Totzeitglied) (zu Seite 146)

Zustandsmodelle

Zeitbereich

$$\boldsymbol{x}(k+1) = (\widetilde{A})\,\boldsymbol{x}(k) + (\widetilde{B})\,\boldsymbol{x}_e(k)$$

$$\boldsymbol{x}_a(k) = (\widetilde{C})\,\boldsymbol{x}(k) + (\widetilde{D})\,\boldsymbol{x}_e(k)$$

$$\Rightarrow \boldsymbol{x}(k) = (\widetilde{\Phi}[k])\,\boldsymbol{x}(0) + \sum_{s=0}^{k-1} (\widetilde{\Phi}[k-1$$

$$(\widetilde{\Phi}[k]) = (\widetilde{A})^k = Z^{-1}\{z[z(I) - (A$$

Beispiel:

$$(\widetilde{A}) = \begin{bmatrix} 0 & 1 \\ -\frac{3}{16} & -1 \end{bmatrix}, \quad (\widetilde{B}) = \begin{bmatrix} 1 & 0 \\ 0 & 0 \end{bmatrix}$$

$$(\widetilde{C}) = \begin{bmatrix} 1 & 0 \\ 0 & 0 \end{bmatrix}, \quad (\widetilde{D}) = \begin{bmatrix} 0 & 0 \\ 0 & 0 \end{bmatrix}$$

$$(\widetilde{\Phi}[k]) = \begin{bmatrix} \frac{3}{2}\left(-\frac{1}{4}\right)^k - \frac{1}{2}\left(-\frac{3}{4}\right. & \\ -\frac{3}{8}\left\{\left(-\frac{1}{4}\right)^k - \left(-\frac{3}{4}\right.\right. & \end{bmatrix}$$

$$= \begin{bmatrix} \left\{1, 0, -\frac{3}{16}, \frac{3}{16}, \ldots\right\} & \{0, \\ \left\{0, -\frac{3}{16}, \frac{3}{16}, \frac{39}{256}, \ldots\right\} & \{1, \end{bmatrix}$$

Z-Transf. $\Downarrow$ $\Uparrow$

Bildbereich

$$\boldsymbol{X}_a(z) = (\widetilde{G}(z)) \cdot \boldsymbol{X}_e(z)$$

mit

$$(\widetilde{G}(z)) = (\widetilde{C})\,[z(I) - (\widetilde{A})]^{-1}\,(\widetilde{B}) + (\widetilde{D})$$

$$\boldsymbol{X}(z) = (\widetilde{\Phi}[z])\,\boldsymbol{x}(0) + z^{-1}(\widetilde{\Phi}(z))\,(\widetilde{B})$$

mit

$$(\widetilde{\Phi}[z]) = z[z(I) - (\widetilde{A})]^{-1}$$

Beispiel:

$$[z(I) - (\widetilde{A})]^{-1} = \begin{bmatrix} z & -1 \\ 3/16 & z+1 \end{bmatrix}^{-1} = \frac{1}{z^2 + z + 3/16} \begin{bmatrix} z+1 & 1 \\ -3/16 & z \end{bmatrix}$$

$$(\widetilde{G}[z]) = \begin{bmatrix} 1 & 0 \\ 0 & 0 \end{bmatrix} \cdot \begin{bmatrix} \frac{z+1}{z^2+z+3/16} & \frac{1}{z^2+z+3/16} \\ \frac{-3/16}{z^2+z+3/16} & \frac{z}{z^2+z+3/16} \end{bmatrix} \begin{bmatrix} 1 & 0 \\ 0 & 0 \end{bmatrix} + \begin{bmatrix} 0 & 0 \\ 0 & 0 \end{bmatrix}$$

Abb. 1.4-10. Zustands- und Ein-Ausgan

			Ein-Ausgangsmodell
			$x_{al}(k) + \tilde{a}_{n-1} x_{al}(k-1) + \cdots + \tilde{a}_0 x_{al}(k-n)$ $= \{\tilde{b}_{l1n} x_{e1}(k) + \cdots + \tilde{b}_{l10} x_{er}(k-n)\} +$ $+ \cdots + \{\tilde{b}_{lrn} x_{er}(k) + \cdots + \tilde{b}_{lr0} x_{e}(k-n)\}$ für $l = 1, \ldots, q$
$\left(-\frac{3}{4}\right)^k \}$ $\frac{1}{2}\left(-\frac{1}{4}\right)^k$			$x_{a_1}(k) + x_{a1}(k-1) + \frac{3}{16} x_{a1}(k-2) =$ $x_{e1}(k-1) + x_{e1}(k-2)$
..nsf.			⇑ Z^{-1}-Transf.
		⇒	$\boldsymbol{X}_a(z) = (\tilde{G}(z))\, \boldsymbol{X}_e(z) \quad (\tilde{G}(z)) = \begin{bmatrix} \tilde{G}_{11}(z) & \cdots & \tilde{G}_{1r}(z) \\ \vdots & & \vdots \\ \tilde{G}_{q1}(z) & \cdots & \tilde{G}_{qr}(z) \end{bmatrix}$ $\tilde{G}_{li}(z) = \dfrac{\tilde{b}_{li0} z^0 + \cdots + \tilde{b}_{lin} z^n}{\tilde{a}_0 z^0 + \cdots + \tilde{a}_{n-1} z^{n-1} + z^n}$
		⇒	$\boldsymbol{X}_{a1}(z) = \tilde{G}_{11}(z)\, \boldsymbol{X}_{e1}(z)$ $(\tilde{G}(z)) = \begin{bmatrix} \tilde{G}_{11}(z) & \tilde{G}_{12}(z) \\ \tilde{G}_{21}(z) & \tilde{G}_{22}(z) \end{bmatrix} = \begin{bmatrix} \dfrac{z+1}{z^2 + z + 3/16} & 0 \\ 0 & 0 \end{bmatrix}$

..ierlich wirkender Systeme (zu Seite 43)

	a) Digitale Methoden (für Prozeßrechn…
Grund-prinzip	$\Delta\hat{b}[N+1] = \hat{b}[N+1] - \hat{b}[N] = I$… mit $\hat{\varepsilon}(t_{N+1}) = x_a(t_{N+1}) - [u_1(t_{N+1})\,$… $+ \cdots + u_n(t_{N+1})\,\hat{b}_n(N$… 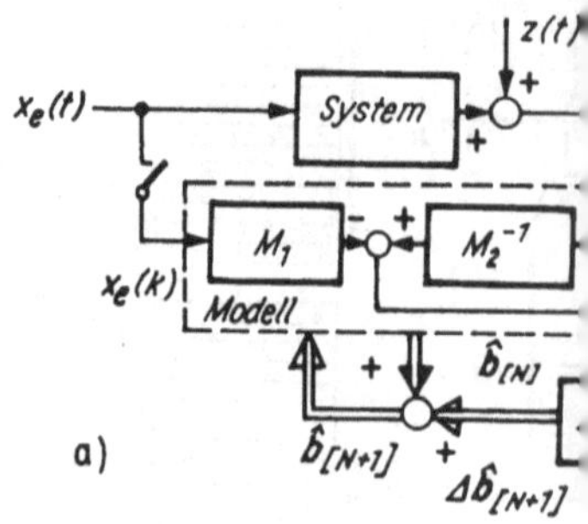
Optimie-rungs-kriterien/ Lösungs-ansätze	– Rekursive Regression $Q = \sum_{k=1}^{N+1} \varepsilon$… (vgl. Gln. (2.6-13, 17 a, b, c)) – „Quick and dirty“ Regression (vgl. Gl. (2.6-25)) – Relaxation (vgl. Gl. (2.6-26)) – Stochastische Approximation $\Gamma_i(N) = \frac{1}{N+1} u_i(t_{N+1})$ mit i… (vgl. Gln. (2.6-23, 24)) – Adaptive Echtzeitmethoden $Q = \sum_{k=1}^{N} \varepsilon^2(t_k)\, w_k^2 = \text{Min}$ (vgl. Gln.(2.6-38 a, b, c) und Abb. …

Abb. 2.6-1. Digitale und analoge …

b)

Analoge (Modellangleichungs-)Verfahren

— $\dot{\boldsymbol{b}}(t) = \Gamma(t) \operatorname{grad} Q(\boldsymbol{b}(t))$

mit $(\operatorname{grad} Q)^T = \left(\frac{\partial Q}{\partial b_1} \cdots \frac{\partial Q}{\partial b_n}\right)$

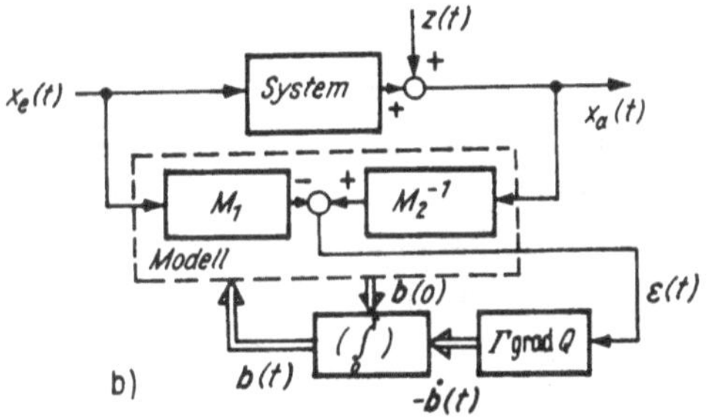

b)

— Nullabgleich des Modellfehlers

$$Q = \varepsilon^2(t) = \text{Min} \rightarrow \frac{\partial Q}{\partial b_i} = 2\varepsilon(t) \cdot \frac{\partial \varepsilon(t)}{\partial b_i}$$

$$= 2\varepsilon(t)\, u_i(t)\, (-1)$$

$\rightarrow \dot{b}_i = 2\Gamma\varepsilon(t)\, u_i(t)$ für $i = 1(1)\, n$

— (vgl. Gln(2.6-65, 68, 71) und Abb. 2.6-8)

— Methode der kleinsten Quadrate

$$Q = \int_0^t \varepsilon^2(\tau)\, d\tau = \text{Min}$$

(vgl. Gln. (2.6-64, 69, 70))

n-line-Identifikation (zu Seite 86)

	Steuerbarkeit	Beobacht
Beispiel (Zahlenbeispiel von Bild 3.6-1)	$x(k+1) = (\tilde{A})\, x(k) + (\tilde{B})\, x_e(k) = \begin{bmatrix} \tilde{a}_{11} & \tilde{a}_{12} \\ \tilde{a}_{21} & \tilde{a}_{22} \end{bmatrix} [$ mit $\tilde{a}_{11} = 0,\ \tilde{a}_{12} = 1\ ,\ \tilde{a}_{21} = -\frac{3}{16}\ ,\tilde{a}_{22} =$	
Allgemeine Bedingung	$\operatorname{rang}(\tilde{S}) = n$ mit $(\tilde{S}) = [(\tilde{A})^{n-1}\,(\tilde{B}) \vdots \cdots \vdots (\tilde{B})]$	$\operatorname{rang}(\tilde{Q}) = n$ mit $(\tilde{Q}) = [(\tilde{C})^T \vdots (\tilde{A})^T\, (\tilde{C})^T \vdots \cdots$
Prüfung des Beispiels auf Steuerbarkeit, Beobachtbarkeit und Identifizierbarkeit	$(\tilde{S}) = \left[\begin{array}{cc\|cc} \tilde{a}_{11} & 0 & 1 & 0 \\ \tilde{a}_{21} & 0 & 0 & 0 \end{array}\right] = \left[\begin{array}{cc\|cc} 0 & 0 & 1 & 0 \\ -\frac{3}{16} & 0 & 0 & 0 \end{array}\right]$ $\operatorname{rang}(\tilde{S}) = \begin{cases} 2 = n & \text{für } \tilde{a}_{21} \neq 0 \\ & \text{(steuerbar)} \\ 1 = n & \text{für } \tilde{a}_{12} = 0 \\ & \text{(nicht steuerbar)} \end{cases}$	$(\tilde{Q}) = \left[\begin{array}{cc\|cc} 1 & 0 & \tilde{a}_{11} & 0 \\ 0 & 0 & \tilde{a}_{12} & 0 \end{array}\right] = \left[\begin{array}{cc} 1 & 0 \\ 0 & 0 \end{array}\right.$ $\operatorname{rang}(\tilde{Q}) = \begin{cases} 2 = n & \text{für} \\ & \text{(beobacht} \\ 1 = n & \text{für} \\ & \text{(nicht beo} \end{cases}$
Signalflußbilder	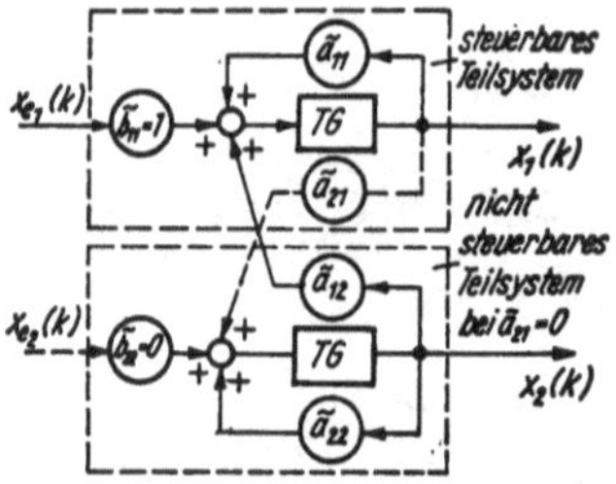	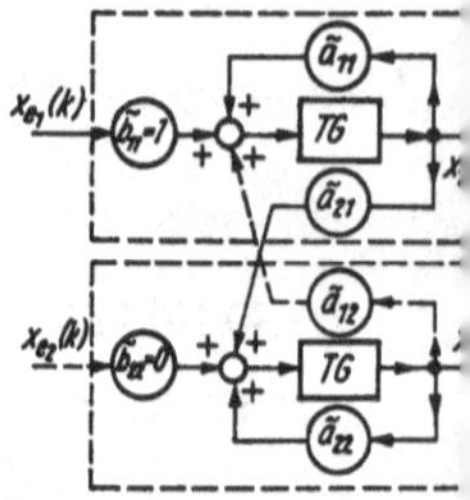

Abb. 3.6-2. Zur Ermittlung der Steuerbarkeit, Beobac

	Identifizierbarkeit
	$\ldots_1(k) \ldots_2(k)$]; $\boldsymbol{x}_a(k) = \begin{bmatrix} 1 & 0 \\ 0 & 0 \end{bmatrix} \begin{bmatrix} x_1(k) \\ x_2(k) \end{bmatrix}$ $\tilde{\lambda}_1 = -\frac{1}{4}, \tilde{\lambda}_2 = -\frac{3}{4}$
	$\det(\widetilde{ID}) \neq 0$ mit $(\widetilde{ID}) = [\boldsymbol{x}(0) \vdots (\tilde{A})\,\boldsymbol{x}(0) \vdots \cdots \vdots (\tilde{A})^{n-1}\,\boldsymbol{x}(0)]$
	$(\widetilde{ID}) = \begin{bmatrix} x_1(0) & \tilde{a}_{11}x_1(0) + \tilde{a}_{12}x_2(0) \\ x_2(0) & \tilde{a}_{21}x_1(0) + \tilde{a}_{22}x_2(0) \end{bmatrix} = \begin{bmatrix} x_1(0) & x_2(0) \\ x_2(0) & -\frac{3}{16}x_1(0) - x_2(0) \end{bmatrix}$ $\det(\widetilde{ID}) = \begin{cases} = 0 \text{ für} \begin{cases} x_1(0) = x_2(0) = 0 \\ \text{(trivialer Fall)} \\ \boldsymbol{x}(0) = \boldsymbol{r}_1, \boldsymbol{x}(0) = \boldsymbol{r}_2 \\ \text{(nicht identifizierbar)} \end{cases} \\ \neq 0 \text{ für } \boldsymbol{x}(0) \neq \begin{cases} 0 \\ \boldsymbol{r}_1, \boldsymbol{r}_2 \end{cases} \\ \text{(identifizierbar)} \end{cases}$ mit den Eigenvektoren $\boldsymbol{r}_1 = \begin{bmatrix} 1 \\ -\frac{1}{4} \end{bmatrix}, \boldsymbol{r}_2 = \begin{bmatrix} 1 \\ -\frac{3}{4} \end{bmatrix}$ (vgl. Bild 3.6-1)

…tifizierbarkeit (zu Seite 154)

		Teilfrequenzg	
Gegeben		Realteil $U_e(k\,\Delta\omega) = U(k)$	Betragsquadrat (ode bzw. Imaginärteil) $\lvert G_e(jk\,\Delta\omega)\rvert^2 = G_B(k$
Verwendete Modellfehler		Ausgangsfehler $\varepsilon = \varepsilon_a(j\omega) = U(k) - U_M(k)$	Verallgemeinerter Fe $\varepsilon = \varepsilon_v = G_B(k)\,G_{GM}^{-1} - G_{GM_1}(k)$
Modell-gleichung		$G_M(p) = \sum_{i=0}^{n} c_i \left(\frac{1-pT}{1+pT}\right)^i$ mit $\omega T = \tan \omega^*/2$ und $\left(\frac{1-j\omega T}{1+j\omega T}\right) = e^{-j\omega^*}$ folgt $U(\omega^*) = \sum_{i=0}^{n} c_i \cos i\omega^*$ (T = bekannt)	$\lvert G_M(j\omega)^2\rvert = \frac{G_{GM_1}(}{G_{GM_2}^{-1}(}$ $\frac{B_0 + B_1\omega^2 + \cdots +}{1 + A_1\omega^2 + \cdots +}$
Kenn-wert-lineare Fehler-glei-chung $\varepsilon = x_a - (U)\,\boldsymbol{b}$	Kenn-wert-vektor $b^T =$	$(c_0 \cdots c_n)$	$(A_1 \cdots A_n \mid B_0 \cdots B_m)$
	Meß-wert-vektor $x_a^T =$	$U_e(\omega_1^*) \cdots U_e(\omega_n^*)$	$\left(G_B(1) \cdots G_B(N)\right)$
	Matrix $(U) =$	$\begin{bmatrix} 1 \cos\omega_1^* \cdots \cos n\omega_1^* \\ \vdots \quad \vdots \quad \vdots \\ 1 \cos\omega_N^* \cdots \cos n\omega_N^* \end{bmatrix}$	$((U_1)) \mid ((U_2))$ mit $(U_1) = \begin{bmatrix} -\omega_1^2 G_B(1) \cdots -\omega_1^{2n} G \\ \vdots \quad \vdots \\ -\omega_N^2 G_B(N) \cdots -\omega_N^{2n} \end{bmatrix}$ und $(U_2) = \begin{bmatrix} 1\ \omega_1^2 \cdots \omega_1^{2m} \\ \vdots \quad \vdots \quad \vdots \\ 1\ \omega_N^2 \cdots \omega_N^{2m} \end{bmatrix}$

Abb. 3.7-4. Kennwertlineare M

metrischen Modells
Frequenzgang-)Modellen

	Komplexe Frequenzgänge	
Phasenwinkels $= t_a(k)$	Real- und Imaginärteil $G_e(jk\,\Delta\omega) = U_e(k\,\Delta\omega) + jV_e(k\,\Delta\omega) = U(k) + jV(k)$	
erter Fehler $- G_{\varphi M1}(k)$	Ausgangsfehler $\varepsilon = \varepsilon_a(j\omega) = G_e(j\omega)$ $- G_M(j\omega)$ $= \varepsilon_{au} + j\varepsilon_{av}$	Verallgemeinerter Fehler $\varepsilon = \varepsilon_v(j\omega)\, G_e(j\omega)\, G^{-1}_{M2}(j\omega)$ $- G_{M1}(j\omega)$
$\frac{M_1(\omega)}{M_2^{-1}(\omega)} =$ $\frac{a_3\omega^3 + \cdots\}}{{}^4 - a_6\omega^6 + - \cdots}$ $= 0)$	$G(j\omega) = \sum_{i=0}^{n} c_i G_i(j\omega)$ $G_i(jk\,\Delta\omega) = U_i(k)$ $+ jV_i(k)$ $\big(U_i(k),\ V_i(k)$ $=$ bekannt)	$G(j\omega) = \frac{G_{M1}(j\omega)}{G^{-1}_{M2}(j\omega)}$ $= \frac{b_0 + b_1(j\omega) + \cdots + b_m(j\omega)^m}{1 + a_1(j\omega) + \cdots + a_n(j\omega)^n}$
	$(c_0 \cdots c_n)$	$(a_1 \cdots a_n \mid b_0 \cdots b_m)$
)	$\big((U(1)\ V(1) \cdots U(N)\ V(N)\big)$	
$\begin{bmatrix} -u_{14} & -u_{15} \cdots \\ \vdots & \vdots \\ {}_3 - u_{N4} & -u_{N5} \cdots \end{bmatrix}$ de für	$\begin{bmatrix} U_0(1) \cdots U_n(1) \\ V_0(1) \cdots V_n(1) \\ \vdots \quad \vdots \\ U_0(N) \cdots U_n(N) \\ V_0(N) \cdots V_n(N) \end{bmatrix}$	$\big((U_1) \mid (U_2)\big)$ mit $(U_1) =$ $\begin{bmatrix} v_{11} & u_{12} & -v_{13} & -u_{14} & \cdots \\ -u_{11} & v_{12} & u_{13} & -v_{14} & \cdots \\ \vdots & \vdots & \vdots & \vdots & \\ v_{N1} & u_{N2} & -v_{N3} & -u_{N4} & \cdots \\ -u_{N1} & v_{N2} & u_{N3} & -v_{N4} & \cdots \end{bmatrix}$ $\{v_{ks} = V(k)\,\omega_k^s,\ u_{ks} = U(k)\,\omega_k^s\}$ und $(U_2) =$ $\begin{bmatrix} 1 & 0 & -\omega_1^2 & 0 & \omega_1^4 & \cdots \\ 0 & \omega_1 & 0 & -\omega_1^3 & 0 & \cdots \\ \vdots & \vdots & \vdots & \vdots & \vdots & \\ 1 & 0 & -\omega_N^2 & 0 & \omega_N^4 & \cdots \\ 0 & \omega_N & 0 & -\omega_N^3 & 0 & \cdots \end{bmatrix}$

Verarbeitungsebene (zu Seite 163)

Prinzipieller Verlauf	Gleichung und Bezeichnung	Zugehörige $X_e(p) = \int_0^\infty x_e$
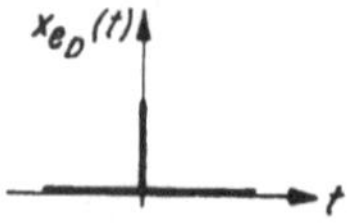	Diracimpuls der Fläche a $x_{eD}(t) = a \cdot \delta(t);\ \delta(t) = \begin{cases} \infty & \text{f. } t = 0 \\ 0 & \text{f. } t \neq 0 \end{cases}$	$X_{eD}(p) = a$
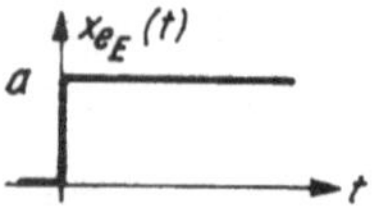	Sprungfunktion $x_{eE}(t) = a \cdot s(t);\ s(t) = \begin{cases} 1 & \text{f. } t \geqq 0 \\ 0 & \text{f. } t < 0 \end{cases}$	$X_{eE}(p) = \frac{a}{p}$
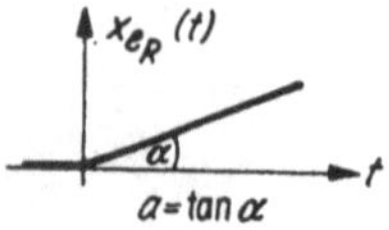	Rampenfunktion $x_{eR}(t) = a \cdot r(t);\ r(t) = \begin{cases} t & \text{f. } t \geqq 0 \\ 0 & \text{f. } t < 0 \end{cases}$	$X_{eR}(p) = \frac{a}{p^2}$
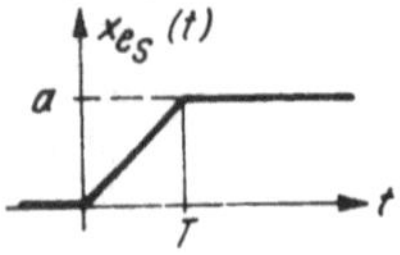	Schrittfunktion $x_{eS}(t) = \begin{cases} a \cdot t/T & \text{f. } 0 \leqq t \leqq T \\ a & \text{f. } T < t \end{cases}$	$X_{eS}(p) = a\,\frac{1 - \mathrm{e}}{p^2}$
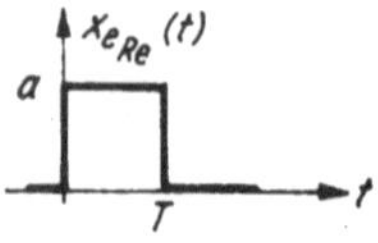	Rechteckimpuls $x_{eRe}(t) = \begin{cases} a & \text{f. } 0 < t < T \\ 0 & \text{sonst} \end{cases}$	$X_{eRe}(p) = a\,\frac{1 -}{p}$
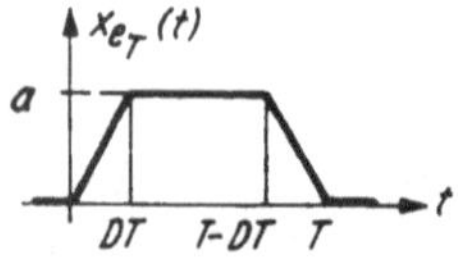	Trapezimpuls $x_{eT}(t) = \begin{cases} a \cdot t/DT & \text{f. } 0 \leqq t \leqq DT \\ a & \text{f. } DT \leqq t \leqq T - DT \\ a\,(1 - [t - T + DT]/DT) & \text{f. } T - DT \leqq t \leqq T \\ 0 & \text{sonst.} \end{cases}$	$X_{eT}(p) =$ $\frac{a}{DT}\,(1 - \mathrm{e}^{-DTp})$
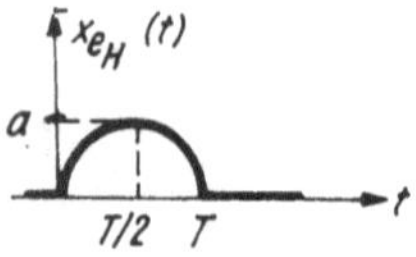	Halbsinusimpuls $x_{eH}(t) = \begin{cases} a \cdot \sin(\pi \cdot t/T) & \text{f. } 0 \leqq t \leqq T \\ 0 & \text{sonst} \end{cases}$	$X_{eH}(p) =$ $\frac{a\pi}{p}\,\frac{1 - \mathrm{e}^{-pT}}{p^2 + \left(\frac{\pi}{p}\right)^2}$

Abb. 4.6-1. Aperiodische Standardtestisignale (zu Se

Formfilterfrequenzgang $G_f(j\omega) = U_f(\omega) + jV_f(\omega)$ nach Abb. 4.6-2 für $\omega > 0$
$U_f(\omega) = 0\,,\; V_f(\omega) = \omega a$
$U_f(\omega) = a\,,\; V_f(\omega) = 0$
$U_f(\omega) = 0\,,\; V_f(\omega) = -\,a/\omega$
$U_f(\omega) = \frac{a}{T\omega}\sin(\omega T)$ $V_f(\omega) = -\frac{a}{T\omega}(1 - \cos(\omega T))$
$U_f(\omega) = a(1 - \cos(\omega T))$ $V_f(\omega) = a\sin(\omega T)$
$(\omega) = \frac{a}{DT\omega}\{\sin(\omega DT)[1 - \cos(\omega T)] - \sin(\omega T)[1 - \cos(\omega DT)]\}$ $(\omega) = \frac{a}{DT\omega}\{[1 - \cos(\omega DT)][1 + \cos(\omega T)] - \sin(\omega T) \times \times \sin(\omega DT)\}$
$U_f(\omega) = a[\cos(\omega T) - 1]\cdot\beta$ $V_f(\omega) = -\,a\sin(\omega T)\cdot\beta$ mit $\beta = 1/\left\{\frac{(T\omega)^2}{\pi} + \frac{\pi}{(T\omega)^2}\right\}$

Prinzipieller Verlauf	Gleichung und Bezeichnung
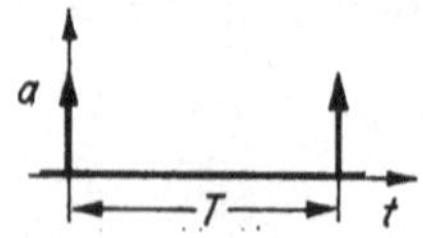	**Diracimpulsfolge der Fläche a** $x_{eD}(t) = \sum_{k=-\infty}^{\infty} a \cdot \delta(t - kT) \quad \delta(t) = \begin{cases} \infty \text{ für } t \\ 0 \text{ für } t \end{cases}$
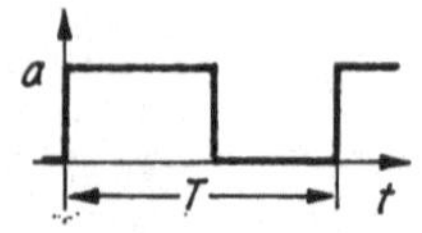	**Mäanderfunktion** $x_{e\,\mathrm{Re}}(t) = \begin{cases} a \text{ für } 0 < t < T/2 \\ 0 \text{ für } T/2 < t < T \end{cases}$
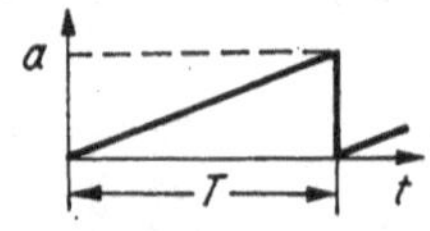	**Sägezahnfunktion** $x_{e\mathrm{Sa}}(t) = \begin{cases} \frac{a}{T} \cdot t \text{ für } 0 < t < T \end{cases}$
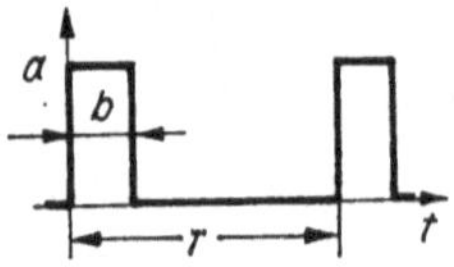	**Rechteckimpulsfolge** $x_{e\mathrm{Re}}(t) = \begin{cases} a \text{ für } 0 < t \leqq b \\ 0 \text{ für } b < t \leqq T \end{cases}$
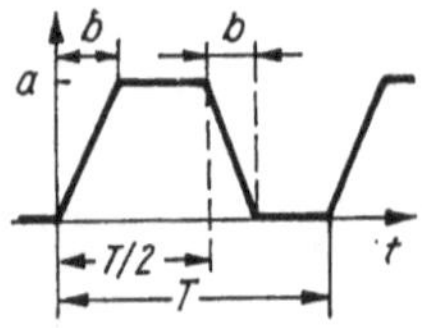	**Trapezimpulsfolge** $x_{e\mathrm{T}}(t)$ $= \begin{cases} a \cdot t/b & \text{für } 0 \leqq t \leqq b \\ a & \text{für } b \leqq t \leqq T/ \\ -a \cdot t/b + a\left(1 + \frac{T}{2b}\right) & \text{für } T/2 \leqq t \leqq T/2 \\ 0 & \text{für } T/2 + b \leqq t \leqq \end{cases}$
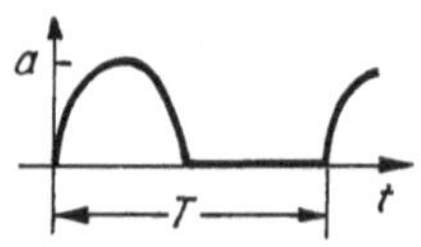	**Halbsinusimpulsfolge** $x_{e\mathrm{H}}(t) = \begin{cases} a \cdot \sin(2\pi \cdot t/T) & \text{für } 0 \leqq t \leqq T/2 \\ 0 & \text{für } T/2 \leqq t \leqq T \end{cases}$
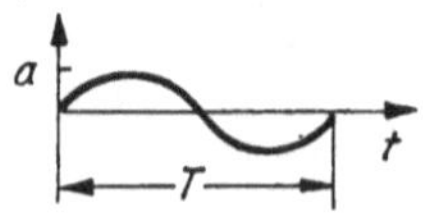	**Sinusschwingung** $x_{e\mathrm{Si}}(t) = a \cdot \sin(2\pi \cdot t/T)$

Abb. 4.7-1. Periodische Standardt

ı a_{ek}, b_{ek}, der FOURIER-Reihe

$$+ \sum_{k=1}^{i_{\max}} \left\{a_{ek} \cos\left(\frac{2\pi}{T} t\right) + b_{ek} \sin\left(\frac{2\pi}{T} t\right)\right\}$$

$T \}$ für $k = 1(1)\, i \max$

---

r $k = 1(1)\, i \max$

für $k = 2(1)\, i \max$

$a/(\pi \cdot k)$ für $k = 1(2)\, i \max$

---

für $k = 0$

für $k = 1(1)\, i \max$

$\pi \cdot k)$ für $k = 1(1)\, i \max$

---

b/T

$\sin (2 \cdot \pi \cdot k \cdot b/T)$

$(1 - \cos (2 \cdot \pi \cdot k \cdot b/T))$ } für $k = 1(1)\, i \max$

$= b_{ek} = 0$ für $k = 2(2)\, i \max$

$\frac{\cdot T}{\pi^2 \cdot k^2} (\cos (2 \cdot \pi \cdot k \cdot b/T) - 1)$

$\frac{\cdot T}{\pi^2 \cdot k^2} \cdot \sin (2 \cdot \pi \cdot k \cdot b/T)$ } für $k = 1(2)\, i \max$

; $b_{e1} = a/2$

für $k = 1(2)\, i \max$

$2 \cdot a/(\pi(k - 1)(k + 1))$ für $k = 2(2)\, i \max$

für $k = 2(1)\, i \max$

---

für $k = 0(1)\, i \max$

für $k = 1$

für $k \neq 1$

---

210)

Verfahren		Charakter. Fehlerverlauf	Ansatz
a) Interpolation			$Q(\varepsilon) = \varepsilon(t_k) = 0$ für $k = 1, 2, \ldots,$
b) Methode der kleinsten Quadrate	getastet	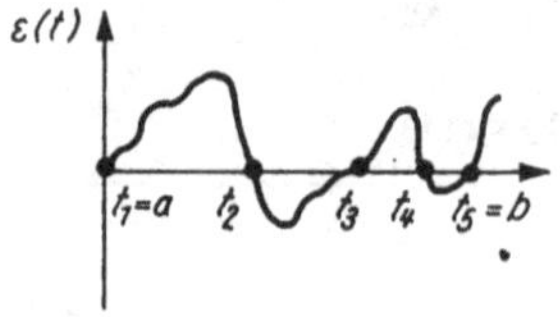	$Q = \varepsilon^T(w)\,\varepsilon = \mathrm{M}$ $(w) = \begin{bmatrix} w_1^2 & 0 & \cdots \\ 0 & w_2^2 & \cdots \\ \vdots & \vdots & \\ 0 & 0 & \cdots \end{bmatrix}$
	konti-nuier-lich		$Q(\varepsilon) = \int_a^b \varepsilon^2(t)\, w^2($ $= \mathrm{Min}$
c) Max. geebnete Approximat.		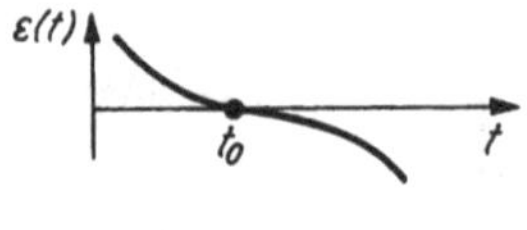	$Q = \varepsilon^{(i)}(t_0) = 0$ $i = 0, 1, 2, \ldots, n$
d) Tschebyscheffsche Approximat.		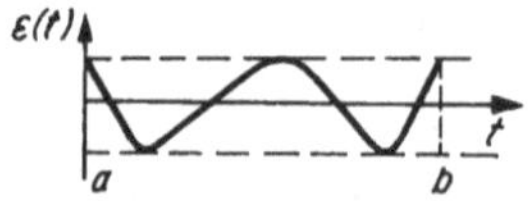	$Q = \max\{\varepsilon(t)\} =$ in $a \leq t \leq b$
e) Emp. Methoden	Atlan-ten		} nicht analytisch formulierbar
	Emp. Kenn-werte		

Abb. 2.3-1. Deterministische Approximations

Lösung	Praktische Bedeutung
$\boldsymbol{x}_a$	gering
$^T (w) (U)\}^{-1} (U)^T (w) \boldsymbol{x}_a$	sehr groß
$\boldsymbol{a}$ mit $t) u_k(t) w^2(t)\, \mathrm{d}t$ $) x_a(t) w^2(t)\, \mathrm{d}t$	
$b_s u_s^{(i)}(t_0) = 0$ 1 $1, \ldots, n - 1$	gering
v bestimmbar	ohne praktische Bedeutung
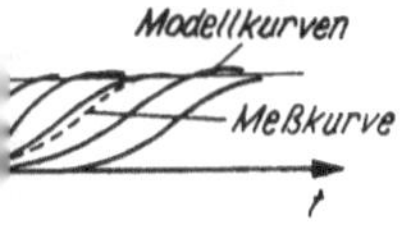	sehr groß wegen Einfachheit
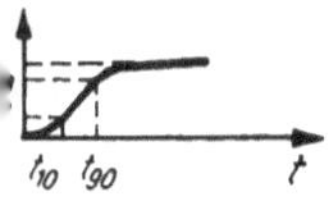	

56)

				Nich
		kontinuierliche		
Nicht-para-me-trische Zeit-funk-tions-mo-delle	konti-nuier-liche	a) aperiodische Signale		
		$x = x(t) = \frac{1}{2\pi}\int_{-\infty}^{\infty} X(j\omega)\, e^{j\omega t}\, d\omega = \mathcal{F}^{-1}\{X(j\omega)\}$	$X(j\omega) = \int_{-\infty}^{\infty} x(t)\, e^{-j\omega}\, dt = \mathcal{F}\{x(t)\}$	$x(t) = x_p(t) = \sum_{k=-\infty}^{\infty} x_{ap}(t -$ $x_{ap}(t) = \begin{cases} x_p(t) \\ 0 \text{ son} \end{cases}$
		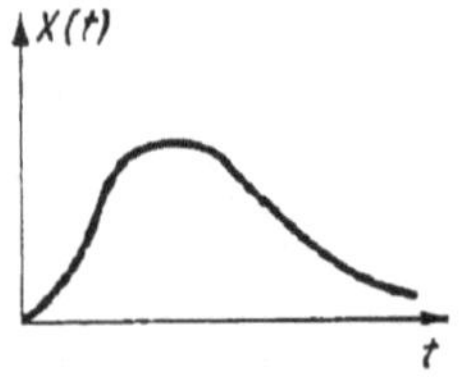 a)	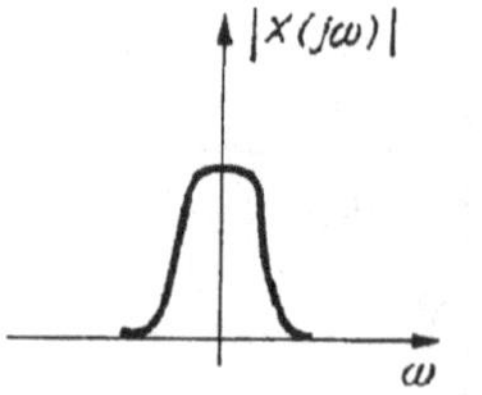 b)	 c)
	dis-konti-nuier-liche	d) Abtastung aperiodischer Signale		
		$x^*(t) = x(t) \sum_{s=-\infty}^{\infty} \delta(t - s\,\Delta t) = \sum_{s=-\infty}^{\infty} x(s\,\Delta t)\,\delta(t - s\,\Delta t)$	$X^*(j\omega) = \frac{1}{\Delta t}\sum_{s=-\infty}^{\infty} X(j[\omega - s\omega_0])$ $X(j\omega) = 0$ für $\|\omega\| > \omega_g$ $\omega_0 = 2\pi/\Delta t > 2\omega_g$	$x_p^*(t) = x_p(t)$ $= \sum_{s=-\infty}^{\infty} x$
		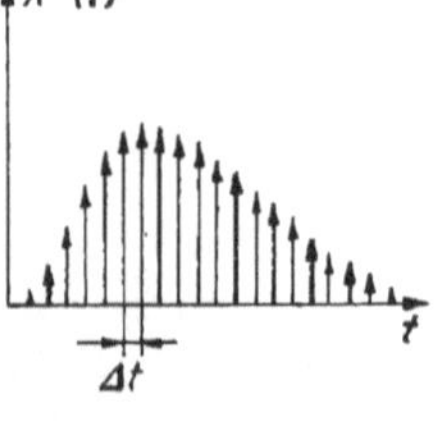 g)	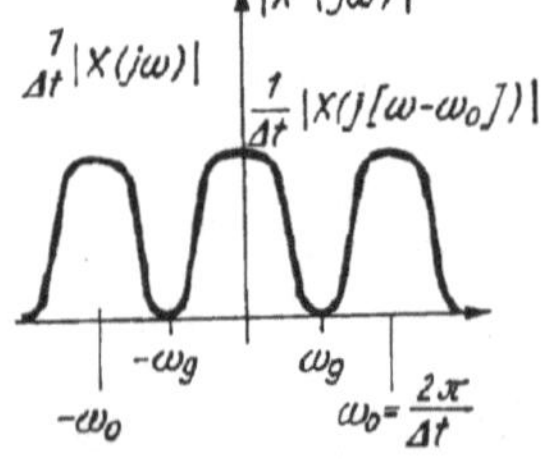 h)	 i)

Abb. 1.3-1. Nichtparametris

enzfunktionsmodelle

diskontinuierliche

ae Signale

$$_p(j\omega)$$

$$\sum_{k=-\infty}^{\infty} \frac{2\pi}{T} X_{ap}(jk\,\Delta\omega)\,\delta(\omega - k\,\Delta\omega)$$

$$X_{ap}(j\omega) = \mathcal{F}\left\{x_{ap}(t)\right\}$$

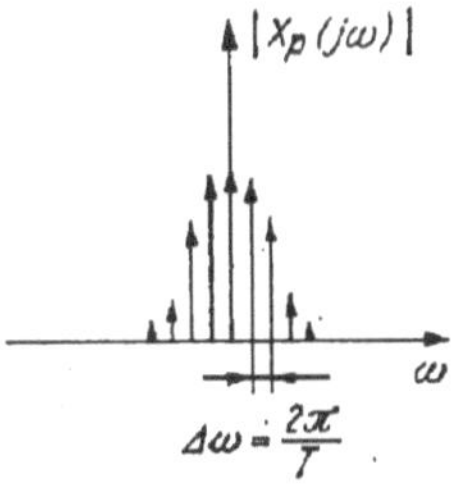

)

c) zeitbegrenzte aperiodische Signale

$$x(t) = x_{zB}(t) = P_{TE}(t) \cdot x_p(t)$$

$$P_{TE}(t) = \begin{cases} 1 \text{ für } |t| < T_E \\ 0 \text{ für } |t| > T_E \end{cases}$$

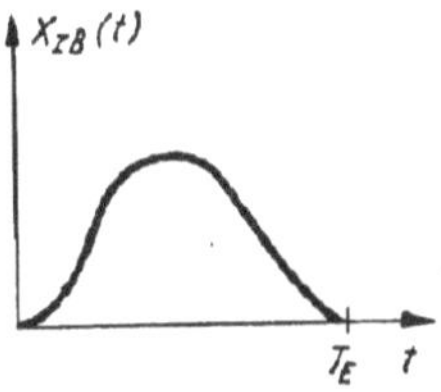

e)

$$X(j\omega) = X_{zB}(j\omega) = \sum_{k=-\infty}^{\infty} X_{zB}(jk\,\Delta\omega)\,\frac{\sin(\omega T_E - k\pi)}{\omega T_E - k\pi}$$

$$X_{zB}\left(jk\frac{\pi}{T_E}\right) = \int_{-T_E}^{T_E} x_{zB}(t)\,e^{-jk\,\Delta\omega t}\,dt$$

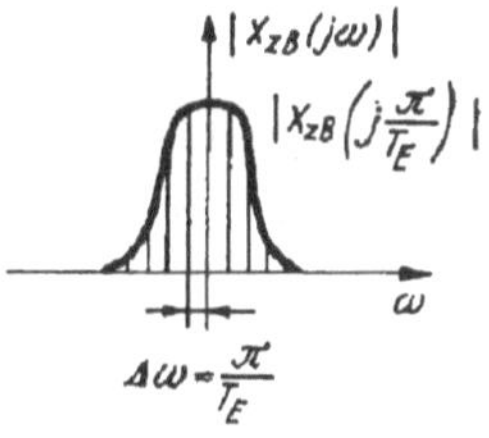

f)

odischer Signale

$$X^*(j\omega) = X_p^*(j\omega) = \sum_{s=-\infty}^{\infty}\sum_{k=-\frac{N}{2}}^{N/2} \frac{2\pi}{T} X_{ap}(jk\,\Delta\omega)\,\delta(\omega - \omega_I)$$

it $\omega_I = \Delta\omega[k + sN]$

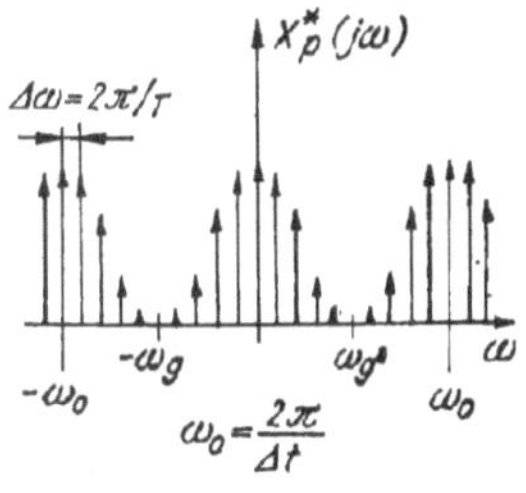

)

f) Abtastung zeitbegrenzter (aperiodischer) Signale

$$x^*(t) = x_{zB}^*(t) = x_{zB}(t) \sum_{s=-\infty}^{\infty} \delta(t - s\,\Delta t)$$

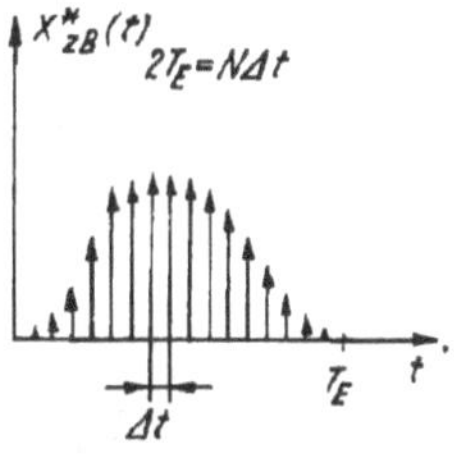

l)

$$X^*(j\omega) = X^*_{zB}(j\omega) = \frac{1}{\Delta t}\sum_{s=-\infty}^{\infty}\sum_{k=-\frac{N}{2}}^{N/2} X_{zB}(jk\,\Delta w)\,\frac{\sin\alpha}{\alpha}$$

mit $\alpha = \pi\left[\frac{\omega}{\Delta\omega} - k - sN\right]$

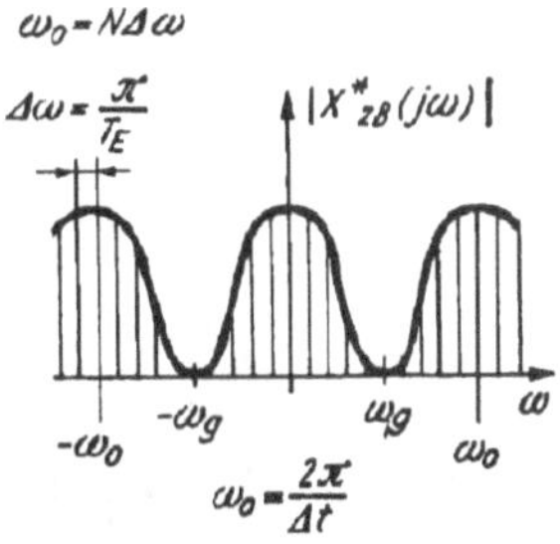

m)

ierter Signale (zu Seite 16)

		Nichtparame		
		kontinuierliche		
Nicht-para-metrische Zeit-funk-tions-modelle		a) kontinuierliche stochastische Signale		
	konti-nuier-liche	$x = x(t)$ in $-\infty < t < +\infty$	$\Psi_{xx}(\tau) = E\{x(t)\,x(t+\tau)\}$ $= \lim_{T\to\infty} \frac{1}{2T}\int_{-T}^{T} x(t)\,x(t+\tau)\,dt$ $= \mathfrak{F}^{-1}\{\Phi_{xx}(j\omega)\}$ $= \frac{1}{2\pi}\int_{-\infty}^{\infty}\Phi_{xx}(j\omega)e^{j\omega\tau}\,d\omega$	$\Phi_{xx}(j\omega)$ $= \mathfrak{F}\{\Psi_{xx}(\tau)\}$ $= \int_{-\infty}^{\infty}\Psi_{xx}(\tau)\,e^{-j\omega\tau}\,d\tau$
		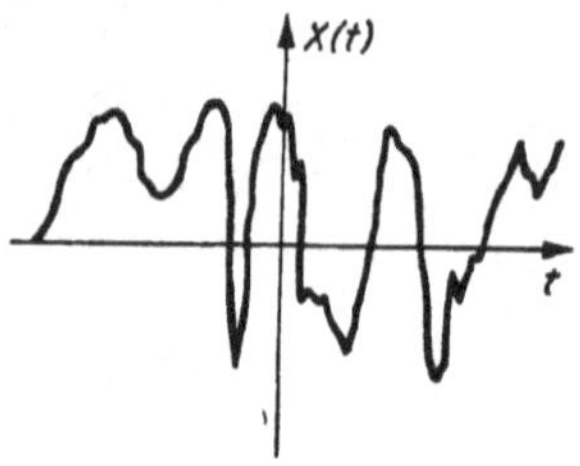	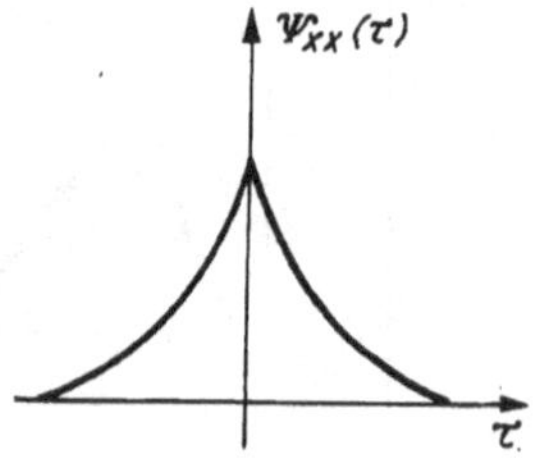	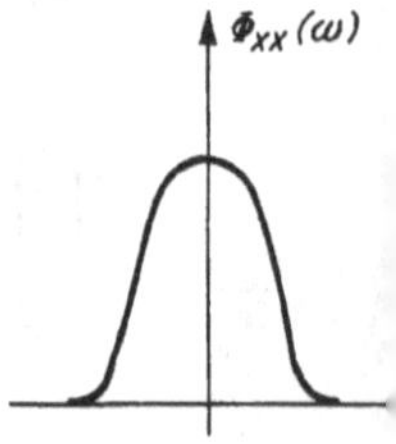
		c) Abtastung kontinuierlicher stochastischer Signale		
	dis-konti-nuier-liche	$x^*(t) = x(t)\sum_{s=-\infty}^{\infty}\delta(t - s\,\Delta t)$ $= \sum_{s=-\infty}^{\infty} x(s\,\Delta t)\,\delta(t - s\,\Delta t)$	$\Psi_{x^*x^*}(\tau)$ $= \frac{1}{\Delta t}\Psi_{xx}(\tau)\sum_{s=-\infty}^{\infty}\delta(\tau - s\,\Delta t)$ $= \sum_{s=-\infty}^{\infty}\frac{1}{\Delta t}\Psi_{xx}(s\,\Delta\tau)\,\delta(\tau - s\,\Delta t)$	$\Phi_{x^*x^*}(j\omega)$ $= \frac{1}{\Delta t}\sum_{s=-\infty}^{\infty}\Phi_{xx}(j[\omega -$ $\Phi_{xx}(\omega) = 0$ für $\lvert\omega\rvert >$ $\omega_0 = 2\pi/\Delta t > 2\omega_g$
		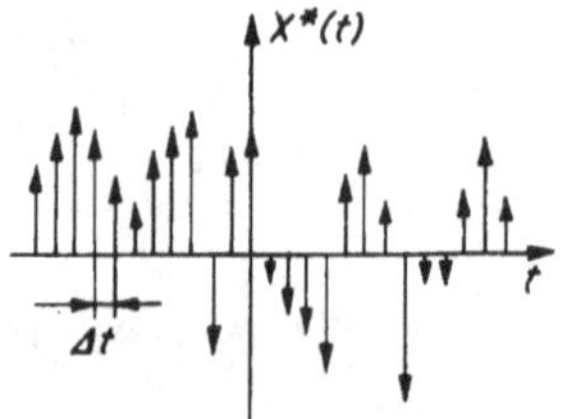	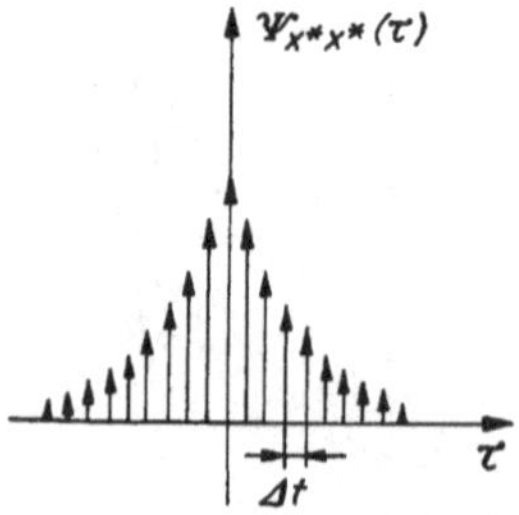	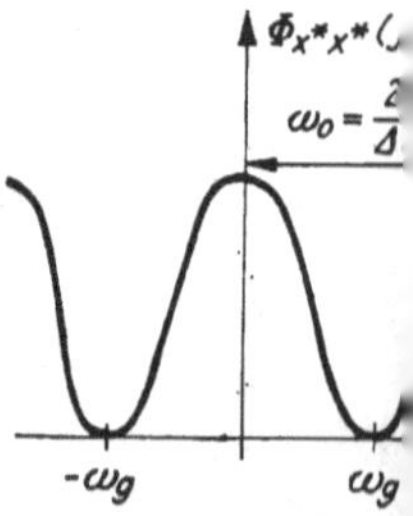

Abb. 1.3-4. Nichtparametrische Modell

diskontinuierliche

…begrenzte stochastische Signale

…$(t) = x(t)$ $\leqq t \leqq \frac{T_n}{2}$	$\Psi_{zB}(\tau) = \Psi_{pp}(\tau)\,\Psi_{xx}(\tau)$ $\Psi_{pp}(\tau) = \begin{cases} 1 & \text{für } \lvert\tau\rvert < \tau_{\max} \\ 0 & \text{für } \lvert\tau\rvert > \tau_{\max} \end{cases}$ $\Psi_{xx}(\tau) = E\{\widetilde{\Psi}(\tau)\}$ mit $\widetilde{\Psi}(\tau) = \frac{1}{T_n - \lvert\tau\rvert} \int_{-1/2(T_n/\tau/)}^{1/2(T_n-/\tau/)} x\left(t - \frac{\tau}{2}\right) x\left(t + \frac{\tau}{2}\right) \mathrm{d}t$ für $\lvert\tau\rvert \leqq \tau_{\max}$	$\Phi_{zB}(j\omega)$ $= \sum_{k=-\infty}^{\infty} \Phi_{xx}(jk\Delta\omega) \frac{\sin\alpha}{\alpha}$ mit $\alpha = \omega\tau_{\max} - k\pi$
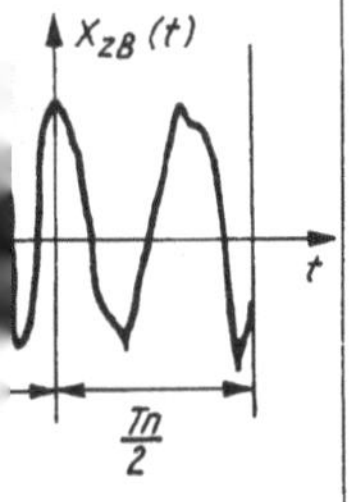	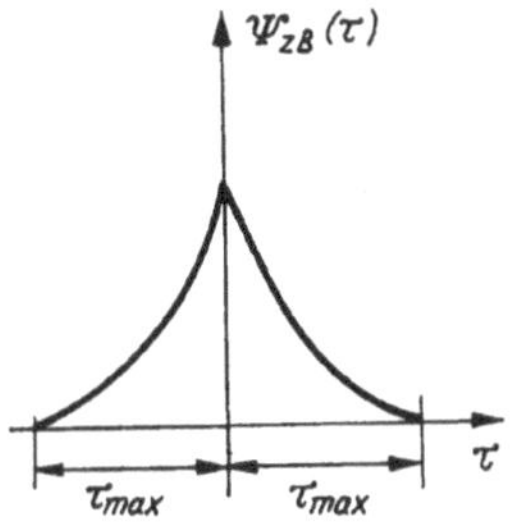	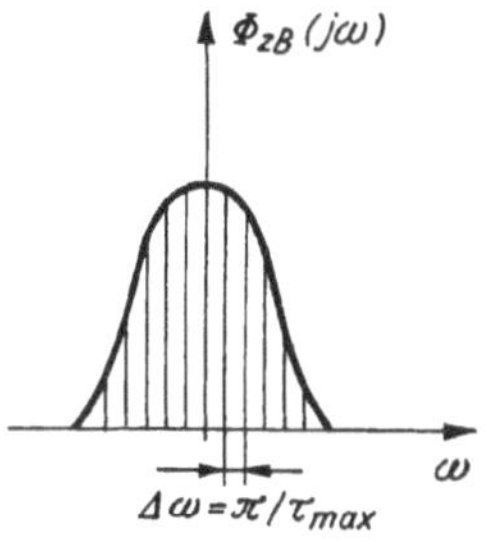

…astung zeitbegrenzter stochastischer Signale

$x_{zB}^*(t)$ $\sum_{=-\infty}^{\infty} \delta(t - s\,\Delta t)$	$\Psi_{zB^*}(\tau)$ $= \frac{1}{\Delta t} \sum_{s=-\infty}^{\infty} \Psi_{zB}(s\,\Delta t)\,\delta(\tau - s\,\Delta t)$	$\Phi_{zB^*}(j\omega)$ $= \frac{1}{\Delta t} \sum_{s=-\infty}^{\infty} \sum_{k=-\frac{N}{2}}^{N/2} \Phi_{xx}(jk\Delta\omega) = \frac{\sin\alpha}{\alpha}$ mit $\alpha = \pi\left(\frac{\omega}{\Delta\omega} - k - sN\right)$
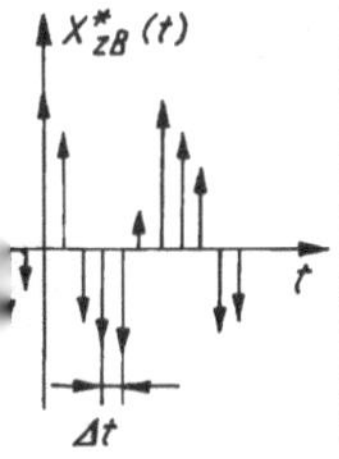	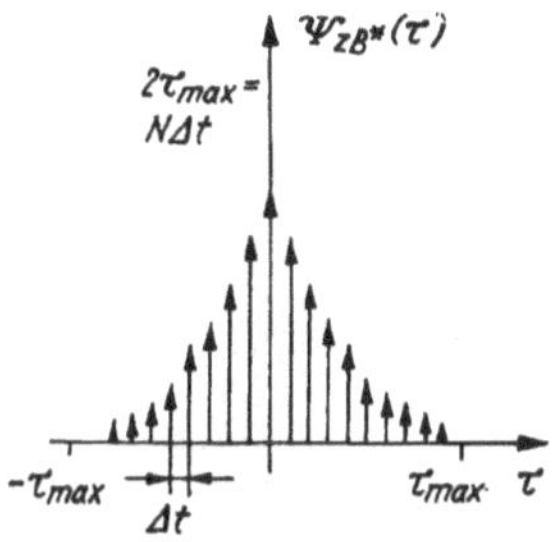	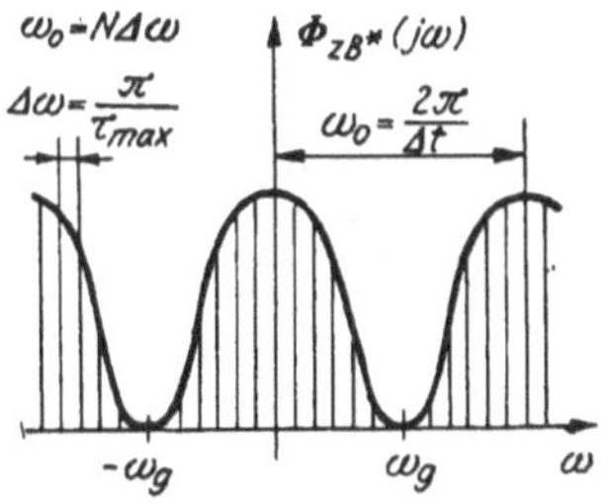

…gnale (zu Seite 18)

	Nichtparametrische Modelle		
	1) Zeitfunktionsmodelle (diskontinuierlich) $g(s\,\Delta t)\,\Delta t = \bar g(s)$	**2) Frequenzfunktionsmodelle** (diskontinuierlich) $G(js\,\Delta\omega) = U(s) + jV(s)$	**3) Vorwärtsmo** (Ausgangsfeh $\varepsilon = \varepsilon_a = x_a -$
Modellgleichung	**Faltungssumme** $x_{aM}(k) = \sum_{s=0}^{n} \bar g(s)\, x_e(k-s)$ $(k = 0, \ldots, N-1)$	**Fourierreihenentwicklung** $x_e(t) = \sum_{s=1}^{n} a_{es} \cos \omega_s t \quad \left(\omega_s = s \cdot \frac{2\pi}{T}\right)$ $x_{aM}(t) = \sum_{s=1}^{n} \{\bar U(s) \cos \omega_s t + \bar V(s) \sin \omega_s t\}$ $\bar U(s) = U(s)\, a_{es}$ für $s \neq 0$; $\bar V(s) = -V(s)\, a_{es}$	**Faltungssumm** $g(t) = \sum_{i=0}^{n} c_i \bar g_i$ $x_{aM}(k) =$ $\sum_{i=0}^{n} c_i \left\{ \sum_{s=0}^{m} \bar g_i(s)\, x_e(k -\right.$ $(g_i(t) =$ bekannt)
Fehlergleichung $\varepsilon = x_a - (U)\, b$ — **Kennwertvektor** $b^T =$	$(\bar g(0)\, \bar g(1) \cdots \bar g(n))$	$(\bar U(1) \cdots \bar U(n) \,\vdots\, \bar V(1) \cdots \bar V(n))$	$(c_0\, c_1 \cdots c_n)$
Meßwertvektor $x_a =$	$(x_a(0)\, x_a(1) \cdots x_a(N-1))$	$(x_a(0), x_a(1) \cdots x_a(N-1))$ mit $x_a(k) = x_a(k\,\Delta t)$	$(x_a(m) \cdots x_a(m+N))$
Matrix $(U) =$	$\begin{pmatrix} x_e(0) & \cdots & x_e(n) \\ \vdots & & \vdots \\ x_e(n) & \cdots & x_e(0) \\ \vdots & & \vdots \\ x_e(N-1) & \cdots & x_e(N-1-n) \end{pmatrix}$	$\begin{pmatrix} 1 & \cdots & 1 & 0 & \cdots & 0 \\ c_{11} & \cdots & c_{1n} & s_{11} & \cdots & s_{1n} \\ \vdots & & \vdots & \vdots & & \vdots \\ c_{N-1,1} & \cdots & c_{N-1,n} & s_{N-1,1} & \cdots & s_{N-1,n} \end{pmatrix}$ mit $c_{ks} = \cos \omega_s \cdot k\,\Delta t$, $s_{ks} = \sin \omega_s \cdot k\,\Delta t$	$\begin{pmatrix} u_{m0} & \cdots & u_{mn} \\ \vdots & & \vdots \\ u_{m+N,0} & \cdots & u_{m+N,n} \end{pmatrix}$ mit $u_{ki} = \sum_{s=0}^{m} \bar g_i(s)\, x_e(k$
Simulationsschaltung (die u. U. für eine manuelle oder selbstätig wirkende Modellgleichung Verwendung finden kann) vgl. Kapitel 2	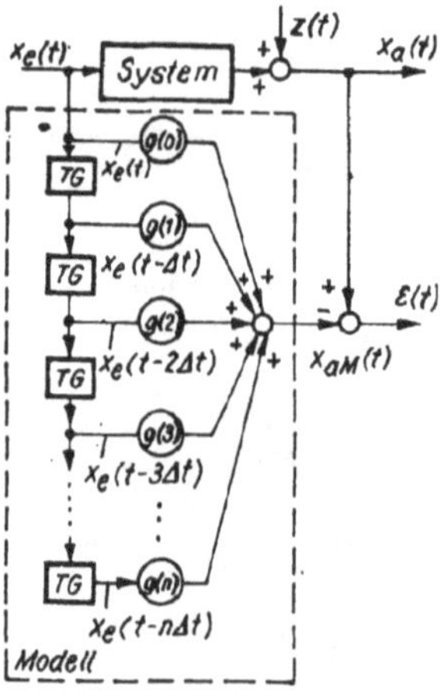 TG = Totzeitglied mit der Übertragungsfunktion $e^{-p\Delta t}$	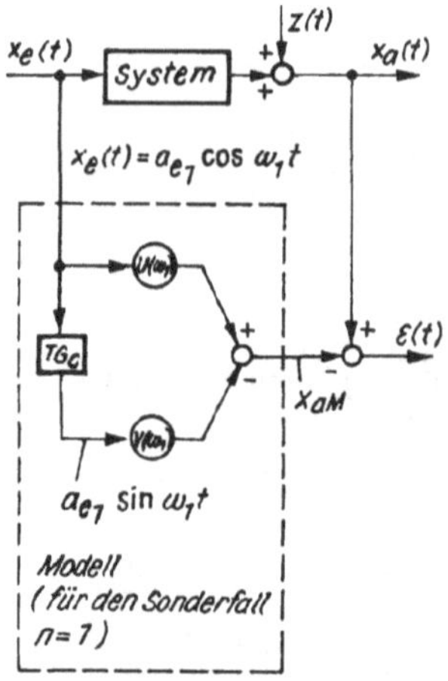 TG_c = Totzeitglied mit der Übertragungsfunktion $e^{-p\tau}$ bei $\tau = \frac{\pi}{2} \frac{1}{\omega_7} = \frac{T}{4}$	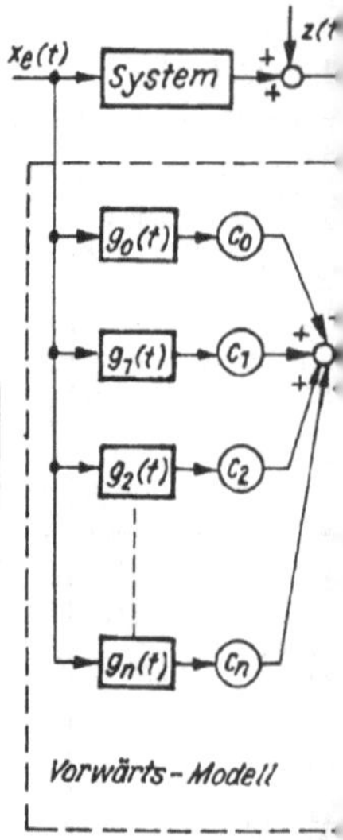

Abb. 3.3-2. Kennwertlineare System-Modelle des Klem

4) Verallgemeinerte Modelle
(verallgemeinerter [Gleichungs-]Fehler $\varepsilon = \varepsilon_v$)

4a) diskontinuierlich wirkend

Differenzengleichung

$$\cdots + \bar{b}_n x_e(k-n)$$

$$k) + \cdots + \bar{a}_n x_{aM}(k-n)$$

ete Übertragungsfunktion

$$\frac{+ \bar{b}_1 z^{-1} + \cdots + \bar{b}_n z^{-n}}{+ \bar{a}_1 z^{-1} + \cdots + \bar{a}_n z^{-n}}$$

$\bar{b}_1 \cdots \bar{b}_n)$
o.E.d.A.

$) \cdots x_a(n+N))$

$$\begin{matrix} \cdots & -x_a(1) & x_e(n) \cdots & x_e(1) \\ & \vdots & \vdots & \vdots \\ +n-1) \cdots & -x_a(N) & x_e(n-1) \cdots & x_e(N) \end{matrix}\Bigg)$$

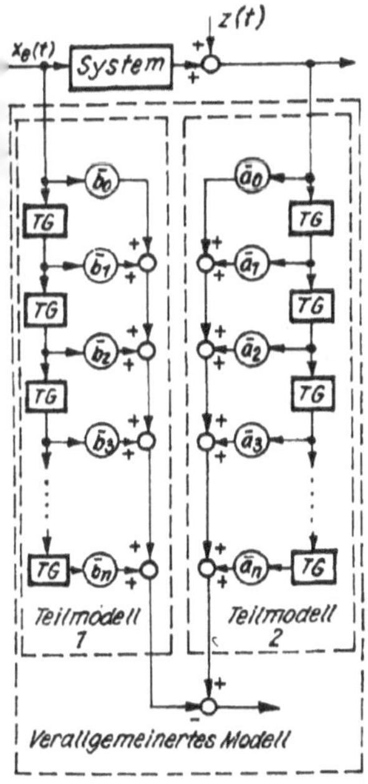

$\bar{a}_0 \equiv 1$ o EdA (TG vgl. 1))

4b) kontinuierlich wirkend

Differentialgleichung

$$b_0 x_e(t) + \cdots + b_m x_e^{(m)}(t) = a_0 x_{aM}(t) + \cdots + a_n x_{aM}^{(n)}(t)$$

Übertragungsfunktion

$$G(p) = \frac{b_0 + b_1 p + \cdots + b_m p^m}{a_0 + a_1 p + \cdots + a_n p^n}$$

$(a_1 \cdots a_n \mid b_0 \cdots b_n)$
bei $a_0 = 1 \mid$ o.E.d.A.

$(x_a(0) \cdots x(N))$

$$\begin{pmatrix} -x_a'(0) \cdots x_a^{(n)}(0) & x_e(0) \cdots x_e^{(m)}(0) \\ \vdots \quad \vdots & \vdots \quad \vdots \\ -x_a'(N) \cdots x_a^{(n)}(N) & x_e(N) \cdots x_e^{(m)}(N) \end{pmatrix}$$

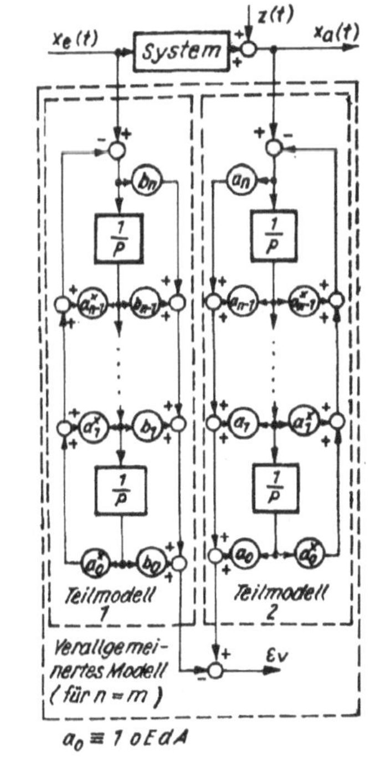

$a_0 \equiv 1$ o EdA

5) Inverse Modelle

(Inverse- oder Eingangsfehler $\varepsilon = \varepsilon_e = x_e - x_{eM}$) diskontinuierlich bzw. kontinuierlich wirkend]

Sonderfall von 4)
für $b_0 = \bar{b}_0 = 1$
und $b_i = \bar{b}_i = 0$ für $i \neq 0$

$(\bar{a}_0 \cdots \bar{a}_n)$ bzw.
$(a_0 \cdots a_n)$

$(x_e(n+1) \cdots x_e(N+n))$ bzw.
$(x_e(0) \cdots x_e(N))$

$$\begin{bmatrix} x_a(n+1) \cdots x_a(1) \\ \vdots \quad \vdots \\ x_a(n+N) \cdots x_a(N) \end{bmatrix} \text{ bzw.}$$

$$\begin{bmatrix} x_a(0) \cdots x_a^{(n)}(0) \\ \vdots \quad \vdots \\ x_a(N) \cdots x_a^{(n)}(N) \end{bmatrix}$$

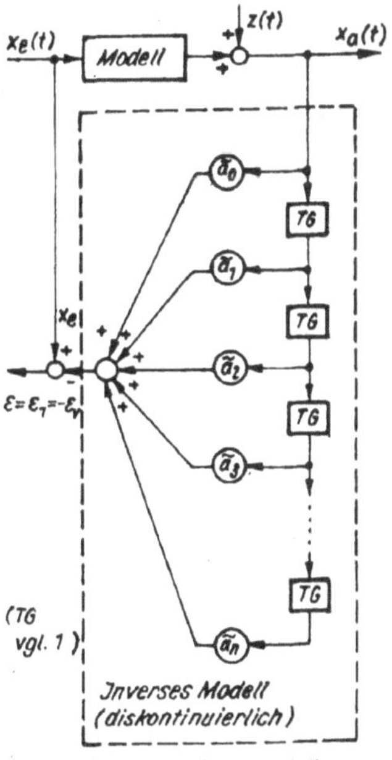

Der kontnuierliche Fall folgt aus 4) für $b_i = 0$

erste Verarbeitungsebene (zu Seite 116)

Zustandsmodell

Signalflußplan

Matrix-Signalflußbild

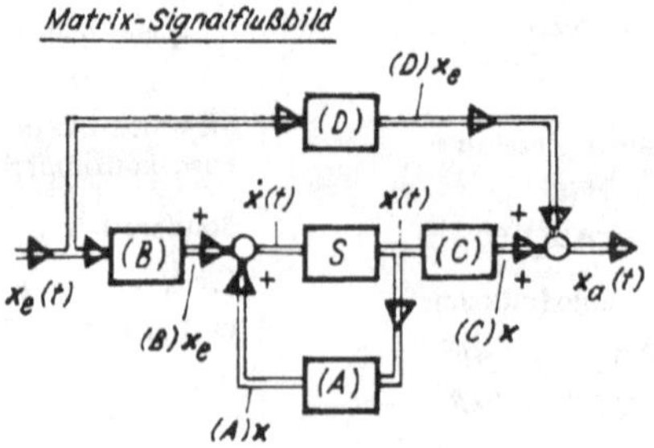

Beispiel

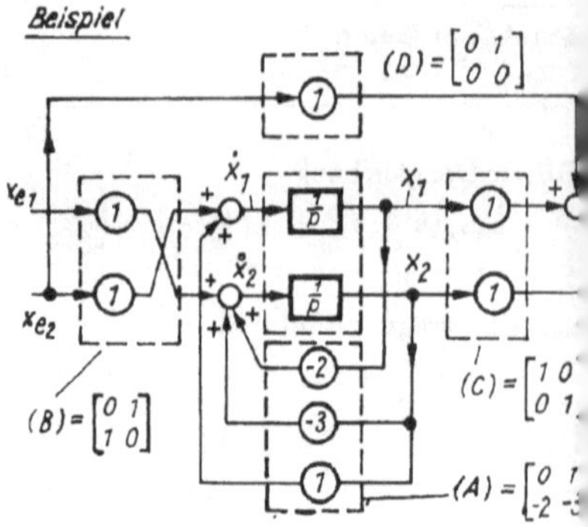

Beschreibung im Zeitbereich

allgemein

Zustandsgleichung (Vektor dgl.)

$$\dot{\boldsymbol{x}}(t) = (A)\,\boldsymbol{x}(t) + (B)\,\boldsymbol{x}_e(t)$$

Ausgangsgleichung

$$\boldsymbol{x}_a(t) = (C)\,\boldsymbol{x}(t) + (D)\,\boldsymbol{x}_e(t)$$

(A) = *Systemmatrix*, (B) = *Eingangsmatrix*,
(C) = *Ausgangsmatrix*, (D) = *Ein-Ausgangsmatrix*
$\boldsymbol{x}(0) = \boldsymbol{x}_0$ = Anfangsbedingungen

direkte ⇒ Lösung

$$\boldsymbol{x}(t) = (\Phi)\,\boldsymbol{x}(0) + (\Phi) * (B)\,\boldsymbol{x}_e(t)$$

$$= (\Phi[t]) \cdot \boldsymbol{x}(0) + \int_0^t (\Phi[t-\tau])\,(B)\,\boldsymbol{x}_e(\tau)\,\mathrm{d}\tau$$

mit

$$(\Phi[t]) = \mathrm{e}^{(A)t} = \begin{bmatrix} \Phi_{11}(t) \cdots \Phi_{1n}(t) \\ \vdots \\ \Phi_{n1}(t) \cdots \Phi_{nn}(t) \end{bmatrix}$$

(Φ) = *Fundamental- oder Übergangsmatrix*

Beispiel

$$\dot{\boldsymbol{x}} = \begin{bmatrix} \dot{x}_1 \\ \dot{x}_2 \end{bmatrix} = \begin{bmatrix} 0 & 1 \\ -2 & -3 \end{bmatrix} \cdot \begin{bmatrix} x_1 \\ x_2 \end{bmatrix} + \begin{bmatrix} 0 & 1 \\ 1 & 0 \end{bmatrix} \cdot \begin{bmatrix} x_{e_1} \\ x_{e_2} \end{bmatrix}$$
$$= (A) \cdot \boldsymbol{x} + (B) \cdot \boldsymbol{x}_e$$

$$\boldsymbol{x}_a = \begin{bmatrix} x_{a_1} \\ x_{a_2} \end{bmatrix} = \begin{bmatrix} 1 & 0 \\ 0 & 1 \end{bmatrix} \cdot \begin{bmatrix} x_1 \\ x_2 \end{bmatrix} + \begin{bmatrix} 0 & 1 \\ 0 & 0 \end{bmatrix} \cdot \begin{bmatrix} x_{e_1} \\ x_{e_2} \end{bmatrix}$$
$$= (C) \cdot \boldsymbol{x} + (D) \cdot \boldsymbol{x}_e$$

$$(\Phi[t]) = \mathscr{L}^{-1}\left\{\begin{pmatrix} \dfrac{p+3}{p^2+3p+2} & \dfrac{1}{p^2+3p+2} \\ \dfrac{-2}{p^2+3p+2} & \dfrac{p}{p^2+3p+2} \end{pmatrix}\right\}$$

$$= \begin{bmatrix} 2\mathrm{e}^{-t} - \mathrm{e}^{-2t} & \mathrm{e}^{-t} - \mathrm{e}^{-2t} \\ 2(\mathrm{e}^{-2t} - \mathrm{e}^{-t}) & 2\mathrm{e}^{-2t} - \mathrm{e}^{-t} \end{bmatrix}$$

$\mathscr{L}$ – Tr. ⇓	Lösung durch Laplace-Transformation	⇑ $\mathscr{L}^{-1}$-Tr.

Beschreibung im Bildbereich

allgemein

$$p\boldsymbol{X}(p) - \boldsymbol{x}(0) = (A)\,\boldsymbol{X}(p) + (B)\,\boldsymbol{X}_e(p)$$
$$\boldsymbol{X}(p) = [p(I) - (A)]^{-1}\,\boldsymbol{x}(0) + [p(I) - (A)]^{-1}\,(B)\,\boldsymbol{X}_e(p)$$
$$\boldsymbol{X}_a(p) = (C)\,\boldsymbol{X}(p) + (D)\,\boldsymbol{X}_e(p) = (G)\,\boldsymbol{X}_e(p)$$

mit $\boldsymbol{x}(0) = 0$ folgt

$$(G) = \{(C)\,[p - (A)]^{-1}\,(B) + (D)\}$$
$$= \begin{bmatrix} G_{11}(p) \cdots G_{1r}(p) \\ \vdots \qquad \vdots \\ G_{q1}(p) \cdots G_{qr}(p) \end{bmatrix}$$

$$(\Phi[t]) = \mathscr{L}^{-1}\{[p(I) - (A)^{-1}\}$$

mit

$$[p(I) - (A)]^{-1} = \frac{\mathrm{adj}\,[p(I) - (A)]}{\det\,[p(I) - (A)]}$$

Beispiel

$$[p(I) - (A)] = \begin{bmatrix} p & 0 \\ 0 & p \end{bmatrix} - \begin{bmatrix} 0 & 1 \\ -2 & -3 \end{bmatrix} = \begin{bmatrix} p & -1 \\ 2 & p+3 \end{bmatrix}; \; [p(I) - (A)]^{-1} = \frac{1}{p^2+3p+2} \begin{bmatrix} p+3 & 1 \\ -2 & p \end{bmatrix}$$

für $\boldsymbol{x}(0) = 0$ folgt:

$$(G[p]) = \begin{bmatrix} 1 & 0 \\ 0 & 1 \end{bmatrix} \begin{bmatrix} \dfrac{p+3}{p^2+3p+2} & \dfrac{1}{p^2+3p+2} \\ \dfrac{-2}{p^2+3p+2} & \dfrac{p}{p^2+3p+2} \end{bmatrix} \begin{bmatrix} 0 & 1 \\ 1 & 0 \end{bmatrix} + \begin{bmatrix} 0 & 1 \\ 0 & 0 \end{bmatrix}$$

Abb. 1.4-9. Zustands- und Ein-Ausg

Modell für das Klemmenverhalten

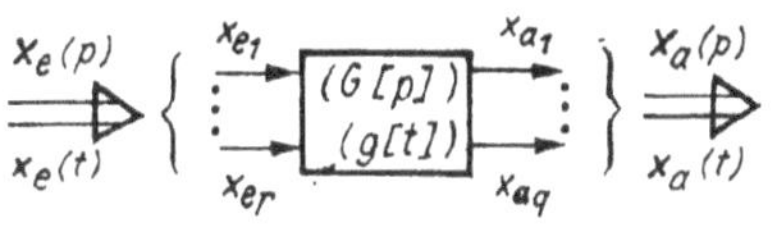

Beispiel (für q = r = 2)
{p-kanonische Struktur}

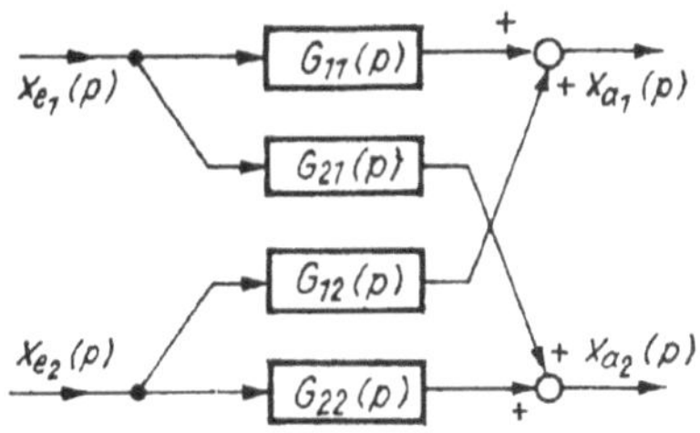

Differentialgleichungen

$$\frac{\mathrm{d}^n x_{al}(t)}{\mathrm{d}t^n} + a_{n-1}\frac{\mathrm{d}^{n-1} x_{al}(t)}{\mathrm{d}t^{n-1}} + \cdots + a_1 \frac{\mathrm{d}x_{al}(t)}{\mathrm{d}t} + a_0 x_{al}(t)$$

$$= \left\{b_{lin}\frac{\mathrm{d}^n x_{e_1}(t)}{\mathrm{d}t^n} + \cdots + b_{l10} x_{e_1}(t)\right\} +$$

$$+ \cdots + \left\{b_{lrn}\frac{\mathrm{d}^n x_{er}(t)}{\mathrm{d}t^n} + \cdots + b_{lr0} x_{er}(t)\right\}$$

$(l = 1, \ldots, q)$

$$\boldsymbol{x}_a(t) = \begin{bmatrix} x_{a_1}(t) \\ \vdots \\ x_{aq}(t) \end{bmatrix} = \begin{bmatrix} g_{11}(t) \cdots g_{1r}(t) \\ \vdots \quad\quad \vdots \\ g_{q1}(t) \cdots g_{qr}(t) \end{bmatrix} * \begin{bmatrix} x_{e_1}(t) \\ \vdots \\ x_{er}(t) \end{bmatrix}$$

$$= (g[t]) * \boldsymbol{x}_e(t) = \int_0^t (g[t-\tau])\, \boldsymbol{x}_e(\tau)\, \mathrm{d}\tau$$

$$(g) = \mathcal{L}^{-1}\{(G)\} = \mathcal{L}^{-1}\{(C)\,[p(I) - (A)]^{-1}\,(B) + (D)\}$$

$$= (C)\,(\Phi[t])\,(B) + (D)\,\delta(t)$$

$$\ddot{x}_{a_1} + 3\dot{x}_{a_1} + 2x_{a_1} = \{x_{e_1}\} + \{\ddot{x}_{e_2} + 4\dot{x}_{e_2} + 5x_{e_2}\}$$

$$\ddot{x}_{a_2} + 3\dot{x}_{a_1} + 2x_{a_2} = \{\dot{x}_{e_1}\} + \{-2x_{e_2}\}$$

$$x_a(t) = \begin{bmatrix} x_{a_1}(t) \\ x_{a_2}(t) \end{bmatrix} = \begin{bmatrix} g_{11}(t) & g_{12}(t) \\ g_{21}(t) & g_{22}(t) \end{bmatrix} * \begin{bmatrix} x_{e_1}(t) \\ x_{e_2}(t) \end{bmatrix}$$

$$= \begin{bmatrix} \mathrm{e}^{-t} - \mathrm{e}^{-2t} & \delta(t) + 2\mathrm{e}^{-t} - \mathrm{e}^{-2t} \\ 2\mathrm{e}^{-2t} - \mathrm{e}^{-t} & 2(\mathrm{e}^{-2t} - \mathrm{e}^{-t}) \end{bmatrix} * \begin{bmatrix} x_{e_1}(t) \\ x_{e_2}(t) \end{bmatrix}$$

⇑ $\mathcal{L}^{-1}$-Transformation ⇑

$$X_{al}(p) = G_{l_1}(p)\, X_{e_1}(p) + \cdots + G_{lr}(p)\, X_{er}(p)$$

mit den Übertragungsfunktionen

$$G_{li}(p) = \frac{b_{li_0} + b_{li_1} p + \cdots + b_{lin} p^n}{a_0 + a_1 p + \cdots + a_{n-1} p^{n-1} + p^n}$$

und

$l = 1, 2, \ldots, q$

$$g_{li}(t) = \mathcal{L}^{-1}\{G_{li}(p)\}$$

$$\boldsymbol{X}_a(p) = \begin{bmatrix} X_{a_1}(p) \\ \vdots \\ X_{aq}(p) \end{bmatrix} = \begin{bmatrix} G_{11}(p) \cdots G_{1r}(p) \\ \vdots \\ G_{q1}(p) \cdots G_{qr}(p) \end{bmatrix} \begin{bmatrix} X_{e_1}(p) \\ \vdots \\ X_{er}(p) \end{bmatrix}$$

$$= \quad (G[p]) \quad \cdot \quad \boldsymbol{X}(p)$$

$$(G[p]) = \begin{bmatrix} \dfrac{1}{p^2 + 3p + 2} & \dfrac{p^2 + 4p + 5}{p^2 + 3p + 2} \\ \dfrac{p}{p^2 + 3p + 2} & \dfrac{-2}{p^2 + 3p + 2} \end{bmatrix} = \begin{bmatrix} G_{11}(p) & G_{12}(p) \\ G_{21}(p) & G_{22}(p) \end{bmatrix}$$

tinuierlich wirkende Systeme (zu Seite 42)

Anlage zum Abschnitt 8.4.4.

ARBEITSBLÄTTER

zur

ingenieurmäßigen Approximation

der

nichtrationalen Übertragungsfunktionen

$$W(p) = \begin{cases} e^{-pT} \\ e^{-\sqrt{pT}} \\ e^{\frac{\varkappa pT}{1+pT}} \quad \text{mit } 0 \geqq \varkappa \geqq -30 \end{cases}$$

durch

gebrochenrationale Übertragungsfunktionen

der Form

$$W(p) = \frac{b_0 + b_1 p + \cdots + b_m p^m}{a_0 + a_1 p + \cdots + a_n p^n}$$

in vorgebbaren Frequenzintervallen

$$0 \leqq \omega T \leqq \omega_{\max} T$$

und

mit vorgebbarem mittleren relativen Frequenzgangfehler

$$\left|\frac{\Delta W}{W}\right|_m = \sqrt{\frac{1}{\omega_{\max}} \int\limits_0^{\omega_{\max}} \left|\frac{\Delta W(j\omega)}{W(j\omega)}\right|^2 d\omega} \approx \sqrt{\frac{1}{N} \sum_{s=1}^{N} \left|\frac{\Delta W(j\omega_s)}{W(j\omega_s)}\right|^2}.$$

ANLEITUNG ZUR ANWENDUNG DER ARBEITSBLÄTTER

1. *Auswahl des* in Frage kommenden *Arbeitsblattes* nach folgendem Schema

Gegebene Übertragungsfunktion $W(p)$		Gegeb. Frequenzintervall $T\omega_{\max}$	Struktur (m, n)	Arbeitsblatt nach Abb.-Nr.
e^{-pT}		$\leqq 4$	$m = 0$ $n \leqq 5$	8.4-6a
			$n = m \leqq 3$	8.4-6b
$e^{-\sqrt{pT}}$		$\leqq 70$	$n = m + 1$ $\leqq 5$	8.4-7 (Blätter 1 u. 2)
$e^{\frac{\varkappa pT}{1+pT}}$	$\varkappa \geqq -30$	$= 0{,}10$	$m = 0$ $n \leqq 4$	8.4-8a
		$= 0{,}15$	$m = 0$ $n \leqq 5$	8.4-8b
		$= 0{,}50$	$m = 0$ $n \leqq 9$	8.4-8c
		$= 0{,}10$	$n = m \leqq 3$	8.4-8d
		$= 0{,}15$	$n = m \leqq 3$	8.4-8e
		$= 0{,}26$	$n = m \leqq 4$	8.4-8f
	$\varkappa \geqq -20$	$= 0{,}50$	$n = m \leqq 5$	8.4-8g (2 Bl.)
		$= 1{,}0$	$n = m \leqq 5$	8.4-8h (2 Bl.)
	$\varkappa \geqq -10$	$= 3{,}8$	$n = m \leqq 5$	8.4-8i (2 Bl.)
		$= 100 \approx \infty$	$n = m \leqq 4$	8.4-8j (2 Bl.)

2. *Ablesen der* geeigneten *Struktur* (m, n) aus den Diagrammen $\left|\frac{\Delta W}{W}\right|_m = f(T\omega_{\max})$ bzw. $\frac{\Delta W}{W} = f(\varkappa)$
3. *Ablesen* der normierten *Parameter* a_i^* und b_i^* aus den Diagrammen $a_i^* = f(T\omega_{\max})$ und $b_i^* = f(T\omega_{\max})$ bzw. $a_i^* = f(\varkappa)$ und $b_i^* = f(\varkappa)$
4. Bestimmung der a_i und b_i durch *Entnormierung* der a_a^* und b_i^* nach den jeweils angegebenen Vorschriften.

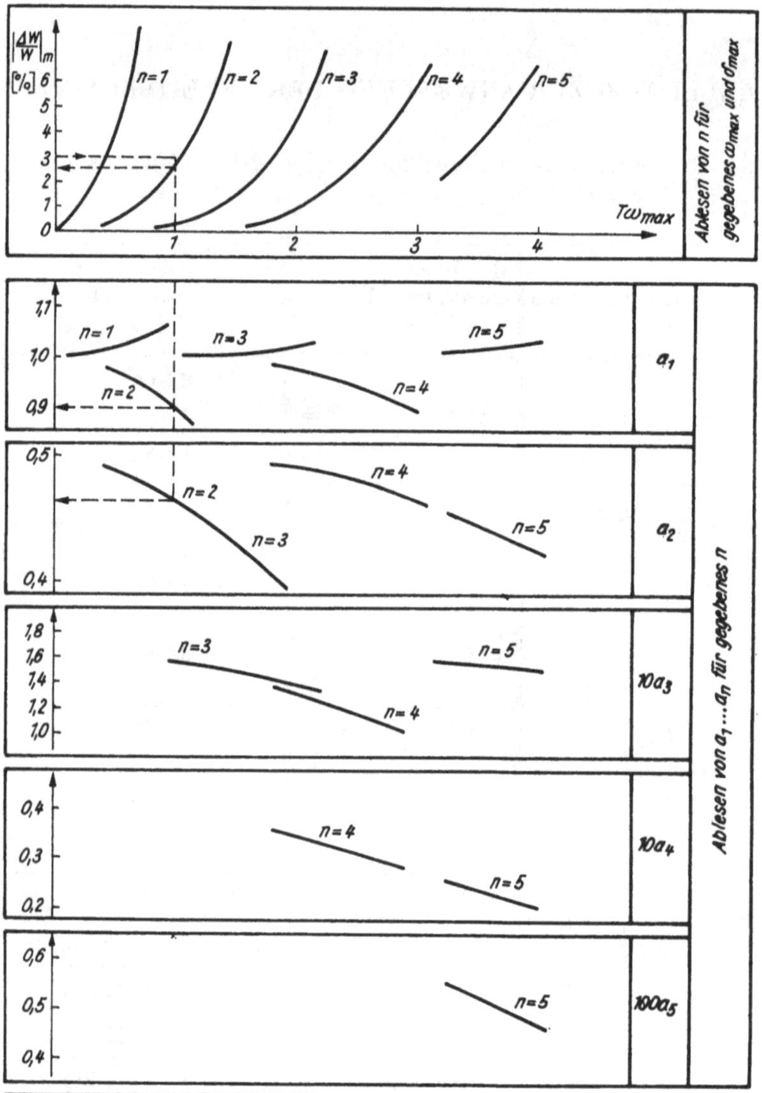

Approximation von $W(p) = e^{-pT}$

mit einem Fehler $\left|\frac{\Delta W(j\omega)}{W(j\omega)}\right| \leq \delta_{max}$

durch $W(p) = \frac{1}{1 + \sum_{i=1}^{n} a_i p^i}$

nach H. Strobel

Abb. 8.4-6a

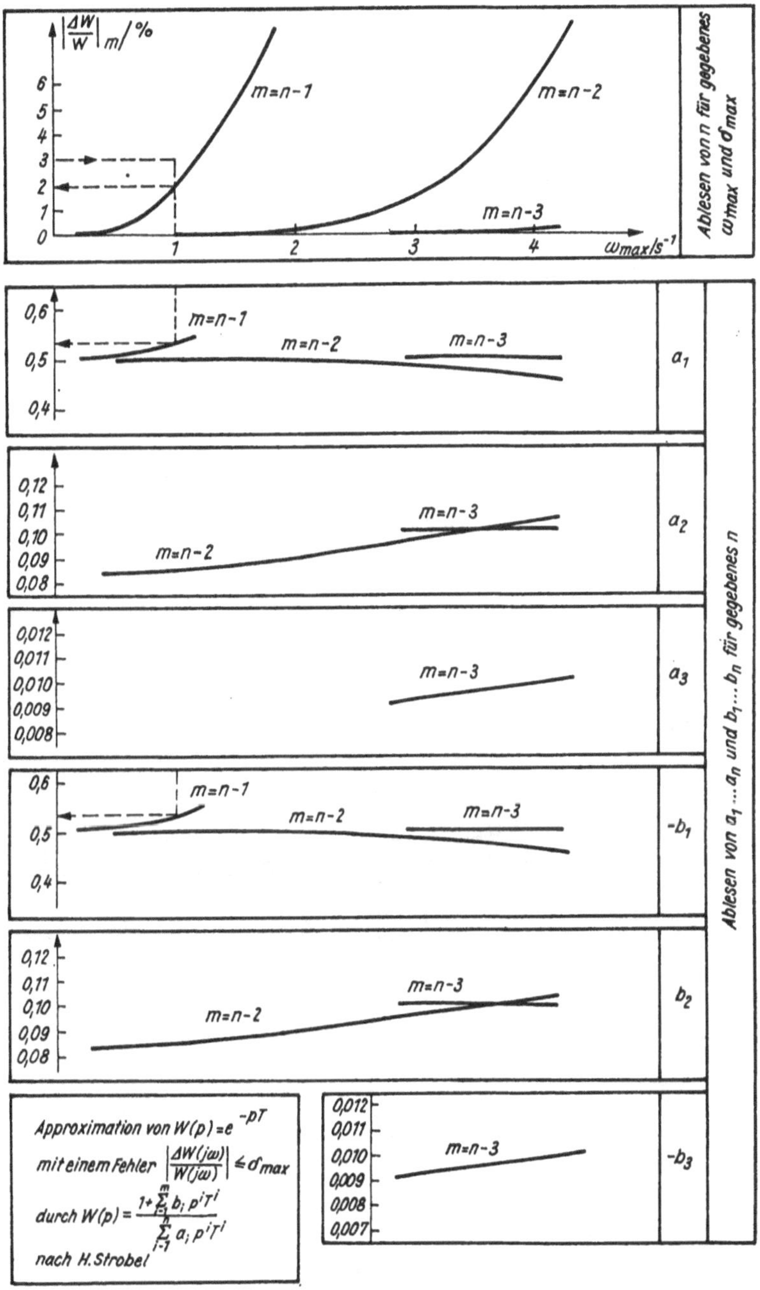

|ΔW/W|m/%
m=n-1
m=n-2
m=n-3
ωmax/s⁻¹
Ablesen von n für gegebenes ωmax und δmax
a1
a2
a3
-b1
b2
-b3
Ablesen von a1 ... an und b1 ... bn für gegebenes n
Approximation von W(p) = e^(-pT)
mit einem Fehler |ΔW(jω)/W(jω)| ≤ δmax
durch W(p) = (1 + Σ bi p^i T^i) / (Σ ai p^i T^i)
nach H. Strobel

Abb. 8.4-6b

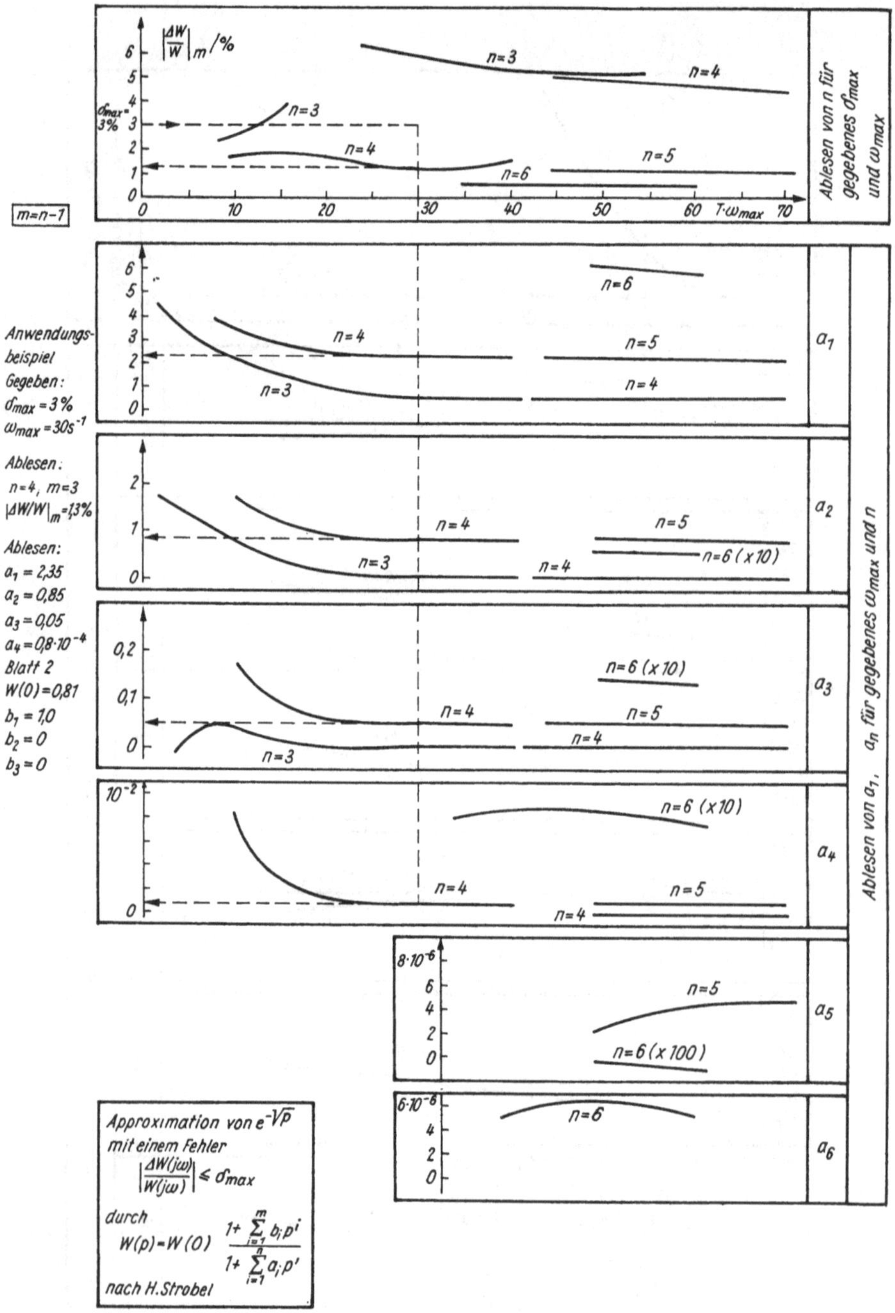

m=n-1
|ΔW/W|m /%
σmax = 3%
T·ωmax
Ablesen von n für gegebenes σmax und ωmax
Ablesen von a1, ... an für gegebenes ωmax und n
Anwendungsbeispiel
Gegeben:
σmax = 3%
ωmax = 30s^-1
Ablesen:
n=4, m=3
|ΔW/W|m = 1,3%
Ablesen:
a1 = 2,35
a2 = 0,85
a3 = 0,05
a4 = 0,8·10^-4
Blatt 2
W(0) = 0,81
b1 = 1,0
b2 = 0
b3 = 0
n=3
n=4
n=5
n=6
n=6 (x10)
n=6 (x100)
Approximation von e^-√p
mit einem Fehler
|ΔW(jω)/W(jω)| ≤ σmax
durch
W(p) = W(0) (1 + Σ b_i p^i)/(1 + Σ a_i p^i)
nach H. Strobel

Abb. 8.4-7a

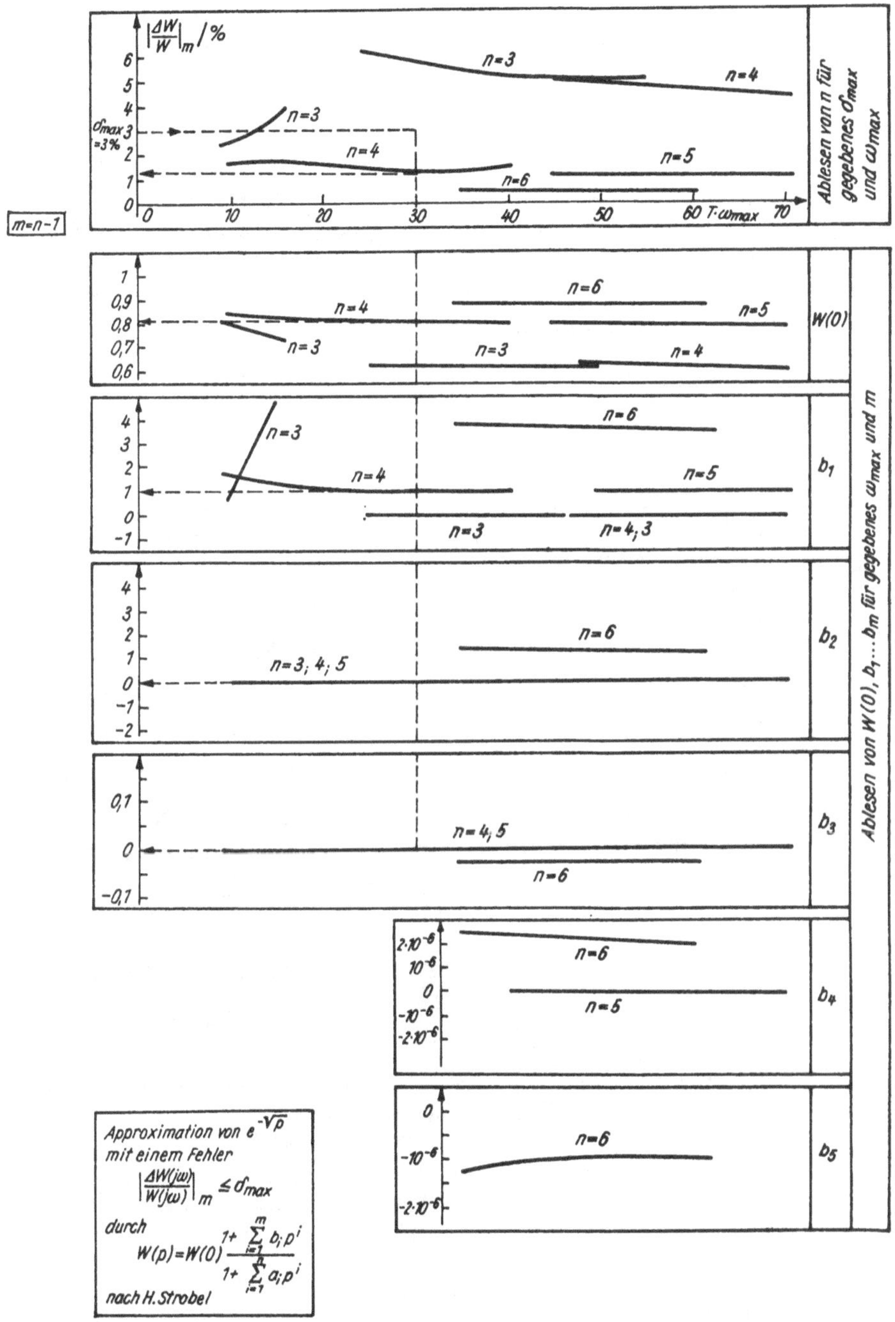

$\left|\frac{\Delta W}{W}\right|_m / \%$
$\sigma_{max} = 3\%$
n=3
n=4
n=5
n=6
$T \cdot \omega_{max}$
Ablesen von n für gegebenes σ_{max} und ω_{max}
m=n-1
W(0)
b_1
b_2
b_3
b_4
b_5
n=4; 3
n=3; 4; 5
n=4; 5
Ablesen von W(0), $b_1 \dots b_m$ für gegebenes ω_{max} und m
Approximation von $e^{-\sqrt{p}}$ mit einem Fehler $\left|\frac{\Delta W(j\omega)}{W(j\omega)}\right|_m \le \sigma_{max}$ durch $W(p) = W(0)\frac{1+\sum_{i=1}^{m} b_i p^i}{1+\sum_{i=1}^{n} a_i p^i}$ nach H. Strobel

Abb. 8.4-7b

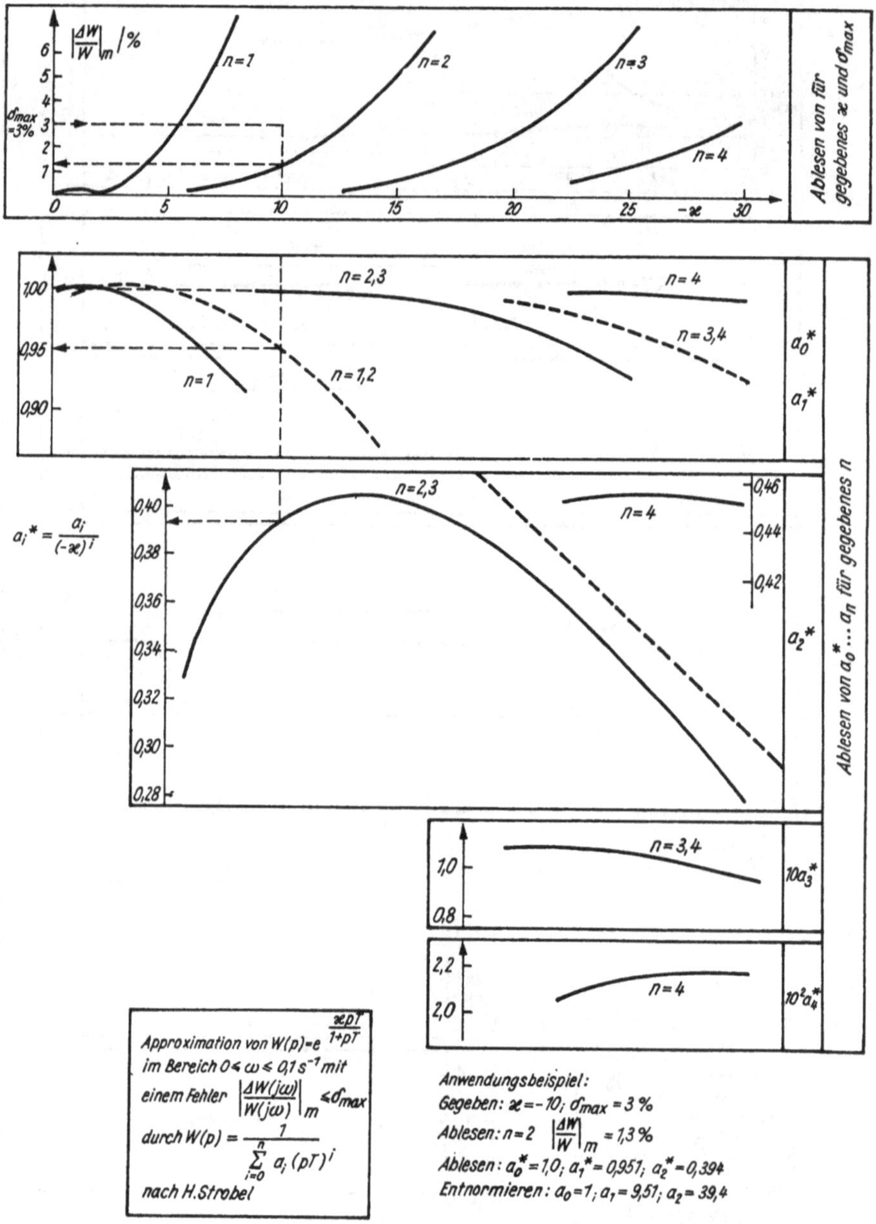

n=1
n=2
n=3
n=4
σmax =3%
−ϰ
Ablesen von für gegebenes ϰ und σmax
n=2,3
n=1,2
n=3,4
a0*
a1*
a2*
10a3*
10²a4*
Ablesen von a0* ... an für gegebenes n
ai* = ai/(−ϰ)^i
Approximation von W(p)=e^(ϰpT/(1+pT)) im Bereich 0 ≤ ω ≤ 0,1 s⁻¹ mit einem Fehler |ΔW(jω)/W(jω)|m ≤ σmax durch W(p) = 1 / Σ ai (pT)^i nach H.Strobel
Anwendungsbeispiel:
Gegeben: ϰ=−10; σmax = 3 %
Ablesen: n=2 |ΔW/W|m = 1,3 %
Ablesen: a0*=1,0; a1*=0,951; a2*=0,394
Entnormieren: a0=1; a1=9,51; a2=39,4

Abb. 8.4-8a

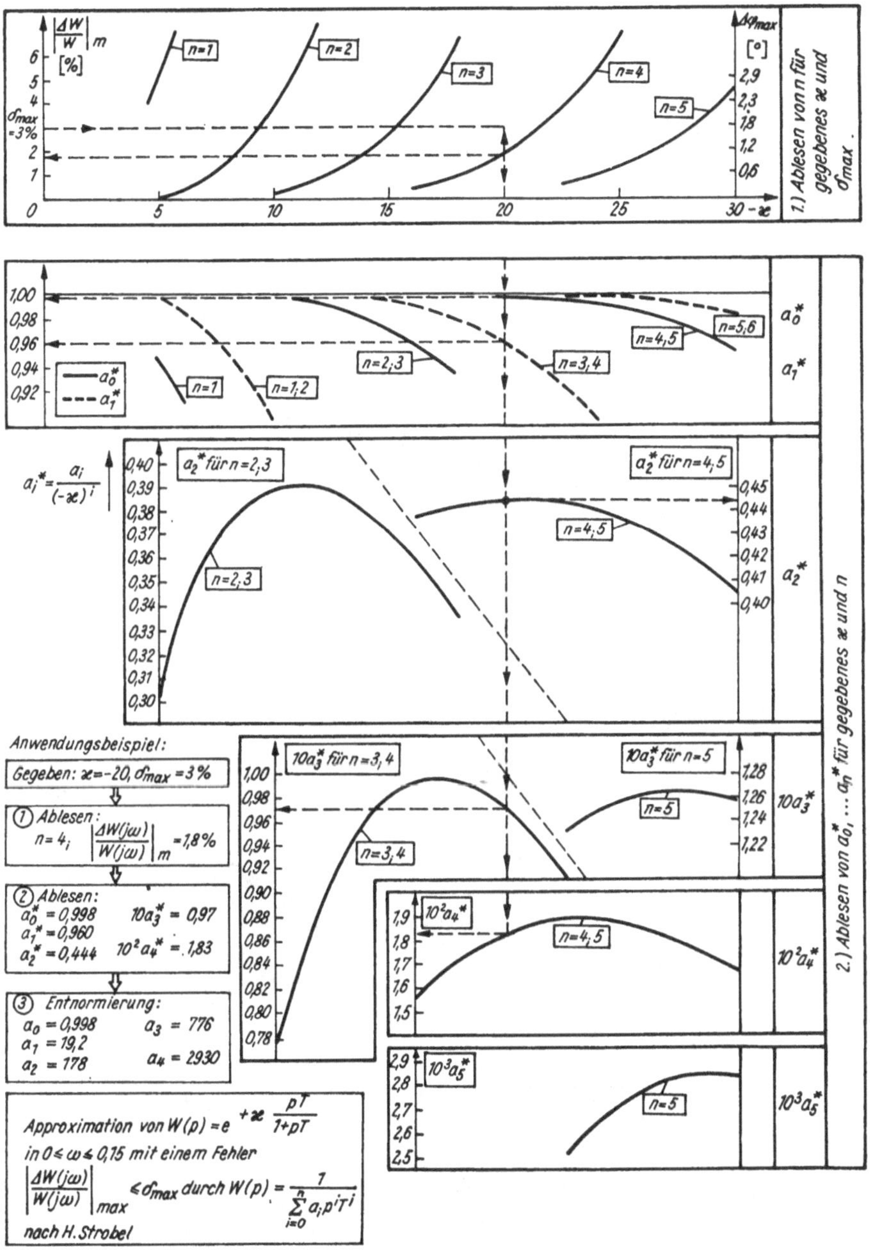

|ΔW/W|m [%]
δmax =3%
n=1
n=2
n=3
n=4
n=5
Δφmax [°]
1.) Ablesen von n für gegebenes ϰ und δmax .
30 -ϰ
a0*
a1*
n=1
n=1;2
n=2;3
n=3;4
n=4;5
n=5;6
ai* = ai/(-ϰ)^i
a2* für n=2;3
a2* für n=4;5
n=2;3
n=4;5
a2*
Anwendungsbeispiel:
Gegeben: ϰ=-20, δmax =3%
① Ablesen: n= 4; |ΔW(jω)/W(jω)|m =1,8%
② Ablesen: a0* = 0,998 10a3* = 0,97 a1* =0,960 10² a4* = 1,83 a2* = 0,444
③ Entnormierung: a0 = 0,998 a3 = 776 a1 = 19,2 a4 = 2930 a2 = 178
10a3* für n=3;4
10a3* für n=5
n=3;4
n=5
10a3*
10²a4*
n=4;5
10³a5*
n=5
2.) Ablesen von a0*, ... an* für gegebenes ϰ und n
Approximation von W(p) = e^{+ϰ pT/(1+pT)}
in 0≤ω≤0,15 mit einem Fehler
|ΔW(jω)/W(jω)|max ≤ δmax durch W(p) = 1/(Σ_{i=0}^{n} ai p^i T^i)
nach H. Strobel

Abb. 8.4-8b

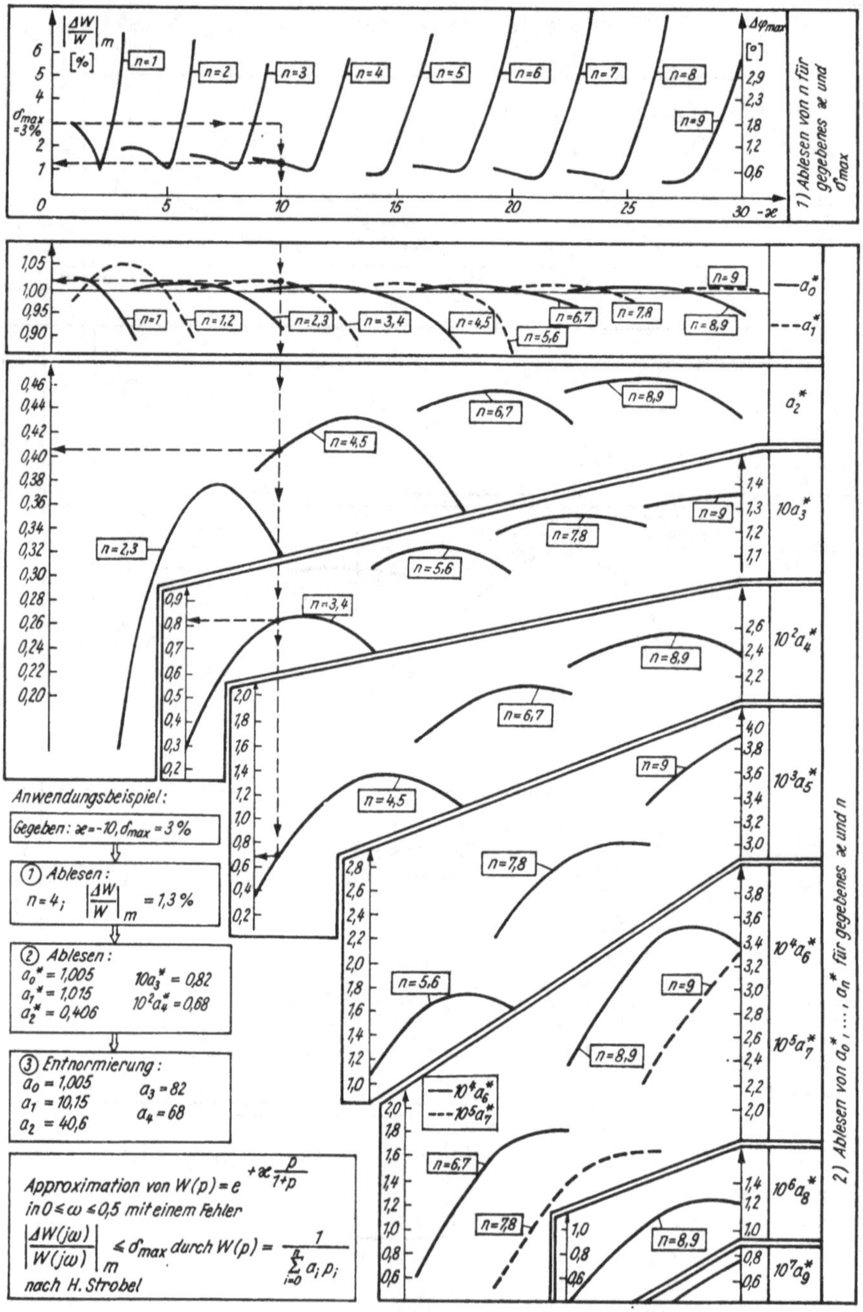
1) Ablesen von n für gegebenes ϰ und δ_{max}
2) Ablesen von $a_0^*, \ldots, a_n^*$ für gegebenes ϰ und n
n=1
n=2
n=3
n=4
n=5
n=6
n=7
n=8
n=9
$\delta_{max} = 3\%$
$\Delta\varphi_{max}$ [°]
a_0^*
a_1^*
a_2^*
$10 a_3^*$
$10^2 a_4^*$
$10^3 a_5^*$
$10^4 a_6^*$
$10^5 a_7^*$
$10^6 a_8^*$
$10^7 a_9^*$
Anwendungsbeispiel:
Gegeben: ϰ = -10, δ_{max} = 3 %
① Ablesen: n = 4; $\left|\frac{\Delta W}{W}\right|_m$ = 1,3 %
② Ablesen: a_0^* = 1,005 a_1^* = 1,015 a_2^* = 0,406 $10a_3^*$ = 0,82 $10^2a_4^*$ = 0,68
③ Entnormierung: a_0 = 1,005 a_1 = 10,15 a_2 = 40,6 a_3 = 82 a_4 = 68
Approximation von $W(p) = e^{+\varkappa \frac{p}{1+p}}$ in $0 \leq \omega \leq 0{,}5$ mit einem Fehler $\left|\frac{\Delta W(j\omega)}{W(j\omega)}\right|_m \leq \delta_{max}$ durch $W(p) = \frac{1}{\sum_{i=0}^{n} a_i p_i}$
nach H. Strobel

Abb. 8.4-8 c

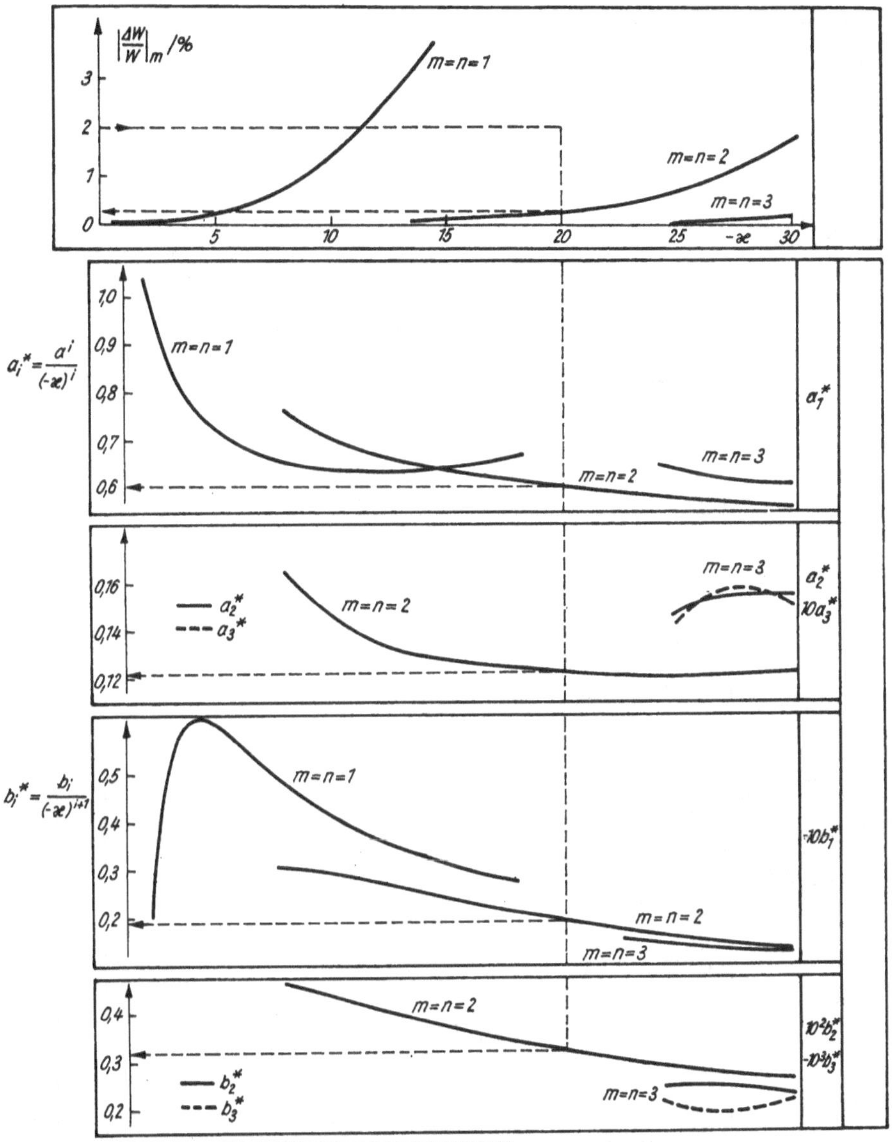

Approximation von $W(p) = e^{\frac{\varkappa pT}{1+pT}}$ im Bereich $0 \leq \omega \leq 0{,}1\,s^{-1}$ mit einem Fehler von $\left|\frac{\Delta W(j\omega)}{W(j\omega)}\right|_m \leq \delta_{max}$ durch

$$W(p) = \frac{1 + \sum_{i=1}^{m} b_i (pT)^i}{1 + \sum_{i=1}^{n} a_i (pT)^i}$$

nach H. Strobel

Anwendungsbeispiel:
Gegeben: $\delta_{max} = 2\%$; $\varkappa = -20$
Ablesen: $n = 2$; $\left|\frac{\Delta W}{W}\right|_m = 0{,}25\%$
Ablesen: $a_1^* = 0{,}605$; $a_2^* = 0{,}121$; $b_1^* = 0{,}190$; $b_2^* = 0{,}320$
Entnormieren: $a_1 = 12{,}2$; $a_2 = 48{,}9$; $b_1 = -7{,}70$; $b_2 = 2{,}56$

Abb. 8.4-8d

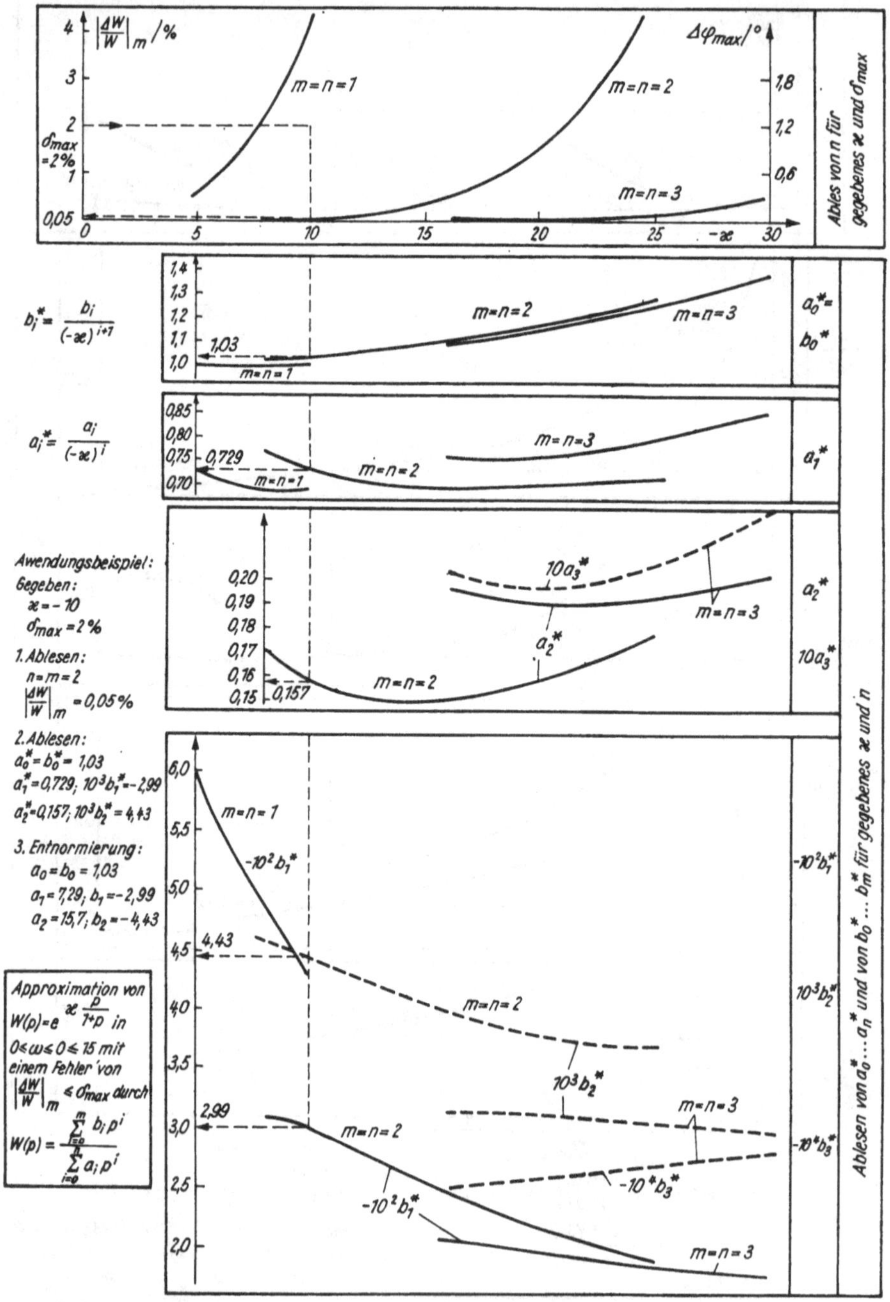

|ΔW/W|m /%
Δφmax/°
m=n=1
m=n=2
m=n=3
δmax =2%
0,05
0 5 10 15 20 25 −æ 30
1,8
1,2
0,6
Ables von n für gegebenes æ und δmax
b*i = bi/(−æ)^(i+1)
1,03
a*0 = b*0
a*i = ai/(−æ)^i
0,729
a*1
10a*3
a*2
0,157
Awendungsbeispiel:
Gegeben:
æ = −10
δmax = 2%
1. Ablesen:
n = m = 2
|ΔW/W|m = 0,05%
2. Ablesen:
a*0 = b*0 = 1,03
a*1 = 0,729; 10³b*1 = −2,99
a*2 = 0,157; 10³b*2 = 4,43
3. Entnormierung:
a0 = b0 = 1,03
a1 = 7,29; b1 = −2,99
a2 = 15,7; b2 = −4,43
Approximation von W(p) = e^(æ p/(1+p)) in 0 ≤ ω ≤ 0 ≤ 15 mit einem Fehler von |ΔW/W|m ≤ δmax durch W(p) = Σ bi p^i / Σ ai p^i
−10²b*1
4,43
10³b*2
2,99
−10⁴b*3
Ablesen von a*0 … a*n und von b*0 … b*m für gegebenes æ und n

Abb. 8.4-8e

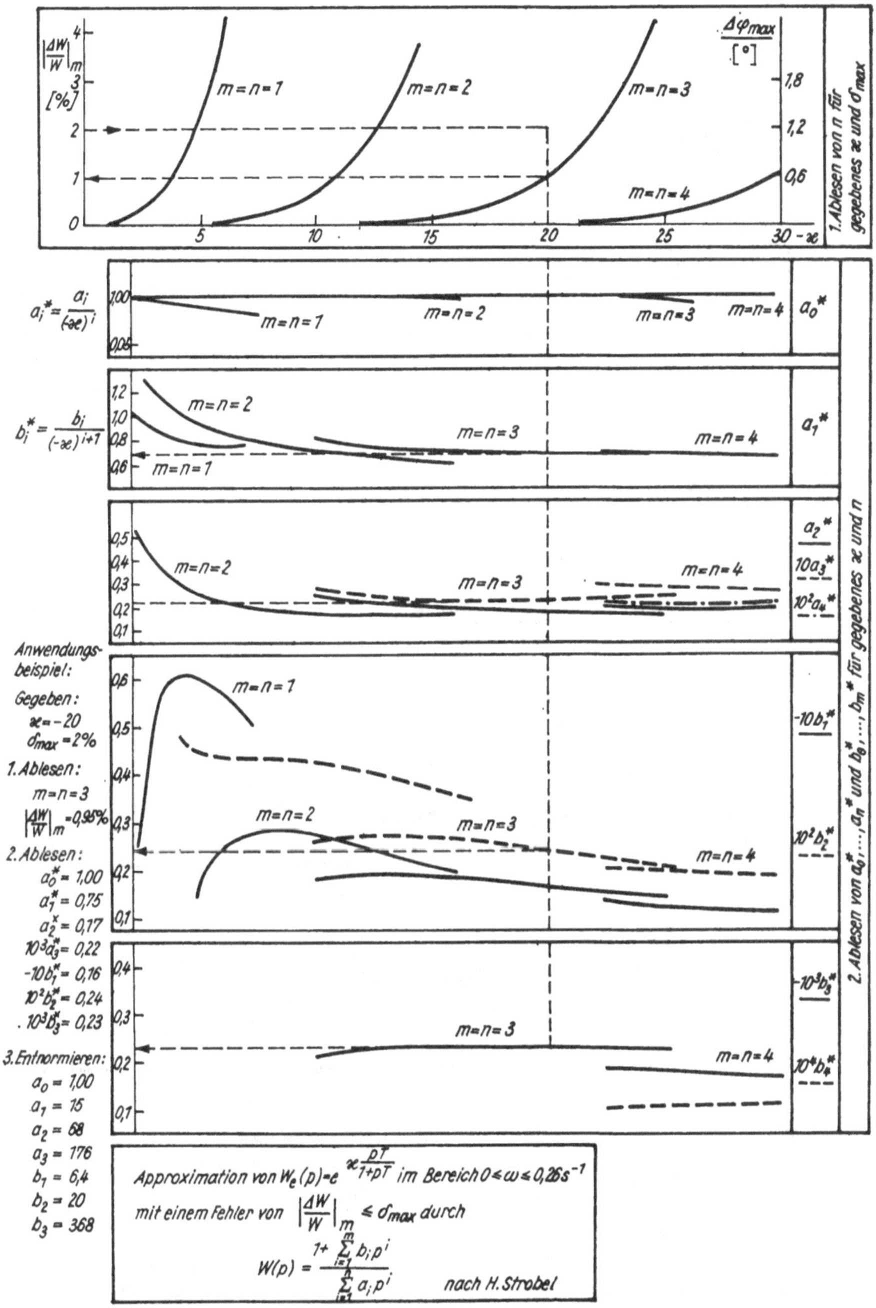

m=n=1
m=n=2
m=n=3
m=n=4
[%]
Δφmax [°]
1,8
1,2
0,6
5
10
15
20
25
30 -ϰ
1. Ablesen von n für gegebenes ϰ und δmax
a_i* = a_i / (-ϰ)^i
b_i* = b_i / (-ϰ)^(i+1)
a0*
a1*
a2*
10a3*
10²a4*
-10b1*
10²b2*
-10³b3*
10⁴b4*
2. Ablesen von a0*, ..., an* und b8*, ..., bm* für gegebenes ϰ und n
Anwendungsbeispiel:
Gegeben:
ϰ = -20
δmax = 2%
1. Ablesen:
m=n=3
|ΔW/W|m = 0,95%
2. Ablesen:
a0* = 1,00
a1* = 0,75
a2* = 0,17
10³a3* = 0,22
-10b1* = 0,16
10²b2* = 0,24
10³b3* = 0,23
3. Entnormieren:
a0 = 1,00
a1 = 15
a2 = 68
a3 = 176
b1 = 6,4
b2 = 20
b3 = 368
Approximation von We(p) = e^(ϰ pT/(1+pT)) im Bereich 0 ≤ ω ≤ 0,26 s⁻¹
mit einem Fehler von |ΔW/W|m ≤ δmax durch
W(p) = (1 + Σ b_i p^i) / (Σ a_i p^i)
nach H. Strobel

Abb. 8.4-8f

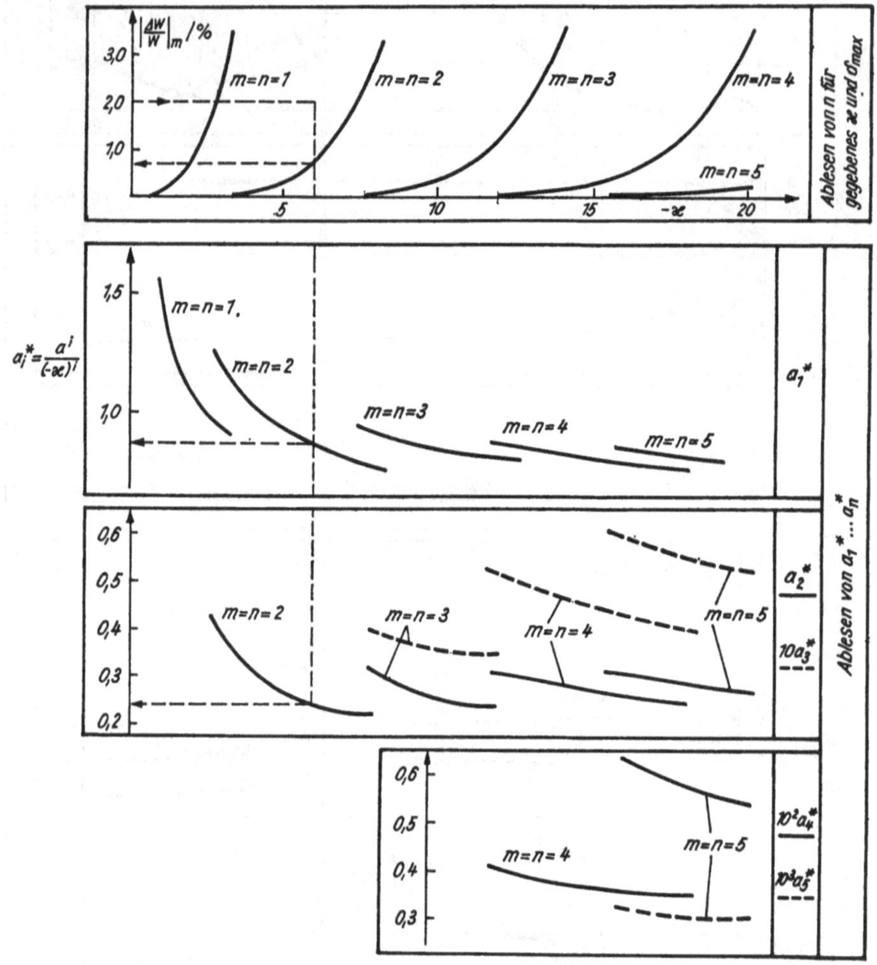

Approximation von $W(p) = e^{\varkappa \frac{pT}{1+pT}}$
im Bereich $0 \leq \omega \leq 0{,}5\,s^{-1}$ mit einem Fehler
$\left|\frac{\Delta W}{W}\right|_m \leq \sigma_{max}$ durch $W(p) = \dfrac{1+\sum_{i=1}^{m} b_i p^i}{1+\sum_{i=1}^{n} a_i p^i}$
nach H. Strobel

Anwendungsbeispiel:

Gegeben: $\varkappa = -6$, $\sigma_{max} = 2\,\%$

Ablesen: $m = n = 2$, $\left|\frac{\Delta W}{W}\right|_m = 0{,}7\,\%$

Ablesen: $a_1^* = 0{,}87$; $a_2^* = 0{,}24$

(Blatt 2) $b_1 = -0{,}12$; $b_2 = 0{,}13$

Entnormieren: $a_1 = 5{,}20$; $a_2 = 8{,}84$
$b_1 = -0{,}711$; $b_2 = 0{,}786$

Abb. 8.4-8gl

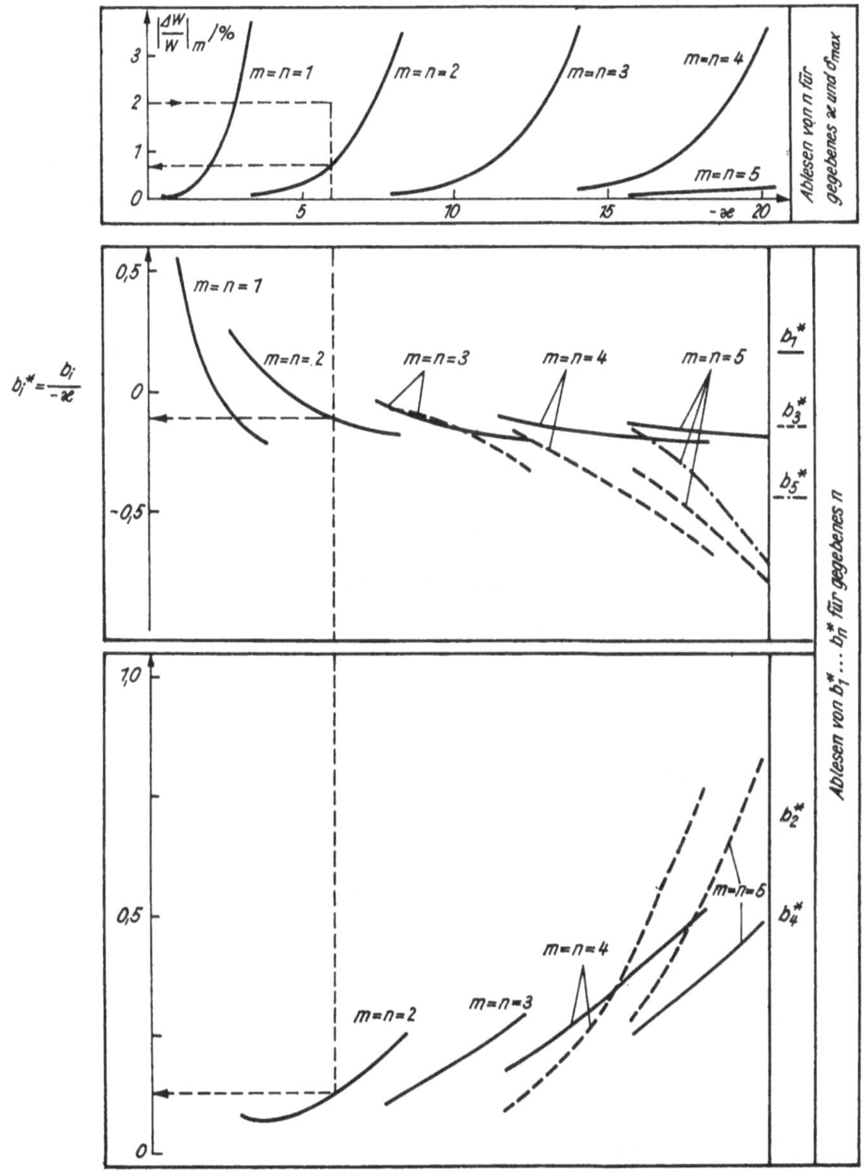

Blatt 2

Approximation von $W(p)=e^{\varkappa \frac{p\tau}{1+\mu\tau}}$ im Bereich $0 \le \omega \le 0{,}5\,s^{-1}$ mit einem Fehler

$$\left|\frac{\Delta W(j\omega)}{W(j\omega)}\right|_m \le \delta_{max} \text{ durch } W(p) = \frac{1+\sum_{i=1}^{m} b_i p^i}{1+\sum_{i=1}^{n} a_i p^i}$$

nach H. Strobel

Abb. 8.4-8g2

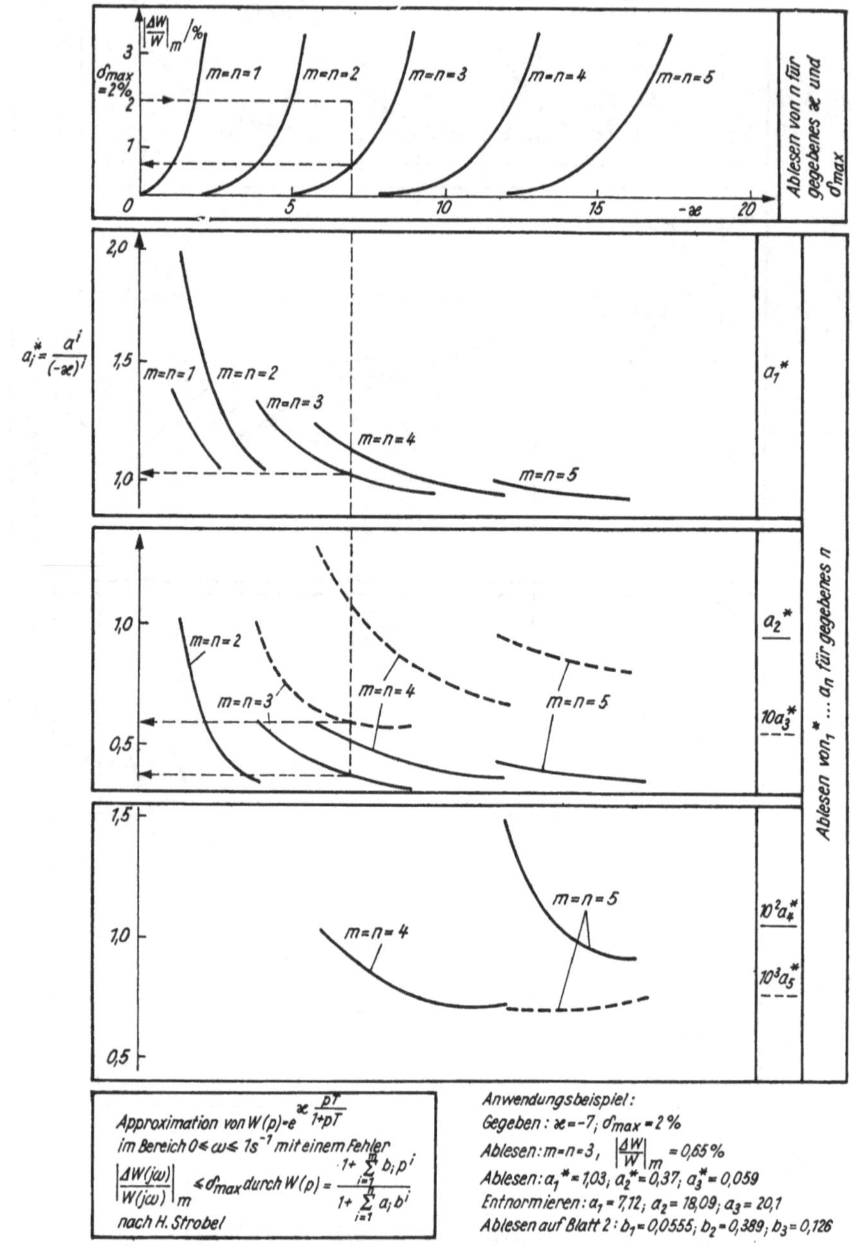

|ΔW/W|m /%
δmax =2%
3
2
1
0
5
10
15
-æ
20
m=n=1
m=n=2
m=n=3
m=n=4
m=n=5
Ablesen von n für gegebenes æ und δmax
a_i* = a^i/(-æ)^i
2,0
1,5
1,0
0,5
a1*
a2*
10a3*
10²a4*
10³a5*
Ablesen von a1* ... an für gegebenes n
Approximation von W(p)=e^(æ pT/(1+pT))
im Bereich 0≤ω≤1s⁻¹ mit einem Fehler
|ΔW(jω)/W(jω)|m ≤ δmax durch W(p) = (1+Σ b_i p^i)/(1+Σ a_i b^i)
nach H. Strobel
Anwendungsbeispiel:
Gegeben: æ=-7; δmax=2%
Ablesen: m=n=3, |ΔW/W|m = 0,65%
Ablesen: a1* = 1,03; a2* = 0,37; a3* = 0,059
Entnormieren: a1 = 7,12; a2 = 18,09; a3 = 20,1
Ablesen auf Blatt 2: b1 = 0,0555; b2 = 0,389; b3 = 0,126

Abb. 9.4-8h1

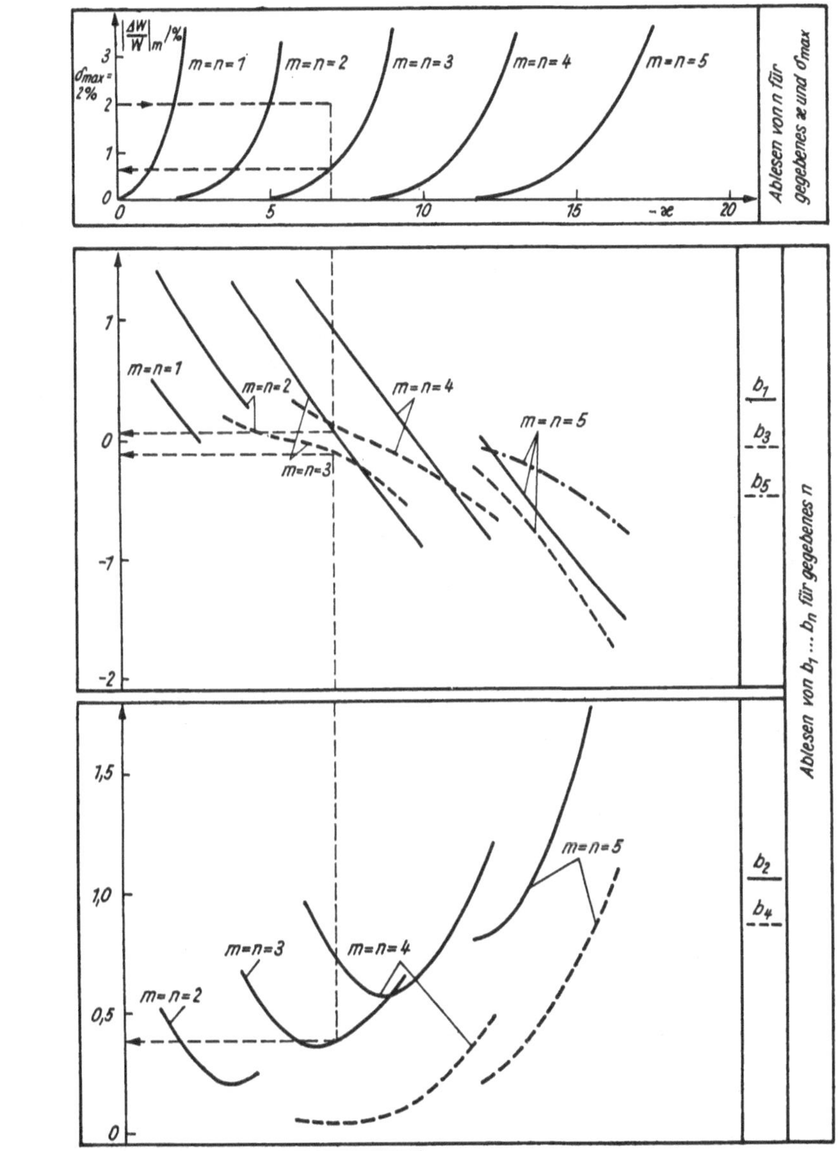

Approximation von $W(p) = e^{\varkappa \frac{pT}{1+pT}}$
im Bereich $0 \leq \omega \leq 1\,s^{-1}$ mit einem Fehler
$\left|\frac{\Delta W(j\omega)}{W(j\omega)}\right|_m \leq \delta_{max}$ durch $W(p) = \frac{1+\sum_{i=1}^{m} b_i p^i}{1+\sum_{i=1}^{n} a_i p^i}$
nach H. Strobel

Abb. 8.4-8h2

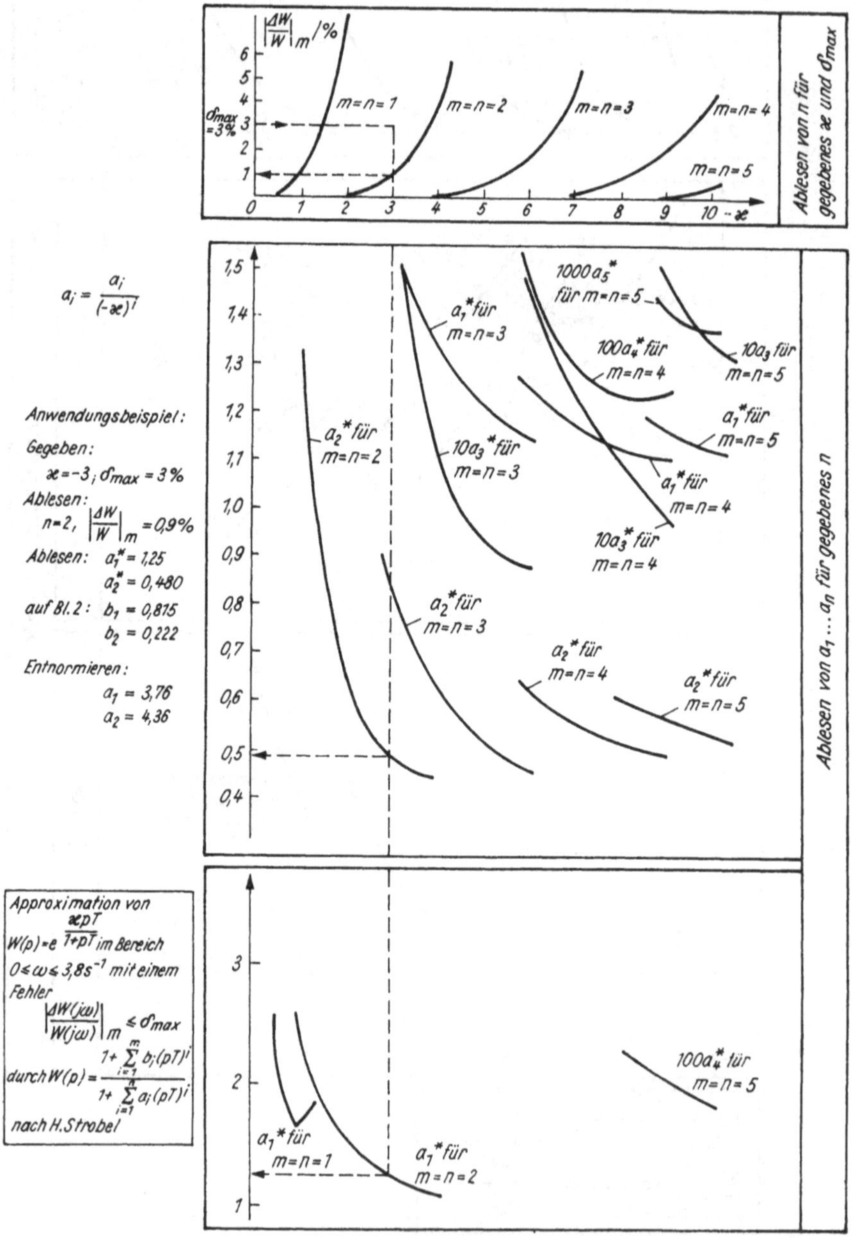

Ablesen von n für gegebenes ϰ und δ_{max}
$\left|\frac{\Delta W}{W}\right|_m$ /%
δ_{max} = 3%
m=n=1
m=n=2
m=n=3
m=n=4
m=n=5
10 - ϰ
$a_i = \frac{a_i}{(-ϰ)^i}$
Anwendungsbeispiel:
Gegeben:
ϰ = −3 ; δ_{max} = 3%
Ablesen:
n=2, $\left|\frac{\Delta W}{W}\right|_m$ = 0,9%
Ablesen: a_1^* = 1,25
a_2^* = 0,480
auf Bl. 2: b_1 = 0,815
b_2 = 0,222
Entnormieren:
a_1 = 3,76
a_2 = 4,36
Ablesen von $a_1 \dots a_n$ für gegebenes n
$1000 a_5^*$ für m=n=5
a_1^* für m=n=3
$100 a_4^*$ für m=n=4
$10 a_3$ für m=n=5
a_2^* für m=n=2
$10 a_3^*$ für m=n=3
a_1^* für m=n=5
a_1^* für m=n=4
$10 a_3^*$ für m=n=4
a_2^* für m=n=3
a_2^* für m=n=4
a_2^* für m=n=5
Approximation von $W(p) = e^{\frac{ϰ pT}{1+pT}}$ im Bereich $0 \le \omega \le 3{,}8\,s^{-1}$ mit einem Fehler $\left|\frac{\Delta W(j\omega)}{W(j\omega)}\right|_m \le \delta_{max}$ durch $W(p) = \frac{1+\sum_{i=1}^{m} b_i (pT)^i}{1+\sum_{i=1}^{n} a_i (pT)^i}$ nach H. Strobel
$100 a_4^*$ für m=n=5
a_1^* für m=n=1
a_1^* für m=n=2

Abb. 8.4-8 il

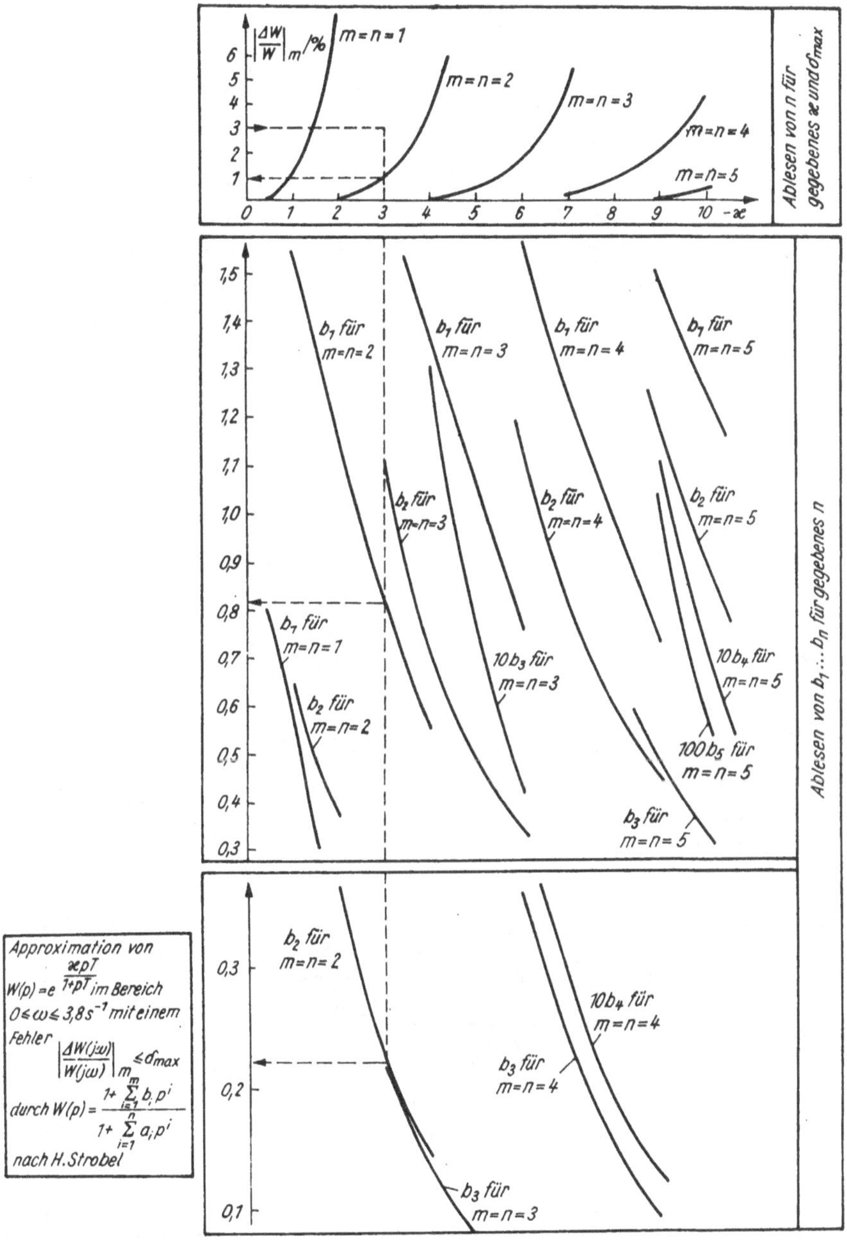

|ΔW/W|m /%
m=n=1
m=n=2
m=n=3
m=n=4
m=n=5
-æ
Ablesen von n für gegebenes æ und δmax
b1 für m=n=2
b1 für m=n=3
b1 für m=n=4
b1 für m=n=5
b2 für m=n=3
b2 für m=n=4
b2 für m=n=5
b1 für m=n=1
b2 für m=n=2
10 b3 für m=n=3
10 b4 für m=n=5
100 b5 für m=n=5
b3 für m=n=5
Ablesen von b1 ... bn für gegebenes n
b2 für m=n=2
10 b4 für m=n=4
b3 für m=n=4
b3 für m=n=3
Approximation von W(p) = e^(æpT/(1+pT)) im Bereich 0 ≤ ω ≤ 3,8 s⁻¹ mit einem Fehler |ΔW(jω)/W(jω)|m ≤ δmax
durch W(p) = (1 + Σ b_i p^i)/(1 + Σ a_i p^i)
nach H. Strobel

Abb. 8.4-8i2

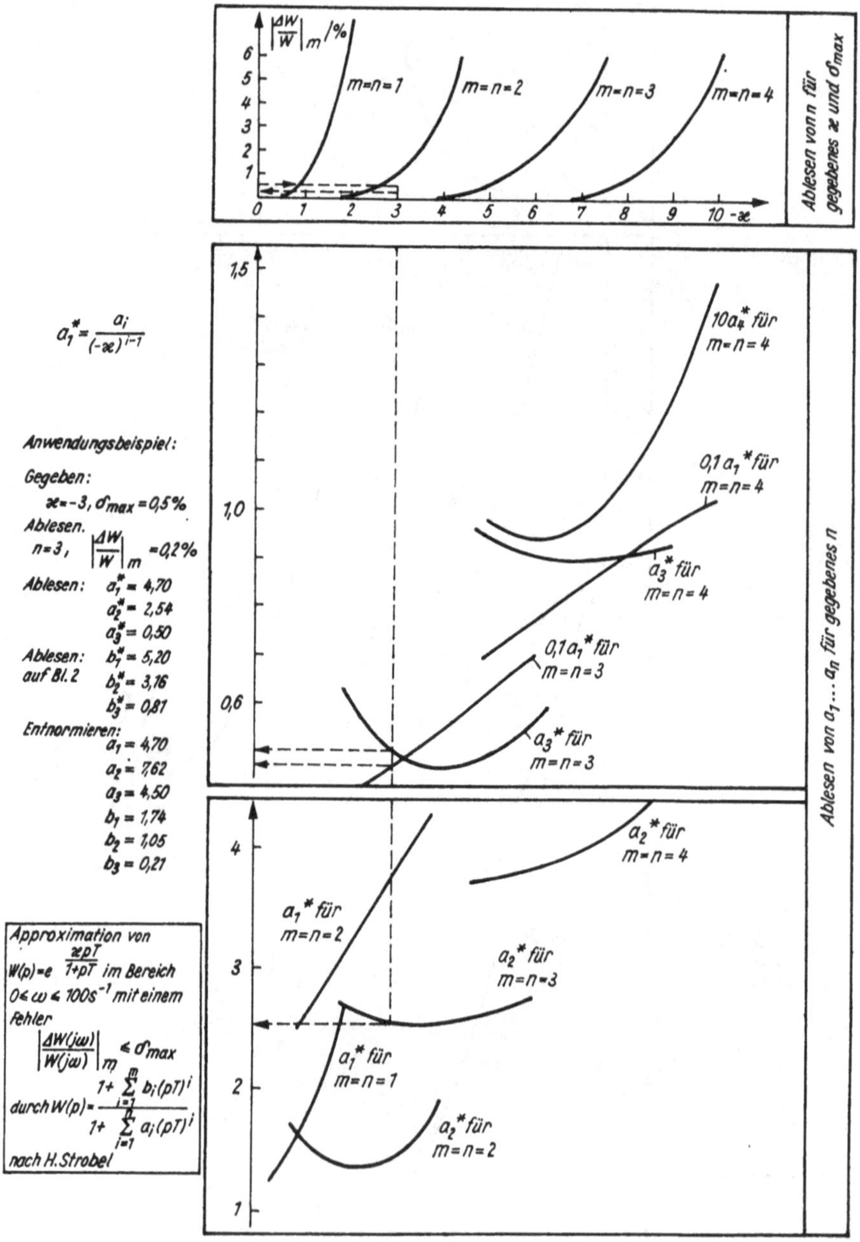

|ΔW/W|m /%
m=n=1
m=n=2
m=n=3
m=n=4
10 -ϰ
Ablesen von n für gegebenes ϰ und σmax
a*i = ai/(-ϰ)^(i-1)
10a4* für m=n=4
0,1 a1* für m=n=4
a3* für m=n=4
0,1 a1* für m=n=3
a3* für m=n=3
a2* für m=n=4
a1* für m=n=2
a2* für m=n=3
a1* für m=n=1
a2* für m=n=2
Ablesen von a1 ... an für gegebenes n
Anwendungsbeispiel:
Gegeben:
ϰ=-3, σmax = 0,5%
Ablesen.
n=3, |ΔW/W|m = 0,2%
Ablesen: a1* = 4,70
a2* = 2,54
a3* = 0,50
Ablesen: b1* = 5,20
auf Bl. 2 b2* = 3,16
b3* = 0,81
Entnormieren: a1 = 4,70
a2 = 7,62
a3 = 4,50
b1 = 1,74
b2 = 1,05
b3 = 0,21
Approximation von W(p)=e^(ϰpT/(1+pT)) im Bereich 0 ≤ ω ≤ 100s^-1 mit einem Fehler
|ΔW(jω)/W(jω)|m ≤ σmax
durch W(p) = (1 + Σ bi(pT)^i)/(1 + Σ ai(pT)^i)
nach H. Strobel

Abb. 8.4-8j1

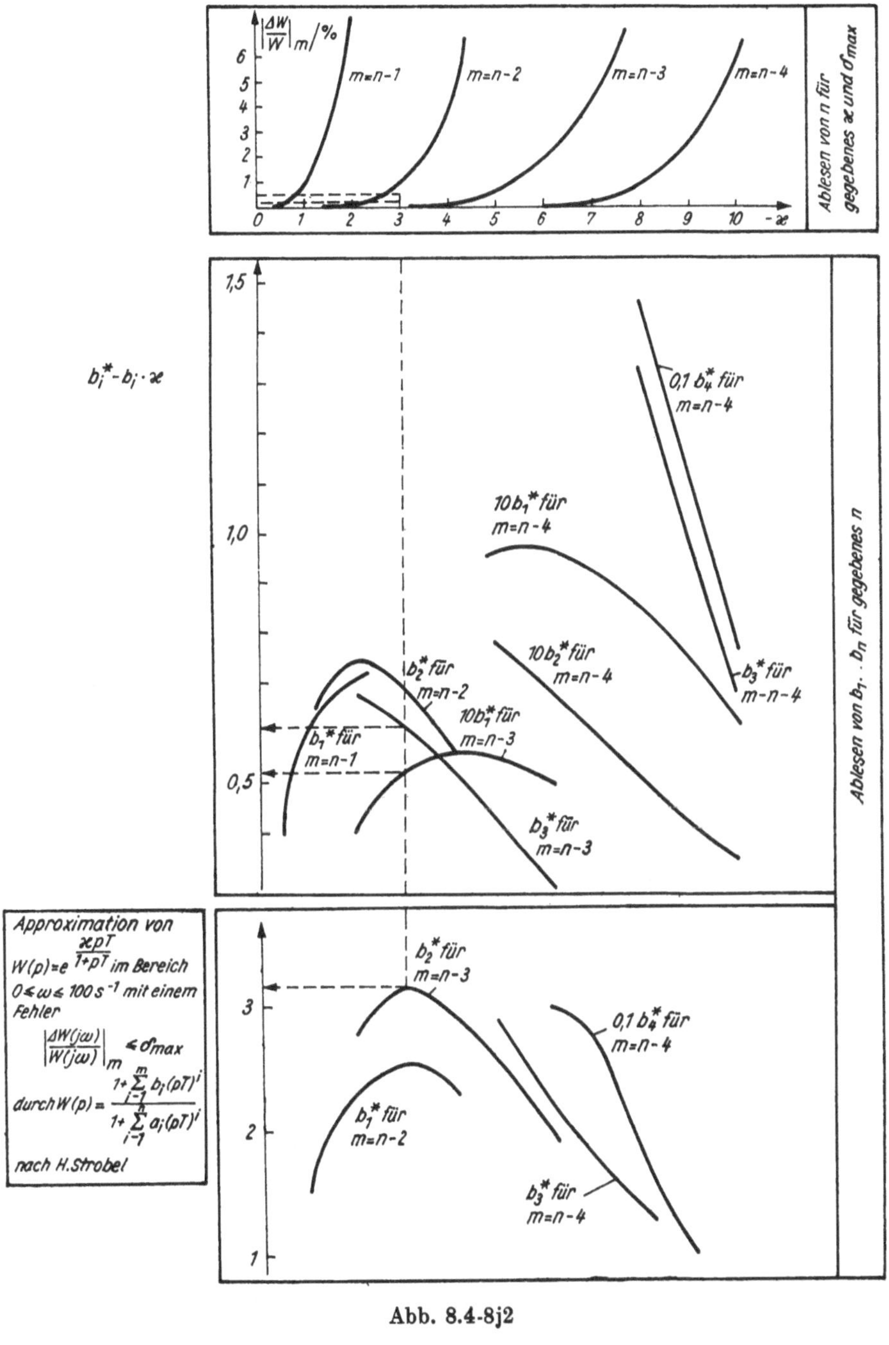

m=n-1
m=n-2
m=n-3
m=n-4
Ablesen von n für gegebenes ϰ und σmax
b_i*-b_i·ϰ
0,1 b4* für m=n-4
10b1* für m=n-4
10b2* für m=n-4
b3* für m-n-4
b2* für m=n-2
10b1* für m=n-3
b1* für m=n-1
b3* für m=n-3
Ablesen von b1...bn für gegebenes n
Approximation von
W(p)=e^(ϰpT/(1+pT)) im Bereich
0≤ω≤100 s^-1 mit einem Fehler
|ΔW(jω)/W(jω)|m ≤ σmax
durch W(p) = (1+Σ b_i(pT)^i)/(1+Σ a_i(pT)^i)
nach H. Strobel
b2* für m=n-3
0,1 b4* für m=n-4
b1* für m=n-2
b3* für m=n-4

Abb. 8.4-8j2

Kolibri 360 GmbH
Ferdinand-Jühlke-Straße 7
99095 Erfurt, Deutschland
produktsicherheit@kolibri360.de